软件开发视频大讲堂

ASP.NET从入门到精通

（第6版）

明日科技　编著

清华大学出版社

北　京

内 容 简 介

《ASP.NET 从入门到精通（第 6 版）》从初学者角度出发，以通俗易懂的语言、丰富多彩的实例，利用 Visual Studio 2019 详细介绍了使用 ASP.NET 进行 Web 程序开发需要掌握的各方面知识。全书共分 4 篇 25 章，包括 ASP.NET 开发入门、ASP.NET 的内置对象、ASP.NET Web 常用控件、数据验证技术、母版页、主题、数据绑定、使用 ADO.NET 操作数据库、数据绑定控件、LINQ 数据访问技术、站点导航控件、Web 用户控件、ASP.NET 缓存技术、程序调试与错误处理、GDI+图形图像技术、E-mail 邮件发送、Web Service、ASP.NET MVC 编程、ASP.NET 网站发布、注册及登录验证模块设计、模拟 12306 售票图片验证码、购物车、九宫格抽奖、趣味图片生成器、BBS 论坛（ASP.NET MVC 版）等内容。书中所有知识都结合具体实例进行介绍，涉及的程序代码给出了详细的注释，可以使读者轻松领会 ASP.NET 网站开发的精髓，从而快速提高开发技能。

另外，本书除纸质内容外，配书资源包中还给出了海量开发资源库，主要内容如下：

☑ 微课视频讲解：总时长 20 小时，共 229 集
☑ 实例资源库：126 个实例及源代码详细分析
☑ 模块资源库：15 个经典模块开发过程完整展现
☑ 项目资源库：15 个企业项目开发过程完整展现
☑ 能力测试题库：596 道能力测试题
☑ 面试资源库：343 道企业面试真题
☑ PPT 电子教案

本书适合作为软件开发入门者的自学用书，也适合作为高等院校相关专业的教学参考书，还可供开发人员查阅、参考。

图书在版编目（CIP）数据

ASP.NET 从入门到精通 / 明日科技编著. —6 版. —北京：清华大学出版社，2021.8
（软件开发视频大讲堂）
ISBN 978-7-302-58376-9

Ⅰ. ①A… Ⅱ. ①明… Ⅲ. ①网页制作工具—程序设计 Ⅳ. ①TP393.092.2

中国版本图书馆 CIP 数据核字（2021）第 102332 号

责任编辑：贾小红
封面设计：刘　超
版式设计：文森时代
责任校对：马军令
责任印制：杨　艳

出版发行：清华大学出版社
网　　址：http://www.tup.com.cn，http://www.wqbook.com
地　　址：北京清华大学学研大厦 A 座　　邮　　编：100084
社 总 机：010-62770175　　邮　　购：010-62786544
投稿与读者服务：010-62776969，c-service@tup.tsinghua.edu.cn
质量反馈：010-62772015，zhiliang@tup.tsinghua.edu.cn
印 装 者：三河市金元印装有限公司
经　　销：全国新华书店
开　　本：203mm×260mm　　印　　张：27.5　　字　　数：755 千字
版　　次：2008 年 10 月第 1 版　　2021 年 8 月第 6 版　　印　　次：2021 年 8 月第 1 次印刷
定　　价：89.80 元

产品编号：093155-01

如何使用本书开发资源库

本书附赠的资源包中提供了“ASP.NET 程序开发资源库”系统，可以帮助读者快速提升编程水平和解决实际问题的能力。本书和“ASP.NET 程序开发资源库”配合学习的流程如图 1 所示。

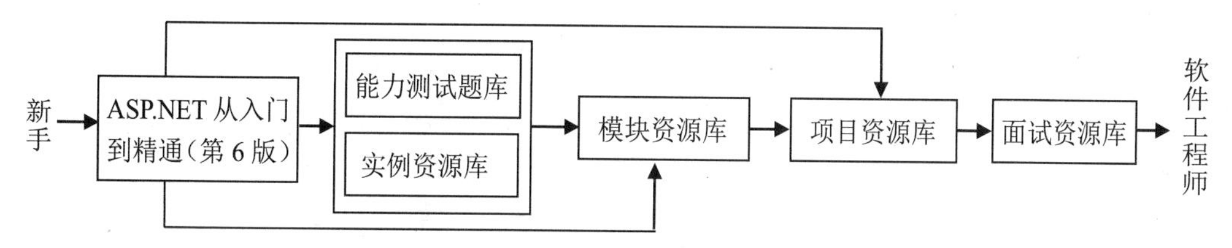

图 1　本书与附赠开发资源库配合学习的流程

打开资源包中的“开发资源库”文件夹，运行 ASP.NET 程序开发资源库.exe 程序，即可进入“ASP.NET 程序开发资源库”系统，其主界面如图 2 所示。

图 2　ASP.NET 程序开发资源库主界面

在学习本书时，可利用实例资源库提供的大量热点实例和关键实例巩固所学编程技能，提高编程兴趣和自信心；也可以利用能力测试题库进行测试，检验学习成果。具体流程如图 3 所示。

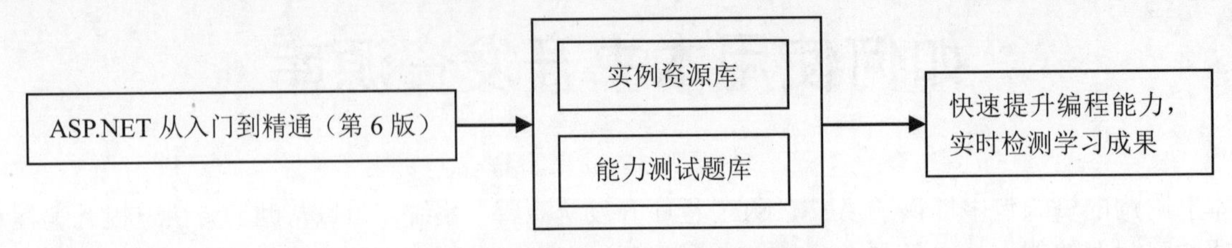

图 3　使用实例资源库和能力测试题库

对于数学逻辑能力和英语基础较为薄弱的读者，本书提供了数学及逻辑思维能力测试和编程英语能力测试，以供读者进行练习和测试，如图 4 所示。

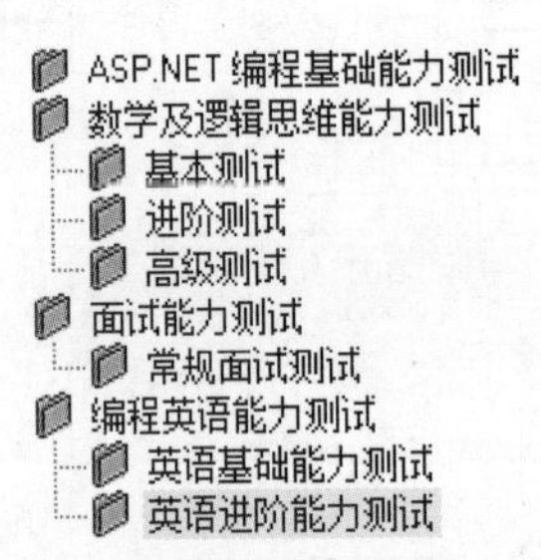

图 4　数学及逻辑思维能力测试和编程英语能力测试目录

学习完本书后，读者可通过模块资源库和项目资源库中的 30 个经典模块和项目，全面提升个人综合编程技能和解决实际开发问题的能力，为成为软件开发工程师打下坚实基础。具体模块和项目目录如图 5 所示。

万事俱备，该到软件开发的主战场上接受洗礼了。面试资源库中提供了大量国内外软件企业的常见面试真题，同时还提供了程序员职业规划、程序员面试技巧、企业面试真题汇编和虚拟面试系统等精彩内容，是程序员求职面试的绝佳指南。面试资源库的具体内容如图 6 所示。

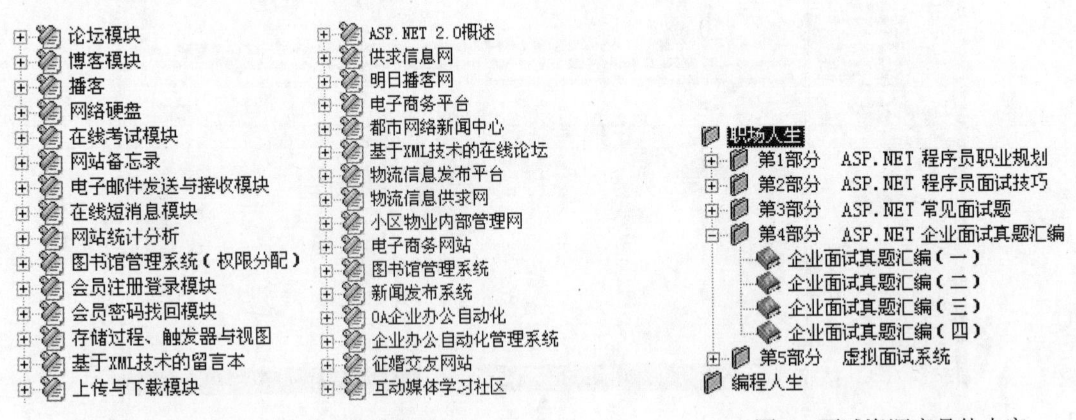

图 5　模块资源库和项目资源库目录

图 6　面试资源库具体内容

前　言

Preface

丛书说明：“软件开发视频大讲堂”丛书（第 1 版）于 2008 年 8 月出版，因其编写细腻、易学实用、配备海量学习资源和全程视频等，在软件开发类图书市场上产生了很大反响，绝大部分品种在全国软件开发零售图书排行榜中名列前茅，2009 年多个品种被评为“全国优秀畅销书”。

“软件开发视频大讲堂”丛书（第 2 版）于 2010 年 8 月出版，第 3 版于 2012 年 8 月出版，第 4 版于 2016 年 10 月出版，第 5 版于 2019 年 3 月出版。丛书连续畅销 12 年，迄今累计重印 620 次，销售 400 多万册。不仅深受广大程序员的喜爱，还被百余所高校选为计算机、软件等相关专业的教学参考用书。

“软件开发视频大讲堂”丛书（第 6 版）在继承前 5 版优点的基础上，将开发环境和工具更新为目前最新版本，并且重新录制了教学微课视频。并结合目前市场需要，进一步对丛书品种进行完善，对相关内容进行了更新优化，使之更适合读者学习。同时，为了方便教学使用，还提供了教学课件 PPT。

ASP.NET 是 Microsoft 公司推出的新一代建立动态 Web 应用程序的开发平台，它可以把程序开发人员的工作效率提升到其他技术都无法比拟的程度。与 Java、PHP、ASP 3.0、Perl 等相比，ASP.NET 具有方便、灵活、性能优、生产效率高、安全性高、完整性强及面向对象等特点，是目前主流的网络编程工具之一。

本书内容

本书结合最新的 Visual Studio 2019 开发工具和 SQL Server 数据库，对 ASP.NET 网站开发技术进行全新升级。全书共分 4 篇，大体结构如下图所示。

第 1 篇：基础知识。本篇介绍了 ASP.NET 开发入门、ASP.NET 的内置对象、ASP.NET Web 常用控件和数据验证技术等知识，并结合大量的图示、示例和视频等使读者快速掌握 ASP.NET，为以后编程奠定坚实的基础。

第 2 篇：核心技术。本篇介绍了母版页、主题、数据绑定、使用 ADO.NET 操作数据库、数据绑定控件、LINQ 数据访问技术、站点导航控件和 Web 用户控件等知识。学习完本篇，读者能够开发一些小型 Web 应用程序和数据库程序。

第 3 篇：高级应用。本篇介绍了 ASP.NET 缓存技术、程序调试与错误处理、GDI+图形图像技术、E-mail 邮件发送、Web Service、ASP.NET MVC 编程和 ASP.NET 网站发布等知识。学习完本篇，在实际开发过程中能够提高 Web 应用程序的安全性与性能，进行多媒体程序开发等。

第 4 篇：项目实战。本篇包括注册及登录验证模块设计、模拟 12306 售票图片验证码、购物车、九宫格抽奖、趣味图片生成器和 BBS 论坛（ASP.NET MVC 版）。这些项目由浅入深，带领读者一步一步体验开发 Web 项目的全过程。

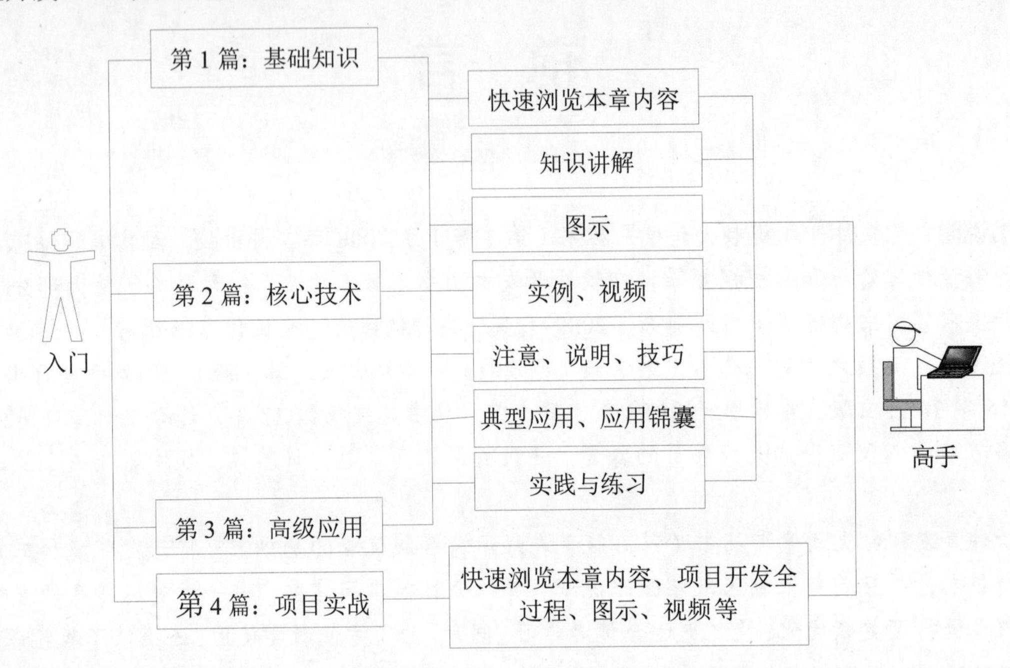

本书特点

- ☑ **由浅入深，循序渐进**：本书以初、中级程序员为对象，先从 ASP.NET 基础学起，再学习 ASP.NET 的核心技术，然后学习 ASP.NET 的高级应用，最后学习项目的开发。讲解过程步骤详尽、版式新颖，让读者在阅读时一目了然，从而快速掌握书中内容。
- ☑ **微课视频，讲解详尽**：为便于读者直观感受程序开发的全过程，书中重要章节配备了视频讲解（总时长 20 小时，共 229 集），使用手机扫描小节标题一侧的二维码，即可观看学习。初学者可轻松入门，感受编程的快乐和成就感，进一步增强学习的信心。
- ☑ **基础示例+实践练习+项目案例，实战为王**：通过例子学习是最好的学习方式，本书核心知识讲解通过“一个知识点、一个示例、一个结果、一段评析、一个综合应用”的模式，详尽透彻地讲述了实际开发中所需的各类知识。全书共计有 106 个应用示例，21 个实践练习，6 个项目案例，为初学者打造“学习 1 小时，训练 10 小时”的强化实战学习环境。
- ☑ **精彩栏目，贴心提醒**：本书根据需要在各章安排了很多“注意”“说明”“技巧”“误区警示”等小栏目，让读者可以在学习过程中更轻松地理解相关知识点及概念，更快地掌握个别技术的应用技巧。
- ☑ **海量资源，可查可练**：本书提供了强大的 ASP.NET 程序开发资源库，包含实例资源库（126 个实例）、模块资源库（15 个典型模块）、项目资源库（15 个真实项目）、能力测试题库（596 道能力测试题）和面试资源库（343 道企业面试真题）。

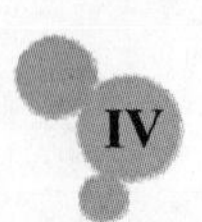

读者对象

☑ 初学编程的自学者
☑ 编程爱好者
☑ 大中专院校的老师和学生
☑ 相关培训机构的老师和学员
☑ 正在做毕业设计的学生
☑ 初、中级程序开发人员
☑ 程序测试及维护人员
☑ 参加实习的“菜鸟”程序员

学习资源

本书提供了大量的辅助学习资源，读者可扫描图书封底的“文泉云盘”二维码，或登录清华大学出版社网站（www.tup.com.cn），在对应图书页面下查阅各类学习资源的获取方式。

☑ 视频讲解资源

读者可先扫描图书封底的权限二维码（需要刮开涂层），获取学习权限，然后扫描各章节知识点、案例旁的二维码，观看对应的视频讲解。

☑ 拓展学习资源

读者可扫码登录清大文森学堂，获取本书的源代码、微课视频、开发资源库等资源，可参加辅导答疑直播课。同时，还可以获得更多的软件开发进阶学习资源、职业成长知识图谱等，技术上释疑解惑，职业上交流成长。

清大文森学堂

致读者

本书由明日科技 ASP.NET 程序开发团队组织编写。明日科技是一家专业从事软件开发、教育培训及软件开发教育资源整合的高科技公司，其编写的教材既注重选取软件开发中的必需、常用内容，又注重内容的易学、方便及相关知识的拓展，深受读者喜爱。其编写的教材多次荣获“全行业优秀畅销品种”“中国大学出版社优秀畅销书”等奖项，多个品种长期位居同类图书销售排行榜的前列。

在本书编写的过程中，我们以科学、严谨的态度，力求精益求精，但疏漏之处在所难免，敬请广大读者批评指正。

感谢您购买本书，希望本书能成为您编程路上的领航者。

“零门槛”学编程，一切皆有可能。

祝读书快乐！

编　者

2021 年 6 月

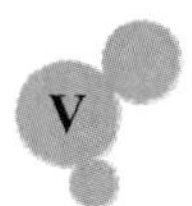

目　录

Contents

第1篇　基础知识

第 2 篇 核心技术

第 3 篇 高级应用

第4篇　项目实战

第1篇 基础知识

本篇介绍了ASP.NET开发入门、ASP.NET的内置对象、ASP.NET Web常用控件和数据验证技术等知识，并结合大量的图示、示例和视频等内容使读者快速掌握ASP.NET，为今后编程奠定坚实的基础。

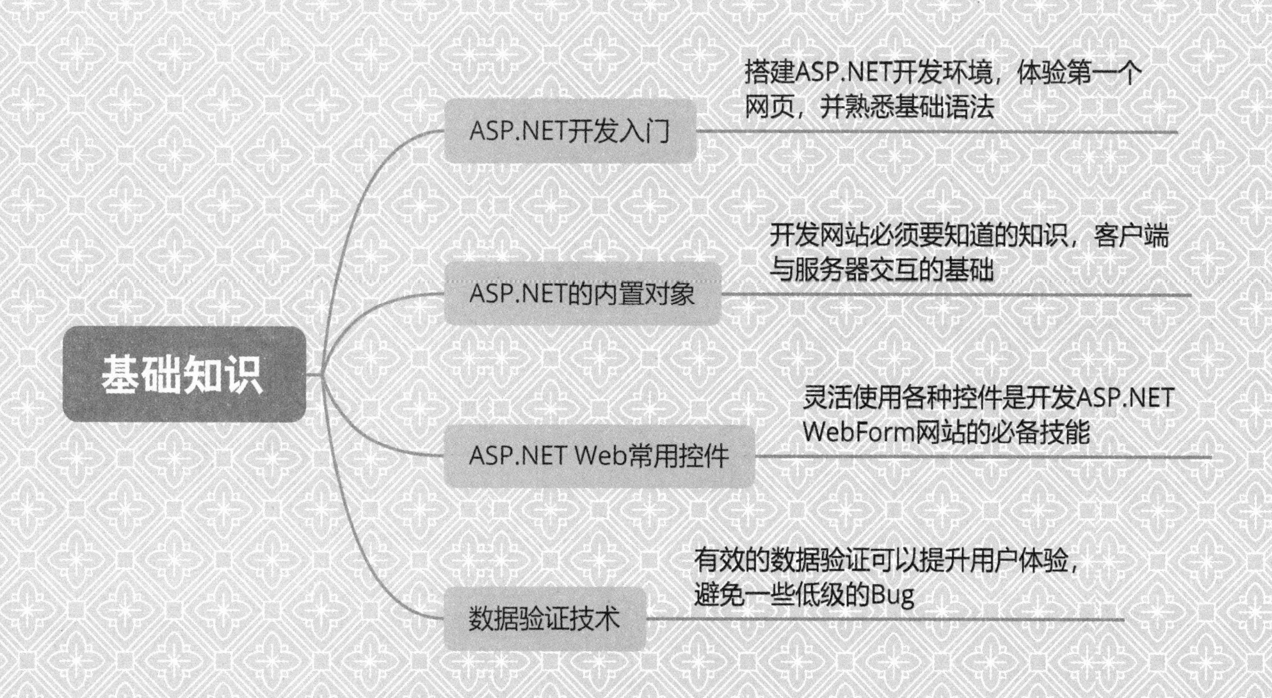
基础知识
ASP.NET开发入门
搭建ASP.NET开发环境，体验第一个网页，并熟悉基础语法
ASP.NET的内置对象
开发网站必须要知道的知识，客户端与服务器交互的基础
ASP.NET Web常用控件
灵活使用各种控件是开发ASP.NET WebForm网站的必备技能
数据验证技术
有效的数据验证可以提升用户体验，避免一些低级的Bug

第 1 章

ASP.NET 开发入门

ASP.NET 技术是 Microsoft Web 开发史上的一个重要的里程碑，使用 ASP.NET 开发 Web 应用程序并维持其运行比以前变得更加简单。通过本章的学习，读者会对 ASP.NET 有进一步的认识，学会安装、搭建并熟悉 ASP.NET 环境，了解一些网页相关的基本知识，开始 ASP.NET 技术的学习之旅。

本章知识架构及重难点如下。

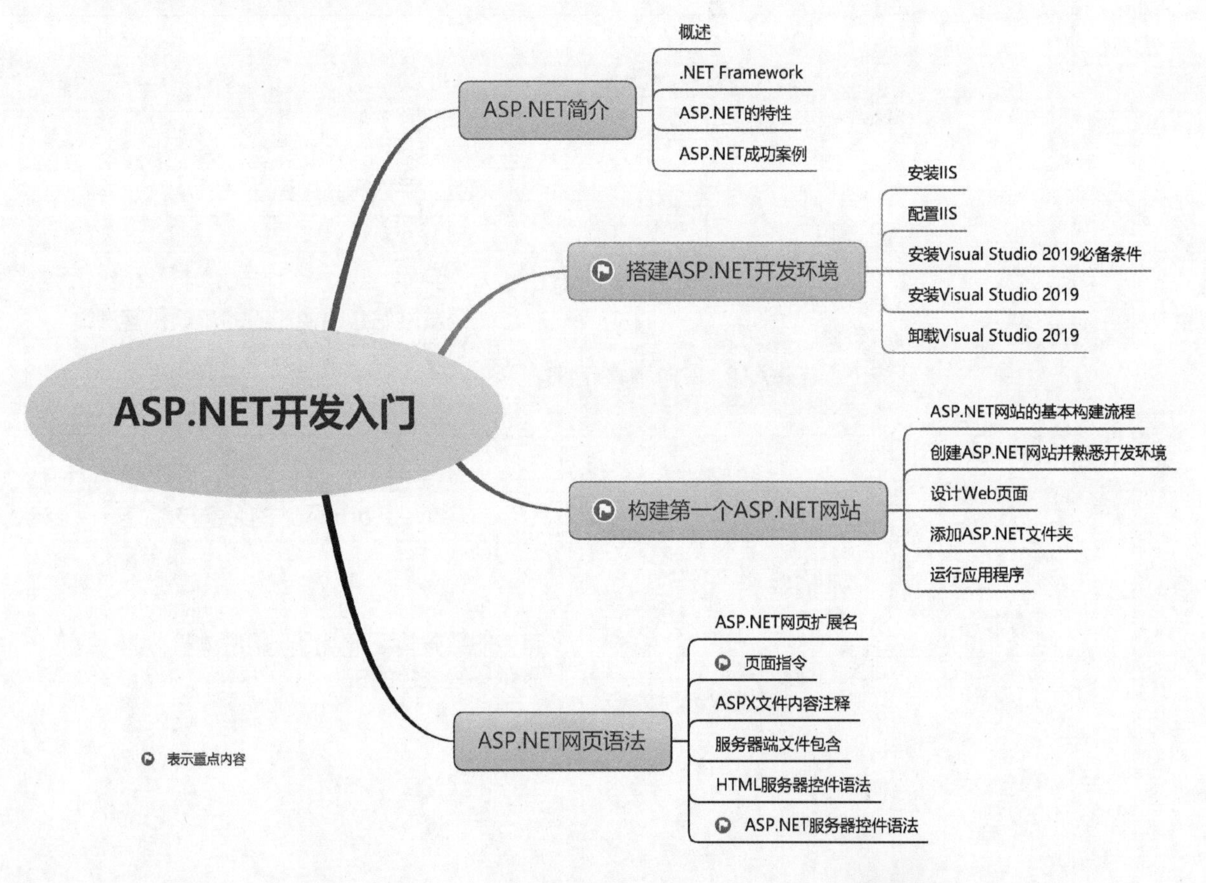

1.1 ASP.NET 简介

ASP.NET 是 Microsoft 公司推出的新一代建立动态 Web 应用程序的开发平台，是一种建立动态 Web 应用程序的新技术。本节将带领读者认识 ASP.NET。

1.1.1　概述

ASP.NET 是一种开发动态网站的技术，是.NET 框架的一部分，可以使用任何.NET 兼容的语言（如 Visual Basic .NET、C#、J#等语言）来编写 ASP.NET 网站。ASP.NET 是作为.NET Framework 体系结构的一部分推出的。

使用 ASP.NET 开发网站时，用“简化”来形容一点也不为过，因为其设计目标是将应用程序代码数减少 70%，改变过去那种需要编写很多重复性代码的状况，尽可能达到写很少的代码就能完成任务的效果。对于应用架构师和开发人员而言，ASP.NET 是 Microsoft Web 开发史上的一个重要的里程碑！

1.1.2　.NET Framework

.NET Framework 是Microsoft 公司推出的完全面向对象的软件开发与运行平台。.NET Framework 具有两个主要组件：公共语言运行时（Common Language Runtime，CLR）和类库。

- ☑ 公共语言运行时：公共语言运行时负责管理和执行由.NET 编译器编译产生的中间语言代码（.NET 程序执行原理如图 1.1 所示）。公共语言运行时的存在，解决了很多传统编译语言的一些致命缺点，如垃圾内存回收、安全性检查等。
- ☑ 类库：类库比较好理解，就好比一个装满了工具的大仓库。类库里有很多现成的类，可以拿来直接使用。例如，操作文件时，可以直接使用类库里的 IO 类。

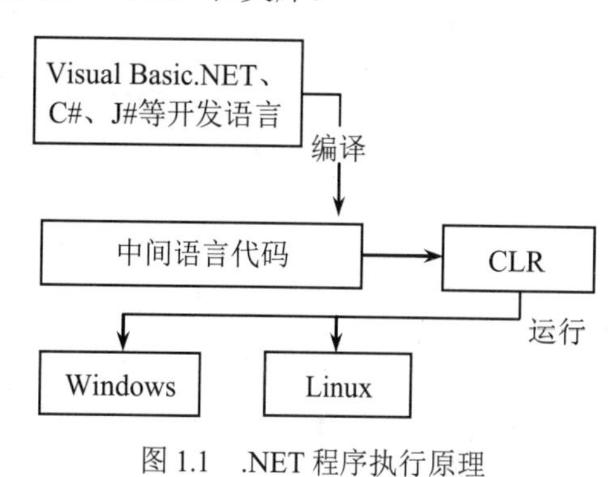

图 1.1　.NET 程序执行原理

1.1.3　ASP.NET 的特性

与其他语言相比，用 ASP.NET 开发网站的速度是非常惊人的，维护起来也很方便，且使用代码少。同时，还可以根据自己的需求向 ASP.NET 添加自定义功能。ASP.NET 的特性主要包括以下几个方面。

- ☑ 使用 ASP.NET 服务器控件和包含新增功能的现有控件可以轻松、快捷地创建 ASP.NET 网站。
- ☑ 很多 ASP.NET 功能都可以扩展，这样可以轻松地将自定义功能集成到程序中。例如，ASP.NET 为不同数据源提供插入支持。
- ☑ 使用缓存和 SQL 缓存失效等功能可以优化网站的性能。
- ☑ 向网站程序中添加身份验证和授权比以往任何时候都简单。
- ☑ 利用 ASP.NET 中自带的 jQuery 组件可以创建更有效、更具交互性和个性化的 Web 体验。
- ☑ Visual Studio 2019 能够完美支持 WF、WCF 和 WPF。

1.1.4　ASP.NET 成功案例

ASP.NET 作为Microsoft 公司全力推出的一种动态网站开发技术，经过最近几年的发展，在实际生活中已经有了很多成功的项目案例，如著名的体育网站 ESPN、汽车之家官网、携程旅行网、中国工商银行官网等都是用 ASP.NET 开发的，其效果图如图 1.2～图 1.5 所示。

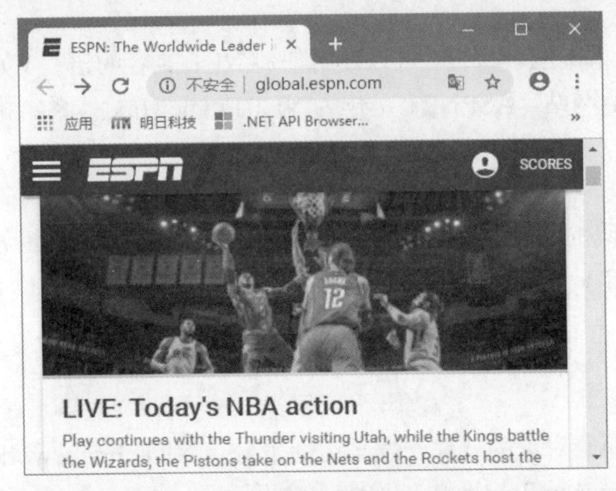

图 1.2　体育网站 ESPN

图 1.3　汽车之家官网

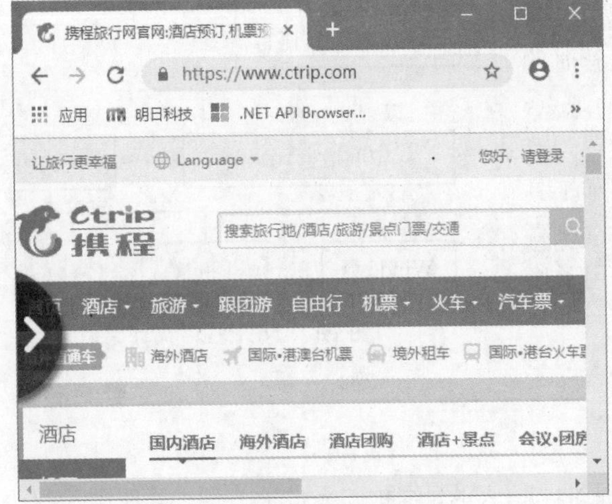

图 1.4　携程旅行网

图 1.5　中国工商银行官网

1.2　搭建 ASP.NET 开发环境

1.2.1　安装 IIS

ASP.NET 作为一项服务，首先需要在运行它的服务器上建立 Internet 信息服务（IIS）。IIS 是 Internet Information Services 的缩写，是 Microsoft 公司主推的 Web 服务器，通过 IIS 开发人员可以更方便地调试程序或发布网站。

下面介绍在 Windows 10 操作系统中安装 IIS 的过程，具体步骤如下。

（1）在 Windows 10 操作系统中依次选择“控制面板”→“程序”→“程序和功能”→“启用或关闭 Windows 功能”选项，弹出“Windows 功能”窗口，如图 1.6 所示。

（2）在该窗口中选中 Internet Information Services（Internet 信息服务）复选框，单击“确定”按钮，弹出如图 1.7 所示的显示安装进度的对话框，安装完成后单击“关闭”按钮，关闭该对话框。

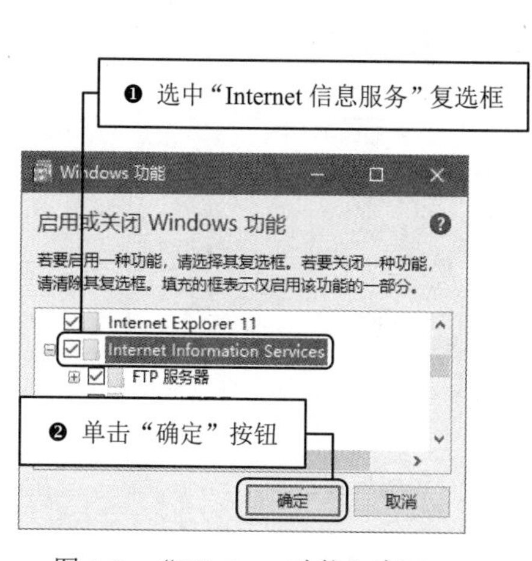

图 1.6　“Windows 功能”窗口

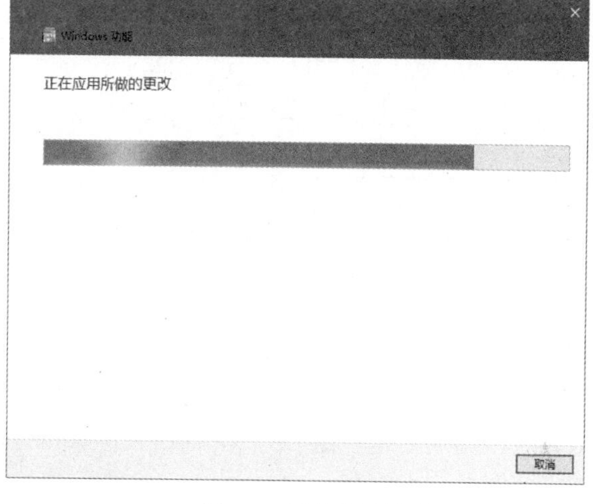

图 1.7　显示安装进度

（3）IIS 安装完成之后，依次选择“控制面板”→“系统和安全”→“管理工具”，从打开的界面中可以看到“Internet Information Services (IIS)管理器”，如图 1.8 所示。

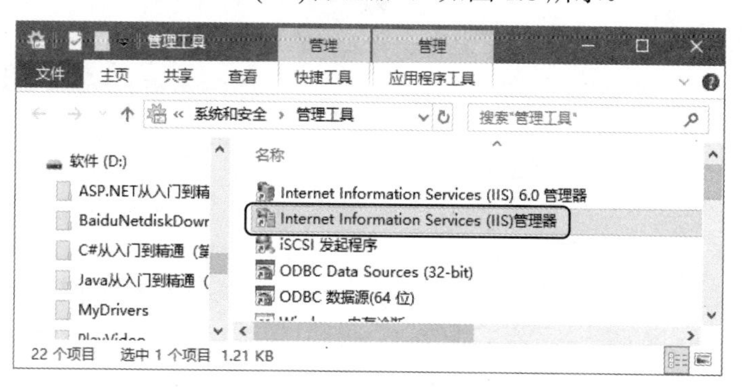

图 1.8　Internet Information Services (IIS)管理器

以上为 IIS 的完整安装步骤，读者可按照步骤进行安装。

1.2.2　配置 IIS

安装完 IIS 后就要对其进行必要的配置，这样才能使服务器在最优的环境下运行。下面介绍配置与管理 IIS 的具体步骤。

（1）依次选择“控制面板”→“系统和安全”→“管理工具”→“Internet Information Services (IIS)管理器”选项，弹出“Internet Information Services (IIS)管理器”窗口。

（2）展开网站节点，选中 Default Web Site 节点，然后在右侧的“操作”列表中单击“基本设置”

超链接，如图 1.9 所示，弹出“编辑网站”对话框。

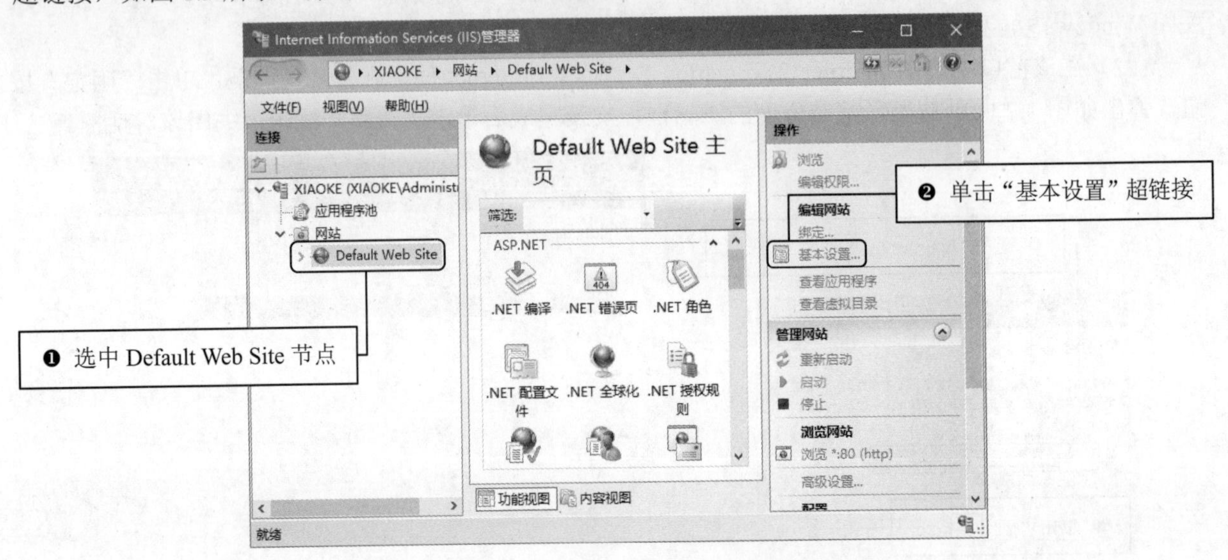

图 1.9 “Internet Information Services (IIS)管理器”窗口

（3）在“编辑网站”对话框中单击“…”按钮，选择网站文件夹所在路径，然后单击“选择”按钮，如图 1.10 所示，弹出“选择应用程序池”对话框，如图 1.11 所示，选择 DefaultAppPool，单击“确定”按钮，返回“编辑网站”对话框，单击“确定”按钮，即可完成网站路径的选择。

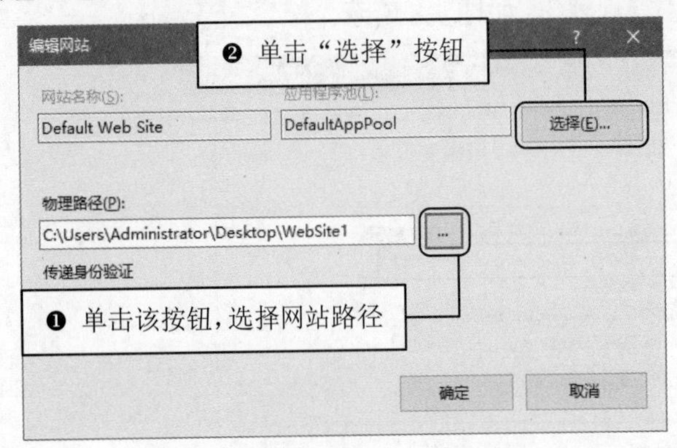

图 1.10 “编辑网站”对话框

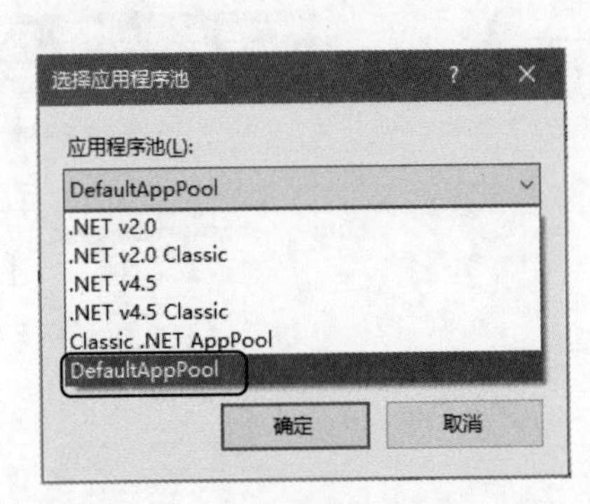

图 1.11 “选择应用程序池”对话框

注意

使用 IIS 浏览 ASP.NET 网站时，首先需要保证.NET Framework 框架已经安装并配置到 IIS 上，如果没有安装，则需要在“开始”菜单中打开“VS2019 开发人员命令提示”工具，然后在其中执行系统目录中 Windows\Microsoft.NET\Framework\v4.0.30319 文件夹下的 aspnet_regiis.exe 文件。

（4）在“Internet Information Services (IIS)管理器”窗口中单击“内容视图”，切换到“内容视图”页面，如图 1.12 所示，在该页面中间的列表中选中要浏览的 ASP.NET 网页，右击，在弹出的快捷菜单中选择“浏览”命令，即可浏览选中的 ASP.NET 网页。

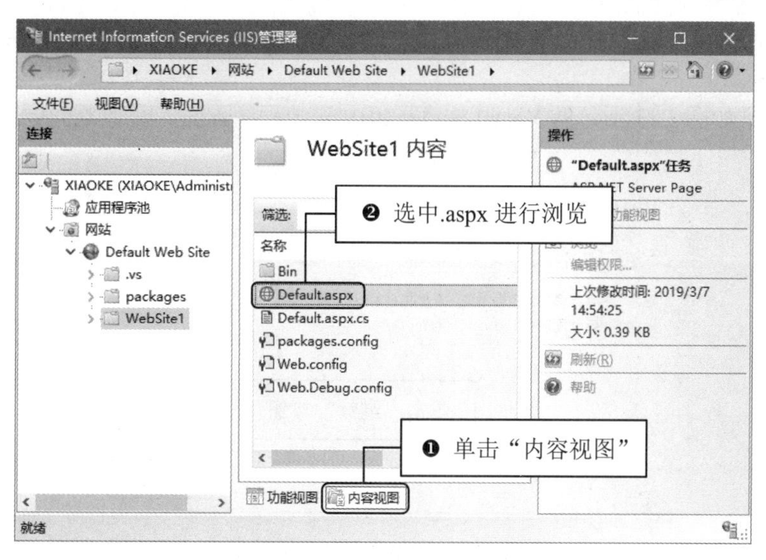

图 1.12　“内容视图”页面

1.2.3　安装 Visual Studio 2019 必备条件

安装 Visual Studio 2019 之前，首先要了解安装 Visual Studio 2019 的必备条件，检查计算机的软硬件配置是否满足 Visual Studio 2019 开发环境的安装要求，具体要求如表 1.1 所示。

表 1.1　安装 Visual Studio 2019 的必备条件

名　　称	说　　明
处理器	2.0GHz 双核处理器，建议使用四核处理器或者更高
RAM	4GB，建议使用 8GB 内存
可用硬盘空间	系统盘上最少需要 10GB 的可用空间（典型安装需要 20～50GB 可用空间）
显示器	1280×720，建议 1366×768 或更高的分辨率
操作系统及所需补丁	Windows 7（SP1）、Windows 8.1、Windows Server 2012 R2（x64）、Windows Server 2016、Windows Server 2019、Windows 10，建议使用 64 位

1.2.4　安装 Visual Studio 2019

Visual Studio 2019 是 Microsoft 公司为了配合.NET 战略推出的 IDE 开发环境，同时也是目前开发 ASP.NET 网站最新的工具。本节以 Visual Studio 2019 社区版的安装为例讲解具体的安装步骤。

说明

Visual Studio 2019 社区版是完全免费的，其下载地址为 https://www.visualstudio.com/zh-hans/downloads/。

安装 Visual Studio 2019 社区版的步骤如下。

（1）Visual Studio 2019 社区版的安装文件是.exe 可执行文件，其命名格式为“vs_community__编

译版本号.exe”，笔者在写作本书时，下载的安装文件为 vs_community__1782859289.1611536897.exe，双击该文件开始安装。

（2）首先跳转到如图 1.13 所示的 Visual Studio 2019 安装程序界面，在该界面中单击“继续”按钮。

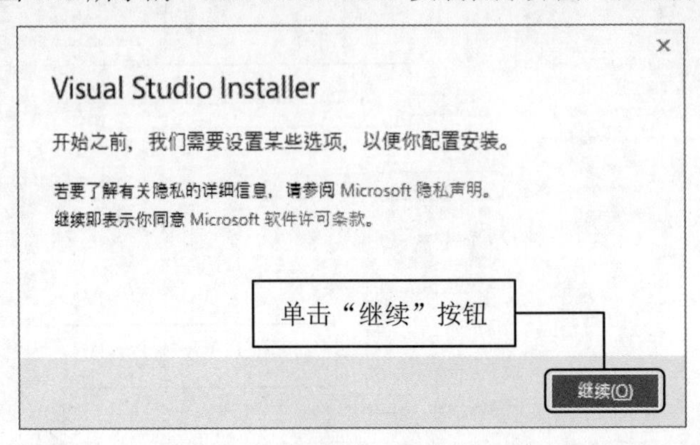

图 1.13　Visual Studio 2019 安装界面

（3）等待程序加载完成后，自动跳转到安装选择项界面，如图 1.14 所示，在该界面中将“.NET 桌面开发”和“ASP.NET 和 Web 开发”这两个复选框选中，对于其他的复选框，读者可以根据自己的开发需要确定是否选择安装；选择完要安装的功能后，在下面的“位置”处选择要安装的路径，这里建议不要安装在系统盘上，可以选择其他磁盘进行安装。设置完成后，单击“安装”按钮。

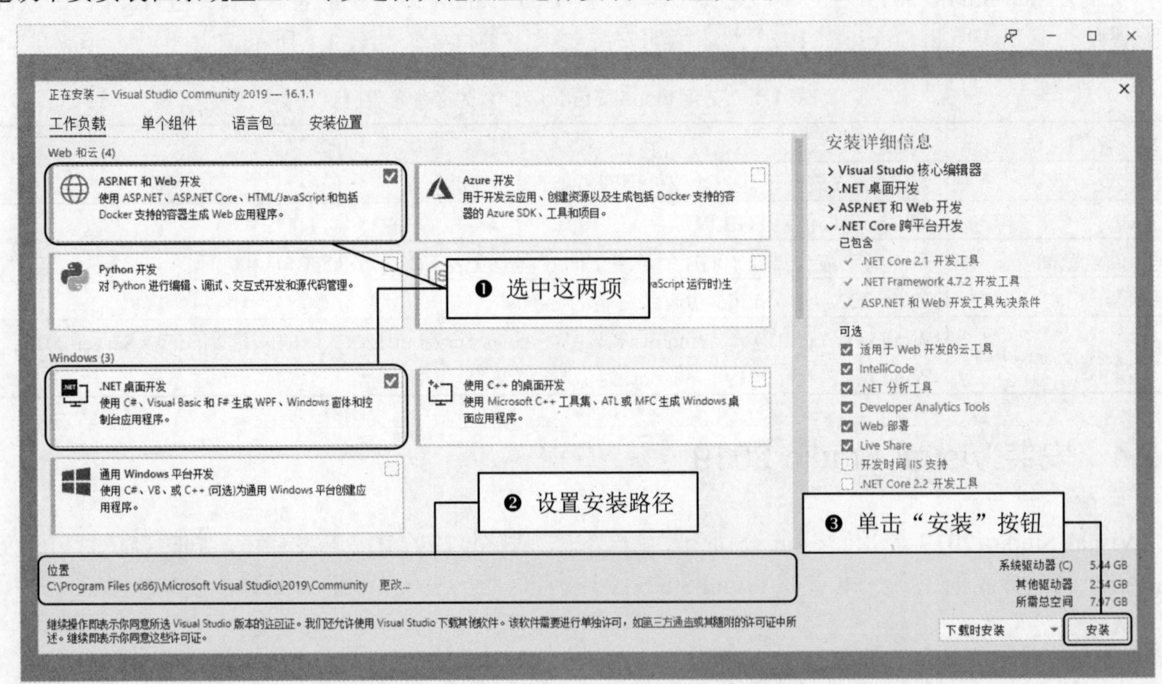

图 1.14　Visual Studio 2019 安装选择项界面

注意

在安装 Visual Studio 2019 开发环境时，一定要确保计算机处于联网状态，否则无法正常安装。

（4）安装进度界面如图 1.15 所示，在该界面中显示了下载及安装进度。

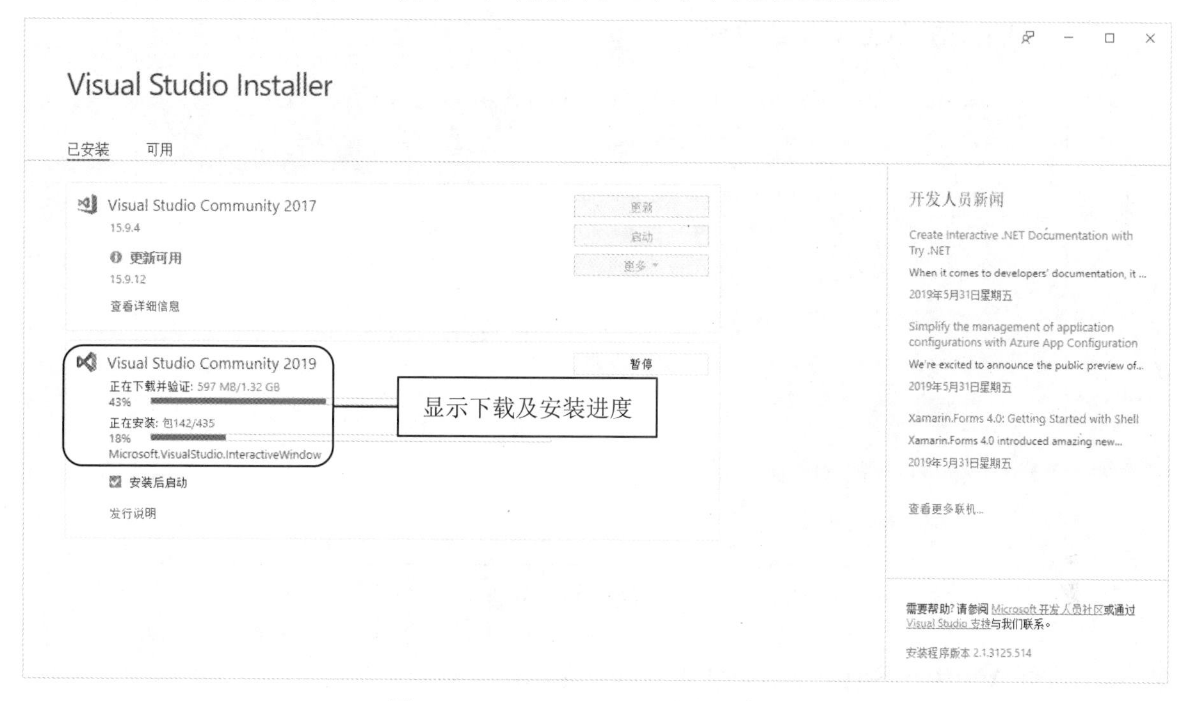

图 1.15　Visual Studio 2019 安装进度界面

（5）进度显示为 100%后，自动进入安装完成界面。在系统的“开始”菜单中选择 Visual Studio 2019，如图 1.16 所示，启动该开发环境。

（6）如果是第一次启动 Visual Studio 2019，会出现如图 1.17 所示的提示框，直接单击“以后再说。”，即可进入 Visual Studio 2019 的开始使用界面，如图 1.18 所示。

图 1.16　系统“开始”菜单中的 Visual Studio 2019 选项

图 1.17　启动 Visual Studio 2019

图 1.18　Visual Studio 2019 开始使用界面

1.2.5　卸载 Visual Studio 2019

如果要卸载 Visual Studio 2019，可以按以下步骤进行。

（1）在 Windows 10 操作系统中执行“控制面板”→“程序”→“程序和功能”命令，在打开的窗口中选中 Visual Studio Community 2019，如图 1.19 所示。

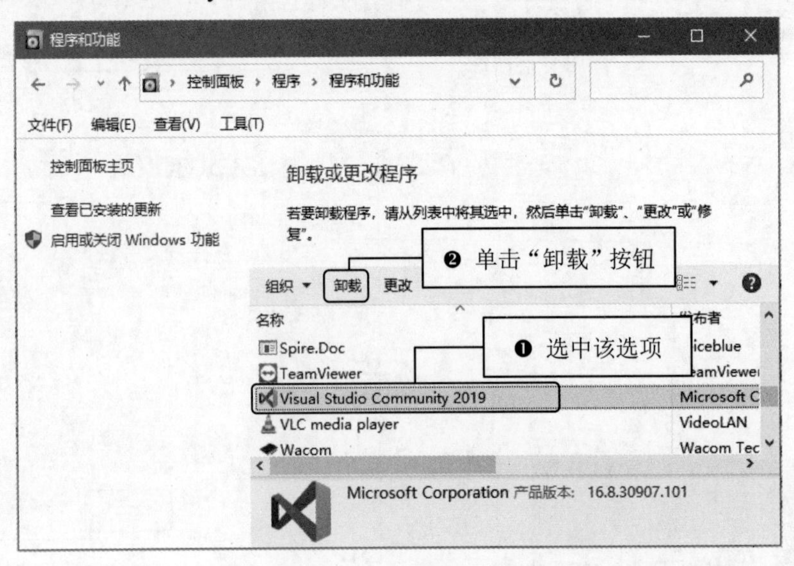

图 1.19　添加或删除程序

（2）单击“卸载”按钮，进入 Visual Studio 2019 的卸载页面，如图 1.20 所示，单击“确定”按钮，即可卸载 Visual Studio 2019。

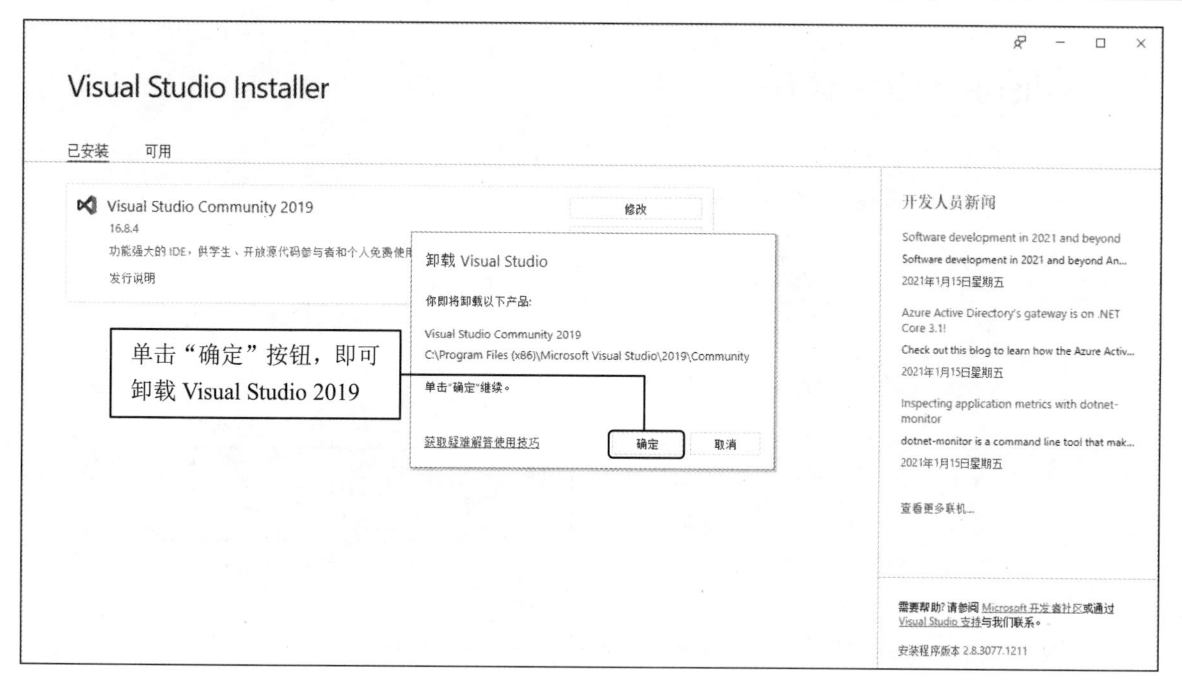

图 1.20　Visual Studio 2019 的卸载页面

1.3　构建第一个 ASP.NET 网站

1.3.1　ASP.NET 网站的基本构建流程

在学习 ASP.NET 应用程序开发前，需要了解构建一个 ASP.NET 网站的基本流程。本节将通过一个具体的流程图进行说明。

构建一个 ASP.NET 网站的基本流程如图 1.21 所示。

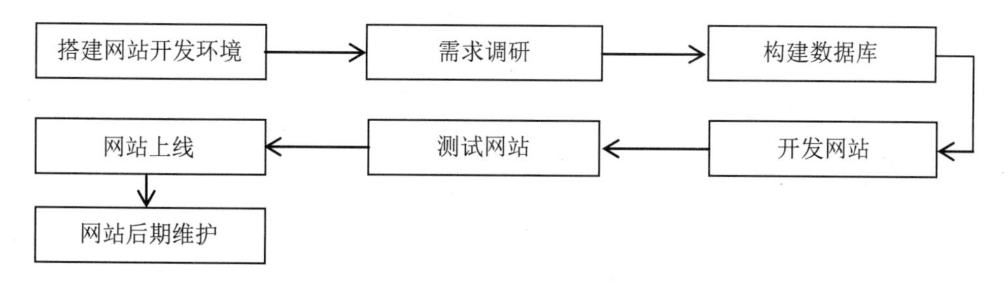

图 1.21　构建一个 ASP.NET 网站的基本流程

1.3.2　创建 ASP.NET 网站并熟悉开发环境

创建 ASP.NET 网站的步骤如下。

（1）启动 Visual Studio 2019，进入开始使用界面，选择“创建新项目”选项，如图 1.22 所示。

图 1.22　创建新项目

（2）进入“创建新项目”页面，在右侧选择“ASP.NET Web 应用程序(.NET Framework)”，单击“下一步”按钮，如图 1.23 所示。

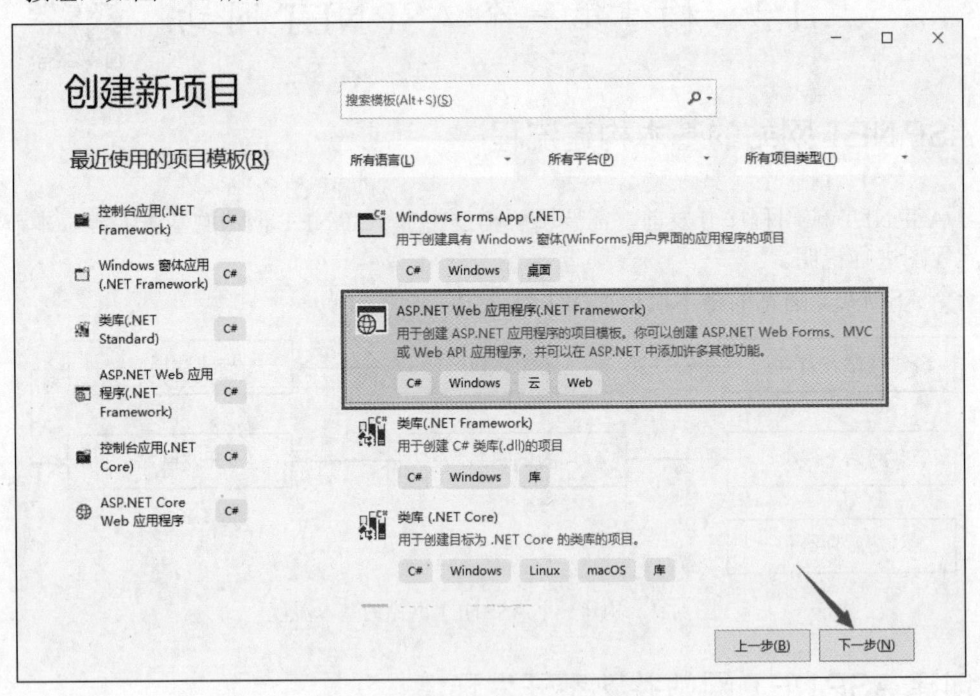

图 1.23　选择“ASP.NET Web 应用程序(.NET Framework)”

（3）进入如图 1.24 所示的“配置新项目”页面，在其中设置项目的名称、保存位置和使用的框架，单击“创建”按钮。

图 1.24　配置新项目

（4）进入“创建新的 ASP.NET Web 应用程序”对话框，如图 1.25 所示，在该对话框中可以选择创建 Web Forms、MVC、Web API 等多种类型的 ASP.NET 项目。这里为了讲解方便，选择“空”，单击“创建”按钮，即可创建一个 ASP.NET 空网站，如图 1.26 所示。

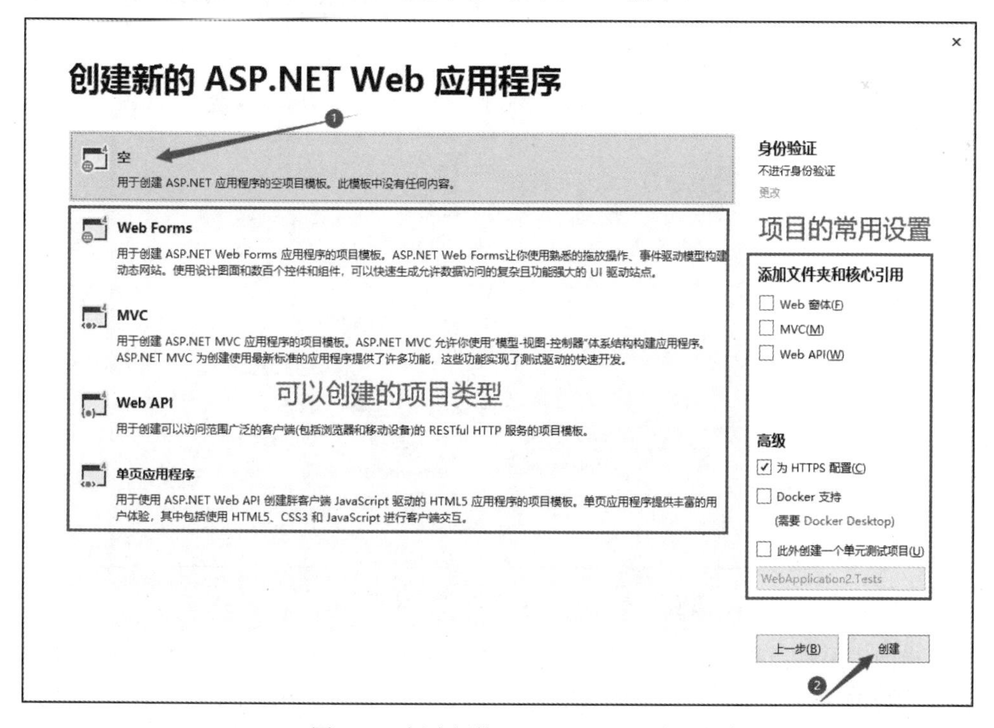

图 1.25　创建新的 ASP.NET Web 应用程序

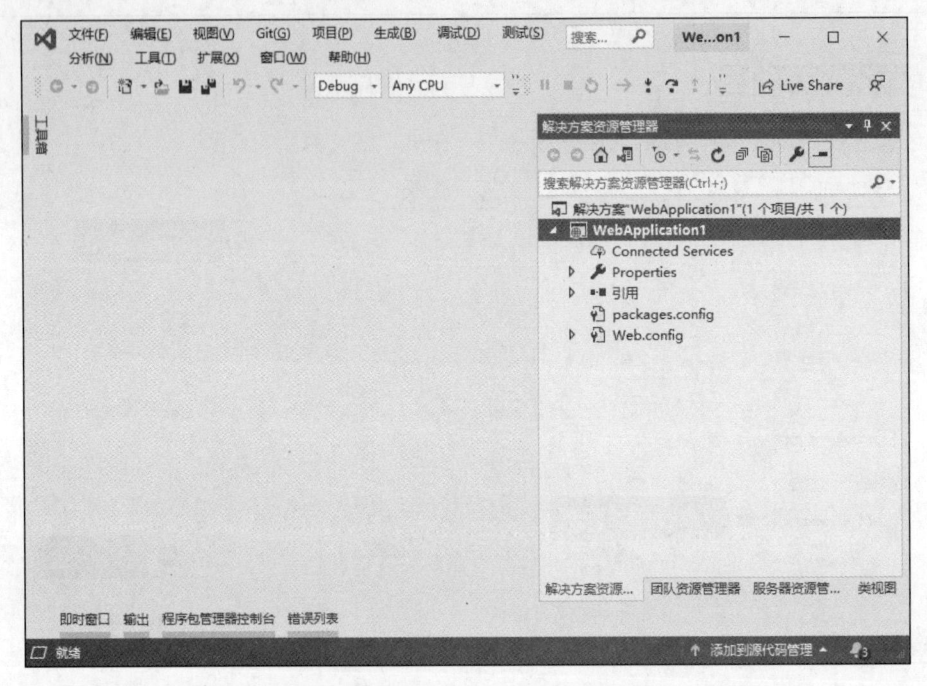

图 1.26　创建完成的 ASP.NET 空网站

（5）这个 ASP.NET 网站有两个配置文件和一个引用文件夹，右击网站名称，在弹出的快捷菜单中选择“添加”→“新建项”命令，如图 1.27 所示。

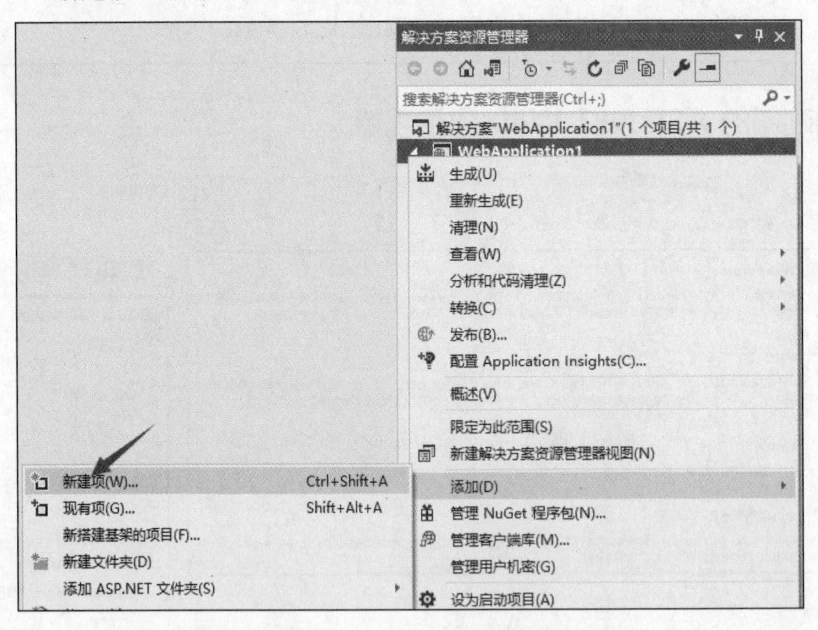

图 1.27　选择“添加”→“新建项”命令

（6）在弹出的“添加新项”对话框中，选择“Web 窗体”，并输入窗体名称，如图 1.28 所示。

（7）单击“添加”按钮，即可向当前的 ASP.NET 网站中添加一个 Web 网页，添加完成后的 ASP.NET 网站如图 1.29 所示。

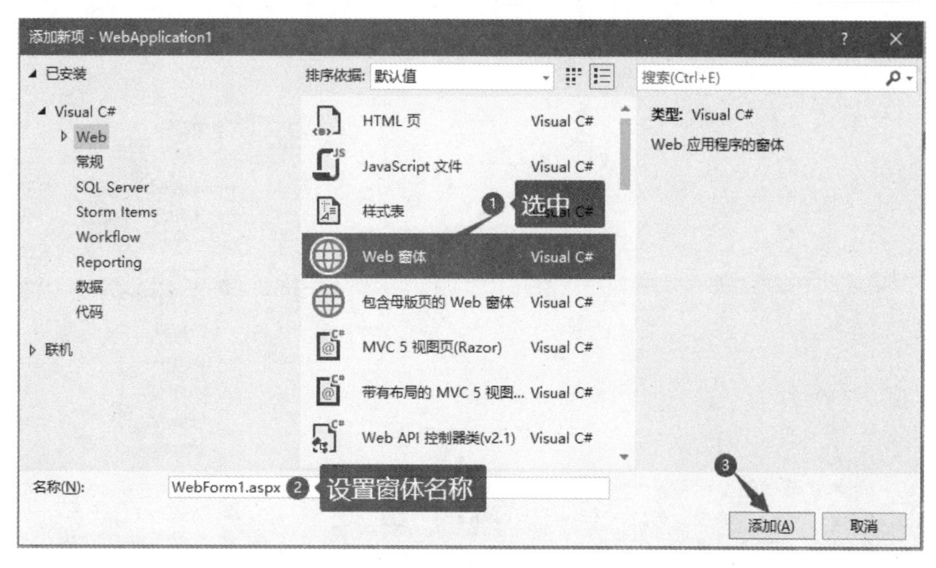

图 1.28　“添加新项”对话框

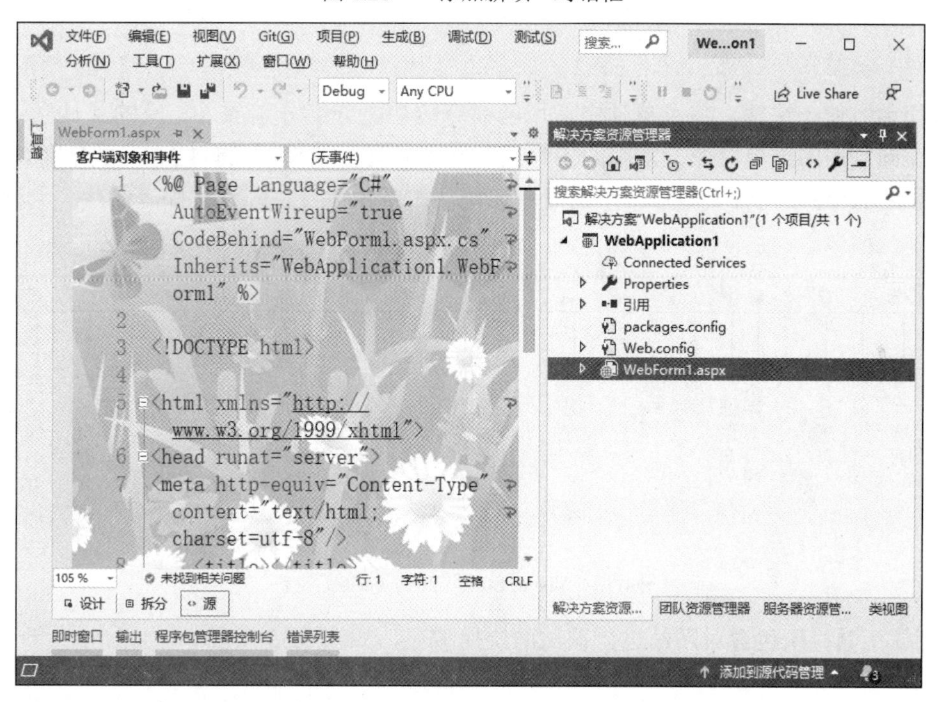

图 1.29　添加完 Web 网页的 ASP.NET 网站

下面对 Visual Studio 2019 开发环境中的菜单栏、工具栏、“工具箱”面板、“属性”面板、“错误列表”面板、“输出”面板等进行介绍。

1．菜单栏

在菜单栏中显示了所有可用的 Visual Studio 2019 命令，除了“文件”“编辑”“视图”“窗口”“帮助”菜单，还提供了编程专用的功能菜单，如“网站”“生成”“调试”“工具”“测试”等，如图 1.30 所示。

每个菜单项中都包含若干个菜单命令，分别用来执行不同的操作。例如，“调试”菜单中包括调试网站的各种命令，如“开始调试”“开始执行（不调试）”“新建断点”等，如图 1.31 所示。

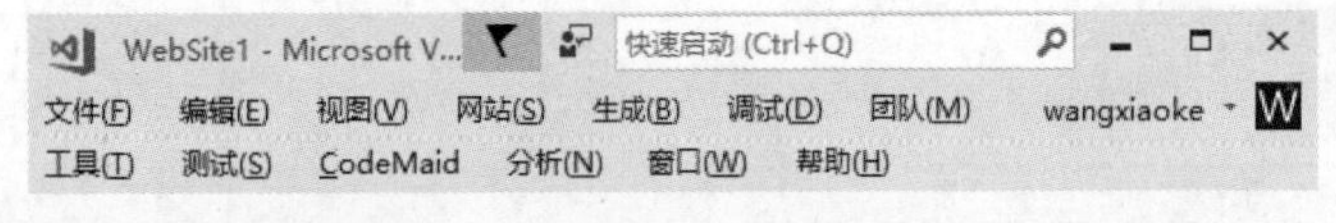

图 1.30　Visual Studio 2019 菜单栏

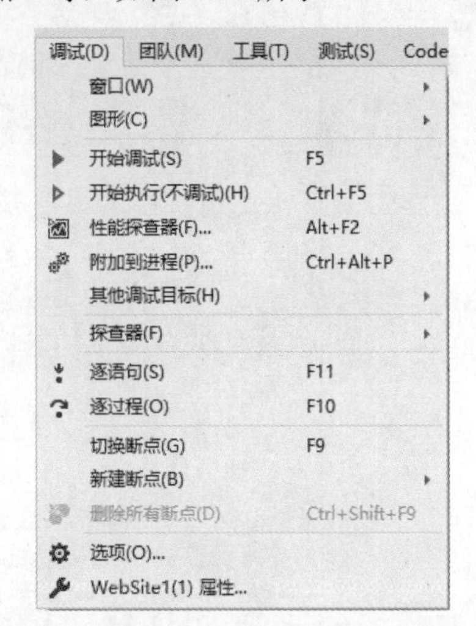

图 1.31　“调试”菜单

2. 工具栏

为了操作更方便、快捷，将菜单项中常用的命令按功能分组分别放入相应的工具栏中。通过工具栏可以快速访问常用的菜单命令。常用的工具栏有标准工具栏和调试工具栏，下面分别介绍。

（1）标准工具栏中包含大多数常用的命令按钮，如新建项目、打开文件、保存、全部保存等，如图 1.32 所示。

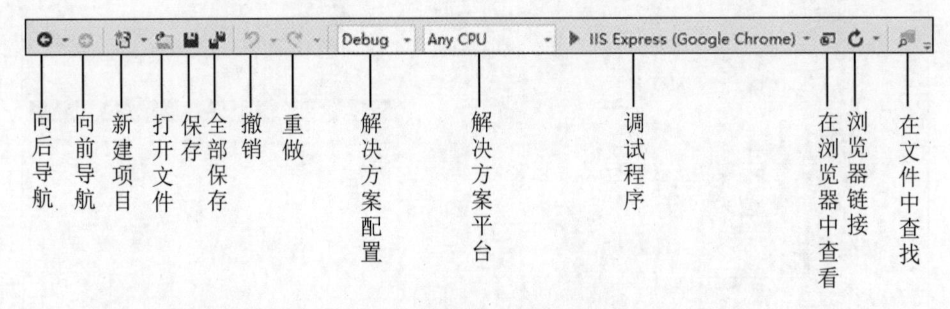

图 1.32　Visual Studio 2019 标准工具栏

（2）调试工具栏中包含对网站进行调试的快捷按钮，如图 1.33 所示。

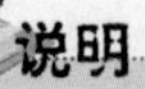

说明

在调试程序或运行程序的过程中，通常可用以下 4 种快捷键来进行操作。

（1）按 F5 键实现调试运行程序。

（2）按 Ctrl+F5 快捷键实现不调试运行程序。

（3）按 F11 键实现逐语句调试程序。

（4）按 F10 键实现逐过程调试程序。

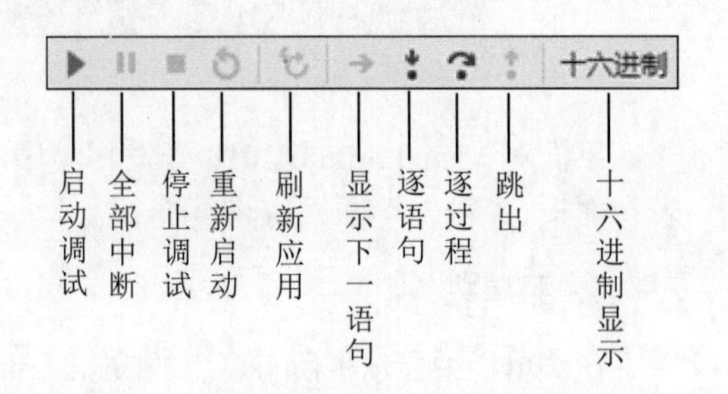

图 1.33　Visual Studio 2019 调试工具栏

3. “工具箱”面板

工具箱是 Visual Studio 2019 的重要工具，每一个开发人员都必须对这个工具非常熟悉。工具箱提供了进行 ASP.NET 网站开发所必需的控件。通过工具箱，开发人员可以方便地进行可视化的窗体设计，简化了程序设计的工作，提高了工作效率。根据控件功能的不同，将工具箱划分为 10 个栏目，如图 1.34 所示。

单击某个栏目，将显示该栏目下的所有控件，如图 1.35 所示。当需要某个控件时，可以通过双击的方式直接将该控件加载到 ASP.NET 页面中，也可以先单击需要的控件，再将其拖动到 ASP.NET 页面中。“工具箱”窗口中的控件可以通过工具箱右键菜单（如图 1.36 所示）来控制，如实现控件的排序、删除、显示方式等。

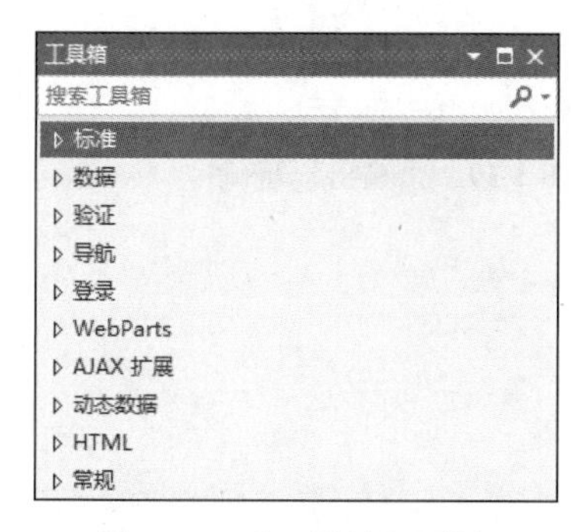

图 1.34　“工具箱”面板

图 1.35　展开后的“工具箱”面板

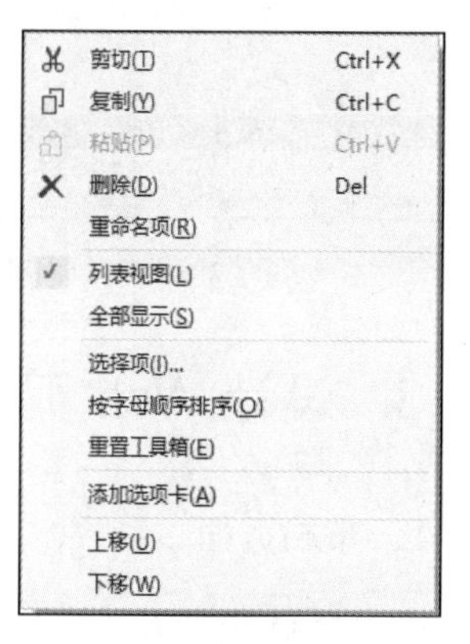

图 1.36　工具箱右键菜单

4. “属性”面板

“属性”窗口是 Visual Studio 2019 中另一个重要的工具，该窗口为 ASP.NET 网站的开发提供了简单的属性修改功能。对 ASP.NET 页面中各个控件属性的修改都可以通过“属性”面板完成。“属性”面板不仅提供了属性的设置及修改功能，还提供了事件的管理功能。通过“属性”面板可以管理控件的事件，方便编程时对事件的处理。

另外，“属性”面板采用两种方式管理属性和方法，分别为按分类方式和按字母顺序方式。读者可以根据自己的习惯采用不同的方式。该面板下方还有简单的帮助文字，方便开发人员对控件的属性进行操作和修改，“属性”面板的左侧是属性名称，相对应的右侧是属性值。“属性”面板如图 1.37 所示。

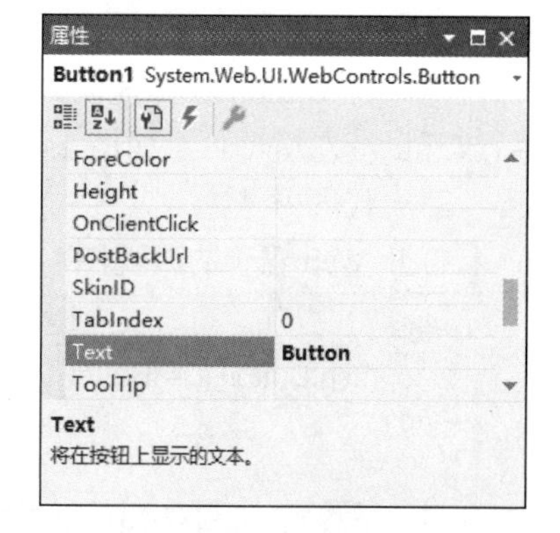

图 1.37　“属性”面板

5. “错误列表”面板

“错误列表”面板为代码中的错误提供了即时的提示和可能的解决方法。例如，若某句代码结束时缺少分号，那么“错误列表”窗口中会显示如图 1.38 所示的提示。“错误列表”就好像是一个错误提示器，它可以将程序中的错误代码及时显示给开发人员，以便开发人员通过提示信息找到相应的错误代码。

说明

双击“错误列表”面板中的某项，Visual Studio 2019 会自动定位到发生错误的语句。

6．“输出”窗口

“输出”窗口用于提示项目的生成情况，在实际编程操作中，开发人员会无数次地看到这个窗口，其外观如图 1.39 所示。“输出”窗口相当于一个记事器，它将程序运行的整个过程以数据的形式进行显示，这样可以让开发者清楚地看到程序各部分的加载与编译过程。

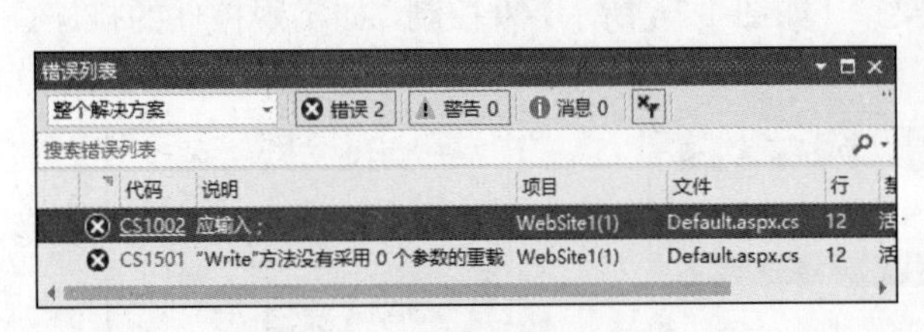

图 1.38　“错误列表”窗口

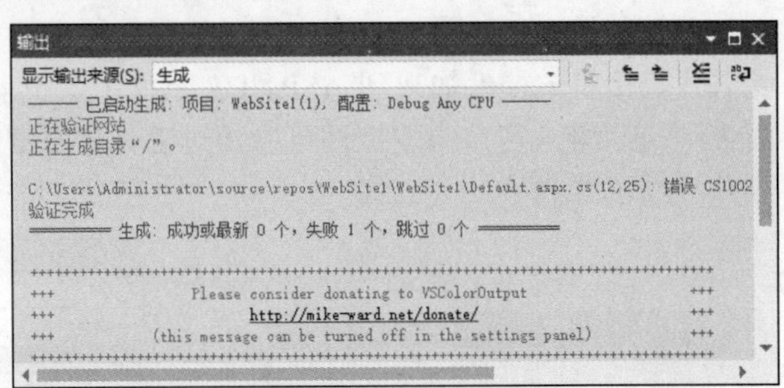

图 1.39　“输出”窗口

1.3.3　设计 Web 页面

1．布局页面

可以通过两种方法实现布局 Web 页面，一种是用 Table（表格）布局 Web 窗体，另一种是用 CSS+DIV 布局 Web 窗体。使用 Table 布局 Web 窗体需要在 Web 窗体中添加一个 html 格式表格，然后根据位置的需要，向表格中添加相关文字信息或服务器控件。使用 CSS+DIV 布局 Web 窗体需要通过 CSS 样式控制 Web 窗体中的文字信息或服务器控件的位置，这需要精通 CSS 样式，在此不做详细介绍。

2．添加服务器控件

服务器控件既可以通过拖曳的方式添加，也可以通过 ASP.NET 网页代码添加。下面通过两种方法添加一个 Button 控件。

☑　拖曳方法。

首先打开工具箱，在“标准”栏中找到 Button 控件选项，然后按住鼠标左键，将 Button 控件拖动到 Web 窗体中指定位置或表格单元格中，最后放开鼠标左键即可，如图 1.40 所示。

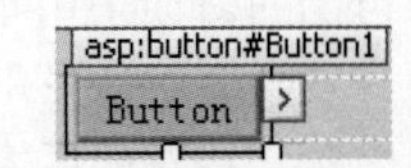

图 1.40　添加 Button 控件

☑　代码方法。

打开 Web 窗体的源视图，将 Button 控件放置到指定位置，例如，放置到表格单元格的<td>标记中。

```
<td>
    <asp:Button ID="Button1" runat="server" Text="Button" />
</td>
```

1.3.4　添加 ASP.NET 文件夹

ASP.NET 应用程序包含 6 个默认文件夹，分别为 App_Code 文件夹、App_GlobalResources 文件夹、App_LocalResources 文件夹、App_Data 文件夹、App_Browsers 文件夹和“主题”文件夹。每个文件

夹都存放了 ASP.NET 应用程序不同类型的资源，具体说明如表 1.2 所示。

表 1.2　ASP.NET 应用程序文件夹说明

文件夹名称	说　　明
App_Code	包含页使用的类的源代码（如.cs、.vb 和.jsl 文件）
App_GlobalResources	包含编译到具有全局范围的程序集中的资源（.resx 和.resources 文件）
App_LocalResources	包含与应用程序中的特定页、用户控件或母版页关联的资源（.resx 和.resources 文件）
App_Data	用户存储数据文件，最常用的如数据库
App_Browsers	包含 ASP.NET 用于标识个别浏览器并确定其功能的浏览器定义（.browser 文件）
主题	包含用于定义 ASP.NET 网页和控件外观的文件集合（.skin 和.css 文件以及图像文件和一般资源）

添加 ASP.NET 默认文件夹的方法是：在解决方案资源管理器中，选中方案名称并右击，在弹出的快捷菜单中选择“添加”→“添加 ASP.NET 文件夹”命令，在其子菜单中可以看到 6 个默认的文件夹名称，选择相应的名称即可，如图 1.41 所示。

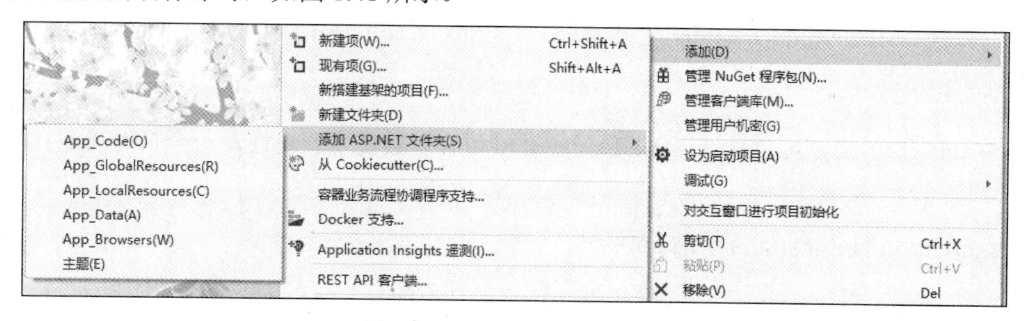

图 1.41　ASP.NET 默认文件夹

1.3.5　运行应用程序

Visual Studio 2019 中有多种方法可运行应用程序。可以选择菜单栏中的“调试”→“开始调试”命令运行应用程序，如图 1.42 所示；也可以单击工具栏上的▶按钮运行程序。

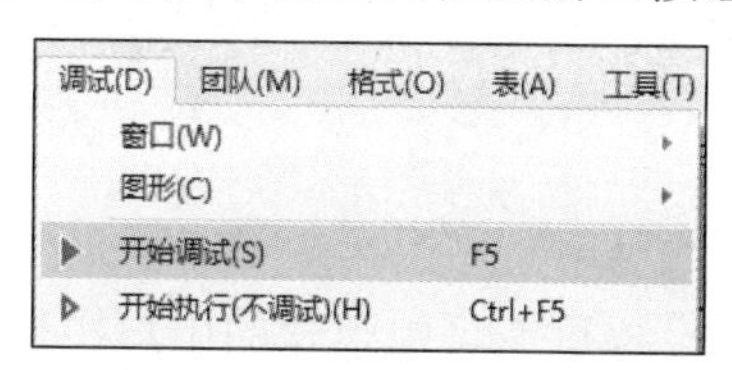

图 1.42　通过“调试”菜单运行应用程序

1.4　ASP.NET 网页语法

1.4.1　ASP.NET 网页扩展名

网站应用程序中可以包含很多文件类型。例如，在 ASP.NET 中经常使用的 ASP.NET Web 窗体页就是以.aspx 为扩展名的文件。关于 ASP.NET 网页其他扩展名的具体描述如表 1.3 所示。

表 1.3　ASP.NET 网页扩展名

文　件	扩　展　名	文　件	扩　展　名
Web 用户控件	.ascx	全局应用程序类	.asax
HTML 页	.htm	Web 配置文件	.config
XML 页	.xml	网站地图	.sitemap
母版页	.master	外观文件	.skin
Web 服务	.asmx	样式表	.css

1.4.2　页面指令

ASP.NET 页面中的前几行一般是<%@…%>这样的代码，这叫作页面的指令，用来定义 ASP.NET 页分析器和编译器使用的特定于该页的一些定义。在.aspx 文件中使用的页面指令一般有以下几种。

1．<%@Page%>

通过<%@Page%>指令可定义 ASP.NET 页分析器和编译器使用的属性，一个页面只能有一个这样的指令。

2．<%@Import Namespace="Value"%>

通过<%@Import Namespace="Value"%>指令可将命名空间导入 ASP.NET 应用程序文件中，一个指令只能导入一个命名空间，如果要导入多个命名空间，应使用多个@Import 指令来执行。有的命名空间是 ASP.NET 默认导入的，没有必要再重复导入。

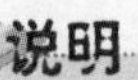

说明

ASP.NET 默认导入的命名空间包括 System、System.Configuration、System.Data、System.Linq、System.Web、System.Web.Security、System.Web.UI、System.Web.UI.HtmlControls、System.Web.UI.WebControls、System.Web.UI.WebControls.WebParts 和 System.Xml.Linq。

3．<%@OutputCache%>

通过<%@OutputCache%>指令可设置页或页中包含的用户控件的输出缓存策略。

4．<%@Implements Interface="接口名称"%>

<%@Implements Interface="接口名称"%>指令用来定义要在页或用户控件中实现的接口。

5．<%@Register%>

<%@Register%>指令用于创建标记前缀和自定义控件之间的关联关系，有以下 3 种写法。

```
<%@ Register tagprefix="tagprefix" namespace="namespace" assembly="assembly" %>
<%@ Register tagprefix="tagprefix" namespace="namespace" %>
<%@ Register tagprefix="tagprefix" tagname="tagname" src="pathname" %>
```

- ☑ tagprefix：一个任意别名，它提供对包含指令的文件中所使用的标记命名空间的短引用。
- ☑ namespace：正在注册的自定义控件的命名空间。
- ☑ tagname：与类关联的任意别名。此属性只用于用户控件。
- ☑ src：与 tagprefix:tagname 对关联的声明性用户控件文件的位置，可以是相对的地址，也可以是绝对的地址。
- ☑ assembly：与 tagprefix 属性关联的命名空间的程序集，程序集名称不包括文件扩展名。如果将自定义控件的源代码文件放置在应用程序的 App_Code 文件夹下，ASP.NET 4.0 在运行时会动态编译源文件，因此不必使用 assembly 属性。

1.4.3　ASPX 文件内容注释

服务器端注释（<%--注释内容--%>）允许开发人员在 ASP.NET 应用程序文件的任何部分（除了<script>代码块内部）嵌入代码注释。服务器端注释元素的开始标记和结束标记之间的任何内容，不管是 ASP.NET 代码还是文本，都不会在服务器上进行处理或呈现在结果页上。

例如，使用服务器端注释 TextBox 控件，代码如下：

```
<%--
    <asp:TextBox ID="TextBox2" runat="server"></asp:TextBox>
--%>
```

执行后，浏览器中不会显示此文本框。

如果<script>代码块中的代码需要注释，则使用 HTML 代码中的注释（<!--注释//-->）。<!-- //-->标记用于告知浏览器忽略该标记中的语句。例如：

```
<script language ="javascript" runat ="server">
    <!--
        注释内容
    //-->
  </script>
```

误区警示

服务器端注释用于页面的主体，但不在服务器端代码块中使用。当在代码声明块（包含在<script runat="server"></script>标记中的代码）或代码呈现块（包含在<% %>标记中的代码）中使用特定语言时，应使用用于编码语言的注释语法。如果在<% %>块中使用服务器端注释块，则会出现编译错误。开始和结束注释标记可以出现在同一行代码中，也可以由许多被注释掉的行隔开。服务器端注释块不能被嵌套。

1.4.4　服务器端文件包含

服务器端文件包含用于将指定文件的内容插入 ASP.NET 文件中，这些文件包括网页（.aspx 文件）、用户控件文件（.ascx 文件）和 Global.asax 文件。包含文件是在编译之前被包含的文件按原始格式插入原始位置，相当于将两个文件组合为一个文件，两个文件的内容必须符合.aspx 文件的要求。

语法如下：

```
<!-- #include file|virtual="filename" -->
```

☑ file：文件名是相对于包含带有#include 指令的文件目录的物理路径，此路径可以是相对的。
☑ virtual：文件名是网站中虚拟目录的虚拟路径，此路径可以是相对的。

注意
使用 file 属性时包含的文件可以位于同一目录或子目录中，但该文件不能位于带有#include 指令文件的上级目录中。由于文件的物理路径可能会更改，因此建议采用 virtual 属性。

例如，使用服务器端包含指令语法调用将在 ASP.NET 页上创建页眉的文件，这里使用的是相对路径，代码如下：

```
<html>
    <body>
        <!-- #Include virtual="/include/header.ascx" -->
    </body>
</html>
```

注意
赋予 file 或 virtual 属性的值必须用引号（""）括起来。

1.4.5 HTML 服务器控件语法

默认情况下，ASP.NET 文件中的 HTML 元素作为文本进行处理，页面开发人员无法在服务器端访问文件中的 HTML 元素。要使这些元素可以被服务器端访问，必须将 HTML 元素作为服务器控件进行分析和处理，这可以通过为 HTML 元素添加 runat="server"属性来完成。服务器端通过 HTML 元素的 id 属性引用该控件。

HTML 服务器控件语法如下：

```
<控件名 id="名称" …runat="server">
```

例如，使用 HTML 服务器控件创建一个简单的 Web 应用程序，单击 Red 按钮将 Web 页的背景改为红色，程序代码如下：

```
<%@ Page Language="C#" AutoEventWireup="true"   CodeFile="HTMLTest.aspx.cs" Inherits="HTMLTest" %>
<!DOCTYPE html PUBLIC "-//W3C//DTD XHTML 1.0 Transitional//EN"
"http://www.w3.org/TR/xhtml1/DTD/xhtml1- transitional.dtd">
<html xmlns="http://www.w3.org/1999/xhtml" >
<head runat="server">
    <title>HTML 服务器控件</title>
<script language="javascript" type="text/javascript">
function btnRed_onclick() {
    form1.style.backgroundColor ="Red";
}
</script>
```

```
</head>
<body>
    <form id="form1" runat="server">
        <input id="btnRed" type="button" value="Red" onclick="return btnRed_onclick()" />
    </form>
</body>
</html>
```

运行结果如图 1.43 所示。

Red

图 1.43　HTML 服务器控件举例

注意

HTML 服务器控件必须位于具有 runat="server"属性的<form>标记中。

1.4.6　ASP.NET 服务器控件语法

ASP.NET 服务器控件比 HTML 服务器控件具有更多的内置功能。Web 服务器控件不仅包括窗体控件（如按钮和文本框），还包括特殊用途的控件（如日历、菜单和树视图控件）。Web 服务器控件比 HTML 服务器控件更抽象，因为其对象模型不一定反映 HTML 语法。

ASP.NET 服务器控件语法如下：

```
<asp:控件名 ID="名称"…组件的其他属性…runat="server" />
```

例如，使用服务器控件语法添加控件，程序代码如下：

```
<html>
<head runat="server">
    <title>服务器控件</title>
    <script language="C#" runat ="server" >
    //在页面初始化时显示按钮控件的文本
    protected void Page_Load(object sender, EventArgs e)
    {
        Response.Write(this.btnTest .Text);
    }
    </script>
</head>
<body>
    <form id="form1" runat="server">
    <div>
        <asp:Button ID="btnTest" runat="server" Text="服务器按钮控件" /></div>
    </form>
</body>
</html>
```

误区警示

在以上代码中，必须将<script>标记内的 language 属性设置为 C#，否则，<script>标记内不支持使用 C#代码。

1.4.7 代码块语法

代码块语法是在网页呈现时所执行的内嵌代码，通俗地讲就是将后台 C#代码放置在 ASPX 页面中执行。代码块以<%（小于号和百分号）开始，以%>（百分号和大于号）结束。语法格式如下：

```
<% C# Code... %>
```

例如下面这段代码，定义了一个循环 10 次的语句，循环内并没有执行任何操作。

```
<%
    for (int i = 0; i < 10; i++) {

    }
%>
```

从上面的代码可以看到，<%%>代码块标记是可以进行折行编写的。再看如下代码：

```
<%for (int i = 0; i < 10; i++){%>
    <div>这里可以定义网页标签</div>
<%}%>
```

在上面的代码中定义了一个 HTML 元素的 div 标签，并且这个标签会被循环 10 次输出到页面上。这段代码中，使用了多次<%%>标记，且每一个<%%>标记内都是 C#代码，而 div 标签被定义在了<%%>标记的外部。这是因为 div 不是 C#的代码，如果直接将 div 标签定义在<%%>内就会产生错误。所以，在 ASPX 中使用代码块时一定要区分 C#代码与 HTML 代码所处的位置。

1.5 实践与练习

尝试开发一个 ASP.NET 程序，要求使用表达式在页面中输出当前系统日期。

第 2 章

ASP.NET 的内置对象

ASP.NET 的基本内置对象包括 Response 对象、Request 对象、Application 对象、Session 对象、Cookie 对象和 Server 对象。可以使用这些对象检索在浏览器请求中发送的信息，并将输出的结果发送到浏览器，还可以存储有关用户的信息。

本章知识架构及重难点如下。

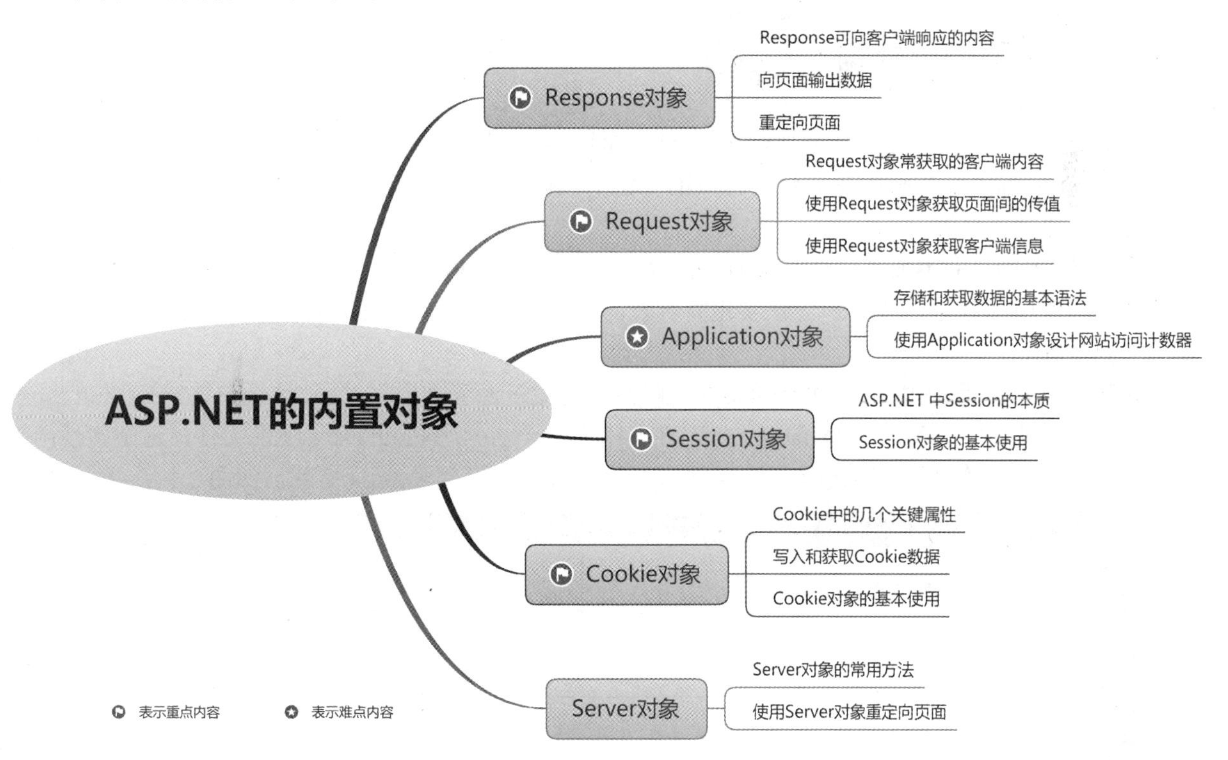

2.1 Response 对象

Response 对象用于响应并发送数据到客户端，它允许将数据作为请求的结果发送到客户端浏览器中，并提供有关响应的信息；还可以用来在页面中输出数据、在页面间跳转并传递各个页面的参数。它与 HTTP 协议的响应消息相对应。

2.1.1 Response 可向客户端响应的内容

在客户端进行一次 HTTP 请求后，服务器端需要将一些基本的信息发送给客户端，如头部信息、页面内容及 Cookie 等，那么这些内容均需要通过 Response 对象进行响应。Response 对象几个常用的属性或方法对应的功能如下。

- ☑ Write 方法：用于将页面内容输出到网页上。
- ☑ Redirect 方法：重定向页面，例如访问 A 页面时将 B 页面响应给客户端。
- ☑ Cookies 属性：响应 Cookie 的相关信息，需要将已设置好的 Cookie 对象赋给该属性。
- ☑ AddHeader 方法：可向客户端添加头部信息。
- ☑ AppendToLog 方法：将自定义的日志信息添加到 IIS 的日志文件中。

2.1.2 向页面输出数据

Response 对象最常用的一个功能就是向页面输出数据，这是 ASP.NET 最基本的功能，通过 Response.Write 方法或 WriteFile 方法可在页面上输出数据或对象，输出的对象可以是字符、字符数组、字符串、对象或文件等。

【例 2.1】向页面中输出一首古诗词。（**示例位置：资源包\mr\TM\02\01**）

本示例使用 Response.Write 方法实现将苏轼的《水调歌头・明月几时有》输出到页面上。程序实现的主要步骤如下。

新建一个网站，默认主页为 Default.aspx，在“解决方案资源管理器”的文件目录中找到 Default.aspx，单击文件名称前面的箭头展开 Default.aspx，在其下有一个名为 Default.aspx.cs 的文件，这个文件用来编写 Default.aspx 页面后台 C#代码，每一个.aspx 页面都包含一个.aspx.cs 文件，如图 2.1 所示。

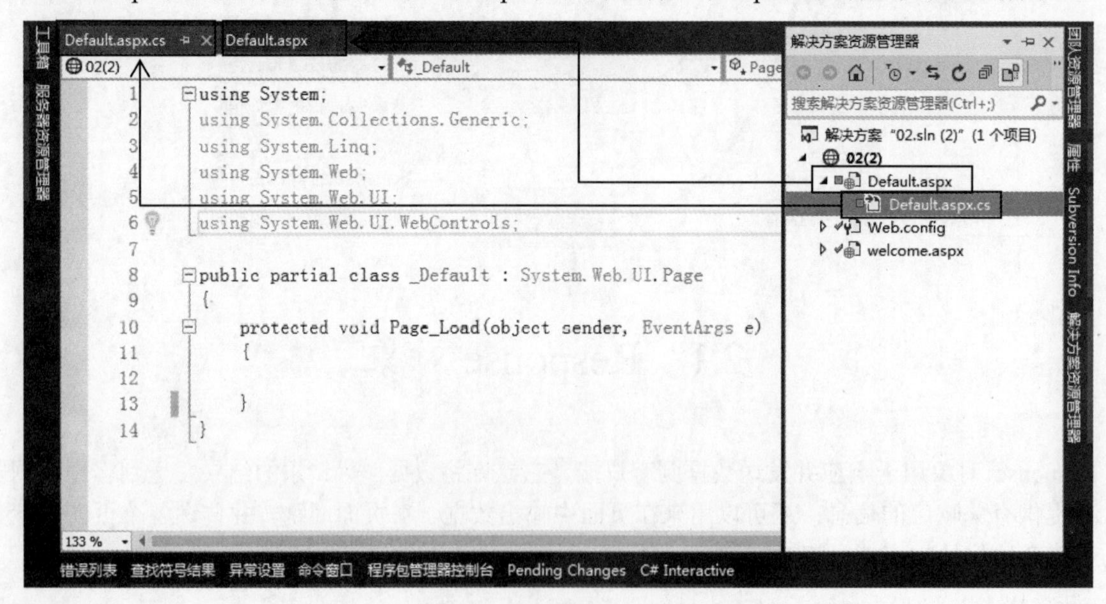

图 2.1 .aspx 页面文件结构

首先在 Default.aspx.cs 文件的 Page_Load 事件中定义字符数组变量存放诗词的每一段落，然后将定义的数据在页面输出。代码如下：

```
protected void Page_Load(object sender, EventArgs e)
{
    //定义 string 类型数组并绑定数组的各元素内容
    string[] array = new string[5];
    array[0] = "水调歌头·明月几时有";
    array[1] = "宋代：苏轼";
    array[2] = "丙辰中秋，欢饮达旦，大醉，作此篇，兼怀子由。";
    array[3] = "明月几时有？把酒问青天。不知天上宫阙，今夕是何年。我欲乘风归去，又恐琼楼玉宇，高处不胜寒。起舞弄清影，何似在人间？";
    array[4] = "转朱阁，低绮户，照无眠。不应有恨，何事长向别时圆？人有悲欢离合，月有阴晴圆缺，此事古难全。但愿人长久，千里共婵娟。";

    //写入响应输出流
    Response.Write(array[0] + "</br>");
    Response.Write(array[1] + "</br>");
    Response.Write(array[2] + "</br>");
    Response.Write(array[3] + "</br>");
    Response.Write(array[4] + "</br>");
}
```

示例运行结果如图 2.2 所示。

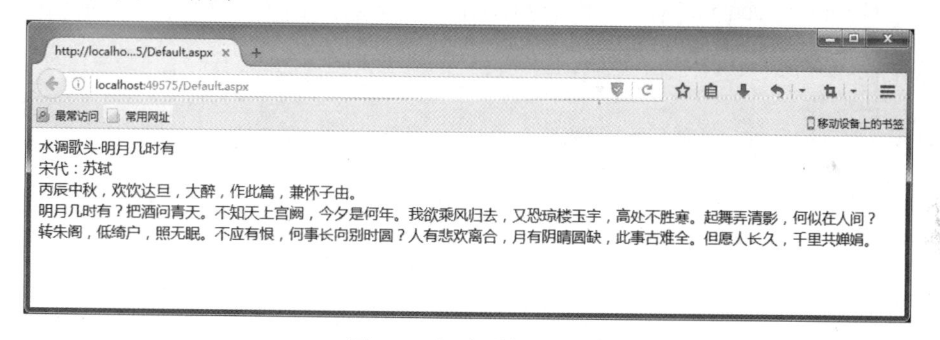

图 2.2　在页面输出数据

2.1.3　重定向页面

用户在浏览一个网站时，可通过多次的页面跳转浏览更多的内容信息，对于动态类型网站，在页面间的跳转过程中可能还需要传递参数，这些参数使得每个页面间都存在了某种关系。在 ASP.NET 中使用 Response.Redirect 方法可以实现跳转，也可以传入参数。

例如，将页面重定向到 welcome.aspx 页的代码如下：

```
Response.Redirect ("~/welcome.aspx");
```

在页面重定向 URL 时传递参数，使用“?”分隔页面的链接地址和参数，有多个参数时，参数与参数之间使用“&”分隔。

例如，将页面重定向到 welcome.aspx 页并传递参数，代码如下：

```
Response.Redirect("~/welcome.aspx?parameter=one");
Response.Redirect("~/welcome.aspx?parameter1=one&parameter2=other");
```

【例 2.2】将参数传入跳转的页面并显示。（**示例位置：mr\TM\02\02**）

本示例主要通过 Response 对象的 Redirect 方法实现页面跳转并传递参数，即单击“确定”按钮时，跳转到 welcome.aspx 页。程序实现的主要步骤如下。

（1）新建一个网站，默认主页为 Default.aspx，在 Default.aspx 页面上添加一个 Button 控件，将其命名为 btnOK，设置 Text 属性为“确定”，用于执行页面跳转并传递参数。

Button 的标签代码被定义在 ASPX 源代码中，在创建页面时自动生成 HTML 代码容器，下面列出了包含 Button 标签代码的页面完整源代码：

```
<!--ASP.NET 页面属性，非 HTML 特性，创建页面自动生成-->
<%@ Page Language="C#" AutoEventWireup="true" CodeFile="Default.aspx.cs" Inherits="_Default" %>
<!--页面类型，HTML 特性，创建页面自动生成-->
<!DOCTYPE html>
<!--HTML 版本，HTML 特性，创建页面自动生成-->
<html xmlns="HTTP://www.w3.org/1999/xhtml">
<!--页面头部，HTML 特性，创建页面自动生成-->
<head runat="server">
    <!--定义页面元信息，HTML 特性，创建页面自动生成-->
    <meta http-equiv="Content-Type" content="text/html; charset=utf-8"/>
    <!--网页标题，HTML 特性，创建页面自动生成-->
    <title></title>
</head>
<!--网页主体，HTML 特性，创建页面自动生成-->
<body>
    <!--网页数据表单，HTML 特性，但 runat="server"属于 ASP.NET 特有，创建页面自动生成-->
    <form id="form1" runat="server">
    <!--div 标签，style 样式为自定义非自动生成，但标签为创建页面时自动生成-->
    <div style="text-align:center;">
        <!--div 标签内为开发者自定义内容区域，这里定义了本例中使用的 Button 控件-->
        <asp:Button ID="btnOK" runat="server" Text="确定" OnClick="btnOK_Click" />
    </div>
    </form>
</body>
</html>
```

说明

在后面的示例中，所有控件标签（非 JavaScript、CSS 等 head 标签中的内容）都定义在 form 标签内的 div 中，特殊布局或母版页另做布局。

接下来定义 Button 控件的单击事件，共有以下两种方式。

☑ 第 1 种是通过视图设计的方式，首先将编辑器中的设计方式从“源”切换到“设计”模式，这时编辑器的工作区域中就会显示 Button 控件，单击此按钮将光标焦点放到按钮上，然后再

双击此按钮，此时编辑器工作区域会自动跳转到后台 C#代码中，也就是位于 Default.aspx.cs 文件中，这一过程编辑器自动生成了 Button 控件的单击事件处理方法，同时在 Button 标签上生成 OnClick="btnOK_Click"属性。

☑ 第 2 种是通过编写代码的方式定义单击事件，首先在“源”中找到 Button 控件标签，在其结尾处按下空格键（标签的每个属性之间必须以空格隔开），然后输入 OnClick 属性，值等于后台处理方法的名称，这里定义值为 btnOK_Click，接着打开后台 C#代码文件，在类下面直接定义 Button 控件的事件处理方法 btnOK_Click。

可以看到两种方式最终实现的代码是相同的，这里开发者只要了解这个原理，在实际开发中可根据自己的习惯去定义 ASP.NET 控件每一个属性的对应关系。

下面这段代码就是 Button 控件的单击事件处理方法。

```
protected void btnOK_Click(object sender, EventArgs e)
{
    Response.Redirect("~/welcome.aspx?name=小南&sex=先生");          //重定向页面并传入参数
}
```

（2）在该网站中添加一个新页，将其命名为 welcome.aspx。在 welcome.aspx 页面后台代码的初始化事件中获取 Response 对象传递过来的参数，并将其输出在页面上。代码如下：

```
protected void Page_Load(object sender, EventArgs e)
{
    string name = Request.Params["Name"];                    //获取 Name 参数值
    string sex = Request.Params["Sex"];                      //获取 Sex 参数值
    Response.Write("欢迎" + name + sex + "!");                //响应输出内容
}
```

示例运行结果如图 2.3 和图 2.4 所示。

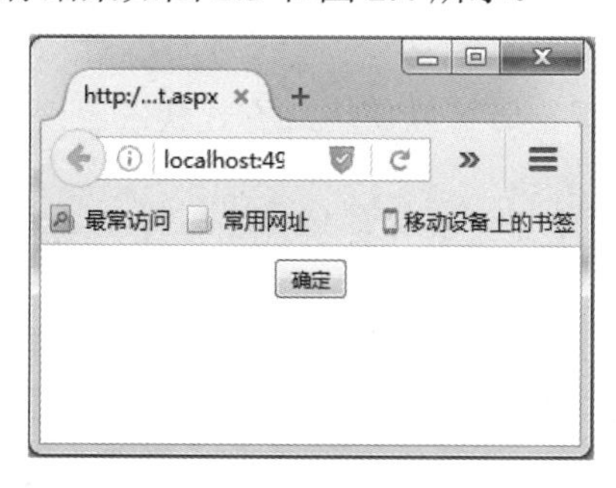

图 2.3　页面跳转传递参数

图 2.4　重定向的新页

2.2　Request 对象

Request 对象用于获取从浏览器向服务器发送的请求信息。它提供了对请求当前页的信息访问，包括标题、Cookie、客户端证书、查询字符串等，与 HTTP 协议的请求消息相对应。

2.2.1 Request 对象常获取的客户端内容

Request 对象可以获得 Web 请求过程中 HTTP 数据包的全部信息，有些信息是需要经常获取的，例如地址中的参数或表单信息。也有一部分信息是特殊需求下才会获取的，例如客户端设备信息等。

下面是常用的用于获取客户端各项内容的属性。

☑ QueryString 属性：获取客户端以 GET 方式传递的参数数据。

☑ Form 属性：获取客户端以 POST 方式传递的参数数据或表单数据。

☑ Cookies 属性：获取客户端发送的 Cookie 信息。

☑ Browser 属性：获取客户端浏览器的一些信息。

误区警示

Request 对象的 QueryString 和 Form 属性在获取客户端数据时是有区别的，QueryString 是 GET 方式，Form 是 POST 方式，直接使用 Request 是不区分两种方式的。

2.2.2 使用 Request 对象获取页面间的传值

几乎每一个 ASPX 页面或 ASHX（一般处理程序）等 ASP.NET 页面都在使用 Request，最重要的应用是获取上一个页面跳转时传递过来的用户自定义参数，在获取这些参数数据时有多种方式可以选择，下面介绍 4 种获取方式。

☑ Request 方式：直接以对象索引的方式获取参数值，用法为 Request["参数名称"]，此方式不受 POST 或 GET 方式影响。

☑ Request.QueryString 方式：在客户端使用 GET 方式提交时可以使用此方式获取，该属性只能获取 GET 方式提交的数据。

☑ Request.Form 方式：在客户端使用 POST 方式提交时可以使用此方式获取，该属性只能获取 POST 方式提交的数据。

☑ Request.Params 方式：该方式属于多种获取数据方式的一个集合，包括 Cookie，同样，此方式不受 POST 或 GET 方式影响。

说明

在明确客户端是以何种方式（GET 或 POST）进行的页面访问时，应当使用最直接的方式获取数据，即 Request.QueryString 或 Request.Form，它们是最高效的获取方式；Request 和 Request.Params 都会以逐一检索的方式获取，直到获取到数据为止。

【例 2.3】以多种方式获取参数数据。（**示例位置：mr\TM\02\03**）

本示例首先通过 Response.Redirect 方法实现页面跳转并传入参数，然后在目标页面使用 Request 对象的不同属性获取请求页传递过来的参数值，再将值输出，显示在网页上。程序实现的主要步骤如下。

（1）新建一个网站，默认主页为 Default.aspx。在页面上添加一个 Button 控件，将其命名为 btnRedirect，设置 Text 属性为“跳转”，用于执行页面跳转并传递参数。

（2）在 Default.aspx 页面找到 div 标签，然后在 div 标签内定义如下 Button 标签代码：

```
<asp:Button ID="btnRedirect" runat="server" Text="跳转" OnClick="btnRedirect_Click" />
```

（3）在按钮的 btnRedirect_Click 事件处理方法中实现页面跳转并传入参数。代码如下：

```
protected void btnRedirect_Click(object sender, EventArgs e)
{
    Response.Redirect("Request.aspx?value=获得页面间的传值");        //重定向页面并传入参数
}
```

（4）在该网站中，添加一个新页，将其命名为 Request.aspx。在 Request.aspx 页面的初始化事件中用不同方法获取 Response 对象传递过来的参数，并将其输出到页面上。代码如下：

```
protected void Page_Load(object sender, EventArgs e)
{
    //通过 3 种不同的方式获取参数值
    Response.Write("使用 Request[string key]方法" + Request["value"] + "<br>");
    Response.Write("使用 Request.Params[string key]方法" + Request.Params["value"] + "<br>");
    Response.Write("使用 Request.QueryString[string key]方法" + Request.QueryString["value"] + "<br>");
}
```

执行程序，单击“跳转”按钮，示例运行结果如图 2.5 所示。

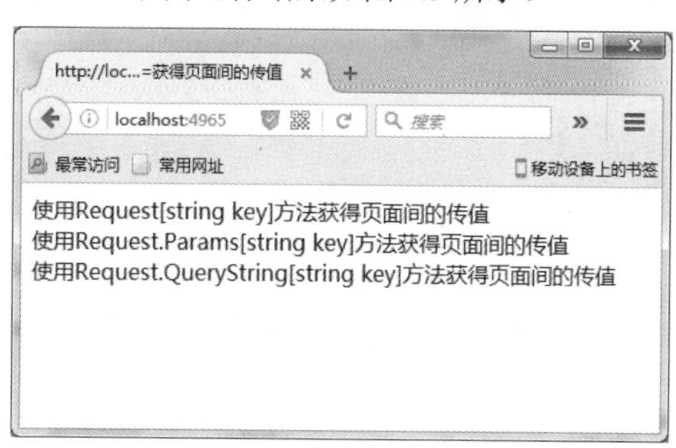

图 2.5　获取页面间传送的值

2.2.3　使用 Request 对象获取客户端信息

使用 Request 对象不仅可以获取页面间传递的参数值，还可以获取客户端的平台信息、IP 等，这些数据在客户端的每一次访问中都会被封装在 HTTP 协议报头中，并一起发送到服务器端，有了这些信息就可以判断页面是否能够兼容当前访问的设备或浏览器版本。

【例 2.4】获取客户端浏览器的信息。（**示例位置：mr\TM\02\04**）

在 Request 对象中有一个 Browser 属性，该属性对应的是关于浏览器的数据信息。在这个属性下又包含了很多属性，通过读取这些属性分别向网页输出浏览器类型、名称和版本等信息。程序实现的主要步骤如下。

新建一个网站，默认主页为Default.aspx。在 Default.aspx 的 Page_Load 事件中定义 HTTPBrowser-Capabilities 类型的变量，用于获取 Request 对象的 Browser 属性的返回值。代码如下：

```
protected void Page_Load(object sender, EventArgs e)
{
        HTTPBrowserCapabilities b = Request.Browser;                        //定义获取浏览器信息对象变量
        Response.Write("客户端浏览器信息：");                               //输出字符串
        Response.Write("<hr>");                                             //输出横线标签
        Response.Write("名称：" + b.Browser + "<br>");                      //输出浏览器名称
        Response.Write("类型：" + b.Type + "<br>");                         //输出浏览器名称和版本号
        Response.Write("版本：" + b.Version + "<br>");                      //输出浏览器版本号
        Response.Write("操作平台：" + b.Platform + "<br>");                 //输出操作平台
        Response.Write("是否支持框架：" + b.Frames + "<br>");               //支持返回 true，否则返回 false
        Response.Write("是否支持表格：" + b.Tables + "<br>");               //支持返回 true，否则返回 false
        Response.Write("是否支持 Cookies：" + b.Cookies + "<br>");          //支持返回 true，否则返回 false
        Response.Write("<hr>");
}
```

执行程序，运行结果如图 2.6 所示。

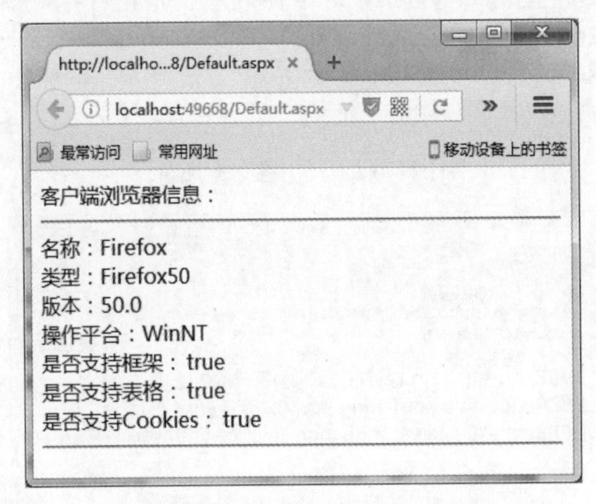

图 2.6　获取客户端浏览器的信息

2.3　Application 对象

Application 对象用于共享应用程序信息，即多个用户共享一个 Application 对象。

在第一个用户请求 ASP.NET 文件时，将启动应用程序并创建 Application 对象。一旦 Application 对象被创建，它就可以共享和管理整个应用程序的信息。在应用程序关闭之前，Application 对象一直存在。所以，Application 对象是启动和管理 ASP.NET 应用程序的主要对象。

2.3.1　存储和获取数据的基本语法

Application 对象可以存储多个对象信息，但要求这些对象信息的 Key 是不同的。Application 对象

使用起来很容易，它所提供的操作方法和属性也很少。下面是 Application 对象存储和获取数据的几种常用方式。

1．添加一条数据

（1）通过 Add 方法添加，格式如下：

```
Application.Add("name1","value1");
```

Add 方法的第 1 个参数为数据信息的 Key，第 2 个参数是数据信息的值。

（2）通过对象的索引器添加，格式如下：

```
Application["name2"] = "value1";
```

2．更新已有的数据

（1）通过 Set 方法更新，格式如下：

```
Application.Set("name1","value2");
```

（2）通过对象的索引器更新，格式如下：

```
Application["name2"] ="value3";
```

3．获取一条数据

方式 1：

```
Application.Get("name1");
```

方式 2：

```
Application["name2"];
```

由于 Application 对象的作用范围是全局应用程序的，所以在每一次更新时，为了避免多用户更新的冲突，应该在更新前后执行加锁和解锁的动作，方法如下：

```
Application.Lock();                              //该方法执行加锁状态
Application.UnLock();                            //该方法执行解锁状态
```

2.3.2　使用 Application 对象设计网站访问计数器

Application 对象作用于全局应用程序，其属性和方法并不是很多，但开发者在使用它时，一定要对其有深入的了解，并知悉合理的应用场景，因为用户的每一次访问，对于已经串行化了的 Application 对象都会产生性能上的瓶颈，这在大型或者业务繁多的网站中显得尤为重要，从另一层面来讲，Application 对象也不适合存储比较大的数据集合。

【例 2.5】网站访问计数器。（**示例位置：mr\TM\02\05**）

网站访问计数器主要用来记录网站被访问的次数。当有用户访问网站时，计数器加 1，相反，如果用户退出了网站，计数器减 1，这个运算逻辑的结果将显示在用户访问的网页上，用户便能够看到自己是第几个访问者。程序实现的主要步骤如下。

（1）新建一个网站，然后在项目上右击，在弹出的快捷菜单中选择“添加”→“全局应用程序类”命令，在弹出的对话框中单击“确定”按钮，即添加 Global.asax 文件，打开这个文件并找到 Application_Start 事件方法，在这个方法中实现将计数器变量初始化为 0，代码如下：

```
void Application_Start(object sender, EventArgs e)
{
    Application["count"] = 0;                                //在应用程序启动时运行的代码
}
```

（2）当有新的用户访问网站时，将会创建一个新的会话（即 Session 对象），在 Session 对象的 Session_Start 事件中对 Application 对象加锁，以防止因为多个用户同时访问页面造成并行，同时将访问人数加 1，代码如下：

```
void Session_Start(object sender, EventArgs e)
{
        //在新会话启动时运行的代码
        Application.Lock();                                          //锁定 Application 全局变量的访问
        Application["count"] = (int)Application["count"] + 1;        //将 count 值加 1
        Application.UnLock();                                        //取消锁定 Application 全局变量
}
```

（3）当用户退出该网站时，将关闭该用户的 Session 对象，同时对 Application 对象加锁，然后将访问人数减 1。代码如下：

```
void Session_End(object sender, EventArgs e)
{
    //在会话结束时运行的代码
    //注意：只有在 Web.config 文件中的 sessionstate 模式设置为
    //InProc 时，才会引发 Session_End 事件。如果会话模式设置为 StateServer
    //或 SQLServer，则不会引发该事件
    Application.Lock();
    Application["count"] = (int)Application["count"] - 1;
    Application.UnLock();
}
```

（4）在编写完 Global.asax 文件中的代码后，需要将访问人数在网站的默认主页 Default.aspx 中显示出来。打开 Default.aspx 页面，然后在页面上添加一个 Label 控件，用于显示访问人数，Label 控件的添加方法与 Button 控件相同，直接在 form 表单的 div 标签内定义，标签代码如下：

```
<asp:Label ID="Label1" runat="server" Text="Label"></asp:Label>
```

（5）绑定 Label 控件的显示文本，用于将网站的访问量最终呈现给用户，后台代码如下：

```
protected void Page_Load(object sender, EventArgs e)
{
    //将网站访问情况字符串绑定到 Label 控件
     Label1.Text = "您是该网站的第" + Application["count"].ToString() + "个访问者";
}
```

执行程序，示例运行结果如图 2.7 所示。

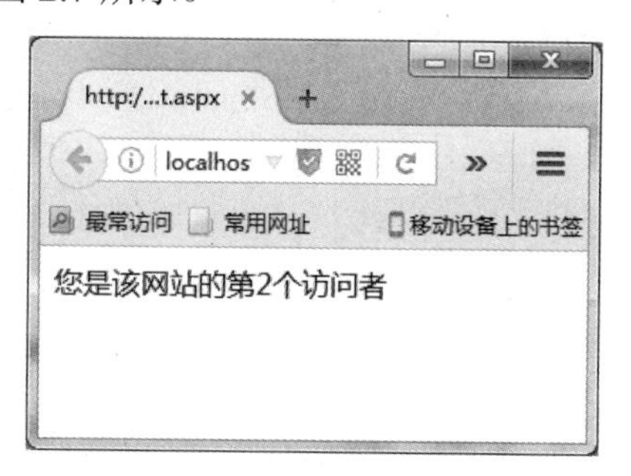

图 2.7　访问计数器

2.4　Session 对象

Session 对象用于将特定用户的信息存储在服务器内存中，并且只针对单一网站使用者，不同的客户端无法互相访问。Session 对象将于联机机器离线时中止，也就是当网站使用者关掉浏览器或超过设定的 Session 对象的有效时间时，Session 对象变量就会自动释放和关闭。

2.4.1　ASP.NET 中 Session 的本质

与 Application 不同的是，Session 只作用于一个用户，与 Application 的共同点是数据的存储都建立在服务器上。那么，它是如何区分不同用户的数据存与取呢？

图 2.8 是一个使用了 Session 的网页页面，选中 Cookie 可以看到有一个 Cookie 名称为 ASP.NET_SessionId 的项。当我们进行一次服务器访问时，服务器会相应地分配给客户端一个 SeesionId，当我们再次访问时，会将这个 SessionId 发送到服务器端。这就是服务器端能够区分一次请求的原因。

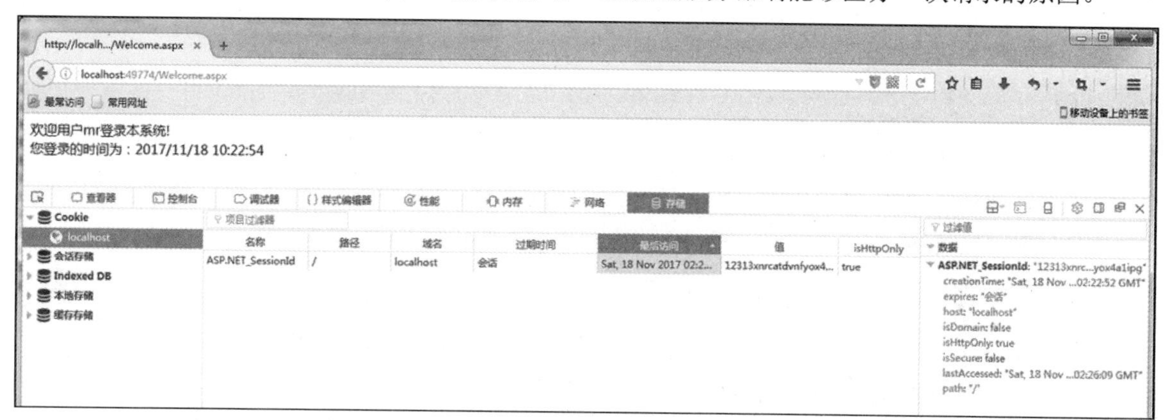

图 2.8　浏览器控制台存储区域

假如将图 2.8 中的 ASP.NET_SessionId 项删除，那么服务器端就无法找到相应的 Session 信息。如果在获取 Session 时没有进行 Session 判断，那么在执行 ASP.NET_SessionId 项的删除后会得到如图 2.9

所示的异常信息。

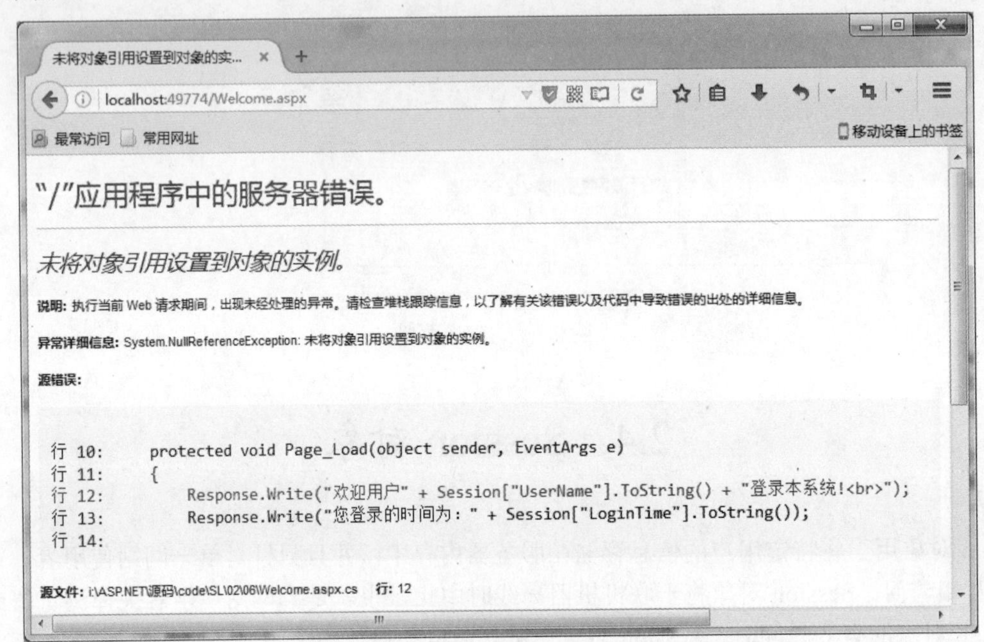

图 2.9　删除 Cookie 中的 SessionId 后页面报出异常错误

2.4.2　Session 对象的基本使用

通常将一个用户访问一次网站称为一个用户会话，与此同时会产生一个与之对应的 Session 状态，所以 Session 与 Application 的不同之处在于 Application 是全局的，而 Session 是针对一个特定用户的。

使用 Session 对象定义的变量为会话变量，应用程序的其他用户不能访问或修改这个变量。Session 对象定义变量的方法与 Application 对象相同，都是通过“键/值”对的方式来保存数据的。语法如下：

```
Session[varName ]=值;
```

其中，varName 为变量名，例如将 TextBox 控件的文本存储到 Session["Name"]中可以使用如下代码：

```
Session["Name"]=TextBox1.Text;
```

将 Session["Name"]的值读取到 TextBox 控件中，可以使用如下代码：

```
TextBox1.Text=Session["Name"].ToString();
```

【例 2.6】登录时使用 Session 对象保存用户信息。（**示例位置：mr\TM\02\06**）

用户登录后通常会记录该用户的相关信息，而该信息是其他用户不可见并且不可访问的，这就需要使用 Session 对象进行存储。本示例将介绍如何使用 Session 对象保存当前登录用户的信息。程序实现的主要步骤如下。

（1）新建一个网站，在项目中创建一个名称为 Login.aspx 的登录页面，然后在 Login.aspx 页面上

添加两个 TextBox 控件和两个 Button 控件，它们的属性设置及其用途如表 2.1 所示。

表 2.1　Default.aspx 页面中控件的属性设置及其用途

控 件 类 型	控 件 名 称	主要属性设置	用　　途
标准/TextBox 控件	txtUserName		输入用户名
	txtPwd	TextMode 属性设置为 Password	输入密码
标准/Button 控件	btnLogin	Text 属性设置为“登录”	“登录”按钮
	btnCancel	Text 属性设置为“取消”	“取消”按钮

（2）设计登录页面，一个完整的登录页面至少包含一个用户名和一个密码输入框，然后添加两个按钮，用来实现登录和取消登录的功能。下面这段代码是登录页面的整体布局代码，该段代码标签被定义在了 div 标签内。

```
<table>
    <tr><td>用户名:</td><td><asp:TextBox ID="txtUserName" runat="server"></asp:TextBox>(mr)</td></tr>
    <tr><td>密码:</td><td><asp:TextBox ID="txtPwd" runat="server" TextMode="Password"></asp:TextBox>
(mrsoft)</td></tr>
    <tr><td colspan="2">
        <asp:Button ID="btnLogin" runat="server" Text="登录" OnClick="btnLogin_Click" />
        <asp:Button ID="btnCancel" runat="server" Text="取消" />
    </td></tr>
</table>
```

（3）用户单击“登录”按钮，将触发按钮的 btnLogin_Click 事件。在该事件中，使用 Session 对象记录用户名及用户登录的时间，并跳转到 Welcome.aspx 页面。代码如下：

```
protected void btnLogin_Click(object sender, EventArgs e)
{
    if (txtUserName.Text == "mr" && txtPwd.Text == "mrsoft")  //判断用户名和密码是否正确
    {
        Session["UserName"] = txtUserName.Text;             //使用 Session 变量记录用户名
        Session["LoginTime"] = DateTime.Now;                //使用 Session 变量记录用户登录系统的时间
        Response.Redirect("~/Welcome.aspx");                //跳转到主页
    }
    else
    {
        //弹出登录失败消息，并实现跳转
        Response.Write("<script>alert('登录失败！请返回查找原因');location='Login.aspx'</script>");
    }
}
```

（4）在该网站中，添加一个新页，将其命名为 Welcome.aspx。在页面 Welcome.aspx 的初始化事件中，将登录页中保存的用户登录信息显示在页面上。代码如下：

```
protected void Page_Load(object sender, EventArgs e)
{
    //获取 Session 中的用户名
    Response.Write("欢迎用户" + Session["UserName"].ToString() + "登录本系统!<br>");
```

```
    //获取 Session 中的密码
    Response.Write("您登录的时间为：" + Session["LoginTime"].ToString());
}
```

执行程序，运行结果如图 2.10 和图 2.11 所示。

图 2.10　用户登录

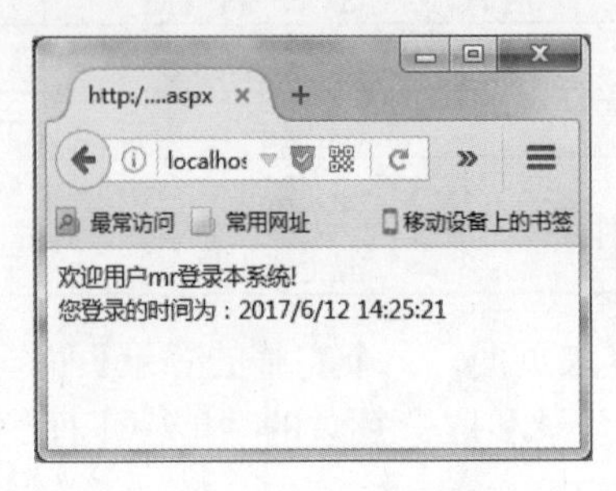

图 2.11　登录后的用户信息

2.5　Cookie 对象

Cookie 对象用于保存客户端请求的服务器页面信息，也可用于存放非敏感性的用户信息，信息保存的时间可以根据用户的需要进行设置。不过，并非所有的浏览器都支持 Cookie，并且数据信息是以文本的形式保存在客户端计算机中的，客户端在每一次的请求过程中都会携带 Cookie 信息并将其发送到服务器端，这也带来了一定的安全隐患。

2.5.1　Cookie 中的几个关键属性

对于 Cookie 的操作其实要比操作 Application 对象和 Session 对象的步骤烦琐一些，因为 Cookie 是存储在客户端的，所以程序要更多地对客户端进行一些配置，例如关联域或客户端数据加密等。下面是在操作 Cookie 时需要用到的几个属性。

☑　Expires 属性：设置 Cookie 的过期时间。

☑　Name 属性：获取或设置 Cookie 的名称。

☑　Value 属性：获取或设置单个 Cookie 的值。

☑　Values 属性：获取单个 Cookie 对象所包含的键值对集合。

2.5.2　写入和获取 Cookie 数据

因为 Cookie 的读和写都与客户端有关联，所以其读操作需要借助 Request 对象，而写操作需要借助 Response 对象，即可以理解为使用 Request 对象的 QueryString 属性或 Form 属性读取数据的过程和使用 Response 对象的 Write 方法响应页面数据的过程。下面是读取 Cookie 和写入 Cookie 的使用方法。

1. 通过 Response 对象写入 Cookie

方法 1：通过 Response.Cookies 属性返回 HTTPCookieCollection 类的索引器直接写入 Cookie，语

法如下：

```
Response.Cookies["CookieName"].Value = "CookieValue";
```

方法 2：通过 HTTPCookie 对象设置 Cookie 信息，然后将该对象的实例添加到 Response.Cookies 中，语法如下：

```
HTTPCookie cookie = new HTTPCookie("CookieName");
cookie.Expires = DateTime.Now.AddMinutes(35);
cookie.Value = "CookieValue";
Response.Cookies.Add(cookie);
```

方法 2 中，通过 HTTPCookie 类的构造方法设置了 Cookie 的名称，然后使用属性 Expires 设置过期时间为 35 分钟，再通过 Value 属性设置 Cookie 的值，最后使用 Response.Cookies 属性并通过其 Add 方法将 Cookie 写入。

2．通过 Request 对象读取 Cookie

方法 1：通过 Request.Cookies 属性返回 HTTPCookieCollection 类的索引器读取，语法如下：

```
HTTPCookie cookie = Request.Cookies["CookieName"];
string CookieValue = cookie.Value;
```

方法 2：使用 Request.Cookies 属性的 Get 方法读取，语法如下：

```
HTTPCookie cookie = Request.Cookies.Get("CookieName");
string CookieValue = cookie.Value;
```

2.5.3　Cookie 对象的基本使用

在实际项目开发中，Cookie 的使用范围非常广，只要不涉及安全和数据大小等问题都可能会用到 Cookie 的存取。

【例 2.7】实现用户 7 天免登录功能。（**示例位置：mr\TM\02\07**）

本示例将实现用户在登录后 7 天免登录的功能。首先在页面上定义两个文本输入框，用于输入用户名和密码；然后定义一个复选框，用户在登录时选中该复选框才能保存 7 天免登录的数据信息；最后定义一个按钮，用于实现登录功能。程序实现的主要步骤如下。

（1）新建一个网站并创建 Login.aspx 登录页面，在页面上定义和布局登录按钮，关键代码如下：

```
<table align="center">
    <tr><td Width="120" style="text-align:center;">用户名:</td>
        <td><asp:TextBox ID="txtUserName" runat="server" Width="300"></asp:TextBox></td></tr>
    <tr><td style="text-align:center;">密   码:</td>
        <td><asp:TextBox ID="txtPwd" runat="server"
                    TextMode="Password" Width="300"></asp:TextBox></td></tr>
    <tr><td colspan="2" style="text-align:center;" height="50">
        <asp:Button ID="btnLogin" runat="server" Text="登录"
                OnClick="btnLogin_Click" Width="80"/>
        <asp:CheckBox ID="CheckBox1" runat="server" Text="7 天免登录"/></td></tr>
</table>
```

（2）定义“登录”按钮的单击事件处理方法。方法中实现验证用户输入的用户名和密码是否正确。同时，如果用户选中 7 天免登录复选框，则生成一个 GUID 作为随机验证 7 天免登录的凭证，接着将凭证信息保存到 token.ini 文件中，该文件中还预先定义了用户名和密码作为用户的登录凭证，最后将用户名和凭证信息一同写入客户端 Cookie 中，代码如下：

```
protected void btnLogin_Click(object sender, EventArgs e)
{
    Public pub = new Public();                    //实例化 Public 类，类中定义了读和写 token.ini 文件的方法
    User user = pub.ReadIni();                    //获取 token.ini 中的用户登录数据，用于验证用户登录信息
    if (txtUserName.Text == user.UserName && txtPwd.Text == user.Password)//验证用户名和密码
    {
        string SevenToken = "";                           //定义生成 GUID 变量
        bool IsSeven = this.CheckBox1.Checked;            //获取是否选中 7 天免登录复选框
        if (IsSeven)                                      //判断如果选中复选框
        {
            SevenToken = Guid.NewGuid().ToString();  //生成 GUID 并赋值给 SevenToken 变量
            pub.WriteIni(SevenToken);                //将 GUID（7 天免登录凭证）写入 token.ini 中
        }
        WriteCookie(user.UserName, SevenToken);           //将用户名和 GUID（如果需要）写入 Cookie 中
        Response.Redirect("Default.aspx");                //跳转到首页
    }
    else
    {
        //提示登录失败信息并重新刷新页面
        Response.Write("<script>alert('登录失败！请返回查找原因');"
                     + "loca.href='Login.aspx'</script>");
    }
}
```

（3）用于写入 Cookie 数据的 WriteCookie 方法定义如下：

```
//将用户名和 GUID（7 天免登录凭证）写入 Cookie
private void WriteCookie(string userName, string sevenToken)
{
    HTTPCookie hc = new HTTPCookie("LoginInfo");      //创建以 LoginInfo 为名称的 Cookie
    hc.Values["UserName"] = userName;                 //写入用户名
    if (sevenToken != "")                         //如果 GUID 存在（说明用户已经选中 7 天免登录复选框）
    {
        hc.Values["SevenToken"] = sevenToken;         //写入 GUID
        hc.Expires = DateTime.Now.AddDays(7);         //有效期为 7 天
    }
    Else                                              //否则为普通登录
    {
        hc.Expires = DateTime.Now.AddMinutes(20);     //有效期为 20 分钟
    }
    Response.Cookies.Add(hc);                         //将设置好的 Cookie 对象添加到 HTTP 响应中
}
```

（4）创建一个 Default.aspx 页面作为登录后的首页，页面后台 Page_Load 方法代码如下：

```
protected void Page_Load(object sender, EventArgs e)
{
    string UserName;                                          //定义用户名变量，用于在页面上输出
    if (IsLoginOrSeven(out UserName))                         //调用判断用户是否登录或是否 7 天免登录的验证方法
    {
        //绑定用户信息
        this.LoginStaus.InnerHtml = "欢迎您  " + UserName + " <a href='#'>我的信息</a>";
    }
    else
    {
        Response.Redirect("Login.aspx");                      //返回到登录页
    }
}
```

用于解析并验证 Cookie 数据的 IsLoginOrSeven 方法定义如下：

```
//验证用户登录状态，参数为输出参数
public bool IsLoginOrSeven(out string UserName)
{
    UserName = "";                                            //在方法返回前必须为输出参数赋值
    HTTPCookie hc = Request.Cookies["LoginInfo"];             //获取名称为 LoginInfo 的 Cookie 信息
    if (hc != null)                                           //判断是否为空，如为空说明已过期
    {
        Public pub = new Public();                            //实例化 Public 类
        User user = pub.ReadIni();                            //获取用户登录信息
        UserName = hc.Values["UserName"];                     //获取 Cookie 中的用户名
        string SevenToken = hc.Values["SevenToken"];          //获取 Cookie 中 7 天免登录凭证
        if (SevenToken != null)                               //如果存在凭证信息
        {
            //验证用户名和 GUID 口令
            if (UserName == user.UserName && SevenToken == user.SevenToken)
            {
                return true;                                  //验证成功返回 true
            }
            else
            {
                return false;                                 //否则返回 false
            }
        }
        if (UserName == user.UserName)                        //如果程序走到这里，说明是普通登录
        {
            return true;                                //验证 Cookie 中的用户名与服务器用户名相同返回 true
        }
    }
    return false;                                       //表示上面的验证都未通过，统一返回 false
}
```

执行程序，本示例运行结果如图 2.12 和图 2.13 所示。

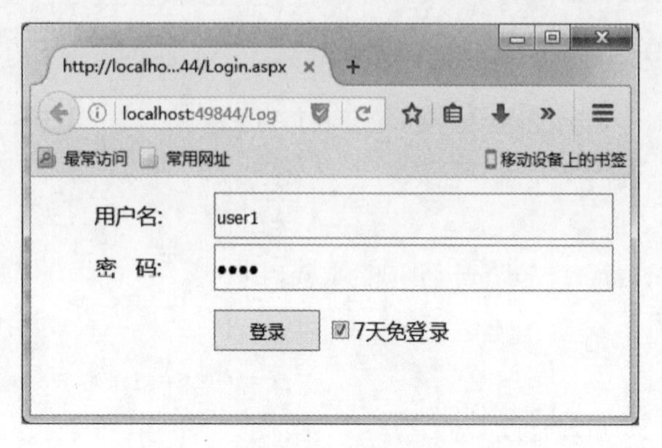

图 2.12　登录页

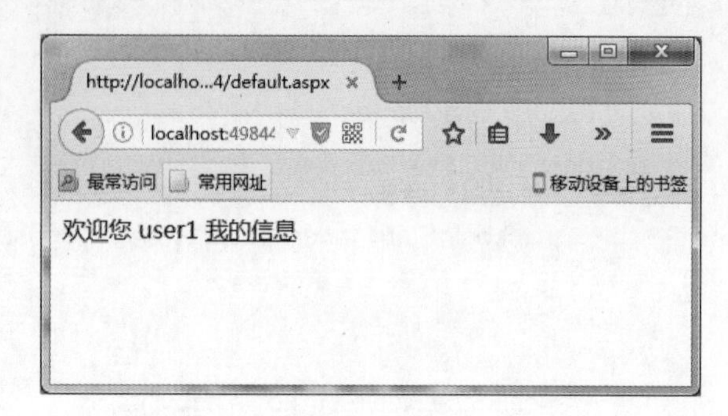

图 2.13　首页

由于 Cookie 对象可以保存和读取客户端的信息，用户可以通过它对登录的用户进行标识，防止用户恶意攻击网站。

技巧

实际应用中，在向客户端写入 Cookie 数据时都会设置 Cookie 的过期时间，Cookie 和 Session 具有相同的业务处理能力，例如在用户登录状态验证中，可以使用 Cookie 也可以使用 Session，两者的区别在于 Cookie 是存储在客户端的，而 Session 是存储在服务器端的，相对安全性来讲，Session 要比 Cookie 安全，但同时也带来了服务器的资源压力，通常根据项目需求来选择两种验证方式。

2.6　Server 对象

Server 对象定义了一个与 Web 服务器相关的类，提供对服务器上的方法和属性的访问，用于访问服务器上的资源。

2.6.1　Server 对象的常用方法

Server 对象提供了对服务器上的资源访问及进行 HTML 编码的功能，这些功能分别由 Server 对象相应的方法和属性完成。在 ASP.NET WebForm 中，Server 对象是 HttpServerUtility 类的实例，而在 ASP.NET MVC 中，Server 对象属于 HttpServerUtilityBase 对象。

Server 对象的常用方法如下。

（1）Server.MapPath 方法：用于返回与 Web 服务器上的指定虚拟路径相对应的物理路径。语法如下：

```
Server.MapPath(path);
```

其中，path 表示 Web 服务器上的虚拟路径，如果 path 值为空，则该方法返回包含当前应用程序的完整物理路径。例如，在浏览器中输出指定文件 Default.aspx 的物理路径，可以使用如下代码：

```
Response.Write(Server.MapPath("Default.aspx"));
```

（2）Server.UrlEncode 方法：用于对通过 URL 传递到服务器的数据进行编码。语法如下：

```
Server.UrlEncode(string);
```

其中，string 为需要进行编码的数据。例如：

```
Response.Write(Server.UrlEncode("HTTP://Default.aspx"));
```

编码后的输出结果为：HTTP%3a%2f%2fDefault.aspx。

Server.UrlEncode 方法的编码规则如下。

☑　空格将被加号（+）字符所代替。

☑　字段不被编码。

☑　字段名将被指定为关联的字段值。

☑　非 ASCII 字符将被转义码所替代。

（3）Server.UrlDecode 方法：用来对字符串进行 URL 解码并返回已解码的字符串，语法如下：

```
Server.UrlDecode(string);
```

其中，string 为需要进行解码的数据。例如：

```
Response.Write(Server.UrlDecode("HTTP%3a%2f%2fDefault.aspx"));
```

解码后的输出结果为：HTTP://Default.aspx。

2.6.2　使用 Server 对象重定向页面

Server 对象包含两个用于重定向页面的方法，即 Execute 方法和 Transfer 方法。Execute 方法用于将执行从当前页面转移到另一个页面，并将执行返回到当前页面。执行所转移的页面在同一浏览器窗口中执行，然后原始页面继续执行。故执行 Execute 方法后，原始页面保留控制权。而 Transfer 方法用于将执行完全转移到指定页面。与 Execute 方法不同，执行该方法时主调页面将失去控制权。

【例 2.8】实现两种重定向页面方法。（**示例位置：mr\TM\02\08**）

本示例将要实现的功能是通过 Server 对象的 Execute 方法和 Transfer 方法重定向页面，通过对比两个方法的实现效果来学习如何使用 Execute 方法与 Transfer 方法。程序实现的主要步骤如下。

（1）新建一个网站，默认主页为 Default.aspx，在 Default.aspx 页面上添加两个 Button 控件，它们的属性设置及其用途如表 2.2 所示。

表 2.2　Default.aspx 页面中控件的属性设置及其用途

控 件 类 型	控 件 名 称	主要属性设置	用　　途
标准/Button 控件	btnExecute	Text 属性设置为“Execute 方法”	使用 Execute 方法重定向页面
标准/Button 控件	btnTransfer	Text 属性设置为“Transfer 方法”	使用 Transfer 方法重定向页面

（2）在页面源代码的 div 标签下定义如下代码标签：

```
<asp:Button ID="btnExecute" runat="server" Text="Execute 方法" OnClick="btnExecute_Click" />
<asp:Button ID="btnTransfer" runat="server" Text="Transfer 方法" OnClick="btnTransfer_Click"/>
```

（3）定义“Execute 方法”按钮的 Click 事件处理方法，利用 Server 对象的 Execute 方法从 Default.aspx

页重定向到 newPage.aspx 页，然后控制权返回到主调页面 Default.aspx 并执行其他操作。代码如下：

```
protected void btnExecute_Click(object sender, EventArgs e)
{
        Server.Execute("newPage.aspx?message=Execute");          //跳转页面并传入参数
        Response.Write("Default.aspx 页");                        //响应输出页面
}
```

（4）定义“Transfer 方法”按钮的 Click 事件处理方法，利用 Server 对象的 Transfer 方法从 Default.aspx 页重定向到 newPage.aspx 页，控制权完全转移到 newPage.aspx 页。代码如下：

```
protected void btnTransfer_Click(object sender, EventArgs e)
{
        Server.Transfer("newPage.aspx?message=Transfer");        //跳转页面并传入参数
        Response.Write("Default.aspx 页");                        //跳转页面并传入参数
}
```

（5）在网站项目上新建一个页面，名称为 newPage.aspx，在页面加载方法中获取 default 传递过米的参数数据，然后将数据输出到页面中，代码如下：

```
protected void Page_Load(object sender, EventArgs e)
{
        string message = Request.QueryString["message"];         //获取参数值
        Response.Write(message);                                 //响应输出值
}
```

执行程序，单击“Execute 方法”按钮，运行结果如图 2.14 所示；单击“Transfer 方法”按钮，运行结果如图 2.15 所示。

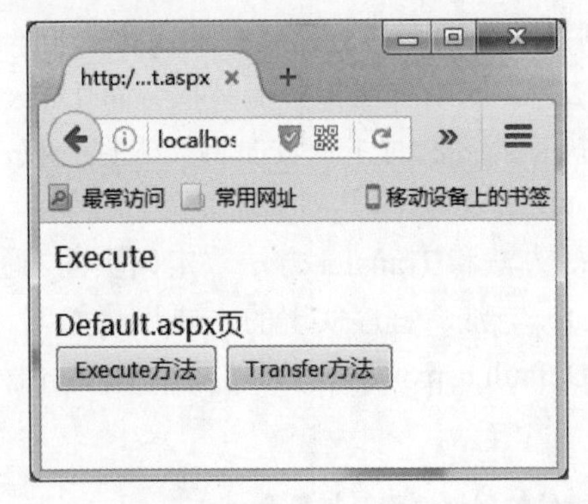

图 2.14　单击“Execute 方法”按钮的结果

图 2.15　单击“Transfer 方法”按钮的结果

2.7　实践与练习

编写一个访问计数器，并使用图片样式显示计数器。

第 3 章

ASP.NET Web 常用控件

本章将详细介绍 ASP.NET 中常用的服务器控件，主要包括文本类型控件、按钮类型控件、选择类型控件、图形显示类型控件、容器控件、上传控件和登录控件。通过本章的学习，读者可以轻松地了解 ASP.NET 中一些常用控件的属性、方法和事件的使用，并可利用这些控件开发功能强大的网络应用程序。

本章知识架构及重难点如下。

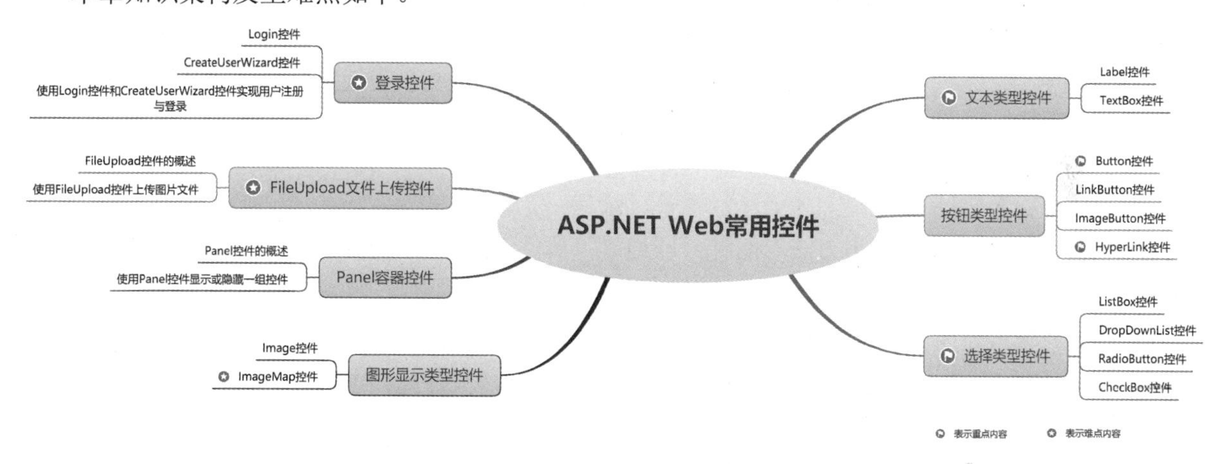

3.1 文本类型控件

在一个软件应用程序中，呈现给用户最多的是各种数据信息，然而这只是软件最为核心的一部分。无论是 CS 架构还是 BS 架构，都少不了软件与用户的交互过程，这就需要软件能够提供一些可用于操作的页面元素。我们将这些可操作的页面元素称为“控件”。软件中最常用的控件包括按钮控件、文本输入控件、单选或多选控件等。

ASP.NET 中包含各种类型的操作控件，这些控件可以满足网页中的各种需求。读者在学习过程中应逐渐了解和掌握这些控件与 HTML 之间的关系，以及和后台的交互方式。本节将对文本类型控件的使用进行详细讲解。

3.1.1 Label 控件

1. Label 控件概述

Label 控件又称标签控件，主要用于显示用户不能编辑的文本，如标题或提示等。如图 3.1 所示为 Label 控件。

A Label

图 3.1 Label 控件

Label 控件可以用于显示固定的文本内容，或者根据程序的逻辑判断显示动态文本。

Label 控件的常用属性及其说明如表 3.1 所示。

表 3.1　Label 控件的常用属性及其说明

属　性	说　明	属　性	说　明
ID	控件的 ID 名称，Label 控件的唯一标志	BackColor	控件的背景颜色
Text	控件显示的文本	BorderColor	控件的边框颜色
Width	控件的宽度	BorderWidth	控件的边框宽度
Height	控件的高度	Font	控件中文本的字体
Visible	控件是否可见	ForeColor	控件中的文本颜色
CssClass	控件呈现的样式	Enabled	控件是否可用

2. 设置 Label 控件的外观

设置 Label 控件外观的常用方法有两种，即通过“属性”面板设置和通过引用 CSS 样式设置。下面分别进行介绍。

1）通过“属性”面板设置 Label 控件的外观

通过“属性”面板设置 Label 控件的外观，只需更改 Label 控件的外观属性即可。具体属性的设置及其效果如图 3.2 所示。

图 3.2　通过“属性”面板设置 Label 控件的外观

技巧

（1）通过“属性”面板设置 Label 控件的外观，也可以通过 HTML 代码实现，具体代码如下：

```
<asp:Label ID="Label1" runat="server" BackColor="Red" BorderColor="#300030" BorderWidth="2px" Font-Bold="True" ForeColor="Chartreuse" Height="20px" Text="Label 控件外观设置示例"
Width="187px"></asp:Label>
```

（2）以下所有控件的外观属性都可以通过“属性”面板进行设置，以后将不再赘述。

2）通过引用 CSS 样式设置 Label 控件的外观

【例 3.1】通过引用 CSS 样式设置 Label 控件的外观。（**示例位置：mr\TM\03\01**）

本示例主要通过引用 CSS 样式设置 Label 控件的外观，示例运行结果如图 3.3 所示。

程序实现的主要步骤如下。

（1）新建一个网站，默认主页为 Default.aspx，在 Default.aspx 页面上添加一个 Label 控件。

（2）在该网站上右击，在弹出的快捷菜单中选择“添加新项”命令，将弹出“添加新项”对话框，在该对话框中选择“样式表”，默认名称为 StyleSheet.css。单击“添加”按钮，为该网站添加一个 CSS 样式文件，在该文件中添加如下代码，为 Label 控件设置外观样式。

```
.stylecs
{
background-color:Yellow;
 font-style:oblique;
 font-size:medium;
 border :2px;
 border-color:Black ;
}
```

（3）将 Default.aspx 页切换到 HTML 视图中，在<head></head>节中编写如下代码，引用已编写好的 CSS 样式文件。

```
<link href="stylecs.css" rel="stylesheet" type="text/css"/>
```

（4）在“属性”面板中设置 Label 控件的 CssClass 属性为 stylecs（stylecs 为样式名）。

3．使用 Label 控件显示文本信息

【例 3.2】使用 Label 控件显示文本信息。（**示例位置：mr\TM\03\02**）

本示例主要通过设置 Label 控件的 Text 属性，显示静态的文本信息，如显示“明日网站欢迎您的光临”字样，示例运行结果如图 3.4 所示。

图 3.3　通过引用 CSS 样式设置 Label 控件的外观

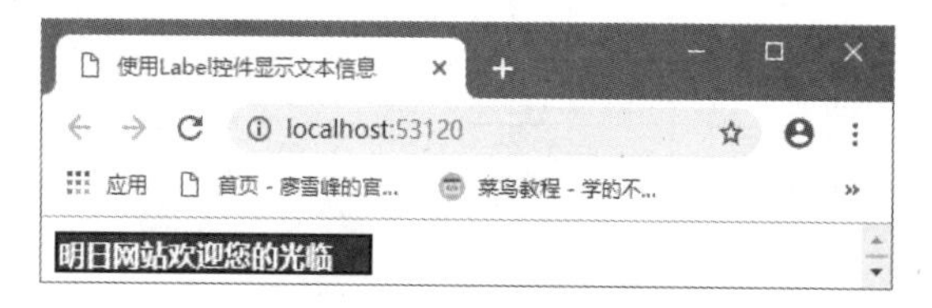

图 3.4　使用 Label 控件显示文本信息

程序实现的主要步骤如下。

（1）新建一个网站，默认主页为 Default.aspx，在 Default.aspx 页面上添加一个 Label 控件。

（2）打开“属性”面板，设置 Label 控件的 Text 属性为“明日网站欢迎您的光临”，并对 Label 控件的外观属性进行适当修改。

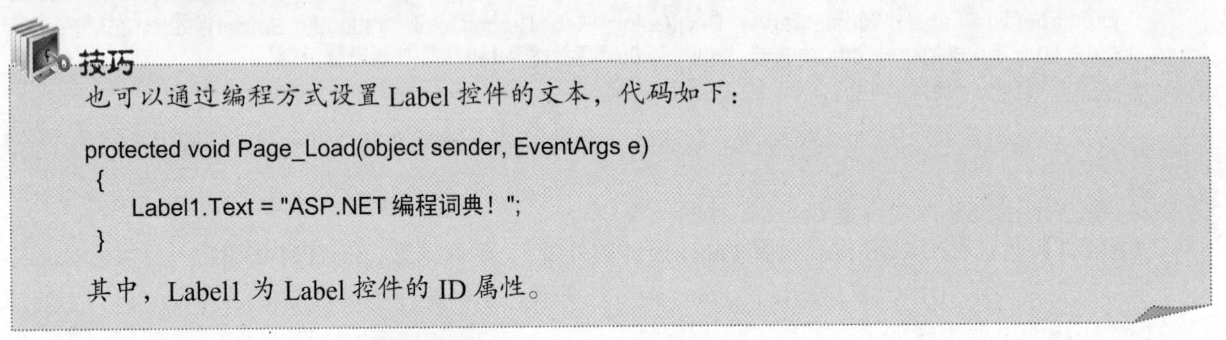

技巧

也可以通过编程方式设置 Label 控件的文本，代码如下：

```
protected void Page_Load(object sender, EventArgs e)
{
    Label1.Text = "ASP.NET 编程词典！";
}
```

其中，Label1 为 Label 控件的 ID 属性。

3.1.2 TextBox 控件

1. TextBox 控件概述

TextBox 控件又称文本框控件，用于输入或显示文本。TextBox 控件通常用于可编辑文本，但也可以通过设置其属性，使其成为只读控件。如图 3.5 所示为 TextBox 控件。

TextBox

图 3.5　TextBox 控件

TextBox 控件相当于一个写字板，可以对输入的文本进行更改，而 Label 控件相当于一个提示板，不能对文本进行编辑。

TextBox 控件的常用属性及其说明如表 3.2 所示。

表 3.2　TextBox 控件的常用属性及其说明

属　性	说　明
AutoPostBack	获取或设置一个值，该值指示无论何时用户在 TextBox 控件中按 Enter 或 Tab 键时，是否执行自动回发到服务器的操作
CausesValidation	获取或设置一个值，该值指示当将 TextBox 控件设置为在回发发生时，是否执行验证
Text	控件要显示的文本
TextMode	获取或设置 TextBox 控件的行为模式（单行、多行或密码）
Width	控件的宽度
Height	控件的高度
Visible	控件是否可见
ReadOnly	获取或设置一个值，用于指示能否更改 TextBox 控件的内容
CssClass	控件呈现的样式
BackColor	控件的背景颜色
Enabled	控件是否可用
Columns	文本框的宽度（以字符为单位）
MaxLength	可输入的最大字符数
Rows	多行文本框显示的行数
ID	获取或设置分配给服务器控件的编程标识符

TextBox 控件大部分属性设置和 Label 控件类似，具体可参见 Label 控件属性设置，下面主要介绍 TextMode 属性。

TextMode 属性主要用于控制 TextBox 控件的文本显示方式，该属性的设置选项有以下 3 个。

☑ 单行（SingleLine）：用户只能在一行中输入信息，还可以通过设置 TextBox 的 Columns 属性限制文本的宽度；通过设置 MaxLength 属性限制输入的最大字符数。

☑ 多行（MultiLine）：文本很长时，允许用户输入多行文本并执行换行，还可以通过设置 TextBox 的 Rows 属性，限制文本框显示的行数。

☑ 密码（Password）：将用户输入的字符用黑点（●）代替，以隐藏这些信息。

2. 使用 TextBox 控件制作会员登录界面

【例 3.3】使用 TextBox 控件制作会员登录界面。（**示例位置：mr\TM\03\03**）

本示例主要通过设置 TextBox 控件的 TextMode 属性制作会员登录界面。执行程序，并在两个 TextBox 文本框中输入文字，示例运行结果如图 3.6 所示。

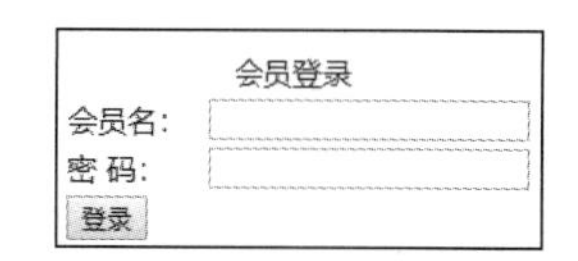

图 3.6　使用 TextBox 控件制作会员登录界面

程序实现的主要步骤如下。

新建一个网站，默认主页为 Default.aspx，在 Default.aspx 页面上添加两个 TextBox 控件，它们的属性设置如表 3.3 所示。

表 3.3　TextBox 控件属性设置

TextBox 控件	属　性　值
输入会员名的 TextBox 控件	将 TextMode 属性设置为 SingleLine
输入密码的 TextBox 控件	将 TextMode 属性设置为 Password
	将 MaxLength 属性设置为 6

3. 使用 TextBox 控件制作用户注册界面

【例 3.4】使用 TextBox 控件制作用户注册界面。（**示例位置：mr\TM\03\04**）

本示例主要通过设置 TextBox 控件的 TextMode 属性，制作用户注册界面。执行程序，并在 TextBox 文本框中输入文字，示例运行结果如图 3.7 所示。

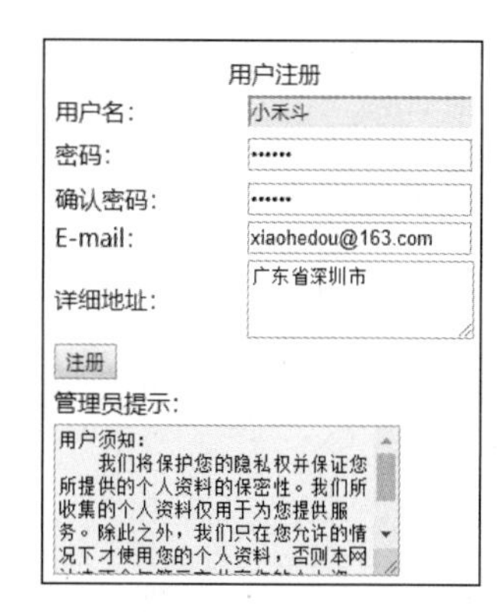

图 3.7　使用 TextBox 控件制作用户注册界面

程序实现的主要步骤如下。

新建一个网站，默认主页为 Default.aspx，在 Default.aspx 页面上添加 6 个 TextBox 控件，它们的属性设置如表 3.4 所示。

表 3.4　TextBox 控件属性设置

TextBox 控件	属　性　值
输入用户名的 TextBox 控件	将 TextMode 属性设置为 SingleLine
	将 Width 属性设置为 150px

续表

TextBox 控件	属 性 值
输入密码的 TextBox 控件	将 TextMode 属性设置为 Password
	将 MaxLength 属性设置为 6
	将 Width 属性设置为 150px
输入确认密码的 TextBox 控件	将 TextMode 属性设置为 Password
	将 MaxLength 属性设置为 6
	将 Width 属性设置为 150px
输入 E-mail 的 TextBox 控件	将 TextMode 属性设置为 SingleLine
	将 Width 属性设置为 150px
输入详细地址的 TextBox 控件	将 TextMode 属性设置为 MultiLine
	将 Width 属性设置为 150px
输入管理员提示的 TextBox 控件	将 TextMode 属性设置为 MultiLine
	将 Width 属性设置为 232px
	将 Height 属性设置为 92px
	将 ReadOnly 属性设置为 true
	将 BackColor 属性设置为#FFFF80
	将 Text 属性设置为“用户须知：我们将保护您的隐私权并保证您所提供的个人资料的保密性。我们所收集的个人资料仅用于为您提供服务。除此之外，我们只在您允许的情况下才使用您的个人资料，否则本网站决不会与第三方共享您的个人资料。”

技巧

1. 制作不可编辑的文本框

对于 TextBox 中的信息，默认情况下是可以编辑的，但在制作 Web 页面（如显示用户详细信息页）时，有时只需要显示文本框中的信息，而不需要修改其中的信息。实现该功能，可以将 TextBox 控件的 ReadOnly 属性设置为 true。代码如下：

```
this.TextBox1.ReadOnly = true;
```

2. 限制文本框的输入字符长度

在制作 Web 页面（如用户登录页面）时，有时希望用户输入的密码只为 6 个字符，可以将用于输入密码的 TextBox 文本框的 MaxLength 属性设置为 6。代码如下：

```
this.TextBox1.MaxLength =6;
```

3.2 按钮类型控件

3.2.1 Button 控件

1. Button 控件概述

Button 控件可以分为提交按钮控件和命令按钮控件。提交按钮控件只是将 Web 页面回送到服务器，

默认情况下，Button 控件为提交按钮控件；而命令按钮控件一般包含与控件相关联的命令，用于处理控件命令事件。如图 3.8 所示为 Button 控件。

Button

图 3.8 Button 控件

1）Button 控件的常用属性

Button 控件的常用属性及其说明如表 3.5 所示。

表 3.5 Button 控件的常用属性及其说明

属　性	说　明
ID	控件 ID
Text	获取或设置在 Button 控件中显示的文本标题
Width	控件的宽度
Height	控件的高度
CssClass	控件呈现的样式
CausesValidation	获取或设置一个值，该值指示在单击 Button 控件时是否执行验证
OnClientClick	获取或设置在引发某个 Button 控件的 Click 事件时所执行的客户端脚本
PostBackUrl	获取或设置单击 Button 控件时从当前页发送到的网页的 URL

Button 控件的大部分属性和 Label 控件类似，下面主要介绍 Button 控件的 CausesValidation、OnClientClick 和 PostBackUrl 属性的设置。

☑ CausesValidation 属性：主要用来确定该控件是否导致激发验证。例如，用户在注册时，将会添加多个验证控件，但在单击“重置”按钮时，并不需要触发验证控件的激发验证，此时就可以将“重置”按钮的 CausesValidation 属性设置为 false，以防止在单击该按钮时导致控件的激发验证。

☑ OnClientClick 属性：是在客户端执行的客户端脚本。例如，可以在“属性”面板中设置 Button 控件的 OnClientClick 属性为“window.external.addFavorite('http://www.mingrisoft.com','吉林省明日科技')”，当运行程序时，单击该按钮将打开“添加到收藏夹”窗口，以收藏本网站。

☑ PostBackUrl 属性：是获取或设置单击 Button 控件时从当前页发送到的网页的 URL。例如，可以在“属性”面板中设置 Button 控件的 PostBackUrl 属性为 NewWebPage.aspx，当运行程序时，单击该按钮将跳转到新页（NewWebPage.aspx）。

2）Button 控件的常用事件

Button 控件常用的事件是 Click，该事件是在单击 Button 控件时引发的。

2. 单击 Button 控件弹出消息对话框

【例 3.5】单击 Button 控件弹出消息对话框。（**示例位置：mr\TM\03\05**）

本示例实现的主要功能是单击 Button 控件，弹出一个消息对话框。执行程序，示例运行结果如图 3.9 所示，当单击“点击 me”按钮时，将弹出消息对话框，如图 3.10 所示。

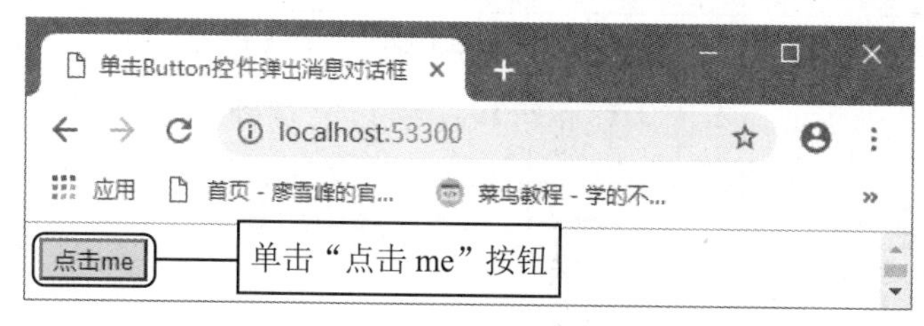

图 3.9 Button 控件示例

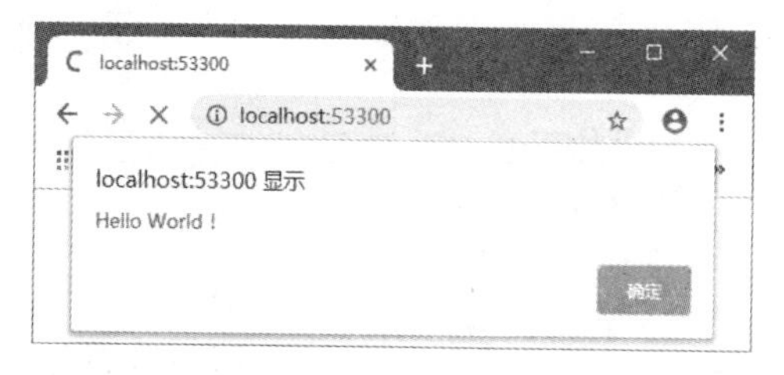

图 3.10 单击 Button 控件弹出的消息对话框

程序实现的主要步骤如下。

（1）新建一个网站，默认主页为 Default.aspx，在 Default.aspx 页面上添加一个 Button 控件，Button 控件属性设置如表 3.6 所示。

表 3.6　Button 控件属性设置

属 性 名 称	属　性　值	属 性 名 称	属　性　值
ID	Button1	BorderColor	Gray
BackColor	#E0E0E0	Text	点击 me

（2）在“属性”面板中单击⚡按钮，找到 Click 事件并双击该事件，进入后台编码区，在 Button 控件的 Click 事件下编写如下代码：

```
protected void Button1_Click(object sender, EventArgs e)
    {
        Response.Write("<script>alert('Hello World！ ')</script>");
    }
```

3.2.2　LinkButton 控件

1. LinkButton 控件概述

LinkButton 控件又称为超链接按钮控件，该控件在功能上与 Button 控件相似，但在呈现样式上不同，LinkButton 控件以超链接的形式显示，如图 3.11 所示。

图 3.11　LinkButton 控件

注意

LinkButton 控件是以超链接形式显示的按钮控件，不能为此按钮设置背景图片。

1）LinkButton 控件的常用属性

LinkButton 控件的常用属性及其说明如表 3.7 所示。

表 3.7　LinkButton 控件的常用属性及其说明

属　性	说　明
ID	控件 ID
Text	获取或设置在 LinkButton 控件中显示的文本标题
Width	控件的宽度
CausesValidation	获取或设置一个值，该值指示在单击 LinkButton 控件时是否执行验证
Enabled	获取或设置一个值，该值指示是否启用 Web 服务器控件
PostBackUrl	获取或设置单击 LinkButton 控件时从当前页发送到的网页的 URL

LinkButton 控件大部分属性设置与 Button 控件类似，下面主要介绍 PostBackUrl 属性的用法。

PostBackUrl 属性用来设置单击 LinkButton 控件时链接到的网页地址。在设置该属性时，单击其后面的▭按钮，会弹出如图 3.12 所示的“选择 URL”对话框，用户可以选择要链接到的网页地址。

2）LinkButton 控件的常用事件

LinkButton 控件常用的事件是 Click，该事件是在单击 LinkButton 控件时引发的。

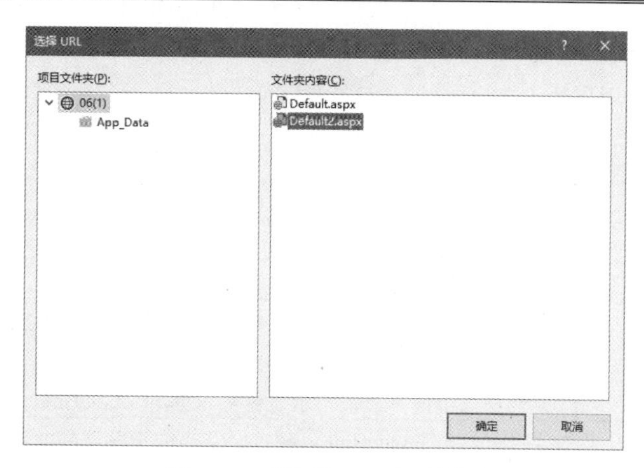

图 3.12　“选择 URL”对话框

2．使用 LinkButton 控件的 PostBackUrl 属性实现超链接功能

【例 3.6】使用 LinkButton 控件的 PostBackUrl 属性实现超链接功能。（**示例位置：mr\TM\03\06**）

本示例通过设置 LinkButton 控件的外观属性来控制其外观显示，并通过设置 LinkButton 控件的 PostBackUrl 属性实现超链接功能。执行程序，示例运行结果如图 3.13 所示，单击“超链接”按钮，页面将链接到 Default2.aspx，运行结果如图 3.14 所示。

图 3.13　LinkButton 控件示例

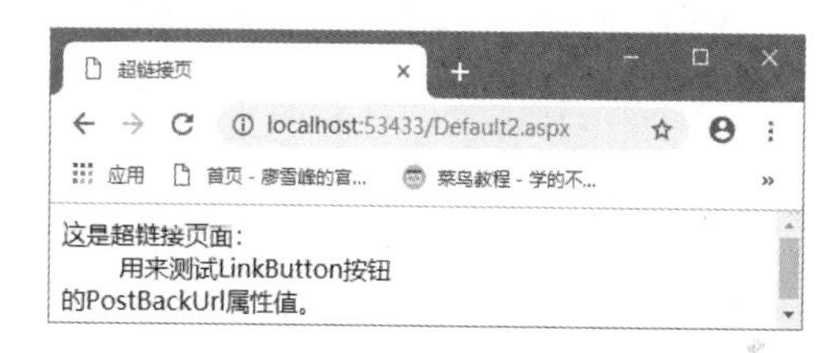

图 3.14　Default2.aspx 页面

程序实现的主要步骤如下。

新建一个网站，默认主页为 Default.aspx，然后添加一个用于超链接的 Default2.aspx 页面。在 Default.aspx 页面上添加一个 LinkButton 控件，其属性设置如表 3.8 所示。

表 3.8　LinkButton 控件属性设置

属 性 名 称	属　性　值	属 性 名 称	属　性　值
ID	LinkButton1	Font	18pt
BackColor	#FFFFC0	PostBackUrl	~/Default2.aspx（链接页面）
BorderColor	Black	Text	超链接
BorderWidth	2px		

3.2.3　ImageButton 控件

1．ImageButton 控件概述

ImageButton 控件为图像按钮控件，用于显示具体的图像，在功能上和 Button 控件相同。如图 3.15 所示为 ImageButton 控件。

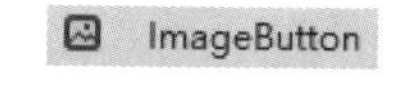

图 3.15　ImageButton 控件

1）ImageButton 控件的常用属性

ImageButton 控件的常用属性及其说明如表 3.9 所示。

表 3.9　ImageButton 控件的常用属性及其说明

属　性	说　明
ID	控件 ID
AlternateText	在图像无法显示时显示的替换文字
CausesValidation	获取或设置一个值，该值指示在单击 ImageButton 控件时是否执行验证
ImageUrl	获取或设置在 ImageButton 控件中显示的图像的位置
Enabled	获取或设置一个值，该值指示是否可以单击 ImageButton 以执行到服务器的回发
PostBackUrl	获取或设置单击 ImageButton 控件时从当前页发送到的网页的 URL

ImageButton 控件的大部分属性设置与 Button 控件类似，下面主要介绍 ImageUrl 属性和 AlternateText 属性。

☑ AlternateText 属性：当在 ImageUrl 属性中指定的图像不可用时，用 AlternateText 属性指定显示的文本。

☑ ImageUrl 属性：用于设置在 ImageButton 控件中显示的图像的位置（URL）。在设置 ImageUrl 属性值时，可以使用相对 URL，也可以使用绝对 URL。相对 URL 使图像的位置与网页的位置相关联，当将整个站点移动到服务器上的其他目录中时，不需要修改 ImageUrl 属性值；而绝对 URL 使图像的位置与服务器上的完整路径相关联，当修改站点路径时，需要修改 ImageUrl 属性值。笔者建议，在设置 ImageButton 控件的 ImageUrl 属性值时，使用相对 URL。

2）ImageButton 控件的常用事件

ImageButton 控件常用的事件是 Click，该事件是在单击 ImageButton 控件时引发的。

2．使用 ImageButton 控件显示图片并实现超链接

【例 3.7】使用 ImageButton 控件显示图片并实现超链接。（**示例位置：mr\TM\03\07**）

本示例主要通过设置 ImageButton 控件的 ImageUrl 属性和 PostBackUrl 属性来指定该控件的显示图片和超链接页面。执行程序，示例运行结果如图 3.16 所示，单击 ImageButton 按钮，页面将链接到 Default2.aspx，运行结果如图 3.17 所示。

图 3.16　ImageButton 控件示例

图 3.17　ImageButton 控件链接页面

程序实现的主要步骤如下。

新建一个网站，默认主页为 Default.aspx，然后添加一个新页 Default2.aspx，以便与 Default.aspx 进行链接，在 Default.aspx 页面上添加一个 ImageButton 控件，其属性设置如表 3.10 所示。

表 3.10　ImageButton 控件属性设置

属性名称	属　性　值	属性名称	属　性　值
ID	ImageButton1	BorderWidth	2px
AlternateText	ImageButton	ImageUrl	~/image/Image1.gif（图片的相对 URL）
BorderColor	Black	PostBackUrl	~/Default2.aspx（链接页面）

3.2.4　HyperLink 控件

1．HyperLink 控件概述

HyperLink 控件又称超链接控件，该控件在功能上和 HTML 的<a href="">相似，其显示模式为超链接的形式。HyperLink 控件与大多数 Web 服务器控件不同，当用户单击 HyperLink 控件时并不会在服务器代码中引发事件，该控件只实现导航功能，起超链接的作用。如图 3.18 所示为 HyperLink 控件。

A　HyperLink

图 3.18　HyperLink 控件

HyperLink 控件的常用属性及其说明如表 3.11 所示。

表 3.11　HyperLink 控件的常用属性及其说明

属　　性	说　　明
ID	控件 ID
Text	获取或设置 HyperLink 控件的文本标题
ImageUrl	获取或设置 HyperLink 控件显示的图像路径
NavigateUrl	获取或设置单击 HyperLink 控件时链接到的 URL
Target	获取或设置单击 HyperLink 控件时显示链接到的 Web 页内容的目标窗口或框架
Enabled	获取或设置一个值，该值指示是否启用 Web 服务器控件

下面介绍 HyperLink 控件的一些重要属性。

☑ NavigateUrl 属性：用来设置单击 HyperLink 控件时要链接到的网页地址，其设置方法可参见 LinkButton 控件的 PostBackUrl 属性设置方法。

☑ Target 属性：表示下一个框架或窗口的显示样式，Target 属性值一般以下画线开头，其常用成员及其说明如表 3.12 所示。

表 3.12　Target 属性常用成员及其说明

成　　员	说　　明
_blank	在没有框架的新窗口中显示链接页
_self	在具有焦点的框架中显示链接页
_top	在没有框架的全部窗口中显示链接页
_parent	在直接框架集父级窗口或页面中显示链接页

2．使用 HyperLink 控件显示图片并实现超链接

【例 3.8】使用 HyperLink 控件显示图片并实现超链接。（**示例位置：mr\TM\03\08**）

本示例通过设置 HyperLink 控件的外观属性来控制其外观显示，并通过设置 NavigateUrl 属性指定该控件的超链接页面。执行程序，示例运行结果如图 3.19 所示，单击 HyperLink 按钮，页面将链接到

Default2.aspx 上，运行结果如图 3.20 所示。

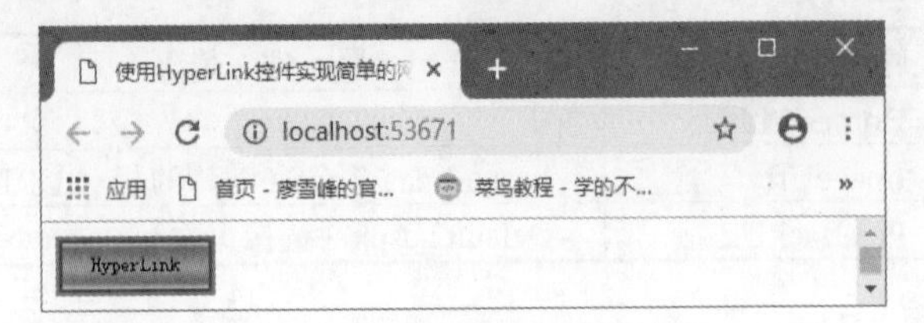

图 3.19　HyperLink 控件示例

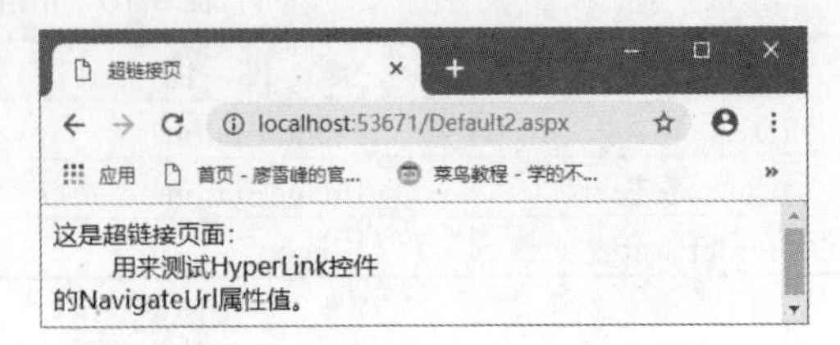

图 3.20　HyperLink 控件链接页面

程序实现的主要步骤如下。

新建一个网站，默认主页为 Default.aspx，然后添加一个用于链接到的页 Default2.aspx，在 Default.aspx 页面上添加一个 HyperLink 控件，其属性设置如表 3.13 所示。

表 3.13　HyperLink 控件属性设置

属性名称	属性值	属性名称	属性值
ID	HyperLink1	NavigateUrl	~/Default2.aspx（链接页面）
BorderColor	#8080FF	Target	_top
BorderWidth	2px	ImageUrl	~/images/image1.gif（图片的相对 URL）

技巧

1. 单击按钮弹出新窗口

在浏览页面时，单击前台页面的“后台登录”按钮，会弹出一个新窗口，用于输入登录后台的用户名和密码。单击 Button 控件弹出一个新窗口的代码如下：

```
protected void Button1_Click(object sender, EventArgs e)
    {
        Response.Write("<script
language='javascript'>window.open('NewPage.aspx','','width=335,height=219')</script>");
}
```

在打开的新窗口中，可以单击 Button 控件关闭该窗口，该控件的 Click 事件代码如下：

```
protected void Button1_Click(object sender, EventArgs e)
{
        Response.Write("<script language='javascript'>window.close()</script>");
}
```

2. 打开 Outlook 窗口发送邮件

在开发网站时，经常会遇到单击“联系管理员”按钮，打开 Outlook 窗口发送邮件的情况。要实现该功能，可以将 HyperLink 控件的 NavigateUrl 属性设置为 mailto:mingrisoft@mingrisoft.com。

3. 设置 IE 主页

在开发网站时，经常会遇到单击“设置主页”按钮，将指定的网页设置为 IE 主页的情况。要实现该功能，可以将 LinkButton 控件的 OnClientClick 属性设置为 this.style.behavior='url(#default#homepage) '; this.sethomepage('hppt://www.mingrisoft.com')。

3.3　选择类型控件

3.3.1　ListBox 控件

1. ListBox 控件概述

ListBox 控件用于显示一组列表项，用户可以从中选择一项或多项。如果列表项的总数超出可以显示的项数，则 ListBox 控件会自动添加滚动条。如图 3.21 所示为 ListBox 控件。

ListBox

图 3.21　ListBox 控件

1）ListBox 控件的常用属性

ListBox 控件的常用属性及其说明如表 3.14 所示。

表 3.14　ListBox 控件的常用属性及其说明

属　　性	说　　明
Items	获取列表控件项的集合
SelectionMode	获取或设置 ListBox 控件的选择格式
SelectedIndex	获取或设置列表控件中选定项的最低序号索引
SelectedItem	获取列表控件中索引最小的选中的项
SelectedValue	获取列表控件中选定项的值，或选择列表控件中包含指定值的项
Rows	获取或设置 ListBox 控件中显示的行数
DataSource	获取或设置对象，数据绑定控件从该对象中检索其数据项列表
ID	获取或设置分配给服务器控件的编程标识符

下面主要介绍 ListBox 控件的 Items 属性、SelectionMode 属性和 DataSource 属性。

（1）Items 属性：主要用来获取列表控件项的集合，使用 Items 属性为 ListBox 控件添加列表项的方法有两种，下面分别进行介绍。

☑　通过“属性”面板为 ListBox 控件添加列表项。

首先，打开“属性”面板，单击 Items 属性后面的⋯按钮，会弹出如图 3.22 所示的“ListItem 集合编辑器”对话框。

在“ListItem 集合编辑器”对话框中，单击“添加”按钮，即可为 ListBox 控件添加列表项，选中列表项，可在属性窗口中修改其属性值。当为 ListBox 控件添加完列表项后，还可以选中列表项，单击↑和↓按钮更改列表项的位置，单击“移除”按钮可以从列表项中将该项删除，如图 3.23 所示。

最后，单击“确定”按钮返回到页面中，在 ListBox 控件中将呈现已添加的列表项。

☑　使用 Items.Add 方法为 ListBox 控件添加列表项。

在后台代码中，可以编写如下代码，使用 Items.Add 方法为 ListBox 控件添加列表项。

```
lbxSource.Items.Add("星期日");
lbxSource.Items.Add("星期一");
lbxSource.Items.Add("星期二");
lbxSource.Items.Add("星期三");
```

```
lbxSource.Items.Add("星期四");
lbxSource.Items.Add("星期五");
lbxSource.Items.Add("星期六");
```

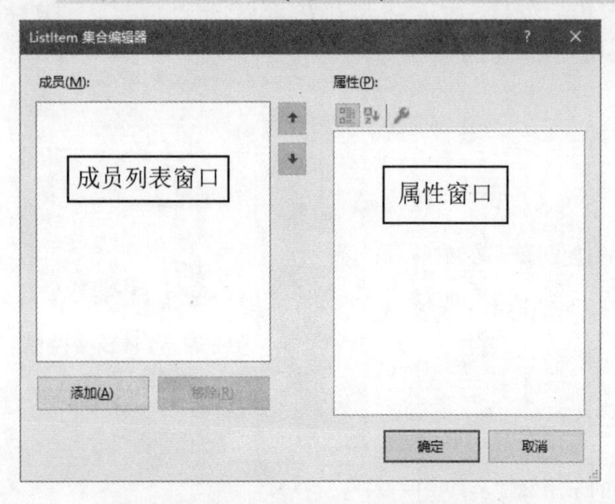

图 3.22 “ListItem 集合编辑器”对话框

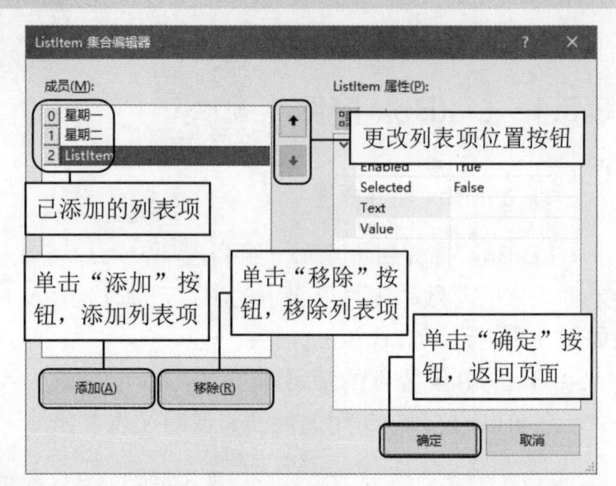

图 3.23 操作列表项

（2）SelectionMode 属性：用于设置 ListBox 控件的选择模式，该属性的设置选项有以下两个。

☑ 单选（Single）：用户只能在列表框中选中一项。

☑ 多选（MultiLine）：用户可以在列表框中选中多项。

（3）DataSource 属性：通过使用 DataSource 属性可以从数组或集合中获取列表项并将其添加到控件中。当编程人员希望从数组或集合中填充控件时，可以使用此属性。例如，在后台编写如下代码，将数组绑定到 ListBox 控件中。

```
ArrayList arrList = new ArrayList();
arrList.Add("星期日");
arrList.Add("星期一");
arrList.Add("星期二");
arrList.Add("星期三");
arrList.Add("星期四");
arrList.Add("星期五");
arrList.Add("星期六");
ListBox1.DataSource = arrList;
ListBox1.DataBind();
```

2）ListBox 控件的常用方法

ListBox 控件常用的方法是 DataBind。当 ListBox 控件使用 DataSource 属性附加数据源时，使用 DataBind 方法将数据源绑定到 ListBox 控件上。

2. ListBox 控件选项的多选和单选操作

【例 3.9】ListBox 控件选项的多选和单选操作。（**示例位置：mr\TM\03\09**）

本示例实现的主要功能是对 ListBox 控件中的列表项进行多选和单选操作。执行程序，示例运行结果如图 3.24 所示，在源列表框中选择部分选项，单击 < 按钮后，将把源列表框中选择的项移到目的列表框中，运行结果如图 3.25 所示。

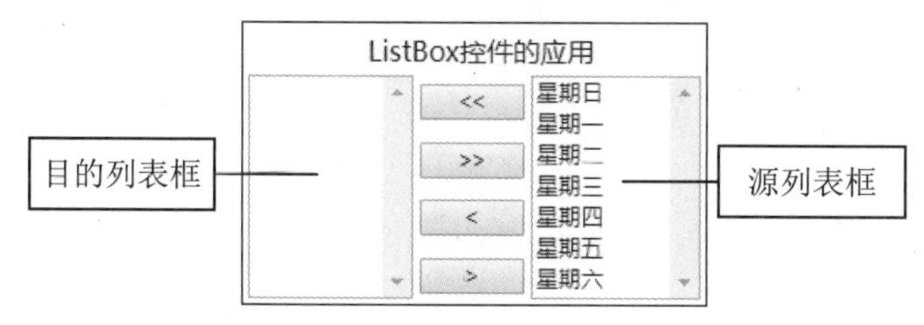

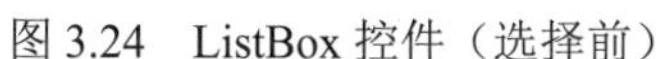
图 3.24　ListBox 控件（选择前）

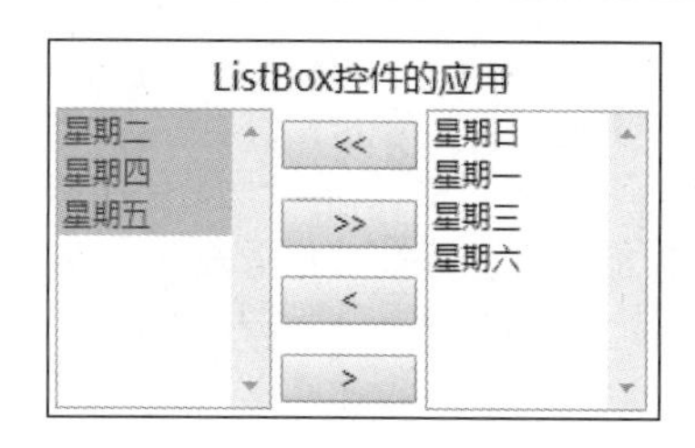

图 3.25　ListBox 控件（选择后）

程序实现的主要步骤如下。

新建一个网站，默认主页为 Default.aspx，在 Default.aspx 页面上添加两个 ListBox 控件和 4 个 Button 控件，其属性设置及其用途如表 3.15 所示。

表 3.15　Default.aspx 页面中控件的属性设置及其用途

控 件 类 型	控 件 名 称	主要属性设置	用　　途
标准/ListBox 控件	lbxDest	将 SelectionMode 属性设置为 Multiple	目的列表框
	lbxSource	将 SelectionMode 属性设置为 Multiple	源列表框
标准/Button 控件	Button1	将 Text 属性设置为<<	执行全选功能
	Button2	将 Text 属性设置为>>	执行全删功能
	Button3	将 Text 属性设置为<	执行单选功能
	Button4	将 Text 属性设置为>	执行单删功能

如果需要将源列表框中的选项全部移到目的列表框中，可以单击 << 按钮。 << 按钮的 Click 事件代码如下：

```
protected void Button1_Click(object sender, EventArgs e)
  {
        //获取列表框的选项数
        int count = lbxSource.Items.Count;
        int index = 0;
        //循环从源列表框中转移到目的列表框中
        for (int i = 0; i < count; i++)
        {
              ListItem Item = lbxSource.Items[index];
              lbxSource.Items.Remove(Item);
              lbxDest.Items.Add(Item);
        }
        //获取下一个选项的索引值
        index++;
  }
```

如果需要将源列表框中的部分选项移到目的列表框中，可以单击 < 按钮。 < 按钮的 Click 事件代码如下：

```
protected void Button3_Click(object sender, EventArgs e)
  {
        //获取列表框的选项数
        int count = lbxSource.Items.Count;
        int index = 0;
```

```
        //循环判断各个项的选中状态
        for (int i = 0; i < count; i++)
        {
            ListItem Item = lbxSource.Items[index];
            //如果选项为选中状态，则从源列表框中删除并添加到目的列表框中
            if (lbxSource.Items[index].Selected == true)
            {
                lbxSource.Items.Remove(Item);
                lbxDest.Items.Add(Item);
                //将当前选项索引值减 1
                index--;
            }
            //获取下一个选项的索引值
            index++;
        }
    }
```

说明

（1）在列表框中，按住 Shift 键或 Ctrl 键，可以进行多项选择。

（2）单击页面中的 < 按钮和 > 按钮，可以将选中的项目移动到指定的列表框中；单击页面中的 << 按钮与 >> 按钮，所有项目都将移到指定的列表框中。

3. ListBox 控件选项的上移和下移操作

【例 3.10】ListBox 控件选项的上移和下移操作。（**示例位置：mr\TM\03\10**）

本示例实现的主要功能是对 ListBox 控件中的列表选项进行上移和下移操作。执行程序，示例运行结果如图 3.26 所示，在列表框中选中“星期五”选项，单击“上移”按钮后，选中的选项将会向上移动，运行结果如图 3.27 所示。

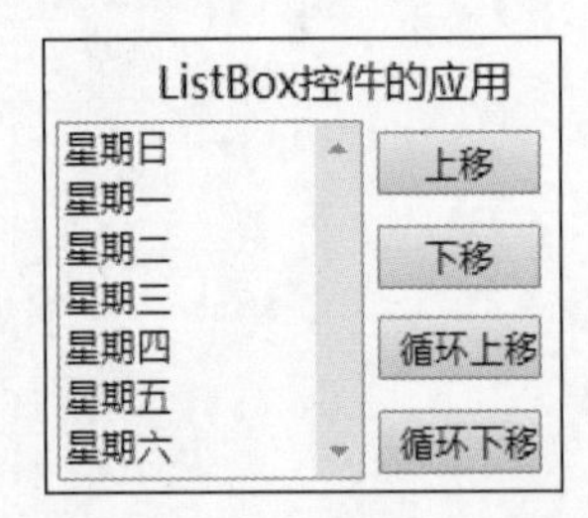

图 3.26　ListBox 控件（上移前）

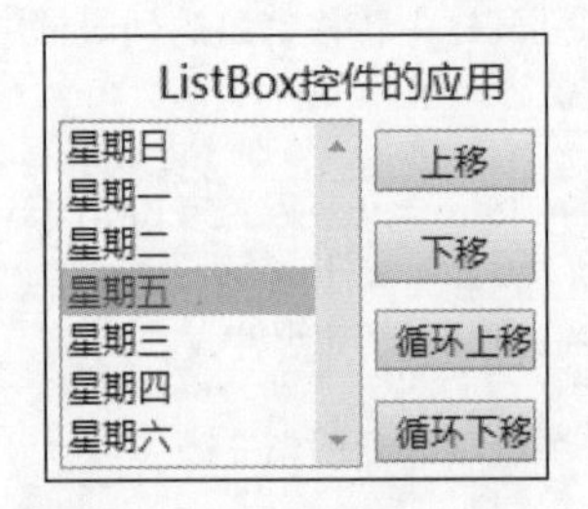

图 3.27　ListBox 控件（上移后）

程序实现的主要步骤如下。

新建一个网站，默认主页为 Default.aspx，在 Default.aspx 页面上添加 1 个 ListBox 控件和 4 个 Button 控件，其属性设置及其用途如表 3.16 所示。

表 3.16　Default.aspx 页面中控件的属性设置及其用途

控 件 类 型	控 件 名 称	主要属性设置	用　　途
标准/ListBox 控件	lbxSource	将 SelectionMode 属性设置为 Multiple	列表框

续表

控件类型	控件名称	主要属性设置	用途
标准/Button 控件	Button1	将 Text 属性设置为“上移”	执行上移选中选项功能
	Button2	将 Text 属性设置为“下移”	执行下移选中选项功能
	Button3	将 Text 属性设置为“循环上移”	执行循环上移选中选项功能
	Button4	将 Text 属性设置为“循环下移”	执行循环下移选中选项功能

如果需要将列表框中选中的项上移，可以单击“上移”按钮。“上移”按钮的 Click 事件代码如下：

```
protected void Button1_Click(object sender, EventArgs e)
    {
        //若不是第 1 行则上移
        if (lbxSource.SelectedIndex > 0 && lbxSource.SelectedIndex <= lbxSource.Items.Count - 1)
        {
            //记录当前选项的值
            string name = lbxSource.SelectedItem.Text;
            string value = lbxSource.SelectedItem.Value;
            //获取当前选项的索引号
            int index = lbxSource.SelectedIndex;
            //交换当前选项和其前一项的索引号
            lbxSource.SelectedItem.Text = lbxSource.Items[index - 1].Text;
            lbxSource.SelectedItem.Value = lbxSource.Items[index - 1].Value;
            lbxSource.Items[index - 1].Text = name;
            lbxSource.Items[index - 1].Value = value;
            //设定上一项为当前选项
            lbxSource.SelectedIndex--;
        }
    }
```

如果需要将列表框中选中的选项向下移动，可以单击“下移”按钮。“下移”按钮的 Click 事件代码如下：

```
protected void Button2_Click(object sender, EventArgs e)
    {
        //若不是最后一行则下移
        if (lbxSource.SelectedIndex >= 0 && lbxSource.SelectedIndex < lbxSource.Items.Count - 1)
        {
            //保存当前选项的信息
            string name = lbxSource.SelectedItem.Text;
            string value = lbxSource.SelectedItem.Value;
            //获取当前选项的索引号
            int index = lbxSource.SelectedIndex;
            //交换当前选项与下一项的信息
            lbxSource.SelectedItem.Text = lbxSource.Items[index + 1].Text;
            lbxSource.SelectedItem.Value = lbxSource.Items[index + 1].Value;
            lbxSource.Items[index + 1].Text = name;
            lbxSource.Items[index + 1].Value = value;
            //设定下一项为当前选项
            lbxSource.SelectedIndex++;
        }
    }
```

3.3.2 DropDownList 控件

1. DropDownList 控件概述

DropDownList 控件与 ListBox 控件的使用方法类似，但 DropDownList 控件只允许用户每次从列表中选择一项，而且只在框中显示选定选项。如图 3.28 所示为 DropDownList 控件。

DropDownList

图 3.28　DropDownList 控件

1）DropDownList 控件的常用属性

DropDownList 控件的常用属性及其说明如表 3.17 所示。

表 3.17　DropDownList 控件的常用属性及其说明

属　性	说　明
Items	获取列表控件项的集合
SelectedIndex	获取或设置列表中选定选项的最低序号索引
SelectedItem	获取列表中索引最小的选中的选项
SelectedValue	获取列表控件中选定选项的值，或选择列表控件中包含指定值的选项
AutoPostBack	获取或设置一个值，该值指示当用户更改列表中的选定内容时，是否自动产生向服务器回发
DataSource	获取或设置对象，数据绑定控件从该对象中检索其数据项列表
ID	获取或设置分配给服务器控件的编程标识符

2）DropDownList 控件的常用方法

DropDownList 控件常用的方法是 DataBind。当 DropDownList 控件使用 DataSource 属性附加数据源时，可使用 DataBind 方法将数据源绑定到 DropDownList 控件上。

3）DropDownList 控件的常用事件

DropDownList 控件常用的事件是 SelectedIndexChanged。当 DropDownList 控件中的选定选项发生改变时，将触发 SelectedIndexChanged 事件。

2. 将数组绑定到 DropDownList 控件中

【例 3.11】将数组绑定到 DropDownList 控件中。（**示例位置：mr\TM\03\11**）

本示例实现的主要功能是使用 DropDownList 控件的 DataBind 方法，将 ArrayList 数组绑定到 DropDownList 控件中。执行程序，示例运行结果如图 3.29 所示。

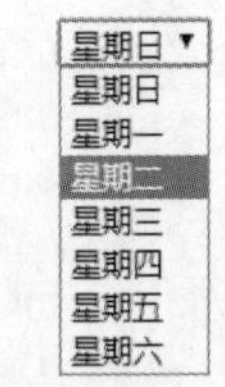

图 3.29　DropDownList 控件示例

程序实现的主要步骤如下。

（1）新建一个网站，默认主页为 Default.aspx，在 Default.aspx 页面上添加一个 DropDownList 控件。

（2）将页面切换到后台代码区，在使用 ArrayList 类之前，需要引用 ArrayList 类的命名空间，其代码如下：

```
using System.Collections;
```

（3）在页面的 Page_Load 事件中编写如下代码，将 ArrayList 数组绑定到 DropDownList 控件中。

```
protected void Page_Load(object sender, EventArgs e)
    {
        if (!IsPostBack)
        {
            ArrayList arrList = new ArrayList();
            arrList.Add("星期日");
            arrList.Add("星期一");
            arrList.Add("星期二");
            arrList.Add("星期三");
            arrList.Add("星期四");
            arrList.Add("星期五");
            arrList.Add("星期六");
            DropDownList1.DataSource = arrList;
            DropDownList1.DataBind();
        }
    }
```

误区警示

在很多 aspx.cs 文件中都会看到 if(!IsPostBack)的验证，这个用法看上去很简单，那么它用于处理什么业务逻辑呢？一般在服务器控件被单击时会触发后台处理方法，在处理方法被执行之前，首先执行的是页面加载方法 Page_Load，而有些页面的数据是在页面加载时就需要绑定显示的，所以读取数据源（SQL Server 数据库）的入口就需要放在 Page_Load 方法中，然而这里有一个问题，当执行页面上的搜索功能时，检测到数据库被查询了两次，每一次都是在查询完全部结果之后还会再进行一次搜索结果的查询，那么分析第一次的查询结果是一次没有必要的查询（重复查询），无疑直接影响了系统性能，所以必须使用 IsPostBack 来判断请求是否来自于回发，只有第一次请求才进行全部读取，如果是来自于搜索按钮的回发请求，那么跳过读取，去执行搜索按钮的查询操作。

3．动态改变 DropDownList 控件的背景色

【例 3.12】动态改变 DropDownList 控件的背景色。（**示例位置：mr\TM\03\12**）

本示例实现的主要功能是当 DropDownList 控件列表项改变时，其背景色也做相应的改变。执行程序，示例运行结果如图 3.30 所示。

图 3.30　动态改变 DropDownList 控件的背景色

程序实现的主要步骤如下。

新建一个网站，默认主页为 Default.aspx，在 Default.aspx 页面上添加一个 DropDownList 控件，其属性设置如表 3.18 所示。

表 3.18　DropDownList 控件的属性设置

属性名称	属　性　值	属性名称	属　性　值
ID	DropDownList1	Font/Bold	true
AutoPostBack	true	ForeColor	Black

为了实现当选择的列表项发生改变时，DropDownList 控件的背景色也做相应的改变，需要在

DropDownList 控件的 SelectedIndexChanged 事件下添加如下代码，在 switch 语句中改变 DropDownList 控件的背景色。

```
protected void DropDownList1_SelectedIndexChanged(object sender, EventArgs e)
  {
       string color = this.DropDownList1.SelectedItem.Value;
       switch (color)
       {
           case "Red":
               this.DropDownList1.BackColor = System.Drawing.Color.Red;
               break;
           case "Green":
               this.DropDownList1.BackColor = System.Drawing.Color.Green;
               break;
           case "Blue":
               this.DropDownList1.BackColor = System.Drawing.Color.Blue;
               break;
           case " LightGray ":
               this.DropDownList1.BackColor = System.Drawing.Color. LightGray;
               break;
           default :
               this.DropDownList1.BackColor = System.Drawing.Color.White;
               break;
       }
  }
```

技巧

（1）获取 DropDownList 控件选项的索引号和标题的代码如下：

```
int Index = DropDownList1.SelectedIndex;//获取选项的索引号
string text = DropDownList1.SelectedItem;//获取选项的标题
```

（2）向 DropDownList 控件的下拉列表框中添加列表项的代码如下：

```
DropDownList1.Items.Add(new ListItem("ASP.NET","0"));
DropDownList1.Items.Add(new ListItem("VB.NET","1"));
DropDownList1.Items.Add(new ListItem("C#.NET", "2"));
DropDownList1.Items.Add(new ListItem("VB", "3"));
```

（3）删除选择的 DropDownList 控件的列表项的代码如下：

```
ListItem Item = DropDownList1.SelectedItem;
DropDownList1.Items.Remove(Item);
```

（4）清除 DropDownList 控件的所有列表项的代码如下：

```
DropDownList1.Items.Clear();
```

（5）获取 DropDownList 控件包含的列表项数的代码如下：

```
int count = DropDownList1.Items.Count;
```

3.3.3　RadioButton 控件

1．RadioButton 控件概述

RadioButton 控件是一种单选按钮控件，用户可以在页面中添加一组 RadioButton 控件，通过为所有的单选按钮分配相同的 GroupName（组名）来强制执行从给出的所有选项集中仅选择一个选项。如图 3.31 所示为 RadioButton 控件。

图 3.31　RadioButton 控件

1）RadioButton 控件的常用属性

RadioButton 控件的常用属性及其说明如表 3.19 所示。

表 3.19　RadioButton 控件的常用属性及其说明

属　性	说　明
AutoPostBack	获取或设置一个值，该值指示在单击 RadioButton 控件时，是否自动回发到服务器
CausesValidation	获取或设置一个值，该值指示在单击 RadioButton 控件时，是否执行验证
Checked	获取或设置一个值，该值指示是否已选中 RadioButton 控件
GroupName	获取或设置单选按钮所属的组名
Text	获取或设置与 RadioButton 关联的文本标签
TextAlign	获取或设置与 RadioButton 控件关联的文本标签的对齐方式
Enabled	是否启用控件
ID	获取或设置分配给服务器控件的编程标识符

下面介绍 RadioButton 控件的一些重要属性。

☑ Checked 属性：如果 RadioButton 控件被选中，则 RadioButton 控件的 Checked 属性值为 true，否则为 false。

☑ GroupName 属性：使用 GroupName 属性指定一组单选按钮，以创建一组互相排斥的控件。如果用户在页面中添加了一组 RadioButton 控件，可以将所有单选按钮的 GroupName 属性设为同一个值，来强制执行在给出的所有选项集中仅有一个处于被选中状态。

☑ Text 和 TextAlign 属性：RadioButton 控件可以通过 Text 属性指定要在控件中显示的文本。当 RadioButton 控件的 TextAlign 属性为 Left 时，文本显示在单选按钮的左侧；当 RadioButton 控件的 TextAlign 属性为 Right 时，文本显示在单选按钮的右侧。

2）RadioButton 控件的常用事件

RadioButton 控件常用的事件是 CheckedChanged，当 RadioButton 控件的选中状态发生改变时引发该事件。

2．使用 RadioButton 控件模拟考试系统中的单选题

【例 3.13】使用 RadioButton 控件模拟考试系统中的单选题。（**示例位置：mr\TM\03\13**）

本示例通过设置 RadioButton 控件的 GroupName 属性，模拟考试系统中的单选题功能，并在 RadioButton 控件的 CheckedChanged 事件下，将用户选择的答案显示出来。执行程序并选择答案 D，示例运行结果如图 3.32 所示，单击“提交”按钮，将弹出如图 3.33 所示的提示对话框。

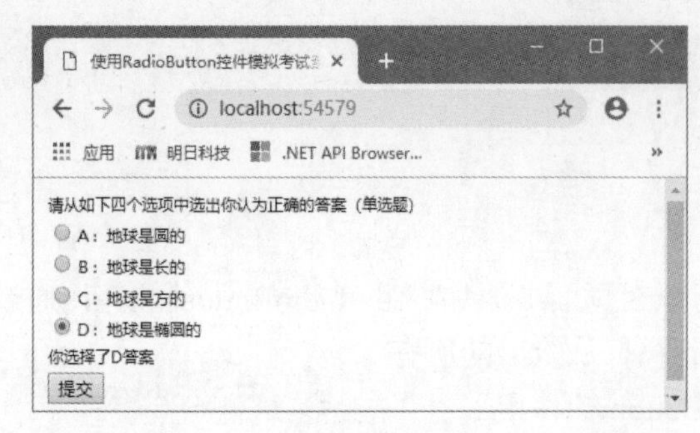

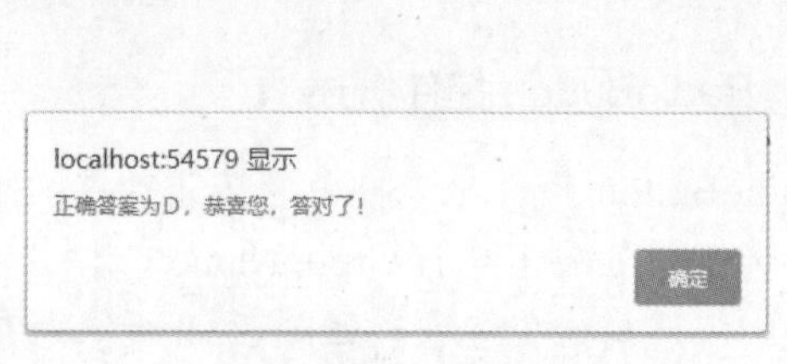

图 3.32　使用 RadioButton 控件模拟考试系统　　　　图 3.33　提示对话框

程序实现的主要步骤如下。

新建一个网站，默认主页为 Default.aspx，在 Default.aspx 页面上添加 1 个 Label 控件、1 个 Button 控件和 4 个 RadioButton 控件，其属性设置及其用途如表 3.20 所示。

表 3.20　Default.aspx 页面中控件的属性设置及其用途

控 件 类 型	控 件 名 称	主要属性设置	用　　途
标准/Label 控件	Label1	将 Text 属性设置为?	显示用户已选择的答案
标准/Button 控件	Button1	将 Text 属性设置为“提交”	执行提交功能
标准/RadioButton 控件	RadioButton1	将 Text 属性设置为“A：地球是圆的”	显示“A：地球是圆的”文本
		将 AutoPostBack 属性设置为 true	当单击控件时，自动回发到服务器中
		将 GroupName 属性设置为 Key	RadioButton 控件的组名，强制执行单选操作
		将 TextAlign 属性设置为 Right	文本显示在单选按钮的右侧
	RadioButton2	将 Text 属性设置为“B：地球是长的”	显示“B：地球是长的”文本
		将 AutoPostBack 属性设置为 true	当单击控件时，自动回发到服务器中
		将 GroupName 属性设置为 Key	RadioButton 控件的组名，强制执行单选操作
		将 TextAlign 属性设置为 Right	文本显示在单选按钮的右侧
	RadioButton3	将 Text 属性设置为“C：地球是方的”	显示“C：地球是方的”文本
		将 AutoPostBack 属性设置为 true	当单击控件时，自动回发到服务器中
		将 GroupName 属性设置为 Key	RadioButton 控件的组名，强制执行单选操作
		将 TextAlign 属性设置为 Right	文本显示在单选按钮的右侧
	RadioButton4	将 Text 属性设置为“D：地球是椭圆的”	显示“D：地球是椭圆的”文本
		将 AutoPostBack 属性设置为 true	当单击控件时，自动回发到服务器中
		将 GroupName 属性设置为 Key	RadioButton 控件的组名，强制执行单选操作
		将 TextAlign 属性设置为 Right	文本显示在单选按钮的右侧

为了使用户将已选择的答案显示在界面上，可以在 RadioButton 控件的 CheckedChanged 事件中，使用 Checked 属性来判断该 RadioButton 控件是否已被选中，如果已被选中，则将其显示出来。单选按钮 RadioButton1 的 CheckedChanged 事件代码如下：

```
protected void RadioButton1_CheckedChanged(object sender, EventArgs e)
    {
        if (RadioButton1.Checked == true)
        {
            this.Label1.Text = "A";
        }
    }
```

说明

RadioButton2、RadioButton3 和 RadioButton4 控件的 CheckedChanged 事件代码与 RadioButton1 控件的 CheckedChanged 事件代码相似，都是用来判断该单选按钮是否被选中。如果被选中，则将其显示出来。由于篇幅有限，其他单选按钮的 CheckedChanged 事件代码将不再给出，请读者参见本书资源包。

当用户已选择完答案，可以通过单击“提交”按钮获取正确答案。“提交”按钮的 Click 事件代码如下：

```
protected void Button1_Click(object sender, EventArgs e)
    {
        //判断用户是否已选择了答案。如果没有做出选择，将会弹出对话框，提示用户选择答案
        if (RadioButton1.Checked == false && RadioButton2.Checked == false && RadioButton3.Checked ==
false && RadioButton4.Checked == false)
        {
            Response.Write("<script>alert('请选择答案')</script>");
        }
        else if (RadioButton4.Checked == true)
        {
            Response.Write("<script>alert('正确答案为 D，恭喜您，答对了！')</script>");
        }
        else
        {
            Response.Write("<script>alert('正确答案为 D，对不起，答错了！')</script>");
        }
    }
```

3.3.4 CheckBox 控件

1. CheckBox 控件概述

CheckBox 控件用来显示允许用户设置 true 或 false 条件的复选框。用户可以从一组 CheckBox 控件中选择一项或多项。如图 3.34 所示为 CheckBox 控件。

☑ CheckBox

图 3.34　CheckBox 控件

1）CheckBox 控件的常用属性

CheckBox 控件的常用属性及其说明如表 3.21 所示。

表 3.21　CheckBox 控件的常用属性及其说明

属　性	说　明
AutoPostBack	获取或设置一个值，该值指示在单击 CheckBox 控件时，是否自动回发到服务器
CausesValidation	获取或设置一个值，该值指示在单击 CheckBox 控件时，是否执行验证
Checked	获取或设置一个值，该值指示是否已选中 CheckBox 控件
Text	获取或设置与 CheckBox 关联的文本标签
TextAlign	获取或设置与 CheckBox 控件关联的文本标签的对齐方式
Enabled	是否启用控件
ID	获取或设置分配给服务器控件的编程标识符

下面介绍 CheckBox 控件的一些重要属性。

☑ Checked 属性：如果 CheckBox 控件被选中，则 CheckBox 控件的 Checked 属性值为 true，否则为 false。

☑ Text 和 TextAlign 属性：CheckBox 控件可以通过 Text 属性指定要在控件中显示的文本。当 CheckBox 控件的 TextAlign 属性值为 Left 时，文本显示在复选框的左侧；当 CheckBox 控件的 TextAlign 属性值为 Right 时，文本显示在复选框的右侧。

2）CheckBox 控件的常用事件

CheckBox 控件的常用事件是 CheckedChanged，当 CheckBox 控件的选中状态发生改变时引发该事件。

2. 使用 CheckBox 控件模拟考试系统中的多选题

【例 3.14】使用 CheckBox 控件模拟考试系统中的多选题。（**示例位置：mr\TM\03\14**）

本示例主要是模拟考试系统中的多选题功能，并在 CheckBox 控件的 CheckedChanged 事件下，将用户选择的答案显示出来。执行程序并选择答案 A、B、C，示例运行结果如图 3.35 所示。单击"提交"按钮，将弹出如图 3.36 所示的提示对话框。

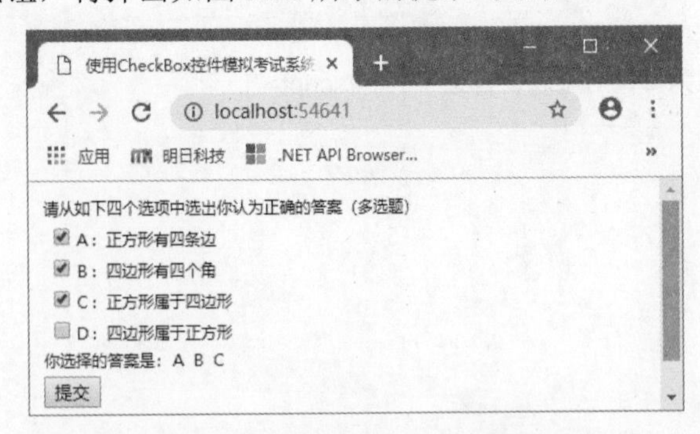

图 3.35　使用 CheckBox 控件模拟考试系统

图 3.36　提示对话框

程序实现的主要步骤如下。

新建一个网站，默认主页为 Default.aspx，在 Default.aspx 页面上添加 4 个 CheckBox 控件、1 个 Button 控件和 4 个 Label 控件，其属性设置及用途如表 3.22 所示。

表 3.22　Default.aspx 页面中控件属性设置及用途

控件类型	控件名称	主要属性设置	用　途
标准/Label 控件	Label1	将 Text 属性设置为“”	显示用户已选择的 A 答案
	Label2	将 Text 属性设置为“”	显示用户已选择的 B 答案
	Label3	将 Text 属性设置为“”	显示用户已选择的 C 答案
	Label4	将 Text 属性设置为“”	显示用户已选择的 D 答案
标准/Button 控件	Button1	将 Text 属性设置为“提交”	执行提交功能
标准/CheckBox 控件	CheckBox1	将 Text 属性设置为“A：正方形有四条边”	显示“A：正方形有四条边”文本
		将 AutoPostBack 属性设置为 true	当单击控件时，自动回发到服务器中
	CheckBox2	将 Text 属性设置为“B：四边形有四个角”	显示“B：四边形有四个角”文本
		将 AutoPostBack 属性设置为 true	当单击控件时，自动回发到服务器中
	CheckBox3	将 Text 属性设置为“C：正方形属于四边形”	显示“C：正方形属于四边形”文本
		将 AutoPostBack 属性设置为 true	当单击控件时，自动回发到服务器中
	CheckBox4	将 Text 属性设置为“D：四边形属于正方形”	显示“D：四边形属于正方形”文本
		将 AutoPostBack 属性设置为 true	当单击控件时，自动回发到服务器中

注意

将 CheckBox 控件的 AutoPostBack 属性设置为 true，则当选中复选框时系统会自动将网页中的内容送回 Web 服务器，并触发 CheckBox 控件的 CheckedChanged 事件。

为了将用户选择的答案显示在界面上，可以在 CheckBox 控件的 CheckcdChanged 事件中，使用 Checked 属性来判断该 CheckBox 控件是否已被选中，如果已被选中，则将其显示出来。复选框 CheckBox1 的 CheckedChanged 事件代码如下：

```
protected void CheckBox1_CheckedChanged(object sender, EventArgs e)
  {
        if (CheckBox1.Checked == true)
        {
            this.Label1.Text = "A";
        }
        else
        {
            this.Label1.Text = "";
        }
  }
```

说明

CheckBox2、CheckBox3 和 CheckBox4 控件的 CheckedChanged 事件代码与 CheckBox1 控件的 CheckedChanged 事件代码相似，都是用来判断该复选框是否被选中。如果被选中，则将其显示出来。由于篇幅有限，其他复选框的 CheckedChanged 事件代码将不再给出，请读者参见本书资源包。

当用户已选择完答案，可以通过单击“提交”按钮获取正确答案。“提交”按钮的 Click 事件代码如下：

```
protected void Button1_Click(object sender, EventArgs e)
    {
        //判断用户是否已选择了答案，如果没有做出选择，弹出对话框，提示用户选择答案
        if (CheckBox1.Checked == false && CheckBox2.Checked == false && CheckBox3.Checked == false
&& CheckBox4.Checked == false)
        {
            Response.Write("<script>alert('请选择答案')</script>");
        }
        else if (CheckBox1.Checked == true && CheckBox2.Checked == true && CheckBox3.Checked == true
&& CheckBox4.Checked == false)
        {
            Response.Write("<script>alert('正确答案为 ABC，恭喜您，答对了！')</script>");
        }
        else
        {
            Response.Write("<script>alert('正确答案为 ABC，对不起，答错了！')</script>");
        }
    }
```

3.4 图形显示类型控件

3.4.1 Image 控件

1. Image 控件概述

Image 控件用于在页面上显示图像。在使用 Image 控件时，可以在设计或运行时以编程方式为 Image 对象指定图形文件。如图 3.37 所示为 Image 控件。

图 3.37 Image 控件

Image 控件的常用属性及其说明如表 3.23 所示。

表 3.23 Image 控件的常用属性及其说明

属　性	说　明
ID	获取或设置分配给服务器控件的编程标识符
AlternateText	在图像无法显示时显示的替换文字
ImageAlign	获取或设置 Image 控件相对于网页上其他元素的对齐方式
ImageUrl	获取或设置在 Image 控件中显示的图像的位置
Enabled	获取或设置一个值，该值指示是否已启用控件

下面介绍 Image 控件的 ImageAlign 属性和 ImageUrl 属性。

- ☑ ImageAlign 属性：指定或确定图像相对于网页上其他元素的对齐方式。在表 3.24 中列出了可能的对齐方式。
- ☑ ImageUrl 属性：用于设置在 Image 控件中显示的图像的位置（URL）。在设置 ImageUrl 属性时，可以使用相对 URL，也可以使用绝对 URL。相对 URL 使图像的位置与网页的位置相关

联，当整个站点移动到服务器上的其他目录时，不需要修改 ImageUrl 属性值；而绝对 URL 使图像的位置与服务器上的完整路径相关联，当更改站点路径时，需要修改 ImageUrl 属性值。笔者建议，在设置 Image 控件的 ImageUrl 属性时，使用相对 URL。

表 3.24　Image 控件的 ImageAlign 属性的对齐方式

对 齐 方 式	说　明
Left	图像沿网页的左边缘对齐，文字在图像右边换行
Right	图像沿网页的右边缘对齐，文字在图像左边换行
Baseline	图像的下边缘与第一行文本的下边缘对齐
Top	图像的上边缘与同一行上最高元素的上边缘对齐
Middle	图像的中间与第一行文本的下边缘对齐
Bottom	图像的下边缘与第一行文本的下边缘对齐
AbsBottom	图像的下边缘与同一行中最大元素的下边缘对齐
AbsMiddle	图像的中间与同一行中最大元素的中间对齐
TextTop	图像的上边缘与同一行上最高文本的上边缘对齐

2. 实现动态显示用户头像功能

【例 3.15】实现动态显示用户头像功能。（**示例位置：mr\TM\03\15**）

本示例主要是通过改变 Image 控件的 ImageUrl 属性值来动态显示用户头像。执行程序，并在下拉列表框中选择“boy 头像”选项，示例运行结果如图 3.38 所示。在下拉列表框中选择“girl 头像”选项，示例运行结果如图 3.39 所示。

图 3.38　“boy 头像”显示

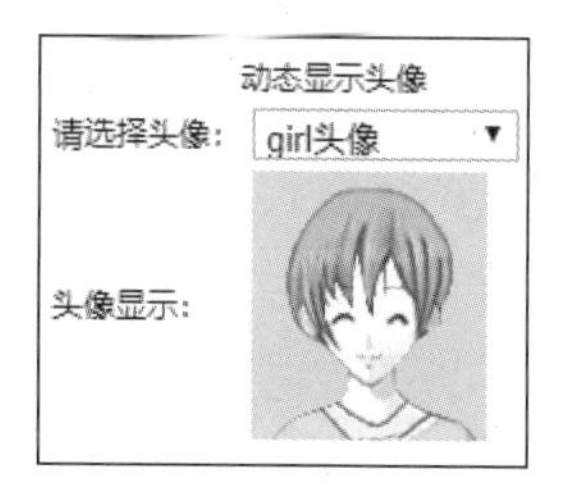

图 3.39　“girl 头像”显示

程序实现的主要步骤如下。

新建一个网站，默认主页为 Default.aspx，在 Default.aspx 页面上添加一个 DropDownList 控件和一个 Image 控件，其属性设置及其用途如表 3.25 所示。

表 3.25　Default.aspx 页面中控件属性设置及其用途

控 件 类 型	控 件 名 称	主要属性设置	用　途
标准/DropDownList 控件	DropDownList1	将 AutoPostBack 属性设置为 true	当单击控件时，自动回发到服务器中
标准/Image 控件	Image1	将 AlternateText 属性设置为“显示头像”	在图像无法显示时显示的替换文字

可以在 DropDownList 控件的 SelectedIndexChanged 事件下编写如下代码，实现动态显示用户头像。

```
protected void DropDownList1_SelectedIndexChanged(object sender, EventArgs e)
    {
        //用户选择 DropDownList 控件中的不同项时，显示不同的用户头像
```

```
        if (DropDownList1.SelectedIndex == 1)
        {
            Image1.ImageUrl = "~/images/boy.jpg";
        }
        else if (DropDownList1.SelectedIndex == 2)
        {
            Image1.ImageUrl = "~/images/girl.jpg";
        }
        else
        {
            Image1.ImageUrl = "";
        }
    }
```

说明

在使用 Image 控件时，一般情况下要设置其 AlternateText 属性（在图像无法显示时显示的替换文字）。设置此属性后，浏览网页时，将光标放置在控件上会显示说明文字。

3.4.2 ImageMap 控件

1. ImageMap 控件概述

ImageMap 控件允许在图片中定义一些热点（HotSpot）区域。当用户单击这些热点区域时，将会引发超链接或者单击事件。当需要对某幅图片的局部实现交互时，使用 ImageMap 控件，如以图片形式展示网站地图和流程图等。如图 3.40 所示为 ImageMap 控件。

ImageMap

图 3.40　ImageMap 控件

1）ImageMap 控件的常用属性

ImageMap 控件的常用属性及其说明如表 3.26 所示。

表 3.26　ImageMap 控件的常用属性及其说明

属　性	说　明
ID	获取或设置分配给服务器控件的编程标识符
AlternateText	在图像无法显示时显示的替换文字
HotSpotMode	获取或设置单击 HotSpot 对象时 ImageMap 控件的 HotSpot 对象的默认行为
HotSpots	获取 HotSpot 对象的集合，这些对象表示 ImageMap 控件中定义的作用点区域
ImageUrl	获取或设置在 Image 控件中显示的图像的位置
Target	获取或设置单击 ImageMap 控件时显示链接到的网页内容的目标窗口或框架
Enabled	获取或设置一个值，该值指示是否已启用控件

ImageMap 控件比较重要的两个属性是 HotSpotMode 和 HotSpots。下面分别进行介绍。

☑ HotSpotMode 属性：用于获取或者设置单击热点区域后的默认行为方式。在表 3.27 中列出了 HotSpotMode 属性的枚举值及其说明。

表 3.27　ImageMap 控件的 HotSpotMode 属性的枚举值及其说明

枚　举　值	说　　明
Inactive	无任何操作，即此时形同一张没有热点区域的普通图片
NotSet	未设置项，同时也是默认项。虽然名为未设置，但是默认情况下将执行定向操作，即链接到指定的 URL 地址。如果未指定 URL 地址，则默认链接到应用程序根目录下
Navigate	定向操作项。链接到指定的 URL 地址。如果未指定 URL 地址，则默认链接到应用程序根目录下
PostBack	回传操作项。单击热点区域后，将触发控件的 Click 事件

误区警示

HotSpotMode 属性虽然为图片中所有热点区域定义了单击事件的默认行为方式，但在某些情况下，图片中热点区域的行为方式各不相同，需要单独为每个热点区域定义 HotSpotMode 属性及其相关属性。

☑ HotSpots 属性：用于获取 HotSpots 对象集合。HotSpot 是一个抽象类，包含 CircleHotSpot（圆形热区）、RectangleHotSpot（方形热区）和 PolygonHotSpot（多边形热区）3 个子类，这些子类的实例称为 HotSpot 对象。

创建 HotSpot 对象的步骤如下。

（1）在 ImageMap 控件上右击，在弹出的快捷菜单中选择“属性”命令，弹出“属性”面板。

（2）在“属性”面板中单击 HotSpots 属性后的...按钮，将弹出“HotSpot 集合编辑器”对话框，如图 3.41 所示。单击“添加”按钮后的▾按钮，将弹出一个下拉菜单，其中包括 CircleHotSpot、RectangleHotSpot 和 PolygonHotSpot 3 个对象，可以通过单击添加对象。

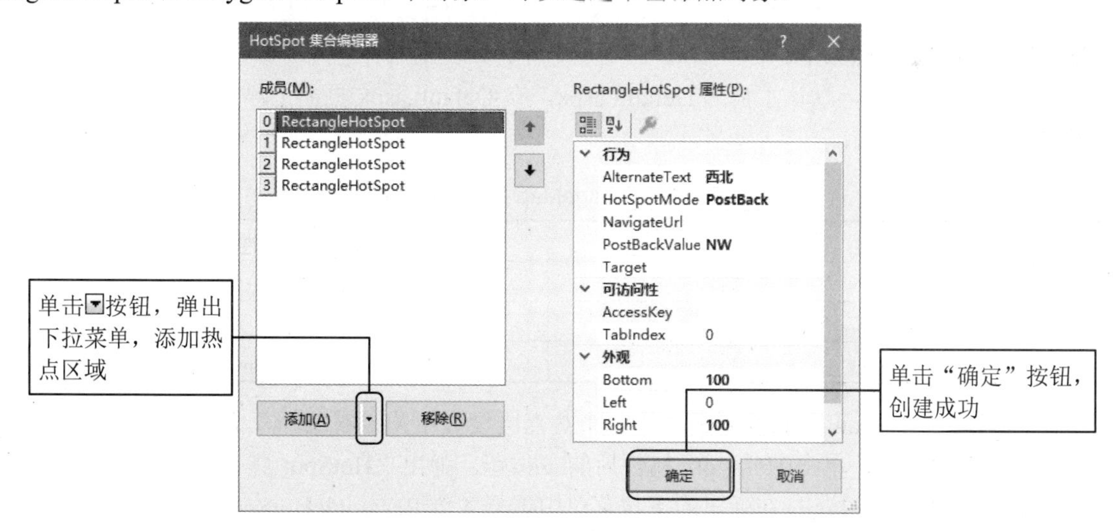

图 3.41　HotSpot 集合编辑器

（3）为热点区域设置属性。在定义每个热点区域的过程中，主要设置两个属性。一个是 HotSpotMode 及其相关属性。HotSpot 对象中的 HotSpotMode 属性用于为单个热点区域设置单击后的显示方式，与 ImageMap 控件的 HotSpotMode 属性基本相同。例如，当将 HotSpotMode 属性值设置为 PostBack 时，则必须设置定义回传值的 PostBackValue 属性。另一个是热点区域坐标属性。对于

CircleHotSpot，需要设置半径 Radius 和圆心坐标（X,Y），对于 RectangleHotSpot，需要设置其左、上、右、下的坐标，即 Left、Top、Right、Bottom 属性，对于 PolygonHotSpot，需要设置每一个关键点的坐标，即 Coordinates 属性。

（4）单击“确定”按钮，创建完成。

2）ImageMap 控件的常用事件

ImageMap 控件的常用事件是 Click，该事件在用户单击热点区域时发生。当将 HotSpotMode 属性设置为 PostBack 时，需要定义并实现该事件的处理程序。

2. 使用 ImageMap 控件展示图片中的方位

【例 3.16】使用 ImageMap 控件展示图片中的方位。（**示例位置：mr\TM\03\16**）

本示例主要是使用 ImageMap 控件展示图片中的方位。执行程序，示例运行结果如图 3.42 所示，在图片中单击西北方向，在界面中将显示“您现在所指的方向是：西北方向。”字样，如图 3.43 所示。

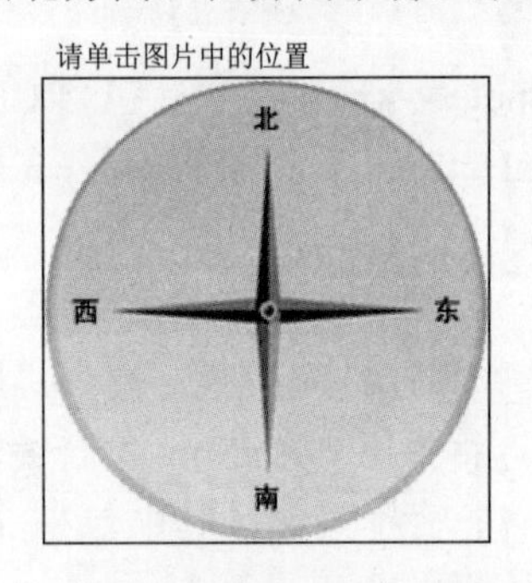

图 3.42　示例运行结果

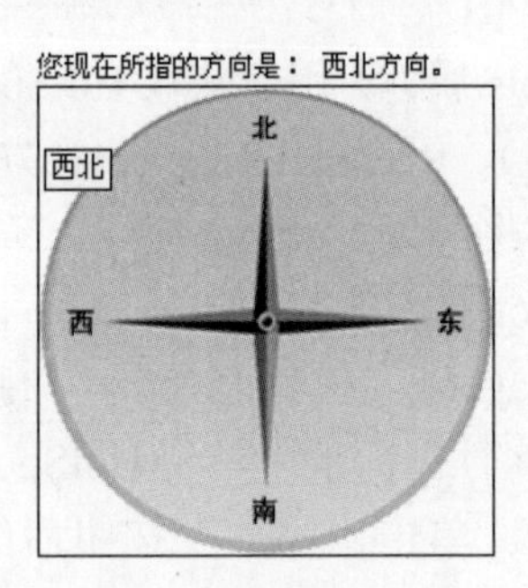

图 3.43　在西北方向单击后的结果

程序实现的主要步骤如下。

（1）新建一个网站，默认主页为 Default.aspx，在 Default.aspx 页面上添加一个 ImageMap 控件，其属性设置如表 3.28 所示。

表 3.28　ImageMap 控件属性设置

属 性 名 称	属 性 值
ID	ImageMap1
HotSpotMode	PostBack
ImageUrl	~/images/map.bmp

（2）定义 3 个 RectangleHotSpot，并为每个热点区设置相关的属性。

在“属性”面板中，单击 HotSpots 属性后的按钮，弹出“HotSpot 集合编辑器”对话框，在其中单击“添加”按钮后的按钮，在弹出的下拉菜单中选择 4 个 RectangleHotSpot 项，并设置其左（Left）、上（Top）、右（Right）和下（Bottom）的坐标值，4 个热点区的属性设置如下。

☑ 显示“西北”方向的 RectangleHotSpot 的属性设置：将 Bottom 设置为 100，将 Right 设置为 100，将 HotSpotMode 设置为 PostBack，将 PostBackValue 设置为 NW，将 AlternateText 设置为“西北”。

☑ 显示“东北”方向的 RectangleHotSpot 的属性设置：将 Bottom 设置为 100，将 Left 设置为 100，

将 Right 设置为 100，将 HotSpotMode 设置为 PostBack，将 PostBackValue 设置为 NE，将 AlternateText 设置为“东北”。

☑ 显示“西南”方向的 RectangleHotSpot 的属性设置：将 Bottom 设置为 200，将 Right 设置为 100，将 Top 设置为 100，将 HotSpotMode 设置为 PostBack，将 PostBackValue 设置为 SW，将 AlternateText 设置为“西南”。

☑ 显示“东南”方向的 RectangleHotSpot 的属性设置：将 Bottom 设置为 200，将 Left 设置为 100，将 Right 设置为 200，将 Top 设置为 100，将 HotSpotMode 设置为 PostBack，将 PostBackValue 设置为 SE，将 AlternateText 设置为“东南”。

（3）为了实现在单击图片中的热点区域时，将图片的方位显示出来，需要在 ImageMap 控件的 Click 事件下添加如下代码：

```
protected void ImageMap1_Click(object sender, ImageMapEventArgs e)
    {
        String region = "";
        switch (e.PostBackValue)
        {
            case "NW":
                region = "西北";
                break;
            case "NE":
                region = "东北";
                break;
            case "SE":
                region = "东南";
                break;
            case "SW":
                region = "西南";
                break;
        }
        Label1.Text = "您现在所指的方向是： "+ region +"方向。";
    }
```

3.5　Panel 控件

3.5.1　Panel 控件概述

Panel 控件在页面内为其他控件提供了一个容器，可以将多个控件放入一个 Panel 控件中，作为一个单元进行控制，如隐藏或显示这些控件；同时也可以使用 Panel 控件为一组控件创建独特的外观。如图 3.44 所示为 Panel 控件。

Panel

图 3.44　Panel 控件

Panel 控件相当于一个储物箱，在这个储物箱内可以放置各种物品（其他控件）。也就是说，可以将零散的物品放置在储物箱中，便于管理和控制。

Panel 控件的常用属性及其说明如表 3.29 所示。

表 3.29　Panel 控件的常用属性及其说明

属　性	说　明
ID	获取或设置分配给服务器控件的编程标识符
Visible	用于指示该控件是否可见
HorizontalAlign	用于设置控件内容的水平对齐方式
Enabled	获取或设置一个值，该值指示是否已启用控件

Panel 控件的 HorizontalAlign 属性用于指定容器中控件内容的水平对齐方式。HorizontalAlign 属性成员及其说明如表 3.30 所示。

表 3.30　HorizontalAlign 属性成员及其说明

成 员 名 称	说　明
Center	容器的内容居中
Justify	容器的内容均匀展开，与左右边距对齐
Left	容器的内容左对齐
NotSet	未设置水平对齐方式
Right	容器的内容右对齐

说明

通过设置 Panel 控件的 ScrollBars 属性，可以控制 Panel 控件以何种方式使用滚动条，其值包括 None、Horizontal、Vertical、Both 和 Auto。

3.5.2　使用 Panel 控件显示或隐藏一组控件

【例 3.17】使用 Panel 控件显示或隐藏一组控件。（**示例位置：mr\TM\03\17**）

本示例主要是使用 Panel 控件显示或隐藏一组控件。当用户未登录时，将提示用户单击“点击 me”超链接登录本网站，如图 3.45 所示；当用户单击“点击 me”超链接登录时，将隐藏提示信息，显示用户登录窗体，如图 3.46 所示。

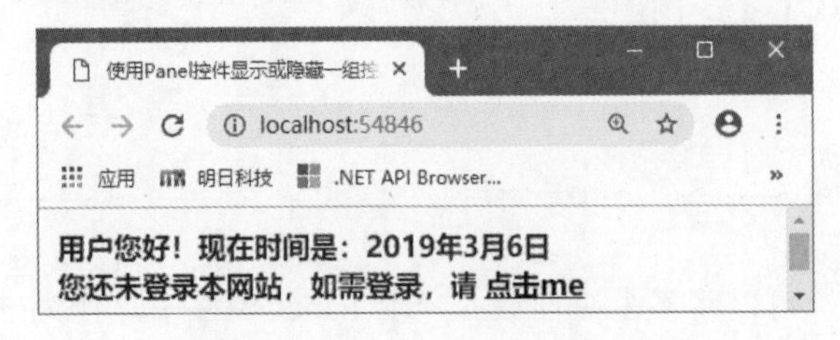

图 3.45　提示用户单击“点击 me”超链接登录本网站

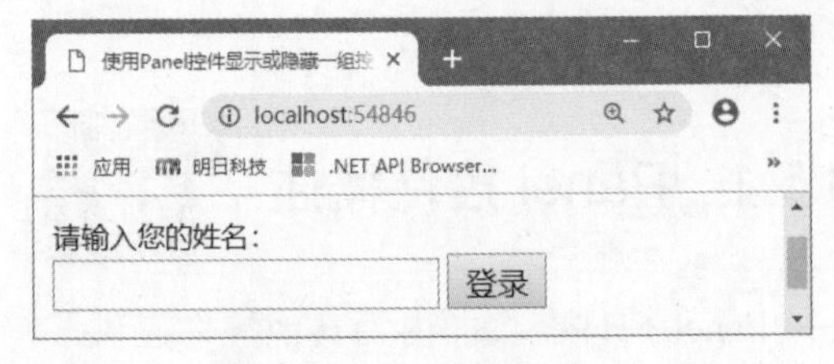

图 3.46　用户登录窗体

程序实现的主要步骤如下。

新建一个网站，默认主页为 Default.aspx，在 Default.aspx 页面上添加的控件及其用途如表 3.31 所示。

表 3.31　在 Default.aspx 页面上添加的控件及其用途

控 件 类 型	控 件 名 称	主要属性设置	用　　途
标准/Panel 控件	Panel1	将 Font/Size 设置为 9pt 将 Font/Bold 设置为 true 将 ForeColor 设置为 Red 将 HorizontalAlign 设置为 Left	用于存放 Label1 和 LinkButton1 控件
	Panel2	将 Font/Size 设置为 9pt 将 HorizontalAlign 设置为 Left	用于存放 Button1 和 TextBox1 控件
标准/Label 控件	Label1	将 Text 属性设置为“”	显示当前系统时间
标准/LinkButton 控件	LinkButton1	将 Text 属性设置为“点击 me”	执行显示或隐藏 Panel 控件功能
标准/Button 控件	Button1	将 Text 属性设置为“登录”	执行登录功能
标准/TextBox 控件	TextBox1	将 TextMode 属性设置为 SingleLine	输入登录名

如果用户需要登录网站，可以通过单击“点击 me”超链接来隐藏 Panel1 控件、显示 Panel2 控件。在“点击 me”超链接的 Click 事件下添加的代码如下：

```
protected void LinkButton1_Click(object sender, EventArgs e)
    {
        this.Panel1.Visible = false;
        this.Panel2.Visible = true;
    }
```

3.6　FileUpload 控件

3.6.1　FileUpload 控件概述

FileUpload 控件的主要功能是向指定目录上传文件，该控件包括一个文本框和一个浏览按钮。用户可以在文本框中输入完整的文件路径，或者通过按钮浏览并选择需要上传的文件。FileUpload 控件不会自动上传文件，必须设置相关的事件处理程序，并在程序中实现文件上传。如图 3.47 所示为 FileUpload 控件。

FileUpload

图 3.47　FileUpload 控件

1. FileUpload 控件的常用属性

FileUpload 控件的常用属性及其说明如表 3.32 所示。

表 3.32　FileUpload 控件的常用属性及其说明

属　　性	说　　明
ID	获取或设置分配给服务器控件的编程标识符
FileBytes	获取上传文件的字节数组
FileContent	获取指向上传文件的 Stream 对象
FileName	获取上传文件在客户端的文件名称
HasFile	获取一个布尔值，用于表示 FileUpload 控件是否已经包含一个文件
PostedFile	获取一个与上传文件相关的 HttpPostedFile 对象，使用该对象可以获取上传文件的相关属性

在表 3.32 中列出了 3 种访问上传文件的方式。一是通过 FileBytes 属性，该属性将上传文件数据置于字节数组中，遍历该数组，则能够以字节方式了解上传文件内容；二是通过 FileContent 属性，调用该属性可以获得一个指向上传文件的 Stream 对象，可以使用该属性读取上传文件数据，并使用 FileBytes 属性显示文件内容；三是通过 PostedFile 属性，调用该属性可以获得一个与上传文件相关的 HttpPostedFile 对象，使用该对象可以获得与上传文件相关的信息。例如，调用 HttpPostedFile 对象的 ContentLength 属性，可获得上传文件大小；调用 HttpPostedFile 对象的 ContentType 属性，可获得上传文件类型；调用 HttpPostedFile 对象的 FileName 属性，可获得上传文件在客户端的完整路径（调用 FileUpload 控件的 FileName 属性，仅能获得文件名称）。

2. FileUpload 控件的常用方法

FileUpload 控件包括一个核心方法 SaveAs(String filename)，其中，参数 filename 是指被保存在服务器中的上传文件的绝对路径。通常在事件处理程序中调用 SaveAs 方法。然而，在调用 SaveAs 方法之前，首先应该判断 HasFile 属性值。如果为 true，则表示 FileUpload 控件已经确认上传文件存在，此时，就可以调用 SaveAs 方法实现文件上传；如果为 false，则需要显示相关提示信息。

3.6.2 使用 FileUpload 控件上传图片文件

【例 3.18】使用 FileUpload 控件上传图片文件。（**示例位置：mr\TM\03\18**）

本示例主要是使用 FileUpload 控件上传图片文件，并将原文件路径、文件大小和文件类型显示出来。执行程序并选择图片路径，运行结果如图 3.48 所示。单击“上传”按钮，将图片的原文件路径、文件大小和文件类型显示出来，运行结果如图 3.49 所示。

图 3.48 选择上传图片

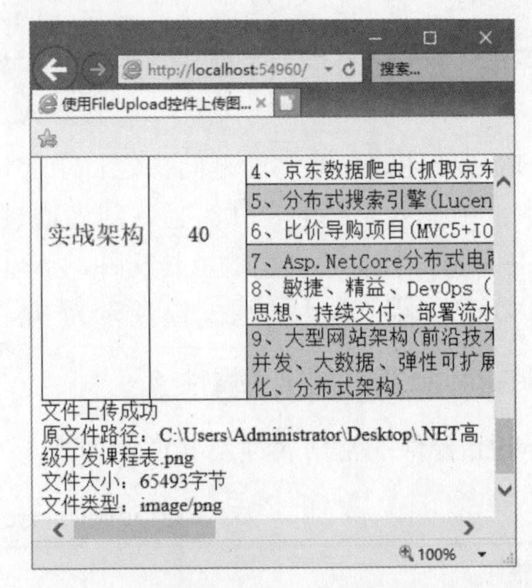

图 3.49 显示原文件路径、文件大小和文件类型

说明

运行使用 FileUpload 控件上传文件的程序时，需要将 IE 浏览器安全设置中的“将文件上载到服务器时包含本地目录路径”设置为启用状态。

程序实现的主要步骤如下。

（1）新建一个网站，默认主页为 Default.aspx，在 Default.aspx 页面上添加一个 FileUpload 控件，用于选择上传路径，再添加一个 Button 控件，用于将上传图片保存在图片文件夹中，然后添加一个 Label 控件，用于显示原文件路径、文件大小和文件类型。

（2）在“上传”按钮的 Click 事件下添加一段代码，首先判断 FileUpload 控件的 HasFile 属性是否为 true，如果为 true，则表示 FileUpload 控件已经确认上传文件存在；然后判断文件类型是否符合要求，接着调用 SaveAs 方法实现上传；最后，利用 FileUpload 控件的属性获取与上传文件相关的信息。代码如下：

```
protected void Button1_Click(object sender, EventArgs e)
    {
        bool fileIsValid = false;
        //如果确认了上传文件，则判断文件类型是否符合要求
        if (this.FileUpload1.HasFile)
        {
            //获取上传文件的后缀
            String fileExtension = System.IO.Path.GetExtension(this.FileUpload1.FileName).ToLower();
            String[] restrictExtension ={ ".gif",".jpg",".bmp",".png"};
            //判断文件类型是否符合要求
            for (int i = 0; i < restrictExtension.Length; i++)
            {
                if (fileExtension == restrictExtension[i])
                {
                    fileIsValid = true;
                }
            }
            //如果文件类型符合要求，调用 SaveAs 方法实现上传，并显示相关信息
            if (fileIsValid == true)
            {
                try
                {
                    this.Image1.ImageUrl ="~/images/"+ FileUpload1.FileName;
                    this.FileUpload1.SaveAs(Server.MapPath("~/images/") + FileUpload1.FileName);
                    this.Label1.Text = "文件上传成功";
                    this.Label1.Text += "<Br/>";
                    this.Label1.Text += "<li>"+"原文件路径："+this.FileUpload1.PostedFile.FileName;
                    this.Label1.Text += "<Br/>";
                    this.Label1.Text += "<li>" + "文件大小：" + this.FileUpload1.PostedFile.ContentLength+"字节";
                    this.Label1.Text += "<Br/>";
                    this.Label1.Text += "<li>" + "文件类型：" + this.FileUpload1.PostedFile.ContentType;
                }
                catch
                {
                    this.Label1.Text = "文件上传不成功！";
                }
                finally
                {
                }
```

```
            }
            else
            {
            this.Label1.Text ="只能够上传后缀为.gif,.jpg,.bmp,.png 的文件夹";
            }
        }
    }
```

技巧

1. 获取文件的相关代码

```
string filePath = FileUpload1.PostedFile.FileName;                          //获取上传文件的路径
string fileName = filePath.Substring(filePath.LastIndexOf("\\") + 1);       //获取文件名称
string fileSize = Convert.ToString(FileUpload1.PostedFile.ContentLength);   //获取文件大小
string fileExtend = filePath.Substring(filePath.LastIndexOf(".")+1);        //获取文件扩展名
string fileType = FileUpload1.PostedFile.ContentType;                       //获取文件类型
string serverPath = Server.MapPath("指定文件夹名称") + fileName;              //保存到服务器的路径
FileUpload1.PostedFile.SaveAs(serverPath);                                  //确定上传文件
```

2. 生成图片的缩略图

在上传图片时，可以先将图片进行缩放，然后将其保存到服务器中，主要代码如下：

```
string filePath = FileUpload1.PostedFile.FileName;                          //获取上传文件的路径
//生成缩略图
System.Drawing.Image image, newimage;
image = System.Drawing.Image.FromFile(filePath);
System.Drawing.Image.GetThumbnailImageAbort callb=null;
newimage = image.GetThumbnailImage(67, 90, callb, new System.IntPtr());
//把缩略图保存到指定的虚拟路径
newimage.Save(serverpath);
//释放 image 对象占用的资源
newimage.Dispose();
image.Dispose();
```

3.7 登录控件

3.7.1 Login 控件 

Login 控件是一个复合控件，它有效集成了登录验证页面中常见的用户界面元素和功能。通常情况下，Login 控件会在页面中呈现 3 个核心元素，即用于输入用户名的文本框、用于输入密码的文本框和用于提交用户凭证的按钮。Login 控件与成员资格管理功能集成，无须编写任何代码就能够实现用户登录功能。

Login 控件还具有很强的自定义扩展能力，主要包括以下几个方面。

☑ 自定义获取密码页面的提示文字和超链接。

☑　自定义帮助页面的提示文字和超链接。
☑　自定义创建新用户页面的提示文字和超链接。
☑　自定义“下次登录时记住”的 CheckBox 控件。
☑　自定义各种提示信息和操作，如未填写用户凭证的提示、登录失败的提示、登录成功之后的操作等。

如图 3.50 所示为 Login 控件。

Login

图 3.50　Login 控件

注意

默认情况下，Login 控件使用 Web.config 配置文件中定义的成员资格提供程序。

1. Login 控件的常用属性

Login 控件的常用属性及其说明如表 3.33 所示。

表 3.33　Login 控件的常用属性及其说明

属　　性	说　　明
CreateUserText	获取或设置新用户注册页的链接文本
CreateUserUrl	获取或设置新用户注册页的 URL
DestinationPageUrl	获取或设置在登录尝试成功时向用户显示的页面的 URL
FailureAction	获取或设置当登录尝试失败时发生的操作
FailureText	获取或设置当登录尝试失败时显示的文本
HelpPageText	获取或设置登录帮助页链接的文本
HelpPageUrl	获取或设置登录帮助页的 URL
InstructionText	获取或设置用户的登录说明文本
LoginButtonText	获取或设置 Login 控件的登录按钮的文本
MembershipProvider	获取或设置控件使用的成员资格数据提供程序的名称
Password	获取用户输入的密码
PasswordLabelText	获取或设置 Password 文本框的标签文本
PasswordRecoveryText	获取或设置密码恢复页链接的文本
PasswordRecoveryUrl	获取或设置密码恢复页的 URL
PasswordRequiredErrorMessage	获取或设置当密码字段为空时在 ValidationSummary 控件中显示的错误信息
RememberMeSet	获取或设置一个值，该值指示是否将持久性身份验证 Cookie 发送到用户的浏览器
RememberMeText	获取或设置“记住我”复选框的标签文本
TitleText	获取或设置 Login 控件的标题
UserName	获取用户输入的用户名
UserNameLabelText	获取或设置 UserName 文本框的标签文本
UserNameRequiredErrorMessage	获取或设置当用户名字段为空时在 ValidationSummary 控件中显示的错误信息
VisibleWhenLoggedIn	获取或设置一个值，该值指示在验证用户身份后是否显示 Login 控件

下面对比较重要的属性进行详细介绍。

☑　CreateUserText 属性：包含站点注册页的链接文本。在 CreateUserUrl 属性中指定注册页的 URL。如果 CreateUserUrl 为空，则向用户显示 CreateUserText 属性中的文本，但不以链接的形式显示；如果 CreateUserText 属性为空，则不向用户提供注册页链接。

☑ CreateUserUrl 属性：用来设置新用户注册页的 URL，它包含网站新用户注册页的 URL。CreateUserText 属性包含链接使用的文本。如果 CreateUserText 属性为空，则不向用户提供注册页链接。

☑ DestinationPageUrl 属性：指定当登录尝试成功时显示的页面。它将重写 Login 控件的默认行为及在配置文件中所做的 defaultUrl 设置。

☑ FailureAction 属性：定义当用户没有成功登录到网站时 Login 控件的行为，默认行为为重新加载页并显示 FailureText 属性的内容，以提醒用户登录失败。当将 FailureAction 设置为 RedirectToLoginPage 时，用户将被重定向到 Web.config 文件中定义的登录页。

☑ Password 属性：用来设置用户登录所需的密码，默认为空。该属性既可以在属性对话框中设置，也可以在后台代码中设置，密码为明文形式。

2. Login 控件的常用事件

由于 Login 控件与成员资格管理功能集成，因此，主要设置的是 Login 控件属性，而不必关心如何实现登录验证过程中的事件处理程序，这部分内容都是由 Login 控件自动完成的。这样做虽然快捷和方便，但是应用灵活性有所降低。实际上，Login 控件允许开发人员自行实现登录验证过程中的事件处理程序。Login 控件的常用事件及其说明如表 3.34 所示。

表 3.34　Login 控件的常用事件及其说明

事　件	说　明
Authenticate	验证用户的身份后出现
LoggedIn	在用户登录到网站并进行身份验证后出现
LoggingIn	在用户未进行身份验证而提交登录信息时出现
LoginError	当检测到登录错误时出现

下面介绍 Login 控件的 Authenticate 事件。

当用户使用 Login 控件登录网站时，引发 Authenticate 事件。自定义身份验证方案可以使用 Authenticate 事件对用户进行身份验证。定义身份验证方案应该将 Authenticated 属性设置为 true，以指示已验证用户的身份。

说明

使用 Login 控件时，也可以不使用默认的成员资格提供程序，而在其 Authenticate 事件中编写代码验证用户的登录信息。

3.7.2 CreateUserWizard 控件

CreateUserWizard 控件用于创建新网站用户账户的用户界面。该控件与成员资格功能紧密集成，能够快速在成员数据库中创建新用户。如图 3.51 所示为 CreateUserWizard 控件。

CreateUserWizard

图 3.51　CreateUserWizard 控件

CreateUserWizard 控件的常用属性及其说明如表 3.35 所示。

表 3.35　CreateUserWizard 控件的常用属性及其说明

属　性	说　明
ActiveStepIndex	获取或设置当前显示在 CreateUserWizard 控件中的步骤的索引，该索引从零开始。可以通过编程方式设置该属性，以便向用户动态显示步骤
AutoGeneratePassword	获取或设置用于指示是否自动为新用户账户生成密码的值
CompleteSuccessText	获取或设置网站用户账户创建成功后所显示的文本
ConfirmPassword	获取用户输入的第 2 个密码
ConfirmPasswordCompareErrorMessage	获取或设置当用户在密码文本框和确认密码文本框中输入两个不同的密码时所显示的错误信息
ConfirmPasswordLabelText	获取或设置第 2 个密码文本框的标签文本
ConfirmPasswordRequiredErrorMessage	获取或设置当用户将确认密码文本框留空时所显示的错误信息
ContinueButtonImageUrl	获取或设置最终用户账户创建步骤中的“继续”按钮所用图像的 URL
ContinueButtonText	获取或设置在“继续”按钮上显示的文本标题
ContinueDestinationPageUrl	获取或设置在用户单击成功页上的“继续”按钮后将看到的页的 URL
DisableCreatedUser	获取或设置一个值，该值指示是否允许新用户登录网站
DisplayCancelButton	获取或设置一个布尔值，指示是否显示“取消”按钮
Email	获取或设置用户输入的电子邮件地址
EmailRegularExpression	获取或设置用于验证提供的电子邮件地址的正则表达式
FinishDestinationPageUrl	获取或设置当用户单击“完成”按钮时将重定向到的 URL
MembershipProvider	获取或设置为创建用户账户而调用的成员资格提供程序
Password	获取用户输入的密码
PasswordHintText	获取或设置描述密码要求的文本
PasswordRegularExpression	获取或设置用于验证提供的密码的正则表达式
PasswordRequiredErrorMessage	获取或设置由于用户未输入密码而显示的错误信息的文本
Question	获取或设置用户输入的密码恢复确认问题
RequireEmail	获取或设置一个值，该值指示网站用户是否必须填写电子邮件地址

下面对比较重要的属性进行详细介绍。

- ☑ ContinueDestinationPageUrl 属性：包含用户在站点上成功完成注册后将跳转到的网页的 URL。通过设置 ContinueDestinationPageUrl 属性，可以控制新注册的用户将跳转到的第一个页面。当 ContinueDestinationPageUrl 属性为 Empty 且用户单击“继续”按钮后，将刷新该页并清除表单中的所有值。
- ☑ PasswordRegularExpression 属性：获取或设置用于验证提供的密码的正则表达式。默认值为空字符串（" "），用户输入的密码必须包括大写和小写字母、数字以及标点，且长度至少为 8 个字符。

说明

CreateUserWizard 控件实现注册时有两个步骤：一是注册新账户，二是完成，可以分别对这两个步骤的界面进行设置。

3.7.3 使用 Login 控件和 CreateUserWizard 控件实现用户注册与登录

【例 3.19】使用 Login 控件和 CreateUserWizard 控件实现用户注册与登录。（**示例位置：mr\TM\03\19**）

运行程序，在用户注册页面（见图 3.52）输入正确的注册信息后，单击“创建用户”按钮，如果注册成功则出现如图 3.53 所示的页面效果，单击“继续”按钮将跳转到用户登录页面（见图 3.54），在该页面中输入用户名和密码，单击“登录”按钮进行登录，如果登录成功将跳转到如图 3.55 所示的页面。在用户登录页面单击“注册”超链接将跳转到用户注册页面。

图 3.52 用户注册页面

图 3.53 注册成功

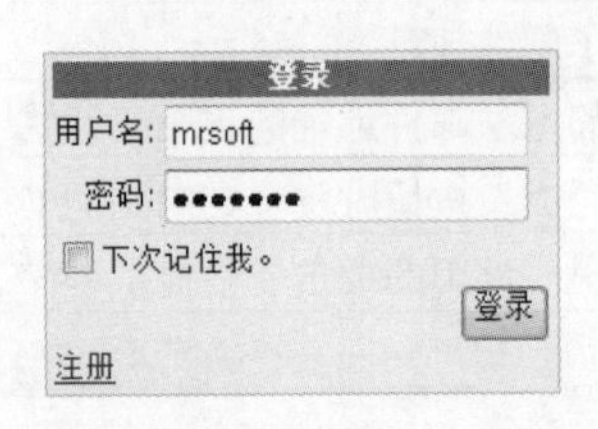

图 3.54 用户登录页面

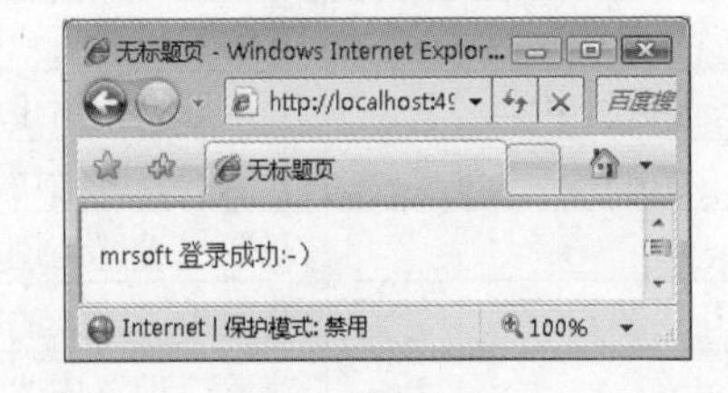

图 3.55 登录成功

程序实现的主要步骤如下。

说明

为了使用 ASP.NET 提供的成员资格服务，首先要创建数据库，下面介绍使用命令行命令 aspnet_regsql.exe 创建数据库的方法。

（1）打开命令提示符窗口，输入命令 aspnet_regsql.exe，如图 3.56 所示。

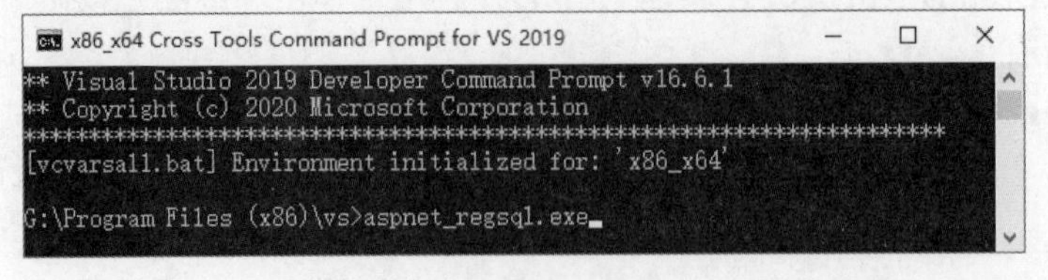

x86_x64 Cross Tools Command Prompt for VS 2019
** Visual Studio 2019 Developer Command Prompt v16.6.1
** Copyright (c) 2020 Microsoft Corporation
[vcvarsall.bat] Environment initialized for: 'x86_x64'
G:\Program Files (x86)\vs>aspnet_regsql.exe

图 3.56 命令提示符窗口

（2）输入完命令后按 Enter 键，弹出“ASP.NET SQL Server 安装向导”窗口，如图 3.57 所示。

（3）单击“下一步”按钮，在弹出的“选择安装项”界面中选择“为应用程序服务配置 SQL Server”选项，单击“下一步”按钮，弹出“选择服务器和数据库”界面，如图 3.58 所示。

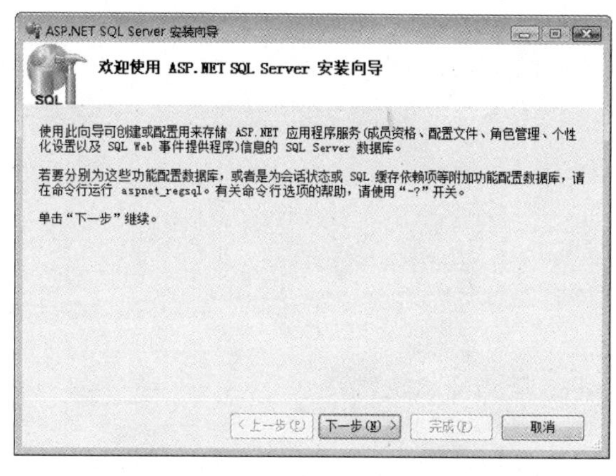

图 3.57　ASP.NET SQL Server 安装向导

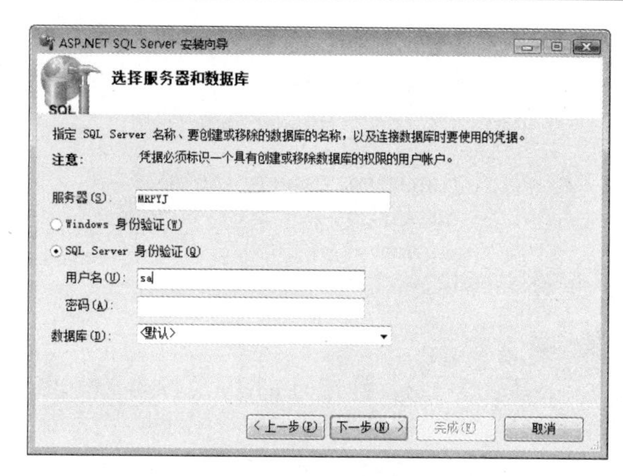

图 3.58　选择服务器和数据库

（4）在“服务器”文本框中输入本机数据库服务器名称，在“数据库”下拉列表框中选择“默认”选项，系统会自动创建一个名称为 aspnetdb 的数据库。单击“下一步”按钮完成操作，数据库创建成功。

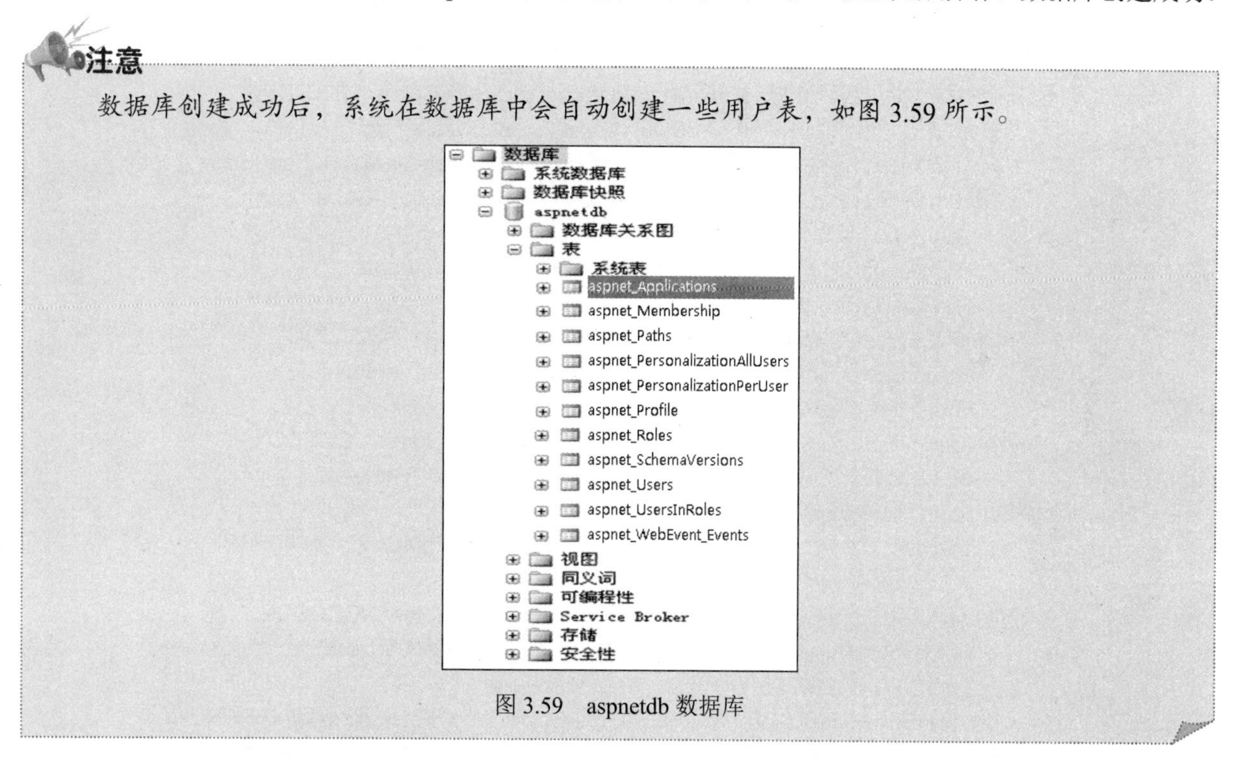

注意

数据库创建成功后，系统在数据库中会自动创建一些用户表，如图 3.59 所示。

图 3.59　aspnetdb 数据库

（5）新建一个网站，将主页命名为 Default.aspx。

（6）打开 Web.config 文件，设置<connectionStrings>标记及<system.web>标记下的<compilation>和<authentication>标记，代码如下：

```
<configuration xmlns="http://schemas.microsoft.com/.NetConfiguration/v2.0">
    ...
    <connectionStrings>
        <remove name="LocalSqlServer" />
```

```
            <add name="LocalSqlServer"
connectionString="server=MRPYJ\MRPYJ;database=aspnetdb;uid=sa;pwd=;"/>
        </connectionStrings>
        <system.web>
            <compilation debug="true"/>
            <authentication mode="Forms"/>
        </system.web>
</configuration>
```

误区警示

必须设置<add>标记的 name 属性为 LocalSqlServer，否则会出现错误。

（7）在 Default.aspx 页面上添加一个 CreateUserWizard 控件，单击控件右上角的▸按钮，在弹出的菜单中选择“自动套用格式”命令，在打开的对话框中选择“典雅型”选项；在“步骤”下拉列表框中选择“完成”选项，也将该项设置自动套用格式为“典雅型”；设置 CreateUserWizard 控件的 ContinueDestinationPageUrl 属性为"~/Login.aspx"，这里是设定注册成功后单击“继续”按钮时跳转的文件路径。代码如下：

```
<asp:CreateUserWizard ID="CreateUserWizard1" runat="server" BackColor="#F7F7DE"
            BorderColor="#CCCC99" BorderStyle="Solid" BorderWidth="1px"
            ContinueDestinationPageUrl="~/Login.aspx" Font-Names="Verdana" Font-Size="10pt">
            <SideBarStyle BackColor="#7C6F57" BorderWidth="0px" Font-Size="0.9em"
                VerticalAlign="Top" />
            <SideBarButtonStyle BorderWidth="0px" Font-Names="Verdana"
                ForeColor="#FFFFFF" />
            <ContinueButtonStyle BackColor="#FFFBFF" BorderColor="#CCCCCC"
                BorderStyle="Solid" BorderWidth="1px" Font-Names="Verdana"
                ForeColor="#284775" />
            <NavigationButtonStyle BackColor="#FFFBFF" BorderColor="#CCCCCC"
                BorderStyle="Solid" BorderWidth="1px" Font-Names="Verdana"
                ForeColor="#284775" />
            <HeaderStyle BackColor="#6B696B" Font-Bold="True" ForeColor="#FFFFFF"
                HorizontalAlign="Center" />
            <CreateUserButtonStyle BackColor="#FFFBFF" BorderColor="#CCCCCC"
                BorderStyle="Solid" BorderWidth="1px" Font-Names="Verdana"
                ForeColor="#284775" />
            <TitleTextStyle BackColor="#6B696B" Font-Bold="True" ForeColor="#FFFFFF" />
            <StepStyle BorderWidth="0px" />
            <WizardSteps>
                <asp:CreateUserWizardStep runat="server" />
                <asp:CompleteWizardStep runat="server" />
            </WizardSteps>
        </asp:CreateUserWizard>
```

（8）添加一个 Web 窗体，命名为 Login.aspx，在该页面上添加一个 Login 登录控件。Login 控件的属性设置如表 3.36 所示。

表 3.36　Login 控件属性设置

属 性 名 称	属　性　值
ID	Login1
CreateUserText	注册
CreateUserUrl	~/Default.aspx
DestinationPageUrl	~/CheckLogin.aspx

（9）添加一个 Web 窗体，命名为 CheckLogin.aspx，切换到 CheckLogin.aspx.cs 页面，编写如下代码以输出登录提示信息：

```
protected void Page_Load(object sender, EventArgs e)
{
    Response.Write(User.Identity.Name + " 登录成功:-)");
}
```

3.8　实践与练习

开发一个简单的注册及登录模块，并在注册页中使用 DropDownList 和 Image 控件显示用户图像。

第4章

数据验证技术

为了帮助 Web 开发人员提高开发效率，降低程序出错率，ASP.NET 为 Web 开发人员提供了许多常用的数据验证控件，这些控件能够同时实现客户端验证和服务器端数据验证。

本章知识架构及重难点如下。

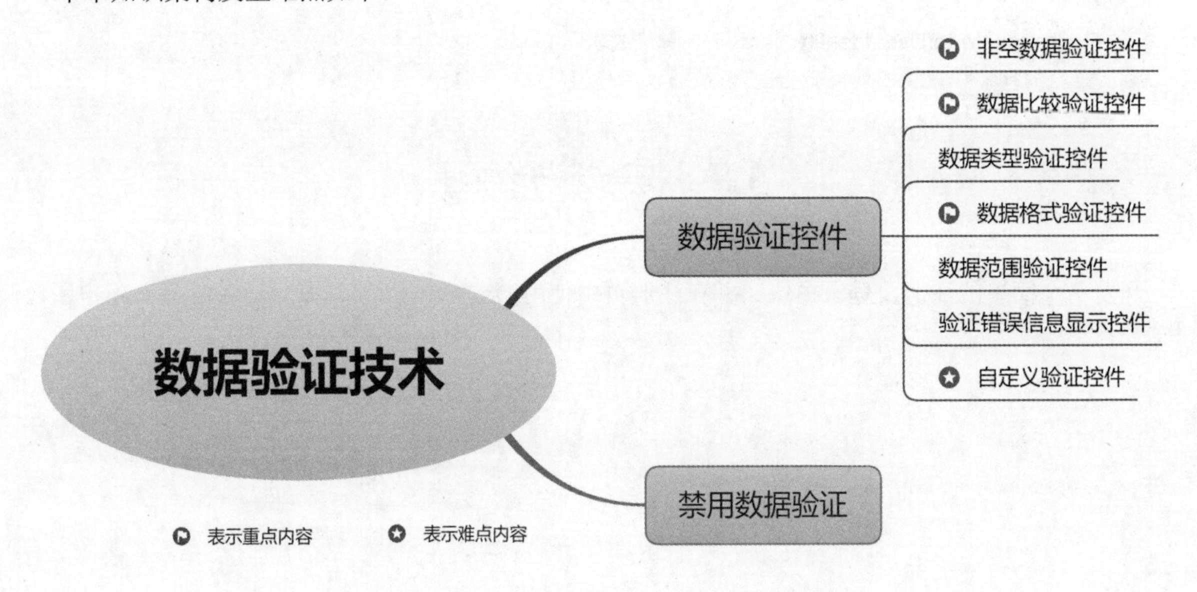

4.1 数据验证控件

ASP.NET 提供了一组验证控件，对客户端用户的输入进行验证。在验证数据时，网页会自动生成相关的 JavaScript 代码，这样不仅响应速度快，而且网页设计人员也不需要额外编写 JavaScript 脚本代码。

注意

ASP.NET 提供的验证控件是在客户端进行验证。为了保证程序的正确性，应该对数据进行客户端验证和服务器端验证。

在 Visual Studio 2019 工具箱的“验证”选项卡中可以看到一组数据验证控件，如图 4.1 所示。

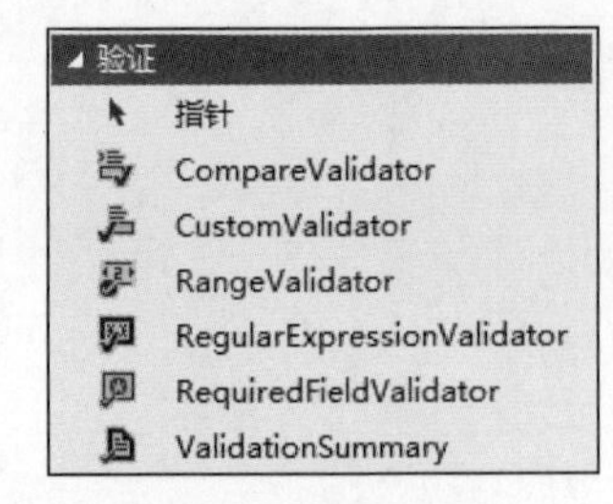

图 4.1 验证控件

下面介绍数据验证控件的使用方法。

4.1.1　非空数据验证控件

当某个字段不能为空时，可以使用非空数据验证控件（RequiredFieldValidator），该控件常用于文本框的非空验证。在将网页提交到服务器前，该控件验证文本框控件的输入值是否为空，如果为空，则显示错误信息和提示信息。RequiredFieldValidator 控件的部分常用属性及其说明如表 4.1 所示。

表 4.1　RequiredFieldValidator 控件的部分常用属性及其说明

属　　性	说　　明
ID	控件 ID，控件唯一标识符
ControlToValidate	表示要进行验证的控件 ID，必须设置此属性为输入控件 ID。如果没有指定有效输入控件，则在显示页面时会引发异常。另外，该 ID 的控件必须和验证控件在相同的容器中
ErrorMessage	表示当验证不合法时，出现的错误信息
IsValid	获取或设置一个值，该值指示控件验证的数据是否有效，默认值为 true
Display	设置错误信息的显示方式
Text	如果 Display 为 Static，不出错时，显示该文本

下面对比较重要的属性进行详细介绍。

☑　ControlToValidate 属性：指定验证控件对哪一个控件的输入进行验证。

例如，要验证 TextBox 控件的 ID 属性为 txtPwd，只要将 RequiredFieldValidator 控件的 ControlToValidate 属性设置为 txtPwd，代码如下：

```
this.RequiredFieldValidator1.ControlToValidate = "txtPwd";
```

☑　ErrorMessage 属性：指定页面中使用 RequiredFieldValidator 控件时显示的错误消息文本。例如，将 RequiredFieldValidator 控件的错误消息文本设为“*”，代码如下：

```
this.RequiredFieldValidator1.ErrorMessage = "*";
```

【例 4.1】非空数据验证。（**示例位置：mr\TM\04\01**）

本示例主要通过 RequiredFieldValidator 控件的 ControlToValidate 属性验证 TextBox 控件的文本值是否为空。执行程序，如果 TextBox 文本框内容为空，单击“验证”按钮，示例运行结果如图 4.2 所示。

图 4.2　非空数据验证

程序实现的主要步骤如下。

新建一个网站，默认主页为 Default.aspx，在 Default.aspx 页面上添加 1 个 TextBox 控件、1 个 Button 控件和 1 个 RequiredFieldValidator 控件，它们的属性设置及其用途如表 4.2 所示。

表 4.2　Default.aspx 页控件的属性设置及其用途

控 件 类 型	控 件 名 称	主要属性设置	用　　途
标准/TextBox 控件	txtName		输入姓名
标准/Button 控件	btnCheck	将 Text 属性设置为“验证”	执行页面提交的功能

续表

控件类型	控件名称	主要属性设置	用途
验证/RequiredFieldValidator 控件	RequiredFieldValidator1	将 ControlToValidate 属性设置为 txtName	要验证的控件的 ID 为 txtName
		将 ErrorMessage 属性设置为“姓名不能为空”	显示的错误信息为“姓名不能为空”
		将 SetFocusOnError 属性设置为 true	验证无效时，在该控件上设置焦点

注意

在 ASP. NET 中使用的验证控件是在客户端对用户的输入内容进行验证。

4.1.2 数据比较验证控件

比较验证是指将输入控件的值同常数值或其他输入控件的值相比较，以确定这两个值是否与比较运算符（小于、等于、大于等）指定的关系相匹配。

数据比较验证控件（CompareValidator）的部分常用属性及其说明如表 4.3 所示。

表 4.3 CompareValidator 控件的部分常用属性及其说明

属性	说明
ID	控件 ID，控件的唯一标识
ControlToCompare	获取或设置用于比较的输入控件的 ID，默认值为空字符串（""）
ControlToValidate	表示要进行验证的控件 ID，必须设置此属性为输入控件 ID。如果没有指定有效输入控件，则在显示页面时会引发异常。另外，该 ID 的控件必须和验证控件在相同的容器中
ErrorMessage	表示当验证不合法时，出现的错误信息
IsValid	获取或设置一个值，该值指示控件验证的数据是否有效，默认值为 true
Operator	获取或设置验证中使用的比较操作，默认值为 Equal
Display	设置错误信息的显示方式
Text	如果 Display 为 Static，不出错时，显示该文本
Type	获取或设置比较的两个值的数据类型。默认值为 string
ValueToCompare	获取或设置要比较的值

说明

如果比较的控件均为空值，则网页不会调用 CompareValidator 控件进行验证。这时，应使用 RequiredFieldValidator 控件防止输入空值。

下面对比较重要的属性进行详细介绍。

☑ ControlToCompare 属性：指定要对其进行值比较的控件的 ID。例如，将 ID 属性为 txtRePwd 的 TextBox 控件与 ID 属性为 txtPwd 的 TextBox 控件进行比较验证，代码如下：

```
this. CompareValidator1.ControlToCompare= "txtPwd";
```

```
this. CompareValidator1. ControlToValidate = "txtRePwd";
```

☑ Operator 属性：指定要对其进行比较验证时使用的比较操作。ControlToValidate 属性必须位于比较运算符的左边，ControlToCompare 属性位于右边，才能有效进行计算。例如，要验证 ID 属性为 txtRePwd 的 TextBox 控件与 ID 属性为 txtPwd 的 TextBox 控件是否相等，代码如下：

```
this.CompareValidator1.Operator = ValidationCompareOperator.Equal;
```

☑ Type 属性：指定要对其进行比较的两个值的数据类型。例如，要验证 ID 属性为 txtRePwd 的 TextBox 控件与 ID 属性为 txtPwd 的 TextBox 控件的值类型是否为 string 类型，代码如下：

```
this.CompareValidator1.Type = ValidationDataType.String;
```

☑ ValueToCompare 属性：指定要比较的值。如果 ValueToCompare 和 ControlToCompare 属性都存在，则使用 ControlToCompare 属性的值。例如，设置比较的值为“你好”，代码如下：

```
this.CompareValidator1.ValueToCompare = "你好";
```

【例 4.2】数据比较验证。（**示例位置：mr\TM\04\02**）

本示例主要通过 CompareValidator 控件的 ControlToValidate 属性和 ControlToCompare 属性验证用户输入的密码与确认密码是否相同。执行程序，如果密码与确认密码中的值不同，单击“验证”按钮，示例运行结果如图 4.3 所示。

图 4.3　数据比较验证

程序实现的主要步骤如下。

新建一个网站，默认主页为 Default.aspx，在 Default.aspx 页面上添加 3 个 TextBox 控件、1 个 Button 控件、1 个 RequiredFieldValidator 控件和 1 个 CompareValidator 控件，它们的属性设置及其用途如表 4.4 所示。

表 4.4　Default.aspx 页控件的属性设置及其用途

控 件 类 型	控 件 名 称	主要属性设置	用　途
标准/TextBox 控件	txtName		输入姓名
	txtPwd	将 TextMode 属性设置为 Password	设置为密码格式
	txtRePwd	将 TextMode 属性设置为 Password	设置为密码格式
标准/Button 控件	btnCheck	将 Text 属性设置为“验证”	执行页面提交的功能
验证/RequiredFieldValidator 控件	RequiredFieldValidator1	将 ControlToValidate 属性设置为 txtName	要验证的控件的 ID 为 txtName
		将 ErrorMessage 属性设置为“姓名不能为空”	显示的错误信息为“姓名不能为空”
		将 SetFocusOnError 属性设置为 true	验证无效时，在该控件上设置焦点
验证/CompareValidator 控件	CompareValidator1	将 ControlToValidate 属性设置为 txtRePwd	要验证的控件的 ID 为 txtRePwd
		将 ControlToCompare 属性设置为 txtPwd	进行比较的控件 ID 为 txtPwd
		将 ErrorMessage 属性设置为“确认密码与密码不匹配”	显示的错误信息为“确认密码与密码不匹配”

4.1.3 数据类型验证控件

CompareValidator 控件还可以对照特定的数据类型来验证用户的输入，以确保用户输入的是数字、日期等。例如，如果要在用户信息页上输入出生日期信息，就可以使用 CompareValidator 控件确保该页在提交之前对输入的日期格式进行验证。

【例 4.3】数据类型验证。（**示例位置：mr\TM\04\03**）

本示例主要通过 CompareValidator 控件的 ControlToValidate 属性、Operator 属性和 Type 属性验证用户输入的出生日期与日期类型是否匹配。执行程序，如果出生日期不是日期类型，单击“验证”按钮，示例运行结果如图 4.4 所示。

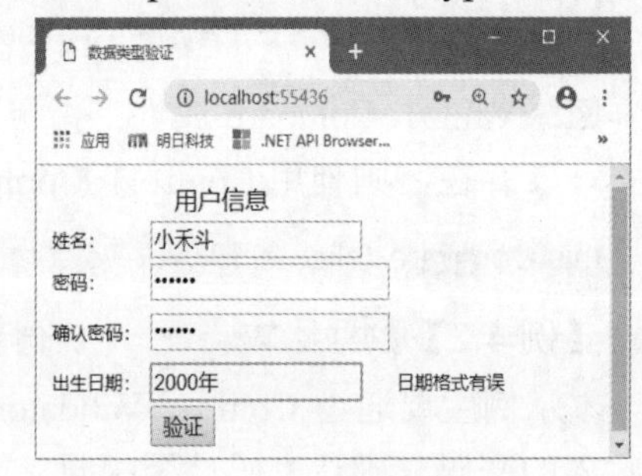

图 4.4 数据类型验证

程序实现的主要步骤如下。

新建一个网站，默认主页为 Default.aspx，在 Default.aspx 页面上添加 4 个 TextBox 控件、1 个 Button 控件、1 个 RequiredFieldValidator 控件和 2 个 CompareValidator 控件，它们的属性设置及其用途如表 4.5 所示。

表 4.5 Default.aspx 页控件的属性设置及其用途

控 件 类 型	控 件 名 称	主要属性设置	用 途
标准/TextBox 控件	txtName		输入姓名
	txtPwd	将 TextMode 属性设置为 Password	设置为密码格式
	txtRePwd	将 TextMode 属性设置为 Password	设置为密码格式
	txtBirth		输入出生日期
标准/Button 控件	btnCheck	将 Text 属性设置为“验证”	执行页面提交的功能
验证/RequiredFieldValidator 控件	RequiredFieldValidator1	将 ControlToValidate 属性设置为 txtName	要验证的控件的 ID 为 txtName
		将 ErrorMessage 属性设置为“姓名不能为空”	显示的错误信息为“姓名不能为空”
		将 SetFocusOnError 属性设置为 true	验证无效时，在该控件上设置焦点
验证/CompareValidator 控件	CompareValidator1	将 ControlToValidate 属性设置为 txtRePwd	要验证的控件的 ID 为 txtRePwd
		将 ControlToCompare 属性设置为 txtPwd	进行比较的控件 ID 为 txtPwd
		将 ErrorMessage 属性设置为“确认密码与密码不匹配”	显示的错误信息为“确认密码与密码不匹配”
	CompareValidator2	将 ControlToValidate 属性设置为 txtBirth	要验证的控件的 ID 为 txtBirth
		将 ErrorMessage 属性设置为“日期格式有误”	显示的错误信息为“日期格式有误”
		将 Operator 属性设置为 DataTypeCheck	对值进行数据类型验证
		将 Type 属性设置为 Date	进行日期比较

注意

使用验证控件（不包括自定义验证控件）时，必须首先设置其 ControlToValidate 属性，以避免因未指定验证控件 ID 而产生的错误。

4.1.4　数据格式验证控件

使用数据格式验证控件（RegularExpressionValidator）可以验证用户输入是否与预定义的模式相匹配，这样就可以对电话号码、邮编、网址等进行验证。RegularExpressionValidator 控件允许有多种有效模式，每个有效模式使用“|”字符来分隔。预定义的模式需要使用正则表达式定义。

RegularExpressionValidator 控件的部分常用属性及其说明如表 4.6 所示。

表 4.6　RegularExpressionValidator 控件部分常用属性及其说明

属　　性	说　　明
ID	控件 ID，控件的唯一标识符
ControlToValidate	表示要进行验证的控件 ID，必须设置此属性为输入控件 ID。如果没有指定有效输入控件，则在显示页面时会引发异常。另外，该 ID 的控件必须和验证控件在相同的容器中
ErrorMessage	表示当验证不合法时，出现的错误信息
IsValid	获取或设置一个值，该值指示控件验证的数据是否有效，默认值为 true
Display	设置错误信息的显示方式
Text	如果 Display 为 Static，不出错时，显示该文本
ValidationExpression	获取或设置被指定为验证条件的正则表达式。默认值为空字符串（""）

RegularExpressionValidator 控件的属性与 RequiredFieldValidator 控件大致相同，这里只对 ValidationExpression 属性进行具体介绍。

ValidationExpression 属性用于指定验证条件的正则表达式。在 RegularExpressionValidator 控件的“属性”面板中单击 ValidationExpression 属性输入框右边的…按钮，将弹出“正则表达式编辑器”对话框，在其中列出了一些常用的正则表达式，如图 4.5 所示。

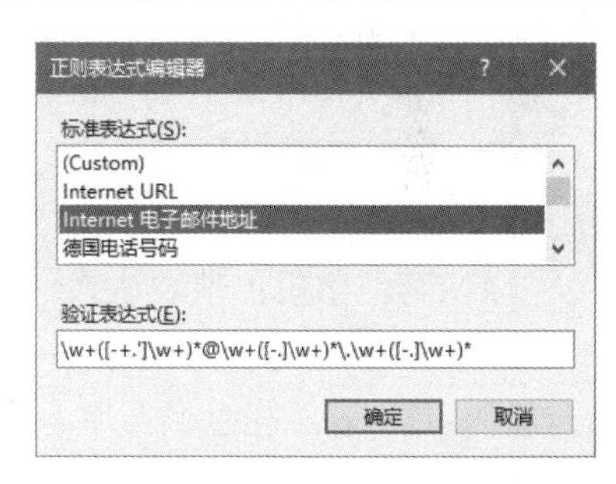

图 4.5　“正则表达式编辑器”对话框

常用的正则表达式字符及含义如表 4.7 所示。

表 4.7　常用正则表达式字符及含义

编　　号	正则表达式字符	含　　义
1	[……]	匹配括号中的任何一个字符
2	[^……]	匹配不在括号中的任何一个字符
3	\w	匹配任何一个字符（a～z、A～Z 和 0～9）
4	\W	匹配任何一个空白字符
5	\s	匹配任何一个非空白字符
6	\S	与任何非单词字符匹配
7	\d	匹配任何一个数字（0～9）

续表

编　号	正则表达式字符	含　义
8	\D	匹配任何一个非数字（^0～9）
9	[\b]	匹配一个退格键字符
10	{n,m}	最少匹配前面表达式 n 次，最大为 m 次
11	{n,}	最少匹配前面表达式 n 次
12	{n}	恰恰匹配前面表达式 n 次
13	?	匹配前面表达式 0 或 1 次{0,1}
14	+	至少匹配前面表达式 1 次{1,}
15	*	至少匹配前面表达式 0 次{0,}
16	|	匹配前面表达式或后面表达式
17	(…)	在单元中组合项目
18	^	匹配字符串的开头
19	$	匹配字符串的结尾
20	\b	匹配字符边界
21	\B	匹配非字符边界的某个位置

下面列举几个常用的正则表达式。

（1）验证电子邮件。

☑ \w+([-+.]\w+)*@\w+([-.]\w+)*\.\w+([-.]\w+)*。

☑ \S+@\S+\. \S+。

（2）验证网址。

☑ HTTP://\S+\. \S+。

☑ http(s)?://([\w-]+\.)+[\w-]+(/[\w- ./?%&=]*)?。

（3）验证邮政编码。

☑ \d{6}。

（4）其他常用正则表达式。

☑ [0-9]：表示 0～9 的 10 个数字。

☑ \d*：表示任意个数字。

☑ \d{3,4}-\d{7,8}：表示中国大陆的固定电话号码。

☑ \d{2}-\d{5}：验证由两位数字、一个连字符再加 5 位数字组成的 ID 号。

☑ <\s*(\S+)(\s[^>]*)?>[\s\S]*<\s*\/\1\s*>：匹配 HTML 标记。

【例 4.4】数据格式验证。（**示例位置：mr\TM\04\04**）

本示例主要通过 RegularExpressionValidator 控件的 ControlToValidate 属性、Operator 属性和 Type 属性验证用户输入的出生日期与日期类型是否匹配。执行程序，如果出生日期不是日期类型，单击“验证”按钮，示例运行结果如图 4.6 所示。

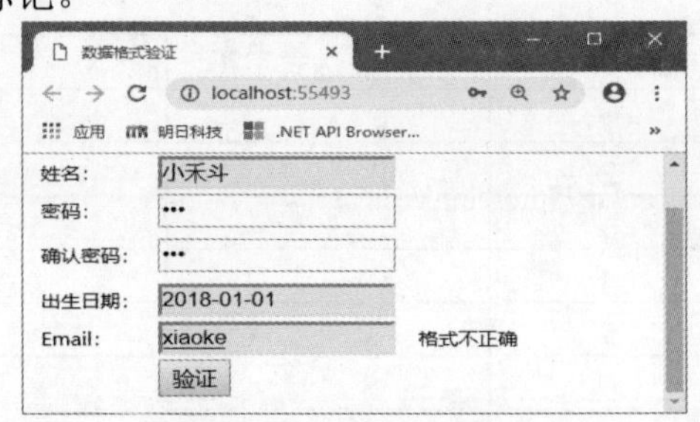

图 4.6　数据格式验证

程序实现的主要步骤如下。

新建一个网站，默认主页为 Default.aspx，在 Default.aspx 页面上添加 5 个 TextBox 控件、1 个 Button 控件、1 个 RequiredFieldValidator 控件、2 个 CompareValidator 控件和 1 个 RegularExpressionValidator 控件，它们的属性设置及其用途如表 4.8 所示。

表 4.8　Default.aspx 页控件属性设置及其用途

控件类型	控件名称	主要属性设置	用　途
标准/TextBox 控件	txtName		输入姓名
	txtPwd	将 TextMode 属性设置为 Password	设置为密码格式
	txtRePwd	将 TextMode 属性设置为 Password	设置为密码格式
	txtEmail		输入邮箱
	txtBirth		输入出生日期
标准/Button 控件	btnCheck	将 Text 属性设置为“验证”	执行页面提交的功能
验证/RequiredFieldValidator 控件	RequiredFieldValidator1	将 ControlToValidate 属性设置为 txtName	要验证的控件的 ID 为 txtName
		将 ErrorMessage 属性设置为“姓名不能为空”	显示的错误信息为“姓名不能为空”
		将 SetFocusOnError 属性设置为 true	验证无效时，在该控件上设置焦点
验证/CompareValidator 控件	CompareValidator1	将 ControlToValidate 属性设置为 txtRePwd	要验证的控件的 ID 为 txtRePwd
		将 ControlToCompare 属性设置为 txtPwd	进行比较的控件 ID 为 txtPwd
		将 ErrorMessage 属性设置为“确认密码与密码不匹配”	显示的错误信息为“确认密码与密码不匹配”
	CompareValidator2	将 ControlToValidate 属性设置为 txtBirth	要验证的控件的 ID 为 txtBirth
		将 ErrorMessage 属性设置为“日期格式有误”	显示的错误信息为“日期格式有误”
		将 Operator 属性设置为 DataType-Check	对值进行数据类型验证
		将 Type 属性设置为 Date	进行日期比较
验证/RegularExpressionValidator 控件	RegularExpression-Validator1	将 ControlToValidate 属性设置为 txtEmail	要验证的控件的 ID 为 txtEmail
		将 ErrorMessage 属性设置为“格式不正确”	显示的错误信息为“格式不正确”
		将 ValidationExpression 属性设置为 \w+([-+.']\w+)*@\w+([-.]\w+)*\.\w+([-.]\w+)*	进行有效性验证的正则表达式

4.1.5 数据范围验证控件

使用数据范围验证控件（RangeValidator）验证用户输入是否在指定范围之内，可以通过对 RangeValidator 控件的上、下限属性及指定控件要验证的值的数据类型进行设置完成这一功能。如果用户的输入无法转换为指定的数据类型，如无法转换为日期，则验证将失败。如果用户将控件保留为空白，则此控件将通过范围验证。若要强制用户输入值，则还要添加 RequiredFieldValidator 控件。

一般情况下，输入的月份（1～12）、一个月中的天数（1～31）等，都可以使用 RangeValidator 控件进行限定，以保证用户输入数据的准确性。

RangeValidator 控件的部分常用属性及其说明如表 4.9 所示。

表 4.9　RangeValidator 控件的部分常用属性及其说明

属　　性	说　　明
ID	控件 ID，控件的唯一标识符
ControlToValidate	表示要进行验证的控件 ID，必须设置此属性为输入控件 ID。如果没有指定有效输入控件，则在显示页面时会引发异常。另外，该 ID 的控件必须和验证控件在相同的容器中
ErrorMessage	表示当验证不合法时，出现的错误信息
IsValid	获取或设置一个值，该值指示控件验证的数据是否有效，默认值为 true
Display	设置错误信息的显示方式
MaximumValue	获取或设置要验证的控件的值，该值必须小于或等于此属性的值，默认值为空字符串（""）
MinimumValue	获取或设置要验证的控件的值，该值必须大于或等于此属性的值，默认值为空字符串（""）
Text	如果 Display 为 Static，不出错时，显示该文本
Type	获取或设置一种数据类型，用于指定如何解释要比较的值

下面对比较重要的属性进行详细介绍。

☑ MaximumValue 属性和 MinimumValue 属性：指定用户输入范围的最大值和最小值。例如，要验证用户输入的值范围为 20～70，代码如下：

```
this. RangeValidator1. MaximumValue= "70";
this. RangeValidator1. MinimumValue= "20";
```

☑ Type 属性：指定进行验证的数据类型。在进行比较之前，值被隐式转换为指定的数据类型。如果数据转换失败，数据验证也会失败。例如，指定进行验证的数据类型为 Integer，代码如下：

```
this. RangeValidator1.Type = ValidationDataType.Integer;
```

【例 4.5】数据范围验证。（**示例位置：mr\TM\04\05**）

本示例主要通过 RangeValidator 控件的 ControlToValidate 属性、MinimumValue 属性、MaximumValue 属性和 Type 属性验证用户输入的数学成绩是否在 0～100。执行程序，如果输入的数学成绩不在规定范围内或不符合数据类型要求，单击“验证”按钮，示例运行结果如图 4.7 所示。

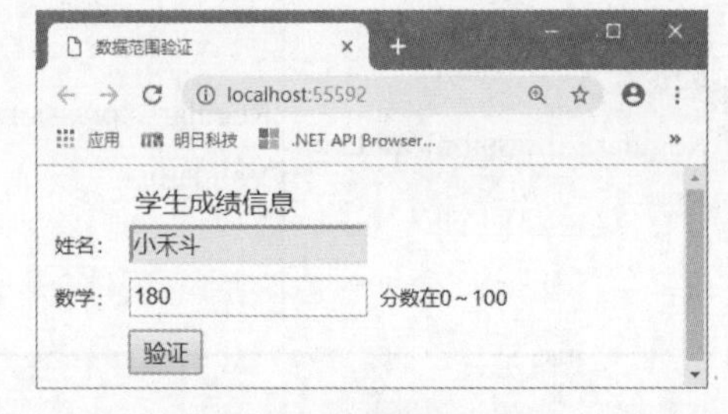

图 4.7　数据范围验证

程序实现的主要步骤如下。

新建一个网站，默认主页为 Default.aspx，在 Default.aspx 页面上添加 2 个 TextBox 控件、1 个 Button 控件和 1 个 RangeValidator 控件，它们的属性设置及其用途如表 4.10 所示。

表 4.10　Default.aspx 页控件属性设置及其用途

控件类型	控件名称	主要属性设置	用　途
标准/TextBox 控件	txtName		输入姓名
	txtMath		输入数学成绩
标准/Button 控件	btnCheck	将 Text 属性设置为“验证”	执行页面提交的功能
验证/RangeValidator 控件	RangeValidator1	将 ControlToValidate 属性设置为 txtMath	要验证的控件的 ID 为 txtMath
		将 ErrorMessage 属性设置为“分数在 0～100”	显示的错误信息为“分数在 0～100”
		将 MaximumValue 属性设置为 100	最大值为 100
		将 MinimumValue 属性设置为 0	最小值为 0
		将 Type 属性设置为 Double	进行浮点型比较

注意

使用 RangeValidator 控件时，必须保证指定的 MaximumValue 或 MinimumValue 属性值类型能够转换为 Type 属性设定的数据类型，否则会出现异常。

4.1.6　验证错误信息显示控件

使用验证错误信息显示控件（ValidationSummary）可以为用户提供将窗体发送到服务器时所出现错误的列表。错误列表可以通过列表、项目符号列表或单个段落的形式进行显示。

ValidationSummary 控件中为页面上每个验证控件显示的错误信息是由每个验证控件的 ErrorMessage 属性指定的。如果没有设置验证控件的 ErrorMessage 属性，将不会在 ValidationSummary 控件中为该验证控件显示错误信息。还可以通过设置 HeaderText 属性，在 ValidationSummary 控件的标题部分指定一个自定义标题。

通过设置 ShowSummary 属性，可以控制 ValidationSummary 控件是显示还是隐藏，还可通过将 ShowMessageBox 属性设置为 true，在消息框中显示摘要。

ValidationSummary 控件的常用属性及其说明如表 4.11 所示。

表 4.11　ValidationSummary 控件的常用属性及其说明

属　性	说　明
HeaderText	控件汇总信息
DisplayMode	设置错误信息的显示格式
ShowMessageBox	是否以弹出方式显示每个被验证控件的错误信息
ShowSummary	是否显示错误汇总信息
EnableClientScript	是否使用客户端验证，系统默认值为 true
Validate	执行验证并且更新 IsValid 属性

下面对比较重要的属性进行详细介绍。

☑ DisplayMode 属性：指定 ValidationSummary 控件的显示格式。摘要可以按列表、项目符号列表或单个段落的形式显示。例如，设置 ValidationSummary 的显示模式为项目符号列表，代码如下：

```
this.ValidationSummary1.DisplayMode = ValidationSummaryDisplayMode.BulletList;
```

☑ ShowMessageBox 属性：当将 ShowMessageBox 属性设为 true 时，网页上的错误信息不在网页本身显示，而是以弹出对话框的形式来显示错误信息。

☑ ShowSummary 属性：除 ShowMessageBox 属性外，ShowSummary 属性也可用于控制验证摘要的显示位置。如果该属性设置为 true，则在网页上显示验证摘要。

注意

如果将 ShowMessageBox 和 ShowSummary 属性都设置为 true，则在消息框和网页上都显示验证摘要。

【例 4.6】验证错误信息显示。（**示例位置：mr\TM\04\06**）

本示例主要通过 ValidationSummary 控件将错误信息一起显示。执行程序，如果姓名为空，并且输入的数学成绩不在规定范围内或不符合数据类型要求，单击“验证”按钮，示例运行结果如图 4.8 所示。

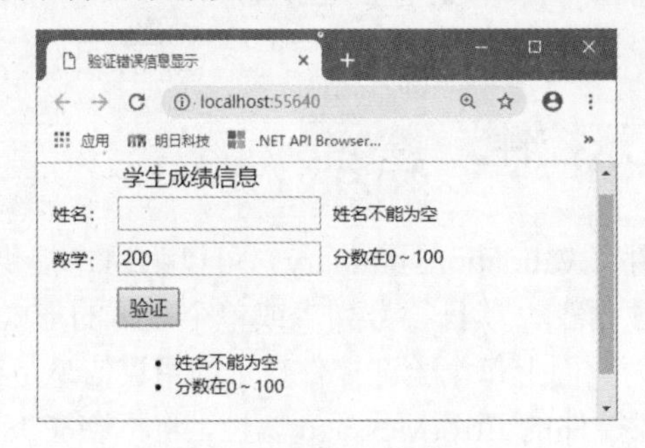

图 4.8　验证错误信息显示

程序实现的主要步骤如下。

新建一个网站，默认主页为 Default.aspx，在 Default.aspx 页面上添加 2 个 TextBox 控件、1 个 Button 控件和 1 个 RangeValidator 控件等，它们的属性设置及其用途如表 4.12 所示。

表 4.12　Default.aspx 页控件的属性设置及其用途

控 件 类 型	控 件 名 称	主要属性设置	用　　途
标准/TextBox 控件	txtName		输入姓名
	txtMath		输入数学成绩
标准/Button 控件	btnCheck	将 Text 属性设置为“验证”	执行页面提交的功能
验证/RequiredFieldValidator 控件	RequiredFieldValidator1	将 ControlToValidate 属性设置为 txtName	要验证的控件的 ID 为 txtName
		将 ErrorMessage 属性设置为“姓名不能为空”	显示的错误信息为“姓名不能为空”
		将 SetFocusOnError 属性设置为 true	验证无效时，在该控件上设置焦点

续表

控 件 类 型	控 件 名 称	主要属性设置	用　　途
验证/RangeValidator 控件	RangeValidator1	将 ControlToValidate 属性设置为 txtMath	要验证的控件的 ID 为 txtMath
		将 ErrorMessage 属性设置为“分数在 0～100”	显示的错误信息为“分数在 0～100”
		将 MaximumValue 属性设置为 100	最大值为 100
		将 MinimumValue 属性设置为 0	最小值为 0
		将 Type 属性设置为 Double	进行浮点型比较
验证/ValidationSummary 控件	ValidationSummary1		将错误信息一起显示

4.1.7　自定义验证控件

如果现有的 ASP.NET 验证控件无法满足需求，那么可以自定义一个服务器端验证函数，然后使用自定义验证控件（CustomValidator）来调用它。

【例 4.7】自定义验证。(**示例位置：mr\TM\04\07**)

本示例主要通过使用 CustomValidator 控件实现服务器端验证，此时只需将验证函数与 ServerValidate 事件相关联。执行程序，如果输入的数字不是偶数或不符合数据类型要求，单击“验证”按钮，示例运行结果如图 4.9 所示。

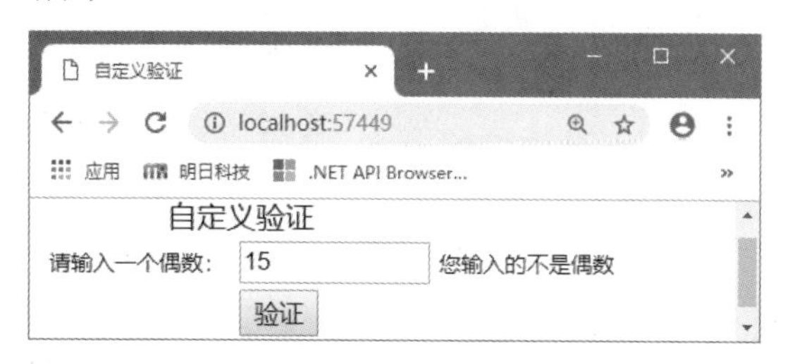

图 4.9　自定义验证

程序实现的主要步骤如下。

新建一个网站，默认主页为 Default.aspx，在 Default.aspx 页面上添加 1 个 TextBox 控件、1 个 Button 控件和 1 个 CustomValidator 控件，它们的属性设置及其用途如表 4.13 所示。

表 4.13　Default.aspx 页控件的属性设置及其用途

控 件 类 型	控 件 名 称	主要属性及事件设置	用　　途
标准/TextBox 控件	txtNum		输入偶数
标准/Button 控件	btnCheck	将 Text 属性设置为“验证”	执行页面提交的功能
验证/CustomValidator 控件	RequiredFieldValidator1	将 ControlToValidate 属性设置为 txtNum	要验证的控件的 ID 为 txtNum
		将 ErrorMessage 属性设置为“您输入的不是偶数”	显示的错误信息为“您输入的不是偶数”
		将 ServerValidate 事件设置为 ValidateEven	与自定义函数相关联，以在服务器上执行验证

Default.aspx 页面中的相关代码如下：

```
<asp:TextBox ID="txtNum" runat="server" Width="100px"></asp:TextBox>
<asp:CustomValidator ID="CustomValidator1" runat="server" ErrorMessage="您输入的不是偶数"
ControlToValidate="txtNum" OnServerValidate="ValidateEven"></asp:CustomValidator>
<asp:Button ID="btnCheck" runat="server" Text="验证" />
```

Default.aspx.cs 页面中 CustomValidator 控件的 ServerValidate 事件（这里命名为 ValidateEven）的相关代码如下：

```
public void ValidateEven(Object sender, ServerValidateEventArgs args)
    {
        try
        {
            if ((Convert.ToInt32(args.Value) % 2) == 0)
            {
                args.IsValid = true;
            }
            else
            {
                args.IsValid = false;
            }
        }
        catch (Exception e)
        {
            args.IsValid = false;
        }
    }
```

技巧

1. Page 对象的 IsValid 属性

验证控件列表和执行验证的结果是由 Page 对象来维护的。Page 对象具有一个 IsValid 属性，如果验证测试成功，属性返回 true；如果有一个验证失败，则返回 false。IsValid 属性可用于了解是否所有验证测试均已成功。接着可将用户重定向到另一个页面或向用户显示适当的信息。

2. RangeValidator 控件提供的 5 种验证类型

☑ Integer 类型：用来验证输入是否在指定的整数范围内。
☑ String 类型：用来验证输入是否在指定的字符串范围内。
☑ Date 类型：用来验证输入是否在指定的日期范围内。
☑ Double 类型：用来验证输入是否在指定的双精度实数范围内。
☑ Currency 类型：用来验证输入是否在指定的货币值范围内。

4.2 禁用数据验证

在特定条件下，可能需要避开验证。例如，在一个页面中，即使用户没有正确填写所有验证字段，

也应该可以提交该页。这时就需要设置 ASP.NET 服务器控件来避开客户端和服务器的验证。可以通过以下 3 种方式禁用数据验证。

☑ 在特定控件中禁用验证：将相关控件的 CausesValidation 属性设置为 false。例如，将 Button 控件的 CausesValidation 属性设置为 false，这时单击 Button 控件不会触发页面上的验证。
☑ 禁用验证控件：将验证控件的 Enabled 属性设置为 false。例如，将 RegularExpressionValidator 控件的 Enabled 属性设置为 false，页面在验证时不会触发此验证控件。
☑ 禁用客户端验证：将验证控件的 EnableClientScript 属性设置为 false。

技巧

网页中的“取消”或“重置”按钮（如 Button、ImageButton 或 LinkButton 控件）不需要执行验证，这时可以设置按钮的 CausesValidation 属性为 false，以防止单击按钮时执行验证。

4.3　实践与练习

1．编写一个用户注册页面，其中包括用户名、密码、确认密码和年龄字段，每个字段都必须输入内容，并且年龄为 10～100 的数字。

2．编写一个程序，当程序验证成功时，显示验证成功消息框。

第 2 篇

核心技术

本篇介绍了母版页、主题、数据绑定、使用ADO.NET操作数据库、数据绑定控件、LINQ数据访问技术、站点导航控件及Web用户控件等。学习完本篇，读者能够开发一些小型Web应用程序和数据库程序。

核心技术

- 母版页：有效利用网页公共部分，提升开发效率
- 主题：以一种简单的方式使网站的主题风格更加统一
- 数据绑定：在网页前台更好地访问C#编写的后台代码
- 使用ADO.NET操作数据库：获取网页展示数据的核心技术，开发必备
- 数据绑定控件：ASP.NET网站中最方便使用的数据展示方式
- LINQ数据访问技术：操作数据库的另外一种方法，简单、高效
- 站点导航控件：设计网站导航菜单的一种简单方式
- Web用户控件：更加合理地使用控件，并实现控件的复用

第 5 章

母版页

为了给访问者一致的感觉，每个网站都需要具有统一的风格和布局。对于这一点，在不同的技术发展阶段有着不同的实现方法，ASP.NET 中提出了母版页的概念。通过母版页可以创建页面布局，并且可以将该页面布局应用于网站中的指定页或者所有页。

本章知识架构及重难点如下。

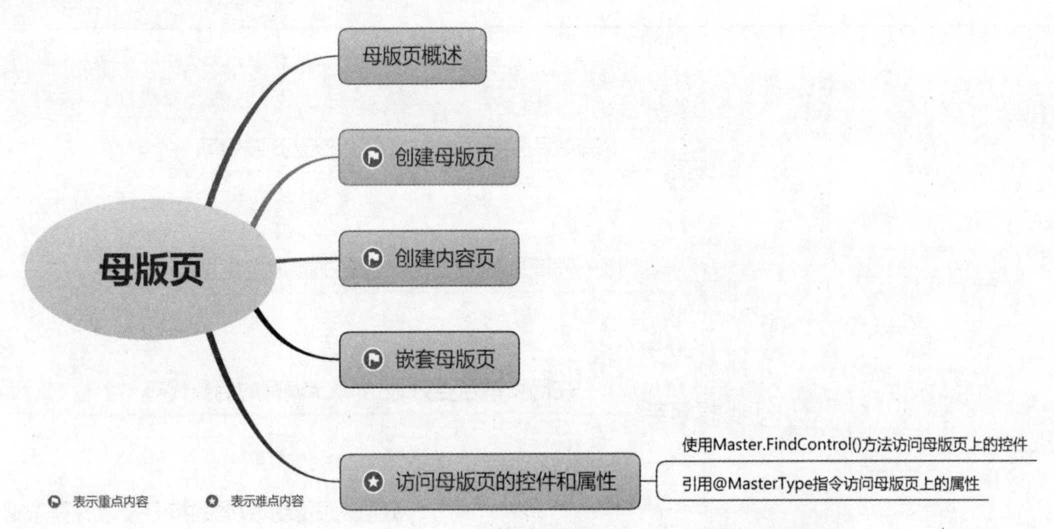

5.1 母版页概述

母版页的主要功能是为 ASP.NET 应用程序创建统一的用户界面和样式，实际上母版页由两部分构成，即一个母版页和一个（或多个）内容页，将这些内容页与母版页合并，以将母版页的布局与内容页的内容组合在一起输出。

使用母版页，简化了以往重复设计每个 Web 页面的工作。母版页中承载了网站的统一内容、设计风格，减少了网页设计人员的工作量，提高了工作效率。如果将母版页比喻为未签名的名片，那么在这张名片上签字后就代表着签名人的身份，这就相当于为母版页添加内容页后呈现的各种网页效果。

1. 母版页

母版页为具有扩展名.master（如 MyMaster.master）的 ASP.NET 文件，它具有可以包括静态文本、HTML 元素和服务器控件的预定义布局。母版页由特殊的@ Master 指令识别，该指令替换了用于普通.aspx 页的@ Page 指令。

2．内容页

内容页与母版页关系紧密，主要包含页面中的非公共内容。通过创建各个内容页来定义母版页的占位符控件的内容，这些内容页为绑定到特定母版页的 ASP.NET 页（.aspx 文件及可选的代码隐藏文件）。

3．母版页运行机制

在运行时，母版页按照下面的步骤进行处理。

（1）用户通过输入内容页的 URL 来请求某页。

（2）获取该页后，读取@ Page 指令。如果该指令引用一个母版页，则也读取该母版页。如果是第一次请求这两个页，则这两个页都要进行编译。

（3）将包含更新内容的母版页合并到内容页的控件树中。

（4）将各个 Content 控件的内容合并到母版页中相应的 ContentPlaceHolder 控件中。

（5）在浏览器中呈现得到的合并页。

从编程的角度来看，这两个页用作其各自控件的独立容器。内容页用作母版页的容器。但是，在内容页中可以从代码中引用公共母版页成员。

4．母版页的优点

使用母版页，可以为 ASP.NET 应用程序页面创建一个通用的外观。开发人员可以利用母版页创建一个单页布局，然后将其应用到多个内容页中。母版页具有以下优点。

☑ 使用母版页可以集中处理页的通用功能，以便只在一个位置上进行更新，在很大程度上提高了工作效率。

☑ 使用母版页可以方便地创建一组公共控件和代码，并将其应用于网站中所有引用该母版页的网页。例如，可以在母版页中使用控件来创建一个应用于所有页的功能菜单。

☑ 可以通过控制母版页中的占位符 ContentPlaceHolder 对网页进行布局。

☑ 由内容页和母版页组成的对象模型，能够为应用程序提供一种高效、易用的实现方式，并且这种对象模型的执行效率比以前的处理方式有了很大的提高。

误区警示

在母版页中不能直接使用主题，可以在 pages 元素中进行设置。例如，在网站的 Web.config 文件中配置 pages 元素的代码如下：

```
<configuration>
    <system.web>
        <pages styleSheetTheme="ThemeName" />
   </system.web>
</configuration>
```

5.2　创建母版页

母版页中包含的是页面的公共部分，因此，在创建母版页之前，必须判断哪些内容是页面的公共

部分。如图 5.1 所示为企业绩效系统的首页 Index.aspx，该网页由 4 部分组成，即页头、页尾、登录栏和内容 A。经过分析可知，页头、页尾和登录栏是企业绩效系统中页面的公共部分；内容 A 是企业绩效系统的非公共部分，是 Index.aspx 页面所独有的。结合母版页和内容页的相关知识可知，如果使用母版和内容页创建页面 Index.aspx，那么必须创建一个母版页 MasterPage.master 和一个内容页 Index.aspx，其中，母版页包含页头、页尾和登录栏，内容页则包含内容 A。

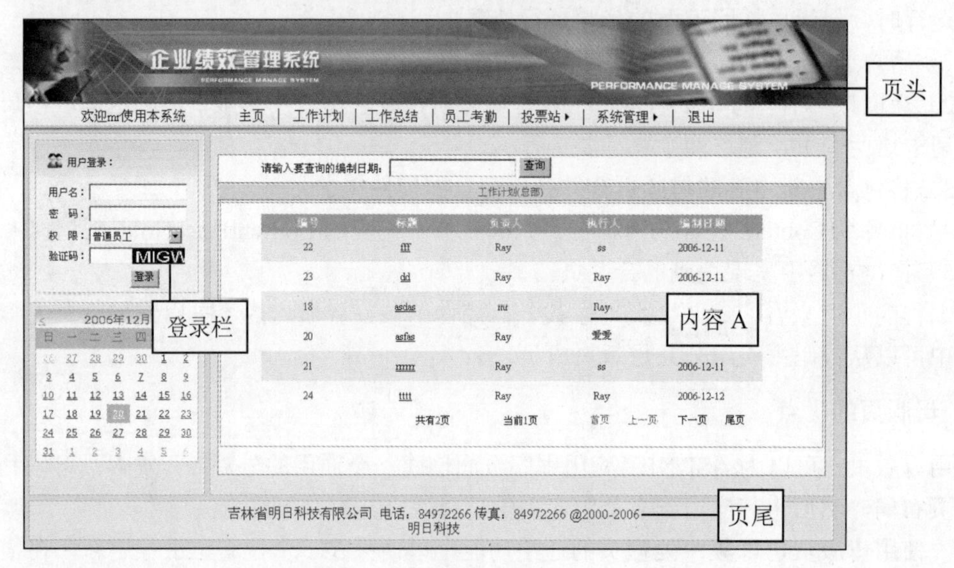

图 5.1　企业绩效系统首页

创建母版页的具体步骤如下。

（1）在网站的解决方案下右击网站名称，在弹出的快捷菜单中选择“添加新项”命令。

（2）打开“添加新项”对话框，如图 5.2 所示。选择“母版页”，默认名为 MasterPage.master。单击“添加”按钮即可创建一个新的母版页。

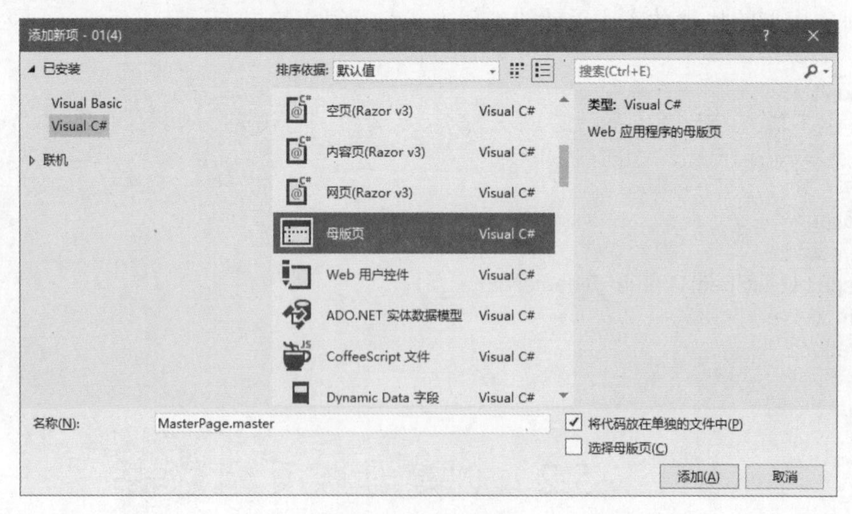

图 5.2　创建母版页

（3）母版页 MasterPage.master 中的代码如下：

```
<%@ Master Language="C#" AutoEventWireup="true" CodeFile="MasterPage.master.cs"
Inherits="MasterPage" %>

<!DOCTYPE html PUBLIC "-//W3C//DTD XHTML 1.0 Transitional//EN"
"http://www.w3.org/TR/xhtml1/DTD/xhtml1-transitional.dtd">

<html xmlns="http://www.w3.org/1999/xhtml">
<head runat="server">
    <title>无标题页</title>
    <asp:ContentPlaceHolder id="head" runat="server">
    </asp:ContentPlaceHolder>
</head>
<body>
    <form id="form1" runat="server">
    <div>
        <asp:ContentPlaceHolder id="ContentPlaceHolder1" runat="server">

        </asp:ContentPlaceHolder>
    </div>
    </form>
</body>
</html>
```

在以上代码中，ContentPlaceHolder 控件为占位符控件，可将它所定义的位置替换为内容出现的区域。

说明

母版页可以包括一个或多个 ContentPlaceHolder 控件。

5.3　创建内容页

创建完母版页后，接下来要创建内容页。内容页的创建与母版页类似，具体步骤如下。

（1）在网站的解决方案下右击网站名称，在弹出的快捷菜单中选择“添加新项”命令。

（2）打开“添加新项”对话框，如图 5.3 所示。在对话框中选择“Web 窗体”并为其命名，同时选中“将代码放在单独的文件中”和“选择母版页”复选框，单击“添加”按钮，弹出如图 5.4 所示的“选择母版页”对话框，在其中选择一个母版页，单击“确定”按钮，即可创建一个新的内容页。

（3）内容页中的代码如下：

```
<%@ Page Language="C#" MasterPageFile="~/MasterPage.master" AutoEventWireup="true"
CodeFile="Default2.aspx.cs" Inherits="Default2" Title="无标题页" %>

<asp:Content ID="Content1" ContentPlaceHolderID="head" Runat="Server">
</asp:Content>
<asp:Content ID="Content2" ContentPlaceHolderID="ContentPlaceHolder1" Runat="Server">
</asp:Content>
```

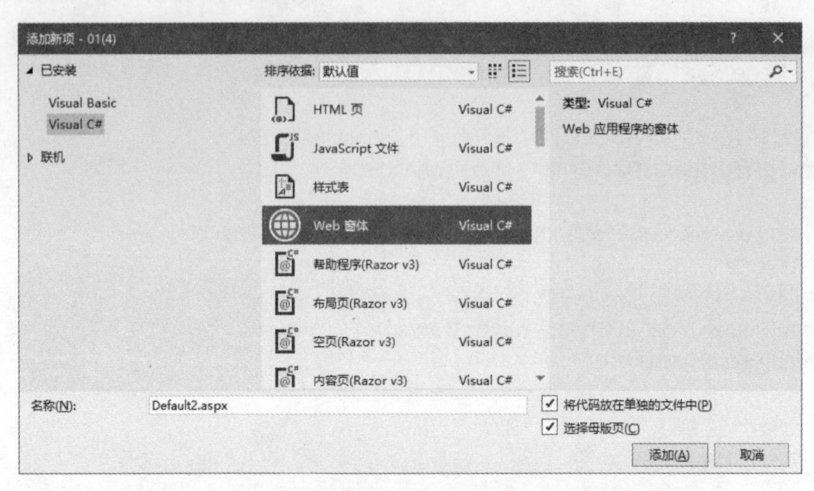

图 5.3　创建内容页

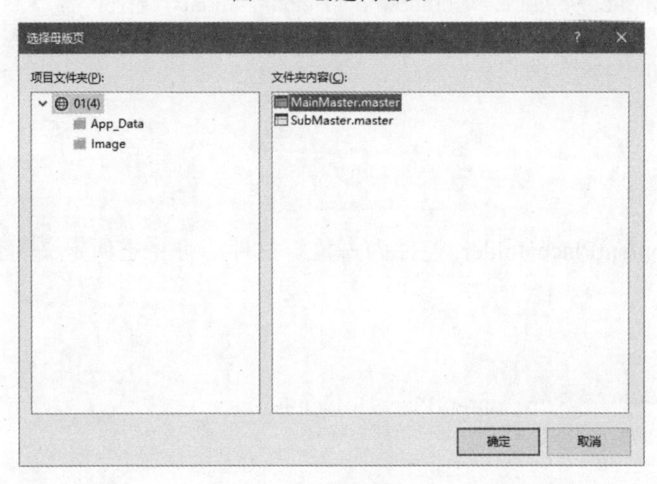

图 5.4　选择母版页

通过以上代码可以发现，母版页中有几个 ContentPlaceHolder 控件，在内容页中就会有几个 Content 控件生成，Content 控件的 ContentPlaceHolderID 属性值对应着母版页 ContentPlaceHolder 控件的 ID 值。

技巧

添加内容页的另一种方法是，在母版页中右击，在弹出的快捷菜单中选择“添加内容页”命令；或者右击“解决方案资源管理器”中母版页的名称，在弹出的快捷菜单中选择“添加内容页”命令。

5.4　嵌套母版页

所谓“嵌套”，就是大的容器套装小的容器。嵌套母版页就是指创建一个大母版页，在其中包含一个小的母版页。如图 5.5 所示为嵌套母版页的示意图。

利用嵌套的母版页可以创建组件化的母版页。例如，大型网站可能包含一个用于定义站点外观的

总体母版页，然后，不同的网站内容合作伙伴又可以定义各自的子母版页，这些子母版页引用网站母版页，并相应定义合作伙伴的内容外观。

【例 5.1】创建一个简单的嵌套母版页。（**示例位置：mr\TM\05\01**）

本示例主要通过一个简单的嵌套母版页示例来加深读者对嵌套母版页的理解。执行程序，示例运行结果如图 5.6 所示。

主母版页

子母版页

内容页

图 5.5　嵌套母版页的示意图

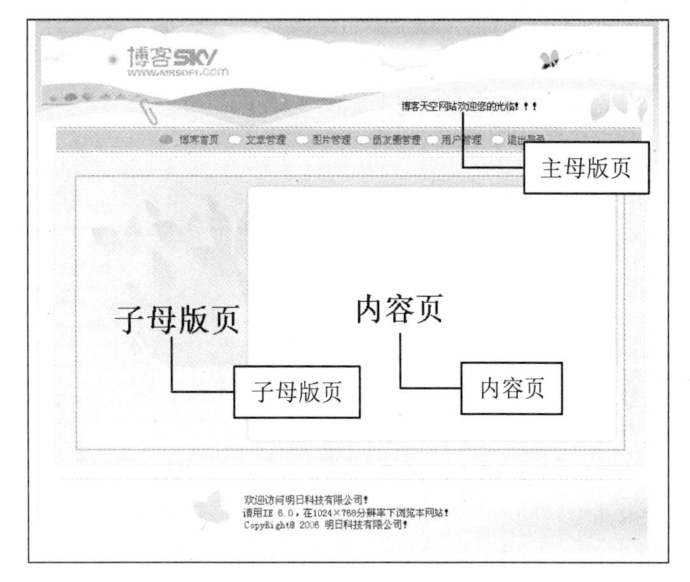

图 5.6　嵌套母版页

程序实现的主要步骤如下。

（1）新建一个网站，将其命名为 01。

（2）在该网站的解决方案下右击网站名称，在弹出的快捷菜单中选择“添加新项”命令，打开“添加新项”对话框，首先添加两个母版页，分别命名为 MainMaster（主母版页）和 SubMaster（子母版页），然后添加一个 Web 窗体，命名为 Default.aspx，并将其作为 SubMaster（子母版页）的内容页。

如图 5.6 所示的页面是由主母版页（MainMaster）、子母版页（SubMaster）和内容页（Default.aspx）组成的，主母版页包含的内容主要是页面的公共部分，主母版页嵌套子母版页，内容页绑定子母版页。

（3）主母版页的构建方法与普通母版页的构建方法一致。由于主母版页嵌套一个子母版页，因此必须在适当的位置设置一个 ContentPlaceHolder 控件实现占位。主母版页的设计代码如下：

```
<%@ Master Language="C#" AutoEventWireup="true" CodeFile="MainMaster.master.cs"
Inherits="MainMaster" %>
<!DOCTYPE html PUBLIC "-//W3C//DTD XHTML 1.0 Transitional//EN" "http://www.w3.org/TR/xhtml1/DTD/
xhtml1-transitional.dtd">
<html xmlns="http://www.w3.org/1999/xhtml" >
<head runat="server">
    <title>主母版页</title>
</head>
<body>
    <form id="form1" runat="server">
    <div>
```

```
            <table style="width: 759px; height: 758px" cellpadding="0" cellspacing="0">
                <tr>
                    <td style="background-image: url(Image/baner.jpg); width: 759px; height: 153px">
                    </td>
                </tr>
                <tr>
                    <td style="width: 759px; height: 498px" align="center" valign="middle">
            <asp:contentplaceholder id="MainContent" runat="server">
            </asp:contentplaceholder>
                    </td>
                </tr>
                <tr>
                    <td style="background-image: url(Image/3.jpg); width: 759px; height: 107px">
                    </td>
                </tr>
            </table>
        </div>
        </form>
</body>
</html>
```

（4）子母版页以.master 为扩展名，其代码包括两部分，即代码头声明和 Content 控件。子母版页中不包括<html>、<body>等 Web 元素。在子母版页的代码头中添加了一个属性 MasterPageFile，以设置嵌套子母版页的主母版页路径，通过设置这个属性，实现主母版页和子母版页之间的嵌套。子母版页的 Content 控件中声明的 ContentPlaceHolder 控件用于为内容页实现占位。子母版页的设计代码如下：

```
<%@ Master Language="C#" AutoEventWireup="true" CodeFile="SubMaster.master.cs" Inherits="SubMaster"
MasterPageFile ="~/MainMaster.master" %>
<asp:Content id="Content1" ContentPlaceholderID="MainContent" runat="server">
    <table style="background-image: url(Image/2.jpg); width:759px; height: 498px">
    <tr>
    <td align ="center" valign ="middle">
        <h1>子母版页</h1>
    </td>
    <td align ="center" valign ="middle">
        <asp:contentplaceholder id="SubContent" runat="server">
        </asp:contentplaceholder>
    </td>
    </tr>
    </table>
</asp:Content>
```

注意

这里需要强调的是子母版页中不包括<html>、<body>等 HTML 元素。在子母版页的@ Master 指令中添加了 MasterPageFile 属性以设置主母版页路径，从而实现嵌套。

（5）内容页的构建方法与普通内容页的构建方法一致。它的代码包括两部分，即代码头声明和 Content 控件。由于内容页绑定了子母版页，所以必须设置代码头中的属性 MasterPageFile 为子母版页

的路径。内容页的设计代码如下：

```
<%@ Page Language="C#" MasterPageFile="~/SubMaster.master" AutoEventWireup="true"
CodeFile="Default.aspx.cs" Inherits="_Default" Title="Untitled Page" %>
<asp:Content ID="Content1" ContentPlaceHolderID="SubContent" Runat="Server">
<table style="width :451px; height :391px">
<tr>
<td>
<h1>内容页</h1>
</td>
</tr>
</table>
</asp:Content>
```

5.5　访问母版页的控件和属性

在内容页中引用母版页中的属性、方法和控件是有一定限制的。对于属性和方法的规则是：如果它们在母版页上被声明为公共成员，则可以引用它们，包括公共属性和公共方法。在引用母版页上的控件时，则没有只能引用公共成员的这种限制。

5.5.1　使用 Master.FindControl 方法访问母版页上的控件

在内容页中，Page 对象具有一个公共属性 Master，该属性能够实现对相关母版页基类 MasterPage 的引用。母版页中的 MasterPage 相当于普通 ASP.NET 页面中的 Page 对象，因此，可以使用 MasterPage 对象实现对母版页中各个子对象的访问，但由于母版页中的控件是受保护的，不能直接访问，那么就必须使用 MasterPage 对象的 FindControl 方法实现。

【例 5.2】访问母版页上的控件。（**示例位置：mr\TM\05\02**）

本示例主要通过使用 FindControl 方法，获取母版页中用于显示系统时间的 Label 控件。执行程序，示例运行结果如图 5.7 所示。

程序实现的主要步骤如下。

（1）新建一个网站，首先添加一个母版页，默认名称为 MasterPage.master，再添加一个 Web 窗体，命名为 Default.aspx，作为母版页的内容页。

（2）分别在母版页和内容页上添加一个 Label 控件。母版页的 Label 控件的 ID 属性为 labMaster，用于显示系统日期。内容页的 Label 控件的 ID 属性为 labContent，用于显示母版页中的 Label 控件值。

（3）在 MasterPage.master 母版页的 Page_Load 事件中，使母版页的 Label 控件显示当前系统日期的代码如下：

```
protected void Page_Load(object sender, EventArgs e)
{
    this.labMaster.Text=" 今 天 是 "+DateTime.Today.Year+" 年 "+DateTime.Today.Month+" 月 "+DateTime.
Today.Day+"日";
}
```

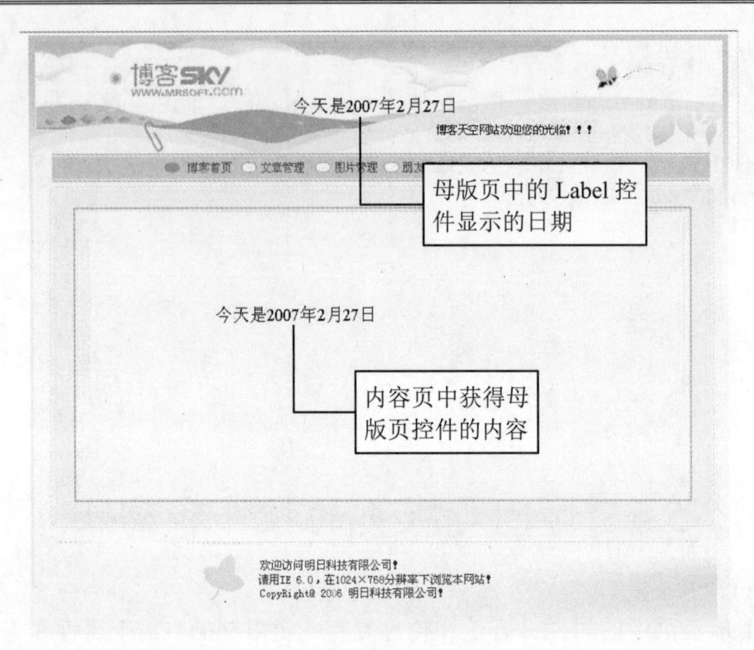

图 5.7　嵌套母版页

（4）在 Default.aspx 内容页的 Page_LoadComplete 事件中，使内容页的 Label 控件显示母版页中的 Label 控件值的代码如下：

```
protected void Page_LoadComplete(object sender, EventArgs e)
{
    Label MLable1 = (Label)this.Master.FindControl("labMaster");
    this.labContent.Text = MLable1.Text;
}
```

误区警示

由于在母版页的 Page_Load 事件引发之前，内容页的 Page_Load 事件已经引发，此时从内容页访问母版页中的控件比较困难。所以，本示例使用 Page_LoadComplete 事件，利用 FindControl 方法来获取母版页的控件，其中，Page_LoadComplete 事件在生命周期内和网页加载结束时触发。当然还可以在 Label 控件的 PreRender 事件下完成此功能。

5.5.2　引用@ MasterType 指令访问母版页上的属性

引用母版页中的属性和方法，需要在内容页中使用@ MasterType 指令，将内容页的 Master 属性强类型化，即通过@ MasterType 指令创建与内容页相关的母版页的强类型引用。另外，在设置@ MasterType 指令时，必须设置 VirtualPath 属性，以便指定与内容页相关的母版页存储地址。

【例 5.3】访问母版页上的属性。（**示例位置：mr\TM\05\03**）

本示例主要通过使用 MasterType 指令引用母版页的公共属性，并将 Welcome 字样赋给母版页的公共属性。执行程序，示例运行结果如图 5.8 所示。

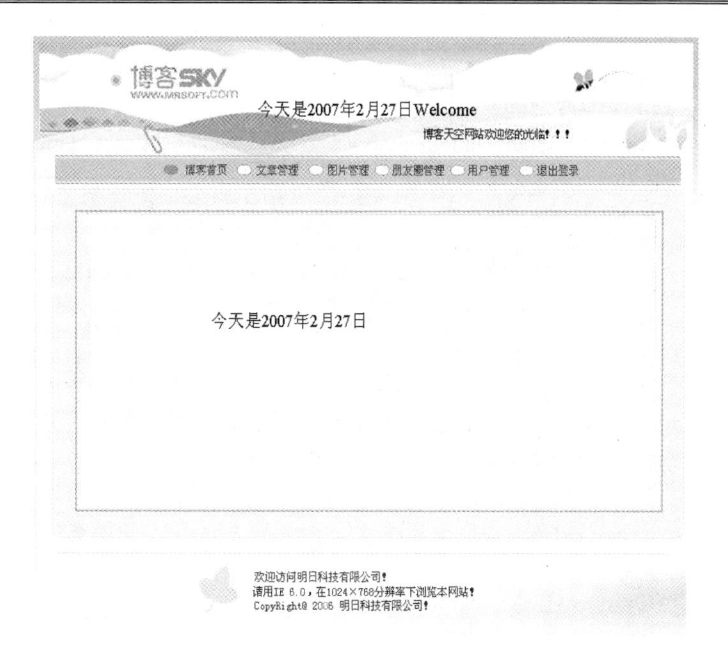

图 5.8　访问母版页上的属性

程序实现的主要步骤如下。

（1）程序开发步骤参见例 5.2。

（2）在母版页中定义了一个 String 类型的公共属性 mValue，代码如下：

```
public partial class MasterPage : System.Web.UI.MasterPage
{
    string mValue = "";
    public string MValue
    {
        get
        {
            return mValue;
        }
        set
        {
            mValue = value;
        }
    }
}
```

通过<%= MValue %>显示在母版页中，代码如下：

```
<td style="background-image: url(Image/baner.jpg); height: 153px" align="center">
<asp:Label ID="labMaster" runat="server"></asp:Label>
<%=this.MValue%>
</td>
```

（3）在内容页代码头的设置中增加了<%@ MasterType%>，并在其中设置了 VirtualPath 属性，用于设置被强类型化的母版页的 URL 地址。代码如下：

```
<%@ Page Language="C#" MasterPageFile="~/MasterPage.master" AutoEventWireup="true" CodeFile=
"Default.aspx.cs" Inherits="_Default" Title="Untitled Page" %>
<%@ MasterType VirtualPath ="~/MasterPage.master" %>
<asp:Content ID="Content1" ContentPlaceHolderID="ContentPlaceHolder1" Runat="Server">
    <table align="center">
        <tr>
            <td style="width: 86px; height: 21px;">
                <asp:Label ID="labContent" runat="server" Width="351px" ></asp:Label></td>
        </tr>
    </table>
</asp:Content>
```

引用@ MasterType 指令

（4）在内容页的 Page_Load 事件下，通过 Master 对象引用母版页中的公共属性，并将 Welcome 字样赋给母版页中的公共属性。代码如下：

```
protected void Page_Load(object sender, EventArgs e)
{
    Master.MValue = "Welcome";
}
```

说明

以上代码在内容页中的赋值，将影响母版页中公共属性的值。

5.6 实践与练习

创建一个单击母版页中的导航按钮，在内容页中显示刚刚所单击按钮名称的 Web 应用程序。

第 6 章

主题

网站的外观是否美观将直接决定其受欢迎的程度，这就意味着在网站开发过程中，设计和实现美观实用的用户界面是非常重要的。ASP.NET 提供了“主题”的概念，它是定义网站中页和控件外观的属性集合。主题可以包括外观文件（定义 ASP.NET Web 服务器控件的属性设置），还可以包括级联样式表文件（.css 文件）和图形。应用主题，可以为网站中的页提供一致的外观。

本章知识架构及重难点如下。

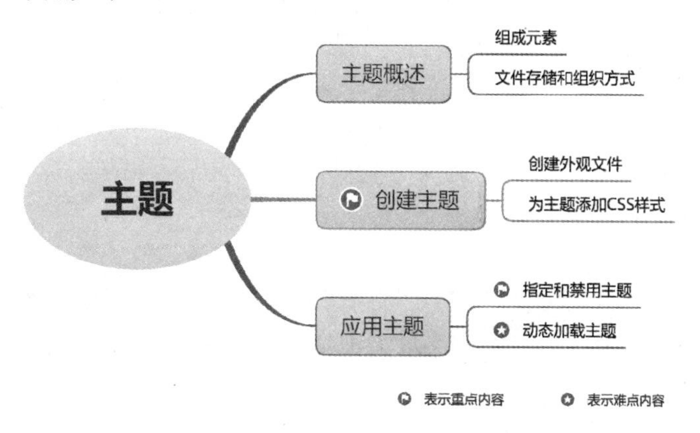

6.1 主 题 概 述

6.1.1 组成元素

主题由外观、级联样式表（CSS）、图像和其他资源组成，主题中至少包含外观，它是在网站或 Web 服务器上的特殊目录中定义的，如图 6.1 所示。

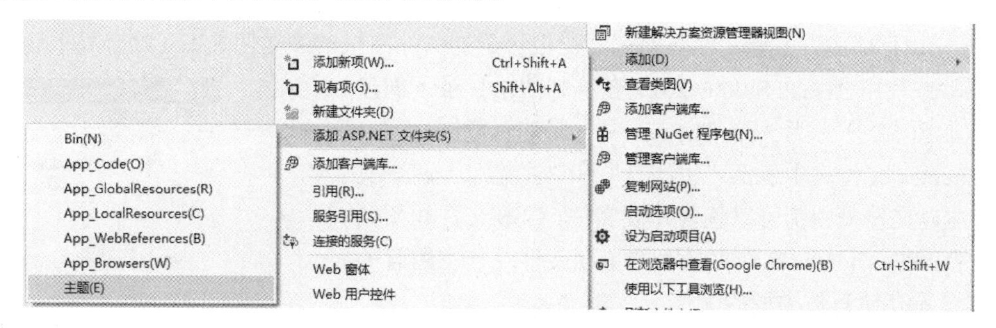

图 6.1　添加主题文件夹

在制作网站中的网页时，有时要对控件、页面的设置进行重复设计，主题的出现就是将重复的工作简单化，不仅提高制作效率，更重要的是能够统一网站的外观。例如，一款家具的设计框架是一样的，但是整体颜色、零件色彩（把手等）可以是不同的，这就相当于一个网站可以通过不同的主题呈现不同的外观。

1．外观

外观文件是主题的核心内容，用于定义页面中服务器控件的外观，它包含各个控件（如 Button、TextBox 或 Calendar 控件）的属性设置。控件外观设置类似于控件标记本身，但只包含要作为主题的一部分来设置的属性。例如，下面的代码定义了 TextBox 控件的外观：

```
<asp:TextBox runat="server" BackColor="PowderBlue" ForeColor="RoyalBlue"/>
```

控件外观的设置与控件声明代码类似。在控件外观设置中只能包含作为主题的属性定义。在上述代码中设置了 TextBox 控件的前景色和背景色属性。如果将以上控件外观应用到单个 Web 页上，那么页面内所有 TextBox 控件都将显示所设置的控件外观。

主题中至少要包含外观。

2．级联样式表

主题还可以包含级联样式表（CSS 文件）。将 CSS 文件放在主题目录中时，样式表自动作为主题的一部分应用。使用文件扩展名.css 在主题文件夹中定义样式表。

主题可以包含一个或多个级联样式表。

3．图像和其他资源

主题还可以包含图像和其他资源，如脚本文件或视频文件等。通常，主题的资源文件与该主题的外观文件位于同一个文件夹中，但也可以在 Web 应用程序中的其他地方，如主题目录的某个子文件夹中。

6.1.2 文件存储和组织方式

在 Web 应用程序中，主题文件必须存储在根目录的 App_Themes 文件夹下（除全局主题外），开发人员可以手动或使用 Visual Studio 2017 在网站的根目录下创建该文件夹。如图 6.2 所示为 App_Themes 文件夹的示意图。

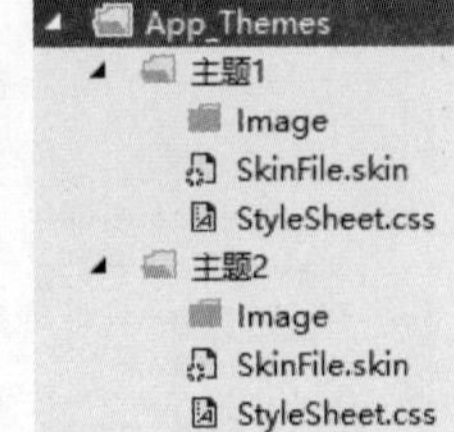

图 6.2　App_Themes 文件夹的示意图

App_Themes 文件夹中包括“主题 1”和“主题 2”两个文件夹。每个主题文件夹中都可以包含外观文件、CSS 文件和图像文件等。通常 APP_Themes 文件夹只存储主题文件及与主题有关的文件，尽量不存储其他类型的文件。

外观文件是主题的核心部分，每个主题文件夹下都可以包含

一个或多个外观文件，如果主题较多，页面内容较复杂，外观文件的组织就会出现问题。这样就需要开发人员在开发过程中，根据实际情况对外观文件进行有效管理。通常根据 SkinID、控件类型及文件 3 种方式进行组织，具体说明如表 6.1 所示。

表 6.1 3 种常见的外观文件的组织方式及说明

组 织 方 式	说 明
根据 SkinID	在设置控件外观时，将具有相同 SkinID 的控件外观放在同一个外观文件中，这种方式适用于网站页面较多、设置内容复杂的情况
根据控件类型	组织外观文件时，以控件类型进行分类，这种方式适用于页面包含控件较少的情况
根据文件	组织外观文件时，以网站中的页面进行分类，这种方式适用于网站中页面较少的情况

6.2 创 建 主 题

6.2.1 创建外观文件

在创建外观文件之前，先介绍有关创建外观文件的知识。

外观文件分为默认外观和命名外观两种类型。如果控件外观没有包含 SkinID 属性，那么就是默认外观。此时，向页面应用主题，默认外观将自动应用于同一类型的所有控件。命名外观是设置了 SkinID 属性的控件外观，它不会自动按类型应用于控件，而应通过设置控件的 SkinID 属性将其显式地应用于控件。通过创建命名外观，可以为应用程序中同一控件的不同实例设置不同的外观。

为控件外观设置的属性可以是简单属性，也可以是复杂属性。简单属性是设置控件外观最常见的类型，如控件背景颜色（BackColor）、控件的宽度（Width）等。复杂属性主要包括集合属性、模板属性和数据绑定表达式（仅限于<%#Eval%>或<%#Bind%>）等类型。

说明

外观文件的后缀为.skin。

下面通过示例来介绍如何创建一个简单的外观文件。

【例 6.1】创建一个简单的外观文件。（**示例位置：mr\TM\06\01**）

本示例主要通过两个 TextBox 控件分别介绍如何创建默认外观和命名外观。执行程序，示例运行结果如图 6.3 所示。

默认外观：Hello World!
命名外观：Hello World!

图 6.3 创建外观文件示例图

程序实现的主要步骤如下。

（1）新建一个网站，在应用程序根目录下创建一个 App_Themes 文件夹，用于存储主题，然后添加一个主题，在 App_Themes 文件夹上右击，在弹出的快捷菜单中选择“添加 ASP.NET 文件夹”→“主题”命令，主题名为 TextBoxSkin。在主题下新建一个外观文件，名称为 TextBoxSkin.skin，用来设置页面中 TextBox 控件的外观。TextBoxSkin.skin 外观文件的源代码如下：

```
<asp:TextBox runat="server" Text="Hello World!" BackColor="#FFE0C0" BorderColor="#FFC080"
Font-Size="12pt" ForeColor="#C04000" Width="149px"/>
<asp:TextBox SkinId="textboxSkin" runat="server" Text="Hello World!" BackColor="#FFFFC0"
BorderColor="Olive" BorderStyle="Dashed" Font-Size="15pt" Width="224px"/>
```

在代码中创建了两个 TextBox 控件的外观，其中没有添加 SkinID 属性的是 Button 的默认外观，另外一个设置了 SkinID 属性的是 TextBox 控件的命名外观，其 SkinID 属性为 textboxSkin。

注意

任何控件的 ID 属性都不可以在外观文件中出现。如果向外观文件中添加了不能设置主题的属性，将会导致错误发生。

（2）在网站的默认页 Default.aspx 中添加两个 TextBox 控件，应用 TextBoxSkin.skin 中的控件外观。首先在<%@ Page%>标签中设置一个 Theme 属性来应用主题。如果为控件设置默认外观，则不用设置控件的 SkinID 属性；如果为控件设置命名外观，则需要设置控件的 SkinID 属性。Default.aspx 文件的源代码如下：

```
<%@ Page Language="C#" AutoEventWireup="true" CodeFile="Default.aspx.cs" Inherits="_Default"
Theme="TextBoxSkin"%>                 应用主题
<!DOCTYPE html PUBLIC "-//W3C//DTD XHTML 1.0 Transitional//EN"
"http://www.w3.org/TR/xhtml1/DTD/xhtml1-transitional.dtd">
<html xmlns="http://www.w3.org/1999/xhtml" >
<head runat="server">
    <title>创建一个简单的外观</title>
</head>
<body>
    <form id="form1" runat="server">
    <div>
        <table>
            <tr>
                <td style="width: 100px">
                    默认外观：</td>
                <td style="width: 247px">
                    <asp:TextBox ID="TextBox1" runat="server"></asp:TextBox></td>
            </tr>                                                      默认外观
            <tr>
                <td style="width: 100px">
                    命名外观：</td>
                <td style="width: 247px">
                    <asp:TextBox ID="TextBox2" runat="server" SkinID ="textboxSkin"> </asp:TextBox></td>
            </tr>                                                      命名外观
        </table>
    </div>
    </form>
</body>
</html>
```

如果在控件代码中添加了与控件外观相同的属性，则页面最终显示以控件外观的设置效果为主。

6.2.2　为主题添加 CSS 样式

主题中的样式表主要用于设置页面和普通 HTML 控件的外观样式。

【例 6.2】为主题添加 CSS 样式。（**示例位置：mr\TM\06\02**）

本示例主要为页面背景、页面中的普通文字、超链接文本，以及 HTML 提交按钮创建样式。执行程序，示例运行结果如图 6.4 所示。

图 6.4　为主题添加 CSS 样式示例图

程序实现的主要步骤如下。

（1）新建一个网站，在应用程序根目录下创建一个 App_Themes 文件夹，用于存储主题。添加一个名为 MyTheme 的主题。在 MyTheme 主题下添加一个样式表文件，默认名称为 StyleSheet.css。

页面中共有 3 处被设置了样式，一是页面背景颜色、文本对齐方式及文本颜色；二是超文本的外观、悬停效果；三是 HTML 按钮的边框颜色。StyleSheet.css 文件的源代码如下：

```
body
{
      text-align :center;
      color :Yellow ;
      background-color :Navy;
}
A:link
{
     color:White ;
     text-decoration:underline;
}
A:visited
{
     color:White;
     text-decoration:underline;
}
A:hover
{
     color :Fuchsia;
     text-decoration:underline;
      font-style :italic ;
}
input
{
     border-color :Yellow;
}
```

主题中的 CSS 文件与普通的 CSS 文件没有任何区别，但主题中包含的 CSS 文件主要针对页面和普通的 HTML 控件进行设置，并且主题中的 CSS 文件必须保存在主题文件夹中。

（2）在网站的默认网页 Default.aspx 中，应用主题中的 CSS 文件样式的源代码如下：

```
<%@ Page Language="C#" AutoEventWireup="true"   CodeFile="Default.aspx.cs" Inherits="_Default"
Theme ="myTheme" %>
<!DOCTYPE html PUBLIC "-//W3C//DTD XHTML 1.0 Transitional//EN"
"http://www.w3.org/TR/xhtml1/DTD/xhtml1-transitional.dtd">
<html xmlns="http://www.w3.org/1999/xhtml" >
<head runat="server">
    <title>为主题添加 CSS 样式</title>
</head>
<body>
    <form id="form1" runat="server">
    <div>
        为主题添加 CSS 文件
        <table>
            <tr>
                <td style="width: 100px">
                <a href ="Default.aspx">明日科技</a>
                </td>
                <td style="width: 100px">
                <a href ="Default.aspx">明日科技</a>
                </td>
            </tr>
            <tr>
                <td style="width: 100px">
                    <input id="Button1" type="button" value="button" /></td>
                <td style="width: 100px">
                 </td>
            </tr>
        </table>
    </div>
    </form>
</body>
</html>
```

Theme ="myTheme"应用主题

在主题中应用 CSS 文件，必须保证在页面头部定义<head runat="server">

技巧

1. 将主题应用于母版页

不能直接将 ASP.NET 主题应用于母版页。如果向@ Master 指令添加一个主题属性，则页在运行时会引发错误。但是，主题在下面情况下会应用于母版页。

☑ 如果主题是在内容页中定义的，母版页在内容页的上下文中解析，因此内容页的主题也会应用于母版页。

☑ 在 Web.config 文件中的 pages 元素内设置主题定义，可以将主题应用于整个站点。

2. 创建主题中控件外观的简便方法

在创建控件外观时，一个简单的方法就是将控件添加到.aspx 页面中，然后利用 Visual Studio 2017 的属性面板及可视化设计功能对控件进行设置，最后将控件代码复制到外观文件中并做适当的修改。

6.3　应 用 主 题

在前面的几个示例中，简单说明了应用主题的方法，即在每个页面头部的<%@ Page%>标签中设置 Theme 属性为主题名。本节将更加深入地学习主题的应用。

6.3.1　指定和禁用主题

除了可以对页面或网站应用主题，还可以对全局应用主题。在网站级设置主题会对站点上的所有页和控件应用样式和外观，除非对个别页重写主题。在页面级设置主题会对该页面及其所有控件应用样式和外观。默认情况下，主题重写本地控件设置，或者可以设置一个主题作为样式表主题，以便该主题仅应用于未在控件上显式设置的控件设置。

1．为单个页面指定和禁用主题

为单个页面指定主题可以将@ Page 指令的 Theme 或 StyleSheetTheme 属性设置为要使用主题的名称，代码如下：

```
<%@ Page Theme="ThemeName" %>
```

或

```
<%@ Page StyleSheetTheme="ThemeName" %>
```

误区警示

StyleSheetTheme 属性的工作方式与普通主题（使用 Theme 设置的主题）类似，不同的是，当使用 StyleSheetTheme 时，控件外观的设置可以被页面中声明的同一类型控件的相同属性所代替。例如，如果使用 Theme 属性指定主题，该主题指定所有 Button 控件的背景都是黄色，那么即使在页面中为个别的 Button 控件的背景设置了不同颜色，页面中的所有 Button 控件的背景仍然是黄色。如果需要改变个别 Button 控件的背景，就需要使用 StyleSheetTheme 属性指定主题。

要想禁用单个页面的主题，只要将@ Page 指令的 EnableTheming 属性设置为 false 即可，代码如下：

```
<%@ Page EnableTheming="false" %>
```

如果要禁用控件的主题，只要将控件的 EnableTheming 属性设置为 false 即可。以 Button 控件为例，代码如下：

```
<asp:Button id="Button1" runat="server" EnableTheming="false" />
```

2．为应用程序指定和禁用主题

为了快速地为整个网站的所有页面设置相同的主题，可以设置 Web.config 文件中的<pages>配置节的内容。Web.config 文件的配置代码如下：

```
<configuration>
  <system.web >
    <pages theme ="ThemeName"></pages>
  </system.web>
<connectionStrings/>
```

或

```
<configuration>
  <system.web >
    <pages StylesheetTheme=" ThemeName "></pages>
  </system.web>
<connectionStrings/>
```

要想禁用整个应用程序的主题设置，只要将<pages>配置节中的 Theme 属性或者 StylesheetTheme 属性设置为空（""）即可。

6.3.2 动态加载主题

除可以在页面声明和配置文件中指定主题和外观首选项外，还可以通过编程方式动态加载主题。

【例 6.3】动态加载主题。（**示例位置：mr\TM\06\03**）

本示例主要实现对页面应用所选主题。默认情况下，页面应用“主题一”样式。执行程序，示例运行结果如图 6.5 和图 6.6 所示。

图 6.5 主题一

图 6.6 主题二

程序实现的主要步骤如下。

（1）新建一个网站，添加两个主题，分别命名为 Theme1 和 Theme2，并且每个主题包含一个外观文件（TextBoxSkin.skin）和一个 CSS 文件（StyleSheet.css），用于设置页面外观及控件外观。

主题文件夹 Theme1 中的外观文件 TextBoxSkin.skin 的源代码如下：

```
<asp:TextBox runat="server" Text="Hello World!" BackColor="#FFE0C0" BorderColor="#FFC080"
Font-Size="12pt" ForeColor="#C04000" Width="149px"/>
<asp:TextBox SkinId="textboxSkin" runat="server" Text="Hello World!" BackColor="#FFFFC0"
BorderColor="Olive" BorderStyle="Dashed" Font-Size="15pt" Width="224px"/>
```

级联样式表文件 StyleSheet.css 的源代码如下：

```
body
{
        text-align :center;
        color :Yellow ;
        background-color :Navy;
}
A:link
{
      color:White ;
      text-decoration:underline;
}
```

```
A:visited
{
      color:White;
      text-decoration:underline;
}
A:hover
{
      color :Fuchsia;
      text-decoration:underline;
        font-style :italic ;
}
input
{
      border-color :Yellow;
}
```

主题文件夹 Theme2 中的外观文件 TextBoxSkin.skin 的源代码如下：

```
<asp:TextBox runat="server" Text="Hello World!" BackColor="#C0FFC0" BorderColor="#00C000"
ForeColor="#004000" Font-Size="12pt" Width="149px"/>
<asp:TextBox SkinId="textboxSkin" runat="server" Text="Hello World!" BackColor="#00C000"
BorderColor="#004000" ForeColor="#C0FFC0" BorderStyle="Dashed" Font-Size="15pt" Width="224px"/>
```

级联样式表文件 StyleSheet.css 的源代码如下：

```
body
{
        text-align :center;
        color :#004000;
        background-color :Aqua;
}
A:link
{
      color:Blue;
      text-decoration:underline;
}
A:visited
{
      color:Blue;
      text-decoration:underline;
}
A:hover
{
      color :Silver;
      text-decoration:underline;
        font-style :italic ;
}
input
{
      border-color :#004040;
}
```

（2）在网站的默认主页 Default.aspx 中添加 1 个 DropDownList 控件、2 个 TextBox 控件、1 个 HTML/Button 控件及 1 个超链接。

DropDownList 控件包含两个选项：一个是“主题一”；另一个是“主题二”。当用户选择任意一个选项时，都会触发 DropDownList 控件的 SelectedIndexChanged 事件，在该事件下，将选项的主题名存放在 URL 的 QueryString（即 theme）中，并重新加载页面。其代码如下：

```
protected void DropDownList1_SelectedIndexChanged(object sender, EventArgs e)
    {
        string url = Request.Path + "?theme=" + DropDownList1.SelectedItem.Value;
        Response.Redirect(url);
}
```

使用 Theme 属性指定页面的主题，只能在页面的 PreInit 事件发生过程中或者之前设置，本示例是在 PreInit 事件发生过程中修改 Page 对象的 Theme 属性值。其代码如下：

```
void Page_PreInit(Object sender, EventArgs e)
{
    string theme="Theme1";
    if (Request.QueryString["theme"] == null)
    {
        theme = "Theme1";
    }
    else
    {
        theme = Request.QueryString["theme"];
    }
    Page.Theme = theme;
    ListItem item = DropDownList1.Items.FindByValue(theme);
    if (item != null)
    {
        item.Selected = true;
    }
}
```

使用 Theme 属性指定页面的主题

说明

在制作网站换肤程序时，可以动态加载主题，以使网站具有指定的显示风格。

6.4 实践与练习

为 Calendar 日历控件设置主题，其外观设置如下。

☑ 背景色为 White，边框色为#EFE6F7，单元格内空白为 4，日标头文字格式为 Shortest。

☑ TodayDayStyle 中的背景色为#FF8000。

☑ WeekendDayStyle 中的背景色为#FFE0C0。

☑ DayHeaderStyle 中的背景色为#FFC0C0。

☑ TitleStyle 中的背景色为#C00000，字体加粗，前景色为#FFE0C0。

第 7 章

数据绑定

声明性数据绑定语法是一种非常灵活的语法，它不仅允许开发人员绑定到数据源，还可以绑定到简单属性、表达式、集合，甚至可以从方法调用返回的结果。

本章知识架构及重难点如下。

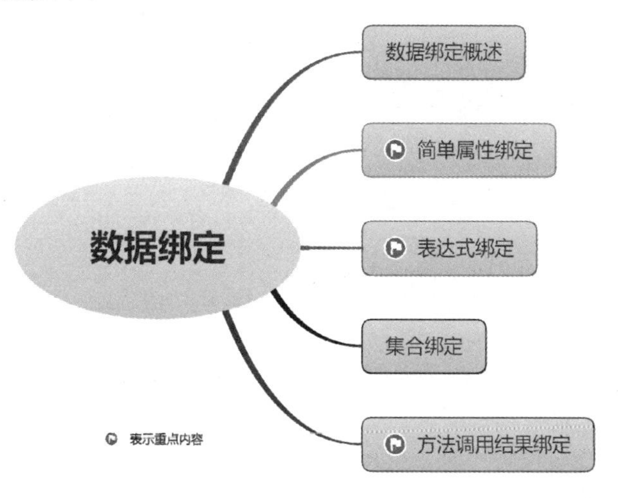

7.1 数据绑定概述

数据绑定是指从数据源获取数据或向数据源写入数据。简单的数据绑定可以是对变量或属性的绑定，比较复杂的是对 ASP.NET 数据绑定控件的操作。

说明

所有的数据绑定表达式都必须包含在<%#...%>中。另外，执行绑定操作要么执行 Page 对象的 DataBind 方法，要么执行数据绑定控件对应类的实例对象的 DataBind 方法。

7.2 简单属性绑定

基于属性的数据绑定所涉及的属性必须包含 get 访问器，因为在数据绑定过程中，数据显示控件需要通过属性的 get 访问器从属性中读取数据。

简单属性绑定的语法如下：

```
<%# 属性名称%>
```

然后需要调用 Page 类的 DataBind 方法才能执行绑定操作。

注意

DataBind 方法通常在 Page_Load 事件中调用。

【例 7.1】绑定简单属性。（**示例位置：mr\TM\07\01**）

本示例主要介绍如何绑定简单属性。执行程序，示例运行结果如图 7.1 所示。

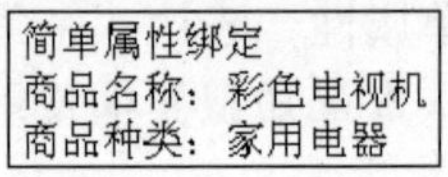

简单属性绑定
商品名称：彩色电视机
商品种类：家用电器

图 7.1　简单属性绑定

程序实现的主要步骤如下。

（1）新建一个网站，默认主页为 Default.aspx。在 Default.aspx 页的后台代码文件中定义两个公共属性，这两个属性作为数据绑定时的数据源。代码如下：

```
public string GoodsName
{
    get
    {
        return "彩色电视机";
    }
}
public string GoodsKind
{
    get
    {
        return "家用电器";
    }
}
```

（2）设置完数据绑定中的数据源，即可在它与显示控件之间建立绑定关系。将视图切换到源视图，具体代码如下：

```
<body>
    <form id="form1" runat="server">
    <div>
        简单属性绑定<br />
        商品名称：<%# GoodsName %><br />
        商品种类：<%# GoodsKind %></div>
    </form>
</body>
```

（3）绑定完成后，只需要在页面的 Page_Load 事件中调用 Page 类的 DataBind 方法来实现在页面加载时读取数据，代码如下：

```
protected void Page_Load(object sender, EventArgs e)
{
    Page.DataBind();
}
```

技巧

简单变量绑定类似于简单属性绑定。例如，定义一个公共变量并赋值，在 Page_Load 事件中调用 Page 类的 DataBind 方法，然后在 Label 控件的 Text 属性中使用<%#...%>来绑定变量。

.aspx.cs 文件中的代码如下：

```
public string str = "测试";
protected void Page_Load(object sender, EventArgs e)
{
    Page.DataBind();
}
```

.aspx 文件中的代码如下：

```
<asp:Label ID="Label1" runat="server" Text='<%# str %>'></asp:Label>
```

7.3　表达式绑定

将数据绑定到显示控件之前，通常要对数据进行处理，也就是说，需要使用表达式做简单处理后，再将执行结果绑定到显示控件上。

【例 7.2】表达式绑定。（**示例位置：mr\TM\07\02**）

本示例主要介绍如何将单价与数量相乘的结果绑定到 Label 控件上。执行程序，示例运行结果如图 7.2 所示。

表达式绑定
单价：59.8
数量：5
确定
总金额为：299.0

图 7.2　表达式绑定

程序实现的主要步骤如下。

（1）新建一个网站，默认主页为 Default.aspx，在 Default.aspx 页中添加 2 个 TextBox 控件、1 个 Button 控件、2 个 CompareValidator 控件和 1 个 Label 控件，它们的属性设置及其用途如表 7.1 所示。

表 7.1　Default.aspx 页面中控件属性设置及其用途

控 件 类 型	控 件 名 称	主要属性设置	用　　途
标准/TextBox 控件	TextBox1	将 Text 属性设置为 0	输入默认值
	TextBox2	将 Text 属性设置为 0	输入默认值
标准/Button 控件	btnOk	将 Text 属性设置为“确定”	将页面提交至服务器
验证/CompareValidator 控件	CompareValidator1	将 ControlToValidate 属性设置为 TextBox1	需要验证的控件 ID
		将 ErrorMessage 属性设置为“输入数字”	显示的错误信息
		将 Operator 属性设置为 DataTypeCheck	数据类型比较
		将 Type 属性设置为 Double	用于比较的数据类型为 Double
	CompareValidator2	将 ControlToValidate 属性设置为 TextBox2	需要验证的控件 ID
		将 ErrorMessage 属性设置为“输入数字”	显示的错误信息
		将 Operator 属性设置为 DataTypeCheck	数据类型比较
		将 Type 属性设置为 Integer	用于比较的数据类型为 Integer
标准/Label 控件	Label1	将 Text 属性设置为 0	显示总金额

（2）将视图切换到源视图，将表达式绑定到 Label 控件的 Text 属性上，具体代码如下：

```
<asp:Label ID="Label1" runat="server" Text='<%#"总金额为："+Convert.ToString(Convert.ToDecimal (TextBox1.
Text)*Convert.ToInt32(TextBox2.Text)) %>'></asp:Label></td>
```

通过以上代码会发现 Label 控件的 Text 属性值是使用单引号限定的，这是因为，<%#数据绑定表达式%>中的数据绑定表达式包含双引号，所以推荐使用单引号限定此 Text 属性值。

（3）在页面的 Page_Load 事件中调用 Page 类的 DataBind 方法执行数据绑定表达式，代码如下：

```
protected void Page_Load(object sender, EventArgs e)
{
    Page.DataBind();
}
```

7.4 集合绑定

有一些服务器控件是多记录控件，如 DropDownList 控件，这类控件可以使用集合作为数据源对其进行绑定。通常情况下，集合数据源主要包括 ArrayList、Hashtabel、DataView、DataReader 等。下面以 ArrayList 集合绑定 DropDownList 控件为例进行具体介绍。

【例 7.3】集合绑定。（示例位置：**mr\TM\07\03**）

本示例主要介绍如何将 ArrayList 绑定至 DropDownList 控件。执行程序，示例运行结果如图 7.3 所示。

香蕉 ▾
香蕉
苹果
西瓜
葡萄
蜜柚

图 7.3 集合绑定

程序实现的主要步骤如下。

新建一个网站，默认主页为 Default.aspx，在 Default.aspx 页中添加一个 DropDownList 控件作为显示控件，并在 Default.aspx 页的 Page_Load 事件中先定义一个 ArrayList 数据源，然后将数据绑定到显示控件上，最后调用 DataBind 方法执行数据绑定并显示数据。代码如下：

```
protected void Page_Load(object sender, EventArgs e)
{
    System.Collections.ArrayList arraylist = new ArrayList();        //定义集合数组，作为数据源
    arraylist.Add("香蕉");                                            //向数组集合中添加数据
    arraylist.Add("苹果");
    arraylist.Add("西瓜");
    arraylist.Add("葡萄");
    arraylist.Add("蜜柚");
    DropDownList1.DataSource = arraylist;                           //实现数据绑定
    DropDownList1.DataBind();                                       //调用 DataBind 方法执行数据绑定
}
```

注意

使用 ArrayList 类，需要引入或者指明命名空间 System.Collections。

7.5　方法调用结果绑定

定义一个方法，从中可以定义表达式计算的几种方式，在数据绑定表达式中通过传递不同的参数得到调用方法的结果。

【例 7.4】绑定方法调用的结果。（**示例位置：mr\TM\07\04**）

本示例主要介绍如何将方法调用的返回值绑定到显示控件属性上。执行程序，示例运行结果如图 7.4 所示。

图 7.4　绑定方法调用的结果

程序实现的主要步骤如下。

（1）新建一个网站，默认主页为 Default.aspx，在 Default.aspx 页中添加 2 个 TextBox 控件、1 个 DropDownList 控件、1 个 Button 控件、2 个 CompareValidator 控件和 1 个 Label 控件，它们的属性设置及其用途如表 7.2 所示。

表 7.2　Default.aspx 页面中控件属性设置及其用途

控 件 类 型	控 件 名 称	主要属性设置	用　途
标准/TextBox 控件	txtNum1	将 Text 属性设置为 0	输入默认值
	txtNum2	将 Text 属性设置为 0	输入默认值
标准/DropDownList 控件	ddlOperator	Items	显示“+”“-”“*”“/”
标准/Button 控件	btnOk	将 Text 属性设置为“确定”	将页面提交至服务器
验证/CompareValidator 控件	CompareValidator1	将 ControlToValidate 属性设置为 txtNum1	需要验证的控件 ID
		将 ErrorMessage 属性设置为“输入数字”	显示的错误信息
		将 Operator 属性设置为 DataTypeCheck	数据类型比较
		将 Type 属性设置为 Double	用于比较的数据类型为 Double
	CompareValidator2	将 ControlToValidate 属性设置为 txtNum2	需要验证的控件 ID
		将 ErrorMessage 属性设置为“输入数字”	显示的错误信息
		将 Operator 属性设置为 DataTypeCheck	数据类型比较
		将 Type 属性设置为 Double	用于比较的数据类型为 Double
标准/Label 控件	Label1	将 Text 属性设置为 0	显示运算结果

（2）在后台代码中编写求两个数的运算结果的方法，代码如下：

```
public string operation(string VarOperator)
{
    double num1=Convert.ToDouble (txtNum1.Text);
    double num2=Convert.ToDouble (txtNum2.Text);
    double result = 0;
    switch (VarOperator)
    {
        case "+":
            result = num1 + num2;
            break ;
        case "-":
```

```
                result = num1 - num2;
                break ;
            case "*":
                result = num1 * num2;
                break ;
            case "/":
                result = num1 / num2;
                break ;
        }
        return result.ToString ();
}
```

（3）在源视图中，将方法的返回值绑定到 Label 控件的 Text 属性的代码如下：

```
<asp:Label ID="Label1" runat="server" Text='<%#operation(ddlOperator.SelectedValue) %>'/>
```

（4）在 Default.aspx 页的 Page_Load 事件中调用 DataBind 方法执行数据绑定并显示数据，代码如下：

```
protected void Page_Load(object sender, EventArgs e)
{
        Page.DataBind();
}
```

误区警示

对数据控件的绑定是在数据绑定表达式中使用 Eval 和 Bind 方法实现的，语法如下：

```
<%#Eval("数据字段名称")%>
```

或

```
<%#Bind("数据字段名称")%>
```

值得注意的是，Eval 与 Bind 方法的区别是：Eval 方法是定义单向（只读）绑定，具有读取功能；Bind 方法是定义双向（可更新）绑定，具有读取与写入功能。

7.6　实践与练习

1．创建一个 Web 应用程序，以显示网页的访问次数。
2．创建一个 Web 应用程序，绑定图片的 Width 和 Height 属性，以控制图片的大小。

第 8 章

使用 ADO.NET 操作数据库

本章将详细介绍如何使用 ADO.NET 操作数据库。通过本章的学习，读者可以熟练掌握以 OleDb 模式、Odbc 模式、SqlClient 模式建立与数据库的连接，并且通过 SqlCommand、DataReader、DataAdapter、DataSet 对象对 SQL Server 数据库进行检索、读、写等操作。

本章知识架构及重难点如下。

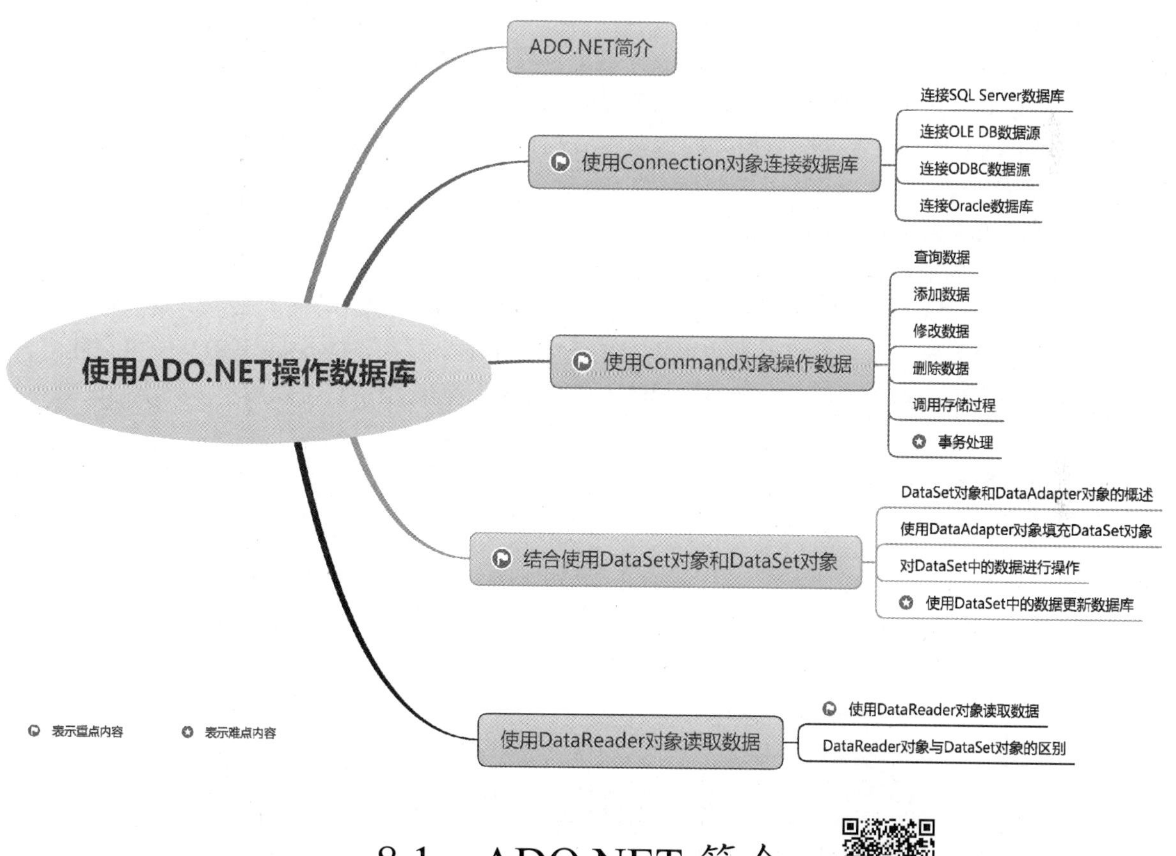

8.1 ADO.NET 简介

ADO.NET 提供了对 Microsoft SQL Server 数据源及通过 OLE DB 和 XML 公开的数据源的一致性访问。应用程序开发者可以使用 ADO.NET 来连接这些数据源，并检索、处理和更新所包含的数据。

ADO.NET 通过数据处理将数据访问分解为多个可以单独使用或一前一后使用的不连续组件。ADO.NET 包含了用于连接到数据库、执行命令和检索结果的.NET Framework 数据提供程序，用户可以直接处理检索到的结果，或将检索到的结果放入 ADO.NET DataSet 对象中，以便与来自多个源的数据或在层之间进行远程处理的数据组合在一起，以特殊方式向用户公开。ADO.NET DataSet 对象可以独立于.NET Framework 数据提供程序使用，用来管理应用程序本地的数据或来自 XML 的数据。.NET Framework 数据提供程序与 DataSet 之间的关系如图 8.1 所示。

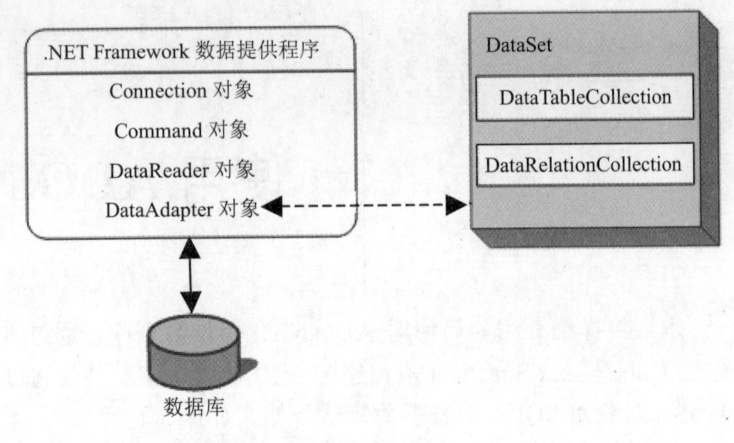

图 8.1　.NET Framework 数据提供程序与 DataSet 间的关系

ADO.NET 主要包括 Connection、Command、DataReader、DataSet 和 DataAdapter 对象，具体介绍如下。

☑ Connection 对象主要提供与数据库的连接功能。
☑ Command 对象用于返回数据、修改数据、运行存储过程，以及发送或检索参数信息的数据库命令。
☑ DataReader 对象通过 Command 对象提供从数据库检索信息的功能。DataReader 对象是以一种只读的、向前的、快速的方式访问数据库。
☑ DataSet 是 ADO.NET 的中心概念，是支持 ADO.NET 断开式、分布式数据方案的核心对象。它是一个数据库容器，可以把它当作存在于内存中的数据库。DataSet 是数据的内存驻留表示形式，无论数据源是什么，它都会提供一致的关系编程模型；它可以用于多种不同的数据源，如用于访问 XML 数据或用于管理本地应用程序的数据。
☑ DataAdapter 对象提供连接 DataSet 对象和数据源的桥梁，它使用 Command 对象在数据源中执行 SQL 命令，以便将数据加载到 DataSet 中，并确保 DataSet 中数据的更改与数据源保持一致。

注意

DataSet 是可以独立于.NET Framework 数据提供程序进行使用的，如通过 DataSet 处理 XML 数据等。

8.2　使用 Connection 对象连接数据库

当连接到数据源时，首先选择一个.NET 数据提供程序。数据提供程序包含一些类，这些类能够连接到数据源，高效地读取数据、修改数据、操纵数据，以及更新数据源。微软公司提供了如下 4 种数据提供程序的连接对象。

☑ SQL Server .NET 数据提供程序的 SqlConnection 连接对象。
☑ OLE DB .NET 数据提供程序的 OleDbConnection 连接对象。

☑　ODBC .NET 数据提供程序的 OdbcConnection 连接对象。

☑　Oracle .NET 数据提供程序的 OracleConnection 连接对象。

数据库连接字符串常用的参数及其说明如表 8.1 所示。

表 8.1　数据库连接字符串常用的参数及其说明

参　　数	说　　明
Provider	用于设置或返回连接提供程序的名称，仅用于 OleDbConnection 对象
Connection Timeout	在终止尝试并产生异常前，等待连接到服务器的连接时间长度（以秒为单位）。默认值是 15 秒
Initial Catalog 或 Database	数据库的名称
Data Source 或 Server	连接打开时使用的 SQL Server 名称，或者 Microsoft Access 数据库的文件名
Password 或 pwd	SQL Server 账户的登录密码
User ID 或 uid	SQL Server 登录账户
Integrated Security	此参数决定连接是否为安全连接，可能的值有 true、false 和 SSPI（SSPI 是 true 的同义词）

8.2.1　使用 SqlConnection 对象连接 SQL Server 数据库

对数据库进行任何操作之前，先要建立数据库的连接。ADO.NET 提供了 SQL Server .NET 数据提供程序，用于访问 SQL Server 数据库。SQL Server.NET 数据提供程序提供了专用于访问 SQL Server 7.0 及更高版本数据库的数据访问类集合，如 SqlConnection、SqlCommand、SqlDataReader 及 SqlDataAdapter 等数据访问类。

SqlConnection 类是用于建立与 SQL Server 服务器连接的类，其语法格式如下：

```
SqlConnection con = new SqlConnection("Server=服务器名;User Id=用户;Pwd=密码;DataBase=数据库名称");
```

例如，下面的代码通过 ADO.NET 连接本地 SQL Server 中的 pubs 数据库：

```
//创建连接数据库的字符串
string SqlStr = "Server=(local);User Id=sa;Pwd=;DataBase=pubs";
//创建 SqlConnection 对象
//设置 SqlConnection 对象连接数据库的字符串
SqlConnection con = new SqlConnection(SqlStr);
//打开数据库的连接
con.Open();
…
//数据库相关操作
…
//关闭数据库的连接
con.Close();
```

注意

在编写连接数据库的代码前，必须先引用命名空间 using System.Data.SqlClient。

这里需要明确一点：打开数据库连接后，在不需要操作数据库时要关闭此连接。因为数据库连接资源是有限的，如果未及时关闭连接就会耗费内存资源。

误区警示

在连接 SQL Server 数据库时，server 参数需要指定服务器所在的机器名称（IP 地址）和数据库服务器的实例名称，而 User Id 和 Pwd 需要指定为登录 SQL Server 服务器的用户名和密码，而不是计算机系统的用户名和密码，这里一定要注意。例如：

```
string SqlStr = "Server=MRPYJ\\sql;User Id=sa;Pwd=;DataBase=数据库名称 ";
```

其中，server 参数中的 MRPYJ 为计算机名称，sql 为数据库服务器的实例名称。

8.2.2　使用 OleDbConnection 对象连接 OLE DB 数据源

OLE DB 数据源包含具有 OLE DB 驱动程序的任何数据源，如 SQL Server、Access、Excel 和 Oracle 等。OLE DB 数据源连接字符串必须提供 Provide 属性及其值。

（1）使用 OleDb 方式连接 Access 数据库的语法格式如下：

```
OleDbConnection myConn=new OleDbConnection(“provide=提供者; Data Source=Access 文件路径”);
```

说明

使用 OleDb 方式连接 Access 数据库时，需要指定 Provide 和 DataSource 两个参数，Provide 指数据提供者，DataSource 指 Access 文件路径。

例如，在 ASP.NET 中，以下代码表示 OleDb 连接 Access 数据库的方法和完整连接字符串，其中，Access 数据库文件路径可以是相对路径或绝对路径。

```
string StrLoad = Server.MapPath("db_access.mdb");//获取指定数据库文件的路径
OleDbConnection myConn=new OleDbConnection("provide= Microsoft.ACE.OLEDB.12.0;Data
Source="+StrLoad+";");
```

（2）使用 OleDb 方式连接 SQL Server 数据库的语法格式如下：

```
OleDbConnection myConn = new OleDbConnection("Provider=OLE DB 提供程序的名称;Data Source=存储要连
接数据库的 SQL 服务器; Initial Catalog=连接的数据库名;Uid =用户名;Pwd=密码");
```

例如，通过 OleDbConnection 对数据库进行连接，在打开连接后输出连接对象的状态，代码如下：

```
using System.Data.OleDb;                              //在编码之前导入 OLE DB.NET 数据提供程序的命名空间
public partial class _Default : System.Web.UI.Page
{
    protected void Page_Load(object sender, EventArgs e)
    {
        OleDbConnection myConn = new OleDbConnection();
        myConn.ConnectionString = "provider=SQLOLEDB;Data Source= TIE\\SQLEXPRESS;Initial Catalog=
db_Student;User Id=sa;pwd=";
        myConn.Open();
        Response.Write(myConn.State);
        myConn.Close();
    }
}
```

8.2.3　使用 OdbcConnection 对象连接 ODBC 数据源

与 ODBC 数据源连接需要使用 ODBC.NET Framework 数据提供程序，其命名空间位于 System.Data.Odbc。

本示例演示了如何在 ASP.NET 应用程序中连接 ODBC 数据源：

```
string strCon = " Driver=数据库提供程序名;Server=数据库服务器名;Trusted_Connection=yes;Database=数据库名;";
OdbcConnection odbcconn = new OdbcConnection(strCon);
odbcconn.Open();
odbcconn.Close();
```

8.2.4　使用 OracleConnection 对象连接 Oracle 数据库

ASP.NET 提供了专门的 Oracle.NET Framework 数据提供程序连接和操作 Oracle 数据库，它位于命名空间 System.Data.OracleClient，并包含在 System.Data.OracleClient.dll 程序集中。

下面的示例演示了如何在 ASP.NET 应用程序中连接 Oracle 数据库：

```
string strCon = " Data Source=Oracle8i;Integrated Security=yes";
OracleConnection oracleconn = new OracleConnection(strCon);
oracleconn.Open();
oracleconn.Close();
```

注意

使用 Oracle.NET Framework 数据提供程序，必须先在系统中安装 Oracle 客户端软件（8.1.7 版或更高版本）。

技巧

1. 在 Web.config 文件中配置与数据库连接的字符串

对于应用程序而言，可能需要在多个页面的程序代码中使用数据连接字符串来连接数据库。当数据库连接字符串发生改变（如应用程序被转移到其他计算机上运行）时，要修改所有的连接字符串。设计人员可以在<appSettings>配置节中定义应用程序的数据库连接字符串，所有的程序代码从该配置节读取字符串，当需要改变连接时，只需要在配置节中重新设置即可。下面的代码演示了如何将应用程序的数据库连接字符串存储在<appSettings>配置节中：

```
<?xml version="1.0"?>
<configuration>
  <appSettings>
    <add key="ConnectionString "
value="server=TIE\SQLEXPRESS;database=db_Student;UId=sa;password=""/>
  </appSettings>
<connectionStrings/>
</configuration>
```

2. 获取 Web.config 文件中与数据库连接的字符串

可以通过一段代码获取与数据库连接的字符串，并返回 SqlConnection 类对象，代码如下：

```
public SqlConnection GetConnection()
{
    //获取 Web.config 文件中的连接字符串
    string myStr = ConfigurationManager.AppSettings["ConnectionString"].ToString();
    SqlConnection myConn = new SqlConnection(myStr);
    return myConn;
}
```

8.3 使用 Command 对象操作数据

使用 Connection 对象与数据源建立连接后，可使用 Command 对象对数据源执行查询、添加、删除和修改等各种操作，操作实现的方式可以是使用 SQL 语句，也可以是使用存储过程。根据所用的.NET Framework 数据提供程序的不同，可将 Command 对象分成 4 种，分别是 SqlCommand、OleDbCommand、OdbcCommand 和 OracleCommand。在实际的编程过程中应根据访问的数据源不同，选择相应的 Command 对象。下面介绍该对象的常用属性和方法。

Command 对象的常用属性及其说明如表 8.2 所示。

表 8.2　Command 对象的常用属性及其说明

属　性	说　明
CommandType	获取或设置 Command 对象要执行命令的类型
CommandText	获取或设置要对数据源执行的 SQL 语句、存储过程名或表名
CommandTimeOut	获取或设置在终止对执行命令的尝试并生成错误之前的等待时间
Connection	获取或设置此 Command 对象使用的 Connection 对象的名称
Parameters	获取 Command 对象需要使用的参数集合

Command 对象的常用方法及其说明如表 8.3 所示。

表 8.3　Command 对象的常用方法及其说明

方　法	说　明
ExecuteNonQuery	执行 SQL 语句并返回受影响的行数
ExecuteReader	执行返回数据集的 Select 语句
ExecuteScalar	执行查询，并返回查询所返回的结果集中第 1 行的第 1 列

说明

通过 ADO.NET 的 Command 对象操作数据时，根据返回值的情况应适当地选择使用表 8.3 中介绍的方法。

Command 对象可根据指定 SQL 语句实现的功能来选择 SelectCommand、InsertCommand、Update-

Command 和 DeleteCommand 等命令。下面将针对这几种命令进行讲解。

8.3.1　使用 Command 对象查询数据

查询数据库中的记录时，首先创建 SqlConnection 对象连接数据库，然后定义查询字符串，最后将查询的数据记录绑定到数据控件（如 GridView 控件）上。

【例 8.1】使用 Command 对象查询数据库中的记录。（**示例位置：mr\TM\08\01**）

本示例主要讲解在 ASP.NET 应用程序中使用 Command 对象查询数据库中的记录。执行程序，在“请输入姓名”文本框中输入“明日”，并单击“查询”按钮，将会在界面上显示查询结果，如图 8.2 所示。

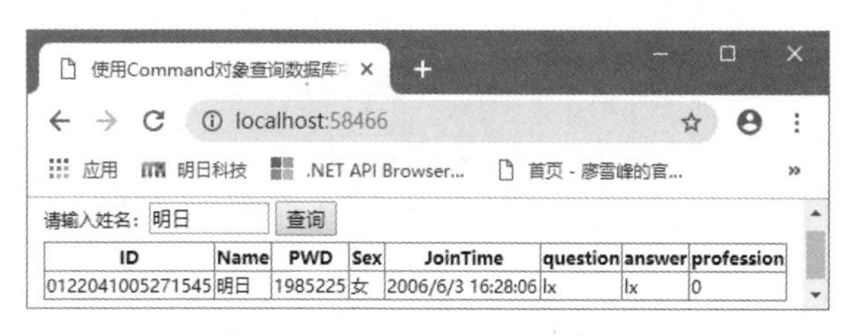

图 8.2　使用 Command 对象查询数据库中的记录

程序实现的主要步骤如下。

（1）新建一个网站，默认主页为 Default.aspx，在 Default.aspx 页面上分别添加一个 TextBox 控件、一个 Button 控件和一个 GridView 控件，并把 Button 控件的 Text 属性设为“查询”。

（2）在 Web.config 文件中配置数据库连接字符串，在配置节<configuration>下的子配置节<appSettings>中添加连接字符串，代码如下：

```
<configuration>
  <appSettings>
    <add key="ConnectionString" value="server=TIE\SQLEXPRESS;database=db_Student;UId=sa;password=""/>
  </appSettings>
     <connectionStrings/>
```

（3）在 Default.aspx 页中，使用 ConfigurationManager 类获取配置节的连接字符串，代码如下：

```
public SqlConnection GetConnection()
    {
        string myStr = ConfigurationManager.AppSettings["ConnectionString"].ToString();
        SqlConnection myConn = new SqlConnection(myStr);
        return myConn;
}
```

注意

在 Web.config 配置文件中定义连接数据库的字符串，在网页中通过如下语句来访问该字符串。

```
string myStr = ConfigurationManager.AppSettings["连接数据库字符串名称"].ToString();
```

（4）在“查询”按钮的 Click 事件下，使用 Command 对象查询数据库中的记录，并将其显示出来，代码如下：

```
protected void btnSelect_Click(object sender, EventArgs e)
    {
        if (this.txtName.Text != "")
        {
```

```
            SqlConnection myConn = GetConnection();
            myConn.Open();
            string sqlStr = "select * from tb_Student where Name=@Name";
            SqlCommand myCmd = new SqlCommand(sqlStr, myConn);
            myCmd.Parameters.Add("@Name", SqlDbType.VarChar, 20).Value =
this.txtName.Text.Trim();
            SqlDataAdapter myDa = new SqlDataAdapter(myCmd);
            DataSet myDs = new DataSet();
            myDa.Fill(myDs);
            if (myDs.Tables[0].Rows.Count > 0)
            {
                GridView1.DataSource = myDs;
                GridView1.DataBind();
            }
            else
            {
                Response.Write("<script>alert('没有相关记录')</script>");
            }
            myDa.Dispose();
            myDs.Dispose();
            myConn.Close();
        }
        else
            this.bind();
}
```

说明

在以上代码中设置了 Command 对象参数，通过传递的参数来查询指定的数据，然后通过 DataAdapter 对象填充 DataSet 对象，从而将 DataSet 绑定到 GridView 控件。

8.3.2 使用 Command 对象添加数据

向数据库中添加记录时，首先要创建 SqlConnection 对象连接数据库，然后定义添加记录的 SQL 字符串，最后调用 SqlCommand 对象的 ExecuteNonQuery 方法执行记录的添加操作。

【例 8.2】使用 Command 对象添加数据。（**示例位置：mr\TM\08\02**）

本示例主要讲解在 ASP.NET 应用程序中向数据库添加记录的方法。执行程序，示例运行结果如图 8.3 所示；在文本框中输入“光盘”类别名，然后单击“添加”按钮，将“光盘”类别名添加到数据库中，运行结果如图 8.4 所示。

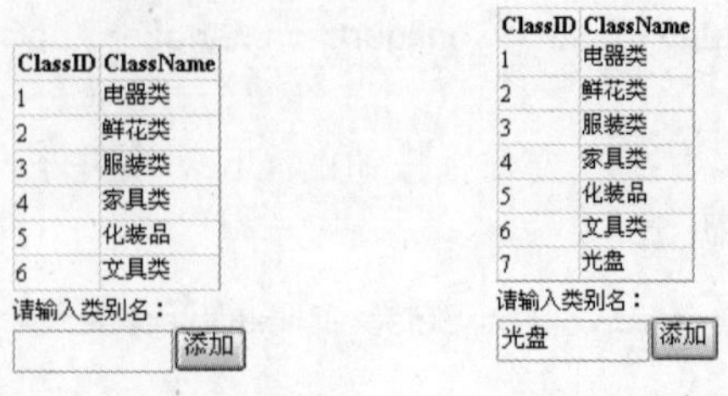

图 8.3 示例运行结果　　图 8.4 添加记录后的结果

程序实现的主要步骤如下。

（1）新建一个网站，默认主页为 Default.aspx，在 Default.aspx 页面上分别添加一个 GridView 控件、一个 TextBox 控件和一个 Button 控件，并将 Button 控件的 Text 属性设置为“添加”。

（2）在 Web.config 文件中配置连接字符串，并在 Default.aspx 页中读取配置节的连接字符串，其具体过程可参见例 8.1 中的配置与读取连接字符串。

（3）在“添加”按钮的 Click 事件下，使用 Command 对象将文本框中的值添加到数据库中，并将其显示出来，代码如下：

```
protected void btnAdd_Click(object sender, EventArgs e)
{
  if (this.txtClass.Text != "")
  {
        SqlConnection myConn = GetConnection();
        myConn.Open();
        string sqlStr = "insert into tb_Class(ClassName) values('"
        + this.txtClass.Text.Trim() + "')";
        SqlCommand myCmd = new SqlCommand(sqlStr, myConn);
        myCmd.ExecuteNonQuery();
        myConn.Close();
        this.bind();
  }
    else
          this.bind();
}
```

使用 Command 对象添加数据

8.3.3　使用 Command 对象修改数据

修改数据库中的记录时，首先创建 SqlConnection 对象连接数据库，然后定义修改数据的 SQL 字符串，最后调用 SqlCommand 对象的 ExecuteNonQuery 方法执行记录的修改操作。

【例 8.3】使用 Command 对象修改数据。（**示例位置：mr\TM\08\03**）

本示例讲解在 ASP.NET 应用程序中修改数据表中记录的方法。如图 8.5 所示，单击类别号为 7 的“编辑”按钮，运行结果如图 8.6 所示，在如图 8.6 所示的文本框中修改完商品类别名后，单击“更新”按钮，运行结果如图 8.7 所示。

	ClassID	ClassName
编辑	1	电器类
编辑	2	鲜花类
编辑	3	服装类
编辑	4	家具类
编辑	5	化装品
编辑	6	文具类
编辑	7	光盘

图 8.5　修改数据前

	ClassID	ClassName
编辑	1	电器类
编辑	2	鲜花类
编辑	3	服装类
编辑	4	家具类
编辑	5	化装品
编辑	6	文具类
更新 取消	7	软件光盘

图 8.6　修改数据中

	ClassID	ClassName
编辑	1	电器类
编辑	2	鲜花类
编辑	3	服装类
编辑	4	家具类
编辑	5	化装品
编辑	6	文具类
编辑	7	软件光盘

图 8.7　修改数据后

程序实现的主要步骤如下。

（1）新建一个网站，默认主页为 Default.aspx，在 Default.aspx 页面上添加一个 GridView 控件，并将 GridView 控件的 AutoGenerateEditButton（获取或设置一个值，该值指示每个数据行是否自动添加“编辑”按钮）属性设置为 true，将“编辑”按钮添加到 GridView 控件中。

（2）在 Web.config 文件中配置连接字符串，并在 Default.aspx 页中读取配置节的连接字符串，其具体过程可参见例 8.1 中的配置与读取连接字符串。

（3）编写一个自定义方法 bind，读取数据库中的信息，并将其绑定到数据控件 GridView 中，代码如下：

```
protected void bind()
    {
        SqlConnection myConn = GetConnection();
        myConn.Open();
        string sqlStr = "select * from tb_Class ";
        SqlDataAdapter myDa = new SqlDataAdapter(sqlStr, myConn);
        DataSet myDs = new DataSet();
        myDa.Fill(myDs);
        GridView1.DataSource = myDs;
        GridView1.DataKeyNames = new string[] { "ClassID" };
        GridView1.DataBind();
        myDa.Dispose();
        myDs.Dispose();
        myConn.Close();
    }
```

指定 GridView 控件绑定的主键字段

（4）当单击 GridView 控件上的“编辑”按钮时，将触发 GridView 控件的 RowEditing 事件，在该事件下，编写如下代码指定需要编辑信息行的索引值：

```
protected void GridView1_RowEditing(object sender, GridViewEditEventArgs e)
    {
        GridView1.EditIndex = e.NewEditIndex;
        this.bind();
}
```

当单击 GridView 控件上的“更新”按钮时，将触发 GridView 控件的 RowUpdating 事件，在该事件下，编写如下代码对指定信息进行更新：

```
protected void GridView1_RowUpdating(object sender, GridViewUpdateEventArgs e)
    {
        int ClassID = Convert.ToInt32(GridView1.DataKeys[e.RowIndex].Value.ToString());
        string CName = ((TextBox)(GridView1.Rows[e.RowIndex].Cells[2].Controls[0])).Text.ToString();
        string sqlStr = "update tb_Class set ClassName='" + CName + "' where ClassID=" + ClassID;
        SqlConnection myConn = GetConnection();
        myConn.Open();
        SqlCommand myCmd = new SqlCommand(sqlStr, myConn);
        myCmd.ExecuteNonQuery();
        myCmd.Dispose();
        myConn.Close();
        GridView1.EditIndex = -1;
        this.bind();
    }
```

使用 Command 对象修改数据

当单击 GridView 控件上的“取消”按钮时，将触发 GridView 控件的 RowCancelingEdit 事件，在该事件下取消对指定信息的编辑，代码如下：

```
protected void GridView1_RowCancelingEdit(object sender, GridViewCancelEditEventArgs e)
    {
```

```
            GridView1.EditIndex = -1;
            this.bind();
}
```

技巧

为 GridView 控件设置主键值，例如：

```
GridView1.DataKeyNames = new string[] { "ClassID" };
```

在 GridView 的相关事件中获取主键值，例如：

```
String DataKey = GridView1.DataKeys[e.RowIndex].Value.ToString();
```

8.3.4　使用 Command 对象删除数据

删除数据库中的记录时，首先创建 SqlConnection 对象连接数据库，然后定义删除字符串，最后调用 SqlCommand 对象的 ExecuteNonQuery 方法完成记录的删除操作。

【例 8.4】使用 Command 对象删除数据。（**示例位置：mr\TM\08\04**）

本示例讲解在 ASP.NET 应用程序中删除数据库中记录的方法。如图 8.8 所示，单击类别号为 7 的“删除”按钮，运行结果如图 8.9 所示。

	ClassID	ClassName
删除	1	电器类
删除	2	鲜花类
删除	3	服装类
删除	4	家具类
删除	5	化装品
删除	6	文具类
删除	7	软件光盘

图 8.8　删除数据前

	ClassID	ClassName
删除	1	电器类
删除	2	鲜花类
删除	3	服装类
删除	4	家具类
删除	5	化装品
删除	6	文具类

图 8.9　删除数据后

程序实现的主要步骤如下。

（1）新建一个网站，默认主页为 Default.aspx，在 Default.aspx 页面上添加一个 GridView 控件，并将 GridView 控件的 AutoGenerateDeleteButton（获取或设置一个值，该值指示每个数据行是否自动添加“删除”按钮）属性设置为 true，将“删除”按钮添加到 GridView 控件中。

（2）在 Web.config 文件中配置连接字符串，并在 Default.aspx 页中读取配置节的连接字符串，其具体过程可参见例 8.1 中的配置与读取连接字符串。

（3）编写一个自定义方法 bind，读取数据库中的信息，并将其绑定到数据控件 GridView 中，代码如下：

```
protected void bind()
    {
        SqlConnection myConn = GetConnection();
        myConn.Open();
        string sqlStr = "select * from tb_Class ";
        SqlDataAdapter myDa = new SqlDataAdapter(sqlStr, myConn);
        DataSet myDs = new DataSet();
        myDa.Fill(myDs);
        GridView1.DataSource = myDs;
        GridView1.DataKeyNames = new string[] { "ClassID" };
        GridView1.DataBind();
        myDa.Dispose();
```

指定 GridView 控件绑定的主键字段

```
        myDs.Dispose();
        myConn.Close();
}
```

（4）当单击 GridView 控件上的“删除”按钮时，将触发 GridView 控件的 RowDeleting 事件，在该事件下，编写如下代码删除指定信息：

```
protected void GridView1_RowDeleting(object sender, GridViewDeleteEventArgs e)
    {
        int ClassID = Convert.ToInt32(GridView1.DataKeys[e.RowIndex].Value.ToString());
        string sqlStr = "delete from tb_Class where ClassID=" + ClassID;
        SqlConnection myConn = GetConnection();
        myConn.Open();
        SqlCommand myCmd = new SqlCommand(sqlStr, myConn);
        myCmd.ExecuteNonQuery();
        myCmd.Dispose();
        myConn.Close();
        GridView1.EditIndex = -1;
        this.bind();
    }
    protected void GridView1_RowDataBound(object sender, GridViewRowEventArgs e)
    {
        if (e.Row.RowType == DataControlRowType.DataRow)
        {
            ((LinkButton)e.Row.Cells[0].Controls[0]).Attributes.Add("onclick","return confirm('确定要删除吗?')");
        }
}
```

使用 Command 对象删除指定的信息

弹出确认删除的对话框

误区警示

如果执行的操作不需要返回查询记录集，可以选择调用 Command 对象的 ExecuteNonQuery 方法执行该操作。

8.3.5 使用 Command 对象调用存储过程

存储过程可以使管理数据库和显示数据库信息等操作变得非常容易，它是 SQL 语句和可选控制流语句的预编译集合，存储在数据库内，在程序中可以通过 SqlCommand 对象来调用，其执行速度比 SQL 语句快。

【例 8.5】使用 Command 对象调用数据库存储过程。（**示例位置：mr\TM\08\05**）

本示例讲解在 ASP.NET 应用程序中调用存储过程向数据库中添加记录的方法。执行程序，示例运行结果如图 8.10 所示；在文本框中输入“计算机书籍”类别名，然后单击“添加”按钮，将“计算机书籍”类别名添加到数据库中，运行结果如图 8.11 所示。

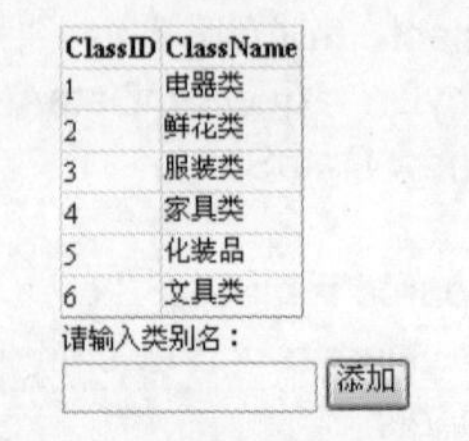

图 8.10 示例运行结果

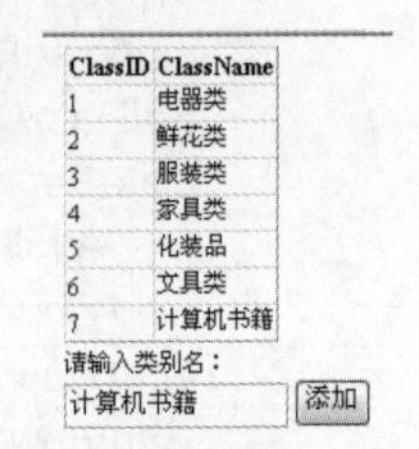

图 8.11 添加记录后的结果

程序实现的主要步骤如下。

（1）向 db_Student 数据库的 tb_Class 表中插入记录，代码如下：

```
USE db_Student
GO
Create proc InsertClass
(@ClassName varchar(50))
as
insert into tb_Class(ClassName) values(@ClassName)
go
```

说明

（1）用户在 SQL Server 查询分析器中输入以上创建存储过程的 SQL 语句可以创建相应的存储过程，但是必须保证要创建的数据库中并不存在以上存储过程。

（2）在创建存储过程时，可以使用“if object_id('InsertClass') is not null drop proc InsertClass go” SQL 语句避免创建相同的存储过程。

（2）新建一个网站，默认主页为 Default.aspx，在 Default.aspx 页面上分别添加一个 GridView 控件、一个 TextBox 控件和一个 Button 控件，并把 Button 控件的 Text 属性设置为“添加”。

（3）在 Web.config 文件中配置连接字符串，并在 Default.aspx 页中读取配置节的连接字符串，其具体过程可参见例 8.1 中的配置与读取连接字符串。

（4）在“添加”按钮的 Click 事件下，使用 Command 对象调用存储过程，将文本框中的值添加到数据库中，并将其显示出来，代码如下：

```
protected void btnAdd_Click(object sender, EventArgs e)
{
    if (this.txtClassName.Text!= "")
    {
        SqlConnection myConn = GetConnection();
        myConn.Open();
        SqlCommand myCmd = new SqlCommand("InsertClass", myConn);
        myCmd.CommandType = CommandType.StoredProcedure;
        myCmd.Parameters.Add("@ClassName", SqlDbType.VarChar, 50).Value = this.txtClassName
        .Text.Trim();
        myCmd.ExecuteNonQuery();
        myConn.Close();
        this.bind();
    }
    else
        this.bind();
}
```

调用存储过程，并给其参数赋值

8.3.6　使用 Command 对象实现数据库的事务处理

事务是一组由相关任务组成的单元，该单元中的任务要么全部成功，要么全部失败。事务最终执

行的结果只能是两种状态，即提交或终止。

在事务执行的过程中，如果某一步失败，则需要将事务范围内所涉及的数据更改恢复到事务执行前设置的特定点，这个操作称为回滚。例如，用户如果要给一个表中插入 10 条记录，在执行过程中，插入第 5 条记录时发生错误，这时便执行事务回滚操作，将已经插入的 4 条记录从数据表中删除。

为了保证数据的一致性和准确性，在编写应用程序时应使用事务对数据进行维护和操作。

【例 8.6】使用 Command 对象实现数据库事务处理。（**示例位置：mr\TM\08\06**）

本示例讲解在 ASP.NET 应用程序中如何进行事务处理。执行程序，示例运行结果如图 8.12 所示，当插入数据失败时，将弹出如图 8.13 所示的事务回滚消息提示框。

ClassID	ClassName
1	电器类
2	鲜花类
3	服装类
4	家具类
5	化妆品
6	文具类

图 8.12　示例运行结果

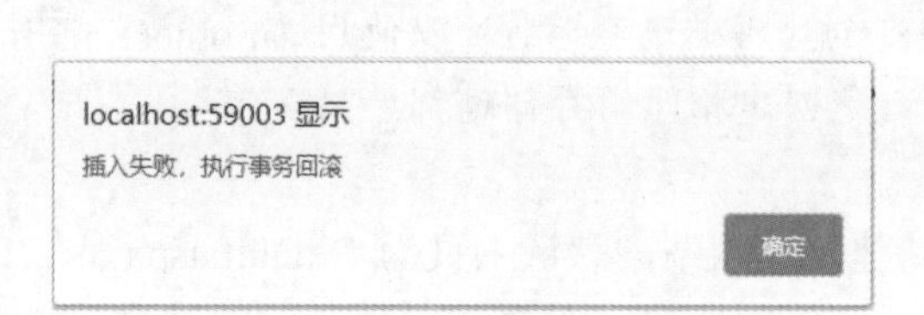

图 8.13　事务回滚消息提示框

程序实现的主要步骤如下。

（1）新建一个网站，默认主页为 Default.aspx，在 Default.aspx 页面上分别添加一个 GridView 控件、一个 TextBox 控件和一个 Button 控件，并把 Button 控件的 Text 属性值设置为“添加”。

（2）在 Web.config 文件中配置连接字符串，并在 Default.aspx 页中读取配置节的连接字符串，其具体过程可参见例 8.1 中的配置与读取连接字符串。

（3）在“添加”按钮的 Click 事件下，编写如下代码，向数据库中添加记录，并使用 try…catch 语句捕捉异常，当出现异常时，执行事务回滚操作：

```
protected void btnAdd_Click(object sender, EventArgs e)
    {
        SqlConnection myConn = GetConnection();
        myConn.Open();
        string sqlStr = "insert into tb_Class(ClassName) values('"
        + this.txtClassName.Text.Trim() + "')";
        SqlTransaction sqlTrans = myConn.BeginTransaction();
        SqlCommand myCmd = new SqlCommand(sqlStr, myConn);
        myCmd.Transaction = sqlTrans;
        try
        {
            myCmd.ExecuteNonQuery();
            sqlTrans.Commit();
            myConn.Close();
            this.bind();
        }
```

调用 SqlConnection 对象的 BeginTransaction 方法创建一个 Transaction 对象

提交事务

```
        catch
        {
            Response.Write("<script>alert('插入失败，执行事务回滚')</script>");
            sqlTrans.Rollback();
        }
    }
```

执行事务回滚操作

误区警示

在某些情况下，设计人员可能只需要从数据库中读取一个数据值，例如，用户登录系统时，只需要从数据库中返回用户的密码，从而判断密码是否输入正确，或者使用 SQL 语句中的聚合函数 Count()或 Sum()等来返回一个统计结果。Command 对象提供了 ExecuteScalar 方法，用于返回查询结果数据表中的第 1 行第 1 列的数据值。下面的代码演示了如何使用 ExecuteScalar 方法返回单个数据值，用于计算 2003 班所有学生的人数：

```
SqlConnection myConn = new
SqlConnection("server=TIE\\SQLEXPRESS;database=db_NetStore;UId=sa;password=\"\"");
SqlCommand myCmd = new SqlCommand("select Sum(Cnumber) from tb_Class where
ClassID='2003'", myConn);
myConn.Open();
int totalStudent = (int)myCmd.ExecuteScalar();
myCmd.Dispose();
myConn.Close();
```

8.4　结合使用 DataSet 对象和 DataAdapter 对象

8.4.1　DataSet 对象和 DataAdapter 对象概述

1. DataSet 对象

DataSet 是 ADO.NET 的中心概念，是支持 ADO.NET 断开式、分布式数据方案的核心对象。DataSet 对象是创建在内存中的集合对象，可以包含任意数量的数据表，以及所有表的约束、索引和关系，相当于内存中的一个小型关系数据库。一个 DataSet 对象包括一组 DataTable 对象，这些对象可以与 DataRelation 对象相关联，其中，每个 DataTable 对象是由 DataColumn 和 DataRow 对象组成的。

DataSet 对象的数据模型如图 8.14 所示。

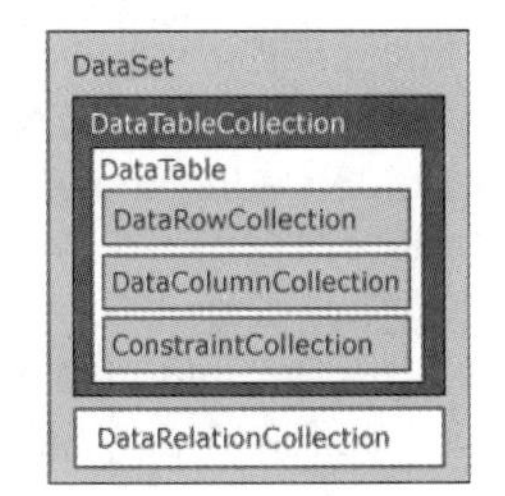

图 8.14　DataSet 数据模型

使用 DataSet 对象的方法有以下几种，这些方法可以单独应用，也可以结合应用。

- ☑ 以编程方式在 DataSet 中创建 DataTable、DataRelation 和 Constraint，并使用数据填充表。
- ☑ 通过 DataAdapter 用现有关系数据源中的数据表填充 DataSet。
- ☑ 使用 XML 加载和保持 DataSet 内容。

2. DataAdapter 对象

DataAdapter 对象是 DataSet 对象和数据源之间联系的桥梁，主要是从数据源中检索数据、填充 DataSet 对象中的表或者把用户对 DataSet 对象做出的更改写入数据源。

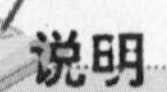

在.NET Framework 中主要使用两种 DataAdapter 对象，即 OleDbDataAdapter 和 SqlDataAdapter。OleDbDataAdapter 对象适用于 OLE DB 数据源，SqlDataAdapter 对象适用于 SQL Server 7.0 或更高版本。

DataAdapter 对象的常用属性及其说明如表 8.4 所示。

表 8.4 DataAdapter 对象的常用属性及其说明

属　性	说　明
SelectCommand	获取或设置用于在数据源中选择记录的命令
InsertCommand	获取或设置用于将新记录插入数据源中的命令
UpdateCommand	获取或设置用于更新数据源中记录的命令
DeleteCommand	获取或设置用于从数据集中删除记录的命令

DataAdapter 对象的常用方法及其说明如表 8.5 所示。

表 8.5 DataAdapter 对象的常用方法及其说明

方　法	说　明	方　法	说　明
Fill	从数据源中提取数据以填充数据集	Update	更新数据源

8.4.2 使用 DataAdapter 对象填充 DataSet 对象

创建 DataSet 之后，需要把数据导入 DataSet 中，一般情况下，使用 DataAdapter 取出数据，然后调用 DataAdapter 的 Fill 方法将取出的数据导入 DataSet 中。DataAdapter 的 Fill 方法需要两个参数，一个是被填充的 DataSet 的名字，另一个是填充到 DataSet 中的数据的名字，在这里把填充的数据看成一张表，第 2 个参数就是这张表的名字。例如，从数据表 tb_Student 中检索学生数据信息，并调用 DataAdapter 的 Fill 方法填充 DataSet 数据集，其代码片断如下：

```
//创建一个 DataSet 数据集
DataSet myDs = new DataSet();
string sqlStr = "select * from tb_Student";
SqlConnection myConn=new SqlConnection(ConnectionString);
SqlDataAdapter myDa=new SqlDataAdapter(sqlStr,myConn);
//连接数据库
myConn.Open();
//使用 SqlDataAdapter 对象的 Fill 方法填充数据集
myDa.Fill(myDs ,"Student");
```

DataAdapter 对象 Fill 方法中的表名称是可以自定义的。

8.4.3　对 DataSet 中的数据进行操作

在开发过程中经常会遇到这种情况：使用数据适配器 DataAdapter 从数据库中读取数据填充到 DataSet 数据集中，并对 DataSet 数据集中的数据做适当的修改，然后绑定到数据控件中，但数据库中的原有数据信息保持不变。

【例 8.7】对 DataSet 中的数据进行操作。（**示例位置：mr\TM\08\07**）

本示例讲解如何使用数据适配器 DataAdapter 从数据库中读取“新闻内容”填充到 DataSet 数据集中，并对 DataSet 中的“新闻内容”进行截取，然后绑定到数据控件中，使其实现在界面中只显示 5 个字的“新闻内容”，其他“新闻内容”用“...”代替，示例运行结果如图 8.15 所示。

NewsID	NewsContent
1	**大奖赛...
2	第十一届世...
3	**足球赛...
4	用**为长...
5	**双雄有...

图 8.15　只显示 5 个字的新闻内容

程序实现的主要步骤如下。

（1）新建一个网站，默认主页为 Default.aspx，在 Default.aspx 页面上添加一个 GridView 控件，用于显示“新闻内容”。

（2）在 Web.config 文件中配置连接字符串，并在 Default.aspx 页中读取配置节的连接字符串，其具体过程可参见例 8.1 中的配置与读取连接字符串。

（3）在 Default.aspx 页中自定义一个 SubStr 方法，用于截取字符串内容，代码如下：

```
///<summary>
///用于截取指定长度的字符串内容
///</summary>
///<param name="sString">用于截取的字符串</param>
///<param name="nLeng">截取字符串的长度</param>
///<returns>返回截取后的字符串</returns>
public string SubStr(string sString, int nLeng)
{
    if (sString.Length <= nLeng)
    {
        return sString;
    }
    string sNewStr = sString.Substring(0, nLeng);
    sNewStr = sNewStr + "...";
    return sNewStr;
}
```

（4）加载页面时，在 Default.aspx 页的 Page_Load 事件下编写一段代码，使用数据适配器 DataAdapter 从数据库中读取“新闻内容”填充到 DataSet 数据集中，并调用自定义方法 SubStr 对 DataSet 中的数据信息进行截取，然后绑定到数据控件 GridView 中，使其实现在界面中只显示 5 个字的“新闻内容”，其他“新闻内容”用“...”代替，代码如下：

```
protected void Page_Load(object sender, EventArgs e)
    {
        if (!IsPostBack)
        {
```

```
        SqlConnection myConn = GetConnection();
        myConn.Open();
        string sqlStr = "select * from tb_News ";
        SqlDataAdapter myDa = new SqlDataAdapter(sqlStr, myConn);
        DataSet myDs = new DataSet();
        myDa.Fill(myDs);
        for (int i = 0; i <= myDs.Tables[0].Rows.Count - 1; i++)
        {
            myDs.Tables[0].Rows[i]["NewsContent"] =
SubStr(Convert.ToString(myDs.Tables[0].Rows[i]["NewsContent"]), 5);
        }
        GridView1.DataSource = myDs;
        GridView1.DataKeyNames = new string[] { "NewsID" };
        GridView1.DataBind();
        myDa.Dispose();
        myDs.Dispose();
        myConn.Close();
    }
}
```

使用数据适配器 DataAdapter 从数据库中读取“新闻内容”填充到 DataSet 数据集中

调用自定义方法 SubStr，对 DataSet 中的数据信息进行截取

说明

填充后的 DataSet 包含 Table 数据集合，读取 Table 集合时可以使用索引值，也可以使用表名称（填充 DataSet 时定义的表名称）。

8.4.4 使用 DataSet 中的数据更新数据库

在开发过程中经常会遇到这种情况：通过数据适配器 DataAdapter 从数据库中读取数据并填充到 DataSet 数据集中，对数据集 DataSet 经过修改后，将数据更新回 SQL Server 数据库。

例如，修改例 8.7 中 Default.aspx 页的 Page_Load 事件代码，用于实现使用数据适配器 DataAdapter 从数据库中读取“新闻内容”填充到 DataSet 数据集中，并调用自定义方法 SubStr 对 DataSet 中的数据信息进行截取，然后将其绑定到数据控件 GridView 中，使其在界面中只显示 5 个字的“新闻内容”，其他“新闻内容”用“…”代替，同时，将对数据集 DataSet 所做的更改保存到 SQL Server 数据库中。代码如下：

```
protected void Page_Load(object sender, EventArgs e)
    {
        //连接字符串及 SQL 语句
        SqlConnection myConn = GetConnection();
        myConn.Open();
        string sqlStr = "select * from tb_News ";
        SqlDataAdapter myDa = new SqlDataAdapter(sqlStr, myConn);
        //创建 DataSet 对象
        DataSet myDs = new DataSet();
        //创建 SqlCommandBuilder 对象，并和 SqlDataAdapter 关联
        SqlCommandBuilder builder = new SqlCommandBuilder(myDa);
        myDa.Fill(myDs, "News");
```

使用 SqlCommandBuilder 类将 DataSet 的更新与 SQL Server 数据库相协调。DataSet 被更改后，SqlCommandBuilder 会自动生成更新用的 SQL 语句

```
        for (int i = 0; i <= myDs.Tables["News"].Rows.Count - 1; i++)
        {
            myDs.Tables["News"].Rows[i]["NewsContent"] =
SubStr(Convert.ToString(myDs.Tables["News"].Rows[i]["NewsContent"]), 5);
        }
        //从 DataSet 更新 SQL Server 数据库
        myDa.Update(myDs, "News");
        GridView1.DataSource = myDs;
        GridView1.DataKeyNames = new string[] { "NewsID" };
        GridView1.DataBind();
        myDa.Dispose();
        myDs.Dispose();
        myConn.Close();
    }
```

通过 DataAdapter 对象的 Update 方法实现更新

误区警示

（1）DataSet 中的数据必须至少存在一个主键列或唯一的列。如果不存在主键列或唯一列，调用 Update 方法时将会产生 InvalidOperation 异常，不会生成自动更新数据库的 INSERT、UPDATE 或 DELETE 命令。

（2）在实际开发过程中，有时需要将 XML 文件中的数据绑定到数据控件中，其实现过程是使用 DataSet 对象的 ReadXml 读取 XML 文件的数据，然后将其绑定到 DataList 数据控件中，其主要代码如下：

```
DataSet ds = new DataSet();
ds.ReadXml(Server.MapPath("~/goodsClass.xml"));
this.DataList1.DataSource = ds;
this.DataList1.DataBind();
```

8.5　使用 DataReader 对象读取数据

DataReader 对象是一个简单的数据集，用于从数据源中检索只读数据集，常用于检索大量数据。根据.NET Framework 数据提供的程序不同，DataReader 也可以分成 SqlDataReader、OleDbDataReader 等几类。

DataReader 每次读取数据时只在内存中保留一行记录，所以开销非常小。如果将数据源比喻为水池，则 DataReader 对象就像一根水管，直接把水单向地送到用户处。

可以通过 Command 对象的 ExecuteReader 方法从数据源中检索数据来创建 DataReader 对象。下面介绍 DataReader 对象的常用属性和方法。

DataReader 对象的常用属性及其说明如表 8.6 所示。

表 8.6　DataReader 对象的常用属性及其说明

属　性	说　明	属　性	说　明
FieldCount	获取当前行的列数	RecordsAffected	获取执行 SQL 语句所更改、添加或删除的行数

DataReader 对象的常用方法及其说明如表 8.7 所示。

表 8.7　DataReader 对象的常用方法及其说明

方　法	说　明
Read	使 DataReader 对象前进到下一条记录
Close	关闭 DataReader 对象
Get	用来读取数据集当前行的某一列的数据

注意

使用 DataReader 是以只进、只读方式返回数据，这样可以提高应用程序的性能。使用 DataSet 可以将数据缓存到本地，进行数据动态交互，处理大量数据。在操作数据时应根据实际情况选择使用 DataReader 或 DataSet。

8.5.1　使用 DataReader 对象读取数据

DataReader 读取器以基于连接的、快速的、未缓冲的及只向前移动的方式来读取数据，一次读取一条记录，然后遍历整个结果集。

说明

调用 Command 对象的 ExecuteReader 方法将返回 DataReader 对象。例如：

```
SqlDataReader sdr = cmd.ExecuteReader();
```

其中，cmd 为 Command 对象的实例名称。

【例 8.8】使用 DataReader 对象读取数据（**示例位置：mr\TM\08\08**）

下面的示例主要是使用 SqlDataReader 对象读取数据库中的信息，并将读取的数据信息通过 Label 控件显示出来，示例运行结果如图 8.16 所示。

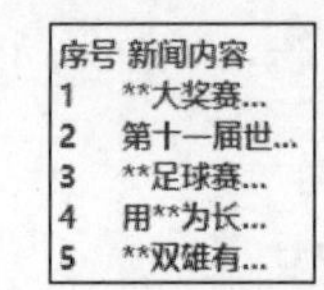

图 8.16　使用 DataReader 对象读取数据信息

程序实现的主要步骤如下。

（1）新建一个网站，默认主页为 Default.aspx，在 Default.aspx 页面上添加一个 Label 控件，用于显示读取的数据信息。

（2）在 Web.config 文件中配置连接字符串，并在 Default.aspx 页中读取配置节的连接字符串，其具体过程可参见例 8.1 中的配置与读取连接字符串。

（3）加载页面时，在 Default.aspx 页的 Page_Load 事件下编写如下代码，使用 SqlDataReader 对象读取数据库中的信息，并将读取的数据信息通过 Label 控件显示出来：

```
protected void Page_Load(object sender, EventArgs e)
    {
        if (!IsPostBack)
        {
            SqlConnection myConn = GetConnection();
            string sqlStr = "select * from tb_News ";
            SqlCommand myCmd = new SqlCommand(sqlStr, myConn);
```

```
            myCmd.CommandType = CommandType.Text;
            try
            {
                //打开数据库连接
                myConn.Open();
                //执行 SQL 语句，并返回 DataReader 对象
                SqlDataReader myDr = myCmd.ExecuteReader();
                //以粗体显示标题
                this.labMessage.Text = "序号  新闻内容<br>";
                //循环读取结果集
                while (myDr.Read())
                {
                    //读取数据库中的信息并显示在界面中
                    this.labMessage.Text += myDr["NewsID"] + "     " +
myDr["NewsContent"] + "<br>";
                }
                //关闭 DataReader
                myDr.Close();
            }
            catch(SqlException ex)
            {
                //异常处理
                Response.Write(ex.ToString());
            }
            finally
            {
                //关闭数据库的连接
                myConn.Close();
            }
        }
    }
```

说明

调用 Reader 方法后，当前行的信息就返回到 DataReader 对象中，这时要从具体的列中访问数据，有以下 3 种访问方法。

（1）使用列名索引器。语法如下：

```
myDr["NewsID"]; //访问 NewsID 列
```

（2）使用序数索引器。在上面的程序中查询了两个列：NewsID 和 NewsContent，按照列索引顺序，myDr[0]访问 NewsID 列，myDr[1]访问 NewsContent 列。

（3）使用类型访问器。类型访问器方法都以 Get 开始，后面跟各种数据类型，参数为列的序数索引号。如访问字符串类型的 NewsContent 列，语法如下：

```
myDr.GetString(1)
```

在这 3 种访问列的方法中，使用类型访问器速度最快，使用序数索引器其次，列名索引器法最慢，但列名索引器法在编程中灵活性较高，直观的列名便于记忆和维护。

注意

（1）在使用 DataReader 时，将以独占方式使用 Connection。也就是说，在用 DataReader 读取数据时，与 DataReader 对象关联的 Connection 对象不能再为其他对象所使用。因此，在使用完 DataReader 后，应显式调用 Close 方法断开和 Connection 的关联。

（2）若程序中漏写了 DataReader 的 Close 方法，.NET 垃圾收集程序在清理过程中会自动完成断开关联的操作。但显式地关闭关联，会确保程序结束之前它们全部能够得到处理和执行，并尽可能早地释放资源，而垃圾收集程序不能保证完成这项工作。

8.5.2 DataReader 对象与 DataSet 对象的区别

ADO.NET 提供了用于检索关系数据的两个对象——DataSet 和 DataReader，并把它们存储在内存中。DataSet 提供内存中关系数据的表现——表和次序、约束等表间的关系的完整数据集合；DataReader 提供快速、只向前、只读的、来自数据库的数据流。下面从两个方面介绍 DataReader 对象与 DataSet 对象的区别。

1. 在实现应用程序功能方面的区别

使用 DataSet 时，一般使用 DataAdapter 与数据源交互，用 DataView 对 DataSet 中的数据进行排序和过滤。使用 DataSet 是为了实现应用程序的以下功能。

☑ 结果中的多个分离的表。
☑ 来自多个源（如来自数据库、XML 文件）的数据。
☑ 层之间交换数据或使用 XML Web 服务。与 DataReader 不同，DataSet 能被传递到远程客户端。
☑ 缓冲重复使用相同的行集合以提高性能（如排序、搜索或过滤数据）。
☑ 对数据执行大量的处理，而不需要与数据源保持打开的连接，从而将该连接释放给其他客户端使用。
☑ 提供关系数据的分层 XML 视图并使用 XSL 转换或 XML 路径与（XPath）查询等工具来处理数据。

在应用程序需要以下功能时使用 DataReader。

☑ 需要缓冲数据。
☑ 正在处理的结果集太大而不能全部放入内存中。
☑ 需要迅速、一次性地访问数据，采用只向前的只读方式。

2. DataSet 与 DataReader 在为用户查询数据时的区别

DataSet 在为用户查询数据时的过程如下。

（1）创建 DataAdapter 对象。
（2）定义 DataSet 对象。
（3）执行 DataAdapter 对象的 Fill 方法。
（4）将 DataSet 中的表绑定到数据控件。

DataReader 在为用户查询数据时的过程如下。

（1）创建连接。
（2）打开连接。
（3）创建 Command 对象。
（4）执行 Command 的 ExecuteReader 方法。
（5）将 DataReader 绑定到数据控件。
（6）关闭 DataReader。
（7）关闭连接。

技巧

1. 以类型化访问方法取回数据

如果取回数据记录各字段的数据类型为已知，可以使用类型化访问器方法。DataReader 类提供了一系列的类型化访问方法（如 GetDouble、GetInt32 等），这些访问方法将减少在检索列值时所需的类型转换量。类型化访问方法的使用如下：

```
SqlDataReader myDr = myCmd.ExecuteReader();
//循环读取结果集
while (myDr.Read())
        {
        //以类型化访问方法取回数据，使用索引值
    Response.Write("序号"+myDr.GetInt32(0)+",新闻内容" +myDr.GetString(1)+"<br>");
  }
  //关闭 DataReader
myDr.Close();
```

2. 采用索引取值

当指定字段的数据类型为未知时，也可以使用 GetValue 方法来取得指定字段内的记录。这个方法和 Item 属性非常相似，只是它的参数只接收索引值，不接收字段名称。下面演示用 GetValue 方法来取得“新闻内容”字段的值，并添加到 DropDownList 服务器控件中：

```
SqlDataReader myDr = myCmd.ExecuteReader();
  //循环读取结果集
  while (myDr.Read())
        {
          //为 DropDownList 控件绑定添加新项，Text 显示设为数据记录中的新闻内容
this.DropDownList1.Items.Add(new ListItem(myDr.GetString(1).ToString()));    //采用的是索引取值
}
//关闭 DataReader
myDr.Close();
```

3. 数据读取器 DataReader 对象的 GetValues 方法

使用 GetValues 方法可以取得当前行的所有字段内的记录值，这个方法可接收一个数组，并且将所有字段的值填入数组中，使用方法如下：

```
//执行 SQL 语句，并返回 DataReader 对象
```

```
        SqlDataReader myDr = myCmd.ExecuteReader();
        while (myDr.Read())
        {
            Object[] myObj = new object[myDr.FieldCount];          //创建一个数组
            myDr.GetValues(myObj);                                  //将所有字段的值填入数组中
            for (int i = 0; i < myDr.FieldCount; i++)
            Response.Write(myObj[i] + "<br>");
        }
```

4. 获取指定字段的名称和数据类型

使用 GetName 方法可以传回指定字段的字段名称，而使用 GetDataTypeName 方法可以获取指定字段的数据类型，使用方法如下：

```
//执行 SQL 语句，并返回 DataReader 对象
SqlDataReader myDr = myCmd.ExecuteReader();
for (int i = 0; i < myDr.FieldCount; i++)
Response.Write("第"+i+"字段的字段名称为："+myDr.GetName(i) +",数据类型为："+
myDr.GetDataTypeName(i) + "<br>");
```

8.6 实践与练习

开发一个简单的管理员管理模块，当管理员通过身份验证进入管理模块后，能够对用户进行添加和删除操作，同时实现全选和全删除操作。

第 9 章

数据绑定控件

ASP.NET 提供了多种数据控件，用于在 Web 页中显示数据，这些控件具有丰富的功能，如分页、排序、编辑等。开发人员只需要简单配置一些属性，就能够在几乎不编写代码的情况下，快速、正确地完成任务。下面以 GridView 控件、DataList 控件，以及 ListView 与 DataPage 控件为例进行讲解。

本章知识架构及重难点如下。

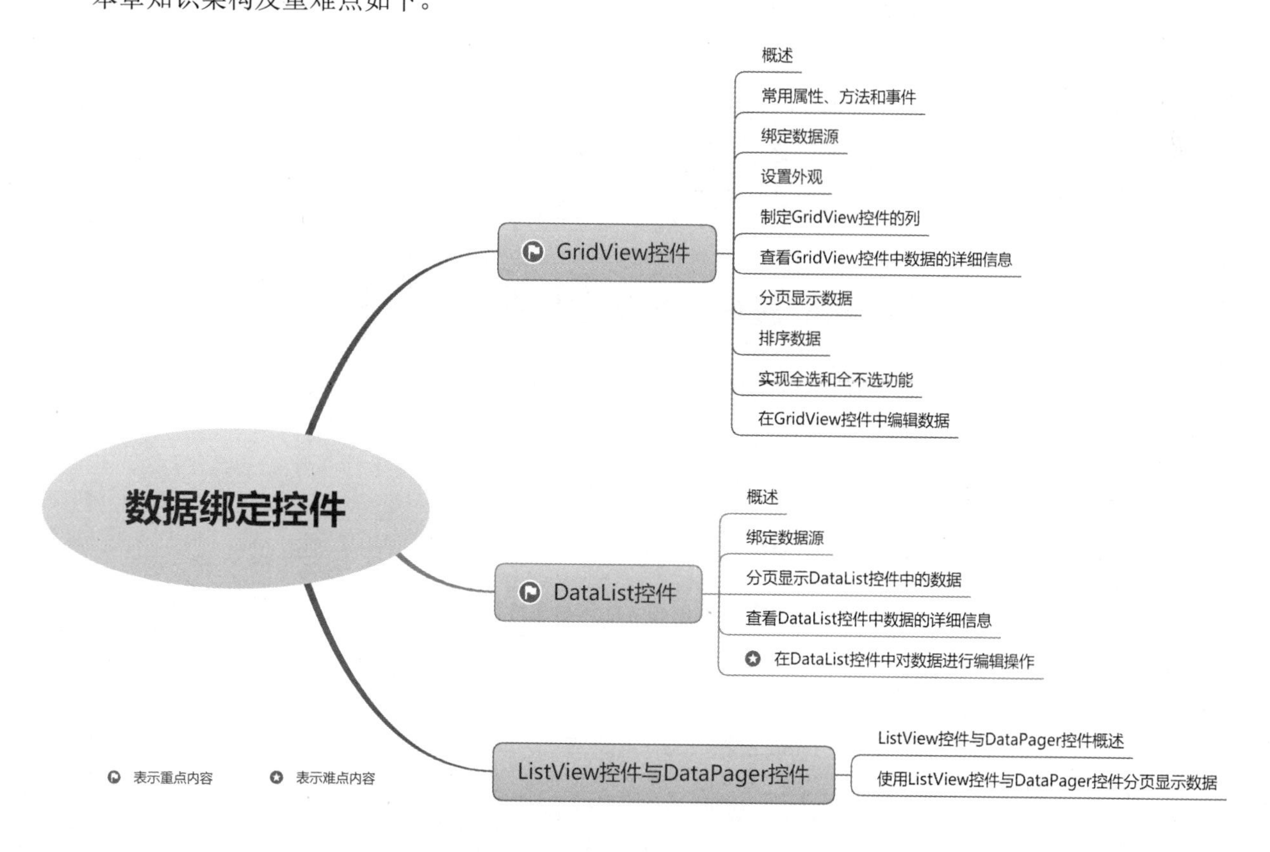

9.1 GridView 控件

9.1.1 GridView 控件概述

GridView 控件以表格的形式显示数据源中的数据。每列表示一个字段，每行表示一条记录。

GridView 控件是 ASP.NET 1.x 中 DataGrid 控件的改进版本，其最大的特点是自动化程度比 DataGrid 控件高。使用 GridView 控件时，可以在不编写代码的情况下实现分页、排序等功能。GridView 控件支持以下功能。

- ☑ 绑定至数据源控件，如 SqlDataSource。
- ☑ 内置排序功能。
- ☑ 内置更新和删除功能。
- ☑ 内置分页功能。
- ☑ 内置行选择功能。
- ☑ 以编程方式访问 GridView 对象模型，以便动态设置属性、处理事件等。
- ☑ 多个键字段。
- ☑ 用于超链接列的多个数据字段。
- ☑ 可通过主题和样式自定义外观。

说明

通过使用 GridView 控件，可以显示和编辑多种不同的数据源（如数据库、XM 文件和公开数据的业务对象）中的数据。

9.1.2 GridView 控件常用的属性、方法和事件

若想使用 GridView 控件完成更高级的效果，那么在程序中就一定要应用 GridView 控件的事件与方法，通过它们的辅助才能够更好地进行事件与属性的设置。

1. GridView 控件的常用属性

GridView 控件的常用属性及其说明如表 9.1 所示。

表 9.1　GridView 控件的常用属性及其说明

属　性	说　明
AllowPaging	获取或设置一个值，该值指示是否启用分页功能
AllowSorting	获取或设置一个值，该值指示是否启用排序功能
AutoGenerateColumns	获取或设置一个值，该值指示是否为数据源中的每个字段自动创建绑定字段
CssClass	获取或设置由 Web 服务器控件在客户端呈现的级联样式表（CSS）类
DataKeyNames	获取或设置一个数组，该数组包含了显示在 GridView 控件中的项的主键字段的名称
DataKeys	获取一个 DataKey 对象集合，这些对象表示 GridView 控件中的每一行的数据键值
DataMember	当数据源包含多个不同的数据项列表时，获取或设置数据绑定控件绑定到的数据列表的名称
DataSource	获取或设置对象，数据绑定控件从该对象中检索其数据项列表
DataSourceID	获取或设置控件的 ID，数据绑定控件从该控件中检索其数据项列表
Enabled	获取或设置一个值，该值指示是否启用 Web 服务器控件
HorizontalAlign	获取或设置 GridView 控件在页面上的水平对齐方式
ID	获取或设置分配给服务器控件的编程标识符

续表

属　　性	说　　明
Page	获取对包含服务器控件的 Page 实例的引用
PageCount	获取在 GridView 控件中显示数据源记录所需的页数
PageIndex	获取或设置当前显示页的索引
PageSize	获取或设置 GridView 控件在每页上所显示的记录的数目
SortDirection	获取正在排序的列的排序方向
SortExpression	获取与正在排序的列关联的排序表达式

下面对比较重要的属性进行详细介绍。

☑ AllowPaging 属性：用于获取或设置一个值，该值指示是否启用分页功能。如果启用分页功能，则为 true，否则为 false，默认为 false。例如，GridView 控件的 ID 属性为 gvExample，该控件允许分页，代码如下：

```
gvExample.AllowPaging=true;
```

☑ DataSource 属性：用于获取或设置对象，数据绑定控件从该对象中检索其数据项列表，默认为空引用。例如，ID 属性为 gvExample 的 GridView 控件所显示的数据源为 ds 的 DataSet 对象，代码如下：

```
gvExample. DataSource=ds;
```

2. GridView 控件的常用方法

GridView 控件的常用方法及其说明如表 9.2 所示。

表 9.2　GridView 控件的常用方法及其说明

方　　法	说　　明
ApplyStyleSheetSkin	将页样式表中定义的样式属性应用到控件
DataBind	将数据源绑定到 GridView 控件
DeleteRow	从数据源中删除位于指定索引位置的记录
FindControl	在当前的命名容器中搜索指定的服务器控件
Focus	为控件设置输入焦点
GetType	获取当前实例的 Type
HasControls	确定服务器控件是否包含任何子控件
IsBindableType	确定指定的数据类型是否能绑定到 GridView 控件中的列
Sort	根据指定的排序表达式和方向对 GridView 控件进行排序
UpdateRow	使用行的字段值更新位于指定行索引位置的记录

下面对比较重要的方法进行详细介绍。

☑ DataBind 方法：用于将数据源绑定到 GridView 控件。当 GridView 控件设置了数据源，使用该方法进行绑定才能将数据源中的数据显示在控件中。

☑ Sort 方法：用于根据指定的排序表达式和方向对 GridView 控件进行排序。该方法包含的参数如下。

  ➢ SortExpression：对 GridView 控件进行排序时使用的排序表达式。

➢ SortDirection：Ascending（从小到大排序）或 Descending（从大到小排序）之一。

3. GridView 控件的常用事件

GridView 控件的常用事件及其说明如表 9.3 所示。

表 9.3 GridView 控件的常用事件及其说明

事 件	说 明
DataBinding	当服务器控件绑定到数据源时发生
DataBound	在服务器控件绑定到数据源后发生
PageIndexChanged	在 GridView 控件处理分页操作之后发生
PageIndexChanging	在 GridView 控件处理分页操作之前发生
RowCancelingEdit	单击编辑模式中某一行的“取消”按钮后，在该行退出编辑模式之前发生
RowCommand	当单击 GridView 控件中的按钮时发生
RowCreated	在 GridView 控件中创建行时发生
RowDataBound	在 GridView 控件中将数据行绑定到数据时发生
RowDeleted	单击某一行的“删除”按钮时，在 GridView 控件删除该行之后发生
RowDeleting	单击某一行的“删除”按钮时，在 GridView 控件删除该行之前发生
RowEditing	单击某一行的“编辑”按钮后，GridView 控件进入编辑模式之前发生
RowUpdated	单击某一行的“更新”按钮，在 GridView 控件对该行进行更新之后发生
RowUpdating	单击某一行的“更新”按钮后，GridView 控件对该行进行更新之前发生
SelectedIndexChanged	单击某一行的“选择”按钮，GridView 控件对相应的选择操作进行处理之后发生
SelectedIndexChanging	单击某一行的“选择”按钮后，GridView 控件对相应的选择操作进行处理之前发生
Sorted	单击用于列排序的超链接时，在 GridView 控件对相应的排序操作进行处理之后发生
Sorting	单击用于列排序的超链接时，在 GridView 控件对相应的排序操作进行处理之前发生

下面对比较重要的事件进行详细介绍。

☑ PageIndexChanging 事件：单击某一页导航按钮时，在 GridView 控件处理分页操作之前发生。

☑ RowCommand 事件：当单击 GridView 控件中的按钮时发生。在使用 GridView 控件中的 RowCommand 事件时，需要设置 GridView 控件中的按钮（如 Button）的 CommandName 属性。CommandName 属性值及其说明如表 9.4 所示。

表 9.4 CommandName 属性值及其说明

属 性 值	说 明
Cancel	取消编辑操作，并将 GridView 控件返回为只读模式
Delete	删除当前记录
Edit	将当前记录置于编辑模式
Page	执行分页操作，将按钮的 CommandArgument 属性设置为 First、Last、Next、Prev 或页码，以指定要执行的分页操作类型
Select	选择当前记录
Sort	对 GridView 控件进行排序
Update	更新数据源中的当前记录

9.1.3　使用 GridView 控件绑定数据源

【例 9.1】使用 GridView 控件绑定数据源。（**示例位置：mr\TM\09\01**）

本示例先利用 SqlDataSource 控件配置数据源，并连接数据库，然后使用 GridView 控件绑定该数据源。执行程序，示例运行结果如图 9.1 所示。

程序实现的主要步骤如下。

（1）新建一个网站，默认主页为 Default.aspx，添加一个 GridView 控件和一个 SqlDataSource 控件。

（2）配置 SqlDataSource 控件。

❶ 单击 SqlDataSource 控件的任务框，选择“配置数据源”选项，如图 9.2 所示。打开“配置数据源”对话框，如图 9.3 所示。

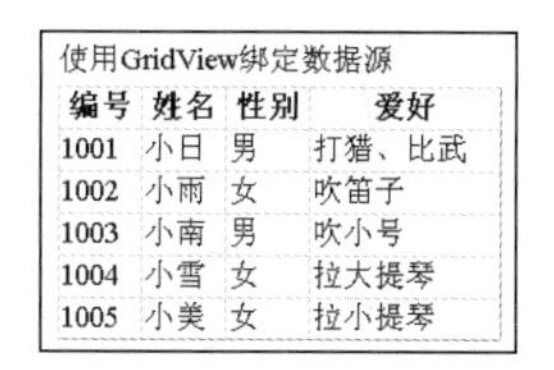

使用GridView绑定数据源

编号	姓名	性别	爱好
1001	小日	男	打猎、比武
1002	小雨	女	吹笛子
1003	小南	男	吹小号
1004	小雪	女	拉大提琴
1005	小美	女	拉小提琴

图 9.1　使用 GridView 控件绑定数据源

图 9.2　SqlDataSource 控件的任务框

❷ 选择数据连接。单击“新建连接”按钮，打开“添加连接”对话框，在其中填写服务器名，这里为 XIAOKE\XIAOKE；选择 SQL Server 身份验证，用户名为 sa，密码为空；输入要连接的数据库名称，本示例使用的数据库为 db_Student，如图 9.4 所示。如果配置信息填写正确，单击“测试连接”按钮将弹出测试连接成功提示框，如图 9.5 所示。单击“添加连接”对话框中的“确定”按钮，返回到“配置数据源”对话框。

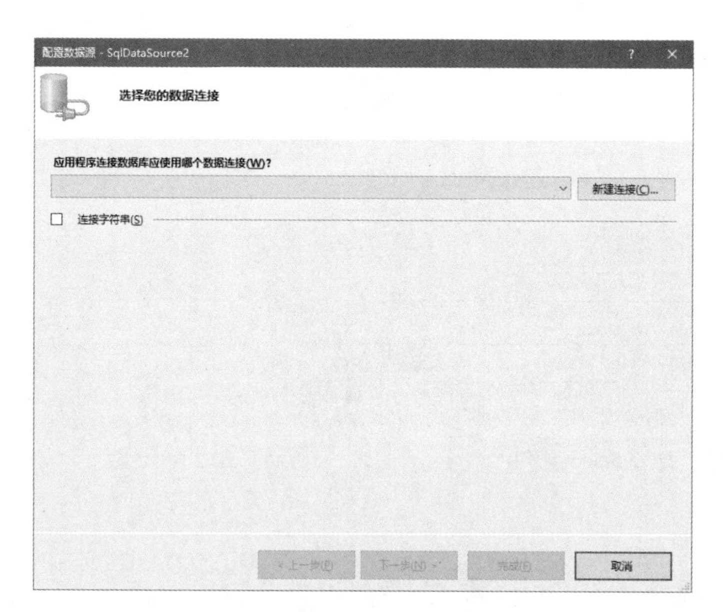

图 9.3　“配置数据源”对话框

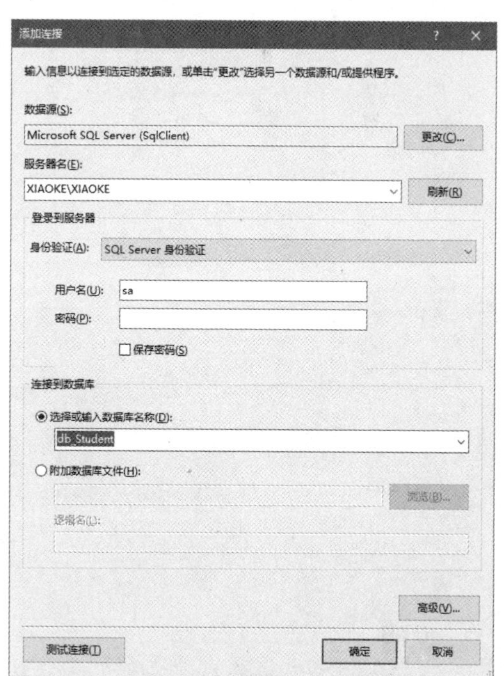

图 9.4　添加连接

❸ 单击“下一步”按钮，保存连接字符串到应用程序配置文件中，如图 9.6 所示。

图 9.5　测试连接成功提示框

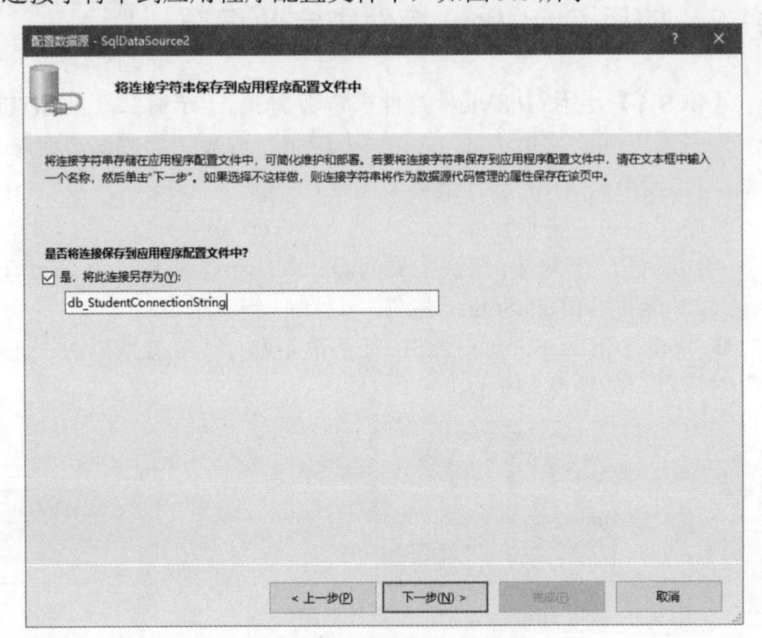

图 9.6　保存连接字符串

❹ 单击“下一步”按钮，配置 Select 语句，选择要查询的表及所要查询的列，如图 9.7 所示。

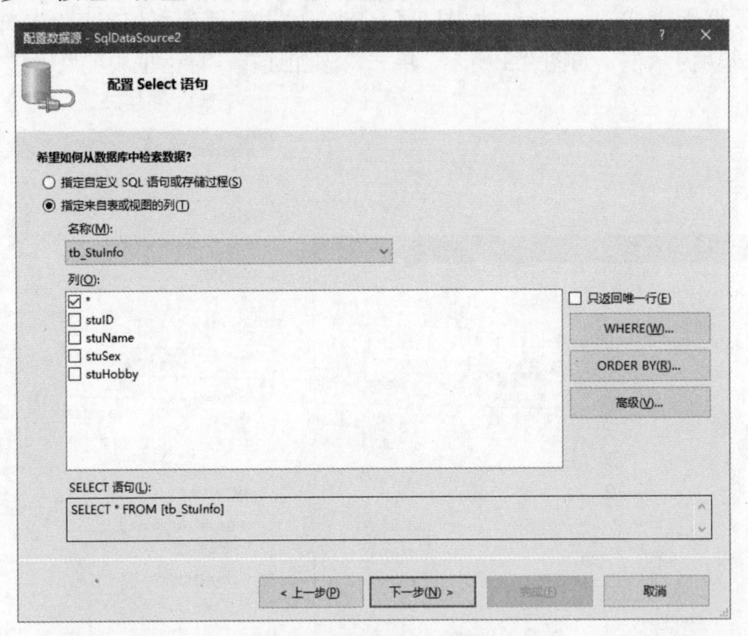

图 9.7　配置 Select 语句

说明

在图 9.7 中可以根据需要定义包含 WHERE、ORDER BY 等子句的 SQL 语句。

❺ 单击“下一步”按钮，测试查询结果。向导将执行窗口下方的 SQL 语句，将查询结果显示在窗口中间。单击“完成”按钮，完成数据源配置及连接数据库。

（3）将获取的数据源绑定到 GridView 控件上。GridView 控件的属性设置及其用途如表 9.5 所示。

表 9.5　GridView 控件的属性设置及其用途

属 性 名 称	属 性 设 置	用　　途
AutoGenerateColumns	False	不为数据源中的每个字段自动创建绑定字段
DataSourceID	SqlDataSource1	GridView 控件从 SqlDataSource1 控件中检索其数据项列表
DataKeyNames	stuID	显示在 GridView 控件中的项的主键字段的名称

单击 GridView 控件右上方的▶按钮，在弹出的快捷菜单中选择“编辑列”命令，如图 9.8 所示。弹出如图 9.9 所示的“字段”对话框，将每个 BoundField 控件绑定字段的 HeaderText 属性设置为该列头标题名。

图 9.8　选择“编辑列”命令

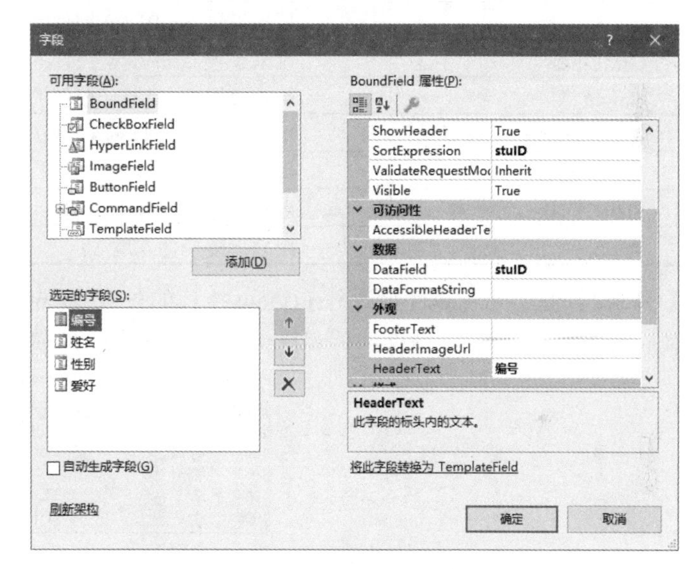

图 9.9　“字段”对话框

9.1.4　设置 GridView 控件的外观

默认状态下，GridView 控件的外观就是简单的表格。为了美化网页的界面，丰富页面的显示效果，开发人员可以通过多种方式来美化 GridView 控件。

技巧

根据网站设计的需要，可以在主题的.skin 文件中设置 GridView 控件的外观。

1．GridView 控件的常用外观属性

GridView 控件的常用外观属性及其说明如表 9.6 所示。

表 9.6　GridView 控件的常用外观属性及其说明

属　性	说　明
BackColor	用来设置 GridView 控件的背景色
BackImageUrl	用来设置要在 GridView 控件的背景中显示的图像的 URL
BorderColor	用来设置 GridView 控件的边框颜色
BorderStyle	用来设置 GridView 控件的边框样式
BorderWidth	用来设置 GridView 控件的边框宽度
Caption	用来设置 GridView 控件的标题文字
CaptionAlign	用来设置 GridView 控件标题文字的布局位置
CellPadding	用来设置单元格的内容和单元格的边框之间的空间量
CellSpacing	用来设置单元格间的空间量
CssClass	用来设置由 GridView 控件在客户端呈现的级联样式表（CSS）类
Font	用来设置 GridView 控件关联的字体属性
ForeColor	用来设置 GridView 控件的前景色
GridLines	用来设置 GridView 控件的网格线样式
Height	用来设置 GridView 控件的高度
HorizontalAlign	用来设置 GridView 控件在页面上的水平对齐方式
ShowFooter	用来设置是否显示页脚
ShowHeader	用来设置是否显示页眉
Width	用来设置控件宽度

【例 9.2】使用外观属性设置 GridView 控件的外观。（**示例位置：mr\TM\09\02**）

本示例使用 GridView 控件的外观属性设置它的显示外观。执行程序，示例运行结果如图 9.10 所示。

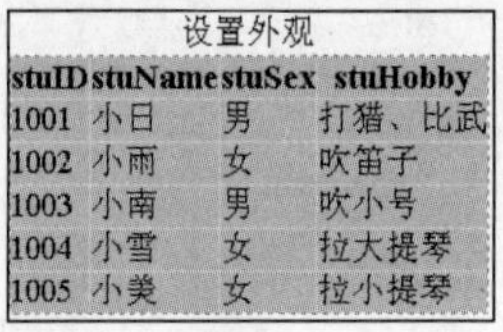

设置外观

stuID	stuName	stuSex	stuHobby
1001	小日	男	打猎、比武
1002	小雨	女	吹笛子
1003	小南	男	吹小号
1004	小雪	女	拉大提琴
1005	小美	女	拉小提琴

图 9.10　使用常见外观属性设置 GridView 控件的外观

程序实现的主要步骤如下。

（1）新建一个网站，默认主页为 Default.aspx，添加一个 SqlDataSource 控件和一个 GridView 控件。SqlDataSource 控件的具体设计步骤参见例 9.1。

（2）设置 GridView 控件的外观，GridView 控件的属性设置及其用途如表 9.7 所示。

表 9.7　GridView 控件的属性设置及其用途

属 性 名 称	属 性 设 置	用　途
BackColor	#FFC080	设置背景色
BorderColor	#FF8000	设置边框颜色
BorderStyle	Dotted	设置边框样式
Caption	设置外观	设置标题
HorizontalAlign	Center	设置对齐格式
DataSourceID	SqlDataSource1	数据源的 ID

2. GridView 控件的常用样式属性

GridView 控件的常用样式属性及其说明如表 9.8 所示。

表 9.8　GridView 控件的常用样式属性及其说明

属　　性	说　　明
AlternatingRowStyle	获取对 TableItemStyle 对象的引用，使用该对象可以设置 GridView 控件中交替数据行的外观
EditRowStyle	获取对 TableItemStyle 对象的引用，使用该对象可以设置 GridView 控件中为进行编辑而选中的行的外观
EmplyDataRowStyle	获取或设置在 GridView 控件绑定到不包含任何记录的数据源时所呈现的空数据行的用户定义内容
FooterStyle	获取对 TableItemStyle 对象的引用，使用该对象可以设置 GridView 控件中脚注行的外观
HeaderStyle	获取对 TableItemStyle 对象的引用，使用该对象可以设置 GridView 控件中标题行的外观
PagerStyle	获取对 TableItemStyle 对象的引用，使用该对象可以设置 GridView 控件中页导航行的外观
RowStyle	获取对 TableItemStyle 对象的引用，使用该对象可以设置 GridView 控件中数据行的外观
SelectedRowStyle	获取对 TableItemStyle 对象的引用，使用该对象可以设置 GridView 控件中选中行的外观

【例 9.3】使用样式属性设置 GridView 控件的外观。(**示例位置：mr\TM\09\03**)

本示例使用 GridView 控件的样式属性设置它的显示外观。执行程序，示例运行结果如图 9.11 所示。

stuID	stuName	stuSex	stuHobby
1001	小日	男	打猎、比武
1002	小雨	女	吹笛子
1003	小南	男	吹小号
1004	小雪	女	拉大提琴
1005	小美	女	拉小提琴

图 9.11　使用样式属性设置 GridView 控件的外观

程序实现的主要步骤如下。

（1）新建一个网站，默认主页为 Default.aspx，添加一个 SqlDataSource 控件和一个 GridView 控件。SqlDataSource 控件的具体设计步骤可参见例 9.1。

（2）设置 GridView 控件的外观，GridView 控件的属性设置及其用途如表 9.9 所示。

表 9.9　GridView 控件的属性设置及其用途

属 性 名 称	属 性 设 置	用　　途
AutoGenerateColumns	false	不为数据源中的每个字段自动创建绑定字段
DataSourceID	SqlDataSource1	数据源的 ID
RowStyle	BackColor="#00C0C0"	设置数据行的背景色
HeaderStyle	BackColor="#0000C0"	设置标题行的背景色
	ForeColor="White"	设置标题行的前景色
AlternatingRowStyle	BackColor="#C0FFFF"	设置交替数据行的背景色

3. 自动套用格式

以上两种方式都是通过控件属性设置 GridView 控件的外观。为了使开发人员快速地设计出外观简单、优美的显示界面，ASP.NET 还提供了许多现成格式，开发人员可以直接套用。

单击 GridView 控件右上方的▶按钮，在弹出的快捷菜单中选择“自动套用格式”命令，如图 9.12 所示。打开“自动套用格式”对话框，如图 9.13 所示。

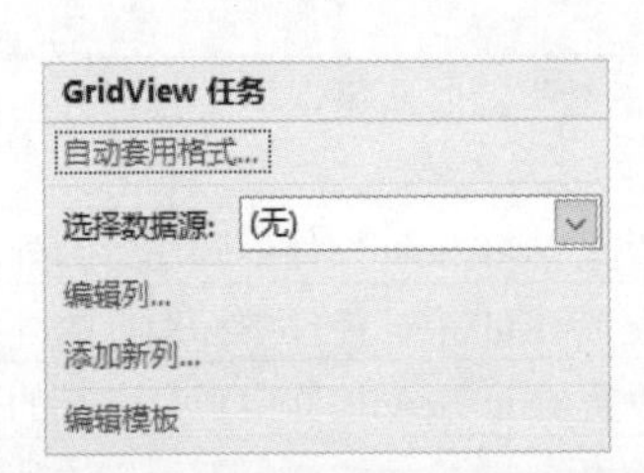

图 9.12　选择“自动套用格式”命令

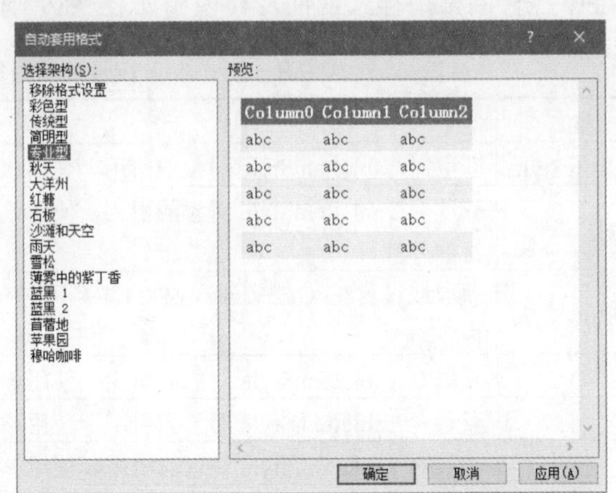

图 9.13　“自动套用格式”对话框

9.1.5　制定 GridView 控件的列

GridView 控件中的每一列由一个 DataControlField 对象表示。默认情况下，AutoGenerateColumns 属性被设置为 true，为数据源中的每一个字段创建一个 AutoGeneratedField 对象；将 AutoGenerateColumns 属性设置为 false 时，可以自定义数据绑定列。GridView 控件共包括 7 种类型的列，分别为 BoundField（普通数据绑定列）、CheckBoxField（复选框数据绑定列）、CommandField（命令数据绑定列）、ImageField（图片数据绑定列）、HyperLinkField（超链接数据绑定列）、ButtonField（按钮数据绑定列）和 TemplateField（模板数据绑定列）。

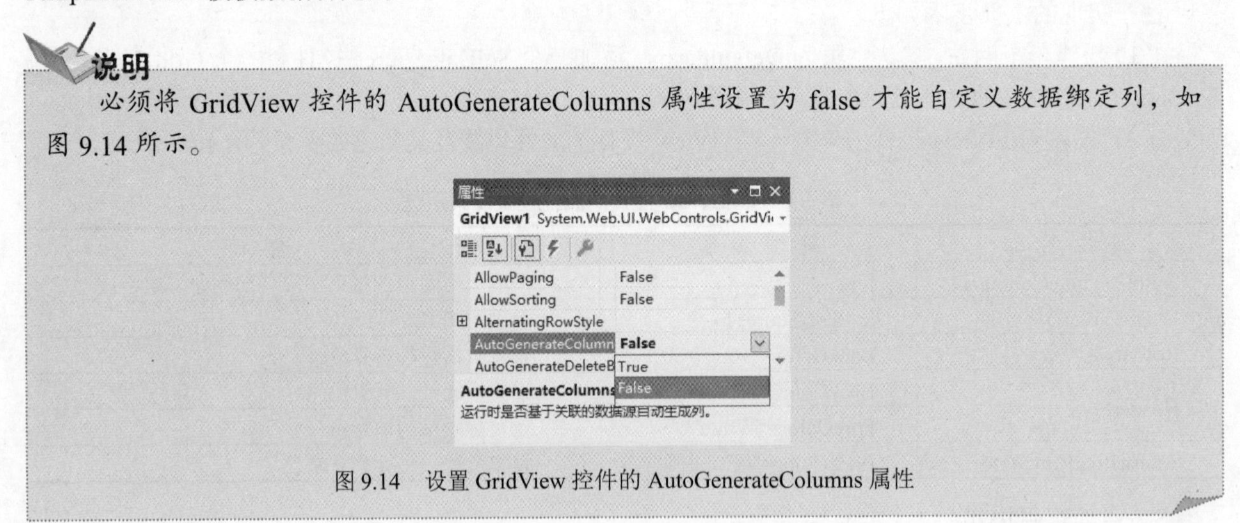

说明

必须将 GridView 控件的 AutoGenerateColumns 属性设置为 false 才能自定义数据绑定列，如图 9.14 所示。

图 9.14　设置 GridView 控件的 AutoGenerateColumns 属性

从工具箱中的“数据”类控件下拖曳一个 GridView 控件到 Web 窗体，然后单击弹出的智能标记中的“编辑列”超链接，如图 9.15 所示。

接着，在弹出的“字段”窗口中可以看到“可用字段”，如图 9.16 所示。下面分别介绍 GridView

控件编辑列时使用的字段。

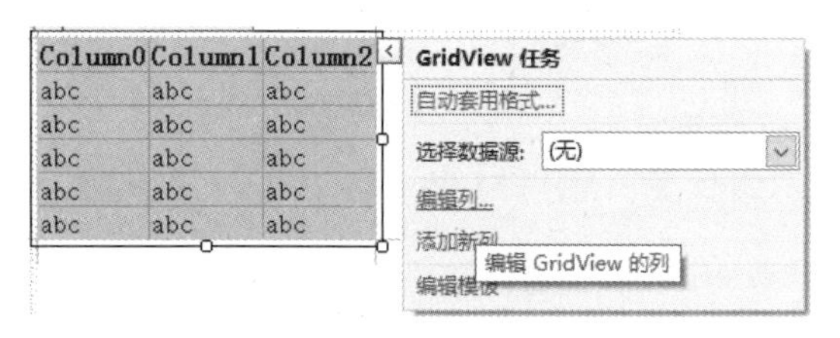

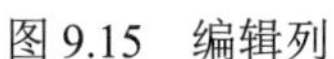

图 9.15　编辑列

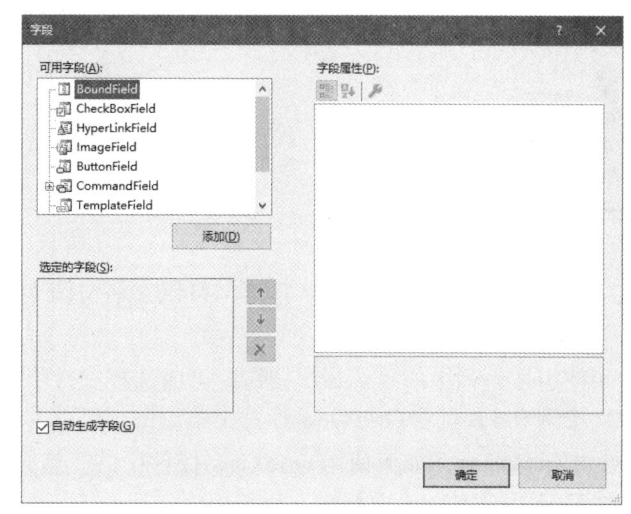

图 9.16　编辑列时使用的字段

- ☑ BoundField：是默认的数据绑定类型，通常用于显示普通文本。
- ☑ CheckBoxField：使用 CheckBoxField 控件显示布尔类型的数据。绑定数据为 true 时，复选框数据绑定列为选中状态；绑定数据为 false 时，则显示未选中状态。在正常情况下，CheckBoxField 显示在表格中的复选框控件处于只读状态。只有 GridView 控件的某一行进入编辑状态后，复选框才恢复为可修改状态。
- ☑ CommandField：显示用来执行选择、编辑或删除操作的预定义命令按钮，这些按钮可以呈现为普通按钮、超链接和图片等外观。

说明

通过字段的 ButtonType 属性可变更命令按钮的外观，默认为 Link，即超链接，另外两个属性值分别为 Image（图片）和 Button（普通按钮）。例如，要选择以图片形式显示编辑按钮的外观，一定要设置 ButtonType 属性为 Image。

- ☑ ImageField：用于在 GridView 控件呈现的表格中显示图片列。通常，ImageField 绑定的内容是图片的路径。
- ☑ HyperLinkField：允许将所绑定的数据以超链接的形式显示出来。开发人员可自定义绑定超链接的显示文字、超链接的 URL，以及打开窗口的方式等。
- ☑ ButtonField：ButtonField 也可以为 GridView 控件创建命令按钮。开发人员可以通过按钮来操作其所在行的数据。
- ☑ TemplateField：允许以模板形式自定义数据绑定列的内容。该字段包含的常用模板如下。
  - ➢ ItemTemplate：显示每一条数据的模板。
  - ➢ AlternatingItemTemplate：使奇数条数据及偶数条数据以不同模板显示，该模板与 ItemTemplate 结合可产生两个模板交错显示的效果。
  - ➢ EditItemTemplate：进入编辑模式时所使用的数据编辑模板。对于 EditItemTemplate 用户，可以自定义编辑界面。

➢ HeaderTemplate：最上方的表头（或被称为标题）。默认 GridView 都会显示表及其标题。

技巧

在 GridView 控件中，将列设置为 TemplateField 模板列时，才会出现 ItemTemplate、EditItemTemplate 等模板。

9.1.6 查看 GridView 控件中数据的详细信息

使用按钮列中的“选择”按钮，可以选择控件上的一行数据。

【例 9.4】查看 GridView 控件中数据的详细信息。（**示例位置：mr\TM\09\04**）

本示例演示了如何使用 GridView 控件中的“选择”按钮显示主/明细关系数据表。执行程序，示例运行结果如图 9.17 所示。

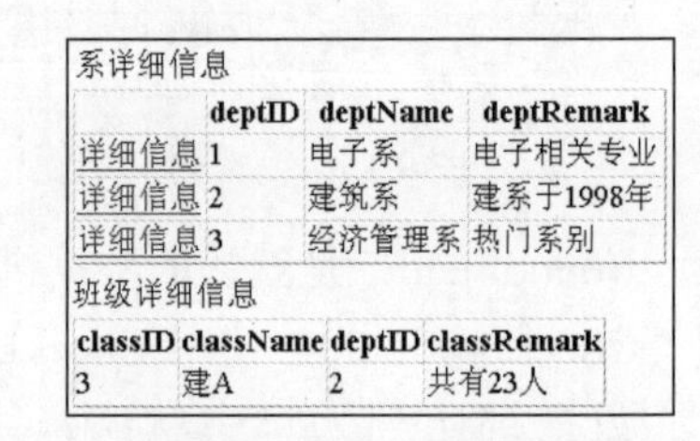

图 9.17 查看 GridView 控件中数据的详细信息

程序实现的主要步骤如下。

（1）新建一个网站，默认主页为 Default.aspx，添加一个 SqlDataSource 控件和两个 GridView 控件。SqlDataSource 控件的具体设计步骤可参见例 9.1（此例中选择的表为 tb_Deptment）。

（2）第一个 GridView 控件用来显示系信息，ID 属性为 GridView1。单击 GridView 控件右上方的▶按钮，在弹出的快捷菜单中选择数据源，这里数据源 ID 为 SqlDataSource1，并选中“启用选定内容”复选框，在 GridView 控件上启用行选择功能，如图 9.18 所示。

选择“GridView 任务”菜单中的“编辑列”命令，将“选择”按钮的 SelectText 属性设为“详细信息”，如图 9.19 所示。

图 9.18 “GridView 任务”快捷菜单

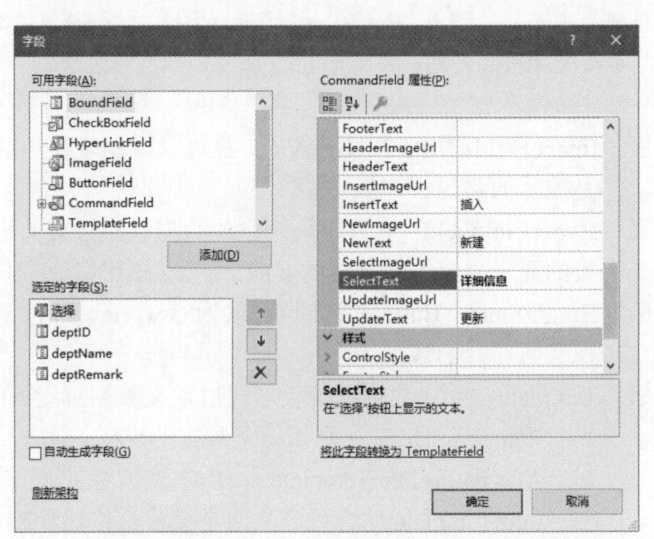

图 9.19 修改“选择”按钮的 SelectText 属性

（3）当用户单击“详细信息”按钮时，将引发 SelectedIndexChanging 事件，在该事件的处理程序中可以通过 NewSelectedIndex 属性获取当前行的索引值，并通过索引值执行其他操作。在本例中，单击“详细信息”按钮后，将执行第二个 GridView 控件的数据绑定操作。具体代码如下：

```
protected void GridView1_SelectedIndexChanging(object sender, GridViewSelectEventArgs e)
{
    //获取选择行的系编号
    string deptID = GridView1.DataKeys[e.NewSelectedIndex].Value.ToString();
    string sqlStr = "select * from tb_Class where deptID='"+deptID +"'";
    SqlConnection con = new SqlConnection();
    con.ConnectionString ="server=LFL\\MR;Database=db_Student;User ID=sa;pwd=";
    SqlDataAdapter da = new SqlDataAdapter(sqlStr, con);
    DataSet ds = new DataSet();
    da.Fill(ds);
    this.GridView2.DataSource = ds;
    GridView2.DataBind();
}
```

9.1.7　使用 GridView 控件分页显示数据

GridView 控件有一个内置分页功能，可支持基本的分页显示。

【例 9.5】使用 GridView 控件分页显示数据。（**示例位置：mr\TM\09\05**）

本示例利用 GridView 控件的内置分页功能分页显示数据。执行程序，示例运行结果如图 9.20 所示。

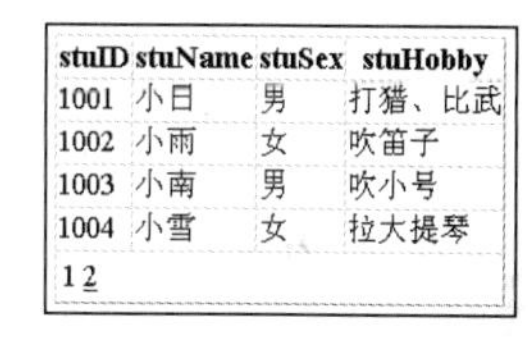

stuID	stuName	stuSex	stuHobby
1001	小日	男	打猎、比武
1002	小雨	女	吹笛子
1003	小南	男	吹小号
1004	小雪	女	拉大提琴
1 2			

图 9.20　使用 GridView 控件分页显示数据

程序实现的主要步骤如下。

新建一个网站，默认主页为 Default.aspx，添加一个 GridView 控件。首先，将 GridView 控件的 AllowPaging 属性设置为 true，表示允许分页；然后，将 PageSize 属性设置为一个数字，用来控制每个页面中显示的记录数，这里设置为 4；最后，在 GridView 控件的 PageIndexChanging 事件中设置 GridView 控件的 PageIndex 属性为当前页的索引值，并重新绑定 GridView 控件。具体代码如下：

```
protected void Page_Load(object sender, EventArgs e)
{
    if (!IsPostBack)
    {
        GridViewBind();
    }
}
public void GridViewBind()
{
    //实例化 SqlConnection 对象
    SqlConnection sqlCon = new SqlConnection();
    //实例化 SqlConnection 对象连接数据库的字符串
    sqlCon.ConnectionString = "server=LFL\\MR;uid=sa;pwd=;database=db_Student";
```

```
        //定义 SQL 语句
        string SqlStr = "select * from tb_StuInfo";
        //实例化 SqlDataAdapter 对象
        SqlDataAdapter da = new SqlDataAdapter(SqlStr, sqlCon);
        //实例化数据集 DataSet
        DataSet ds = new DataSet();
        da.Fill(ds, "tb_StuInfo");
        //绑定 DataList 控件
        GridView1.DataSource = ds;            //设置数据源，用于填充控件中项的值列表
        GridView1.DataBind();                 //将控件及其所有子控件绑定到指定的数据源
}
protected void GridView1_PageIndexChanging(object sender, GridViewPageEventArgs e)
{
        GridView1.PageIndex = e.NewPageIndex;
        GridViewBind();
}
```

9.1.8　在 GridView 控件中为数据排序

GridView 控件提供了内置排序功能，无须任何编码，只要为列设置自定义 SortExpression 属性值，并使用 Sorting 和 Sorted 事件，即可自定义 GridView 控件的排序功能。

【例 9.6】使用 GridView 控件排序数据。（**示例位置：mr\TM\09\06**）

本示例利用 GridView 控件的内置排序功能排序显示数据。执行程序，示例运行结果如图 9.21 所示。

编号	姓名	性别	爱好
1001	小日	男	打猎、比武
1002	小雨	女	吹笛子
1003	小南	男	吹小号
1004	小雪	女	拉大提琴
1005	小美	女	拉小提琴

图 9.21　使用 GridView 控件排序数据

程序实现的主要步骤如下。

（1）新建一个网站，默认主页为 Default.aspx，添加一个 GridView 控件。GridView 控件的设计代码如下：

```
<asp:GridView ID="GridView1" runat="server" AllowSorting="True" AutoGenerateColumns="False"
OnSorting="GridView1_Sorting">
    <Columns>
        <asp:BoundField DataField="stuID" HeaderText="编号" SortExpression="stuID" />
        <asp:BoundField DataField="stuName" HeaderText="姓名" SortExpression="stuName" />
        <asp:BoundField DataField="stuSex" HeaderText="性别" SortExpression="stuSex" />
        <asp:BoundField DataField="stuHobby" HeaderText="爱好" SortExpression="stuHobby" />
    </Columns>
</asp:GridView>
```

（2）在 Default.aspx 页的 Page_Load 事件中，用视图状态保存默认的排序表达式和排序顺序，然后对 GridView 控件进行数据绑定。代码如下：

```
protected void Page_Load(object sender, EventArgs e)
{
    if (!IsPostBack)
    {
        ViewState["SortOrder"] = "stuID";
```

```
            ViewState["OrderDire"] = "ASC";
            GridViewBind();
        }
}
```

（3）Default.aspx 页的 Page_Load 事件中调用了自定义方法 GridViewBind。该方法用来从数据库中取得要绑定的数据源，并设置数据视图的 Sort 属性，最后把该视图和 GridView 控件进行绑定。代码如下：

```
public void GridViewBind()
{
    //实例化 SqlConnection 对象
    SqlConnection sqlCon = new SqlConnection();
    //实例化 SqlConnection 对象连接数据库的字符串
    sqlCon.ConnectionString = "server=LFL\\MR;uid=sa;pwd=;database=db_Student";
    //定义 SQL 语句
    string SqlStr = "select * from tb_StuInfo";
    //实例化 SqlDataAdapter 对象
    SqlDataAdapter da = new SqlDataAdapter(SqlStr, sqlCon);
    //实例化数据集 DataSet
    DataSet ds = new DataSet();
    da.Fill(ds, "tb_StuInfo");
    DataView dv = ds.Tables[0].DefaultView;
    string sort = (string)ViewState["SortOrder"] + " " + (string)ViewState["OrderDire"];
    dv.Sort = sort;
    //绑定 DataList 控件
    GridView1.DataSource = dv;              //设置数据源，用于填充控件中的项的值列表
    GridView1.DataBind();                   //将控件及其所有子控件绑定到指定的数据源
}
```

（4）在 GridView 控件的 Sorting 事件中，首先取得指定的表达式，然后判断是否是当前的排序方式，如果是，则改变当前的排序索引；如果不是，则设置新的排序表达式，并重新进行数据绑定。代码如下：

```
protected void GridView1_Sorting(object sender, GridViewSortEventArgs e)
{
    string sPage = e.SortExpression;
    if (ViewState["SortOrder"].ToString() == sPage)
    {
        if (ViewState["OrderDire"].ToString() == "Desc")
            ViewState["OrderDire"] = "ASC";
        else
            ViewState["OrderDire"] = "Desc";
    }
    else
    {
        ViewState["SortOrder"] = e.SortExpression;
    }
    GridViewBind();
}
```

9.1.9 在 GridView 控件中实现全选和全不选功能

在 GridView 控件中添加一列 CheckBox 控件，并通过对复选框的选择实现全选/全不选的功能。

【例 9.7】在 GridView 控件中实现全选和全不选功能。（**示例位置：mr\TM\09\07**）

本示例利用 GridView 控件的模板列及 FindControl 方法实现全选/全不选的功能。执行程序，示例运行结果如图 9.22 所示。

	编号	姓名	性别	爱好
☑	1001	小日	男	打猎、放牧
☑	1002	小雨	男	吹笛子
☑	1003	小南	男	吹小号
☑	1004	小雪	女	拉大提琴
☑	1005	小美	女	拉小提琴

☑全选

图 9.22　通过 GridView 控件实现全选/全不选功能

程序实现的主要步骤如下。

（1）新建一个网站，默认主页为 Default.aspx，添加一个 GridView 控件和一个 CheckBox 控件，将 CheckBox 控件的 AutoPostBack 属性设置为 true。

首先为 GridView 控件添加一列模板列，然后向模板列中添加 CheckBox 控件。GridView 控件的设计代码如下：

```
<asp:GridView ID="GridView1" runat="server" AutoGenerateColumns="False" Width="328px">
    <Columns>
        <asp:TemplateField>
            <ItemTemplate>
                <asp:CheckBox ID="chkCheck" runat="server" />
            </ItemTemplate>
        </asp:TemplateField>
        <asp:BoundField DataField="stuID" HeaderText="编号" />
        <asp:BoundField DataField="stuName" HeaderText="姓名" />
        <asp:BoundField DataField="stuSex" HeaderText="性别" />
        <asp:BoundField DataField="stuHobby" HeaderText="爱好" />
    </Columns>
</asp:GridView>
```

（2）改变“全选”复选框的选项状态时，将循环访问 GridView 控件中的每一项，并通过 FindControl 方法搜索 TemplateField 模板列中 ID 为 chkCheck 的 CheckBox 控件，建立该控件的引用，实现全选/全不选功能。代码如下：

```
protected void chkAll_CheckedChanged(object sender, EventArgs e)
{
    for (int i = 0; i <= GridView1.Rows.Count - 1; i++)
    {
        //建立模板列中 CheckBox 控件的引用
        CheckBox chk = (CheckBox)GridView1.Rows[i].FindControl("chkCheck");
        if (chkAll.Checked == true)
        {
            chk.Checked = true;
        }
        else
        {
```

```
                chk.Checked = false;
            }
        }
}
```

9.1.10　在 GridView 控件中编辑数据

在 GridView 控件的按钮列中包括“编辑”“更新”“取消”按钮，这 3 个按钮分别触发 GridView 控件的 RowEditing、RowUpdating 和 RowCancelingEdit 事件，从而实现对指定项的编辑、更新和取消操作功能。

【例 9.8】在 GridView 控件中对数据进行编辑操作。（**示例位置：mr\TM\09\08**）

本示例使用 GridView 控件的 RowCancelingEdit、RowEditing 和 RowUpdating 事件对指定项的信息进行编辑操作。执行程序，示例运行结果如图 9.23 所示。

编号	姓名	性别	爱好	
1001	小日	男	打猎、比武	编辑
1002	小雨	女	吹笛子	编辑
1003	小南	男	吹小号	编辑
1004	小雪	女	拉大提琴	编辑
1005	小美	女	拉小提琴	编辑

图 9.23　在 GridView 控件中对数据进行编辑操作

程序实现的主要步骤如下。

（1）新建一个网站，默认主页为 Default.aspx，添加一个 GridView 控件，并为 GridView 控件添加一列“编辑”按钮。GridView 控件的设计代码如下：

```
<asp:GridView ID="GridView1" runat="server" AutoGenerateColumns="False"
OnRowCancelingEdit="GridView1_RowCancelingEdit"
          OnRowEditing="GridView1_RowEditing" OnRowUpdating="GridView1_RowUpdating">
          <Columns>
          <asp:BoundField DataField="stuID" HeaderText="编号" ReadOnly="True" />
          <asp:BoundField DataField="stuName" HeaderText="姓名" />
          <asp:BoundField DataField="stuSex" HeaderText="性别" />
          <asp:BoundField DataField="stuHobby" HeaderText="爱好" />
          <asp:CommandField ShowEditButton="True" />
     </Columns>
</asp:GridView>
```

（2）当用户单击“编辑”按钮时，将触发 GridView 控件的 RowEditing 事件。在该事件的程序代码中将 GridView 控件编辑项索引设置为当前选择项的索引，并重新绑定数据。代码如下：

```
protected void GridView1_RowEditing(object sender, GridViewEditEventArgs e)
{
    //设置 GridView 控件的编辑项的索引为选择的当前索引
    GridView1.EditIndex = e.NewEditIndex;
    //数据绑定
    GridViewBind();
}
```

（3）当用户单击“更新”按钮时，将触发 GridView 控件的 RowUpdating 事件。在该事件的程序代码中，首先获得编辑行的关键字段的值并取得各文本框中的值，然后将数据更新至数据库，最后重新绑定数据。代码如下：

```
protected void GridView1_RowUpdating(object sender, GridViewUpdateEventArgs e)
{
    //取得编辑行的关键字段的值
    string stuID = GridView1.DataKeys[e.RowIndex].Value.ToString();
    //取得在文本框中输入的内容
    string stuName = ((TextBox)(GridView1.Rows[e.RowIndex].Cells[1].Controls[0])).Text.ToString();
     string stuSex = ((TextBox)(GridView1.Rows[e.RowIndex].Cells[2].Controls[0])).Text.ToString();
     string stuHobby = ((TextBox)(GridView1.Rows[e.RowIndex].Cells[3].Controls[0])).Text.ToString();
     string sqlStr = "update tb_StuInfo set stuName='" + stuName + "',stuSex='" + stuSex + "',stuHobby='" +
stuHobby + "' where stuID=" + stuID;
     SqlConnection myConn = GetCon();
     myConn.Open();
     SqlCommand myCmd = new SqlCommand(sqlStr, myConn);
     myCmd.ExecuteNonQuery();
     myCmd.Dispose();
     myConn.Close();
     GridView1.EditIndex = -1;
     GridViewBind();
}
```

（4）当用户单击“取消”按钮时，将触发 GridView 控件的 RowCancelingEdit 事件。在该事件的程序代码中，将编辑项的索引设为-1，并重新绑定数据。代码如下：

```
protected void GridView1_RowCancelingEdit(object sender, GridViewCancelEditEventArgs e)
{
    //设置 GridView 控件的编辑项的索引为-1，即取消编辑
    GridView1.EditIndex = -1;
    //数据绑定
    GridViewBind();
}
```

技巧

1. 高亮显示光标所在行

在 GridView 控件上，随着光标的移动，高亮显示光标所在行，主要在 GridView 控件的 RowDataBound 事件中实现，代码如下：

```
protected void GridView1_RowDataBound(object sender, GridViewRowEventArgs e)
{
    if (e.Row.RowType == DataControlRowType.DataRow)
    {
        e.Row.Attributes.Add("onmouseover",
"currentcolor=this.style.backgroundColor;this.style.backgroundColor='#6699ff'");
        e.Row.Attributes.Add("onmouseout", "this.style.backgroundColor=currentcolor;");
    }
}
```

2. 设置 GridView 控件的数据显示格式

设置 GridView 控件中指定列的数据显示格式，主要在 RowDataBound 事件中实现。当数据源

绑定到 GridView 控件中的每行时，将触发该控件的 RowDataBound 事件。修改或设置绑定到该行的数据的显示格式，可以使用 RowDataBound 事件的 GridViewEventArgs e 参数的 Row 属性的 Cells 属性定位到指定单元格，然后通过 String 类的 Format 方法将格式化后的数据赋值给该单元格。例如，将 GridView 控件的“单价”列以人民币的格式显示。代码如下：

```
protected void GridView1_RowDataBound (object sender, GridViewEditEventArgs e)
{
    if(e.Row.RowType==DataControlRowType.DataRow)
    {
        e.Row.Cells[2].Text=String.Format("{0:C2}",Convert.ToDouble(e.Row.ells[2].Text));
    }
}
```

3. 单击 GridView 控件某行的按钮，刷新页面后不会回到页面顶端

当 GridView 控件中显示的数据很多时，经常会遇到这样的问题，即单击了 GridView 控件中的某个按钮时，页面就会刷新，回到网页的顶部，用户必须查找原来的位置，这样会为用户造成不必要的麻烦。为了解决这个问题，可在 ASP.NET 中添加 MaintainScrollPositionOnPostback 属性，它的作用是在网页刷新后仍维持原位置。其语法格式如下：

```
<%@ Page Language="C#" MaintainScrollPositionOnPostback ="true" %>
```

4. 在 GridView 控件中删除数据

在 GridView 控件中删除数据，需要添加一个 CommandField 列并指明为“删除”按钮（默认为 LinkButton 按钮），单击该按钮时将触发 RowDeleting 事件。例如：

```
protected void GridView1_RowDeleting(object sender, GridViewDeleteEventArgs e)
    {
        string sqlstr = "delete from tb_Member where id='" + GridView1.DataKeys[e.RowIndex].Value.
ToString() + "'";
        sqlcon = new SqlConnection(strCon);
        sqlcom = new SqlCommand(sqlstr,sqlcon);
        sqlcon.Open();
        sqlcom.ExecuteNonQuery();
        sqlcon.Close();
        bind();
    }
```

在单击“删除”按钮时可以设置弹出一个确认提示框，例如：

```
protected void GridView1_RowDataBound(object sender, GridViewRowEventArgs e)
    {
        if (e.Row.RowType ==DataControlRowType.DataRow)
        {
            ((LinkButton)(e.Row.Cells[4].Controls[0])).Attributes.Add("onclick", "return confirm('确定要删除
吗？')");
        }
    }
```

9.2 DataList 控件

9.2.1 DataList 控件概述

DataList 控件可以使用模板与定义样式来显示数据，并可以进行数据的选择、删除及编辑。DataList 控件的最大特点就是一定要通过模板来定义数据的显示格式。如果想要设计出美观的界面，就需要花费一番心思。正因为如此，DataList 控件显示数据时更具灵活性，开发人员个人发挥的空间也比较大。DataList 控件支持的模板如下。

☑ AlternatingItemTemplate：如果已定义，则为 DataList 中的交替项提供内容和布局；如果未定义，则使用 ItemTemplate。

☑ EditItemTemplate：如果已定义，则为 DataList 中的当前编辑项提供内容和布局；如果未定义，则使用 ItemTemplate。

☑ FooterTemplate：如果已定义，则为 DataList 的脚注部分提供内容和布局；如果未定义，将不显示脚注部分。

☑ HeaderTemplate：如果已定义，则为 DataList 的页眉节提供内容和布局；如果未定义，将不显示页眉节。

☑ ItemTemplate：为 DataList 中的项提供内容和布局所要求的模板。

☑ SelectedItemTemplate：如果已定义，则为 DataList 中的当前选定项提供内容和布局；如果未定义，则使用 ItemTemplate。

☑ SeparatorTemplate：如果已定义，则为 DataList 中各项之间的分隔符提供内容和布局；如果未定义，将不显示分隔符。

说明

在 DataList 控件中可以为项、交替项、选定项和编辑项创建模板，也可以使用标题、脚注和分隔符模板自定义 DataList 控件的整体外观。

9.2.2 使用 DataList 控件绑定数据源

使用 DataList 控件绑定数据源的方法与 GridView 控件相似，但要将所绑定数据源的数据显示出来，就需要通过设计 DataList 控件的模板来完成。

【例 9.9】使用 DataList 控件绑定数据源。（**示例位置：mr\TM\09\09**）

本示例介绍了如何使用 DataList 控件的模板显示绑定的数据源数据。执行程序，示例运行结果如图 9.24 所示。

程序实现的主要步骤如下。

（1）新建一个网站，默认主页为 Default.aspx，添加一个 DataList 控件。

（2）单击 DataList 控件右上方的▶按钮，在弹出的快捷菜单中选择“编辑模板”命令。打开“DataList 任务 模板编辑模式”面板，在“显示”下拉列表框中选择 HeaderTemplate 选项，如图 9.25 所示。

（3）在 DataList 控件的页眉模板中添加一个表格用于布局，并设置其外观属性，如图 9.26 所示。

使用DataList控件绑定数据源			
编号	姓名	性别	爱好
1001	小日	男	打猎、放牧
1002	小雨	男	吹笛子
1003	小南	男	吹小号
1004	小雪	女	拉大提琴
1005	小美	女	拉小提琴

图 9.24　使用 DataList 控件绑定数据源

DataList 任务
模板编辑模式
显示: ItemTemplate
项模板
ItemTemplate
AlternatingItemTemplate
SelectedItemTemplate
EditItemTemplate
页眉和页脚模板
HeaderTemplate
FooterTemplate
分隔符模板

图 9.25　“DataList 任务”面板

图 9.26　设计 DataList 页眉页脚模板

DataList 控件页眉页脚的设计代码如下：

```
<HeaderTemplate>
    <table border="1" style="width: 300px; text-align: center;" cellpadding="0" cellspacing="0">
        <tr>
            <td colspan="4" style="font-size: 16pt; color: #006600; text-align: center">
            使用 DataList 控件绑定数据源</td>
        </tr>
        <tr>
            <td style="height: 19px; width: 50px; color: #669900;">编号</td>
            <td style="height: 19px; width: 50px; color: #669900;">姓名</td>
            <td style="height: 19px; width: 50px; color: #669900;">性别</td>
            <td style="width: 150px; height: 19px; color: #669900;">爱好</td>
        </tr>
    </table>
</HeaderTemplate>
```

（4）在“DataList 任务 模板编辑模式”面板中选择 ItemTemplate 选项，打开项模板。同样，在项模板中添加一个用于布局的表格，并添加 4 个 Label 控件，用于显示数据源中的数据记录，Label 控件的 ID 属性分别为 lblStuID、lblStuName、lblStuSex 和 lblStuHobby。

单击 ID 属性为 lblStuID 的 Label 控件右上角的▶按钮，打开“Label 任务”快捷菜单，选择“编辑 DataBindings”命令，打开 lblStuID DataBindings 对话框。在 Text 属性的“代码表达式”文本框中输入 Eval("stuID")，用于绑定数据源中的 stuID 字段，如图 9.27 所示。

其他 3 个 Label 控件的绑定方法同上。ItemTemplate 模板设计代码如下：

```
<ItemTemplate>
    <table border="1" style="width: 300px; color: #000000; text-align: center;" cellpadding="0" cellspacing="0">
        <tr>
            <td style="height: 21px; width: 50px; color: #669900;">
             <asp:Label ID="lblStuID" runat="server" Text='<%# Eval("stuID") %>'></asp:Label></td>
            <td style="height: 21px; width: 50px; color: #669900;">
```

```
                <asp:Label ID="lblStuName" runat="server" Text='<%# Eval("stuName") %>'></asp:Label></td>
               <td style="height: 21px; width: 50px; color: #669900;">
                <asp:Label ID="lblStuSex" runat="server" Text='<%# Eval("stuSex") %>'></asp:Label></td>
               <td style="width: 150px; height: 21px; color: #669900;">
                <asp:Label ID="lblstuHobby" runat="server" Text='<%# Eval("stuHobby") %>'></asp:Label></td>
          </tr>
     </table>
</ItemTemplate>
```

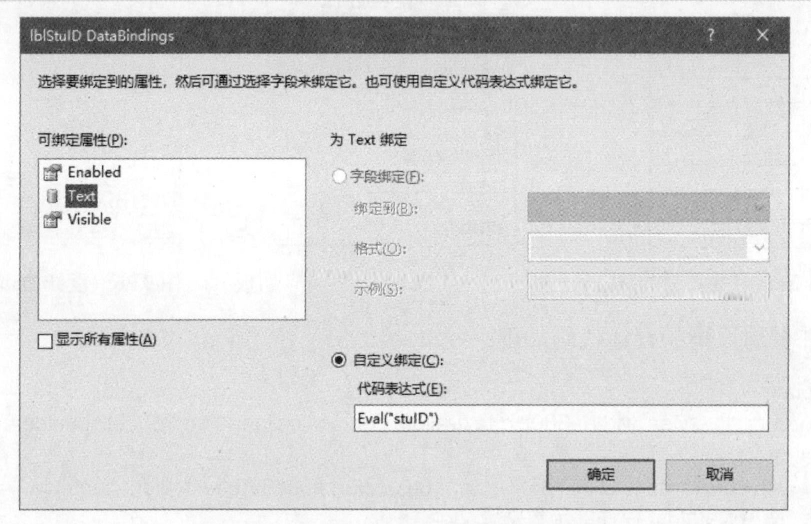

图 9.27　lblStuID DataBindings 对话框

（5）在“DataList 任务 模板编辑模式”面板中选择“结束模板编辑”选项，结束模板编辑。

（6）在页面加载事件中，将控件绑定至数据源，代码如下：

```
protected void Page_Load(object sender, EventArgs e)
{
     if (!IsPostBack)
     {
          //实例化 SqlConnection 对象
          SqlConnection sqlCon = new SqlConnection();
          //实例化 SqlConnection 对象连接数据库的字符串
          sqlCon.ConnectionString = "server=LFL\\MR;uid=sa;pwd=;database=db_Student";
          //定义 SQL 语句
          string SqlStr = "select * from tb_StuInfo";
          //实例化 SqlDataAdapter 对象
          SqlDataAdapter da = new SqlDataAdapter(SqlStr, sqlCon);
          //实例化数据集 DataSet
          DataSet ds = new DataSet();
          da.Fill(ds, "tb_StuInfo");
          //绑定 DataList 控件
          DataList1.DataSource = ds;                //设置数据源，用于填充控件中的项的值列表
          DataList1.DataBind();                     //将控件及其所有子控件绑定到指定的数据源
     }
}
```

9.2.3　分页显示 DataList 控件中的数据

DataList 控件并没有类似 GridView 控件中与分页相关的属性，那么 DataList 控件是通过什么方法实现分页显示的呢？其实很简单，只要借助 PagedDataSource 类来实现即可，该类封装数据绑定控件与分页相关的属性，以允许该控件执行分页操作。

【例 9.10】 分页显示 DataList 控件中的数据。（**示例位置：mr\TM\09\10**）

本示例介绍了如何使用 PagedDataSource 类实现 DataList 控件的分页功能。执行程序，示例运行结果如图 9.28 所示。

分页显示DataList控件中的数据			
编号	姓名	性别	爱好
1001	小日	男	打猎、放牧
1002	小雨	男	吹笛子
1003	小南	男	吹小号
1004	小雪	女	拉大提琴

共有2页 当前1页 首页 上一页 下一页 尾页 跳转至：2 GO

图 9.28　分页显示 DataList 控件中的数据

程序实现的主要步骤如下。

（1）新建一个网站，默认主页为 Default.aspx，添加 1 个 DataList 控件、2 个 Label 控件、4 个 LinkButton 控件、1 个 TextBox 控件和 1 个 Button 控件。

DataList 控件的具体设计步骤可参见例 9.9。Label 控件的 ID 属性分别为 labCount 和 labNowPage，主要用来显示总页数和当前面。LinkButton 控件的 ID 属性分别为 lnkbtnFirst、lnkbtnFront、lnkbtnNext 和 lnkbtnLast，分别用来显示“首页”“上一页”“下一页”“尾页”。这里添加一个文本框，用于输入跳转的页码，TextBox 控件的 ID 属性为 txtPage。

（2）加载页面时对 DataList 控件进行数据绑定，代码如下：

```
//创建一个分页数据源的对象且一定要声明为静态
protected static PagedDataSource ps = new PagedDataSource();
protected void Page_Load(object sender, EventArgs e)
{
    if (!IsPostBack)
    {
        Bind(0);                                    //数据绑定
    }
}
//进行数据绑定的方法
public void Bind(int CurrentPage)
{
    //实例化 SqlConnection 对象
    SqlConnection sqlCon = new SqlConnection();
    //实例化 SqlConnection 对象连接数据库的字符串
    sqlCon.ConnectionString = "server=MRWXK\\MRWXK;uid=sa;pwd=;database=db_Student";
    //定义 SQL 语句
    string SqlStr = "select * from tb_StuInfo";
    //实例化 SqlDataAdapter 对象
    SqlDataAdapter da = new SqlDataAdapter(SqlStr, sqlCon);
    //实例化数据集 DataSet
    DataSet ds = new DataSet();
    da.Fill(ds, "tb_StuInfo");
    ps.DataSource = ds.Tables["tb_StuInfo"].DefaultView;
    ps.AllowPaging = true;                          //是否可以分页
    ps.PageSize = 4;                                //显示的数量
```

```
    ps.CurrentPageIndex = CurrentPage;              //取得当前页的页码

    this.DataList1.DataSource = ps;
    this.DataList1.DataKeyField = "stuID";
    this.DataList1.DataBind();
}
```

（3）编写 DataList 控件的 ItemCommand 事件，在该事件中设置单击“首页”“上一页”“下一页”“尾页”按钮时当前页索引以及绑定当前页，并实现跳转到指定页码的功能，代码如下：

```
protected void DataList1_ItemCommand(object source, DataListCommandEventArgs e)
    {
        switch (e.CommandName)
        {
            //以下 5 种情况分别为捕获用户单击“首页”“上一页”“下一页”“尾页”和页面跳转页时发生的
事件
            case "first"://首页
                ps.CurrentPageIndex = 0;
                Bind(ps.CurrentPageIndex);
                break;
            case "pre"://上一页
                ps.CurrentPageIndex = ps.CurrentPageIndex - 1;
                Bind(ps.CurrentPageIndex);
                break;
            case "next"://下一页
                ps.CurrentPageIndex = ps.CurrentPageIndex + 1;
                Bind(ps.CurrentPageIndex);
                break;
            case "last"://尾页
                ps.CurrentPageIndex = ps.PageCount - 1;
                Bind(ps.CurrentPageIndex);
                break;
            case "search"://页面跳转页
                if (e.Item.ItemType == ListItemType.Footer)
                {
                    int PageCount = int.Parse(ps.PageCount.ToString());
                    TextBox txtPage = e.Item.FindControl("txtPage") as TextBox;
                    int MyPageNum = 0;
                    if (!txtPage.Text.Equals(""))
                        MyPageNum = Convert.ToInt32(txtPage.Text.ToString());
                    if (MyPageNum <= 0 || MyPageNum > PageCount)
                        Response.Write("<script>alert('请输入页数并确定没有超出总页数！')</script>");
                    else
                        Bind(MyPageNum - 1);
                }
                break;
        }
    }
```

（4）编写 DataList 控件的 ItemDataBound 事件，在该事件中处理各按钮的显示状态以及 Label 控件的显示内容，代码如下：

```
protected void DataList1_ItemDataBound(object sender, DataListItemEventArgs e)
    {
        if (e.Item.ItemType == ListItemType.Footer)
        {
            //得到脚模板中的控件，并创建变量
            Label CurrentPage = e.Item.FindControl("labNowPage") as Label;
            Label PageCount = e.Item.FindControl("labCount") as Label;
            LinkButton FirstPage = e.Item.FindControl("lnkbtnFirst") as LinkButton;
            LinkButton PrePage = e.Item.FindControl("lnkbtnFront") as LinkButton;
            LinkButton NextPage = e.Item.FindControl("lnkbtnNext") as LinkButton;
            LinkButton LastPage = e.Item.FindControl("lnkbtnLast") as LinkButton;
            CurrentPage.Text = (ps.CurrentPageIndex + 1).ToString();         //绑定显示当前页
            PageCount.Text = ps.PageCount.ToString();                        //绑定显示总页数
            if (ps.IsFirstPage)                          //如果是第 1 页，“首页”和“上一页”按钮不能用
            {
                FirstPage.Enabled = false;
                PrePage.Enabled = false;
            }
            if (ps.IsLastPage)                           //如果是最后一页，“下一页”和“尾页”按钮不能用
            {
                NextPage.Enabled = false;
                LastPage.Enabled = false;
            }
        }
    }
```

说明

由于篇幅限制，这里不再给出 DataList 控件内的 HTML 代码，具体请参见资源包。“首页”“上一页”“下一页”“尾页”按钮等分页控件放置在 DataList 控件的 FooterTemplate 模板中。

9.2.4　查看 DataList 控件中数据的详细信息

显示被选择记录的详细信息可以通过 SelectedItemTemplate 模板来完成。使用 SelectedItemTemplate 模板显示信息时，需要有一个控件激发 DataList 控件的 ItemCommand 事件。

【例 9.11】查看 DataList 控件中数据的详细信息。（**示例位置：mr\TM\09\11**）

本示例介绍了如何使用 SelectedItemTemplate 模板显示 DataList 控件中的数据的详细信息。执行程序，示例运行结果如图 9.29 所示。

程序实现的主要步骤如下。

（1）新建一个网站，默认主页为 Default.aspx，在 Default.aspx 页中添加 1 个 DataList 控件。

打开 DataList 控件的项模板编辑模式。在 ItemTemplate 模板中添加 1 个 LinkButton 控件，用于显示用户选择的数据项；在 SelectedItemTemplate 模板中添加 2 个 LinkButton 控件和 4 个 Label 控件，分别用来取消对该数据项的选择和该数据项详细信息的显示。设计效果如图 9.30 所示。

学生姓名：小日
编号： 1002 返回
姓名： 小雨
性别： 女
爱好： 吹笛子
学生姓名：小南
学生姓名：小雪
学生姓名：小美

图 9.29　查看 DataList 控件中的数据的详细信息

图 9.30　DataList 控件项模板设计效果

Default.aspx 页控件的属性设置及其说明如表 9.10 所示。

表 9.10　Default.aspx 页控件属性设置及其说明

控 件 类 型	控 件 名 称	主要属性设置	用　途
数据/DataList 控件	DataList1		输入姓名
标准/LinkButton 控件	lnkbtnName	将 Text 属性设置为“<%DataBinder.Eval(Container.DataItem, "stuName")%>”	用于数据绑定
		将 CommandName 属性设置为 select	设置命令名称
	lnkbtnBack	将 CommandName 属性设置为 back	设置命令名称
标准/Label 控件	lblID	将 Text 属性设置为“<%DataBinder.Eval(Container.DataItem, "stuID")%>”	用于数据绑定
	lblName	将 Text 属性设置为“<%DataBinder.Eval(Container.DataItem, "stuName")%>”	用于数据绑定
	lblSex	将 Text 属性设置为“<%DataBinder.Eval(Container.DataItem, "stuSex")%>”	用于数据绑定
	lblHobby	将 Text 属性设置为“<%DataBinder.Eval(Container.DataItem, "stuHobby")%>”	用于数据绑定

（2）当用户单击模板中的按钮时，会引发 DataList 控件的 ItemCommand 事件，在该事件的程序代码中根据不同按钮的 CommandName 属性设置 DataList 控件的 SelectedIndex 属性，决定显示详细信息或者取消显示详细信息。最后，重新将控件绑定到数据源。代码如下：

```
protected void DataList1_ItemCommand(object source, DataListCommandEventArgs e)
{
    if (e.CommandName == "select")
    {
        //设置选中行的索引为当前选择行的索引
        DataList1.SelectedIndex = e.Item.ItemIndex;
        //数据绑定
        Bind();
    }
    if (e.CommandName == "back")
```

```
    {
        //设置选中行的索引为-1，取消对该数据项的选择
        DataList1.SelectedIndex = -1;
        //数据绑定
        Bind();
    }
}
```

说明

DataList 控件的 ItemCommand 事件是在单击 DataList 控件内任一按钮时被触发的。

9.2.5　在 DataList 控件中编辑数据

在 DataList 控件中也可以像 GridView 控件一样，对特定项进行编辑操作。在 DataList 控件中是使用 EditItemTemplate 模板实现这一功能的。

【例 9.12】 在 DataList 控件中对数据进行编辑操作。（**示例位置：mr\TM\09\12**）

本示例介绍了如何使用 EditItemTemplate 模板对 DataList 控件中的数据项进行编辑。执行程序，示例运行结果如图 9.31 所示。

程序实现的主要步骤如下。

（1）新建一个网站，默认主页为 Default.aspx，在 Default.aspx 页中添加 1 个 DataList 控件。

打开 DataList 控件的项模板编辑模式。在 ItemTemplate 模板中添加 1 个 Label 控件和 1 个 Button 控件；在 EditItemTemplate 模板中添加 2 个 Button 控件、1 个 Label 控件和 3 个 TextBox 控件。DataList 控件及各模板内控件的设计代码如下：

```
<asp:DataList ID="DataList1" runat="server" OnCancelCommand="DataList1_CancelCommand"
OnEditCommand="DataList1_EditCommand" OnUpdateCommand="DataList1_UpdateCommand"
CellPadding="0" GridLines="Both" RepeatColumns="2" RepeatDirection="Horizontal">
    <ItemTemplate>
    <table>
    <tr>
        <td style="width: 58px">
        姓名：</td>
        <td style="width: 100px">
        <asp:Label ID="lblName" runat="server" Text='<%# Eval("stuName")%>'></asp:Label></td>
    </tr>
    <tr>
        <td style="width: 58px"></td>
        <td style="width: 100px"> <asp:Button ID="btnEdit" runat="server" CommandName="edit" Text="编辑"
/></td>
    </tr>
    </table>
    </ItemTemplate>
    <EditItemTemplate>
    <table>
```

```
        <tr>
            <td style="width: 57px">编号：</td>
            <td style="width: 100px"><asp:Label ID="lblID" runat="server" Text='<%#Eval("stuID")%>'></asp:
Label></td>
        </tr>
        <tr>
            <td style="width: 57px">姓名：</td>
            <td style="width: 100px"><asp:TextBox ID="txtName" runat="server" Text='<%#Eval("stuName")%>'
Width="90px"></asp:TextBox></td>
        </tr>
        <tr>
            <td style="width: 57px">性别：</td>
            <td style="width: 100px"><asp:TextBox ID="txtSex" runat="server" Text='<%#Eval("stuSex")%>'
Width="90px"></asp:TextBox></td>
        </tr>
        <tr>
            <td style="width: 57px">爱好：</td>
            <td style="width: 100px"><asp:TextBox ID="txtHobby" runat="server" Text='<%#Eval("stuHobby")%>'
Width="90px"></asp:TextBox></td>
        </tr>
        <tr>
            <td style="width: 57px"></td>
            <td style="width: 100px"><asp:Button ID="btnUpdate" runat="server" CommandName="update"
Text="更新" />
            <asp:ButtonID="btnCancel" runat="server" CommandName="cancel" Text="取消" /></td>
        </tr>
        </table>
        </EditItemTemplate>
        <EditItemStyle BackColor="Teal" ForeColor="White" />
</asp:DataList>
```

设计效果如图 9.32 所示。

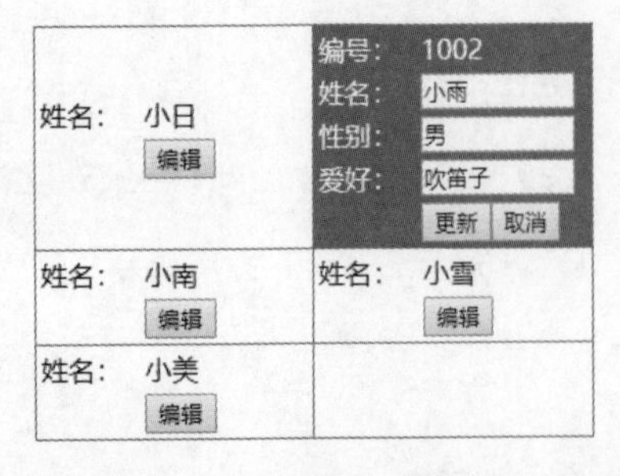

图 9.31　在 DataList 控件中对数据进行编辑操作

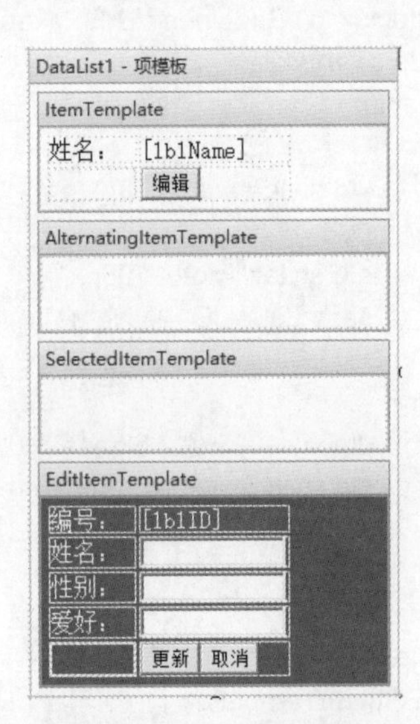

图 9.32　DataList 控件中各个模板内控件的设计效果

（2）当用户单击“编辑”按钮时，将触发 DataList 控件的 EditCommand 事件。在该事件的处理程序中，将用户选中的项设置为编辑模式，代码如下：

```
protected void DataList1_EditCommand(object source, DataListCommandEventArgs e)
{
    //设置 DataList1 控件的编辑项的索引为选择的当前索引
    DataList1.EditItemIndex = e.Item.ItemIndex;
    //数据绑定
    Bind();
}
```

在编辑模式下，当用户单击“更新”按钮时，将触发 DataList 控件的 UpdataCommand 事件。在该事件的处理程序中，将用户的更改更新至数据库，并取消编辑状态。代码如下：

```
protected void DataList1_UpdateCommand(object source, DataListCommandEventArgs e)
{
     //取得编辑行的关键字段的值
     string stuID = DataList1.DataKeys[e.Item.ItemIndex].ToString();
     //取得在文本框中输入的内容
     string stuName = ((TextBox)e.Item.FindControl("txtName")).Text;
     string stuSex = ((TextBox)e.Item.FindControl("txtSex")).Text;
     string stuHobby = ((TextBox)e.Item.FindControl("txtHobby")).Text;
     string sqlStr = "update tb_StuInfo set stuName='" + stuName + "',stuSex='" + stuSex + "',stuHobby='" +
stuHobby + "' where stuID=" + stuID;
    //更新数据库
    SqlConnection myConn = GetCon();
    myConn.Open();
    SqlCommand myCmd = new SqlCommand(sqlStr, myConn);
    myCmd.ExecuteNonQuery();
    myCmd.Dispose();
    myConn.Close();
    //取消编辑状态
    DataList1.EditItemIndex = -1;
    Bind();
}
```

当用户单击“取消”按钮时，将触发 DataList 控件的 CancelCommand 事件。在该事件的处理程序中，取消处于编辑状态的项，并重新绑定数据。代码如下：

```
protected void DataList1_CancelCommand(object source, DataListCommandEventArgs e)
{
    //设置 DataList1 控件的编辑项的索引为-1，即取消编辑
    DataList1.EditItemIndex = -1;
    //数据绑定
    Bind();
}
```

技巧

1. DataList 控件绑定数据

DataList 控件在绑定数据时，应先将 DataKeyField 属性设置为数据表的主键。在程序中，可以

由 DataKeys 集合利用索引值取得各数据的索引值。

2. 获取 DataList 控件中控件数据的方法

获取 DataList 控件中控件数据的方法通常有两种，一是通过 e.Item.Controls[0]索引直接访问 Item 中的控件，二是使用 FindControl 方法查找。

3. 为 DataList 控件添加自动编号的功能

要想在 DataList 控件中实现添加自动编号的功能，首先要将控件与数据源绑定，当绑定 DataList 控件时会触发 ItemDataBound 事件，在 ItemDataBound 事件中动态设置 labOrder 控件的 Text 值，该值为当前项的索引值加 1。关键代码如下：

```
protected void DataList1_ItemDataBound(object sender, DataListItemEventArgs e)
{
    //判断当前项不为空
    if (e.Item.ItemIndex != -1)
    {
        //取得当前项索引值加 1，因为项的索引是从 0 开始
        int orderID = e.Item.ItemIndex + 1;
        //设置显示序列的 Label 控件的值为当前索引值加 1
        ((Label)e.Item.FindControl("labOrder")).Text = orderID.ToString();
    }
}
```

4. 在 DataList 控件中创建重复列

只要将 DataList 控件的 RepeatColumns 属性设置为需要显示的列数即可在 DataList 控件中创建重复列。例如，将同一字段显示为 3 列（例如，每行显示 3 张图片），代码如下：

```
DataList1. RepeatColumns=3;
```

9.3 ListView 控件与 DataPager 控件

9.3.1 ListView 控件与 DataPager 控件概述

在 ASP.NET 中，提供了 ListView 控件和 DataPager 控件，结合使用这两个控件可以实现分页显示数据的功能。

ListView 控件用于显示数据，它提供了编辑、删除、插入、分页与排序等功能，它的分页功能是通过 DataPager 控件来实现的。DataPager 控件的 PagedControlID 属性指定了 ListView 控件 ID，它可以放在两个位置，一是内嵌在 ListView 控件的<LayoutTemplate>标签内，二是独立于 ListView 控件。

说明

ListView 控件可以理解为 GridView 控件与 DataList 控件的融合，它具有 GridView 控件编辑数据的功能，同时又具有 DataList 控件灵活布局的功能。ListView 控件的分页功能必须通过 DataPager 控件来实现。

9.3.2　使用 ListView 控件与 DataPager 控件分页显示数据

下面的示例演示了如何在 ListView 控件中创建组模板，并结合 DataPager 控件分页显示数据。

【例 9.13】使用 ListView 控件与 DataPager 控件分页显示数据。（**示例位置：mr\TM\09\13**）

在页面上显示照片名称，设定每 3 个照片名称为一行，并设定分页按钮，运行结果如图 9.33 和图 9.34 所示。

集体照 笔架山 集体活动
第一页 1 2 最后一页

图 9.33　显示第一页

背靠背 海底之路
第一页 1 2 最后一页

图 9.34　显示第二页

程序实现的主要步骤如下。

（1）新建 ASP.NET 网站，默认主页为 Default.aspx。

（2）在 Default.aspx 页面上添加一个 ScriptManager 控件，用于管理脚本，添加一个 UpdatePanel 控件，用于局部更新；在 UpdatePanel 控件中添加 ListView 控件及 SqlDataSource 控件，并设置相关数据。代码如下：

```
<asp:ListView runat="server" ID="ListView1"
    DataSourceID="SqlDataSource1"
    GroupItemCount="3">
  <LayoutTemplate>
    <table runat="server" id="table1">
      <tr runat="server" id="groupPlaceholder">
      </tr>
    </table>
  </LayoutTemplate>
  <GroupTemplate>
    <tr runat="server" id="tableRow">
      <td runat="server" id="itemPlaceholder" />
    </tr>
  </GroupTemplate>
  <ItemTemplate>
    <td runat="server">
      <%-- Data-bound content. --%>
      <asp:Label ID="NameLabel" runat="server"
          Text='<%#Eval("Title") %>' />
    </td>
  </ItemTemplate>
</asp:ListView>
```

上面的代码设置了 ListView 控件的 GroupItemCount 为 3；在<LayoutTemplate>标签中使用 groupPlaceholder 作为占位符，在<GroupTemplate>标签中使用 itemPlaceholder 作为占位符；DataSourceID 属性定义的 SqlDataSource1 对应的 SqlDataSource 控件代码如下：

```
<asp:SqlDataSource ID="SqlDataSource1" runat="server"
        ConnectionString="<%$ ConnectionStrings:db_ajaxConnectionString %>"
```

```
        SelectCommand="SELECT [Title] FROM [Photo]">
</asp:SqlDataSource>
```

在页面上添加 SqlDataSource 控件并配置数据源后，将在 Web.config 文件<connectionStrings>元素中生成连接数据库的字符串，代码如下：

```
<configuration>
<connectionStrings>
        <add name="db_ajaxConnectionString" connectionString="Data Source=MRPYJ;Initial
Catalog=db_ajax;Integrated Security=True"    providerName="System.Data.SqlClient" />
 </connectionStrings>
...
</configuration>
```

（3）在 UpdatePanel 控件中添加 DataPager 控件，设置其相关属性，代码如下：

```
<asp:DataPager ID="DataPager1" runat="server" PagedControlID="ListView1" PageSize="3">
    <Fields>
        <asp:NextPreviousPagerField ShowFirstPageButton="True"
            ShowNextPageButton="False" ShowPreviousPageButton="False" />
        <asp:NumericPagerField ButtonType="Button" />
        <asp:NextPreviousPagerField ShowLastPageButton="True"
            ShowPreviousPageButton="False" ShowNextPageButton="False" />
    </Fields>
</asp:DataPager>
```

说明

在以上代码中，将 DataPager 控件的 PageSize 设置为 3，表示每页显示 3 条数据；将<NumericPagerField>标签内的 ButtonType 属性设置为 Button，表示以按钮形式显示页码。

9.4 实践与练习

1. 如何实现 DataList 控件中数据的显示格式？
2. 在 GridView 控件中通过 CheckBox 删除选中记录。

第 10 章

LINQ 数据访问技术

LINQ（Language-Integrated Query，语言集成查询）是微软公司提供的一项新技术，它能够将查询功能直接引入.NET Framework 所支持的编程语言中。查询操作可以通过编程语言自身来传达，而不是以字符串形式嵌入应用程序代码中。本章将对其进行详细讲解。

本章知识架构及重难点如下。

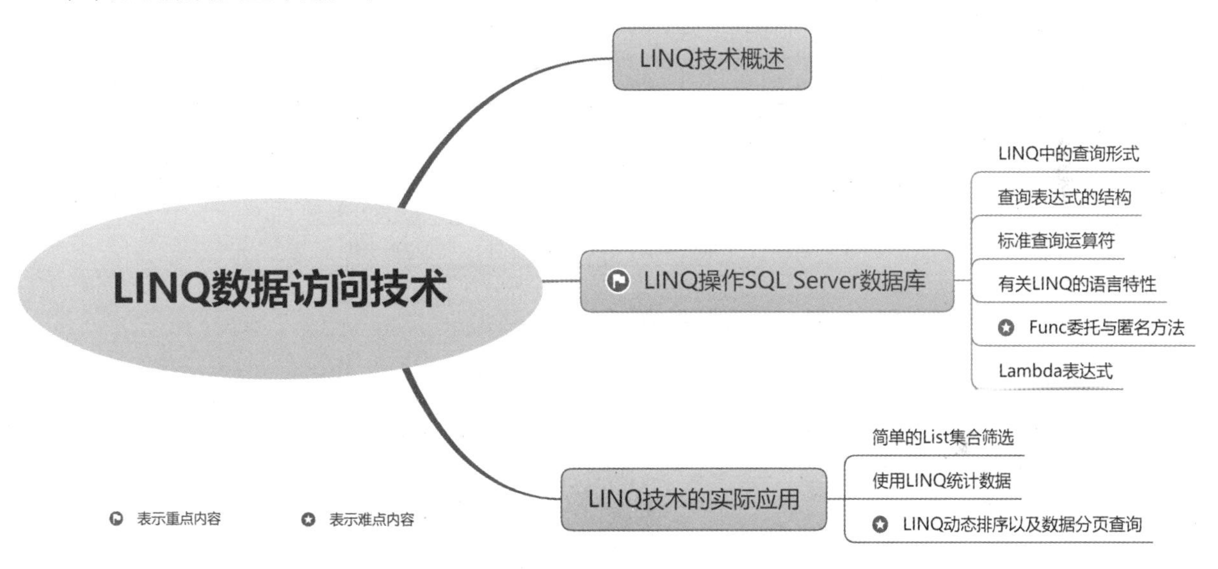

10.1 LINQ 技术概述

语言集成查询（LINQ）是.NET Framework 3.5 版引入的一项创新功能，它在对象领域和数据领域之间架起了一座桥梁，传统上，针对数据的查询都以简单的字符串表示，而没有编译时类型检查或 IntelliSense（智能感知）的支持，并且对于不同的数据源（如 SQL 数据库、XML 文档、各种 Web 服务等）还需要单独了解和学习。

LINQ 主要由 3 部分组成，分别为 LINQ to ADO.NET、LINQ to Objects 和 LINQ to XML。其中，可以将 LINQ to ADO.NET 分为两部分，分别为 LINQ to SQL 和 LINQ to DataSet。以下为各组件的概述说明。

☑ LINQ to SQL 组件：可以查询基于关系数据库的数据，并对这些数据进行检索、插入、修改、删除、排序、聚合和分区等操作。

☑ LINQ to DataSet 组件：可以查询 DataSet 对象中的数据，并对这些数据进行检索、过滤和排序等操作。

☑ LINQ to Objects 组件：可以查询 Ienumerable 或 Ienumerable<T>集合，也就是说，可以查询任何可枚举的集合，如数据（Array 和 ArrayList）、泛型列表 List<T>、泛型字典 Dictionary<T>，以及用户自定义的集合，而不需要使用 LINQ 提供程序或 API。

☑ LINQ to XML 组件：可以查询或操作 XML 结构的数据（如 XML 文档、XML 片段和 XML 格式的字符串等），并提供了修改文档对象模型的内存文档和支持 LINQ 查询表达式等功能，处理 XML 文档的全新编程接口。

LINQ 可以查询或操作任何存储形式的数据，如对象（集合、数组、字符串等）、关系（关系数据库、ADO.NET 数据集等）、XML 文档、支持 IEnumerable 或泛型 IEnumerable<T>接口的任何对象集合，此外，一些第三方数据组件也会提供对 LINQ 的支持。LINQ 架构如图 10.1 所示。

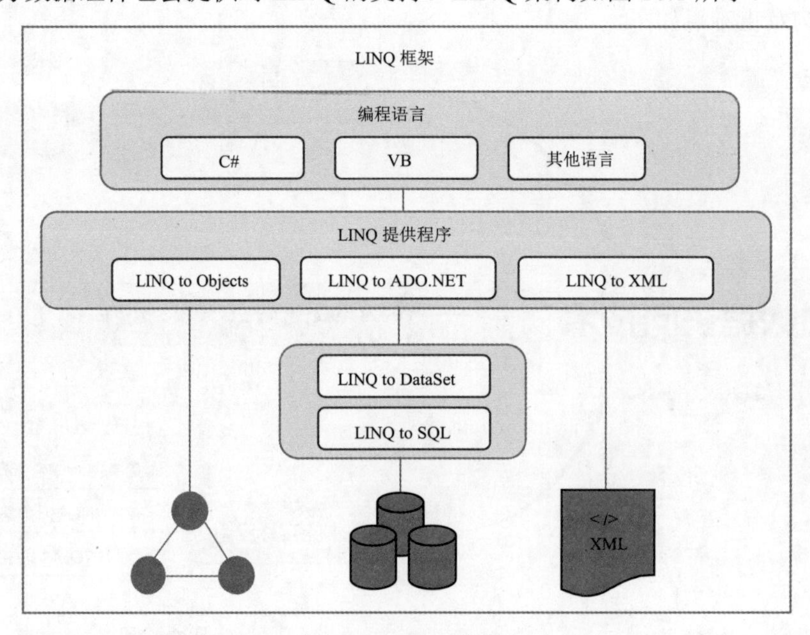

图 10.1　LINQ 架构

10.2　LINQ 查询基础

在学习 LINQ 技术之前需要了解一些有关 LINQ 的基础知识，因为 LINQ 的实现必须由这些基础来构成，例如隐式类型、委托和 Lambda 表达式等。在了解并掌握这些基础知识后才能继续 LINQ 的学习。

10.2.1　LINQ 中的查询形式

在实现 LINQ 查询时可以使用两种形式的语法，即方法语法和查询语法。

☑ 方法语法（method syntax）使用标准的方法调用。这些方法是一组标准查询运算符的方法。方法语法是命令式的，它指明了查询方法的调用顺序。

☑ 查询语法（query syntax）是看上去和 SQL 语句很相似的一组查询子句，查询语法是声明式的，即它只是定义并描述了想返回的数据，但并没有指明如何执行这个查询，所以，编译器实际上会将查询语法表示的查询翻译为方法调用的形式。

以下为两种查询方式的基本形式。

使用方法语法方式：

```
int[] values = new int[] { 5, 8, 15, 20, 21, 30, 50, 65, 93 };
List<int> list = values.Where(W => W >= 30).ToList();
```

使用查询语法方式：

```
int[] values = new int[] { 5, 8, 15, 20, 21, 30, 50, 65, 93 };
var list = from v in values where v >= 30 select v;
```

以上两种方式的查询结果是相同的，但微软推荐使用查询语法来实现，因为它更易读，能更清晰地表明查询意图，因此也更不容易出错。

10.2.2　查询表达式的结构

LINQ 查询表达式是 LINQ 中非常重要的一部分内容，它可以从一个或多个给定的数据源中检索数据，并指定检索结果的数据类型和表现形式。LINQ 查询表达式由一个或多个 LINQ 查询子句按照一定的规则组成。LINQ 查询表达式包括以下几个子句。

☑ from 子句：指定查询操作的数据源和范围变量。
☑ where 子句：筛选元素的逻辑条件，一般由逻辑运算符组成。
☑ select 子句：指定查询结果的类型和表现形式。
☑ orderby 子句：对查询结果进行排序（降序或升序）。
☑ group 子句：对查询结果进行分组。
☑ into 子句：提供一个临时的标识符，该标识符可以引用 join、group 和 select 子句的结果。
☑ join 子句：连接多个查询操作的数据源。
☑ let 子句：引入用于存储查询表达式中子表达式结果的范围变量。

LINQ 查询表达式必须包括 from 子句，且以 from 子句开头。from 子句指定查询操作的数据源和范围变量。其中，数据源不但包括查询本身的数据源，还包括子查询的数据源。范围变量一般用来表示源序列中的每一个元素。

说明

如果一个查询表达式还包括子查询，那么子查询表达式也必须以 from 子句开头。

下面是一个完整的 LINQ 查询表达式语句：

```
List<Student> student = GetStudents();
List<Scores> scores = GetScores();
var list = from _student in student
               join _scores in scores on _student.ID equals _scores.StudentID
               where (_scores.Chinese + _scores.Math + _scores.English) / 3 > 60
```

```
group _student by new { _student.Age } into ab
orderby ab.Key.Age descending
select new data { Age = ab.Key.Age, count = ab.Count() };
```

其中，student 和 scores 分别是两个存在关联性的 List 数据集合，通过 from 和 join 子句并指定关联属性可以将两个集合进行数据间的关联。where 条件筛选了平均分为 60 分以上的学生，然后通过 group by 子句指定了分组依据并使用 into 子句将分组结果存储在临时标识符 ab 中，在 group by 或 select 子句中使用 into 建立新的临时标识符有时也可以称为“延续”，这样对于 into 的理解就会更加透彻。orderby 子句定义了按指定的属性进行排序操作，排序方式可以为 descending 和 ascending，指定 descending 为按降序排列，而 ascending 为按升序排列，最后通过 select 返回一个自定义的数据实体类。

10.2.3 标准查询运算符

标准查询运算符由一系列 API 方法组成，它支持查询任何数组或集合对象。被查询的集合必须是实现了 IEnumerable<T>接口，这些查询方法中有一些返回 IEnumerable 对象，而其他一部分查询方法会直接返回标量值。

下面列举几个常用的标准查询运算符（查询方法）。

☑ Select：指定要查询的项，同 select 子句。

☑ Where：指定筛选条件，同 where 子句。

☑ Take：指定要获取的元素个数，同 SQL 中的 top 语句。

☑ Skip：跳过指定的元素个数开始获取。

☑ Join：对两个对象执行内连接。

☑ GroupBy：分组集合中的元素，同 groupby 子句。

☑ OrderBy/ThenBy：OrderBy 指定对集合中元素进行排序，ThenBy 为可对更多的元素进行排序。

☑ Count：返回集合中元素的个数。

☑ Sum：返回集合中某一项值的总和。

☑ Min：返回元素中最小的值。

☑ Max：返回元素中最大的值。

这些查询运算符只是其中常用的一部分，Where 可以指定筛选条件，而 Select 或 Count 等查询运算符能够返回所需的数据项，但使用这些带有返回项的查询运算符时，同样也可以指定像 Where 一样的筛选条件。

下面是实现与查询表达式查询结果相同的查询运算符语句：

```
List<Student> student = GetStudents();
List<Scores> scores = GetScores();
var JoinData = student.Join(scores, _student => _student.ID, _scores => _scores.StudentID,
                    (_student, _scores) => new { Student = _student, Scores = _scores });
var ResultList = JoinData.Where(W =>
                    (W.Scores.Chinese + W.Scores.Math + W.Scores.English) / 3 > 60)
                .GroupBy(G => G.Student.Age)
                .OrderByDescending(O => O.Key)
                .Select(S => new { Age = S.Key, Count = S.Count() });
```

其中，Join 方法将 student 和 scores 关联了起来，第 1 个参数为与之关联的集合，第 2 个和第 3 个参数分别为两个集合的关联键，第 4 个参数为关联后返回的结果。下面的 Where 和 GroupBy 查询运算符与查询表达式中 where 子句和 groupby 子句实现的效果相同。OrderByDescending 直接定义了倒排序的依据，反之，升序为 OrderBy 方法，最后通过 Select 返回了要查询的数据。

10.2.4　有关 LINQ 的语言特性

在前面的章节中我们学习了 LINQ 的一些基础知识及两种查询方式，但在使用 LINQ 之前还要对隐式类型、匿名类型和对象初始化器这 3 个语言特性进行了解。

1. 隐式类型

在还没有出现隐式类型之前，我们在声明一个变量时，该变量的数据类型必须要明确指定，例如，int a=0、string s="abc"等。当然，这样的声明方式是没有任何问题的，但在使用 LINQ 查询数据时，要想明确指定返回的数据类型是一件很麻烦的事情，有时需要各种类型转换，这无疑增加了开发成本，而隐式类型的出现解决了这个问题。

下面是定义隐式类型的语法规则，使用 var 关键字可以定义接收任何类型的数据。

```
var a = 1;                          //等同于 int a=1;
var s = "abc";                      //等同于 string s="abc";
var list = new List<int>();         //等同于 List<int> list=new List<int>();
var o = new object();               //等同于 object o=new object();
```

上面通过 var 定义的 4 个变量与对应注释中明确指定类型的定义效果是相同的，因为编辑器可通过变量的值来推导出数据类型，所以，在使用 var 隐式类型时，必须在声明变量之初给变量赋值。

使用隐式类型定义变量并不会存在程序性能的问题，因为其原理是在编译器进行编译后产生的 IL 代码（中间语言代码），与普通的明确类型的定义是完全相同的。不过，能够方便使用具体类型的地方还是要尽量使用明确指定类型的方式，因为这关系到程序的可读性。

使用隐式类型的好处：一方面，无须关心 LINQ 查询返回的各种复杂类型；另一方面，在使用 foreach 遍历一个集合时不必查看相关的数据类型，使用 var 即可代替。

注意

隐式类型只能在方法内部、属性 get 或 set 访问器内进行声明，不能使用 var 来定义返回值、参数类型或类中的数据成员。

2. 匿名类型

匿名类型与隐式类型是相对的，在创建一个对象时同样无须定义对象的类型。在使用 LINQ 查询时所返回的数据对象通常会以匿名类型进行返回，这也就需要使用 var 来接收匿名类型对象。

下面是匿名类型的定义方式，使用 var 和 new 关键字就可以实现创建一个匿名类型。

```
var obj = new { DateTime.Now, Name = "名称", Values = new int[] { 1, 2, 3, 4, 5 } };
```

代码中分别定义了 3 个不同类型的属性，其中第 1 个属性 DataTime.Now 并没有定义属性的名称，这是因为原始属性的名字会被“复制”到匿名对象中。

误区警示

不能同时引用具有相同名称的对象属性作为匿名类型的属性，如 Guid.Empty 和 string.Empty，因为这会导致属性同名问题。

3．对象初始化器

基于前面学习的两个语言特性，对象初始化器可以集合前两个特性一起使用，例如，在创建一个匿名对象时实际上就应用到了 3 个特性。它提供了一种非常简洁的方式来实例化一个对象和为对象的属性赋值。

下面是使用对象初始化器特性进行实例化操作的语法规则：

```
var student = new Student() { ID = 1, Name = "张三", Age = 20 };
```

也可以使用显式类型定义，例如：

```
Student student = new Student() { ID = 1, Name = "张三", Age = 20 };
```

对象初始化器特性并不需要相关的关键字，它只是一种初始化对象的方式。在结合隐式类型和匿名类型时，它可以避免使用强制类型转换。

10.2.5　Func 委托与匿名方法

Func 被定义为一个泛型委托，包含 0～16 个输入参数，正由于它是泛型委托，所以参数由开发者确定，同时，它规定要有一个返回值，而返回值的类型也由开发者确定。

下面是定义 Func 泛型委托的语法，代码中定义了一个委托和一个委托回调方法。

```
Func<int, int, string> calc = getCalc;
public string getCalc(int a, int b)
{
    return "结果为：" + (a + b);
}
```

从代码中可以看到，Func 泛型的前两个参数类型为 int 型，所对应的是 getCalc 方法的两个参数类型，而最后一个泛型参数类型为 string，表示 getCalc 方法的返回值类型。

上面定义的委托及调用方法都是进行显式声明的，但在 C#中可以通过使用一种叫作匿名方法的方式来定义委托的回调方法。匿名方法的定义就是将原来传入的方法名称变更为委托方法体。

下面是定义 Func 泛型委托，并使用匿名方法定义委托的回调方法的语法。

```
Func<int, int, string> calc =
        delegate (int a, int b)
        {
            return "结果为：" + (a + b);
        };
```

在代码结构上，此方式较传统的定义方式更加简便，因为省去了对方法的定义。这使得开发者在开发程序时可以更加专注于核心业务部分。

10.2.6　Lambda 表达式

在 10.2.5 小节中我们学习了 Func 泛型委托和匿名方法，在 LINQ 标准查询运算符中，一些重载方法的参数列表中都有 Func 泛型委托的身影。然而，如果在这里使用上述两种方式会显得复杂得多，所以，C#中又出现了 Lambda 表达式，相对于匿名方法，Lambda 表达式进一步简化了一些字母或单词的编码工作，例如，省去了 delegate，同时结合匿名类型也可以省去定义实体数据类的过程。

Lambda 表达式的语法格式将委托的回调方法简化到了只有参数列表和表达式体。

```
Arg-list => expr-body
```

“=>”符号左边为表达式的参数列表，右边则是表达式体，参数列表可以包含 0 到多个参数，声明方式与定义方法时的形参格式相同，例如，下面是带有两个参数的 Lambda 表达式：

```
Func<int, int, string> calc =
        (int a, int b) =>
        {
            return "结果为：" + (a + b);
        };
```

如果只有一个参数，也可以有另一种写法：

```
Func<int, string> calc =
        a =>
        {
            return "结果为：" + a;
        };
```

无参数的 Lambda 表达式则直接定义一个空的参数列表：

```
Func<string> calc =
        () =>
        {
            return "无参数 Lambda 表达式";
        };
```

10.3　LINQ 技术的实际应用

LINQ 技术目前在 C#代码中占有很高的使用率，从基本的内存数据筛选到与数据库间的关联操作，都已在 LINQ 技术中实现。无论是 C#语言本身集成的组件还是第三方组件，只要是基于 LINQ 技术来实现，那么开发人员只需掌握 LINQ 这一项技术就可以快速地应用这些组件，而无须管理由组件所带来的各种驱动程序。

10.3.1　简单的 List 集合筛选

通常，在一个集合中要想筛选出指定条件的数据条目，可以采用 foreach 遍历，然后通过 if 判断来

实现，但从代码量和实现复杂度上来讲，这并不是最好的解决办法。使用 LINQ 则同样可以实现各种复杂的逻辑运算，并且在结构上要优于使用循环的方式。

【例 10.1】本示例实现将 1900 年到当前时间的年份添加到 List 集合中，然后通过 LINQ 的标准查询运算符和定义的 Lambda 表达式条件筛选出所有的闰年年份。（**示例位置：mr\TM\10\01**）

程序实现的主要步骤如下。

（1）新建一个网站并创建 Default.aspx 页面，在页面中添加一个 DataList 控件并实现模板的绑定以及样式设置。

（2）打开 Default.aspx.cs 后台代码文件，首先在页面类中定义 List 类，然后在 Page_Load 中循环 1900 到当前时间的所有年份并添加到 List 中，接着调用筛选年份方法，代码如下：

```
public List<int> EveryYear = new List<int>();
protected void Page_Load(object sender, EventArgs e)
 {
     int StartYear = 1900;                              //定义起始年份
     int EndYear = DateTime.Now.Year;                   //定义当前年份
     for (; StartYear <= EndYear; StartYear++)          //循环每一年
     {
         EveryYear.Add(StartYear);                      //将每一年添加到 List 集合中
     }
     LeapYear();                                        //调用筛选闰年方法
 }
```

（3）实现 LINQ 筛选闰年年份的方法。代码如下：

```
private void LeapYear()
 {
     /*使用标准查询运算符并定义 Lambda 表达式筛选条件，
       通过 Select 方法将检索的项赋给 LeapYearEntity 类*/
     var EveryLeapYear = EveryYear.Where(W =>
         (W % 4 == 0 && W % 100 > 0) || (W % 100 == 0 && W % 400 == 0))
         .Select(S => new LeapYearEntity() { EveryLeapYear = S });
     //绑定筛选出来的数据到 DataList 控件
     this.DataList1.DataSource = EveryLeapYear;
     //执行绑定
     this.DataList1.DataBind();
 }
```

执行程序，页面加载完成后将显示所有闰年列表，如图 10.2 和图 10.3 所示。

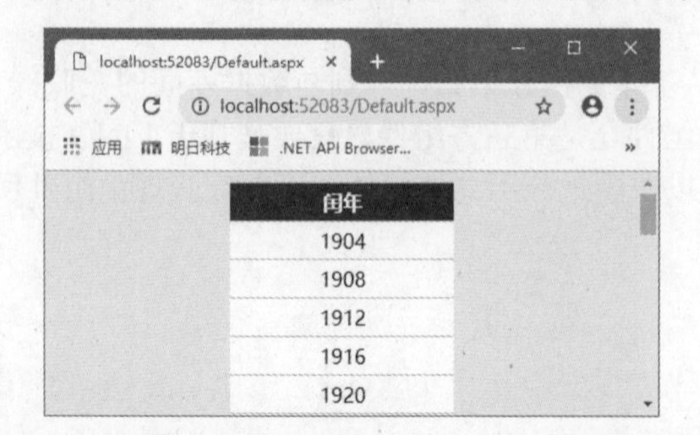

图 10.2　LINQ 筛选的闰年年份列表（1）

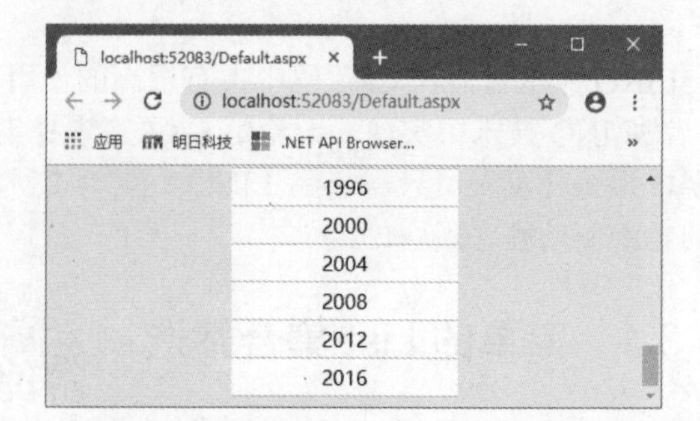

图 10.3　LINQ 筛选的闰年年份列表（2）

10.3.2　使用 LINQ 统计数据

LINQ 可以像 SQL 语句一样查询内存中的数据，其复杂程度不亚于 SQL 语句。然而，在实际开发中会遇到来自各种数据源的集合数据。对于这些数据，要么将其直接展示给用户，要么进行相应的处理后保存到数据库中，但从需求的角度来讲，不排除将数据进行格式化后再展示或存储的可能。

【例 10.2】本示例将在 List 中统计商品的销售额及销售数量等数据，代码中将使用表连接及分组统计进行查询，并且将执行动态条件查询来筛选多个条件查询。（**示例位置：mr\TM\10\02**）

程序实现的主要步骤如下。

（1）新建一个网站并创建 Default.aspx 页面，在 Default.aspx 页面中添加一个 GridView 控件用于显示数据列表，然后在列表上方定义筛选条件区域。

（2）在页面类下面定义两个 List 集合类，然后在 Page_Load 方法中生成 List 数据。这里需要注意的是，要将 List 对象声明为静态类（static），然后数据将以随机的方式生成。

（3）定义核心代码部分，编写查询数据的查询表达式语句，该方法有 3 个参数，分别用于定义产品种类、种类编号及销售日期的搜索条件。代码如下：

```
public void GetData(string CategoryName, string CategoryCode, DateTime? SaleDate)
 {
     DateTime StartDate = DateTime.MinValue;        //定义搜索条件的开始日期，默认值为最小时间
     //定义搜索条件的结束日期，默认值为最大时间
     DateTime EndDate = DateTime.MaxValue.AddDays(-1);
     if (SaleDate != null)                           //如果日期参数不为空，则说明用户按日期进行了搜索
     {
         StartDate = (DateTime)SaleDate;             //设置开始日期为用户选择的日期
         EndDate = (DateTime)SaleDate;               //设置结束日期为用户选择的日期
     }
     var Getting = from gs in goodsSalesList         //查询销售表
                   /*where 条件指定了日期查询，采用范围搜索的目的是能够
                     使用最小和最大日期来兼容默认情况下（不按日期搜索）的数据查询*/
                   where gs.SaleDate >= StartDate.Date && gs.SaleDate < EndDate.AddDays(1).Date
                   group gs by gs.goodsID into newGroup//按产品分组
                   join g in goodsList on newGroup.Key equals g.ID       //分组后与主集合数据关联
                   /*where 条件指定了按种类或编号查询，采用三元运算符是为了兼容
                     用户没有进行条件搜索时的默认全部数据的查询*/
                   where (CategoryName == "" ? true : g.CategoryName == CategoryName)
                         && (CategoryCode == "" ? true : g.CategoryCode == CategoryCode)
                   orderby newGroup.Key ascending                        //按产品 ID 排序
                   //查询需要用到的信息以及各种统计数据
                   select new
                   {
                       goodsID = newGroup.Key,
                       CategoryCode = g.CategoryCode,
                       CategoryName = g.CategoryName,
                       Price = g.Price,
```

```
                    totalSalePrice = newGroup.Sum(S => S.SalePrice),
                    totalCount = newGroup.Count(),
                    avgSalePrice = Math.Round(Convert.ToDecimal(newGroup.Sum(S =>
                    S.SalePrice) / newGroup.Count()), 2)
                };
    this.GridView1.DataSource = Getting;                              //绑定数据源
    this.GridView1.DataBind();                                        //执行绑定
}
```

（4）定义两个搜索事件处理方法，一个是搜索产品时的 Button 控件事件，另一个是按日期搜索的 Calendar 日期控件选中事件。

执行程序，页面在加载时默认显示全部数据，如图 10.4 所示。按条件搜索时将显示条件内的数据，如图 10.5 所示。

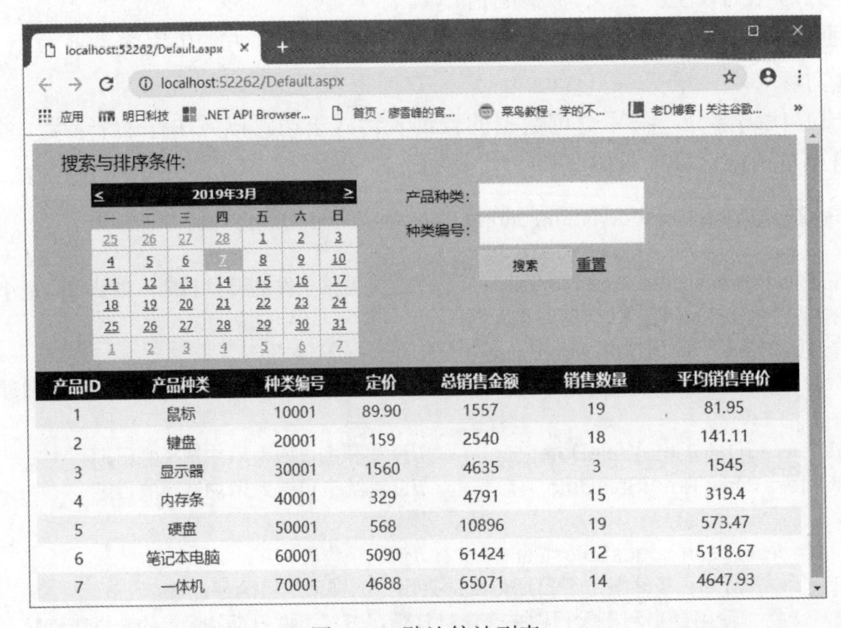

图 10.4　默认统计列表

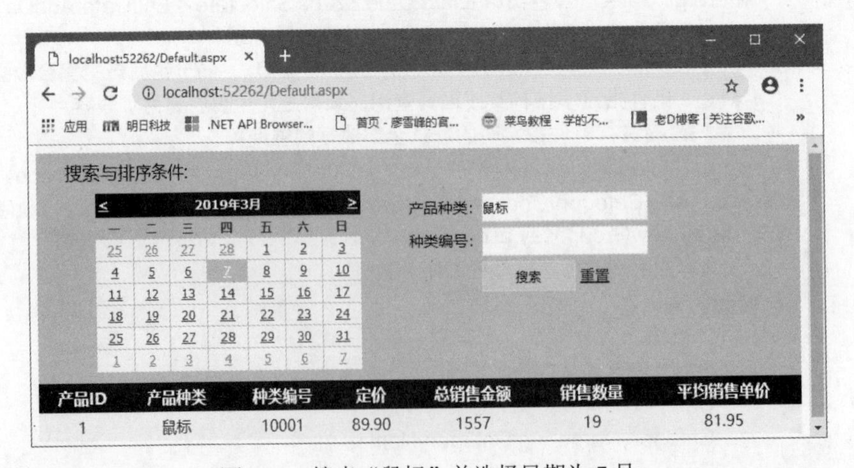

图 10.5　搜索“鼠标”并选择日期为 7 号

10.3.3　LINQ 动态排序及数据分页查询

LINQ 不仅可以实现对内存中集合数据的筛选，还可以对数据库进行相关的操作，其语法格式也不会有任何改变。对于查询数据库表而言，使用存储过程的优势之一是执行动态语句，其中包括各种排序方式及数据分页等，然而通过 LINQ 技术我们可以在程序中使用强类型来实现这些功能。

【例 10.3】本示例将使用 LINQ to SQL 实现数据查询操作，通过在页面上定义的查询、排序及分页等功能按钮实现在 LINQ 中对部分逻辑进行处理。（**示例位置：mr\TM\10\03**）

程序实现的主要步骤如下。

（1）新建一个网站并创建 Default.aspx 页面，在 Default.aspx 页面中添加一个 GridView 控件用于显示数据列表，然后在列表上方定义筛选条件、排序按钮及分页按钮。另外，页面中还定义了 3 个 HiddenField 控件，用于存储分页功能的“当前页码”“总页码”和排序功能的“升降序”这 3 个信息。

（2）在使用 LINQ to SQL 时需要先创建映射数据库的相关类文件，首先在项目上右击，在弹出的快捷菜单中选择“添加”→“新建项”命令，在弹出的对话框中选择“LINQ to SQL 类”，然后修改文件名为 School.dbml，最后单击“添加”按钮，此时会提示文件将被创建在 App_Code 文件夹内，单击“确定”按钮即可完成添加操作。添加过程如图 10.6 所示。

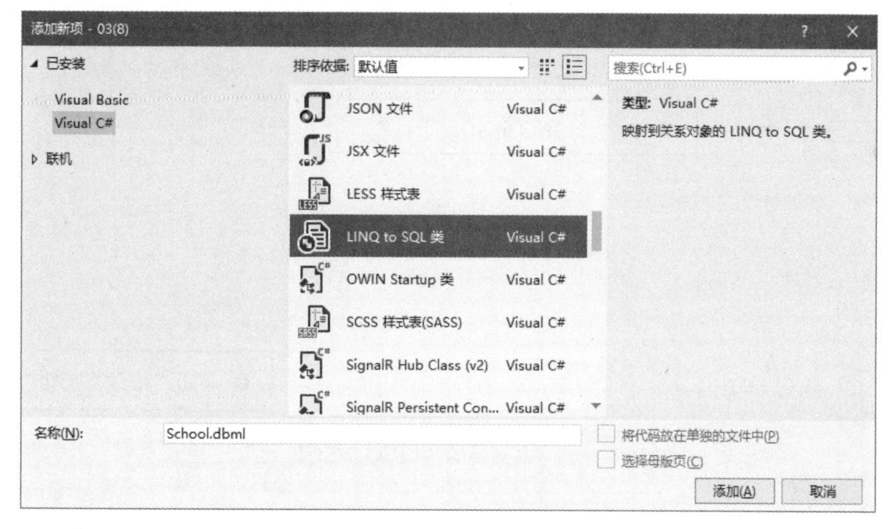

图 10.6　添加“LINQ to SQL 类”文件

说明

在 Visual Studio 2019 中如果没有“LINQ to SQL 类”这一选项，则需要手动添加这个工具项。首先在 Visual Studio 2019 的“工具”菜单中找到并选择“获取工具和功能”命令，然后在更新窗口中选择“单个组件”选项卡，接着在下面的列表中找到并选中“LINQ to SQL 工具”，最后单击“修改”按钮。整个安装过程如图 10.7～图 10.9 所示。

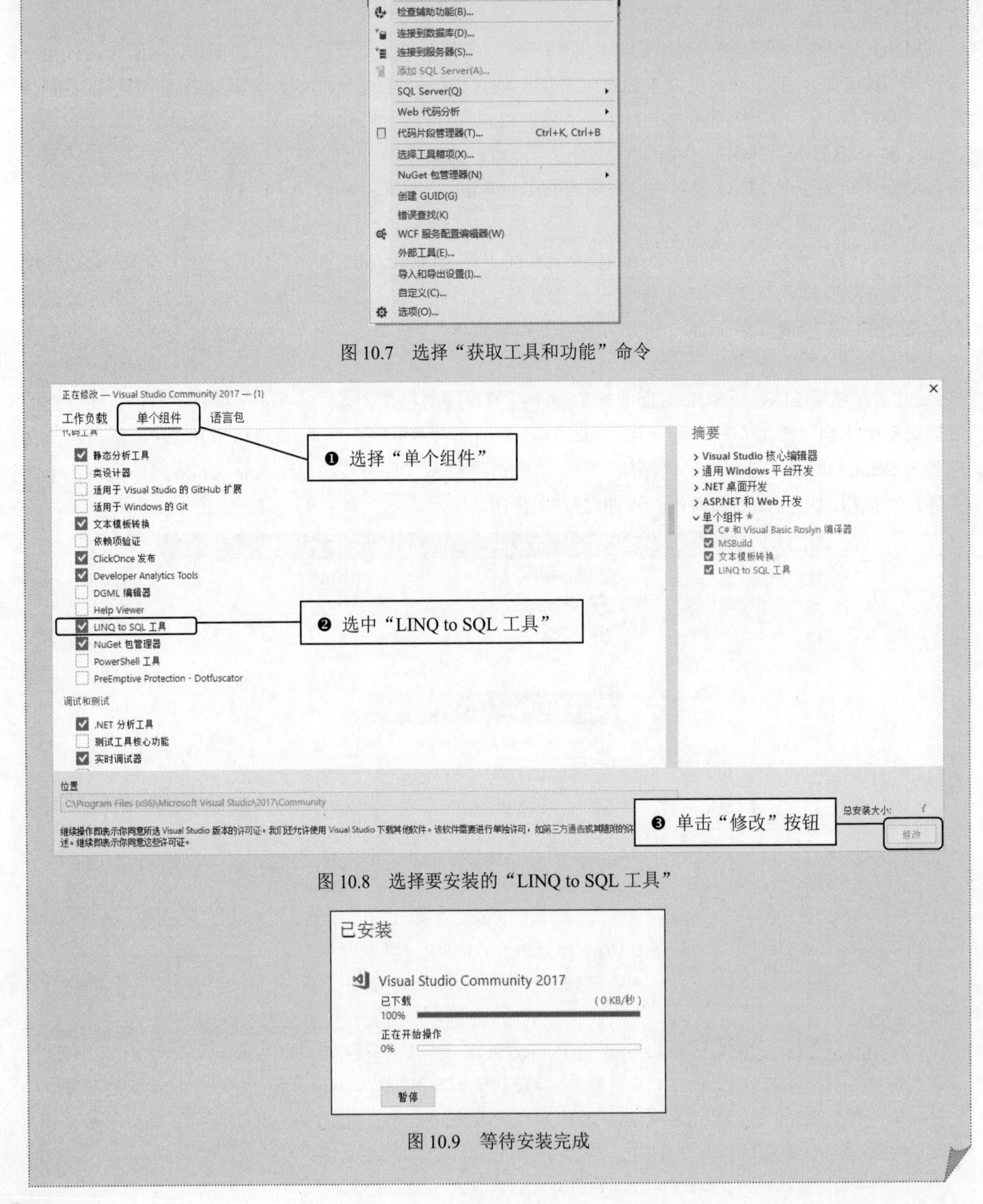

图 10.7　选择“获取工具和功能”命令

图 10.8　选择要安装的“LINQ to SQL 工具”

图 10.9　等待安装完成

（3）双击打开 School.dbml 文件，在“视图”菜单中选择“服务器资源管理器”命令，在打开的面板中找到“数据连接”节点并在该节点上右击，在弹出的快捷菜单中选择“添加连接”命令，在弹出的配置对话框中配置要连接的数据库信息，由于前面的章节中已经讲解过如何配置数据库连接，这里不再赘述。打开“服务器资源管理器”的方式如图 10.10 所示，打开配置数据库对话框的方式如图 10.11 所示。

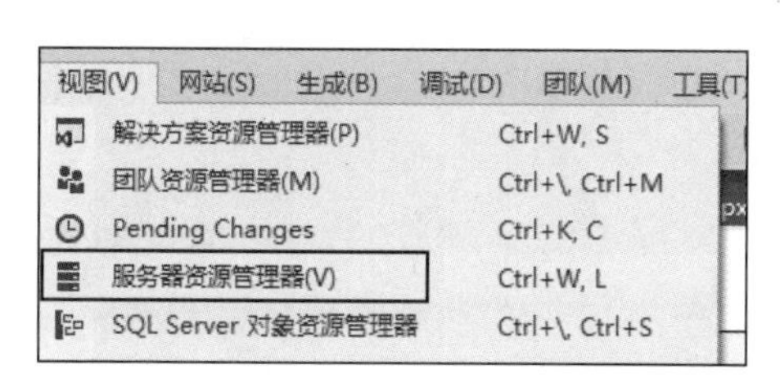

图 10.10　选择“服务器资源管理器”

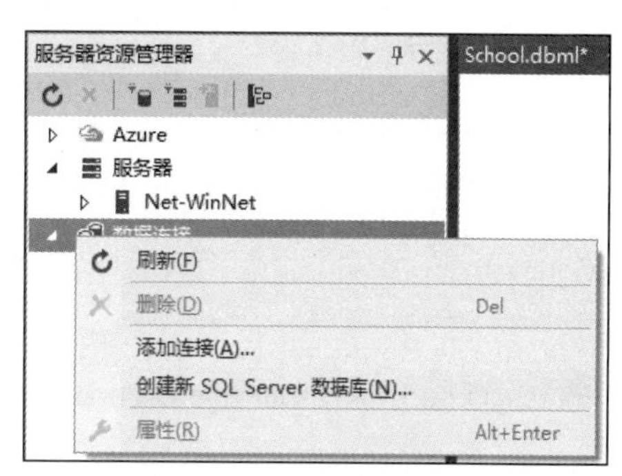

图 10.11　打开配置数据库对话框

（4）添加完成之后依次展开已连接的数据库节点和表节点，选中 Student 表，接着按住鼠标左键向 School.dbml 页面中拖动，页面上会出现一个表结构窗口，如图 10.12 所示。

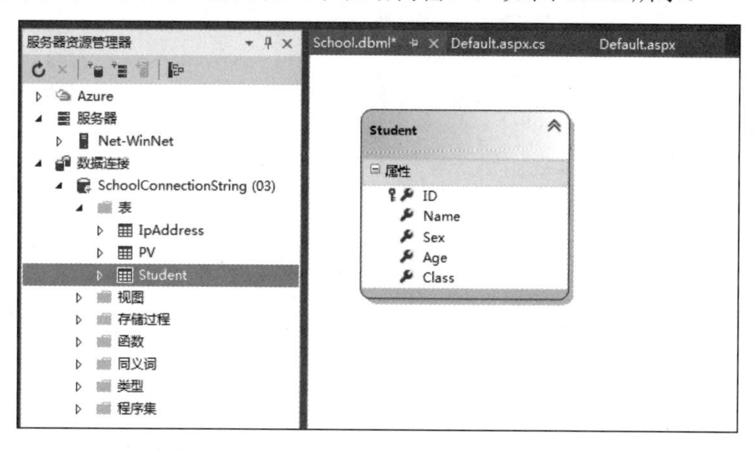

图 10.12　向 School.dbml 文件中拖放一个表

（5）定义查询数据的方法，设定方法可以接收 4 个参数，分别为当前页码、每页显示的数据总数、性别筛选条件和名称筛选条件。方法的设计思路是先对数据进行 where 条件筛选，然后进行分页计算和筛选，接着设定排序方式，最后查询数据并绑定到 GridView，方法代码如下：

```
public void GetData(int PageIndex, int PageSize, int SexID, string SearchValue)
{
    //实例化操作数据库的上下文类
    SchoolDataContext sdc = new SchoolDataContext();
    //对 Student 表进行条件筛选
    var resultWhere = sdc.Student.Where(W => ((SexID == 0 ? true :
                                        W.Sex == (SexID == 1 ? "男" : "女")))
      && (SearchValue != "" ? W.Name.Contains(SearchValue) : true));
    //根据分页信息计算当前需要跳过的数据条数
```

```
    int skip = (PageIndex - 1) * PageSize;
    //跳过计算后的数据条数，并指定要获取的总数据条数
    var resultPage = resultWhere.Skip(skip).Take(PageSize);
    //获取隐藏域中记录的排序方式
    int Sort = Convert.ToInt32(this.HiddenField3.Value);
    //定义表达式目录树
    Expression<Func<Student, int?>> orderby;
    //得到要排序的列
    orderby = ob => (Sort == -2 || Sort == 2 ? ob.Age : ob.ID);
    //定义排序后的返回类型
    IOrderedQueryable<Student> resultOrderby = null;
    //如果排序方式大于零则表示升序
    if (Sort > 0)
    {
        //OrderBy 表示以升序排序
        resultOrderby = resultPage.OrderBy(orderby);
    }
    //如果排序方式小于零则表示降序
    else if (Sort < 0)
    {
        //OrderByDescending 表示以降序排序
        resultOrderby = resultPage.OrderByDescending(orderby);
    }
    //查询要使用的字段
    var result = resultOrderby.Select(S => new { S.ID, S.Name, S.Sex, S.Age, S.Class });
    this.GridView1.DataSource = result;                 //绑定到 GridView
    this.GridView1.DataBind();                          //执行绑定
    int totalCount = resultWhere.Count();               //获取总记录数
    //计算总页数
    int totalPage = (totalCount / PageSize) + ((totalCount % PageSize) > 0 ? 1 : 0);
    //绑定分页信息到 Label 控件
    this.Label1.Text = "共" + totalPage + "页，当前第" + PageIndex + "页";
    //将总页数绑定到隐藏域
    this.HiddenField2.Value = totalPage.ToString();
    if (PageIndex == 1)                                 //如果当前为第一页
    {
        this.Button2.Enabled = false;                   //设置“上一页”按钮不可用
    }
    if (PageIndex == totalPage)                         //如果当前为最后一页
    {
        this.Button3.Enabled = false;                   //设置“下一页”按钮不可用
    }
}
```

（6）这个方法需要在 Page_Load 页面加载方法、搜索按钮事件及排序按钮事件中被调用，而方法参数中只有 PageSize 可以为常量，所以，其他 3 个参数都需要在页面中获取。在每个功能按钮事件方法与该方法之间定义一个过渡方法，以统一传入条件参数，方法代码如下：

```
public void GoSearch(int PageIndex)
{
```

```
    int SexID;                                                    //定义获取的性别值
    int.TryParse(this.RadioButtonList1.SelectedValue, out SexID); //获取已选择的性别
    //调用 GetData，只有 PageIndex 参数是需要每个方法单独传入的
    GetData(PageIndex, 10, SexID, this.TextBox1.Text.Trim());
}
```

（7）实现各个按钮功能的事件处理方法，这些方法的实现方式大致相同，都是进行相应的数据计算与赋值操作，然后调用 GetSearch 方法执行查询。方法的定义可在资源文件中找到，这里将不再列出。

执行程序，页面加载完成后将显示全部数据，如图 10.13 所示。当按“小”字和性别为“男”进行搜索后，在执行按年龄升序排序时会得到筛选及排序好的数据列表，如图 10.14 所示。

◉全部 ◎男 ◎女 [　　] 搜索 按年龄：升序 降序 按ID：升序 降序 上一页 下一页 共2页，当前第1页

ID	姓名	性别	年龄	班级
1	张三	男	24	二年九班
2	李四一	男	22	一年七班
4	小明明	女	25	二年九班
5	小蕾	女	23	二年五班
7	小五	男	25	三年六班
8	小方	男	24	二年二班
11	小六0	男	22	一年一班
12	小六1	男	22	一年一班
16	学生1	女	24	三年五班
17	学生2	男	23	二年五班

图 10.13　默认学生列表

◎全部 ◉男 ◎女 [小] 搜索 按年龄：升序 降序 按ID：升序 降序 上一页 下一页 共1页，当前第1页

ID	姓名	性别	年龄	班级
11	小六0	男	22	一年一班
12	小六1	男	22	一年一班
8	小方	男	24	二年二班
7	小五	男	25	三年六班

图 10.14　搜索和排序后的列表

10.4　实践与练习

实现一个书籍目录索引查找功能，首先将一本书的目录收集整理到 List<string>集合中，然后在页面中定义一个文本框和一个按钮，单击按钮将实现查找与用户输入关键字所匹配的图书目录名称及索引名称并显示在页面上。最后添加一个按钮，单击该按钮可获取所有的图书目录信息，运行效果如图 10.15 所示。

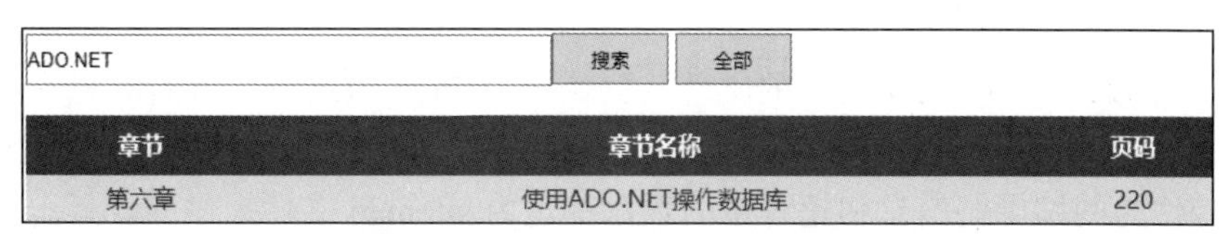

图 10.15　根据输入内容搜索章节名称

第 11 章

站点导航控件

网站导航就是当用户浏览网站时，网站所提供的指引标志，可以使用户清楚地知道目前所在网站中的位置。ASP.NET 主要提供了 3 个控件实现网站导航功能，即 TreeView 控件、Menu 控件和 SiteMapPath 控件。

本章知识架构及重难点如下。

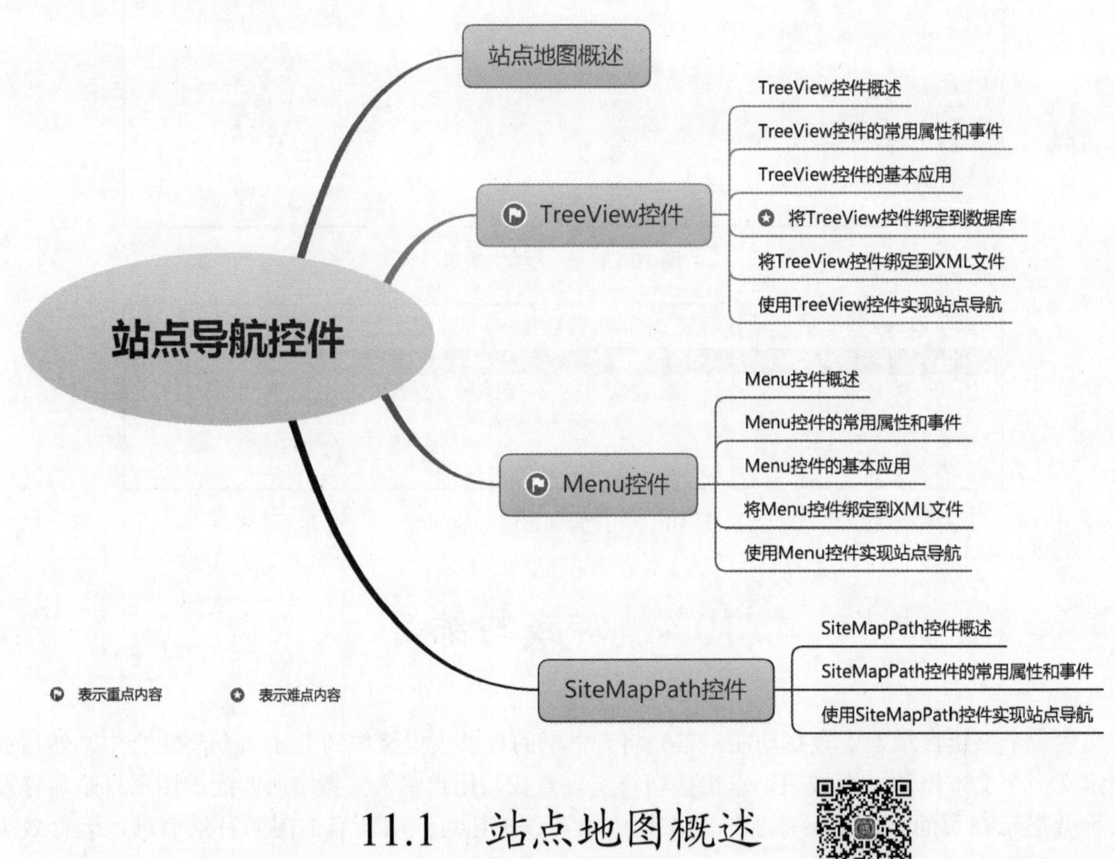

11.1　站点地图概述

站点地图是一个以.sitemap 为扩展名的文件，默认名为 Web.sitemap，并且存储在应用程序的根目录下。.sitemap 文件的内容是以 XML 所描述的树状结构文件，其中包括站点结构信息。TreeView、Menu 和 SiteMapPath 控件的网站导航信息和超链接的数据都是由.sitemap 文件提供的。

开发人员可以右击解决方案资源管理器中的 Web 站点，在弹出的快捷菜单中选择“添加新项”命令，弹出“添加新项”对话框，在“模板”列表框中选择“站点地图”选项，即可创建站点地图文件，如图 11.1 所示。

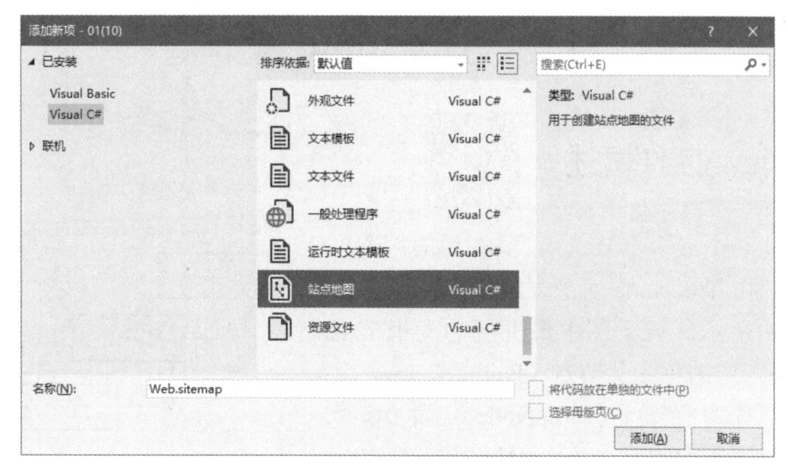

图 11.1　创建站点地图文件

创建成功后会得到一个空白的结构描述内容：

```
<?xml version="1.0" encoding="utf-8" ?>
<siteMap xmlns="http://schemas.microsoft.com/AspNet/SiteMap-File-1.0" >
    <siteMapNode url="" title=""   description="">
        <siteMapNode url="" title=""   description="" />
        <siteMapNode url="" title=""   description="" />
    </siteMapNode>
</siteMap>
```

Web.sitemap 文件严格遵循 XML 文档结构。该文件包括一个根节点 siteMap，在根节点下有多个 siteMapNode 子节点，其中设置了 title、url 等属性。表 11.1 列出了 siteMapNode 节点的常用属性及其说明。

表 11.1　siteMapNode 节点的常用属性及其说明

属　性	说　明
url	设置用于节点导航的 URL 地址。在整个站点地图文件中，该属性必须唯一
title	设置节点名称
description	设置节点说明文字
key	定义表示当前节点的关键字
roles	定义允许查看该站点地图文件的角色集合。多个角色可使用;（分号）和,（逗号）进行分隔
Provider	定义处理其他站点地图文件的站点导航提供程序名称，默认值为 XmlSiteMapProvider
siteMapFile	设置包含其他相关 SiteMapNode 元素的站点地图文件

误区警示

创建 Web.sitemap 文件后，需要根据文件架构来填写站点结构信息。如果 siteMapNode 节点的 URL 所指定的网页名称重复，则会造成导航控件无法正常显示，最后运行时会产生错误。

图 11.2　导航控件

站点导航控件位于工具箱的“导航”选项中，如图 11.2 所示。

11.2　TreeView 控件

11.2.1　TreeView 控件概述

TreeView 控件由一个或多个节点构成。树中的每个项都被称为一个节点，由 TreeNode 对象表示。TreeView 控件的组成如图 11.3 所示。位于图中最上层的为根节点（RootNode），再下一层的称为父节点（ParentNode），父节点下面的几个节点称为子节点（ChildNode），而子节点下面没有任何节点，则称为叶节点（LeafNode）。

根节点
父节点
子节点
子节点
叶节点

图 11.3　TreeView 控件的组成

TreeView 控件主要支持以下功能。

- ☑ 数据绑定。允许将控件的节点绑定到分层数据（如 XML、表格等）。
- ☑ 与 SiteMapDataSource 控件集成，实现站点导航功能。
- ☑ 节点文字可显示为普通文本或超链接文本。
- ☑ 可自定义树形和节点的样式、主题等外观特征。
- ☑ 可通过编程方式访问 TreeView 对象模型，完成动态创建树形结构、构造节点和设置属性等任务。
- ☑ 在客户端浏览器支持的情况下，通过客户端到服务器的回调填充节点。
- ☑ 可在节点显示复选框。

11.2.2　TreeView 控件的常用属性和事件

TreeView 控件的常用属性及其说明如表 11.2 所示。

表 11.2　TreeView 控件的常用属性及其说明

属　性	说　明
AutoGenerateDataBindings	获取或设置 TreeView 控件是否自动生成树节点绑定
CheckedNodes	用于获取 TreeView 控件中被用户选中 CheckBox 的节点集合
CollapseImageToolTip	获取或设置可折叠节点的指示符所显示图像的提示文字
CollapseImageUrl	获取或设置节点在折叠状态下所显示图像的 URL 地址
DataSource	获取或设置绑定到 TreeView 控件的数据源对象
DataSourceID	获取或设置绑定到 TreeView 控件的数据源控件的 ID
EnableClientScript	获取或设置 TreeView 控件是否呈现客户端脚本以处理展开和折叠事件
ExpandDepth	获取或设置默认情况下 TreeView 控件展开的层次数
ExpandImageToolTip	获取或设置可展开节点的指示符所显示图像的提示文字
ExpandImageUrl	获取或设置用作可展开节点的指示符的自定义图像的 URL
ImageSet	获取或设置 TreeView 控件的图像组，是 TreeViewImageSet 枚举值之一

续表

属　性	说　明
LineImagesFolder	获取或设置用于连接子节点和父节点的线条图像的文件夹的路径
MaxDataBindDepth	获取或设置要绑定到 TreeView 控件的最大树级别数
NodeIndent	获取或设置 TreeView 控件的子节点的缩进量，单位是像素
Nodes	用于获取 TreeView 控件中的 TreeNode 对象集合。可通过特定方法对树形结构中的节点进行添加、删除、修改等操作
NodeWrap	获取或设置空间不足时节点中的文本是否换行
NoExpandImageUrl	获取或设置不可展开节点的指示符的自定义图像的 URL
PathSeparator	获取或设置用于分隔由 ValuePath 属性指定的节点值的字符，为防止冲突和得到错误的数据，节点的 Value 属性中不应包含分隔符字符
PopulateNodesFromClient	获取或设置是否启用由客户端构建节点的功能
SelectedNode	获取 TreeView 控件中选定节点的 TreeNode 对象
SelectedValue	获取 TreeView 控件中选定节点的值
ShowCheckBoxes	获取或设置哪些节点类型将在 TreeView 控件中显示复选框
ShowExpandCollapse	获取或设置是否显示展开节点指示符
ShowLines	获取或设置是否显示连接子节点和父节点的线条
Target	获取或设置单击节点时网页内容的目标窗口或框架名字

下面对比较重要的属性进行详细介绍。

☑ ExpandDepth 属性：获取或设置默认情况下 TreeView 控件展开的层次数。例如，若将该属性设置为 2，则将展开根节点及根节点下方紧邻的所有父节点。默认值为-1，表示将所有节点完全展开。

☑ Nodes 属性：使用 Nodes 属性可以获取一个包含树中所有根节点的 TreeNodeCollection 对象。Nodes 属性通常用于快速循环访问所有根节点，或者访问树中的某个特定根节点，同时还可以使用 Nodes 属性以编程方式管理树中的根节点，即可以在集合中添加、插入、移除和检索 TreeNode 对象。

例如，在使用 Nodes 属性遍历树时，添加如下代码判断根节点数：

```
if (TreeView1.Nodes.Count > 0)
{
    for (int i = 0; i < TreeView1.Nodes.Count; i++)
    {
        …其他操作
    }
}
```

☑ SelectedNode 属性：用于获取用户选中节点的 TreeNode 对象。当节点显示为超链接文本时，该属性返回值为 null，不可用。

例如，从 TreeView 控件中将选择的节点值赋给 Label 控件，代码如下：

```
Label1.Text += "<li>被选择的节点为："+TreeView1.SelectedNode.Text;
```

TreeView 控件的常用事件及说明如表 11.3 所示。

表 11.3　TreeView 控件的常用事件及说明

事　　件	说　　明
SelectedNodeChanged	在 TreeView 控件中选定某个节点时发生
TreeNodeCheckChanged	当 TreeView 控件的复选框在向服务器的两次发送过程之间状态有所更改时发生
TreeNodeExpanded	当展开 TreeView 控件中的节点时发生
TreeNodeCollapsed	当折叠 TreeView 控件中的节点时发生
TreeNodePopulate	当将 PopulateOnDemand 属性设置为 true 的节点在 TreeView 控件中展开时发生
TreeNodeDataBound	当将数据项绑定到 TreeView 控件中的节点时发生

下面对比较重要的事件进行详细介绍。

☑　SelectedNodeChanged 事件：TreeView 服务器控件的节点文字有选择模式和导航模式两种。默认情况下，节点文字处于选择模式，如果设置节点的 NavigateUrl 属性不为空，则该节点处于导航模式。

　　若 TreeView 控件处于选择模式，当用户单击 TreeView 控件的不同节点的文字时，将触发 SelectedNodeChanged 事件，在该事件下可以获得所选择的节点对象。

☑　TreeNodePopulate 事件：在 TreeNodePopulate 事件下，可以用编程方式动态地填充 TreeView 控件的节点。

若要动态填充某个节点，首先将该节点的 PopulateOnDemand 属性设置为 true，然后从数据源中检索节点数据，将该数据放入一个节点结构中，最后将该节点结构添加到正在被填充节点的 ChildNodes 集合中。

当将节点的 PopulateOnDemand 属性设置为 true 时，必须动态填充该节点。不能以声明方式将另一节点嵌套在该节点的下方，否则页面上会出现错误。

11.2.3　TreeView 控件的基本应用

TreeView 控件的基本功能可以总结为：将有序的层次化结构数据显示为树形结构。创建 Web 窗体后，可通过拖放的方法将 TreeView 控件添加到 Web 页的适当位置。在 Web 页上将出现如图 11.4 所示的 TreeView 控件和“TreeView 任务”快捷菜单。

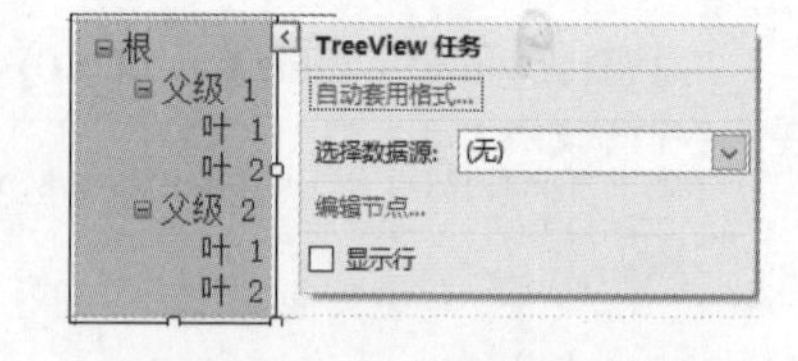

图 11.4　添加 TreeView 控件

“TreeView 任务”快捷菜单中显示了设置 TreeView 控件常用的任务：自动套用格式（用于设置控件外观）、选择数据源（用于连接一个现有数据源或创建一个数据源）、编辑节点（用于编辑在 TreeView 控件中显示的节点）和显示行（用于显示 TreeView 控件上的行）。

添加 TreeView 控件后，通常先添加节点，然后为 TreeView 控件设置外观。

要想添加节点，可以选择“编辑节点”命令，弹出如图 11.5 所示的对话框，在其中可以定义 TreeView 控件的节点和相关属性。对话框的左侧是操作节点的命令按钮和控件预览窗口。命令按钮功能包括添加根节点、添加子节点、删除节点和调整节点相对位置；对话框右侧是当前选中节点的属性列表，可根据需要设置节点属性。

TreeView 控件的外观属性可以通过属性面板进行设置，也可以通过 Visual Studio 2019 内置的 TreeView 控件外观样式进行设置。

选择“自动套用格式”命令，将弹出如图 11.6 所示的“自动套用格式”对话框，对话框左侧列出的是 TreeView 控件外观样式的名称，右侧是对应外观样式的预览窗口。

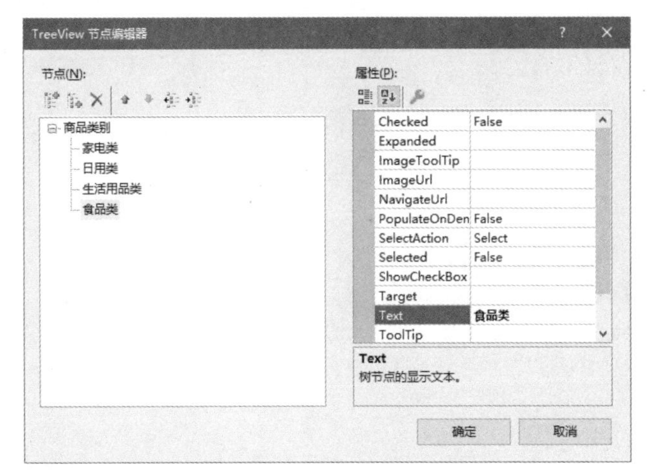

图 11.5　TreeView 节点编辑器

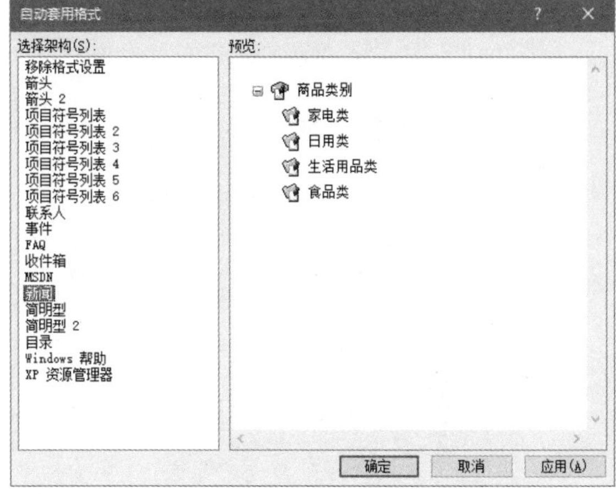

图 11.6　“自动套用格式”对话框

编辑节点并设置外观样式后的 TreeView 控件的运行结果如图 11.7 所示。

图 11.7　TreeView 控件运行结果

11.2.4　将 TreeView 控件绑定到数据库

TreeView 控件支持绑定多种数据源，如数据库、XML 文件等。本节主要介绍如何使用 TreeView 控件绑定数据库。

【例 11.1】将 TreeView 控件绑定到数据库。（**示例位置：mr\TM\11\01**）

本示例将 TreeView 控件绑定到数据库中对应的字段上。执行程序，示例运行结果如图 11.8 所示。

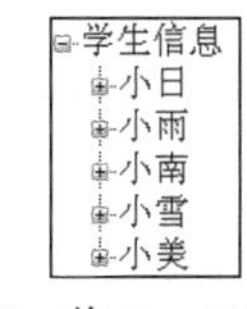

图 11.8　将 TreeView 控件绑定到数据库

程序实现的主要步骤如下。

（1）新建一个网站，默认主页为 Default.aspx，在 Default.aspx 页上添加一个 TreeView 控件。

（2）在后台代码页中定义一个 BindDataBase 方法，用于将数据库中的数据绑定到 TreeView 控件上，代码如下：

```
public void BindDataBase()
{
    //实例化 SqlConnection 对象
    SqlConnection sqlCon = new SqlConnection();
    //实例化 SqlConnection 对象连接数据库的字符串
    sqlCon.ConnectionString = "server=LFL\\MR;uid=sa;pwd=;database=db_Student";
    //实例化 SqlDataAdapter 对象
```

```
        SqlDataAdapter da = new SqlDataAdapter("select * from tb_StuInfo", sqlCon);
        //实例化数据集 DataSet
        DataSet ds = new DataSet();
        da.Fill(ds, "tb_StuInfo");
        //下面的方法动态添加了 TreeView 的根节点和子节点
        //设置 TreeView 的根节点
        TreeNode tree1 = new TreeNode("学生信息");
        this.TreeView1.Nodes.Add(tree1);
        for (int i = 0; i < ds.Tables["tb_StuInfo"].Rows.Count; i++)
        {
            TreeNode tree2 = new TreeNode(ds.Tables["tb_StuInfo"].Rows[i][1].ToString(), ds.Tables["tb_StuInfo"]
.Rows[i][1].ToString());
            tree1.ChildNodes.Add(tree2);
             //显示 TreeView 根节点下的子节点
             for (int j = 0; j < ds.Tables["tb_StuInfo"].Columns.Count; j++)
             {
             TreeNode tree3 = new TreeNode(ds.Tables["tb_StuInfo"].Rows[i][j].ToString(), ds.Tables["tb_StuInfo"]
.Rows[i][j].ToString());
                 tree2.ChildNodes.Add(tree3);
             }
        }
}
```

说明

通过 TreeNode 对象实例的 ChildNodes 属性可以获取 TreeNodeCollection 集合，调用该集合的 Add 方法可以将指定的 TreeNode 对象追加到 TreeNodeCollection 对象的结尾，即添加一个子节点。

在页面的 Page_Load 事件中调用 BindDataBase 方法，设置父节点与子节点间的连线并展开树控件的第 1 层，代码如下：

```
protected void Page_Load(object sender, EventArgs e)
{
    BindDataBase();
    TreeView1.ShowLines = true;                    //显示连接父节点与子节点的线条
    TreeView1.ExpandDepth = 1;                     //控件显示时所展开的层数
 }
```

11.2.5　将 TreeView 控件绑定到 XML 文件

在程序开发中，某些信息会存储在 XML 文件中，下面介绍如何将 TreeView 控件绑定到 XML 文件。

【例 11.2】将 TreeView 控件绑定到 XML 文件。（**示例位置：mr\TM\11\02**）

本示例将 TreeView 控件绑定到 XML 文件。执行程序，示例运行结果如图 11.9 所示。

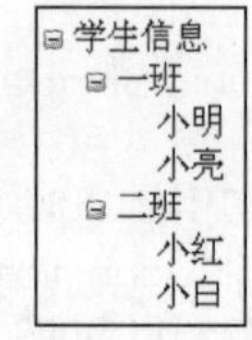

图 11.9　将 TreeView 控件绑定到 XML 文件

程序实现的主要步骤如下。

（1）新建一个网站，默认主页为 Default.aspx，在 Default.aspx 页上添加一个 TreeView 控件和一个 XmlDataSource 控件。

（2）设置 XmlDataSource 控件的数据源。在 XmlDataSource 控件的“XmlDataSource 任务”快捷菜单中选择“配置数据源”命令，然后在弹出的对话框中单击“浏览”按钮，指定 XML 文件的名称为 XMLFile.xml，最后单击“确定”按钮完成设置，如图 11.10 所示。

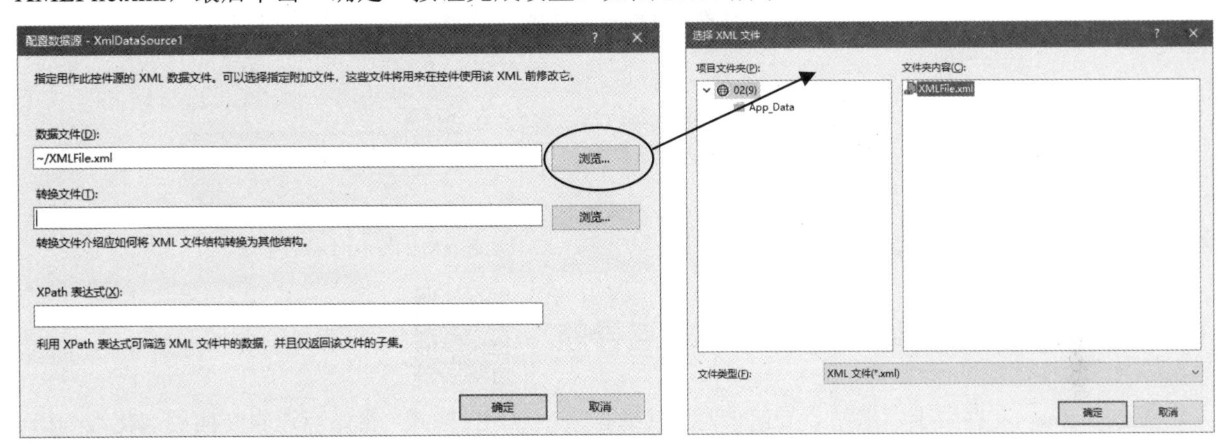

图 11.10　指定 XMLFile.xml 文件

XMLFile.xml 文件的源代码如下：

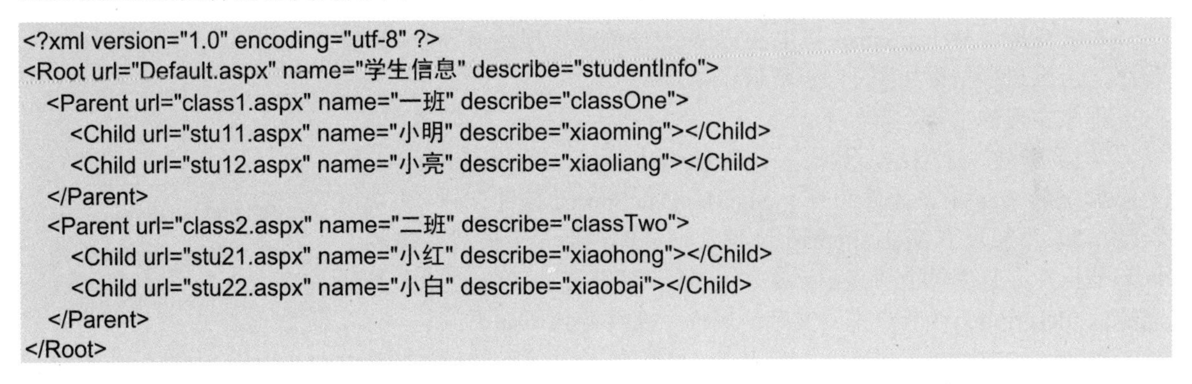

```
<?xml version="1.0" encoding="utf-8" ?>
<Root url="Default.aspx" name="学生信息" describe="studentInfo">
  <Parent url="class1.aspx" name="一班" describe="classOne">
    <Child url="stu11.aspx" name="小明" describe="xiaoming"></Child>
    <Child url="stu12.aspx" name="小亮" describe="xiaoliang"></Child>
  </Parent>
  <Parent url="class2.aspx" name="二班" describe="classTwo">
    <Child url="stu21.aspx" name="小红" describe="xiaohong"></Child>
    <Child url="stu22.aspx" name="小白" describe="xiaobai"></Child>
  </Parent>
</Root>
```

（3）为 TreeView 控件指定数据源，将 TreeView 控件的 DataSourceID 属性设为 XmlDataSource1，完成后的效果如图 11.11 所示。从图中可以看出 TreeView 控件中显示的不是实际学生的信息，而只显示节点，因为还没有设置 XML 节点对应的字段。

（4）设置 XML 节点对应的字段。在“TreeView 任务”快捷菜单中选择“编辑 TreeNode 数据绑定”命令，打开“TreeView DataBindings 编辑器”对话框，添加 Root、Parent 和 Child 3 个节点，然后分别选取 Root、Parent 和 Child 节点，并在属性面板中设置相关对应字段。将 NavigateUrlField 属性设置为 url，将 TextField 属性设置为 name，将 ValueField 属性设置为 describe，Parent 和 Child 节点的设置同上，如图 11.12 所示。单击“确定”按钮关闭对话框。这时 TreeView 控件就已经绑定了 XML 文件。

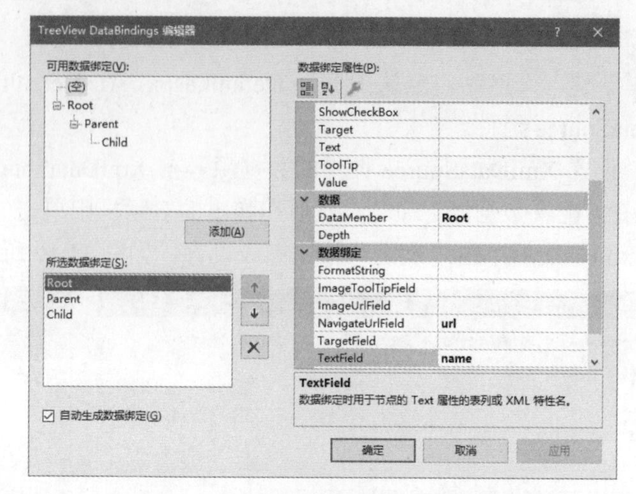

图 11.11　指定数据源后的显示结果

图 11.12　设置 XML 节点对应的字段

11.2.6　使用 TreeView 控件实现站点导航

Web.sitemap 文件用于存储站点导航信息，其数据采用 XML 格式，将站点逻辑结构层次化地列出。Web.sitemap 与 TreeView 控件集成的实质是以 Web.sitemap 文件为数据基础的，以 TreeView 控件的树形结构为表现形式，将站点的逻辑结构表现出来，实现站点导航的功能。

【例 11.3】使用 TreeView 控件实现站点导航。（**示例位置：mr\TM\11\03**）

本示例是将 Web.sitemap 与 TreeView 控件集成实现站点导航。执行程序，示例运行结果如图 11.13 所示。

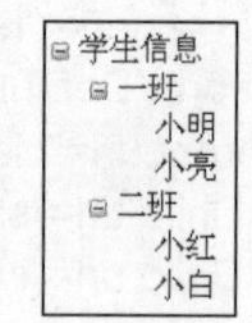

图 11.13　TreeView 控件绑定 Web.sitemap 文件

程序实现的主要步骤如下。

（1）新建一个网站，默认主页为 Default.aspx，在 Default.aspx 页上添加一个 TreeView 控件和一个 SiteMapDataSource 控件。

（2）添加一个 Web.sitemap 文件，该文件包括一个根节点和多个嵌套节点，并且为每个节点都添加了 URL（超链接）、title（显示节点名称）、description（节点说明文字）属性。文件源代码如下：

```
<?xml version="1.0" encoding="utf-8" ?>
<siteMap xmlns="http://schemas.microsoft.com/AspNet/SiteMap-File-1.0" >
  <siteMapNode url="Default.aspx" title="学生信息" description ="studentInfo">
    <siteMapNode url="class1.aspx" title="一班"   description="classOne">
      <siteMapNode url="stu11.aspx" title="小明"   description="xiaoming" />
      <siteMapNode url="stu12.aspx" title="小亮"   description="xiaoliang" />
    </siteMapNode>
    <siteMapNode url="class2.aspx" title="二班"   description="classTwo">
      <siteMapNode url="stu21.aspx" title="小红"   description="xiaohong" />
      <siteMapNode url="stu22.aspx" title="小白"   description="xiaobai" />
    </siteMapNode>
  </siteMapNode>
</siteMap>
```

（3）指定 TreeView 控件的 DataSourceID 属性为 SiteMapDataSource1。

误区警示

1. TreeView 控件中的节点名称不能全部显示

当 Web.sitemap 文件中的节点数超过 11 个时，TreeView 控件不会显示所有节点的真正名称，而是象征性地显示几个节点，这并不是设置错误。

2. 避免在客户端处理 TreeView 控件展开节点事件的方法

动态填充 TreeView 控件的节点时，将 TreeView 控件的 EnableClientScript 属性设置为 false，可以防止在客户端处理展开节点事件。

11.3　Menu 控件

11.3.1　Menu 控件概述

Menu 控件能够构建与 Windows 应用程序类似的菜单栏。

Menu 控件具有静态和动态两种显示模式。静态显示意味着 Menu 控件始终是完全展开的，整个结构都是可视的，用户可以单击任何部位；而在动态显示的菜单中，只有指定的部分是静态的，用户将鼠标指针放置在父节点上时才会显示其子菜单项。

Menu 控件的基本功能是实现站点导航，具体功能如下。

☑ 与 SiteMapDataSource 控件搭配使用，将 Web.sitemap 文件中的网站导航数据绑定到 Menu 控件。

☑ 允许以编程方式访问 Menu 对象模型。

☑ 可使用主题、样式属性和模板等自定义控件外观。

11.3.2　Menu 控件的常用属性和事件

Menu 控件的常用属性及其说明如表 11.4 所示。

表 11.4　Menu 控件的常用属性及其说明

属　　性	说　　明
DataSource	获取或设置对象，数据绑定控件从该对象中检索其数据项列表
DisappearAfter	获取或设置鼠标指针不再置于菜单上后显示动态菜单的持续时间
DynamicHorizontalOffset	获取或设置动态菜单相对于其父菜单项的水平移动像素数
DynamicPopOutImageUrl	获取或设置自定义图像的 URL，如果动态菜单项包含子菜单，则该图像显示在动态菜单项中
Items	获取 MenuItemCollection 对象，该对象包含 Menu 控件中的所有菜单项
ItemWrap	获取或设置一个值，该值指示菜单项的文本是否换行
MaximumDynamicDisplayLevels	获取或设置动态菜单的菜单呈现级别数
Orientation	获取或设置 Menu 控件的呈现方向
SelectedItem	获取选定的菜单项
SelectedValue	获取选定菜单项的值

下面对比较重要的属性进行详细介绍。

☑ DisappearAfter 属性：用来获取或设置当鼠标指针离开 Menu 控件后菜单的延迟显示时间，默认值为 500，单位为毫秒。在默认情况下，当鼠标指针离开 Menu 控件后，菜单将在一定时间内自动消失。如果希望菜单立刻消失，可单击 Menu 控件以外的空白区域。当设置该属性值为-1 时，菜单将不会自动消失，在这种情况下，只有用户在菜单外部单击时，动态菜单项才会消失。

☑ Orientation 属性：指定 Menu 控件的显示方向，如果 Orientation 的属性值为 Horizontal，则水平显示 Menu 控件；如果 Orientation 的属性值为 Vertical，则垂直显示 Menu 控件。

例如，在图 11.14 中，Menu 控件的 Orientation 属性值被设置为 Horizontal，即水平显示。

Menu 控件的 Orientation 属性默认值为 Vertical，如图 11.15 所示为垂直显示动态菜单。

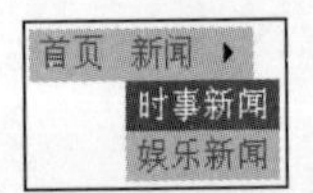

图 11.14　水平显示动态菜单

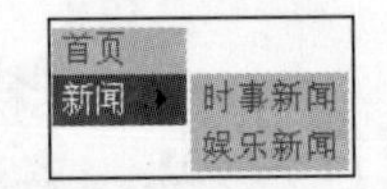

图 11.15　垂直显示动态菜单

Menu 控件的常用事件及其说明如表 11.5 所示。

表 11.5　Menu 控件的常用事件及其说明

事　件	说　明
MenuItemClick	单击 Menu 控件中某个菜单项时激发
MenuItemDataBound	Menu 控件中的某个菜单项绑定数据时激发

11.3.3　Menu 控件的基本应用

Menu 控件也可以通过拖放的方式添加到 Web 页面上，添加到页面上的效果如图 11.16 所示。

Menu 控件也有自己的任务快捷菜单，该菜单显示了设置 Menu 控件常用的任务，即自动套用格式、选择数据源、视图、编辑菜单项、转换为 DynamicItemTemplate、转换为 StaticItemTemplate 和编辑模板。

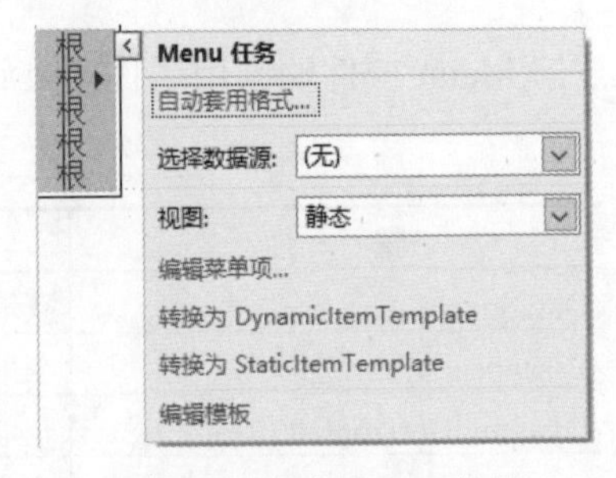

图 11.16　添加 Menu 控件

可以通过菜单项编辑器添加菜单项。选择“编辑菜单项”命令，打开“菜单项编辑器”对话框，如图 11.17 所示。在该对话框中可以自定义 Menu 控件菜单项的内容及相关属性，对话框左侧是操作菜单项的命令按钮和控件预览窗口。命令按钮包括 Menu 控件菜单项的添加、删除和调整位置等操作。对话框右侧是当前选中菜单项的属性列表，可根据需要设置菜单项属性。

Menu 控件也可以通过自动套用格式设置外观，选择“自动套用格式”命令，打开“自动套用格式”对话框，如图 11.18 所示。对话框左侧列出的是内置的多种 Menu 控件外观样式的名称，右侧是对应外观样式的预览窗口。

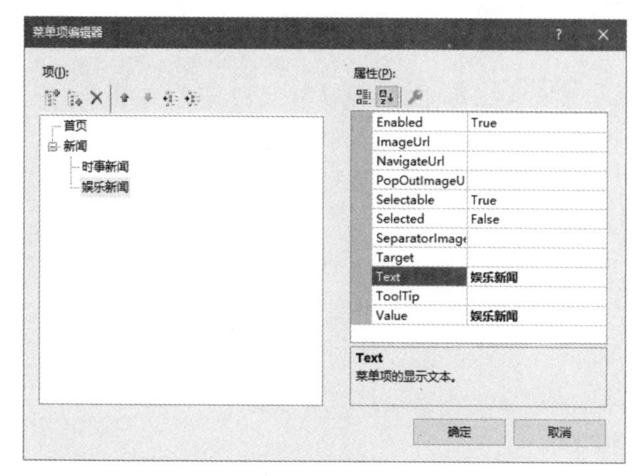

图 11.17　“菜单项编辑器”对话框

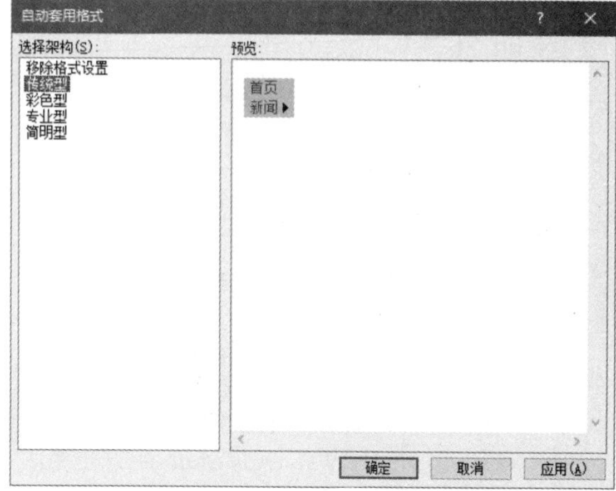

图 11.18　“自动套用格式”对话框

编辑菜单项并设置外观样式后的 Menu 控件的运行结果如图 11.19 所示。

图 11.19　Menu 控件运行结果

11.3.4　将 Menu 控件绑定到 XML 文件

可以将 Menu 控件绑定到 XML 文件，以显示层次结构的数据。

【例 11.4】将 Menu 控件绑定到 XML 文件。（**示例位置：mr\TM\11\04**）

本示例是将 Menu 控件绑定到 XML 文件。执行程序，示例运行结果如图 11.20 所示。

图 11.20　将 Menu 控件绑定到 XML 文件

程序实现的主要步骤如下。

（1）新建一个网站，默认主页为 Default.aspx，在 Default.aspx 页上添加一个 Menu 控件和一个 XmlDataSource 控件。

（2）设置 XmlDataSource 控件的数据源，指定 XML 文件的名称为 XMLFile.xml，如图 11.21 所示，具体步骤参见例 11.2。

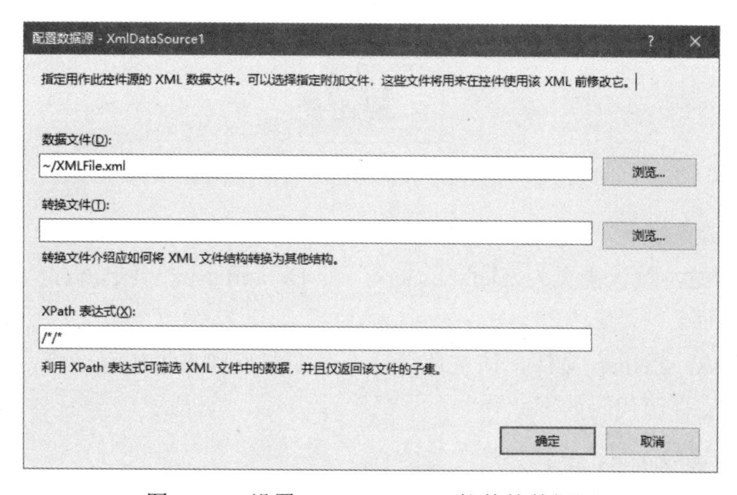

图 11.21　设置 XmlDataSource 控件的数据源

说明

XPath 表达式用于在 XML 文件数据中查询具体元素。此处将 XPath 表达式设置为“/*/*”，表示查询范围是根节点下的所有子节点，但不包括根节点。

XMLFile.xml 文件的源代码如下：

```
<?xml version="1.0" encoding="utf-8" ?>
<Root>
  <Item url="Default.aspx" name="首页">
  <Item url="News.aspx" name="新闻">
    <Option url="News1.aspx" name="时事新闻"></Option>
    <Option url="News2.aspx" name="娱乐新闻"></Option>
  </Item>
</Root>
```

（3）为 Menu 控件指定数据源，将 Menu 控件的 DataSourceID 属性设为 XmlDataSource1。

（4）设置 XML 节点对应的字段。在“Menu 任务”快捷菜单中选择“编辑 MenuItem DataBindings”命令，打开“菜单 DataBindings 编辑器”对话框，添加 Item、Option 菜单项，然后分别选取 Item 和 Option，并在属性面板中设置相关对应字段。将 NavigateUrlField 属性设置为 url，将 TextField 属性设置为 name。单击“确定”按钮，这时 Menu 控件就已经绑定了 XML 文件。

（5）设置 Menu 控件的外观。在“自动套用格式”对话框中选择“传统型”样式，并将 Menu 控件的 Orientation 属性设置为 Horizontal，即水平显示菜单栏。

11.3.5 使用 Menu 控件实现站点导航

Menu 控件也可以通过绑定 Web.sitemap 文件实现站点导航。

【例 11.5】使用 Menu 控件实现站点导航。（**示例位置：mr\TM\11\05**）

本示例是将 Web.sitemap 与 Menu 控件集成以实现站点导航。执行程序，示例运行结果如图 11.22 所示。

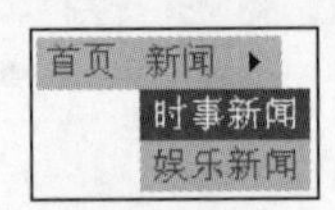

图 11.22 将 Menu 控件绑定到 Web.sitemap 文件

程序实现的主要步骤如下。

（1）新建一个网站，默认主页为 Default.aspx，在 Default.aspx 页上添加一个 Menu 控件和一个 SiteMapDataSource 控件。

（2）添加一个 Web.sitemap 文件，该文件包括一个根节点和多个嵌套节点，并且为每个节点都添加了 url、title 属性。文件源代码如下：

```
<?xml version="1.0" encoding="utf-8" ?>
<siteMap>
```

```
  <siteMapNode title="Root">
    <siteMapNode url="Default.aspx" title="首页"/>
    <siteMapNode url="News.aspx" title="新闻"  description="classTwo">
      <siteMapNode url="News1.aspx" title="时事新闻"/>
      <siteMapNode url="News2.aspx" title="娱乐新闻"/>
    </siteMapNode>
  </siteMapNode>
</siteMap>
```

（3）指定 Menu 控件的 DataSourceID 属性为 SiteMapDataSource1。现在已经实现将 Menu 控件绑定到 Web.sitemap 文件，但是 Web.sitemap 文件的根节点 Root 将自动显示在 Menu 控件中，不是多根菜单。为了隐藏 Web.sitemap 文件中有且公有的根节点，必须将 SiteMapDataSource 控件的 ShowStartingNode 属性设置为 false，该属性的默认值为 true。

（4）设置 Menu 控件的外观。在“自动套用格式”对话框中选择“传统型”样式，并将 Menu 控件的 Orientation 属性设置为 Horizontal，即水平显示菜单栏。

1. 在 Menu 控件上显示图片的方法

使用 Menu 控件时，如果为 MenuItem 添加图片，需要将 MenuItem 的 Text 和 Value 属性设为“”，才能只显示图片。

2. 设置 Menu 控件显示的节点数的方法

将 Menu 控件绑定到 Web.sitemap 时，显示的节点数与 Web.sitemap 中的节点数不符，这是因为 Menu 控件默认的最大弹出数为 3，只要将 MaximumDynamicDisplayLevels 属性设为最大弹出层数即可解决该问题。

11.4　SiteMapPath 控件

11.4.1　SiteMapPath 控件概述

SiteMapPath 控件用于显示一组文本或图像超链接，以便在使用最少页面空间的同时更加轻松地定位当前所在网站中的位置。该控件会显示一条导航路径，此路径为用户显示当前页的位置，并显示返回到主页的路径链接。它包含来自站点地图的导航数据，只有在站点地图中列出的页才能在 SiteMapPath 控件中显示导航数据。如果将 SiteMapPath 控件放置在站点地图中未列出的页上，该控件将不会向客户端显示任何信息。

SiteMapPath 控件会自动读取.sitemap 站点地图文件中的信息。

11.4.2 SiteMapPath 控件的常用属性和事件

SiteMapPath 控件的常用属性及其说明如表 11.6 所示。

表 11.6 SiteMapPath 控件的常用属性及其说明

属　性	说　明
CurrentNodeTemplate	获取或设置一个控件模板，用于代表当前显示页的站点导航路径的节点
NodeStyle	获取用于站点导航路径中所有节点的显示文本的样式
NodeTemplate	获取或设置一个控件模板，用于站点导航路径的所有功能节点
PathDirection	获取或设置导航路径节点的呈现顺序
PathSeparator	获取或设置一个字符串，该字符串在呈现的导航路径中分隔 SiteMapPath 节点
PathSeparatorTemplate	获取或设置一个控件模板，用于站点导航路径的路径分隔符
RootNodeTemplate	获取或设置一个控件模板，用于站点导航路径的根节点
ParentLevelsDisplayed	获取或设置 SiteMapPath 控件显示相对于当前显示节点的父节点级别数
SiteMapProvider	获取或设置用于呈现站点导航控件的 SiteMapProvider 的名称

下面对比较重要的属性进行详细介绍。

☑ ParentLevelsDisplayed 属性：用于获取或设置 SiteMapPath 控件显示相对于当前显示节点的父节点级别数。默认值为-1，表示将所有节点完全展开。例如，设置 SiteMapPath 控件在当前节点之前还要显示 3 级父节点，代码如下：

```
SiteMapPath1. ParentLevelsDisplayed=3;
```

☑ SiteMapProvider 属性：是 SiteMapPath 控件用来获取站点地图数据的数据源。如果未设置 SiteMapProvider 属性，SiteMapPath 控件会使用 SiteMap 类的 Provider 属性获取当前站点地图的默认 SiteMapProvider 对象。其中，SiteMap 类是站点导航结构在内存中的表示形式，导航结构由一个或多个站点地图组成。

SiteMapPath 控件的常用事件及其说明如表 11.7 所示。

表 11.7 SiteMapPath 控件的常用事件及其说明

事　件	说　明
ItemCreated	当 SiteMapPath 控件创建一个 SiteMapNodeItem 对象，并将其与 SiteMapNode 关联时发生（主要涉及创建节点过程）。该事件由 OnItemCreated 方法引发
ItemDataBound	当将 SiteMapNodeItem 对象绑定到 SiteMapNode 包含的站点地图数据时发生（主要涉及数据绑定过程）。该事件由 OnItemDataBound 方法引发

11.4.3 使用 SiteMapPath 控件实现站点导航

使用 SiteMapPath 控件，无须编写代码和绑定数据就能创建站点导航，此控件可自动读取和呈现站点地图信息。

【例 11.6】使用 SiteMapPath 控件实现站点导航。（**示例位置：mr\TM\11\06**）

本示例是使用 SiteMapPath 控件实现站点导航。执行程序，示例运行结果如图 11.23 所示。

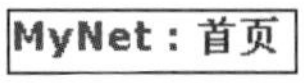

MyNet：首页

图 11.23　使用 SiteMapPath 控件实现站点导航

程序实现的主要步骤如下。

（1）新建一个网站，由于 SiteMapPath 控件会使用到 Web.sitemap 文件，所以先添加一个 Web.sitemap 文件。文件源代码如下：

```
<?xml version="1.0" encoding="utf-8" ?>
<siteMap>
  <siteMapNode title="MyNet">
    <siteMapNode url="Default.aspx" title="首页"/>
    <siteMapNode url="News.aspx" title="新闻"   description="classTwo">
      <siteMapNode url="News1.aspx" title="时事新闻"/>
      <siteMapNode url="News2.aspx" title="娱乐新闻"/>
    </siteMapNode>
  </siteMapNode>
</siteMap>
```

（2）根据 Web.sitemap 文件中的 URL 节点所定义的网页名称添加网页。

（3）在每个页中拖放一个 SiteMapPath 控件，SiteMapPath 控件就会直接将路径呈现在页面上。

（4）通过“自动套用格式”对话框设置外观。

误区警示

SiteMapPath 控件可以直接使用网站的站点地图数据，并将站点地图数据在客户端中显示出来。如果将 SiteMapPath 控件用在未在站点地图中表示的页面上，则该控件将不会向客户端显示任何信息。

11.5　实践与练习

使用 Menu 控件实现 BBS 导航条。

第 12 章

Web 用户控件

在 ASP.NET 网页中，除了使用 Web 服务器控件，还可以用创建 ASP.NET 网页的技术来创建可重复使用的自定义控件，将这些控件称作用户控件。通过本章的学习，读者可以对 Web 用户控件有进一步的了解。

本章知识架构及重难点如下。

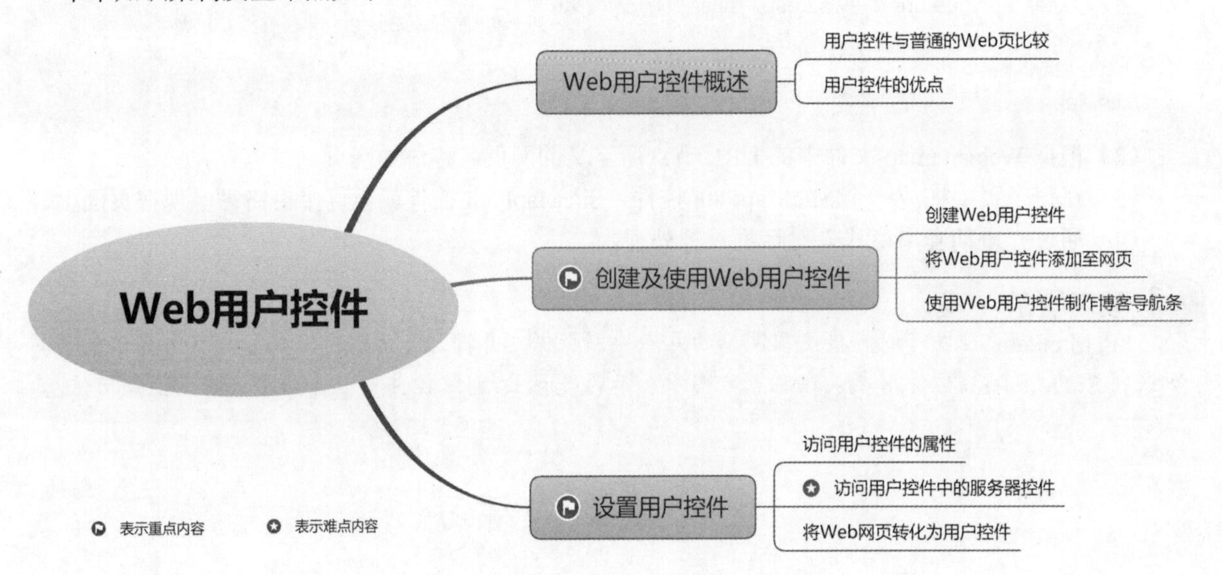

12.1 Web 用户控件概述

用户控件是一种复合控件，其工作原理类似于 ASP.NET 网页。可以向用户控件添加现有的 Web 服务器控件和标记，并定义控件的属性和方法，然后将控件嵌入 ASP.NET 网页中充当一个单元。

12.1.1 用户控件与普通 Web 页的比较

ASP.NET Web 用户控件（.ascx 文件）与完整的 ASP.NET 网页（.aspx 文件）相似，同样具有用户界面和代码，开发人员可以采取与创建 ASP.NET 页相似的方法创建用户控件，然后向其中添加所需的标记和子控件。用户控件可以像 ASP.NET 页一样对包含的内容进行操作（包括执行数据绑定等任务）。

用户控件与 ASP.NET 网页有以下区别。

☑ 用户控件的文件扩展名为.ascx。

☑ 用户控件中没有@ Page 指令，而是包含@ Control 指令，该指令对配置及其他属性进行定义。
☑ 用户控件不能作为独立文件运行，而必须像处理控件一样，将它们添加到 ASP.NET 页中。
☑ 用户控件中没有 html、body 和 form 元素。

12.1.2　用户控件的优点

用户控件提供了一个面向对象的编程模型，在一定程度上取代了服务器端文件包含（<!--#include-->）指令，并且提供的功能比服务器端包含文件提供的功能多。使用用户控件的优点如下。

☑ 可以将常用的内容或者控件及控件的运行程序逻辑设计为用户控件，然后便可以在多个网页中重复使用该用户控件，从而省去许多重复性的工作。如网页上的导航栏，几乎每个页面都需要相同的导航栏，可以将其设计为一个用户控件，在多个页中使用。
☑ 如果需要改变网页内容，只需修改用户控件中的内容，使用该用户控件的网页会自动随之改变，因此网页的设计及维护变得简单易行。

注意

与 Web 页面一样，用户控件可以在第一次请求时被编译并存储在服务器内存中，这样就缩短了以后请求的响应时间。但是，不能独立请求用户控件，用户控件必须被包含在 Web 网页内才能使用。

12.2　创建及使用 Web 用户控件

尽管 ASP.NET 提供的服务器控件具有十分强大的功能，但在实际应用中，还是会遇到复杂多样的问题（例如，使用服务器控件不能完成复杂的、能在多处使用的导航控件）。为了满足不同的特殊功能需求，ASP.NET 允许程序开发人员根据实际需要制作适用的控件。通过本节的学习，读者可了解如何创建 Web 用户控件、如何将制作好的 Web 用户控件添加到网页，以及 Web 用户控件在实际开发中的应用。

12.2.1　创建 Web 用户控件

创建用户控件的方法与创建 Web 网页大致相同，其主要操作步骤如下。

（1）打开解决方案资源管理器，在项目名称上右击，在弹出的快捷菜单中选择“添加新项”命令，弹出如图 12.1 所示的“添加新项”对话框。在该对话框中选择“Web 用户控件”选项，并为其命名，单击“添加”按钮，将 Web 用户控件添加到项目中。

（2）打开已创建好的 Web 用户控件（用户控件的文件扩展名为.ascx），在.ascx 文件中可以直接往页面上添加各种服务器控件及静态文本、图片等。

（3）双击页面上的任何位置，或者直接按 F7 键，可以将视图切换到后台代码界面，程序开发人员可以直接在文件中编写程序控制逻辑，包括定义各种成员变量、方法及事件处理程序等。

图 12.1 “添加新项”对话框

注意

创建好用户控件后，必须添加到其他 Web 页中才能显示出来，不能直接作为一个网页来显示，因此也就不能设置用户控件为“起始页”。

12.2.2 将 Web 用户控件添加至网页

如果已经设计好了 Web 用户控件，可以将其添加到一个或者多个网页中。在同一个网页中也可以重复使用多次，各个用户控件会以不同 ID 来标识。将用户控件添加到网页可以使用 Web 窗体设计器。

使用 Web 窗体设计器可以在设计视图下将用户控件以拖放的方式直接添加到网页上，其操作与将内置控件从工具箱中拖放到网页上一样。在网页中添加用户控件的步骤如下。

（1）在解决方案资源管理器中单击要添加至网页的用户控件。

（2）按住鼠标左键，移动光标到网页上，然后释放鼠标左键即可，如图 12.2 所示。

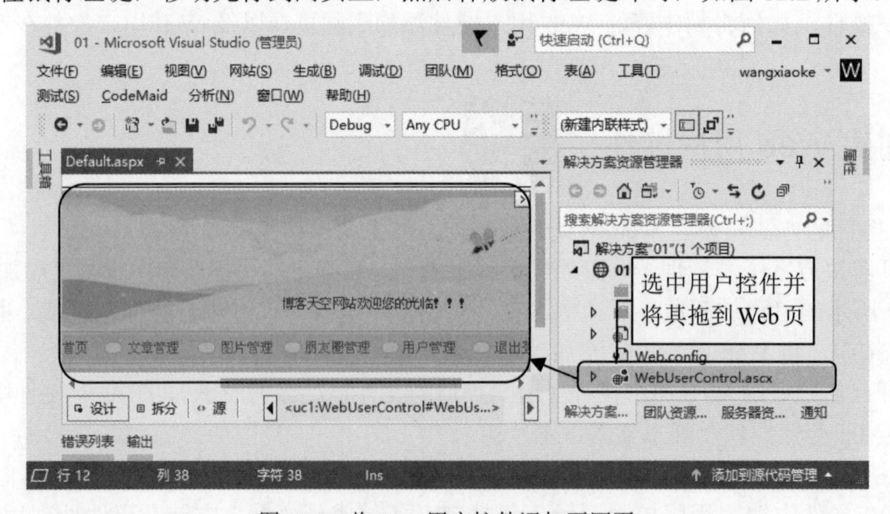

图 12.2 将 Web 用户控件添加至网页

（3）在已添加的用户控件上右击，在弹出的快捷菜单中选择“属性”命令，打开“属性”面板，如图 12.3 所示，用户可以在“属性”面板中修改用户控件的属性。

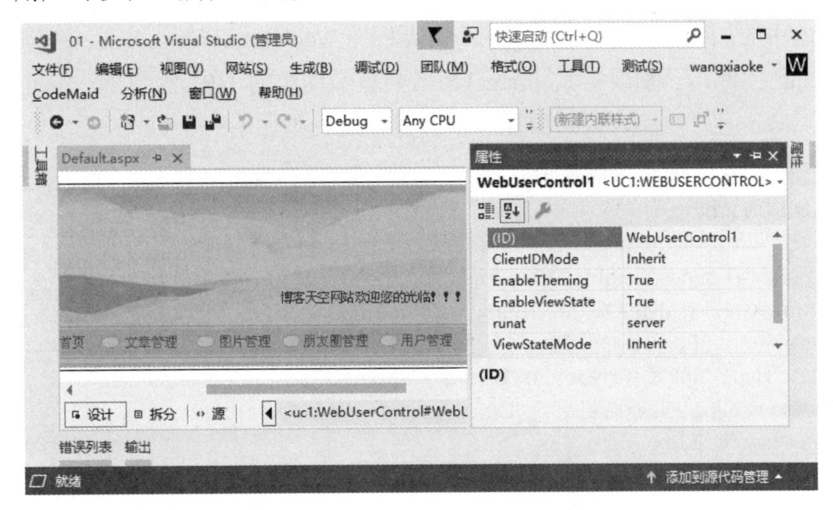

图 12.3　用户控件的“属性”面板

技巧

使用用户控件可以减少开发人员的工作量，在设计用户控件时，可以将已创建好的控件添加到某个用户控件中。例如，在开发博客网站时，可以将博客网站的导航条设计为用户控件，由于浏览博客网站的用户身份有两种，即访客（还没有登录的用户）和博客（已登录的用户），对于不同身份的用户都需要在导航条中添加导航按钮。除此之外，对于访客用户还需要显示登录模块以便其登录，而对于博客用户可以显示欢迎模块。因此，在设计博客网站导航条时可以设计 3 个用户控件，然后将访客的登录模块用户控件（如 Login.ascx）和博客的欢迎模块用户控件（如 Welcome.ascx）添加到导航按钮用户控件（如 menu.ascx）中，这样可以根据用户的身份来显示不同的导航控件。

12.2.3　使用 Web 用户控件制作博客导航条

【例 12.1】使用 Web 用户控件制作博客导航条。（**示例位置：mr\TM\12\01**）

本示例主要利用 Web 用户控件制作一个博客导航条，示例运行结果如图 12.4 所示。

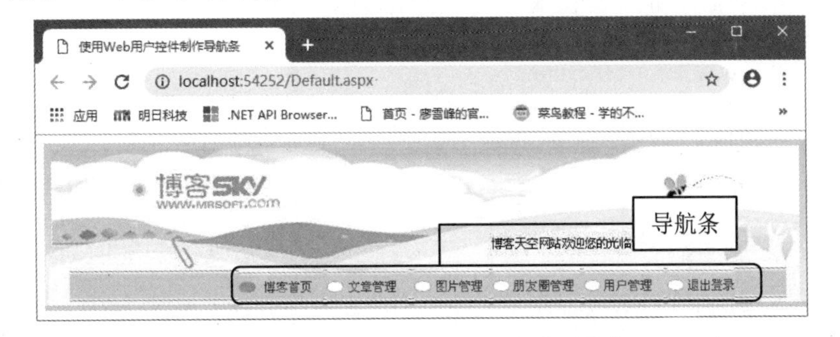

图 12.4　使用 Web 用户控件制作导航条

程序实现的主要步骤如下。

（1）新建一个网站，默认主页为 Default.aspx。

（2）在该网站中添加 1 个 Web 用户控件，默认名为 WebUserControl.ascx。在该 Web 用户控件中添加 6 个 HyperLink 控件，分别设置其 ImageUrl（要显示图像的 URL）和 NavigateUrl（超链接页的 URL）属性值。将 Web 用户控件切换到源视图中。完整的代码如下：

```
<%@ Control Language="C#" AutoEventWireup="true" CodeFile="WebUserControl.ascx.cs"
Inherits="WebUserControl" %>
<table height="157" width="759" align =center background="images/1.jpg" >
      <tr> <td colspan =7 style="height: 116px">
         </td> </tr> <tr> <td style="width: 185px; height: 23px"></td>
         <td style="width: 80px; height: 23px">
             <asp:HyperLink ID="HyperLink1" runat="server" Font-Underline="False"
 ImageUrl="~/images/3.jpg" NavigateUrl="~/Default.aspx"></asp:HyperLink></td>
         <td style="height: 23px; width: 83px;">
             <asp:HyperLink ID="HyperLink2" runat="server" Font-Underline="False"
ImageUrl="~/images/4.jpg" NavigateUrl="~/Default.aspx">></asp:HyperLink></td>
         <td style="height: 23px; width: 66px;">
         <asp:HyperLink ID="HyperLink3" runat="server" Font-Underline="False" ImageUrl="~/images/5.jpg"
NavigateUrl="~/Default.aspx">></asp:HyperLink></td>
         <td style="height: 23px; width: 83px;">
         <asp:HyperLink ID="HyperLink4" runat="server" Font-Underline="False" ImageUrl="~/images/6.jpg"
NavigateUrl="~/Default.aspx">></asp:HyperLink></td>
         <td style="height: 23px; width: 70px;">
         <asp:HyperLink ID="HyperLink5" runat="server" Font-Underline="False" ImageUrl="~/images/7.jpg"
NavigateUrl="~/Default.aspx">></asp:HyperLink></td>
         <td style=" height: 23px">
         <asp:HyperLink ID="HyperLink6" runat="server" Font-Underline="False" ImageUrl="~/images/8.jpg"
NavigateUrl="~/Default.aspx">></asp:HyperLink></td>
      </tr>
</table>
```

HyperLink1 控件显示图像的 URL 为~/images/3.jpg，超链接页的 URL 为~/Default.aspx

（3）将制作好的 Web 用户控件拖放到 Default.aspx 页中，切换到源视图，其完整的代码如下：

```
<%@ Page Language="C#" AutoEventWireup="true"   CodeFile="Default.aspx.cs" Inherits="_Default" %>
<%@ Register Src="WebUserControl.ascx" TagName="WebUserControl" TagPrefix="uc1" %>
<!DOCTYPE html PUBLIC "-//W3C//DTD XHTML 1.0 Transitional//EN"
"http://www.w3.org/TR/xhtml1/DTD/xhtml1-transitional.dtd">
<html xmlns="http://www.w3.org/1999/xhtml" >
<head runat="server">
    <title>使用 Web 用户控件制作导航条</title>
</head>
<body>
    <form id="form1" runat="server">
    <div>
        <uc1:WebUserControl ID="WebUserControl1" runat="server" />
    </div>
```

添加到 Default.aspx 页的用户控件，其中 WebUserControl1 为该用户控件的标识

```
    </form>
</body>
</html>
```

当将用户控件拖曳到 Default.aspx 页后，在 HTML 视图顶端将自动生成如下所示的一行代码。

```
<%@ Register Src="WebUserControl.ascx" TagName="WebUserControl" TagPrefix="uc1" %>
```

参数说明如下。

☑ Src：该属性用来定义包括用户控件文件的虚拟路径。

☑ TagName：该属性将名称与用户控件相关联。此名称将包含在用户控件元素的开始标记中。

☑ TagPrefix：该属性将前缀与用户控件相关联。此前缀将包含在用户控件元素的开始标记中。

12.3　设置用户控件

程序开发人员可以在用户控件中添加各种服务器控件，并设置用户控件的各种属性，可以通过设计这些用户控件属性来灵活地使用用户控件。程序开发人员还可以将现有的网页直接转化成用户控件。

12.3.1　访问用户控件的属性

ASP.NET 提供的各种服务器控件都有其自身的属性和方法，程序开发人员可以灵活地使用服务器控件中的属性和方法开发程序。在用户控件中，程序开发人员也可以自行定义各种属性和方法，从而灵活地应用用户控件。

【例 12.2】访问用户控件的属性。（**示例位置：mr\TM\12\02**）

本示例主要介绍如何访问用户控件中的属性，并将用户控件的属性值（“Hello World!”）显示在界面上，示例运行结果如图 12.5 所示。

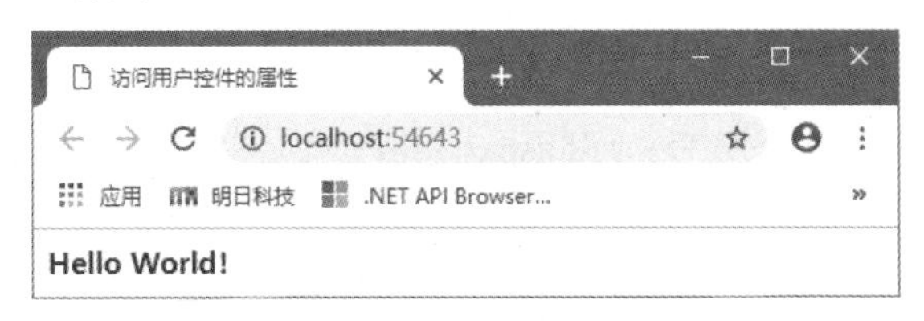

图 12.5　访问用户控件的属性

程序实现的主要步骤如下。

（1）新建一个网站，默认主页为 Default.aspx，并在该页中添加一个 Label 控件，用于显示从用户控件中获取的属性值。

（2）在该网站中添加一个用户控件，默认名为 WebUserControl.ascx。

（3）首先在该用户控件中定义一个私有变量 userName，并为其赋值，然后定义一个公有变量，用来读取并返回私有变量的值。代码如下：

```
private string userName="Hello World！";                //私有变量，外部无法访问
    public string str_userName                           //定义公有变量来读取私有变量
    {
        get { return userName; }
        set { userName = value; }
}
```

（4）将用户控件添加至 Default.aspx 页中，并在 Default.aspx 页的 Page_Load 事件下添加如下代码，获取用户控件的属性值，并将其显示出来。

```
    protected void Page_Load(object sender, EventArgs e)
    {
        this.Label1.Text = this.WebUserControl1.str_userName.ToString();
    }
```

WebUserControl1 为用户控件的标识

12.3.2 访问用户控件中的服务器控件

程序开发人员可以在用户控件中添加各种控件，如 Label 控件、TextBox 控件等，但当用户控件创建完成后，将其添加到网页时，在网页的后台代码中不能直接访问用户控件中的服务器控件的属性。为了实现对用户控件中的服务器控件的访问，必须在用户控件中定义公有属性，并且利用 get 访问器与 set 访问器来读取、设置控件的属性。

【例 12.3】访问用户控件中的服务器控件。（**示例位置：mr\TM\12\03**）

本示例主要介绍如何访问用户控件中的服务器控件。执行程序，示例运行结果如图 12.6 所示。当用户单击网页中的"登录"按钮时，首先获取用户控件中"用户名"和"密码"文本框的值，然后判断输入的值是否合法，如果是合法用户，则弹出如图 12.7 所示的对话框。

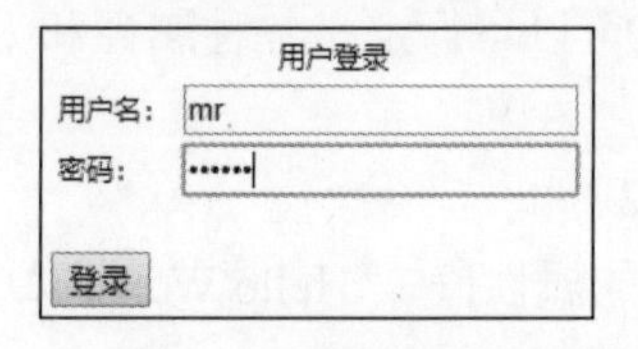

图 12.6　访问用户控件中的服务器控件

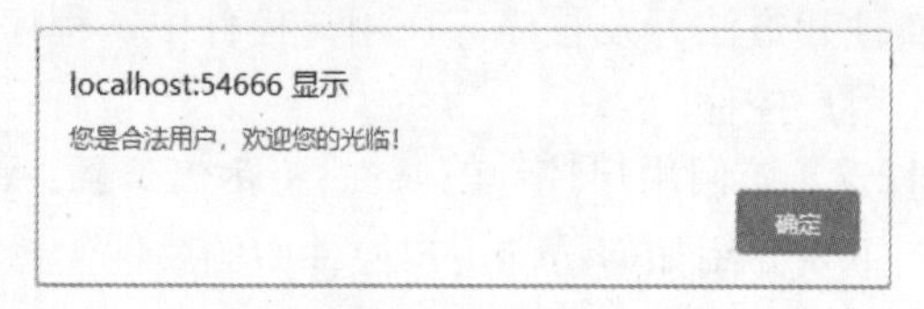

图 12.7　合法用户

程序实现的主要步骤如下。

（1）新建一个网站，默认主页为 Default.aspx，并在该页中添加一个 Button 控件，用于判断用户输入的信息是否合法。

（2）在该网站中添加一个 Web 用户控件，默认名为 WebUserControl.ascx，并在该用户控件中添加两个文本框，分别用于输入用户名和密码。

（3）在该 Web 用户控件中定义两个公有属性，分别用于设置或读取各个文本框的 Text 属性，代码如下：

```
public string str_Name                              //公有属性，访问"用户名"文本框
    {
        get { return this.TextBox1.Text; }          //返回"用户名"文本框的值
        set { this.TextBox1.Text = value; }         //设置"用户名"文本框的值
    }
```

```
    public string str_Pwd                          //公有属性，访问“密码”文本框
    {
        get { return this.TextBox2.Text; }         //返回“密码”文本框的值
        set { this.TextBox2.Text = value; }        //设置“密码”文本框的值
}
```

（4）将用户控件添加至 Default.aspx 页中，并在 Default.aspx 页的“登录”按钮的 Click 事件下添加一段代码，用于获取用户控件的文本框值，并判断用户输入是否合法。代码如下：

```
protected void Button1_Click(object sender, EventArgs e)
    {
        if (this.WebUserControl1.str_Name == "" || this.WebUserControl1.str_Pwd == "")
        {
            Response.Write("<script>alert('请输入必要的信息！')</script>");
        }
        else
        {
            if (this.WebUserControl1.str_Name == "mr" && this.WebUserControl1.str_Pwd == "mrsoft")
            {
                Response.Write("<script>alert('您是合法用户，欢迎您的光临！')</script>");
            }
            else
            {
                Response.Write("<script>alert('您的输入有误，请核对后重新输入！')</script>");
            }
        }
    }
```

12.3.3　将 Web 网页转化为用户控件

用户控件与 Web 网页的设计几乎完全相同，因此，如果某个 Web 网页完成的功能可以在其他 Web 页中重复使用，可以直接将 Web 网页转化成用户控件，而无须重新设计。

将 Web 网页转化成用户控件，需要进行以下操作。

（1）在.aspx（Web 网页的扩展名）文件的 HTML 视图中删除<html>、<head>、<body>和<form>等标记。

（2）将@ Page 指令修改为@ Control，并将 Codebehind 属性修改成以.ascx.cs 为扩展名的文件。例如，原 Web 网页中的代码如下：

```
<%@ Page Language="C#" AutoEventWireup="true"   CodeFile="Default.aspx.cs" Inherits="_Default" %>
```

需要修改为：

```
<%@ Control Language="C#" AutoEventWireup="true" CodeFile="Default.ascx.cs" Inherits=" WebUserControl
" %>
```

（3）在后台代码中将 public class 声明的页类删除，改为用户控件的名称，并且将 System.Web.UI.Page 改为 System.Web.UI.UserControl。例如：

```
public partial class _Default : System.Web.UI.Page
```

需要修改为：

```
public partial class WebUserControl : System.Web.UI.UserControl
```

（4）在解决方案资源管理器中，将文件的扩展名从.aspx 修改为.ascx，其代码后置文件会随之改变，从.aspx.cs 改变为.ascx.cs。

误区警示

不能将用户控件放入网站的 App_Code 文件夹中，如果放入其中，则运行包含该用户控件的网页时将发生分析错误。另外，用户控件属于 System.web.UI.UserControl 类型，它直接继承于 System.web.UI.Control。

12.4 实践与练习

使用用户控件为“新闻发布系统”添加一个站内搜索引擎功能。

第3篇

高级应用

本篇介绍了 ASP.NET 缓存技术、程序调试与错误处理、GDI+图形图像技术、E-mail 邮件发送、Web Service、ASP.NET MVC 编程和 ASP.NET 网站发布。学习完本篇，在实际开发过程中能够提高 Web 应用程序的安全与性能，并能够进行多媒体程序开发等。

高级应用

- ASP.NET缓存技术：网页中一种最常用的查看数据方式，有效避免数据的重复获取
- 程序调试与错误处理：程序员必备技能：编写Bug，处理Bug
- GDI+图形图像技术：.NET原生的绘图技术，可以绘制各种图形、文本和图表
- E-mail邮件发送：开发网站最常用的一个功能，使用SMTP和Jmail两种方式实现
- Web Service：Web服务，跨Web调用API接口的方法
- ASP.NET MVC编程：网站开发最常用的框架，包括模型、视图和控制器，以及Razor视图引擎
- ASP.NET网站发布：让其他用户能够访问到你开发的ASP.NET网站

第 13 章

ASP.NET 缓存技术

缓存是系统或应用程序将频繁使用的数据保存到内存中，当系统或应用程序再次使用时，能够快速地获取数据。缓存技术是提高 Web 应用程序开发效率最常用的技术。在 ASP.NET 中，有 3 种 Web 应用程序可以使用缓存技术，即页面输出缓存、页面部分缓存和页面数据缓存，本章将分别进行介绍。

本章知识架构及重难点如下。

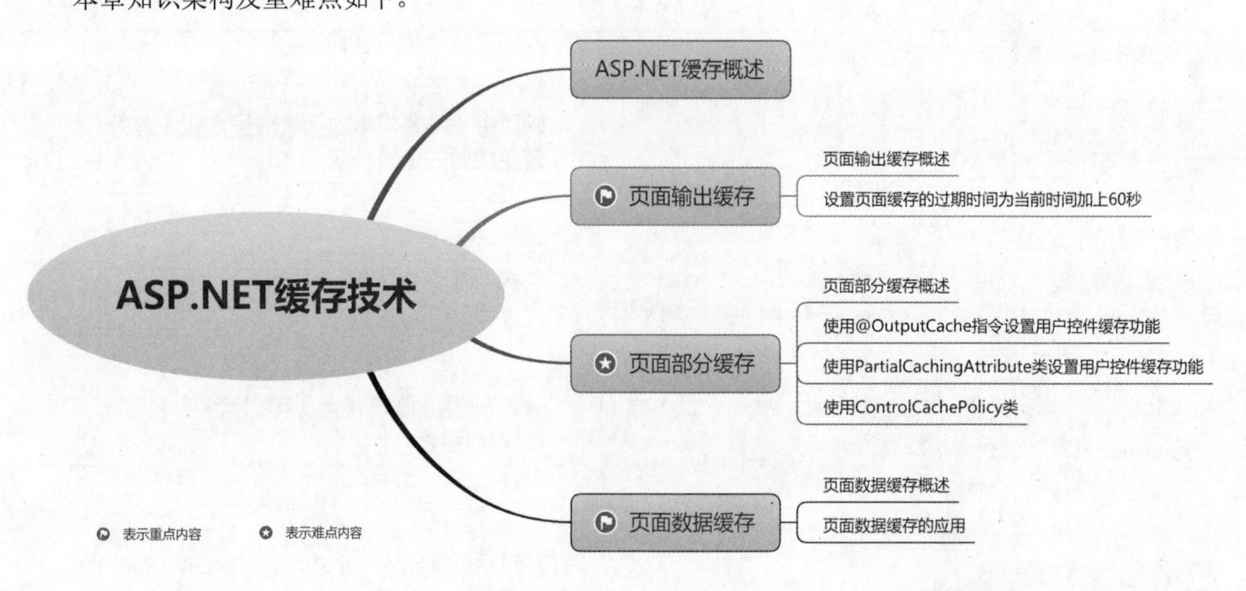

13.1 ASP.NET 缓存概述

缓存是 ASP.NET 中非常重要的一个特性，可以生成高性能的 Web 应用程序。生成高性能的 Web 应用程序最重要的因素之一，就是将那些频繁访问且不需要经常更新的数据存储在内存中，当客户端再一次访问这些数据时，可以避免重复获取满足先前请求的信息，以快速显示请求的 Web 页面。

ASP.NET 中有 3 种 Web 应用程序可以使用缓存技术，即页面输出缓存、页面部分缓存和页面数据缓存。ASP.NET 的缓存功能具有以下优点。

☑ 支持更为广泛和灵活的可开发特征。ASP.NET 2.0 及以上版本包含一些新增的缓存控件和 API，如自定义缓存依赖、Substitution 控件、页面输出缓存 API 等，这些特征能够明显改善开发人员对于缓存功能的控制。

☑ 增强可管理性。使用 ASP.NET 提供的配置和管理功能可以更加轻松地管理缓存。

☑ 提供更高的性能和可伸缩性。ASP.NET 提供了一些新的功能，如 SQL 数据缓存依赖等，这些功能将帮助开发人员创建高性能、伸缩性强的 Web 应用程序。

注意

缓存功能也有不足之处。例如，显示的内容可能不是最新、最准确的，为此必须设置合适的缓存策略。又如，缓存增加了系统的复杂性，并使其难于测试和调试。因此，建议在没有缓存的情况下开发和测试应用程序，然后在性能优化阶段启用缓存功能。

13.2　页面输出缓存

13.2.1　页面输出缓存概述

页面输出缓存是最为简单的缓存机制，该机制将整个 ASP.NET 页面内容保存在服务器内存中。当用户请求该页面时，系统从内存中输出相关数据，直到缓存数据过期。在这个过程中，将缓存内容直接发送给用户，而不必再次经过页面处理生命周期。通常情况下，页面输出缓存对于那些包含不需要经常修改内容，但需要大量处理才能编译完成的页面特别有用。另外，页面输出缓存是将页面全部内容都保存在内存中，并用于完成客户端请求。

页面输出缓存需要利用有效期来对缓存区中的页面进行管理。设置缓存的有效期可以使用@ OutputCache 指令。@ OutputCache 指令的格式如下：

```
<%@ OutputCache Duration="#ofseconds"
Location="Any | Client | Downstream | Server | None | ServerAndClient "
Shared="True | False"
VaryByControl="controlname"
VaryByCustom="browser | customstring"
VaryByHeader="headers"
VaryByParam="parametername"
%>
```

@ OutputCache 指令中的各个属性及其说明如表 13.1 所示。

表 13.1　@ OutputCache 指令中的各个属性及其说明

属　性	说　明
Duration	页或用户控件进行缓存的时间（以秒为单位）。该属性是必需的，在@ OutPutCache 指令中至少要包含该属性
Location	指定输出缓存可以使用的场所，默认值为 Any。用户控件中的@ OutPutCache 指令不支持此属性
Shared	确定用户控件输出是否可以由多个页共享，默认值为 false
VaryByControl	该属性使用一个用分号分隔的字符串列表来改变用户控件的部分输出缓存，这些字符串代表用户控件中声明的 ASP.NET 服务器控件的 ID 属性值。值得注意的是，除非已经包含了 VaryByParam 属性，否则在用户控件@ OutputCache 指令中必须包括该属性

续表

属　性	说　明
VaryByCustom	根据自定义的文本来改变缓存内容。如果赋予该属性的值为 browser，缓存将随浏览器名称和主要版本信息的不同而不同。如果值是 customstring，还必须重写 Global.asax 中的 GetVaryByCustomString 方法
VaryByHeader	根据 HTTP 头信息来改变缓存区内容，当有多重头信息时，输出缓存中会为每个指定的 HTTP 头信息保存不同的页面文档，该属性可以应用于缓存所有HTTP 1.1 的缓存内容，而不仅限于 ASP.NET 缓存。页面部分缓存不支持此属性
VaryByParam	该属性使用一个用分号分隔的字符串列表使输出缓存发生变化。默认情况下，这些字符串与用 GET 或 POST 方法发送的查询字符串值对应。当将该属性设置为多个参数时，对于每个指定参数组合，输出缓存都包含一个不同版本的请求文档，可能的值包括 none、星号（*），以及任何有效的查询字符串或 POST 参数名称

13.2.2　设置页面缓存的过期时间为当前时间加上 60 秒

【例 13.1】设置页面缓存的过期时间为当前时间加上 60 秒。（**示例位置：mr\TM\13\01**）

本示例主要通过设置缓存的有效期指令@ OutputCache 中的 Duration 属性值，实现程序运行 60 秒内刷新页面，页面中的数据不发生变化，在 60 秒后刷新页面，页面中的数据发生变化，如图 13.1 和图 13.2 所示。

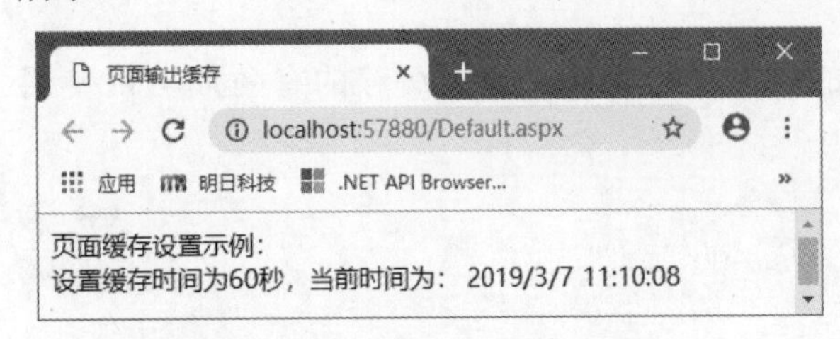

图 13.1　60 秒以内的页面缓存

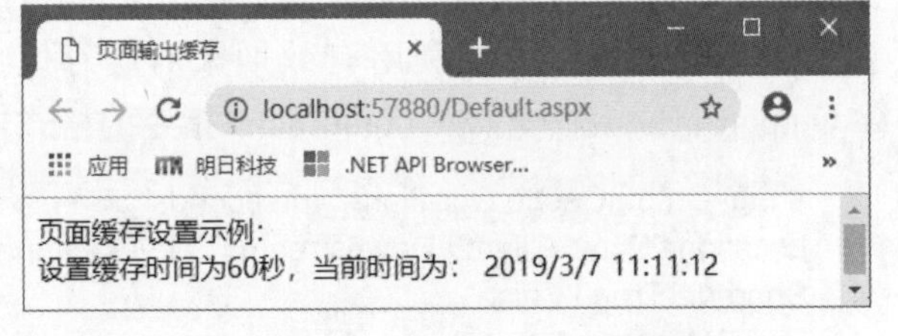

图 13.2　60 秒后的页面缓存

程序实现的主要步骤如下。

（1）新建一个网站，默认主页为 Default.aspx。

（2）将 Default.aspx 页面切换到 HTML 视图中，在<%@ Page>指令的下方添加如下代码，实现页面缓存的过期时间为当前时间加上 60 秒。

```
<%@ OutputCache Duration ="60" VaryByParam ="none"%>
```

（3）在节点<head>和<body>之间添加如下代码，输出当前系统时间，用于比较程序在 60 秒内和 60 秒后的运行状态。

```
<script language="C#" runat="server">
    void Page_Load(object sender, EventArgs e)
    {
        Response.Write("页面缓存设置示例：   <br>  设置缓存时间为 60 秒，当前时间为：   " +
DateTime.Now.ToString());
    }
    </script>
```

1. 通过 Response.Cache 以编程的方式设置网页输出缓存时间

设置网页输出缓存的持续时间可以采用编程的方式通过 Response.Cache 方法来实现。其使用方法如下：

```
Response.Cache.SetExpires(DateTime.Now.AddMinutes(10));          //10 秒后移除
Response.Cache.SetExpires(DateTime.Parse("3:00:00PM"));          //有效至下午 3 点
Response.Cache.SetMaxAge(new TimeSpan(0,0,10,0));                //有效 10 分钟
```

2. 设置网页缓存的位置

网页缓存位置可以根据缓存的内容来决定，如对于包含用户个人资料信息、安全性要求比较高的网页，最好缓存在 Web 服务器上，以保证数据无安全性问题；而对于普通的网页，最好允许它缓存在任何具备缓存功能的装置上，以充分使用资源来提高网页效率。

如果使用@ OupPutCache 指令进行网页输出缓存位置的设置，可以使用 Location 属性。例如，设置网页只能缓存在服务器的代码如下：

```
<%@ OutputCache Duration ="60" VaryByParam ="none" Location ="Server"%>
```

使用 HttpCachePolicy 类以程序控制方式进行网页输出缓存设置，代码如下：

```
Response.Cache.SetCacheability(HttpCacheability.Private);    //指定响应能存放在客户端，而不能由共
                                                             //享缓存（代理服务器）进行缓存
```

13.3　页面部分缓存

13.3.1　页面部分缓存概述

通常情况下，缓存整个页是不合理的，因为页的某些部分可能在每一次请求时都进行更改，在这种情况下，只能缓存页的一部分，即页面部分缓存。页面部分缓存是将页面部分内容保存在内存中以便响应用户请求，而页面其他部分内容则为动态内容。

页面部分缓存的实现包括控件缓存和缓存后替换两种方式。前者也可称为片段缓存，这种方式允许将需要缓存的信息包含在一个用户控件内，然后将该用户控件标记为可缓存的，以此来缓存页面输出的部分内容。例如，要开发一个股票交易的网页，每支股票价格是实时变动的，因此，整个页面必须是动态生成且不能缓存的，但其中有一小块用于放置过去一周的趋势图或成交量，它存储的是历史数据，这些数据早已是固定的事实，或者需要很长一段时间后才重新统计变动，将这部分缓存下来有很高的效益，可以不必为相同的内容做重复计算从而节省时间，这时就可以使用控件缓存。缓存后替换与用户控件缓存正好相反，用这种方式缓存整个页，页中的各段可以是动态的。

设置控件缓存的实质是对用户控件进行缓存配置，主要包括以下 3 种方法。

☑　使用@ OutputCache 指令以声明方式为用户控件设置缓存功能。

☑　在代码隐藏文件中使用 PartialCachingAttribute 类设置用户控件缓存。

☑　使用 ControlCachePolicy 类以编程方式指定用户控件缓存设置。

说明

页面部分缓存可以分为控件缓存和缓存后替换。控件缓存是本章介绍的重点。缓存后替换是通过 AdRotator 控件或 Substitution 控件实现的，它是指控件区域内的数据不缓存，而此区域外的数据缓存。控件缓存和缓存后替换示意图如图 13.3 所示。

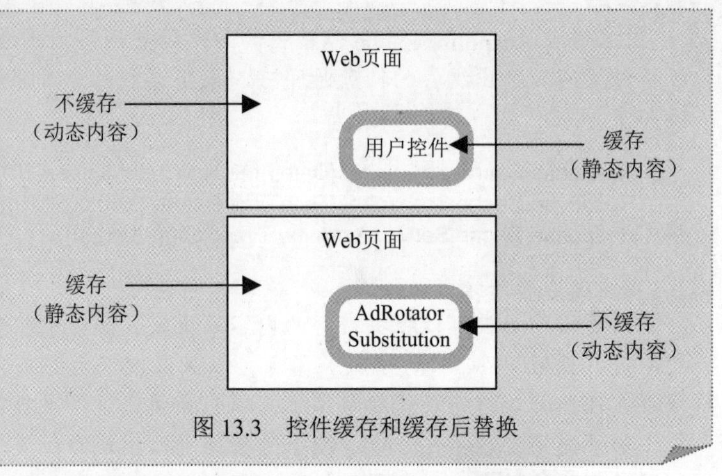

图 13.3　控件缓存和缓存后替换

13.3.2　使用@ OutputCache 指令设置用户控件缓存功能

@ OutputCache 指令以声明方式为用户控件设置缓存功能，用户控件缓存与页面输出缓存的@ OutputCache 指令设置方法基本相同，都在文件顶部设置@ OutputCache 指令，不同点包括如下两方面。

☑ 用户控件缓存的@ OutputCache 指令设置在用户控件文件中，而页面输出缓存的@ OutputCache 指令设置在普通 ASP.NET 文件中。

☑ 用户控件缓存的@ OutputCache 指令只能设置 6 个属性，即 Duration、Shared、SqlDependency、VaryByControl、VaryByCustom 和 VaryByParam，而在页面输出缓存的@ OutputCache 指令字符串中设置的属性多达 10 个。

用户控件中的@ OutputCache 指令设置源代码如下：

```
<%@ OutputCache Duration="60" VaryByParam="none" VaryByControl="ControlID" %>
```

以上代码为用户控件中的服务器控件设置缓存，其中缓存时间为 60 秒，ControlID 是服务器控件 ID 属性值。

误区警示

ASP.NET 页面和其中包含的用户控件都通过@ OutputCache 指令设置了缓存，应注意以下 3 点。

（1）ASP.NET 允许在页面和页面的用户控件中同时使用@ OutputCache 指令设置缓存，并且允许设置不同的缓存过期时间值。

（2）如果页面输出缓存过期时间长于用户控件输出缓存过期时间，则页面的输出缓存持续时间优先。例如，如果设置页面输出缓存为 100 秒，而设置用户控件的输出缓存为 50 秒，则包括用户控件在内的整个页将在输出缓存中存储 100 秒，而与用户控件较短的时间设置无关。

（3）如果页面输出缓存过期时间比用户控件的输出缓存过期时间短，则即使已为某个请求重新生成该页面的其余部分，也将一直缓存用户控件，直到其过期时间到期为止。例如，如果设置页面输出缓存为 50 秒，而设置用户控件输出缓存为 100 秒，则页面其余部分每到期两次，用户控件才到期一次。

13.3.3　使用 PartialCachingAttribute 类设置用户控件缓存功能

使用 PartialCachingAttribute 类可以在用户控件（.ascx 文件）中设置有关控件缓存的配置内容。PartialCachingAttribute 类包含 6 个常用属性和 4 种类构造函数，其中 6 个常用属性是 Duration、Shared、SqlDependency、VaryByControl、VaryByCustom 和 VaryByParam，与 13.3.2 节中的@ OutputCache 指令设置的 6 个属性完全相同，只是使用的方式不同，此处将不再对 6 个属性进行介绍。下面重点介绍 PartialCachingAttribute 类中的构造函数。PartialCachingAttribute 类中的 4 种构造函数及其说明如表 13.2 所示。

表 13.2　PartialCachingAttribute 类的构造函数及其说明

构 造 函 数	说　　明
PartialCachingAttribute(Int32)	使用分配给要缓存的用户控件的指定持续时间初始化 PartialCachingAttribute 类的新实例
PartialCachingAttribute(Int32, String, String, String)	初始化 PartialCachingAttribute 类的新实例，指定缓存持续时间、所有 GET 和 POST 值、控件名和用于改变缓存的自定义输出缓存要求
PartialCachingAttribute(Int32, String, String, String, Boolean)	初始化 PartialCachingAttribute 类的新实例，指定缓存持续时间、所有 GET 和 POST 值、控件名、用于改变缓存的自定义输出缓存要求，以及用户控件输出是否可在多页间共享
PartialCachingAttribute(Int32, String, String, String, String, Boolean)	初始化 PartialCachingAttribute 类的新实例，指定缓存持续时间、所有 GET 和 POST 值、控件名、用于改变缓存的自定义输出缓存要求、数据库依赖项，以及用户控件输出是否可在多页间共享

以上介绍了 PartialCachingAttribute 类的 6 个属性和 4 种构造函数，下面通过一个典型示例说明该类的具体应用方法。

【例 13.2】使用 PartialCachingAttribute 类实现设置用户控件缓存。（**示例位置：mr\TM\13\02**）

本示例主要通过使用 PartialCachingAttribute 类设置用户控件（WebUserControl.ascx 文件）的缓存有效时间为 20 秒。执行程序，示例运行结果如图 13.4 所示；示例运行 10 秒内刷新页面，运行结果如图 13.5 所示；示例运行 20 秒后刷新页面，运行结果如图 13.6 所示。

Web页中的时间与用户控件中的时间对比
用户控件中的系统时间：2019/3/7 11:15:02
Web页中的系统时间：2019/3/7 11:15:02

图 13.4　示例运行初期

Web页中的时间与用户控件中的时间对比
用户控件中的系统时间：2019/3/7 11:15:02
Web页中的系统时间：2019/3/7 11:15:06

图 13.5　示例运行 10 秒内刷新页面

Web页中的时间与用户控件中的时间对比
用户控件中的系统时间：2019/3/7 11:15:22
Web页中的系统时间：2019/3/7 11:15:22

图 13.6　示例运行 20 秒后刷新页面

程序实现的主要步骤如下。

（1）新建一个网站，默认主页为 Default.aspx，并在该页中添加一个 Label 控件，用于显示当前系统时间。

（2）在该网站中添加一个用户控件，默认名为 WebUserControl.ascx，并在该用户控件中添加一个 Label 控件，用于显示当前系统时间。

（3）为了使用 PartialCachingAttribute 类设置用户控件（WebUserControl.ascx 文件）的缓存有效期时间为 20 秒，必须在用户控件类声明前设置[PartialCaching(20)]。代码如下：

```
using System;
using System.Collections;
using System.Configuration;
using System.Data;
using System.Linq;
using System.Web;
using System.Web.Security;
using System.Web.UI;
using System.Web.UI.HtmlControls;
using System.Web.UI.WebControls;
using System.Web.UI.WebControls.WebParts;
using System.Xml.Linq;
[PartialCaching(20)]                    //设置用户控件的缓存时间为 20 秒
public partial class WebUserControl : System.Web.UI.UserControl
{
    protected void Page_Load(object sender, EventArgs e)
    {
        if (!IsPostBack)
        {
            this.Label1.Text = "用户控件中的系统时间：" + DateTime.Now.ToString();
        }
    }
}
```

说明

以上代码设置了缓存有效时间为 20 秒，这与在 WebUserControl.ascx 文件顶部设置@ OutputCache 指令的 Duration 属性值为 20 是完全一致的。

13.3.4　使用 ControlCachePolicy 类

ControlCachePolicy 是.NET Framework 中的类，主要用于提供对用户控件的输出缓存设置的编程访问。ControlCachePolicy 类包含 6 个属性，分别是 Cached、Dependency、Duration、SupportsCaching、VaryByControl 和 VaryByParams，如表 13.3 所示。

表 13.3　ControlCachePolicy 类的 6 个属性及其说明

属　性	说　明
Cached	用于获取或设置一个布尔值，该值指示是否为用户控件启用片段缓存
Dependency	获取或设置与缓存的用户控件输出关联的 CacheDependency 类的实例
Duration	获取或设置缓存的项将在输出缓存中保留的时间
SupportsCaching	获取一个值，该值指示用户控件是否支持缓存
VaryByControl	获取或设置要用来改变缓存输出的控件标识符列表
VaryByParams	获取或设置要用来改变缓存输出的 GET 或 POST 参数名称列表

下面通过一个典型示例说明该类的具体应用方法。

【例 13.3】使用 ControlCachePolicy 类实现设置用户控件缓存。（**示例位置：mr\TM\13\03**）

本示例主要演示如何在运行时动态加载用户控件、如何以编程方式设置用户控件缓存过期时间为 10 秒，以及如何使用绝对过期策略。执行程序，示例运行结果如图 13.7 所示；示例运行 5 秒内刷新页面，运行结果如图 13.8 所示；示例运行 10 秒后刷新页面，运行结果如图 13.9 所示。

web页中的系统时间：	11:17:59
用户控件中的系统时间：	11:17:59

图 13.7　示例运行初期

web页中的系统时间：	11:18:03
用户控件中的系统时间：	11:17:59

图 13.8　示例运行 5 秒内刷新页面图

web页中的系统时间：	11:18:11
用户控件中的系统时间：	11:18:11

图 13.9　示例运行 10 秒后刷新页面

程序实现的主要步骤如下。

（1）新建一个网站，默认主页为 Default.aspx，并在该页中添加一个 Label 控件，用于显示当前系统时间。

（2）在该网站中添加一个用户控件，默认名为 WebUserControl.ascx，并在该用户控件中添加一个 Label 控件，用于显示当前系统时间。

（3）在用户控件（WebUserControl.ascx 文件）中，使用 PartialCachingAttribute 类设置用户控件的默认缓存有效时间为 100 秒，代码如下：

```
using System;
using System.Collections;
using System.Configuration;
using System.Data;
using System.Linq;
using System.Web;
using System.Web.Security;
using System.Web.UI;
using System.Web.UI.HtmlControls;
using System.Web.UI.WebControls;
using System.Web.UI.WebControls.WebParts;
using System.Xml.Linq;
//引入命名空间
using System.Data.SqlClient;
[PartialCaching(100)]
public partial class WebUserControl : System.Web.UI.UserControl
{
    protected void Page_Load (object sender, EventArgs e)
    {
        Label1.Text = DateTime.Now.ToLongTimeString();
    }
}
```

注意

使用 PartialCachingAttribute 类设置用户控件缓存过期时间的目的是实现使用 PartialCachingAttribute 类对用户控件类的包装，否则，在 ASP.NET 页中调用 CachePolicy 属性获取的 ControlCatchPolicy 实例是无效的。

（4）在 Default.aspx 页面的 Page_Init 事件下动态加载用户控件，并使用 SetSlidingExpiration 和

SetExpires 方法更改用户控件的缓存过期时间为 10 秒。Page_Init 事件的代码如下：

```
protected void Page_Init(object sender, EventArgs e)
    {
        this.Label1.Text = DateTime.Now.ToLongTimeString();
        //动态加载用户控件，并返回 PartialCachingControl 的实例对象
        PartialCachingControl pcc = LoadControl("WebUserControl.ascx") as PartialCachingControl;
        //如果用户控件的缓存时间大于 60 秒，那么重新设置缓存时间为 10 秒
        if (pcc.CachePolicy.Duration > TimeSpan.FromSeconds(60))
        {
            //设置用户控件过期时间
            pcc.CachePolicy.SetExpires(DateTime.Now.Add(TimeSpan.FromSeconds(10)));
            //设置缓存绝对过期
            pcc.CachePolicy.SetSlidingExpiration(false);
        }
        Controls.Add(pcc);   //将用户控件添加到页面中
    }
```

说明

（1）使用 TemplateControl.LoadControl 方法动态加载 WebUserControl.ascx 文件。由于用户控件 WebUserControl.ascx 已经为 PartialCachingAttribute 类包装，因此，LoadControl 方法的返回对象不是空引用，而是 PartialCachingControl 实例。

（2）使用 PartialCachingControl 实例对象的 CachePolicy 属性获取 ControlCachePolicy 实例对象。该对象主要用于对用户控件输出缓存进行设置，使用 SetExpires 方法和参数为 false 的 SetSlidingExpiration 方法，设置用户控件输出缓存有效期为 10 秒，并且设置缓存为绝对过期策略。

（3）利用 Controls 类的 Add 方法将设置好的用户控件添加到页面控件层次结构中。

13.4　页面数据缓存

13.4.1　页面数据缓存概述

页面数据缓存即应用程序数据缓存，它提供了一种编程方式，可通过键/值将任意数据存储在内存中。使用应用程序数据缓存与使用应用程序状态类似，但是与应用程序状态不同的是，应用程序数据缓存中的数据是很容易丢失的，即数据并不是在整个应用程序生命周期中都存储在内存中。应用程序数据缓存的优点是由 ASP.NET 管理缓存，它会在项过期、无效或内存不足时移除缓存中的项，还可以配置应用程序缓存，以便在移除项时通知应用程序。

ASP.NET 中提供了类似于 Session 的缓存机制，即页面数据缓存。利用数据缓存，可以在内存中存储各种与应用程序相关的对象。对于各个应用程序来说，数据缓存只是在应用程序内共享，并不能在应用程序间进行共享。Cache 类用于实现 Web 应用程序的缓存，在 Cache 中存储数据的最简单方法如下：

```
Cache["Key"]=Value;
```

从缓存中取数据时，需要先判断缓存中是否有内容，方法如下：

```
Value=(string)Cache["key"];
If(Value!=null)
{
//do something
}
```

误区警示

从 Cache 中得到的对象是一个 object 类型的对象，因此，在通常情况下，需要进行强制类型转换。

Cache 类有两个很重要的方法，即 Add 和 Insert 方法，其语法格式如下：

```
public Object Add[Insert] (
      string key,
      Object value,
      CacheDependency dependencies,
      DateTime absoluteExpiration,
      TimeSpan slidingExpiration,
      CacheItemPriority priority,
      CacheItemRemovedCallback onRemoveCallback
)
```

参数说明如下。

☑ key：用于引用该项的缓存键。
☑ value：要添加到缓存的项。
☑ dependencies：该项的文件依赖项或缓存键依赖项，当更改任何依赖项时，该对象即无效，并从缓存中移除，如果没有依赖项，则可将此参数设为 null。
☑ absoluteExpiration：过期的绝对时间。
☑ slidingExpiration：最后一次访问所添加对象时与该对象过期时之间的时间间隔。
☑ priority：缓存的优先级，由 CacheItemPriority 枚举表示。缓存的优先级共有 6 种，从大到小依次是 NotRemoveable、High、AboveNormal、Normal、BelowNormal 和 Low。
☑ onRemoveCallback：在从缓存中移除对象时所调用的委托（如果没有，可以为 null）。当从缓存中删除应用程序的对象时，它将会被调用。

Insert 方法声明与 Add 方法类似，但 Insert 方法为可重载方法，其结构如表 13.4 所示。

表 13.4　Insert 重载方法列表

重 载 方 法	说　明
Cache.Insert(String, Object)	向 Cache 对象插入项，该项带有一个缓存键引用其位置，并使用 CacheItemPriority 枚举提供的默认值
Cache.Insert(String, Object, CacheDependency)	向 Cache 中插入具有文件依赖项或键依赖项的对象
Cache.Insert(String, Object, CacheDependency, DateTime, TimeSpan)	向 Cache 中插入具有依赖项和过期策略的对象
Cache.Insert(String, Object, CacheDependency, DateTime, TimeSpan, CacheItemPriority, CacheItemRemovedCallback)	向 Cache 对象中插入对象，后者具有依赖项、过期和优先级策略以及一个委托（可用于在从 Cache 移除插入项时通知应用程序）

在 Insert 方法中，CacheDependency 是指依赖关系，DateTime 是有效时间，TimeSpan 是创建对象的时间间隔。

下面通过示例来讲解 Insert 方法的使用。

例如，将文件中的 XML 数据插入缓存，无须在以后请求时从文件中读取。CacheDependency 的作用是确保缓存在文件更改后立即到期，以便可以从文件中提取最新数据，重新进行缓存。如果缓存的数据来自若干个文件，还可以指定一个文件名的数组。代码如下：

```
Cache.Insert("key", myXMLFileData, new
System.Web.Caching.CacheDependency(Server.MapPath("users.xml")));
```

例如，插入键值为 key 的第 2 个数据块（取决于是否存在第 1 个数据块）。如果缓存中不存在名为 key 的键，或者与该键相关联的项已到期或被更新，那么 dependentkey 的缓存条目将到期。代码如下：

```
Cache.Insert("dependentkey", myDependentData, new
System.Web.Caching.CacheDependency(new string[] {}, new string[]
{"key"}));
```

下面是一个绝对到期的示例，此示例将对受时间影响的数据缓存 1 分钟，1 分钟过后，缓存将到期。

注意

绝对到期和滑动到期不能一起使用。

```
Cache.Insert("key", myTimeSensitiveData, null,
DateTime.Now.AddMinutes(1), TimeSpan.Zero);
```

下面是一个滑动到期的示例，此示例将缓存一些频繁使用的数据。数据将在缓存中一直保留，除非数据未被引用的时间达到了 1 分钟。

```
Cache.Insert("key", myFrequentlyAccessedData, null,
System.Web.Caching.Cache.NoAbsoluteExpiration,
TimeSpan.FromMinutes(1));
```

13.4.2 页面数据缓存的应用

【例 13.4】页面数据缓存的应用。（示例位置：**mr\TM\13\04**）

本示例主要演示如何利用 Cache 类实现应用程序数据缓存管理，包括添加、检索和删除应用程序数据缓存对象的方法。执行程序，并依次单击“添加”和“检索”按钮，示例运行结果如图 13.10 所示。

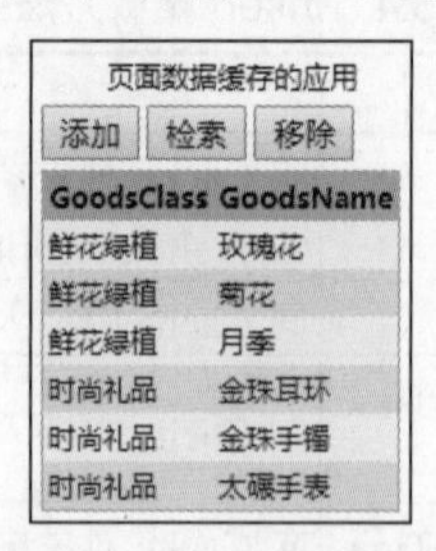

GoodsClass	GoodsName
鲜花绿植	玫瑰花
鲜花绿植	菊花
鲜花绿植	月季
时尚礼品	金珠耳环
时尚礼品	金珠手镯
时尚礼品	太阳手表

图 13.10 页面数据缓存的应用

程序实现的主要步骤如下。

（1）新建一个网站，默认主页为 Default.aspx。首先在该页中添加 3 个 Button 控件，分别用于执行添加数据缓存信息、检索数据缓存信息和移除数据缓存信息；然后添加 1 个 GridView 控件，用于显示数据信息；最后添加 2 个 Label 控件，分别用于显示缓存对象的个数和对缓存对象操作的信息。

（2）在 Default.aspx 页的 Page_Load 事件中，实现的主要功能是读取数据信息，并将其绑定到 GridView 控件。代码如下：

```
//判断缓存中是否包含关键字为 key 的数据，如果存在，读取缓存中的数据，否则，读取 XML 文件中的数据
protected void Page_Load(object sender, EventArgs e)
{
        DataSet ds = new DataSet();
        if (Cache["key"] == null)
        {
            ds.ReadXml(Server.MapPath("~/XMLFile.xml"));
            this.GridView1.DataSource = ds;
            this.GridView1.DataBind();
        }
        else
        {
            ds = (DataSet)Cache["key"];
            this.GridView1.DataSource = ds;
            this.GridView1.DataBind();
        }
}
```

（3）当用户单击“添加”按钮时，首先判断缓存中是否存在该数据，如果不存在，则将数据信息添加到缓存中。“添加”按钮的 Click 事件代码如下：

```
protected void Button3_Click(object sender, EventArgs e)
{
    if (Cache["key"] == null)           //判断缓存中是否存在该数据，如果不存在，则将数据信息添加到缓存中
    {
        DataSet ds = new DataSet();
        ds.ReadXml(Server.MapPath("~/XMLFile.xml"));
        Cache.Insert("key", ds, new System.Web.Caching.CacheDependency(Server.MapPath("XMLFile.xml")));
    }
    this.Label2.Text = "";
    DisplayCacheInfo();
}
```

（4）当用户单击“检索”按钮时，从缓存中检索指定的数据信息是否存在，并将检索的结果显示在界面中。“检索”按钮的 Click 事件代码如下：

```
protected void Button2_Click(object sender, EventArgs e)
{
    if (Cache["key"] != null)
    {
    this.Label2.Text ="已检索到缓存中包括该数据！";
    }
```

```
    else
    {
        this.Label2.Text = "未检索到缓存中包括该数据！";
    }
    DisplayCacheInfo();
}
```

（5）当用户单击“移除”按钮时，首先从缓存中判断指定的数据信息是否存在，如果存在，则从缓存中将指定的数据信息删除。“移除”按钮的 Click 事件代码如下：

```
protected void Button1_Click(object sender, EventArgs e)
{
    if (Cache["key"] == null) {
        this.Label2.Text = "未缓存该数据，无法删除！";
    }
    else{
        Cache.Remove("key");
        this.Label2.Text = "删除成功！";
    }
    DisplayCacheInfo();
}
```

13.5 实践与练习

尝试开发一个 ASP.NET 程序，要求缓存网页的不同版本，如缓存上海地区的客户信息、北京地区的客户信息等。

第 14 章

程序调试与错误处理

在编写程序的过程中，难免会遇到一些错误。为了消除错误，开发人员需要对应用程序进行调试，查出错误的根源。这些错误可能是非常隐蔽且难以发现的，因此，开发人员需要进行大量故障排查才能发现错误的根源。程序开发完成且错误消除之后，必须使用各种数据对它们进行测试，才能确保程序成功运行。本章主要介绍对程序进行调试以及处理错误的方法。

本章知识架构及重难点如下。

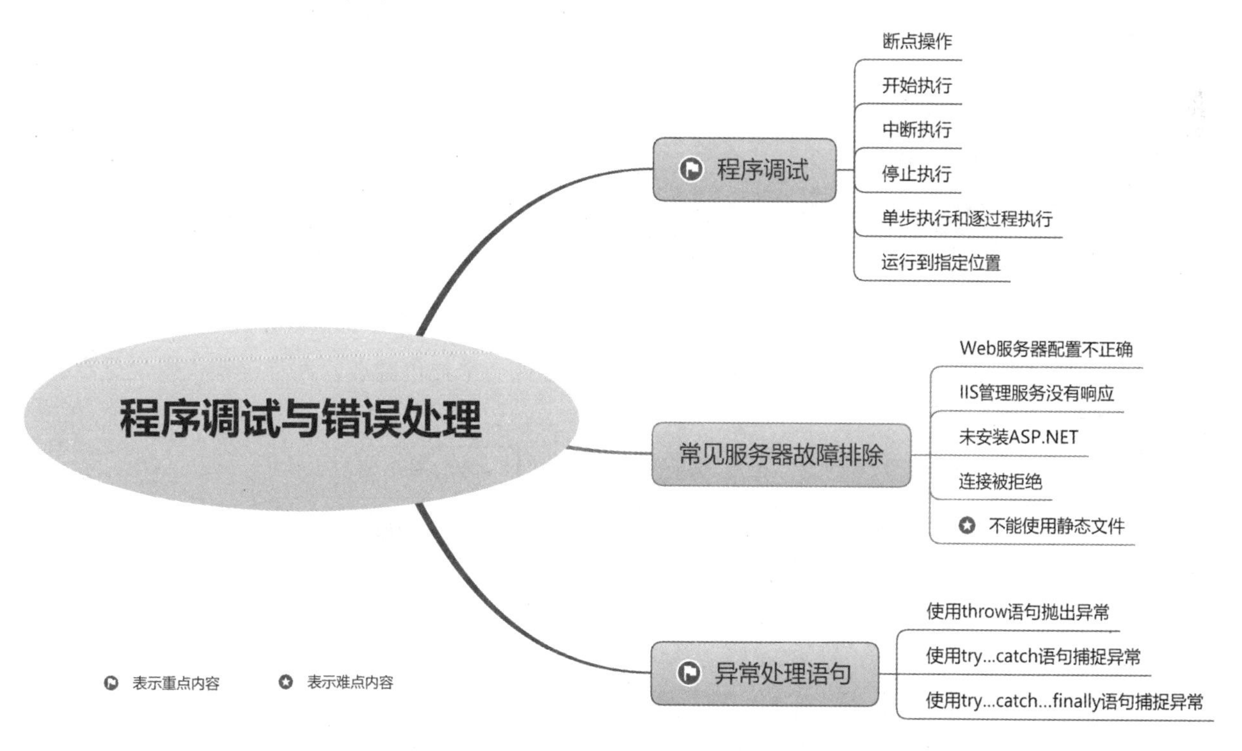

14.1 程 序 调 试

程序调试是在程序中查找错误的过程，在开发过程中，程序调试是检查代码并验证它能否正常运行的有效方法。另外，在开发时，如果发现程序不能正常工作，就必须找出并解决有关问题。本节将对几种常用的程序调试操作进行讲解。

14.1.1　断点操作

断点通知调试器，应用程序在某点上（暂停执行）或某情况发生时中断。发生中断时，程序和调试器处于中断模式。进入中断模式并不会终止或结束程序的执行，所有元素（如函数、变量和对象）都保留在内存中。可以在任何时刻继续执行程序。

插入断点有 3 种方式：在要设置断点行旁边的灰色空白处单击；右击设置断点的代码行，在弹出的快捷菜单中选择“断点”→“插入断点”命令，如图 14.1 所示；单击要设置断点的代码行，选择菜单中的“调试”→“切换断点”命令，如图 14.2 所示。

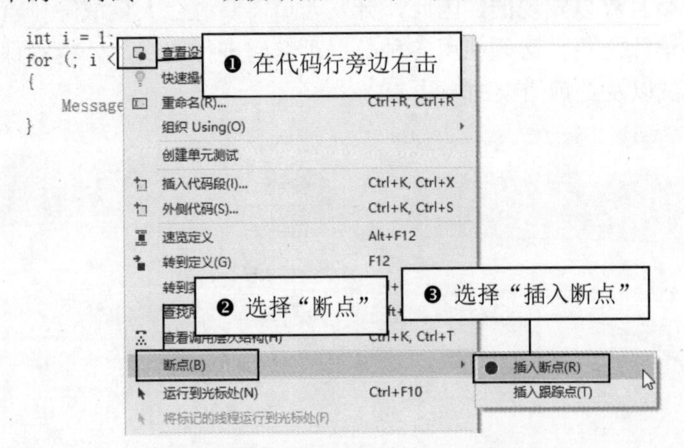

图 14.1　通过右键快捷菜单插入断点

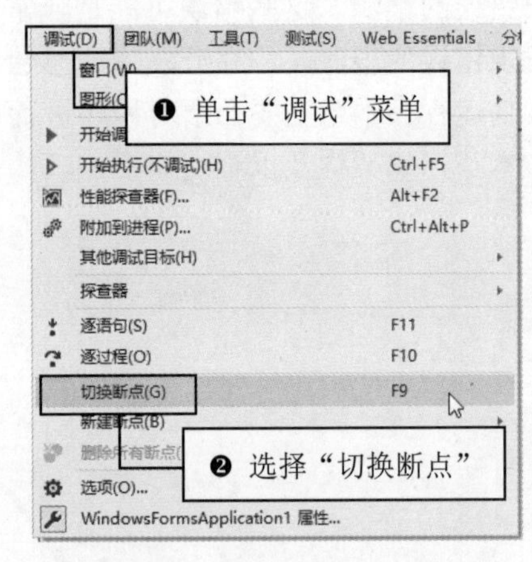

图 14.2　通过菜单栏插入断点

插入断点后，会在设置断点的行旁边的灰色空白处出现一个红色圆点，并且该行代码也呈高亮显示，如图 14.3 所示。

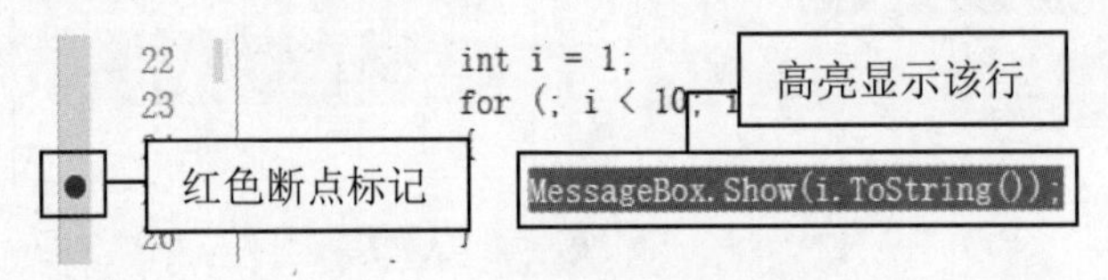

图 14.3　插入断点后的效果图

删除断点主要有 3 种方式，分别如下。

☑　单击设置了断点的代码行左侧的红色圆点。

☑　在设置了断点的代码行左侧的红色圆点上右击，在弹出的快捷菜单中选择“删除断点”命令，如图 14.4 所示。

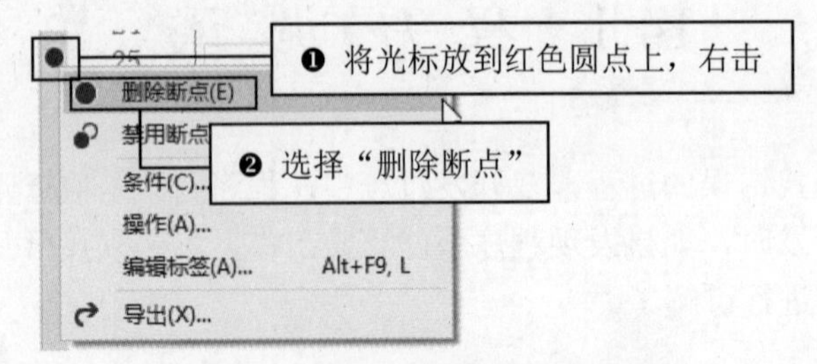

图 14.4　通过右键快捷菜单删除断点

☑ 在设置了断点的代码行上右击，在弹出的快捷菜单中选择“断点”→“删除断点”命令。

14.1.2　开始执行

开始执行是最基本的调试功能之一，从“调试”菜单（如图 14.5 所示）中选择“开始调试”命令，或在源窗口中右击可执行代码中的某行，然后从弹出的快捷菜单中选择“运行到光标处”命令，如图 14.6 所示。

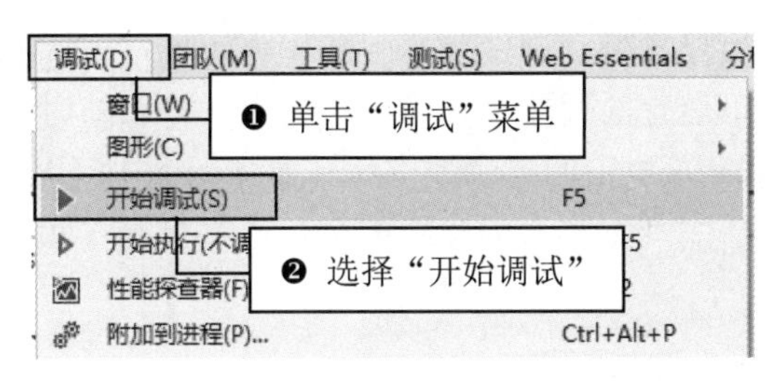

图 14.5　“调试”菜单

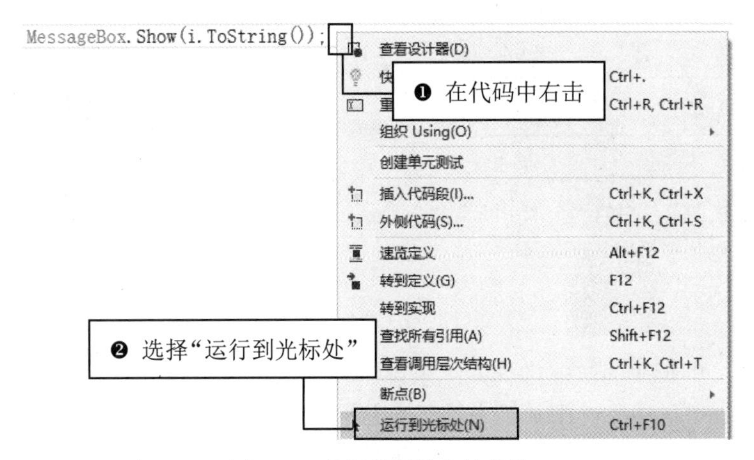

图 14.6　某行代码的右键菜单

除了使用上述方法开始执行，还可以直接单击工具栏中的▶ 启动按钮，启动调试，如图 14.7 所示。

如果选择“开始调试”命令，则应用程序将启动并一直运行到断点。可以在任何时刻中断执行，以检查值、修改变量或检查程序状态，如图 14.8 所示。

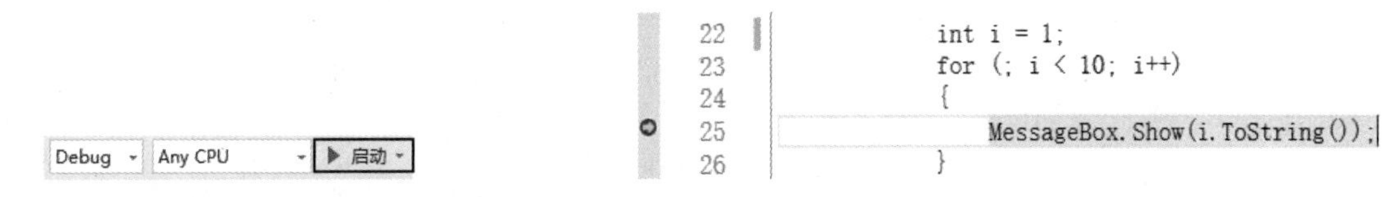

图 14.7　工具栏中的“启动”调试按钮　　　图 14.8　运行到断点

如果选择“运行到光标处”命令，则应用程序将启动并一直运行到断点或光标位置，具体要看是断点在前还是光标在前，可以在源窗口中设置光标位置。如果光标在断点的前面，则代码首先运行到光标处，如图 14.9 所示。

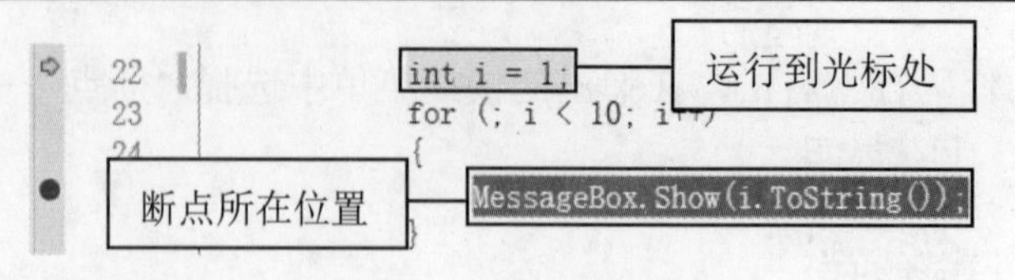

图 14.9　运行到光标处

14.1.3　中断执行

当执行到达一个断点或发生异常时，调试器将中断程序的执行。选择“调试”→“全部中断”命令后，调试器将停止所有在其下运行的程序。程序并不退出，可以随时恢复执行，只是调试器和应用程序当前处于中断模式。“调试”菜单中的“全部中断”命令如图 14.10 所示。

除了通过选择“调试”→“全部中断”命令中断执行，也可以单击工具栏中的Ⅱ按钮中断执行，如图 14.11 所示。

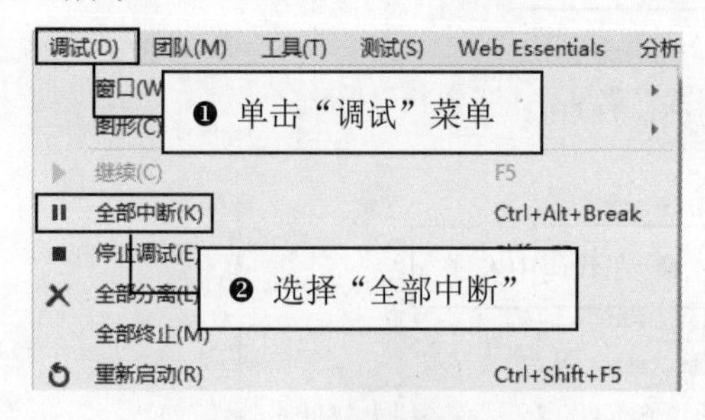

图 14.10　“调试”菜单中的“全部中断”命令

图 14.11　工具栏中的中断执行按钮

14.1.4　停止执行

停止执行意味着终止正在调试的进程并结束调试会话，可以通过选择“调试”→“停止调试”命令来结束运行和调试，也可以单击工具栏中的■按钮停止执行。

14.1.5　单步执行和逐过程执行

单步执行是指调试器每次只执行一行代码，主要通过逐语句、逐过程和跳出这 3 个命令实现。“逐语句”和“逐过程”的主要区别是：当某一行包含函数调用时，“逐语句”仅执行调用本身，然后在函数内的第 1 个代码行处停止，而“逐过程”执行整个函数，然后在函数外的第 1 行处停止。如果位于函数调用的内部并想返回到调用函数时，应使用“跳出”，“跳出”将一直执行代码，直到函数返回，然后在调用函数中的返回点处中断。

当启动调试后，可以单击工具栏中的按钮执行“逐语句”操作、单击按钮执行“逐过程”操作和单击按钮执行“跳出”操作，如图 14.12 所示。

说明

除了在工具栏中单击这 3 个按钮，还可以通过快捷键执行这 3 种操作。启动调试后，按 F11 键可执行“逐语句”操作，按 F10 键可执行“逐过程”操作，按 Shift+F10 快捷键可执行“跳出”操作。

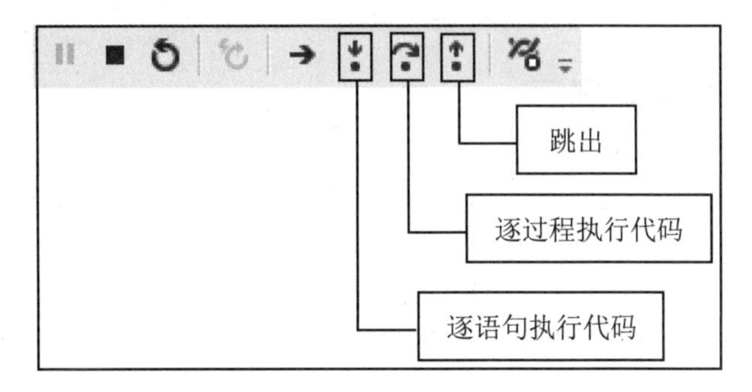

图 14.12　单步执行的 3 个命令

14.1.6　运行到指定位置

如果希望程序运行到指定的位置，可以在指定代码行上右击，在弹出的快捷菜单中选择“运行到光标处”命令，这样当程序运行到光标处时就会自动暂停；另外，也可以在指定的位置插入断点，同样可以使程序运行到插入断点的代码行时自动暂停。

14.2　常见服务器故障排除

在 Visual Studio 中测试网站时，ASP.NET Development Server 将自动运行，但在一些情况下，使用 ASP.NET Development Server 会产生错误。本节将介绍 Web 服务器可能产生的错误，并提供相应的解决办法。

14.2.1　Web 服务器配置不正确

运行网站时，显示如下错误：

```
The web server is not configured correctly. See help for common configuration errors. Running the web page outside of the debugger may provide further information.
```

造成该错误的原因及常见的解决办法包括以下两种。

☑　原因 1：网站的执行权限不够。

解决办法：打开 IIS，选择对应网站的属性，在“主目录”选项卡中选择执行权限为“脚本和可执行文件”。

☑　原因 2：身份验证方式不正确。

解决办法：打开 IIS，在“网站”节点下选择对应网站，右击，在弹出的快捷菜单中选择“属性”命令，打开网站的“属性”窗口，选择“目录和安全性”选项卡，单击“匿名访问和身份验证控制”区域中的“编辑”按钮，打开身份验证方法，选中“启用匿名访问”和“集成 Windows 身份验证”复选框。

14.2.2 IIS 管理服务没有响应

当 IIS 管理服务没有响应时，会发生“安全检查失败，因为 IIS 管理服务没有响应”的错误，这通常表示 IIS 的安装有问题。

解决此错误的方法如下。

首先，使用“管理工具”中的“服务”工具验证该服务是否正在运行，然后按照以下方法进行操作。

☑ 使用“程序和功能”中的“打开或关闭 Windows 功能”重新安装 IIS。

☑ 使用“程序和功能”中的“打开或关闭 Windows 功能”从计算机中删除 IIS 并重新安装 IIS。

注意

执行以上两个步骤中的任一步骤后，需要重新启动计算机。

14.2.3 未安装 ASP.NET

当用户尝试调试的计算机上未正确安装 ASP.NET 时，会发生“未安装 ASP.NET”的错误，该错误可能意味着从未安装过 ASP.NET，或者先安装了 ASP.NET，然后才安装了 IIS。

解决此错误的方法如下。

选择“开始”菜单中的“运行”命令，打开“运行”窗口，在“运行”窗口中输入以下命令安装 ASP.NET 并注册到 IIS：

```
\WINNT\Microsoft.NET\Framework\version\aspnet_regiis -i
```

其中，version 表示安装在用户计算机上的.NET Framework 的版本号。

14.2.4 连接被拒绝

服务器报告以下错误：

```
10061-Connection Refused
Internet Security and Acceleration Server
```

如果计算机在受 Internet Security and Acceleration Server（SA Server）保护的网络上运行，并且满足以下条件之一，就会发生此错误。

☑ 客户端未安装防火墙。

☑ Internet Explorer 中的 Web 代理配置不正确。

解决此问题的方法如下。

（1）安装防火墙客户端软件，如 ISA 客户端。

（2）修改 Internet Explorer 中的 Web 代理连接设置，以跳过用于本地地址的代理服务器。

14.2.5　不能使用静态文件

在网站中，静态文件（如图像和样式表）受到 ASP.NET 授权规则的影响，例如，如果禁用了对静态文件的匿名访问，匿名用户则不能使用网站中的静态文件，但是，将网站部署到运行 IIS 的服务器时，IIS 将提供静态文件而不使用授权规则。

14.3　异常处理语句

在 ASP.NET 程序中，可以使用异常处理语句处理异常。常用的异常处理语句有 throw 语句、try…catch 语句和 try…catch…finally 语句，通过这 3 个异常处理语句，可以对可能产生异常的程序代码进行监控。下面对这 3 个异常处理语句进行详细讲解。

14.3.1　使用 throw 语句抛出异常

throw 语句用于主动引发一个异常，即在特定的情形下自动抛出异常。throw 语句的基本格式如下：

```
throw   ExObject
```

参数 ExObject 表示所要抛出的异常对象，这个异常对象是派生自 System.Exception 类的对象。

【例 14.1】新建一个网站，默认主页为 Default.aspx。在 Default.aspx 的 Page_Load 事件中，创建一个 int 类型的方法 MyInt，该方法有两个 int 类型的参数 a 和 b，其中 a 为分子，b 为分母。如果分母的值是 0，则通过 throw 语句抛出 DivideByZeroException 异常。（**示例位置：mr\TM\14\01**）

代码如下：

```
public int MyInt(int a, int b)                    //创建一个 int 类型的方法，参数分别是 a 和 b
{
    int num;                                      //声明一个 int 类型的变量 num
    if (b == 0)                                   //判断 b 是否等于 0，如果等于 0，抛出异常
    {
        throw new DivideByZeroException();        //抛出 DivideByZeroException 类的异常
        return 0;
    }
    else
    {
        num = a / b;                              //计算 a 除以 b 的值
        return num;                               //返回计算结果
    }
}
protected void Page_Load(object sender, EventArgs e)
{
    //调用 test 类中的 MyInt 方法计算两个数的商
    Response.Write("分子除以分母的值：" + MyInt(298, 0));
}
```

运行以上程序，因为要计算的数值的分母为 0，所以程序出错，错误信息如图 14.13 所示。

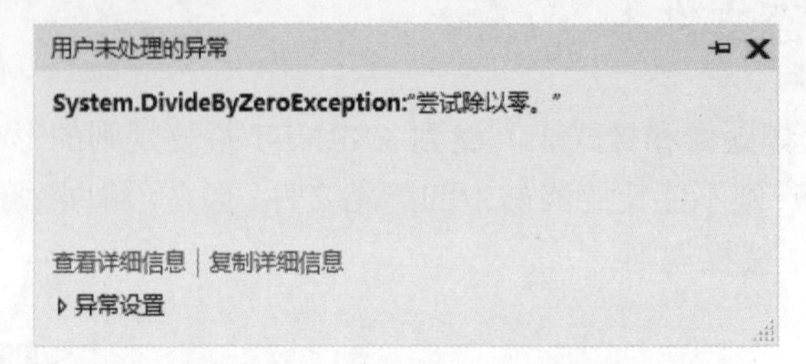

图 14.13　分母为 0 时的错误信息

14.3.2　使用 try…catch 语句捕捉异常

try…catch 语句允许在 try 后面的花括号（{}）中放置可能发生异常情况的程序代码，并对这些程序代码进行监控，而在 catch 后面的花括号中则放置处理错误的程序代码，以处理程序发生的异常。try…catch 语句的基本格式如下：

```
try
{
    被监控的代码
}
catch(异常类名　异常变量名)
{
    异常处理
}
```

说明

在 catch 语句中，异常类名必须为 System.Exception 或从 System.Exception 派生的类型。当 catch 语句指定了异常类名和异常变量名后，就相当于声明了一个具有给定名称和类型的异常变量，此异常变量表示当前正在处理的异常。

【例 14.2】新建一个网站，默认主页为 Default.aspx。在 Default.aspx 的 Page_Load 事件中声明一个 object 类型的变量 obj，其初始值为 null，然后将 obj 强制转换成 int 类型并赋给 int 类型变量 N，使用 try…catch 语句捕获异常。（**示例位置：mr\TM\14\02**）

代码如下：

```
protected void Page_Load(object sender, EventArgs e)
{
    try                                             //使用 try…catch 语句
    {
        object obj = null;                          //声明一个 object 变量，初始值为 null
        int N = (int)obj;                           //将 object 类型强制转换成 int 类型
    }
    catch (Exception ex)                            //捕获异常
    {
```

```
        Response.Write("捕获异常：" + ex);   //输出异常
    }
}
```

示例运行效果如图 14.14 所示。

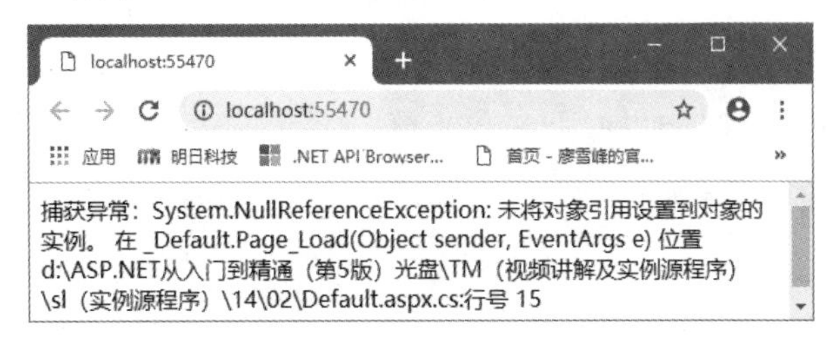

图 14.14　使用 try…catch 语句捕捉异常

说明

（1）上面的示例是直接使用 System.Exception 类捕获异常，使用其他异常类捕获异常的方法与其类似，这里不再赘述。

（2）在 try...catch 语句中可以包含多个 catch 语句，但程序只执行第一个 catch 语句中的信息，其他的 catch 语句将被忽略。常变量表示当前正在处理的异常。

14.3.3　使用 try…catch…finally 语句捕捉异常

将 finally 语句与 try…catch 语句结合，可以形成 try…catch…finally 语句。finally 语句同样以区块的方式存在，它被放在所有 try…catch 语句的后面，程序执行完毕后会跳到 finally 语句区块，执行其中的代码。其基本格式如下：

```
try
{
    被监控的代码
}
catch(异常类名　异常变量名)
{
    异常处理
}
…
finally
{
    程序代码
}
```

说明

如果程序中有一些在任何情况下都必须执行的代码，则可以将其放在 finally 语句区块中。

【例 14.3】新建一个网站，默认主页为 Default.aspx。在 Default.aspx 的 Page_Load 事件中，声明

一个 string 类型的变量 str，并初始化为“ASP.NET 编程词典”；然后声明一个 object 类型的变量 obj，将 str 赋给 obj；再声明一个 int 类型的变量 i，将 obj 强制转换成 int 类型后赋给变量 i，这样必然会导致转换错误，抛出异常；最后在 finally 语句中输出“程序执行完毕...”，这样无论程序是否抛出异常，都会执行 finally 语句中的代码。（**示例位置：mr\TM\14\03**）

代码如下：

```
protected void Page_Load(object sender, EventArgs e)
{
    string str = "ASP.NET 编程词典";              //声明一个 string 类型的变量 str
    object obj = str;                            //声明一个 object 类型的变量 obj
    try                                          //使用 try...catch 语句
    {
        int i = (int)obj;                        //将 obj 强制转换成 int 类型
    }
    catch (Exception ex)                         //获取异常
    {
        Response.Write(ex.Message);              //输出异常信息
    }
    finally                                      //finally 语句
    {
        Response.Write("程序执行完毕...");        //输出“程序执行完毕…”
    }
}
```

示例运行效果如图 14.15 所示。

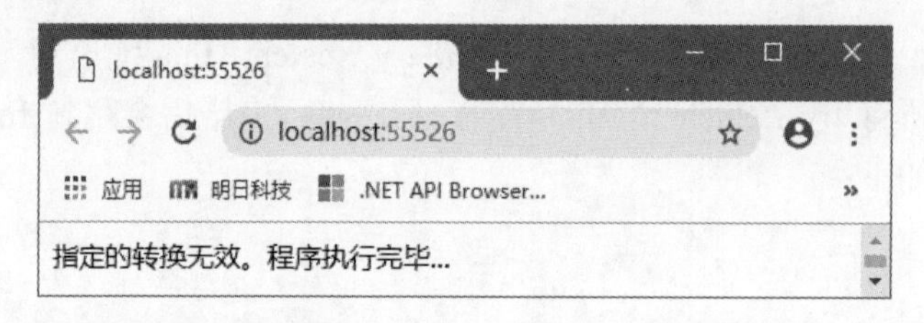

图 14.15　使用 try…catch…finally 语句捕捉异常

14.4　实践与练习

开发数据库管理系统时，如果不对数据库连接异常进行处理，将会出现很多错误，例如，数据库服务器没有开启、用户名或密码错误等，而这些未知的错误将会给用户造成软件不可用这样的误解。这里要求使用异常处理语句捕获程序中的数据库连接异常。

第 15 章

GDI+图形图像技术

在 ASP.NET Web 网站中，经常使用图形或图像来描绘一些事物，使其更形象、直观，如绘制图形验证码、使用柱形图分析网站访问流量等。本章将详细介绍如何在 Visual Studio 2019 开发环境中使用 GDI+图形图像技术。

本章知识架构及重难点如下。

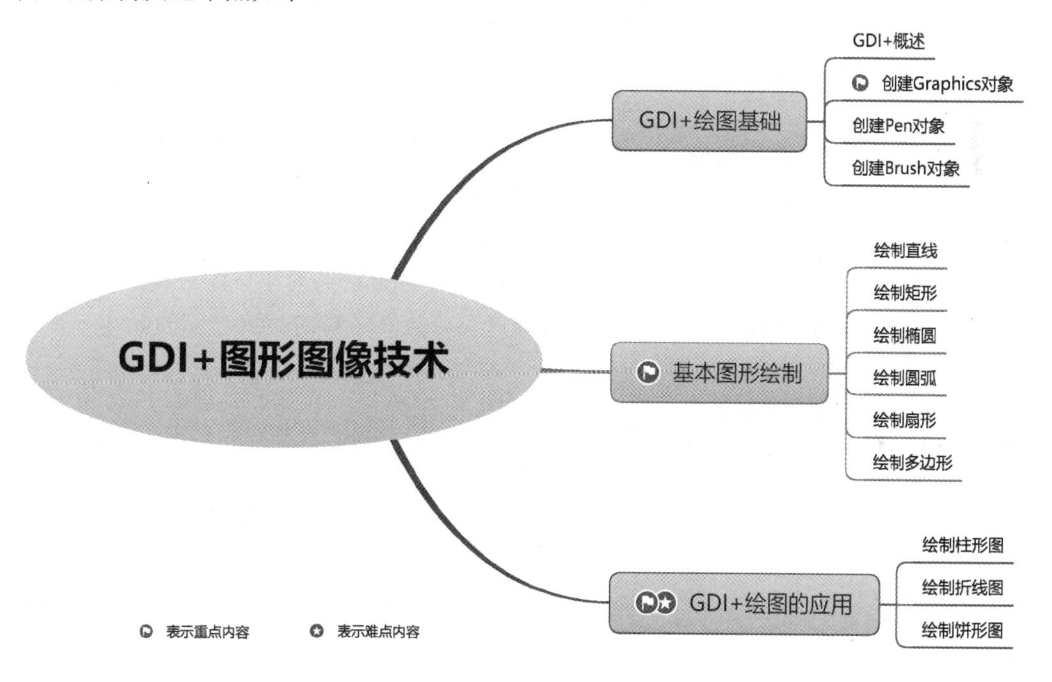

15.1　GDI+绘图基础

15.1.1　GDI+概述

GDI+是图形设备接口（GDI）的高级版本，提供了丰富的图形图像处理功能，主要由二维矢量图形、图像处理和版式 3 部分组成。GDI+为使用各种字体、字号和样式来显示文本这种复杂任务提供了大量的支持。

GDI+存在于 System.Drawing.dll 程序集中，在图形图像处理中常调用的命名空间及其说明如表 15.1 所示。

表 15.1　GDI+基类的主要命名空间及其说明

命 名 空 间	说　　明
System.Drawing	提供了对 GDI+基本图形功能的访问
System.Drawing.Drawing2D	提供了高级的二维和矢量图形功能
System.Drawing.Imaging	提供了高级 GDI+图像处理功能
System.Drawing.Printing	把打印机或打印预览窗口作为输出设备时使用的类
System.Drawing.Design	一些预定义的对话框、属性表和其他用户界面元素，与在设计期间扩展用户界面相关
System.Drawing.Text	提供了高级 GDI+字体和文本排版功能

说明

使用 GDI+需要引入命名空间 using System.Drawing。

15.1.2　创建 Graphics 对象

Graphics 类包含在 System.Drawing 命名空间下。要进行图形处理，首先必须创建 Graphics 对象，然后才能利用该对象进行各种画图操作，即先创建 Graphics 对象，再使用该对象的方法绘图、显示文本或处理图像。也就是说，在绘图前要有画布，Graphics 类就相当于画布。

在 ASP.NET 中可以从任何由 Image 类派生的对象创建 Graphics 对象。通过调用 System.Drawing. Graphics.FromImage(System.Drawing.Image)方法，提供要从其创建 Graphics 对象的 Image 变量的名称。例如：

```
Bitmap bitmap = new Bitmap(80, 80);
Graphics g = Graphics.FromImage(bitmap);
```

获得图形对象引用之后，即可绘制对象、给对象着色并显示对象。由于图像对象非常占资源，所以在不用这些对象时要用 Dispose 方法及时释放资源。

说明

如果直接建立了一个 Graphics 对象，那么在结束操作后要立即调用该对象的 Dispose 方法释放资源。

15.1.3　创建 Pen 对象

Pen 对象用于绘制直线和曲线。可以使用 DashStyle 属性绘制虚线，还可以使用各种填充样式（包括纯色和纹理）来填充 Pen 绘制的直线。填充模式取决于画笔或用作填充对象的纹理。

创建 Pen 对象的语法如下：

```
public Pen(Color color);
public Pen(Color color, float width);
public Pen(Brush brush);
public Pen(Brush brush, float width);
```

例如：

```
Pen pen = new Pen(Color.Black);
Pen pen = new Pen(Color.Black, 5);
SolidBrush brush = new SolidBrush(Color.Red);
Pen pen = new Pen(brush);
Pen pen = new Pen(brush, 5);
```

Pen 对象的属性用于返回或设置 Pen 对象的颜色、画线样式、画线始点及终点的样式等，其常用属性及其说明如表 15.2 所示。

表 15.2　Pen 对象的常用属性及其说明

属　性	说　明
Color	获取或设置此 Pen 对象的颜色
DashCap	获取或设置用在短画线终点的线帽样式，这些短画线构成通过 Pen 对象绘制的虚线
DashStyle	获取或设置通过 Pen 对象绘制的虚线的样式
EndCap	获取或设置在通过 Pen 对象绘制的直线终点使用的线帽样式
PenType	获取用 Pen 对象绘制的直线的样式
StartCap	获取或设置在通过 Pen 对象绘制的直线起点使用的线帽样式
Width	获取或设置 Pen 对象的宽度

注意

如果指定 Pen 对象的 Width 属性为 0，那么绘图效果将呈现为宽度为 1 的形式。

15.1.4　创建 Brush 对象

画刷（Brush）是可与 Graphics 对象一起使用来创建实心形状和呈现文本的对象。可以用画刷填充各种图形形状，如矩形、椭圆、扇形、多边形和封闭路径等。

Brush 类是一个抽象基类，不能进行实例化。若要创建一个画笔对象，需要从 Brush 派生出类，如 SolidBrush 等。

几种不同类型的画刷如下。

☑　SolidBrush：画刷最简单的形式，用纯色进行绘制。

☑　HatchBrush：类似于 SolidBrush，但是可以利用该类从大量预设的图案中选择绘制时要使用的图案，而不是纯色。

☑　TextureBrush：使用纹理（如图像）进行绘制。

☑　LinearGradientBrush：使用沿渐变混合的两种颜色进行绘制。

☑　PathGradientBrush：基于编程者定义的唯一路径，使用复杂的混合色渐变进行绘制。

1．使用 SolidBrush 类定义单色画笔

SolidBrush 类用于定义单色画笔。该类只有一个构造函数，带有一个 Color 类型的参数。构造函数如下：

```
Public SolidBrush(Color);
```

其中，Color 用于指定画笔的颜色。

【例 15.1】单色画笔的使用。（**示例位置：mr\TM\15\01**）

本示例实现的是当程序运行时，在页面上绘制一个使用指定颜色填充的椭圆。执行程序，示例运行结果如图 15.1 所示。

图 15.1　单色画笔的使用

程序实现的主要步骤如下。

新建一个网站，默认主页为 Default.aspx。在 Default.aspx 的 Page_Load 事件中先定义一个画布，然后定义一个黄色的画刷，调用 Graphics 对象的 FillEllipse 方法在画布中绘制一个使用指定颜色填充的椭圆，最后将填充的椭圆显示在页面上。代码如下：

```
protected void Page_Load(object sender, EventArgs e)
{
    Bitmap bitmap = new Bitmap(800, 600);
    Graphics graphics = Graphics.FromImage(bitmap);
    graphics.Clear(Color.White);//清空背景
    SolidBrush mySolidBrush = new SolidBrush(Color.Yellow);
    graphics.FillEllipse(mySolidBrush, 70, 20, 100, 50);
    System.IO.MemoryStream ms = new System.IO.MemoryStream();
    bitmap.Save(ms, System.Drawing.Imaging.ImageFormat.Gif);
    Response.ClearContent();
    Response.ContentType = "image/Gif";
    Response.BinaryWrite(ms.ToArray());
}
```

注意

对于已命名的颜色（如 Red、Yellow、Green 等），可以使用 Color 结构的属性来表示。

2．使用 HatchBrush 类绘制简单图案

HatchBrush 类主要使用阴影样式、前景色和背景色定义矩形画笔，而不是纯色。该类提供了两个重载的构造函数，分别如下：

```
Public HatchBrush(HatchStyle,ForeColor)
Public HatchBrush(HatchStyle, ForeColor,BackColor)
```

其中，HatchStyle 为 HatchStyle 的枚举成员，用于指定画笔的填充图案；ForeColor 用于指定前景色；BackColor 用于指定背景色。

说明

前景色是指定义线条的颜色，背景色是指定义各线条之间间隙的颜色。

【例 15.2】绘制简单图案。（**示例位置：mr\TM\15\02**）

本示例实现的是当程序运行时，在页面上绘制一个使用简单图案填充的椭圆。执行程序，示例运行结果如图 15.2 所示。

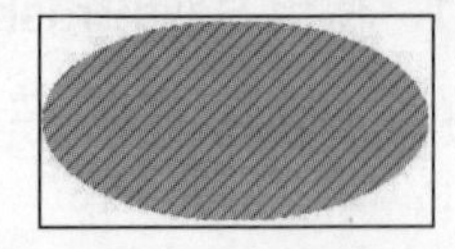

图 15.2　绘制简单图案

程序实现的主要步骤如下。

新建一个网站，默认主页为 Default.aspx。在 Default.aspx 的 Page_Load 事件中先定义 Graphics 和 HatchBrush 对象，然后调用 Graphics 对象的 FillEllipse 方法在画布中绘制一个以橙色为背景色、绿色为前景色并使用斜纹填充的椭圆。代码如下：

```
protected void Page_Load(object sender, EventArgs e)
{
    Bitmap bitmap = new Bitmap(200, 100);
    Graphics graphics = Graphics.FromImage(bitmap);
    graphics.Clear(Color.White);//清空背景
    HatchBrush myhatchBrush = new HatchBrush(HatchStyle.BackwardDiagonal, Color.Green,Color . Orange);
    graphics.FillEllipse(myhatchBrush, 0, 0, 200, 100);
    System.IO.MemoryStream ms = new System.IO.MemoryStream();
    bitmap.Save(ms, System.Drawing.Imaging.ImageFormat.Jpeg);
    Response.ClearContent();
    Response.ContentType = "image/Jpeg";
    Response.BinaryWrite(ms.ToArray());
}
```

3. 使用 TextureBrush 类绘制复杂图案

TextureBrush 类允许使用一幅图像作为填充的样式。该类提供了 5 个重载的构造函数，分别如下：

```
Public TextureBrush(Image)
Public TextureBrush(Image, Rectangle)
Public TextureBrush(Image, WrapMode)
Public TextureBrush(Image, Rectangle, ImageAttributes)
Public TextureBrush(Image, WrapMode, Rectangle)
```

其中，Image 用于指定画笔的填充图案；Rectangle 用于指定图像上用于画笔的矩形区域，其位置不能超过图像的范围；WrapMode 枚举成员用于指定如何排布图像；ImageAttributes 用于指定图像的附加特性参数。

TextureBrush 类的常用属性及其说明如表 15.3 所示。

表 15.3　TextureBrush 类的常用属性及其说明

属　　性	说　　明
Image	Image 类型，与画笔关联的图像对象
Transform	Matrix 类型，画笔的变换矩阵
WrapMode	WrapMode 枚举成员，指定图像的排布方式

【例 15.3】绘制复杂图案。（示例位置：**mr\TM\15\03**）

本示例实现的是当程序运行时，在页面上绘制一个使用图片填充的椭圆。执行程序，示例运行结果如图 15.3 所示。

程序实现的主要步骤如下。

新建一个网站，默认主页为 Default.aspx。在 Default.aspx 的 Page_Load 事件中先定义 Graphics 和 TextureBrush 对象，然后调用 Graphics 对象的 FillEllipse 方法在画布中绘制一个使用图片填充的椭圆。代码如下：

图 15.3　绘制复杂图案

```
protected void Page_Load(object sender, EventArgs e)
{
    Bitmap bitmap = new Bitmap(400, 200);
    Graphics graphics = Graphics.FromImage(bitmap);
    graphics.Clear(Color.White);//清空背景
    TextureBrush myTextureBrush = new TextureBrush(System.Drawing.Image.FromFile (Server.MapPath
("~/4.jpg")));
    graphics.FillEllipse(myTextureBrush, 0, 0, 400, 200);
    System.IO.MemoryStream ms = new System.IO.MemoryStream();
    bitmap.Save(ms, System.Drawing.Imaging.ImageFormat. Jpeg);
    Response.ClearContent();
    Response.ContentType = "image/Jpeg";
    Response.BinaryWrite(ms.ToArray());
}
```

4. 使用 LinearGradientBrush 类定义线性渐变

LinearGradientBrush 类用于定义线性渐变画笔，可以是双色渐变，也可以是多色渐变。默认情况下，渐变由起始颜色沿着水平方向平均过渡到终止颜色。

注意

要定义多色渐变，需要使用 InterpolationColors 属性。

【例 15.4】绘制渐变图案。（**示例位置：mr\TM\15\04**）

本示例实现的是当程序运行时，在页面上绘制一个使用渐变图案填充的矩形。执行程序，示例运行结果如图 15.4 所示。

程序实现的主要步骤如下。

新建一个网站，默认主页为 Default.aspx。在 Default.aspx 的 Page_Load 事件中先定义 Graphics 和 Rectangle 对象，根据 Rectangle 对象创建 LinearGradientBrush 对象，然后调用 Graphics 对象的 FillRectangle 方法在画布中绘制一个使用渐变图案填充的矩形。代码如下：

图 15.4　绘制渐变图案

```
protected void Page_Load(object sender, EventArgs e)
{
    Bitmap bitmap = new Bitmap(200, 100);
    Graphics graphics = Graphics.FromImage(bitmap);
    graphics.Clear(Color.White);//清空背景
    Rectangle rectangle = new Rectangle(0, 0, 200, 100);
    LinearGradientBrush myLinearGradientBrush = new LinearGradientBrush(rectangle, Color.White,
Color.Green, LinearGradientMode.ForwardDiagonal);
    graphics.FillRectangle(myLinearGradientBrush, 0, 0, 200, 100);
    System.IO.MemoryStream ms = new System.IO.MemoryStream();
    bitmap.Save(ms, System.Drawing.Imaging.ImageFormat.Jpeg);
    Response.ClearContent();
    Response.ContentType = "image/Jpeg";
    Response.BinaryWrite(ms.ToArray());
}
```

5．使用 PathGradientBrush 类实现彩色渐变

在 GDI+中，把一个或多个图形组成的形体称作路径。可以使用 GraphicsPath 类定义路径，使用 PathGradientBrush 类定义路径内部的渐变色画笔。渐变色从路径内部的中心点逐渐过渡到路径的外边界边缘，它由若干个“定义路径的外围边缘”的点、一个中心点及若干个针对每个点的颜色定义组成。颜色的渐变是从中心点向定义的每个边缘进行的。

【例 15.5】实现彩色渐变。（**示例位置：mr\TM\15\05**）

本示例实现的是当程序运行时，在页面上使用两种不同方法绘制由彩色渐变填充的圆形。执行程序，示例运行结果如图 15.5 所示。

图 15.5　实现彩色渐变

程序实现的主要步骤如下。

新建一个网站，默认主页为 Default.aspx。在 Default.aspx 的 Page_Load 事件中根据已经声明的 PathGradientBrush 类对象，绘制路径渐变图形。代码如下：

```
protected void Page_Load(object sender, EventArgs e)
{
    Bitmap bit = new Bitmap(400,200);
    Graphics g = Graphics.FromImage(bit);
    g.Clear(Color.White);
    Point centerPoint = new Point(100, 100);
    int R = 100;
    GraphicsPath path = new GraphicsPath();
    path.AddEllipse(centerPoint.X - R, centerPoint.Y - R, 2* R, 2 * R);
    PathGradientBrush myPathGradientBrush = new PathGradientBrush(path);
    //指定路径中心点
    myPathGradientBrush.CenterPoint = centerPoint;
    //指定路径中心点的颜色
    myPathGradientBrush.CenterColor = Color.DarkGreen;
    //Color 类型的数组指定与路径上每个顶点对应的颜色
    myPathGradientBrush.SurroundColors = new Color[] { Color.Gold };
    g.FillEllipse(myPathGradientBrush, centerPoint.X - R, centerPoint.Y - R,2 * R, 2 * R);
    centerPoint = new Point(300, 100);
    R = 33;
    path = new GraphicsPath();
    path.AddEllipse(centerPoint.X - R, centerPoint.Y - R, 2 * R, 2 * R);
    path.AddEllipse(centerPoint.X - 2 * R, centerPoint.Y - 2 * R, 4 * R, 4 * R);
    path.AddEllipse(centerPoint.X - 3 * R, centerPoint.Y - 3 * R, 6 * R, 6 * R);
    myPathGradientBrush = new PathGradientBrush(path);
    myPathGradientBrush.CenterPoint = centerPoint;
    myPathGradientBrush.CenterColor = Color.Gold;
    myPathGradientBrush.SurroundColors = new Color[ ]{Color.Black, Color.Blue, Color.DarkGreen};
    g.FillPath(myPathGradientBrush, path);
    System.IO.MemoryStream ms = new System.IO.MemoryStream();
    bit.Save(ms, System.Drawing.Imaging.ImageFormat.Jpeg );
    Response.ClearContent();
    Response.ContentType = "image/Jpeg";
    Response.BinaryWrite(ms.ToArray());
}
```

说明

SurroundColors 属性是一个颜色数组，其中每个颜色对应于渐变路径上的一个点。如果路径上的点多于数组中的颜色值，那么数组中的最后一种颜色将被应用到其余所有的点。

误区警示

1. 使用 FillPath 方法填充多个重叠图形时的注意事项

当使用 FillPath 方法填充路径时，如果多个图形互相重叠，则重叠部分的数目为偶数时不会被填充。

2. 绘制的图片失真的原因

当图片显示在页面时，失真的原因不是绘图时出现了问题，而是保存图片格式时出现了问题。例如：

```
bit.Save(ms, System.Drawing.Imaging.ImageFormat.Gif);
Response.ContentType = "image/Gif";
```

这时显示的图片就会失真，应将代码改为：

```
bit.Save(ms, System.Drawing.Imaging.ImageFormat. Jpeg);
Response.ContentType = "image/ Jpeg ";
```

这样问题就解决了。

15.2 基本图形绘制

15.2.1 GDI+中的直线和矩形

1．绘制直线

绘制直线时，可以调用 Graphics 类中的 DrawLine 方法。该方法为可重载方法，主要用来绘制一条连接由坐标对指定的两个点的线条，其常用格式有以下两种。

（1）绘制一条连接两个 Point 结构的线，语法如下：

```
public void DrawLine(Pen pen,Point pt1,Point pt2)
```

其中，pen 为 Pen 对象，用于确定线条的颜色、宽度和样式。pt1 为 Point 结构，表示要连接的第 1 个点；pt2 为 Point 结构，表示要连接的第 2 个点。

说明

Point 结构用于定义平面上的一个点，可以由 x 坐标和 y 坐标确定，定义格式为：

```
Point p=new Point(int x,int y);
```

（2）绘制一条连接由坐标对指定的两个点的线条，语法如下：

```
public void DrawLine(Pen pen,int x1,int y1,int x2,int y2)
```

其中，pen 为 Pen 对象，用于确定线条的颜色、宽度和样式。x1 为第 1 个点的 x 坐标，y1 为第 1 个点的 y 坐标；x2 为第 2 个点的 x 坐标，y2 为第 2 个点的 y 坐标。

还可以使用 DrawLines 方法绘制连接一组 Point 结构的线段。数组中的前两个点指定第 1 条线。每个附加点指定一条线段的终结点，该线段的起始点是前一条线段的结束点。

语法如下：

```
public void DrawLines(Pen pen,Point[] pts)
```

其中，pen 为 Pen 对象，用于确定线条的颜色、宽度和样式。pts 为 Point 结构数组，表示要连接的点。

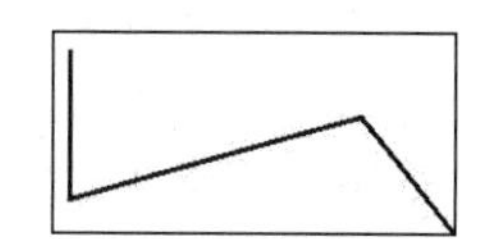

图 15.6　绘制折线

【例 15.6】绘制折线。（**示例位置：mr\TM\15\06**）

本示例实现的是当程序运行时，使用 DrawLines 方法在页面上绘制一条折线。执行程序，示例运行结果如图 15.6 所示。

程序实现的主要步骤如下。

新建一个网站，默认主页为 Default.aspx。在 Default.aspx 的 Page_Load 事件中绘制一条起始点为（10,10）、终点为（260,120）的折线，中间的两个端点的坐标为（10,100）和（200,50）。代码如下：

```
protected void Page_Load(object sender, EventArgs e)
{
    Bitmap bit = new Bitmap(260, 120);
    Graphics g = Graphics.FromImage(bit);
    g.Clear(Color.White);
    Pen pen = new Pen(Color.Black, 3);
    Point[] points = { new Point( 10,10),new Point( 10, 100),new Point(200, 50),new Point(260, 120)};
    g.DrawLines(pen, points);
    System.IO.MemoryStream ms = new System.IO.MemoryStream();
    bit.Save(ms, System.Drawing.Imaging.ImageFormat.Jpeg);
    Response.ClearContent();
    Response.ContentType = "image/Jpeg";
    Response.BinaryWrite(ms.ToArray());
}
```

2．绘制矩形

绘制矩形时，可以调用 Graphics 类中的 DrawRectangle 方法。该方法为可重载方法，主要用来绘制由坐标对、宽度和高度指定的矩形，其常用格式有以下两种。

（1）绘制由 Rectangle 结构指定的矩形，语法如下：

```
public void DrawRectangle(Pen pen,Rectangle rect)
```

其中，pen 为 Pen 对象，用于确定矩形的颜色、宽度和样式。rect 为要绘制矩形的 Rectangle 结构。例如，下面的代码用来声明一个 Rectangle 结构：

```
Rectangle rect = new Rectangle(0, 0, 80, 50);
```

（2）绘制由坐标对、宽度和高度指定的矩形，语法如下：

```
public void DrawRectangle(Pen pen,int x,int y,int width,int height)
```

其中，pen 为 Pen 对象，用于确定矩形的颜色、宽度和样式。x 为要绘制矩形的左上角的 x 坐标，y 为要绘制矩形的左上角的 y 坐标。width 为要绘制矩形的宽度，height 为要绘制矩形的高度。

还可以使用 DrawRectangles 方法绘制由 Rectangle 结构指定的多个矩形，语法如下：

```
public void DrawRectangles(Pen pen, Rectangle[] rects)
```

其中，pen 为 Pen 对象，用于确定矩形的颜色、宽度和样式。rects 为要绘制矩形的 Rectangle 结构数组。

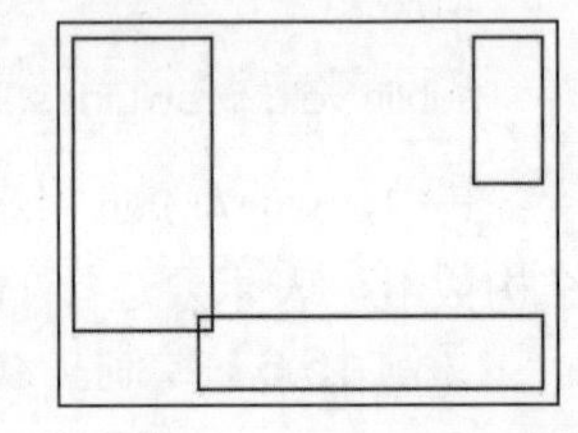

图 15.7　绘制多个矩形

【例 15.7】绘制多个矩形。（**示例位置：mr\TM\15\07**）

本示例实现的是当程序运行时，使用 DrawRectangles 方法在页面上绘制多个矩形。执行程序，示例运行结果如图 15.7 所示。

程序实现的主要步骤如下。

新建一个网站，默认主页为 Default.aspx。在 Default.aspx 的 Page_Load 事件中绘制 3 个矩形，首先定义一个包括 3 个矩形的 Rectangle 数组，并调用 DrawRectangles 方法进行绘制。代码如下：

```
protected void Page_Load(object sender, EventArgs e)
{
    Bitmap bit = new Bitmap(360, 260);
    Graphics g = Graphics.FromImage(bit);
    g.Clear(Color.White);
    Pen pen = new Pen(Color.Blue,2);
    Rectangle[] rects ={new Rectangle(10, 10, 100, 200),new Rectangle(100, 200, 250, 50),new Rectangle(300,
10, 50, 100)};
    g.DrawRectangles(pen, rects);
    System.IO.MemoryStream ms = new System.IO.MemoryStream();
    bit.Save(ms, System.Drawing.Imaging.ImageFormat.Jpeg);
    Response.ClearContent();
    Response.ContentType = "image/Jpeg";
    Response.BinaryWrite(ms.ToArray());
}
```

说明

Rectangle 对象具有用于处理和收集矩形相关信息的方法和属性。

15.2.2　GDI+中的椭圆、弧和扇形

1. 绘制椭圆

绘制椭圆时，可以调用 Graphics 类中的 DrawEllipse 方法。该方法为可重载方法，主要用来绘制边界由 Rectangle 结构指定的椭圆，其常用格式有以下两种。

（1）绘制边界由 Rectangle 结构指定的椭圆，语法如下：

```
public void DrawEllipse(Pen pen, Rectangle rect)
```

其中，pen 为 Pen 对象，用于确定曲线的颜色、宽度和样式。rect 为 Rectangle 结构，定义椭圆的外接矩形。

（2）绘制一个由边框（该边框由一对坐标、高度和宽度指定）定义的椭圆，语法如下：

```
public void DrawEllipse(Pen pen, int x, int y, int width, int height)
```

其中，pen 为 Pen 对象，用于确定线条的颜色、宽度和样式。x 为定义椭圆外接矩形的左上角的 x 坐标，y 为定义椭圆外接矩形的左上角的 y 坐标。width 为定义椭圆外接矩形的宽度，height 为定义椭圆外接矩形的高度。

2．绘制圆弧

绘制圆弧时，可以调用 Graphics 类中的 DrawArc 方法。该方法为可重载方法，主要用来绘制一段弧线，其常用格式有以下两种。

（1）绘制一段弧线，它表示由 Rectangle 结构指定的椭圆的一部分，语法如下：

```
public void DrawArc(Pen pen, Rectangle rect, float startAngle, float sweepAngle)
```

其中，pen 为 Pen 对象，用于确定线条的颜色、宽度和样式。rect 为 Rectangle 结构，定义椭圆的边界。startAngle 为从 x 轴到弧线的起始点沿顺时针方向度量的角（以度为单位），sweepAngle 为从 startAngle 参数到弧线的结束点沿顺时针方向度量的角（以度为单位）。

（2）绘制一段弧线，它表示由一对坐标、宽度和高度指定的椭圆的一部分，语法如下：

```
public void DrawArc(Pen pen, int x, int y, int width, int height, int startAngle, int sweepAngle)
```

其中，pen 为 Pen 对象，用于确定线条的颜色、宽度和样式。x 为椭圆边框的左上角的 x 坐标，y 为椭圆边框的左上角的 y 坐标。width 为椭圆边框的宽度，height 为椭圆边框的高度。startAngle 为从 x 轴到弧线的起始点沿顺时针方向度量的角（以度为单位），sweepAngle 为从 startAngle 参数到弧线的结束点沿顺时针方向度量的角（以度为单位）。

3．绘制扇形

绘制扇形时，可以调用 Graphics 类中的 DrawPie 方法。该方法为可重载方法，主要用来绘制一段弧线，其常用格式有以下两种。

（1）绘制一个扇形，该扇形由椭圆的一段弧线和两条与该弧线的终结点相交的射线定义，该椭圆由边框定义。扇形由两条射线（由 startAngle 和 sweepAngle 参数定义）和这些射线与椭圆的交点之间的弧线组成，语法如下：

```
public void DrawArc(Pen pen, Rectangle rect, float startAngle, float sweepAngle)
```

其中，pen 为 Pen 对象，用于确定线条的颜色、宽度和样式。rect 为 Rectangle 结构，表示定义该扇形所属的椭圆的边框。startAngle 为从 x 轴到扇形的第 1 条边沿顺时针方向度量的角（以度为单位），sweepAngle 为从 startAngle 参数到扇形的第 2 条边沿顺时针方向度量的角（以度为单位）。

（2）绘制一个扇形，该扇形由椭圆的一段弧线和两条与该弧线的终结点相交的射线定义。该椭圆由 x、y、width 和 height 参数所描述的边框定义。扇形由两条射线（由 startAngle 和 sweepAngle 参数定义）和这些射线与椭圆的交点之间的弧线组成，语法如下：

```
public void DrawArc(Pen pen, int x, int y, int width, int height, int startAngle, int sweepAngle)
```

其中，pen 为 Pen 对象，用于确定线条的颜色、宽度和样式。x 为边框的左上角的 x 坐标，y 为边框的左上角的 y 坐标，width 为边框的宽度，height 为边框的高度，该边框定义扇形所属的椭圆。startAngle 为从 x 轴到扇形的第 1 条边沿顺时针方向度量的角（以度为单位），sweepAngle 为从 startAngle 参数到扇形的第 2 条边沿顺时针方向度量的角（以度为单位）。

说明

如果 sweepAngle 参数大于 360°或小于-360°，则将其分别视为 360°或-360°。

【例 15.8】绘制椭圆、弧和扇形。（**示例位置：mr\TM\15\08**）

本示例实现的是当程序运行时，使用 DrawEllipse、DrawArc 和 DrawPie 方法在页面上分别绘制一个椭圆、一条弧线和一个扇形。执行程序，示例运行结果如图 15.8 所示。

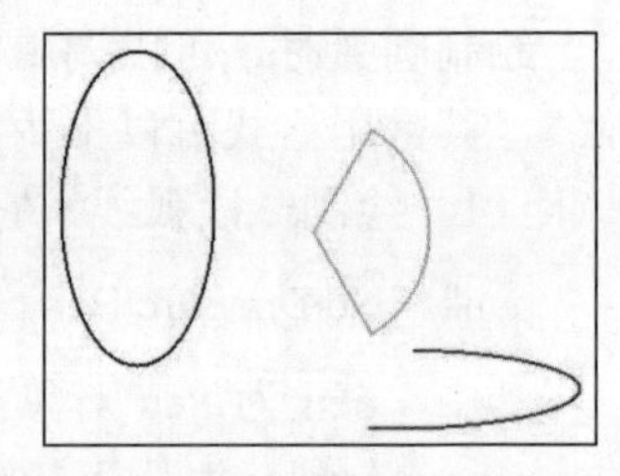

图 15.8　绘制椭圆、弧和扇形

程序实现的主要步骤如下。

新建一个网站，默认主页为 Default.aspx。在 Default.aspx 的 Page_Load 事件中绘制一个椭圆、一条弧线和一个扇形，首先定义一个包含 3 个矩形的 Rectangle 数组，并调用 DrawEllipse、DrawArc 和 DrawPie 方法进行绘制。代码如下：

```
protected void Page_Load(object sender, EventArgs e)
{
    Bitmap bit = new Bitmap(360, 260);
    Graphics g = Graphics.FromImage(bit);
    g.Clear(Color.White);
    Pen pen = new Pen(Color.Blue, 2);
    Rectangle[] rects ={ new Rectangle(10, 10, 100, 200), new Rectangle(100, 200, 250, 50), new Rectangle
(100, 50, 150, 150) };
    g.DrawEllipse (pen, rects[0]);
    pen.Color = Color.Red;
    g.DrawArc(pen, rects[1], -60, 180);
    pen.Color = Color.Turquoise;
    g.DrawPie(pen, rects[2], 60, -120);
    System.IO.MemoryStream ms = new System.IO.MemoryStream();
    bit.Save(ms, System.Drawing.Imaging.ImageFormat.Jpeg);
    Response.ClearContent();
    Response.ContentType = "image/Jpeg";
    Response.BinaryWrite(ms.ToArray());
}
```

15.2.3　GDI+中的多边形

Graphics 对象提供了 DrawPolygon 方法绘制多边形。该方法为可重载方法，其常用格式有以下两种。

（1）绘制由一组 Point 结构定义的多边形，语法如下：

```
public void DrawPolygon(Pen pen, Point[] points)
```

其中，pen 为 Pen 对象，用于确定多边形的颜色、宽度和样式。points 为 Point 结构数组，这些结构表示多边形的顶点。

（2）绘制由一组 PointF 结构定义的多边形，语法如下：

```
public void DrawPolygon(Pen pen, PointF[] points)
```

其中，pen 为 Pen 对象，用于确定多边形的颜色、宽度和样式。points 为 PointF 结构数组，这些结构表示多边形的顶点。

【例 15.9】绘制五边形。（**示例位置：mr\TM\15\09**）

本示例实现的是当程序运行时，使用 DrawPolygon 方法在页面上绘制一个五边形。执行程序，示例运行结果如图 15.9 所示。

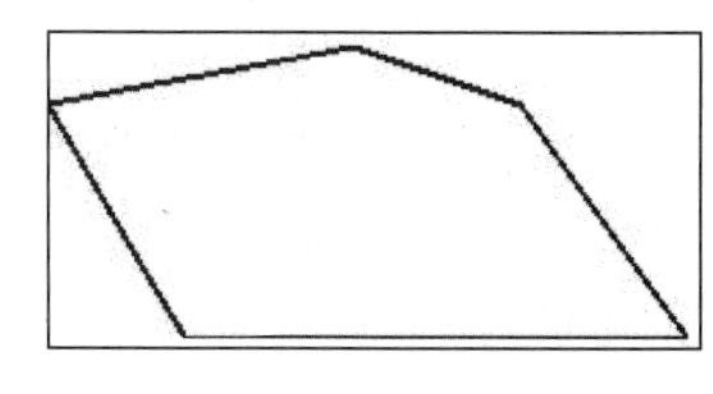

图 15.9　绘制五边形

程序实现的主要步骤如下。

新建一个网站，默认主页为 Default.aspx。在 Default.aspx 的 Page_Load 事件中绘制一个五边形，首先定义一个包括 5 个点的 Point 数组，并调用 DrawPolygon 方法绘制五边形。代码如下：

```
protected void Page_Load(object sender, EventArgs e)
{
    Bitmap bit = new Bitmap(240, 200);
    Graphics g = Graphics.FromImage(bit);
    g.Clear(Color.White);
    Pen pen = new Pen(Color.Blue, 2);
    Point[] pts = new Point[]{ new Point( 10, 120 ),
                               new Point( 120, 100),
                               new Point( 180,120),
                               new Point( 240, 200),
                               new Point( 60, 200)};
    g.DrawPolygon(pen, pts);
    System.IO.MemoryStream ms = new System.IO.MemoryStream();
    bit.Save(ms, System.Drawing.Imaging.ImageFormat.Jpeg);
    Response.ClearContent();
    Response.ContentType = "image/Jpeg";
    Response.BinaryWrite(ms.ToArray());
}
```

15.3　GDI+绘图的应用

在一些网站中，通常要对一些数据进行统计，如网站流量、投票结果及销售量等。为了能够更直观地查看这些数据，很多网站都采用图表显示数据。本节将对几种图表的绘制进行介绍。

15.3.1 绘制柱形图

绘制图形之前，首先要从数据库中检索出相应的数据，然后根据数据比例绘制图形。绘制柱形图主要使用 System.Drawing 命名空间中 Graphics 类的 DrawLine 和 FillRectangle 方法。

DrawLine 方法的语法格式如下：

```
public void DrawLine(Pen pen, int x1, int y1, int x2, int y2)
```

其中，pen 用于确定线条的颜色、宽度和样式。x1 为第 1 个点的 x 坐标，y1 为第 1 个点的 y 坐标。x2 为第 2 个点的 x 坐标，y2 为第 2 个点的 y 坐标。

FillRectangle 方法的语法格式如下：

```
public void FillRectangle(Brush brush, int x, int y, int width, int height)
```

其中，brush 为确定填充特性的 Brush。x 为要填充的矩形的左上角的 x 坐标，y 为要填充的矩形的左上角的 y 坐标。width 为要填充的矩形的宽度，height 为要填充的矩形的高度。

下面以 2018 年某网站每月流量的统计分析为例制作一个柱形图。

【例 15.10】网站月流量统计。（**示例位置：mr\TM\15\10**）

本示例以 2018 年网站每月流量统计为数据，使用柱形图显示每月访问量所占总访问量的百分比。执行程序，示例运行结果如图 15.10 所示。

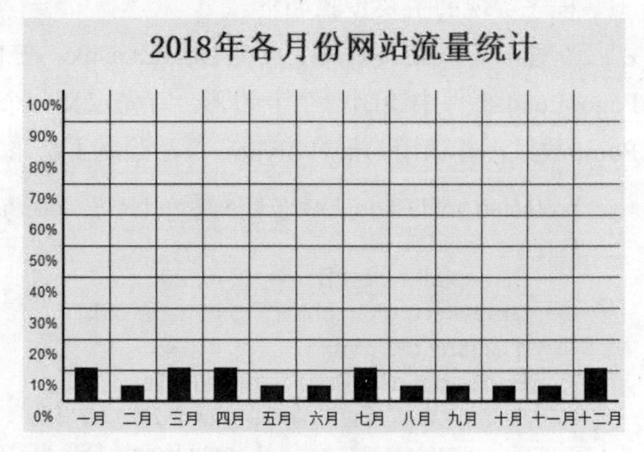

图 15.10　网站流量统计

程序实现的主要步骤如下。

（1）新建一个网站，默认主页为 Default.aspx。该页主要用来显示网站流量统计的柱形图。

（2）在 Default.aspx 中定义两个方法，即 Total 方法和 CreateImage 方法。Total 方法用来计算该网站 2018 年总的访问量。代码如下：

```
//访问人数统计
public int Total()
{
    SqlConnection Con = new SqlConnection(ConfigurationManager.AppSettings["ConSql"]);
    Con.Open();
    string cmdtxt1 = "select * from tb_stat where Year(LoginTime)=2018";
    SqlDataAdapter dap = new SqlDataAdapter(cmdtxt1, Con);
    DataSet ds = new DataSet();
    dap.Fill(ds);
    int P_Int_total = ds.Tables[0].Rows.Count;                    //访问人数统计
    return P_Int_total;
}
```

（3）CreateImage 方法是根据具体数据绘制柱形图。在自定义的 CreateImage 方法中绘制柱形图表，

共分为以下 5 个步骤。

❶ 画图之前，必须先建立一个 Bitmap 对象和一个 Graphics 对象，以便能够完成图形绘制，代码如下：

```
int height = 400, width = 600;
Bitmap image = new Bitmap(width, height);
//创建 Graphics 类对象
Graphics g = Graphics.FromImage(image);
```

❷ 绘制背景墙、网络线及坐标轴，代码如下：

```
//清空图片背景色
g.Clear(Color.White);
Font font = new Font("Arial", 9, FontStyle.Regular);
Font font1 = new Font("宋体", 20, FontStyle.Bold);
LinearGradientBrush brush = new LinearGradientBrush(new Rectangle(0, 0, image.Width, image.Height),
Color.Blue , Color.BlueViolet, 1.2f, true);
g.FillRectangle(Brushes.WhiteSmoke, 0, 0, width, height);
g.DrawString("2018 年各月份网站流量统计", font1, brush, new PointF(130, 30));
//画图片的边框线
g.DrawRectangle(new Pen(Color.Blue), 0, 0, image.Width - 1, image.Height - 1);
Pen mypen = new Pen(brush, 1);
//绘制线条
//绘制横向线条
int x = 100;
for (int i = 0; i < 11; i++)
{
    g.DrawLine(mypen, x, 80, x, 340);
    x = x + 40;
}
Pen mypen1 = new Pen(Color.Blue, 2);
g.DrawLine(mypen1, x - 480, 80, x - 480, 340);
//绘制纵向线条
int y = 106;
for (int i = 0; i < 9; i++)
{
    g.DrawLine(mypen, 60, y, 540, y);
    y = y + 26;
}
g.DrawLine(mypen1, 60, y, 540, y);
```

❸ 绘制完背景墙、网络线及坐标轴后，还要为已经绘制的坐标轴绘制数据标记。x 轴显示月份，y 轴显示百分比刻度。代码如下：

```
//x 轴
String[] n = {"一月", "二月", "三月", "四月", "五月", "六月", "七月", "八月", "九月", "十月", "十一月", "十二月"};
x = 62;
for (int i = 0; i < 12; i++)
{
    g.DrawString(n[i].ToString(), font, Brushes.Black , x, 348); //设置文字内容及输出位置
```

```
        x = x + 40;
}
//y 轴
String[] m = {"100%", " 90%", " 80%", " 70%", " 60%", " 50%", " 40%", " 30%"," 20%", " 10%", " 0%"};
y = 85;
for (int i = 0; i < 11; i++)
{
        g.DrawString(m[i].ToString(), font, Brushes.Black, 25, y); //设置文字内容及输出位置
        y = y + 26;
}
```

❹ 将检索出的数据按一定比例绘制到图形中，代码如下：

```
int[] Count = new int[12];
string cmdtxt2 = "";
SqlConnection Con = new SqlConnection(ConfigurationManager.AppSettings["ConSql"]);
Con.Open();
SqlDataAdapter da;
DataSet ds=new DataSet();
for (int i = 0; i < 12; i++)
{
    cmdtxt2 = "select COUNT(*) AS count, Month( LoginTime) AS month from tb_stat where Year(LoginTime)=
2018 and Month(LoginTime)=" + (i + 1) + "Group By Month(LoginTime)";
    da = new SqlDataAdapter(cmdtxt2, Con);
    da.Fill(ds,i.ToString ());
    if (ds.Tables[i].Rows.Count == 0)
    {
        Count[i] = 0;
    }
    else
    {
        Count[i] = Convert.ToInt32(ds.Tables[i].Rows[0][0].ToString()) * 100 / Total();
    }
}
//显示柱状效果
x = 70;
for (int i = 0; i < 12; i++)
{
    SolidBrush mybrush = new SolidBrush(Color.Blue);
    g.FillRectangle(mybrush, x, 340 - Count[i] * 26 / 10, 20, Count[i] * 26 / 10);
    x = x + 40;
}
```

注意

从以上代码可以发现，柱形图是由基本线条绘制的，其比例是由从数据库中读取的字段值而定的。

❺ 将绘制好的柱形图显示在页面上，代码如下：

```
System.IO.MemoryStream ms = new System.IO.MemoryStream();
image.Save(ms, System.Drawing.Imaging.ImageFormat.Jpeg);
```

```
Response.ClearContent();
Response.ContentType = "image/Jpeg";
Response.BinaryWrite(ms.ToArray());
```

15.3.2　绘制折线图

在网站中使用折线图能够直观地反映出相关数据的变化趋势。例如，统计 2009—2018 年每年出生人口的男女比例。绘制折线图主要使用 System.Drawing 命名空间中 Graphics 类的 DrawLines 方法来实现。DrawLines 方法是绘制一系列连接一组 Point 结构的线段，其语法格式如下：

```
public void DrawLines(Pen pen, Point[] points)
```

其中，pen 用于确定线段的颜色、宽度和样式；points 为结构数组，这些结构表示要连接的点。

注意

DrawLines 方法用来绘制一系列连接一组终结点的线条。数组中的前两个点指定第一条线。每个附加点指定一条线段的终结点，该线段的起始点是前一条线段的结束点。

下面以统计 2009—2018 年每年出生人口的男女比例为例，介绍折线图的绘制方法。

【例 15.11】出生人口比例图。(**示例位置：mr\TM\15\11**)

本示例以 2009—2018 年每年出生的男女比例为数据，使用折线图显示男女比例。执行程序，示例运行结果如图 15.11 所示。

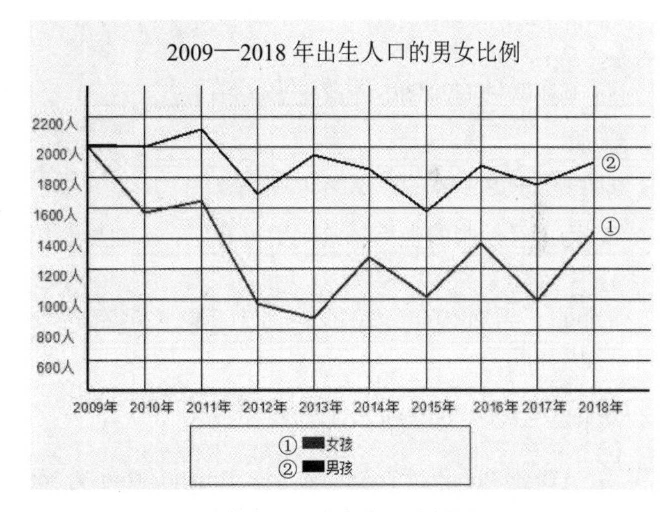

图 15.11　出生人口比例图

程序实现的主要步骤如下。

（1）新建一个网站，默认主页为 Default.aspx。该页主要用来显示 2009—2018 年出生人口比例的折线形图表。

（2）在 Default.aspx 中定义一个 CreateImage 方法，用来绘制折线形图表。绘制折线形图表共分为如下 6 个步骤。

❶ 在绘图之前，建立一个 Bitmap 对象和一个 Graphics 对象，代码如下：

```
int height = 440, width = 600;
Bitmap image = new Bitmap(width, height);
Graphics g = Graphics.FromImage(image);
```

❷ 绘制背景墙、网络线及坐标轴，代码如下：

```
//清空图片背景色
g.Clear(Color.White);
Font font = new System.Drawing.Font("Arial", 9, FontStyle.Regular);
Font font1 = new System.Drawing.Font("宋体", 20, FontStyle.Regular);
```

```
Font font2 = new System.Drawing.Font("Arial", 8, FontStyle.Regular);
LinearGradientBrush brush = new LinearGradientBrush(new Rectangle(0, 0, image.Width, image.Height),
Color.Blue, Color.Blue, 1.2f, true);
g.FillRectangle(Brushes.AliceBlue, 0, 0, width, height);
Brush brush1 = new SolidBrush(Color.Blue);
Brush brush2 = new SolidBrush(Color.SaddleBrown);
g.DrawString("2009—2018 年出生人口的男女比例", font1, brush1, new PointF(100, 30));
//画图片的边框线
g.DrawRectangle(new Pen(Color.Blue), 0, 0, image.Width - 1, image.Height - 1);
Pen mypen = new Pen(brush, 1);
Pen mypen2 = new Pen(Color.Red, 2);
//绘制线条
//绘制纵向线条
int x = 60;
for (int i = 0; i < 10; i++)
{
    g.DrawLine(mypen, x, 80, x, 340);
    x = x + 50;
}
Pen mypen1 = new Pen(Color.Blue, 2);
g.DrawLine(mypen1, x - 500, 80, x - 500, 340);
//绘制横向线条
int y = 106;
for (int i = 0; i < 9; i++)
{
    g.DrawLine(mypen, 60, y, 560, y);
    y = y + 26;
}
g.DrawLine(mypen1, 60, y, 560, y);
```

❸ 为已经绘制的坐标轴绘制数据标记，x 轴显示年份，y 轴显示出生人数。代码如下：

```
//x 轴
String[] n = {"2009 年", "2010 年", "2011 年", "2012 年", "2013 年", "2014 年", "2015 年", "  2016 年", "2017 年",
"2018 年"};
x = 45;
for (int i = 0; i < 10; i++)
{
    g.DrawString(n[i].ToString(), font, Brushes.Red, x, 348);             //设置文字内容及输出位置
    x = x + 50;
}
//y 轴
String[] m = {"2200 人", "2000 人", "1800 人", "1600 人", "1400 人", "1200 人", "1000 人", "800 人", "600 人"};
y = 106;
for (int i = 0; i < 9; i++)
{
    g.DrawString(m[i].ToString(), font, Brushes.Red, 10, y);             //设置文字内容及输出位置
    y = y + 26;
}
```

❹ 添加框架后，即可将检索出的数据按一定比例绘制到图形中，代码如下：

```
int[] Count1 = new int[10];
int[] Count2 = new int[10];
SqlConnection Con = new SqlConnection(ConfigurationManager.AppSettings["ConSql"]);
Con.Open();
string cmdtxt2 = "SELECT * FROM tb_person WHERE Year<=2018 and Year>=2009";
SqlDataAdapter da = new SqlDataAdapter(cmdtxt2 ,Con);
DataSet ds = new DataSet();
da.Fill(ds);
for (int j = 0; j < 10; j++)
{
    if (ds.Tables[0].Rows.Count == 0)
    {
        Count1[j] = 0;
    }
    else
    {
        Count1[j] = Convert.ToInt32(ds.Tables [0].Rows [j][0].ToString ()) * 13 / 100;
    }
}
for (int k = 0; k < 10; k++)
{
    if (ds.Tables[0].Rows.Count == 0)
    {
        Count2[k] = 0;
    }
    else
    {
        Count2[k] = Convert.ToInt32(ds.Tables[0].Rows[k][1].ToString()) * 13 / 100;
    }
}
//显示折线效果
SolidBrush mybrush = new SolidBrush(Color.Red);
Point[] points1 = new Point[10];
points1[0].X = 60; points1[0].Y = 390 - Count1[0];
points1[1].X = 110; points1[1].Y = 390 - Count1[1];
points1[2].X = 160; points1[2].Y = 390 - Count1[2];
points1[3].X = 210; points1[3].Y = 390 - Count1[3];
points1[4].X = 260; points1[4].Y = 390 - Count1[4];
points1[5].X = 310; points1[5].Y = 390 - Count1[5];
points1[6].X = 360; points1[6].Y = 390 - Count1[6];
points1[7].X = 410; points1[7].Y = 390 - Count1[7];
points1[8].X = 460; points1[8].Y = 390 - Count1[8];
points1[9].X = 510; points1[9].Y = 390 - Count1[9];
g.DrawLines(mypen2, points1);  //绘制折线
Pen mypen3 = new Pen(Color.Black, 2);
Point[] points2 = new Point[10];
points2[0].X = 60; points2[0].Y = 390 - Count2[0];
```

```
points2[1].X = 110; points2[1].Y = 390 - Count2[1];
points2[2].X = 160; points2[2].Y = 390 - Count2[2];
points2[3].X = 210; points2[3].Y = 390 - Count2[3];
points2[4].X = 260; points2[4].Y = 390 - Count2[4];
points2[5].X = 310; points2[5].Y = 390 - Count2[5];
points2[6].X = 360; points2[6].Y = 390 - Count2[6];
points2[7].X = 410; points2[7].Y = 390 - Count2[7];
points2[8].X = 460; points2[8].Y = 390 - Count2[8];
points2[9].X = 510; points2[9].Y = 390 - Count2[9];
g.DrawLines(mypen3, points2);                              //绘制折线
```

❺ 为了使用户明确图形中线条所代表的含义，需要绘制标识来进行说明，代码如下：

```
//绘制标识
g.DrawRectangle(new Pen(Brushes.Red), 150, 370, 250, 50);        //绘制范围框
g.FillRectangle(Brushes.Red, 250, 380, 20, 10);                  //绘制小矩形
g.DrawString("女孩", font2, Brushes.Red, 270, 380);
g.FillRectangle(Brushes.Black, 250, 400, 20, 10);
g.DrawString("男孩", font2, Brushes.Black, 270, 400);
```

❻ 将绘制好的折线图显示在页面上，代码如下：

```
System.IO.MemoryStream ms = new System.IO.MemoryStream();
image.Save(ms, System.Drawing.Imaging.ImageFormat.Jpeg);
Response.ClearContent();
Response.ContentType = "image/Jpeg";
Response.BinaryWrite(ms.ToArray());
```

15.3.3 绘制饼形图

用饼形图显示数据也是图表技术中较常使用的方法。饼形图能够显示一个数据系列，在需要突出某一重要系列时比较有用。

在绘制图形时，先计算出相应数据在饼形图中所分配的角度数据，然后利用 Graphics 类中的 FillPie 方法完成图形绘制。FillPie 方法的语法格式如下：

```
FillPie(Brush brush, float x, float y, float width, float height, float startAngle, float sweepAngle)
```

其中，brush 为确定填充特性的 Brush。x 为边框左上角的 x 坐标，y 为边框左上角的 y 坐标，width 为边框的宽度，height 为边框的高度，该边框定义扇形区所属的椭圆。startAngle 为从 x 轴沿顺时针方向旋转到扇形区第 1 条边所测得的角度（以度为单位），sweepAngle 为从 startAngle 参数沿顺时针方向旋转到扇形区第 2 条边所测得的角度（以度为单位）。

注意

FillPie 方法用于填充由椭圆的一段弧线和与该弧线端点相交的两条射线定义的扇形区的内部。该椭圆由边框定义。扇形区由 startAngle 和 sweepAngle 参数定义的两条射线以及这两条射线与椭圆交点之间的弧线组成。如果 sweepAngle 参数大于 360°或小于-360°，则将其分别视为 360°或-360°。

下面以全国图书市场各类图书销售比例为数据介绍如何绘制一个饼形图。

【例 15.12】全国图书市场各类图书销售比例。（**示例位置：mr\TM\15\12**）

本示例以全国图书市场各类图书销售比例为数据，使用饼形图显示各类图书的销售量所占总图书销售量的百分比。执行程序，示例运行结果如图 15.12 所示。

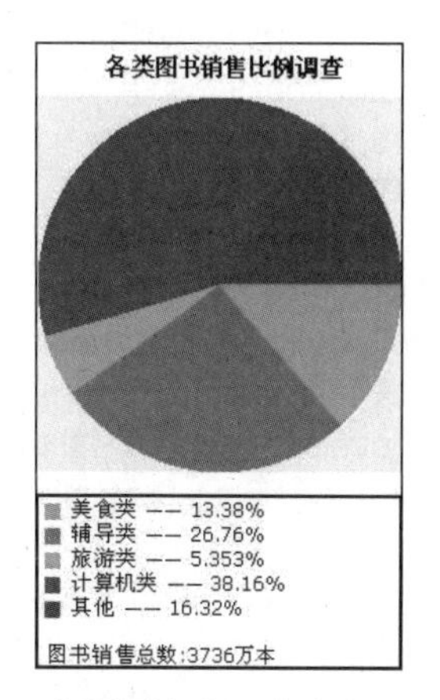

图 15.12　全国图书市场各类图书销售比例

程序实现的主要步骤如下。

（1）新建一个网站，默认主页为 Default.aspx。该页主要用来显示全国图书市场各类图书销售比例的饼形图。

（2）在 Default.aspx 中定义一个 CreateImage 方法，用来绘制饼形图，代码如下：

```
private void CreateImage()
{
    //把连接字符串指定为一个常量
    SqlConnection Con = new SqlConnection("Server=MRLFL\\MRLFL;Database=db_sxgc;Uid=sa;Pwd=");
    Con.Open();
    string cmdtxt = "select * from tb_sale";
    //SqlCommand Com = new SqlCommand(cmdtxt, Con);
    DataSet ds = new DataSet();
    SqlDataAdapter Da = new SqlDataAdapter(cmdtxt, Con);
    Da.Fill(ds);
    Con.Close();
    float Total = 0.0f, Tmp;
    for (int i = 0; i < ds.Tables[0].Rows.Count; i++)
    {
        //转换成单精度，也可写成 Convert.ToInt32
        Tmp = Convert.ToSingle(ds.Tables[0].Rows[i]["Quantity"]);
        Total += Tmp;
    }
    //设置字体，fonttitle 为主标题的字体
    Font fontlegend = new Font("verdana", 9);
    Font fonttitle = new Font("verdana", 10, FontStyle.Bold);
    int width = 230;
    int bufferspace = 15;
    int legendheight = fontlegend.Height * (ds.Tables[0].Rows.Count + 1) + bufferspace;
    int titleheight = fonttitle.Height + bufferspace;
    int height = width + legendheight + titleheight + bufferspace;//白色背景高
    int pieheight = width;
    Rectangle pierect = new Rectangle(0, titleheight, width, pieheight);
    //加上各种随机色
    ArrayList colors = new ArrayList();
    Random rnd = new Random();
    for (int i = 0; i < ds.Tables[0].Rows.Count; i++)
        colors.Add(new SolidBrush(Color.FromArgb(rnd.Next(255), rnd.Next(255), rnd.Next(255))));
```

```
        //创建一个 bitmap 实例
        Bitmap objbitmap = new Bitmap(width, height);
        Graphics objgraphics = Graphics.FromImage(objbitmap);
        //画一个白色背景
        objgraphics.FillRectangle(new SolidBrush(Color.White), 0, 0, width, height);
        //画一个亮黄色背景
        objgraphics.FillRectangle(new SolidBrush(Color.Beige), pierect);
        //以下为画饼形图（有几行画几个）
        float currentdegree = 0.0f;
        for (int i = 0; i < ds.Tables[0].Rows.Count; i++)
        {
            objgraphics.FillPie((SolidBrush)colors[i], pierect, currentdegree,
              Convert.ToSingle(ds.Tables[0].Rows[i]["Quantity"]) / Total * 360);
            currentdegree += Convert.ToSingle(ds.Tables[0].Rows[i]["Quantity"]) / Total * 360;
        }
        //以下为生成主标题
        SolidBrush blackbrush = new SolidBrush(Color.Black);
        string title = " 各类图书销售比例调查";
        StringFormat stringFormat = new StringFormat();
        stringFormat.Alignment = StringAlignment.Center;
        stringFormat.LineAlignment = StringAlignment.Center;
        objgraphics.DrawString(title, fonttitle, blackbrush,
            new Rectangle(0, 0, width, titleheight), stringFormat);
        //列出各字段及所占百分比
        objgraphics.DrawRectangle(new Pen(Color.Black, 2), 0, height - legendheight, width, legendheight);
         for (int i = 0; i < ds.Tables[0].Rows.Count; i++)
         {
             objgraphics.FillRectangle((SolidBrush)colors[i], 5, height - legendheight + fontlegend.Height * i + 5,
10, 10);
             objgraphics.DrawString(((String)ds.Tables[0].Rows[i]["BookKind"]) + " —— " + Convert.ToString
(Convert.ToSingle(ds.Tables[0].Rows[i]["Quantity"]) * 100 / Total).Substring(0, 5) + "%", fontlegend, blackbrush,
20, height - legendheight + fontlegend.Height * i + 1);
         }
         //图像总的高度——一行字体的高度，即是最底行的一行字体高度（height-fontlegend.Height）
         objgraphics.DrawString("图书销售总数:" + Convert.ToString(Total) + "万本", fontlegend, blackbrush, 5,
height - fontlegend.Height);
         Response.ContentType = "image/Jpeg";
         objbitmap.Save(Response.OutputStream, System.Drawing.Imaging.ImageFormat.Jpeg);
         objgraphics.Dispose();
         objbitmap.Dispose();
}
```

15.4 实践与练习

尝试开发一个 ASP.NET 程序，要求绘制一个包含数字、字母和扭曲中文的验证码。

第 16 章

E-mail 邮件发送

电子邮件是当今最普遍的联系方式之一，在网站程序中往往要使用电子邮件与用户取得联系，因此邮件发送也就成了网站的重要组成部分。本章将详细介绍发送邮件的相关知识，其中主要包括 SMTP 服务器和 Jmail 组件。

本章知识架构及重难点如下。

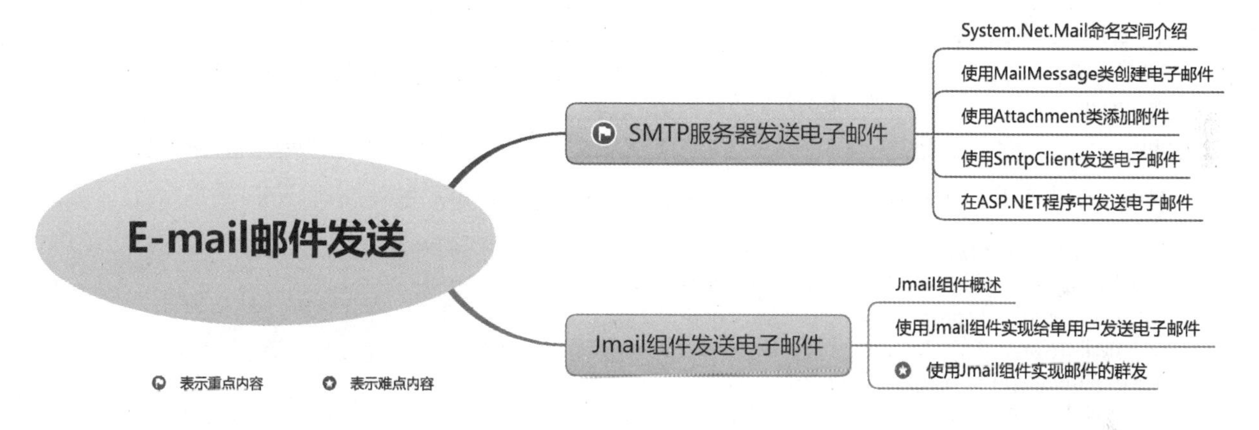

16.1　SMTP 服务器发送电子邮件

SMTP 是一个简单的邮件系统，就像是邮局的一个部门，专门负责邮件的发送。在 ASP.NET 中可以通过 System.Net.Mail 类创建邮件。

在一般的网站设计过程中，往往只需要用到邮件发送功能，如果发送量不是很大，SMTP 是完全能够胜任的。不过需要注意的是，在使用 SMTP 邮件服务器之前，首先需要准备好 SMTP 服务器，然后在 ASP.NET 程序中通过调用 MailMessage 对象来创建邮件，设定好发件人信息、收件人信息即可。ASP.NET 产生的邮件会被 SMTP 接收，正常情况下，SMTP 会将接收的邮件加入发送队列中进行相关操作。

16.1.1　System.Net.Mail 命名空间介绍

System.Net.Mail 命名空间中包含用于将电子邮件发送到邮件服务器中进行传送的类。该命名空间提供的发送电子邮件功能是通过 SMTP 服务器来实现的。下面简单介绍此命名空间中的类。

☑　MailMessage：用于构造电子邮件。

☑　Attachment：用于构造电子邮件附件。

☑ SmtpClient：用于发送电子邮件及其附件。

16.1.2 使用 MailMessage 类创建电子邮件

MailMessage 类用于构造电子邮件，其常用属性及其说明如表 16.1 所示。

表 16.1 MailMessage 类的常用属性及其说明

属 性	说 明
From	发件人的电子邮件地址
To	以分号分隔的收件人电子邮件地址列表
Cc	以分号分隔的、抄送的收件人电子邮件地址列表
Subject	电子邮件的主题
Body	电子邮件的正文
BodyFormat	电子邮件正文的内容类型由 MailFormat 枚举值指定，可以是 Html 或者 Text
Attachments	随电子邮件一起传送的附件集合
Priority	电子邮件的优先级，由 MailPriority 枚举值指定，可以是 Low、Normal 及 High 三者之一

例如，下面的代码说明了如何使用 MailMessage 类构造一封电子邮件。

```
using System.Web.Mail;
MailMessage myEmailMessage = new MailMessage();
myEmailMessage.From = "dispatcher@abc.com";
myEmailMessage.To = "embracer1@abc.com;embracer2@abc.com";
myEmailMessage.Subject = "Email Example";
myEmailMessage.Body = "Eamil Content";
myEmailMessage.BodyFormat = MailFormat.Text;
myEmailMessage.Priority = MailPriority.High;
```

16.1.3 使用 Attachment 类添加附件

Attachment 类表示向电子邮件中添加附件。在 Attachment 类的构造函数中可以指定附件中的内容。例如，下面的代码说明了如何使用 Attachment 类添加邮件附件。

```
MailMessage myEmailMessage = new MailMessage();
myEmailMessage.From = "dispatcher@abc.com";
myEmailMessage.To = "embracer1@abc.com;embracer2@abc.com";
myEmailMessage.Subject = "Email Example";
myEmailMessage.Body = "Eamil Content";
myEmailMessage.BodyFormat = MailFormat.Text;
myEmailMessage.Priority = MailPriority.High;
string sFileAttach = @"E:\Emal.doc";
//创建附件对象
Attachment myAttachment = new Attachment(sFileAttach,
System.Net.Mime.MediaTypeNames.Application.Octet);
//向电子邮件中添加附件
myEmailMessage.Attachments.Add(myAttachment);
```

16.1.4　使用 SmtpClient 发送电子邮件

电子邮件可以通过 Windows 服务器系统中内置的 SMTP 邮件服务或者其他 SMTP 服务器来发送。发送电子邮件首先需要设置 SmtpClient 类的 Credentials 属性，然后使用 Send 方法即可将电子邮件送到指定的 SMTP 服务器上等待发送。

例如，下面的代码说明了如何使用 SmtpClient 类来发送电子邮件。

```
MailMessage myEmailMessage = new MailMessage();
myEmailMessage.From = "dispatcher@abc.com";
myEmailMessage.To = "embracer1@abc.com;embracer2@abc.com";
myEmailMessage.Subject = "Email Example";
myEmailMessage.Body = "Eamil Content";
myEmailMessage.BodyFormat = MailFormat.Text;
myEmailMessage.Priority = MailPriority.High;
string sFileAttach = @"E:\Emal.doc";
//创建附件对象
Attachment myAttachment = new Attachment(sFileAttach,
System.Net.Mime.MediaTypeNames.Application.Octet);
//向电子邮件中添加附件
myEmailMessage.Attachments.Add(myAttachment);
SmtpClient client = new SmtpClient("smtp.163.com", 25);
client.Credentials = new System.Net.NetworkCredential(用户名,口令);
//发送邮件
client.Send(myMail);
```

16.1.5　在 ASP.NET 程序中发送电子邮件

【例 16.1】使用 SMTP 服务器发送电子邮件。（**示例位置：mr\TM\16\01**）

本示例主要使用命名空间 System.Net.Mail 中的 MailMessage 类来编写邮件传送程序，示例运行结果如图 16.1 所示。

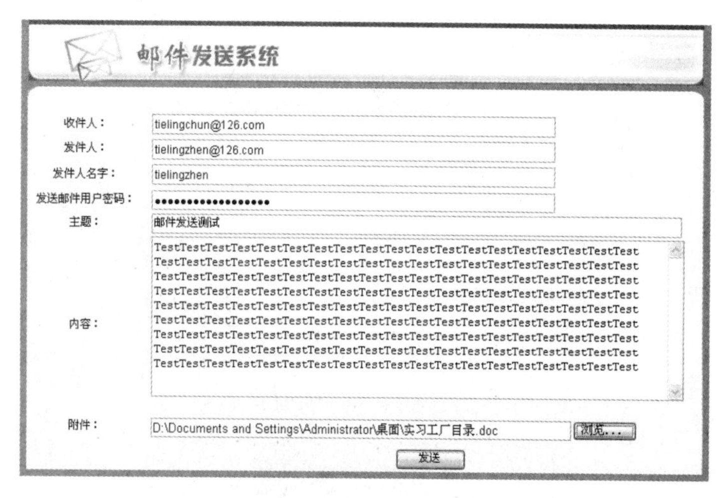

图 16.1　使用 SMTP 服务器发送电子邮件

程序实现的主要步骤如下。

（1）新建一个网站，默认主页为 Default.aspx。

（2）在 Default.aspx 页中添加一个 Table 表格控件，用于布局页面，然后在该表格控件中添加 6 个 TextBox 控件、1 个 FileUpload 控件和 1 个 Button 控件，各个控件的属性设置及其用途如表 16.2 所示。

表 16.2　Default.aspx 页面中的控件属性设置及其用途

控件类型	控件名称	主要属性设置	用途
标准/TextBox 控件	txtReceiver	将 TextMode 属性设置为 SingleLine	用于输入收件人的 E-mail 地址
	txtSender	将 TextMode 属性设置为 SingleLine	用于输入发件人的 E-mail 地址
	txtSUser	将 TextMode 属性设置为 SingleLine	用于输入发件人的姓名
	txtEPwd	将 TextMode 属性设置为 Password	用于输入发件人的密码
	txtSubject	将 TextMode 属性设置为 SingleLine	用于输入发送邮件的主题
	txtContent	将 TextMode 属性设置为 MultiLine	用于输入发送邮件的内容
标准/FileUpload 控件	upFile	将 Type 属性设置为 file	用于上传附件
标准/Button 控件	btnSent	将 Text 属性设置为“发送”	用于发送邮件

（3）在 Button 控件的 Click 事件下，使用命名空间 System.Net.Mail 中的 MailMessage 类编写邮件传送程序，代码如下：

```
protected void btnSend_Click(object sender, EventArgs e)
    {
        if (this.txtReceiver.Text != string.Empty && this.txtSender.Text != string.Empty)
        {
            //创建邮件
            MailMessage myMail = new MailMessage(this.txtSender.Text.Trim(), this.txtReceiver.Text.Trim(),
this.txtSubject.Text.Trim(), this.txtContent.Text.Trim());
            myMail.Priority = System.Net.Mail.MailPriority.High;
            //创建附件对象
            string sFilePath = this.upFile.PostedFile.FileName;
            FileInfo fi = new FileInfo(sFilePath);
            if(fi.Exists)
            {
                System.Net.Mail.Attachment myAttachment = new System.Net.Mail.Attachment(sFilePath,
System.Net.Mime.MediaTypeNames.Application.Octet);
                System.Net.Mime.ContentDisposition disposition = myAttachment.ContentDisposition;
                disposition.CreationDate = System.IO.File.GetCreationTime(sFilePath);
                disposition.ModificationDate = System.IO.File.GetLastWriteTime(sFilePath);
                disposition.ReadDate = System.IO.File.GetLastAccessTime(sFilePath);
                myMail.Attachments.Add(myAttachment);
            }
            //发送邮件
           System.Net.Mail.SmtpClient client = new System.Net.Mail.SmtpClient("smtp.163.com", 25);
           client.Credentials = new System.Net.NetworkCredential(this.txtSUser.Text.Trim(),this. txtEPwd.
Text- Trim());
        client.Send(myMail);
        }
}
```

说明

在以上代码中，在 MailMessage 类构造函数中指定了发送的电子邮件，在 Attachment 类构造函数中指定了邮件的附件。

16.2　Jmail 组件发送电子邮件

16.2.1　Jmail 组件概述

Jmail 组件是由 Dimac 公司开发的，用来完成邮件的发送、接收、加密和集群传输等工作。它支持从 POP3 邮件服务器收取邮件，支持加密邮件的传输，而且工作效率非常高。

1．Jmail 组件的常用属性与方法

Jmail 组件的常用属性及其说明如表 16.3 所示。

表 16.3　Jmail 组件的常用属性及其说明

属　　性	字 段 类 型	说　　明
Charset	string	字符集
Encoding	string	设置附件的编码方式
ContentType	string	邮件的内容类型
ISOEncodeHeaders	string	是否将信头编码成 ISO 8859-1 字符集
Priority	int	邮件的优先级
From	string	发件人的 E-mail 地址
FromName	string	发件人姓名
Subject	string	邮件主题
MailServerUserName	string	登录邮件服务器的用户名
MailServerPassWord	string	登录邮件服务器的用户密码

Jmail 组件的常用方法及其说明如表 16.4 所示。

表 16.4　Jmail 组件的常用方法及其说明

方　　法	说　　明
AddHeader(XHeader, Value)	添加用户定义的信件标头
AddRecipient(emailAddress, recipientName, PGPKey)	添加收件人 E-mail 地址、姓名并对其加密
AddRecipientCC(emailAddress, recipientName, PGPKey)	添加抄送人 E-mail 地址、姓名并对其加密
AddRecipientBCC(emailAddress, PGPKey)	添加密送人 E-mail 地址并对其加密
AddAttachment(URL, 附件名)	添加附件
Send()	发送邮件
Connect()	和邮件服务器建立连接，并接收邮件
DeleteMessages()	清空邮件服务器中的邮件
Disconnect()	断开和邮件服务器的连接

2．Jmail 组件的引用

在使用 Jmail 组件发送电子邮件之前，首先需要添加对 Jmail 组件的引用，其具体操作步骤如下。

（1）在解决方案资源管理器中找到要添加引用的网站项目并右击，在弹出的快捷菜单中选择“引

用管理器”命令。

（2）在打开的“引用管理器”对话框（见图 16.2）中选择“浏览”选项卡和要添加的 jmail.dll 文件，单击“确定”按钮，将 Jmail 组件添加到网站项目的引用中，然后即可直接在后台代码中使用其属性和方法。

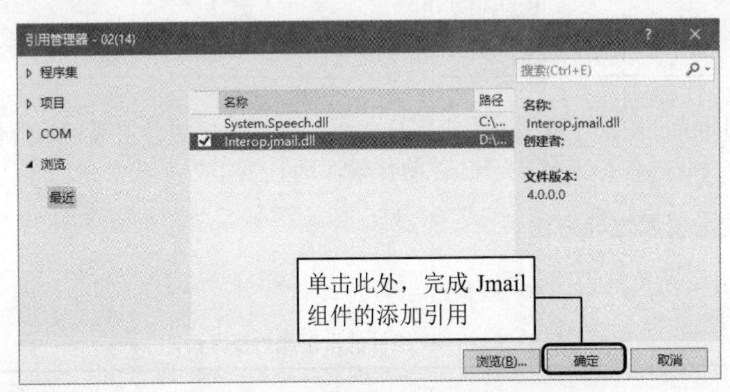

图 16.2 “引用管理器”对话框

技巧

Jmail 组件不是 ASP.NET 中自带的组件，使用时需要安装，并且要在本地计算机上注册。例如，将该组件放在 C:\Jmail\Jmail.dll 下，注册时只需在“运行”对话框中运行 Regsvr32 C:\Jmail\Jmail.dll 命令即可。

16.2.2 使用 Jmail 组件实现给单用户发送电子邮件

【例 16.2】使用 Jmail 组件实现给单用户发送电子邮件。（**示例位置：mr\TM\16\02**）

本示例主要使用 Jmail 组件实现给单用户发送电子邮件，示例运行结果如图 16.3 所示。

图 16.3 使用 Jmail 组件实现给单用户发送电子邮件

程序实现的主要步骤如下。

（1）新建一个网站，默认主页为 Default.aspx。

（2）在 Default.aspx 页中添加 1 个 Table 表格控件，用于布局页面，然后在该表格控件中添加 8 个 TextBox 控件、1 个 FileUpload 控件和 1 个 Button 控件。各个控件的属性设置及其用途如表 16.5 所示。

表 16.5　Default.aspx 页面中控件属性设置及其用途

控 件 类 型	控 件 名 称	主要属性设置	用　　途
标准/TextBox 控件	txtReceiver	将 TextMode 属性设置为 SingleLine	用于输入收件人的 E-mail 地址
	txtSender	将 TextMode 属性设置为 SingleLine	用于输入发件人的 E-mail 地址
	txtSUser	将 TextMode 属性设置为 SingleLine	用于输入发件人姓名
	txtEServer	将 TextMode 属性设置为 SingleLine	用于输入发送邮件服务器
	txtEUser	将 TextMode 属性设置为 SingleLine	用于输入发送邮件用户
	txtEPwd	将 TextMode 属性设置为 Password	用于输入发送邮件用户密码
	txtSubject	将 TextMode 属性设置为 SingleLine	用于输入发送邮件主题
	txtContent	将 TextMode 属性设置为 MultiLine	用于输入发送邮件的内容
标准/FileUpload 控件	upFile	将 Type 属性设置为 file	用于上传附件
标准/Button 控件	btnSent	将 Text 属性设置为“发送”	用于发送邮件

（3）用户设置完邮件服务器及邮件的所有信息后，单击“发送”按钮即可完成邮件的发送。实现该功能时，用户可以自定义一个发送邮件的方法，然后在“发送”按钮的 Click 事件中直接调用该方法。这样既可以提高代码的重用率，也方便代码的管理。“发送”按钮的 Click 事件代码如下：

```
protected void btnSend_Click(object sender, EventArgs e)
    {
        try
        {
            sendEmail(txtSender.Text.Trim(), txtSUser.Text.Trim(), txtEUser.Text.Trim(), txtEPwd.Text.Trim(),
txtReceiver.Text.Trim(), txtSubject.Text.Trim(), txtContent.Text.Trim(), txtEServer.Text.Trim());
        }
        catch (Exception ex)
        {
            Response.Write("<script>alert('" + ex.Message.ToString() + "')</script>");
        }
    }
```

发送邮件的自定义 sendEmail 方法如下：

```
    /*说明：sendEmail 方法用来执行发送邮件功能，该方法无返回值。
    参数：sender 表示发件人，senderuser 表示发件人姓名，euser 表示发件人的邮箱登录名，epwd 表示发件人的
邮箱密码，receiver 表示收件人，subject 表示邮件主题，body 表示邮件内容，eserver 表示发送邮件服务器。*/
    public void sendEmail(string sender, string senderuser, string euser, string epwd, string receiver, string
subject, string body, string eserver)
    {
        jmail.MessageClass jmMessage = new jmail.MessageClass();
        jmMessage.Charset = "GB2312";
        jmMessage.ISOEncodeHeaders = false;
```

```
            jmMessage.From = sender;
            jmMessage.FromName = senderuser;
            jmMessage.Subject = subject;
            jmMessage.MailServerUserName = euser;
            jmMessage.MailServerPassWord = epwd;
            jmMessage.AddRecipient(receiver, "", "");
            if (this.upFile.PostedFile.ContentLength != 0)
            {
                string sFilePath = this.upFile.PostedFile.FileName;
                jmMessage.AddAttachment(@sFilePath, true, "");
            }
            jmMessage.Body = body;
            if (jmMessage.Send(eserver, false))
            {
                Page.RegisterClientScriptBlock("ok", "<script language=javascript>alert('发送成功')</script>");
            }
            else
                Page.RegisterClientScriptBlock("ok", "<script language=javascript>alert('发送失败，请仔细检查邮
件服务器的设置是否正确！')</script>");
                jmMessage = null;
    }
```

说明

运行以上代码前，必须注册 Jmail 组件并在解决方案资源管理器中添加该组件的引用。

16.2.3　使用 Jmail 组件实现邮件的群发

【例 16.3】使用 Jmail 组件实现邮件的群发。（示例位置：**mr\TM\16\03**）

本示例主要使用 Jmail 组件实现给一组人（即群）发送电子邮件，示例运行结果如图 16.4 所示。

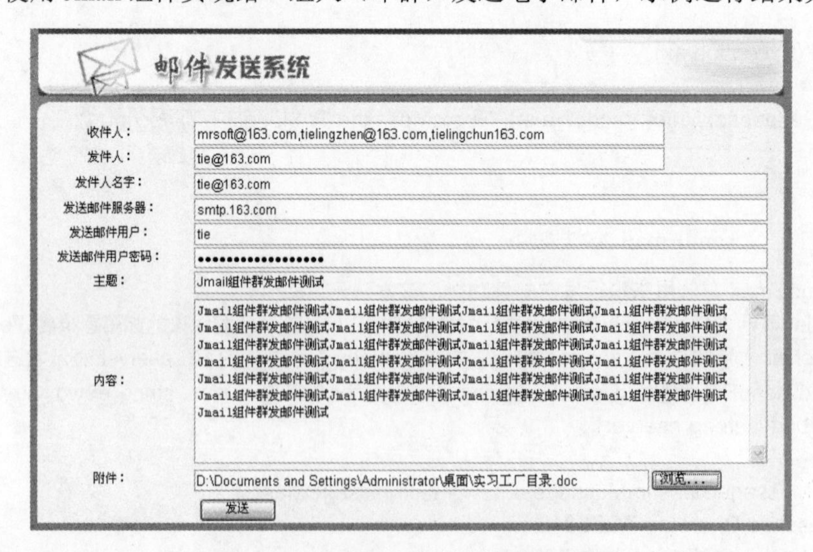

图 16.4　使用 Jmail 组件实现群发功能

程序实现的主要步骤如下。

（1）新建一个网站，默认主页为 Default.aspx。

（2）在 Default.aspx 页中添加 1 个 Table 表格控件用于布局页面，然后在该表格控件中添加 8 个 TextBox 控件、1 个 FileUpload 控件和 1 个 Button 控件。各个控件的属性设置及其用途如表 16.6 所示。

表 16.6　Default.aspx 页面中控件属性设置及其用途

控件类型	控件名称	主要属性设置	用　途
标准/TextBox 控件	txtReceiver	将 TextMode 属性设置为 SingleLine	用于输入收件人的 E-mail 地址
	txtSender	将 TextMode 属性设置为 SingleLine	用于输入发件人的 E-mail 地址
	txtSUser	将 TextMode 属性设置为 SingleLine	用于输入发件人姓名
	txtEServer	将 TextMode 属性设置为 SingleLine	用于输入发送邮件服务器
	txtEUser	将 TextMode 属性设置为 SingleLine	用于输入发送邮件用户
	txtEPwd	将 TextMode 属性设置为 Password	用于输入发送邮件用户密码
	txtSubject	将 TextMode 属性设置为 SingleLine	用于输入发送邮件主题
	txtContent	将 TextMode 属性设置为 MultiLine	用于输入发送邮件的内容
标准/FileUpload 控件	upFile	将 Type 属性设置为 file	用于上传附件
标准/Button 控件	btnSent	将 Text 属性设置为“发送”	用于发送邮件

（3）当用户设置完邮件服务器及邮件的所有信息后，单击“发送”按钮，调用自定义方法 sendEmail 即可完成邮件的群发功能。“发送”按钮的 Click 事件代码如下：

```
protected void btnSend_Click(object sender, EventArgs e)
    {
        try
        {
            string strEmails = this.txtSender.Text.Trim();
            string[] strEmail = strEmails.Split(',');
            string sumEmail = "";
            for (int i = 0; i < strEmail.Length; i++)
            {
                sumEmail = strEmail[i];
                sendEmail(txtSender.Text.Trim(), txtSUser.Text.Trim(), txtEUser.Text.Trim(),
txtEPwd.Text.Trim(), sumEmail, txtSubject.Text.Trim(), txtContent.Text.Trim(), txtEServer.Text.Trim());
            }
        }
        catch (Exception ex)
        {
            Response.Write("<script>alert('" + ex.Message.ToString() + "')</script>");
        }
    }
```

注意

邮件群发是指根据多个电子邮件接收地址，执行多次发送邮件的命令。

发送邮件的自定义方法 sendEmail 如下：

```
/*说明：sendEmail 方法用来执行发送邮件功能，该方法无返回值。
参数：sender 表示发件人，senderuser 表示发件人姓名，euser 表示发件人的邮箱登录名，epwd 表示发件人的邮箱密码，receiver 表示收件人，subject 表示邮件主题，body 表示邮件内容，eserver 表示发送邮件服务器。*/
public void sendEmail(string sender, string senderuser, string euser, string epwd, string receiver, string subject, string body, string eserver)
{
    jmail.MessageClass jmMessage = new jmail.MessageClass();
    jmMessage.Charset = "GB2312";
    jmMessage.ISOEncodeHeaders = false;
    jmMessage.From = sender;
    jmMessage.FromName = senderuser;
    jmMessage.Subject = subject;
    jmMessage.MailServerUserName = euser;
    jmMessage.MailServerPassWord = epwd;
    jmMessage.AddRecipient(receiver, "", "");
    if (this.upFile.PostedFile.ContentLength != 0)
    {
        string sFilePath = this.upFile.PostedFile.FileName;
        jmMessage.AddAttachment(@sFilePath, true, "");
    }
    jmMessage.Body = body;
    if (jmMessage.Send(eserver, false))
    {
        Page.RegisterClientScriptBlock("ok", "<script language=javascript>alert('发送成功')</script>");
    }
    else
        Page.RegisterClientScriptBlock("ok", "<script language=javascript>alert('发送失败，请仔细检查邮件服务器的设置是否正确！')</script>");
        jmMessage = null;
}
```

说明

使用 POP3 协议和 Jmail 组件可以接收电子邮件，主要用到 Jmail 组件中 POP3Class 类的 Connect 方法、DownloadSingleMessage 方法和 MessageClass 类。

16.3　实践与练习

尝试开发一个 ASP.NET 程序，要求使用 SMTP 服务器实现邮件的群发功能。

第 17 章

Web Service

Web Service（Web 服务）是一种新的 Web 应用程序分支，是自包含、自描述和模块化的应用，可以发布、定位和通过 Web 调用。

Web 服务的工作方式就像能够跨 Web 调用的组件。ASP.NET 允许创建 Web 服务。本章主要讲解如何创建 Web 服务及如何使用 Web 服务作为 Web 应用程序中的组件。

本章知识架构及重难点如下。

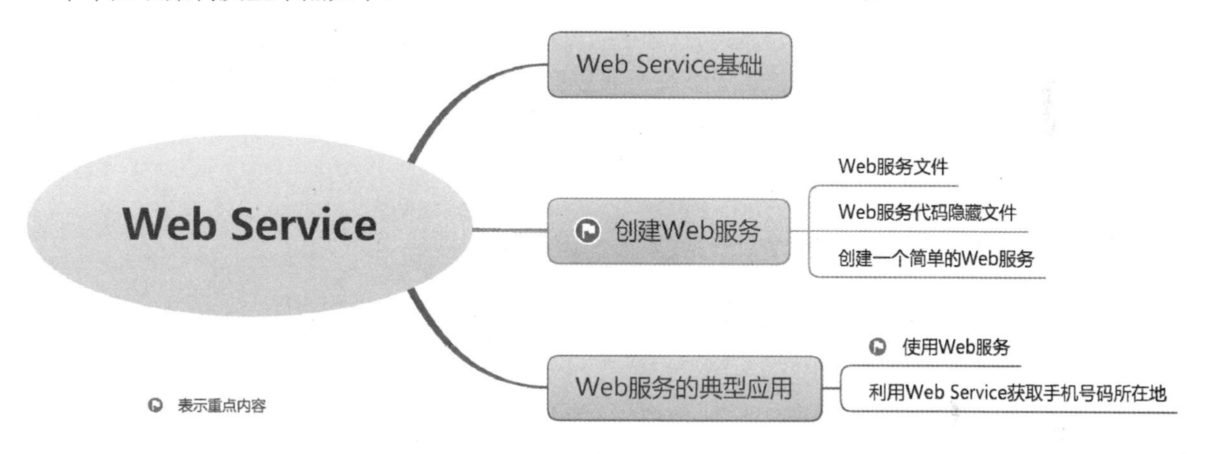

17.1 Web Service 基础

Web Service 即 Web 服务。所谓服务就是系统提供一组接口，通过接口使用系统提供的功能。与在 Windows 系统中应用程序通过 API 接口函数使用系统提供的服务一样，在 Web 站点之间，如果想要使用其他站点的资源，就需要其他站点提供服务，这个服务就是 Web 服务。Web 服务就像是一个资源共享站，Web 站点可以在一个或多个资源站上获取信息来实现系统功能。

Web 服务是建立可互操作的分布式应用程序的新平台，它是一套标准，定义了应用程序如何在 Web 上实现互操作。在这个新的平台上，开发人员可以使用任何语言，还可以在任何操作系统平台上进行编程，只要保证遵循 Web 服务标准，就能够对服务进行查询和访问。Web 服务的服务器端和客户端都要支持行业标准协议 HTTP、SOAP 和 XML。

Web 服务中表示数据和交换数据的基本格式是可扩展标记语言（XML）。Web 服务以 XML 作为基本的数据通信方式来消除使用不同组件模型、操作系统和编程语言的系统之间存在的差异。开发人员可以使用通过组件创建分布式应用程序的方法，创建由不同来源的 Web 服务所组合在一起的应用程序。

网络是多样性的，要在 Web 的多样性中取得成功，Web 服务在涉及操作系统、对象模型和编程语言的选择时不能有任何倾向性。并且，要使 Web 服务像其他基于 Web 的技术一样被广泛采用，还必须满足以下特性。

☑ 服务器端和客户端的系统都是松耦合的。也就是说，Web 服务与服务器端和客户端所使用的操作系统、编程语言都无关。

☑ Web 服务的服务器端和客户端应用程序具有连接到 Internet 的能力。

☑ 用于进行通信的数据格式必须是开放式标准，而不是封闭通信方式。在采用自我描述的文本消息时，Web 服务及其客户端无须知道每个基础系统的构成即可共享消息，这使得不同的系统之间能够进行通信。Web 服务使用 XML 实现此功能。

17.2 创建 Web 服务

在 ASP.NET 中创建一个 Web 服务与创建一个网页相似，但是 Web 服务没有用户界面，也没有可视化组件，并且 Web 服务仅包含方法。Web 服务可以在一个扩展名为.asmx 的文件中编写代码，也可以放在代码隐藏文件中。

注意

在 Visual Studio 2019 中，.asmx 文件的隐藏文件创建在 App_Code 目录下。

17.2.1 Web 服务文件

Web 服务文件包括一个 WebService 指令，该指令在所有 Web 服务中都是必需的。其代码如下：

```
<%@ WebService Language="C#" CodeBehind="~/App_Code/Service.cs" Class="Service" %>
```

☑ Language 属性：指定在 Web Service 中使用的语言。可以为.NET 支持的任何语言，包括 C#、Visual Basic 和 JScript。该属性是可选的，如果没有设置该属性，编译器将根据类文件使用的扩展名推导出所使用的语言。

☑ CodeBehind 属性：指定 Web Service 类的源文件的名称。

☑ Class 属性：指定实现 Web Service 的类名，该服务在更改后第一次访问 Web Service 时被自动编译。该值可以是任何有效的类名。该属性指定的类可以存储在单独的代码隐藏文件中，也可以存储在与 Web Service 指令相同的文件中。该属性是 Web Service 必需的。

☑ Debug 属性：指定是否使用调试方式编译 Web Service。如果启用调试方式编译 Web Service，Debug 属性为 true，否则为 false，默认为 false。在 Visual Studio 2019 中，Debug 属性是由 Web.config 文件中的一个输入值决定的，所以开发 Web Service 时，该属性会被忽略。

17.2.2 Web 服务代码隐藏文件

在代码隐藏文件中包含一个类，它是根据 Web 服务的文件名命名的，这个类有两个特性标签，即

Web Service 和 Web Service Binding。在该类中还有一个名为 Hello World 的模板方法，它将返回一个字符串。这个方法使用 Web Method 特性修饰，该特性表示方法对于 Web 服务使用程序可用。

1．Web Service 特性

对于将要发布和执行的 Web 服务来说，Web Service 特性是可选的。可以使用 Web Service 特性为 Web 服务指定不受公共语言运行库标识符规则限制的名称。

Web 服务在成为公共服务之前，应该更改其默认的 XML 命名空间。每个 XML Web Service 都需要唯一的 XML 命名空间来标识，以便客户端应用程序能够将它与网络上的其他服务区分开。http://tempuri.org/可用于正在开发的 Web 服务，已发布的 Web 服务应该使用更具永久性的命名空间。例如，可以将公司的 Internet 域名作为 XML 命名空间的一部分。虽然很多 Web 服务的 XML 命名空间与 URL 很相似，但是，它们无须指向 Web 上的某一实际资源（Web 服务的 XML 命名空间是 URI）。

说明

对于使用 ASP.NET 创建的 Web 服务，可以使用 Namespace 属性更改默认的 XML 命名空间。

例如，将 Web Service 特性的 XML 命名空间设置为 http://www.microsoft.com，代码如下：

```
using System;
using System.Linq;
using System.Web;
using System.Web.Services;
using System.Web.Services.Protocols;
using System.Xml.Linq;
[WebService(Namespace = "http:// microsoft. com /")]
[WebService(Namespace = "http://contoso.org/")]
[WebServiceBinding(ConformsTo = WsiProfiles.BasicProfile1_1)]
//若要允许使用 ASP.NET Ajax 从脚本中调用此 Web 服务，请取消注释以下行
//[System.Web.Script.Services.ScriptService]
public class Service : System.Web.Services.WebService
{
    public Service () {
        //如果使用设计的组件，请取消注释以下行
        //InitializeComponent();
    }
    [WebMethod]
    public string HelloWorld() {
        return "Hello World";
    }
}
```

2．Web Service Binding 特性

按 Web 服务描述语言（WSDL）的定义，绑定类似于一个接口，原因是它定义一组具体的操作。每个 Web Service 方法都是特定绑定中的一项操作。Web Service 方法是 Web Service 默认绑定的成员，或者是在应用于实现 Web Service 类的 Web Service Binding 特性中指定的绑定成员。Web 服务可以通过将多个 Web Service Binding 特性应用于 Web Service 来实现多个绑定。

注意

在解决方案中添加 Web 引用后，将自动生成.wsdl 文件。

3. Web Method 特性

Web Service 类包含一个或多个可在 Web 服务中公开的公共方法，这些 Web Service 方法以 Web Method 特性开头。使用 ASP.NET 创建的 Web 服务中的某个方法添加此 Web Method 特性后，就可以从远程 Web 客户端调用。

Web Method 特性包括一些属性，这些属性可以用于设置特定 Web 方法的行为。语法如下：

```
[WebMethod(PropertyName=value)]
```

Web Method 特性提供以下属性。

☑ BufferResponse 属性：该属性启用对 Web Service 方法响应的缓冲。当设置为 true 时，ASP.NET 在将响应从服务器向客户端发送之前，对整个响应进行缓冲；当设置为 false 时，ASP.NET 以 16KB 的块区缓冲响应。默认值为 true。

☑ CacheDuration 属性：该属性启用对 Web Service 方法结果的缓存。ASP.NET 将缓存每个唯一参数集的结果。该属性的值指定 ASP.NET 应该对结果进行多少秒的缓存处理。值为 0，则禁用对结果进行缓存。默认值为 0。

☑ Description 属性：该属性提供了 Web Service 方法的说明字符串。当在浏览器上测试 Web 服务时，该说明将显示在 Web 服务帮助页上。默认值为空字符串。

☑ EnableSession 属性：将 EnableSession 属性设置为 true，将启用 Web Service 方法的会话状态。一旦启用，Web Service 就可以从 HttpContext.Current.Session 中直接访问会话状态集合，如果它是从 Web Service 基类继承的，则可以使用 Web Service.Session 属性来访问会话状态集合。默认值为 false。

☑ MessageName 属性：在 Web 服务中禁止使用方法重载。但是，可以通过使用 MessageName 属性消除由多个相同名称的方法造成的无法识别问题。MessageName 属性使 Web 服务能够唯一确定使用别名的重载方法。默认值是方法名称。当指定 MessageName 时，结果 SOAP 消息将反映该名称，而不是实际的方法名称。

17.2.3 创建一个简单的 Web 服务

下面通过一个示例具体介绍如何创建 Web 服务。

【例 17.1】创建简单的 Web 服务。（**示例位置：mr\TM\17\01**）

本示例将介绍如何创建一个具有查询功能的 Web 服务，程序实现的主要步骤如下。

（1）打开 Visual Studio 2019，在选中的网站项目上右击，在弹出的快捷菜单中选择“添加新项”命令，弹出“添加新项”对话框，在该对话框中选择“Web 服务（ASMX）”，如图 17.1 所示。

（2）单击“确定”按钮，将显示如图 17.2 所示的页面。

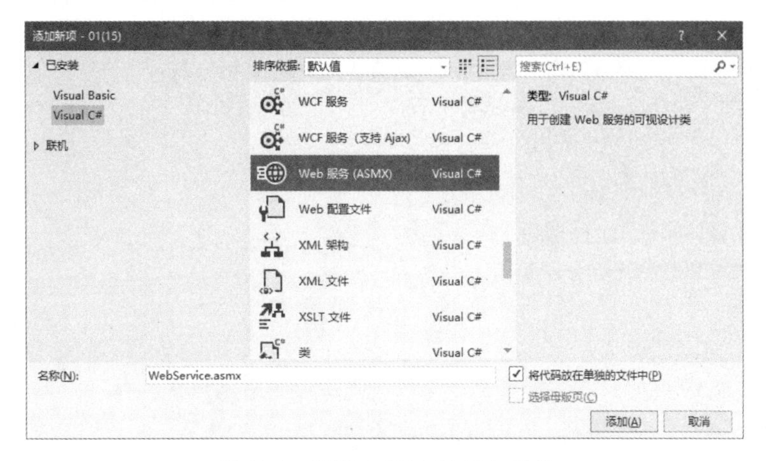

图 17.1　新建 ASP.NET Web 服务

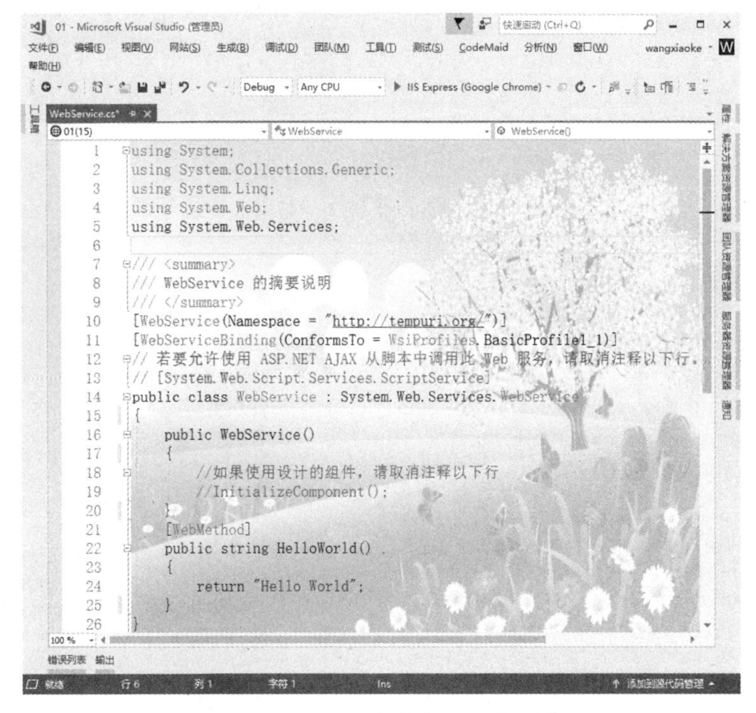

图 17.2　Web 服务的代码隐藏文件

该页为 Web 服务的代码隐藏文件，它包含了自动生成的一个类，并生成一个名为 Hello World 的模板方法，它将返回一个字符串。代码如下：

```
using System;
using System.Linq;
using System.Web;
using System.Web.Services;
using System.Web.Services.Protocols;
using System.Xml.Linq;

[WebService(Namespace = "http://tempuri.org/")]
```

```
[WebServiceBinding(ConformsTo = WsiProfiles.BasicProfile1_1)]
//若要允许使用 ASP.NET Ajax 从脚本中调用此 Web 服务，请取消注释以下行
// [System.Web.Script.Services.ScriptService]
public class Service : System.Web.Services.WebService
{
    public Service () {
        //如果使用设计的组件，请取消注释以下行
        //InitializeComponent();
    }
    [WebMethod]
    public string HelloWorld() {
        return "Hello World";
    }
}
```

（3）通过将可用的 Web Service 特性应用到实现一个 Web 服务的类上，开发者可以使用一个描述 Web 服务的字符串来设置这个 Web 服务的默认 XML 命名空间，代码如下：

```
[WebService(Namespace = "http://contoso.org/")]
```

（4）在代码中添加自定义的方法 Select，代码如下：

```
[WebMethod(Description="第一个测试方法，输入学生姓名，返回学生信息")]
public string Select(string stuName)
{
    SqlConnection conn = new
SqlConnection("server=MRWXK\\MRWXK;uid=sa;pwd=;database=db_Student");
    conn.Open();
    SqlCommand cmd = new SqlCommand("select * from tb_StuInfo where stuName='"+stuName+"'", conn);
    SqlDataReader dr = cmd.ExecuteReader();
    string txtMessage = "";
    if (dr.Read())
    {
        txtMessage = "学生编号：" + dr["stuID"] + "  ,";
        txtMessage += "姓名：" + dr["stuName"] + "  ,";
        txtMessage += "性别：" + dr["stuSex"] + "  ,";
        txtMessage += "爱好：" + dr["stuHobby"] + "  ,";
    }
    else
    {
        if (String.IsNullOrEmpty(stuName))
        {
            txtMessage = "<Font Color='Blue'>请输入姓名</Font>";
        }
        else
        {
            txtMessage = "<Font Color='Red'>查无此人！</Font>";
        }
    }
    cmd.Dispose();
    dr.Dispose();
```

```
    conn.Dispose();
    return txtMessage;   //返回用户详细信息
}
```

说明

运行以上代码，需要引入命名空间 System.Data.SqlClient。

（5）在“生成”菜单中选择“生成网站”命令，生成 Web 服务。

（6）为了测试生成的 Web 服务，直接单击▶按钮，将显示 Web 服务帮助页面，如图 17.3 所示。

（7）在图 17.3 中看到的 Web 服务包含两个方法，一个是 HelloWorld 模板方法，另一个是自定义的 Select 查询方法。单击 Select 超链接将显示它的测试页面，如图 17.4 所示。

图 17.3　Web 服务帮助页面

图 17.4　Select 方法的测试页面

（8）在测试页中输入要查询的学生姓名，单击“调用”按钮即可调用 Web 服务的相应方法并显示方法的返回结果，如图 17.5 所示。

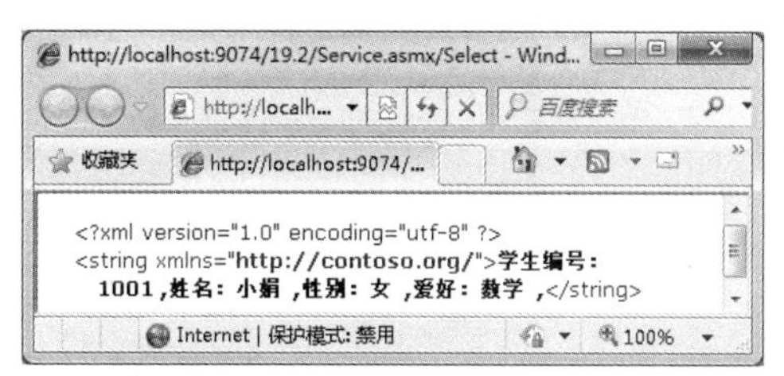

图 17.5　Select 方法返回的结果页面

从上面的测试结果可以看到，Web 服务方法的返回结果是使用 XML 进行编码的。

17.3　Web 服务的典型应用

17.3.1　使用 Web 服务

创建完 Web 服务，并对 Internet 上的使用者开放时，开发人员应该创建一个客户端应用程序来查

找 Web 服务，发现哪些方法可用，还要创建客户端代理，并将代理合并到客户端中。这样，客户端就可以如同实现本地调用一样使用 Web 服务远程。实际上，客户端应用程序通过代理实现本地方法调用，就好像它通过 Internet 直接调用 Web 服务一样。

下面演示如何创建一个 Web 应用程序来调用 Web 服务。该示例将调用例 17.1 中创建的 Web 服务。

【例 17.2】使用 Web 服务。（**示例位置：mr\TM\17\02**）

本示例将介绍如何使用已存在的 Web 服务。执行程序，示例运行结果如图 17.6 所示。

程序实现的主要步骤如下。

（1）打开 Visual Studio 2019，新建一个 ASP.NET 空网站，向 ASP.NET 网站中添加一个 Web 窗体，命名为 Default.aspx。

（2）在 Default.aspx 页面上添加一个 TextBox 控件、一个 Button 控件和一个 Label 控件，分别用来输入姓名、执行查询操作和显示查询到的信息。

（3）在解决方案资源管理器中右击项目，在弹出的快捷菜单中选择“添加服务引用”命令，弹出“添加服务引用”对话框，如图 17.7 所示。

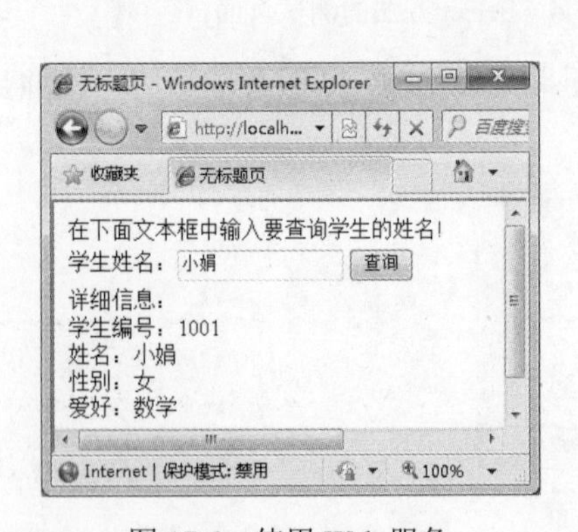

图 17.6　使用 Web 服务

图 17.7　“添加服务引用”对话框

用户可以通过该对话框查找本解决方案中的服务，也可以查找本地计算机或者网络上的服务。

说明

这里是以“调用服务”的形式来“调用 Web 服务”，在 Visual Studio 2019 中，“调用服务”取代了以前的“调用 Web 服务”，当然，如果还需要“调用 Web 服务”，可以单击“添加服务引用”对话框中的“高级”按钮，在弹出的对话框中单击“添加 Web 引用”按钮，也可以打开“添加 Web 引用”对话框，如图 17.8 所示。

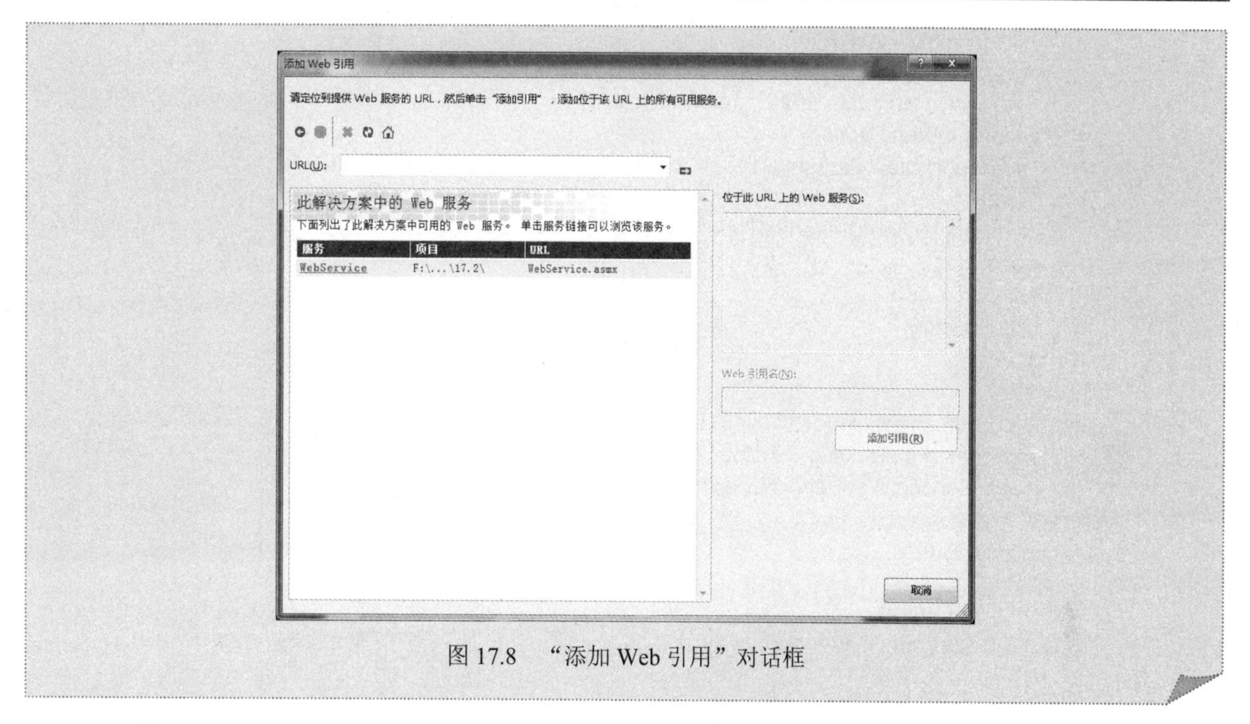

图 17.8　"添加 Web 引用"对话框

（4）单击图 17.7 中的"确定"按钮，将在解决方案资源管理器中添加一个名为 App_WebReferences 的目录，在该目录中将显示添加的服务，如图 17.9 所示。

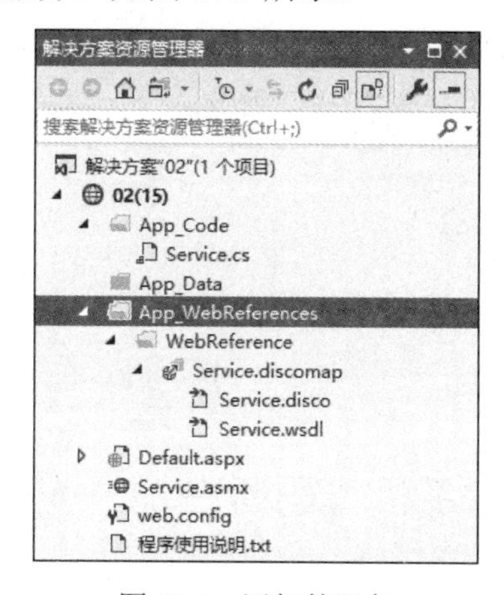

图 17.9　添加的服务

添加完服务引用后，将在 Web.config 文件中添加一个<system.serviceModel>节，代码如下：

```
<system.serviceModel>
    <bindings>
      <basicHttpBinding>
        <binding name="WebServiceSoap" closeTimeout="00:01:00" openTimeout="00:01:00"
          receiveTimeout="00:10:00" sendTimeout="00:01:00" allowCookies="false"
          bypassProxyOnLocal="false" hostNameComparisonMode="StrongWildcard"
          maxBufferSize="65536" maxBufferPoolSize="524288" maxReceivedMessageSize="65536"
          messageEncoding="Text" textEncoding="utf-8" transferMode="Buffered"
```

```
            useDefaultWebProxy="true">
            <readerQuotas maxDepth="32" maxStringContentLength="8192" maxArrayLength="16384"
              maxBytesPerRead="4096" maxNameTableCharCount="16384" />
            <security mode="None">
              <transport clientCredentialType="None" proxyCredentialType="None"
                realm="" />
              <message clientCredentialType="UserName" algorithmSuite="Default" />
            </security>
          </binding>
        </basicHttpBinding>
      </bindings>
      <client>
        <endpoint address="http://localhost:5156/15-2/WebService.asmx"
          binding="basicHttpBinding" bindingConfiguration="WebServiceSoap"
          contract="Service.WebServiceSoap" name="WebServiceSoap" />
      </client>
    </system.serviceModel>
```

此时，就可以访问添加的服务了，它如同是本地计算机上的一个类。

（5）在 Default.aspx 页的“查询”按钮的 Click 事件中，通过使用服务对象，调用其中的 Select 方法查询信息，代码如下：

```
protected void btnSelect_Click(object sender, EventArgs e)
{
    //创建服务客户端协议对象
    Service.WebServiceSoapClient service = new Service.WebServiceSoapClient();
    string strMessage = service.Select(TextBox1.Text);                    //调用服务的 Select 方法
    string[] strMessages = strMessage.Split(new Char[] { ',' });          //分割字符串
    labMessage.Text = "详细信息：</br>";
    foreach (string str in strMessages)                                   //遍历字符串数组
    {
        labMessage.Text += str + "</br>";                                 //将字符串数组中的信息分行显示
    }
}
```

17.3.2 利用 Web 服务获取手机号码所在地

前面几节讲解了如何创建 Web 服务及使用 Web 服务的方法。下面利用新浪网提供的可供用户直接调用的发送短消息的 Web 服务，实现利用 Web 服务获取手机号码所在地。

【例 17.3】利用 Web 服务获取手机号码所在地。（**示例位置：mr\TM\17\03**）

本示例将介绍如何使用网络上提供的 Web 服务进行编程。执行程序，示例运行结果如图 17.10 所示。

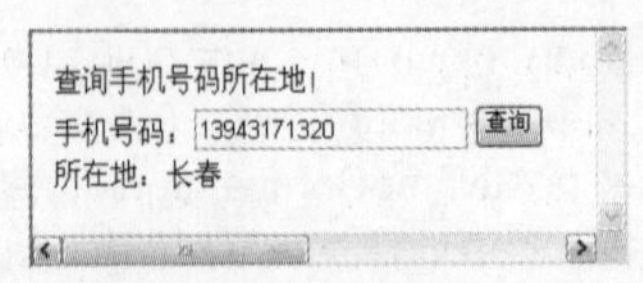

图 17.10　利用 Web 服务获取手机号码所在地

获取手机号码所在地的 Web 服务地址为 http://ws.webxml.com.cn/WebServices/MobileCodeWS.asmx。该 Web 服务提供了一个获取手机号码所在地的方法 getMobileCodeInfo，该方法有两个 string 类型的参数，其中，第一个参数为要查找的手机号码，第二个参数为用户自己的 ID（在该网站注册后，会自动为用户分配 ID）。

程序实现的主要步骤如下。

（1）新建一个网站，将其命名为 03，默认主页为 Default.aspx。

（2）在 Default.aspx 页中添加一个 TextBox 控件、一个 Button 控件和一个 Label 控件，它们的属性设置及其用途如表 17.1 所示。

表 17.1　Default.aspx 页面中控件的属性设置及其用途

控 件 类 型	控 件 名 称	主要属性设置	用　　途
标准/TextBox 控件	TextBox1		输入手机号码
标准/Button 控件	btnSelect	将 Text 属性设置为“查询”	查询 Web 服务方法
标准/Label 控件	labMessage		显示手机号码所在地信息

（3）添加 Web 服务引用。直接在“添加 Web 服务引用”对话框中输入 Web 服务地址，并将其 Web 引用名改为 webserver。

（4）在“查询”按钮的 Click 事件中实现查询，代码如下：

```
protected void btnSelect_Click(object sender, EventArgs e)
{
        webserver.MobileCodeWSSoap mobile = new webserver.MobileCodeWSSoapClient();
        labMessage.Text = "所在地：" + mobile.getMobileCodeInfo(TextBox1.Text, "9f13cf7b4d384492
b440339d476abc78");
}
```

17.4　实践与练习

通过 Web 服务实现万年历。

第 18 章

ASP.NET MVC 编程

在学习本章之前应对 Web 应用程序有基础的开发知识，我们将使用 C#作为后台开发语言，这部分与 Web Forms 相同。同时，读者也将学习到 Razor 这种官方视图引擎带来的好处。在学习过后，读者可以按照资源包中的源码随时扩展自己的业务想法，试着完成“博研图书馆管理系统”的后续开发，从而熟练掌握 ASP.NET MVC 技术。

本章知识架构及重难点如下：

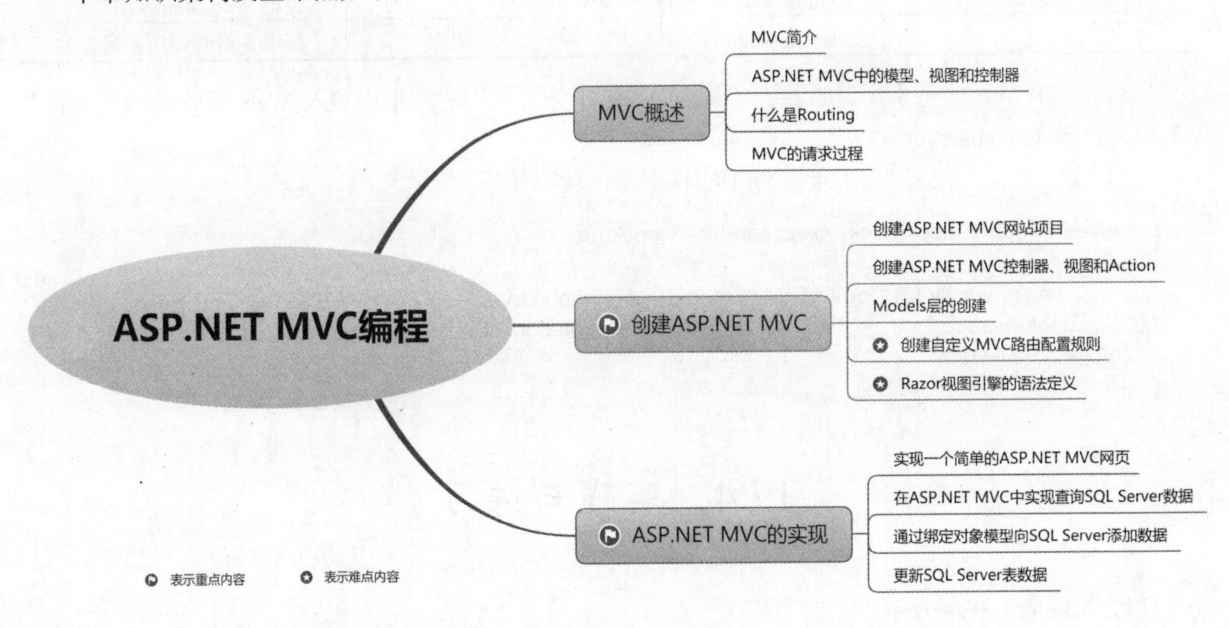

18.1 MVC 概述

MVC（Model-View-Controller）架构模式将应用程序分为 3 个主要的组件：模型（Model）、视图（View）和控制器（Controller）。ASP.NET MVC 同 ASP.NET Web Forms 一样，也是基于 ASP.NET 框架的。ASP.NET MVC 框架是一套成熟的、高度可测试的表现层框架，它被定义在 System.Web.Mvc 命名空间中。ASP.NET MVC 并没有取代 Web Forms，所以开发一套 Web 应用程序时，在决定使用 MVC 框架还是 Web Forms 前，需要权衡每种模式的优势。

18.1.1　MVC 简介

MVC 是一种软件架构模式，该模式分为 3 个部分：模型、视图和控制器。MVC 模式最早是由 Trygve Reenskaug 在 1974 年提出的，其特点是松耦合度、关注点分离、易扩展和维护，使前端开发人员和后端开发人员充分分离，不会相互影响工作内容与工作进度。而 ASP.NET MVC 是微软在 2007 年开始设计并于 2009 年 3 月发布的 Web 开发框架，从 1.0 版到 5.0 版，经历了 5 个主要版本的改进与优化，采用 ASPX 和 Razor 这两种内置视图引擎，也可以使用第三方或自定义视图引擎，通过强类型的数据交互使开发变得更加清晰高效。ASP.NET MVC 是开源的，通过 Nuget（包管理工具）可以下载很多开源的插件类库，是基于 ASP.NET 的另一种开发框架。

18.1.2　ASP.NET MVC 中的模型、视图和控制器

模型、视图和控制器是 MVC 框架的 3 个核心组件，三者的关系如图 18.1 所示。

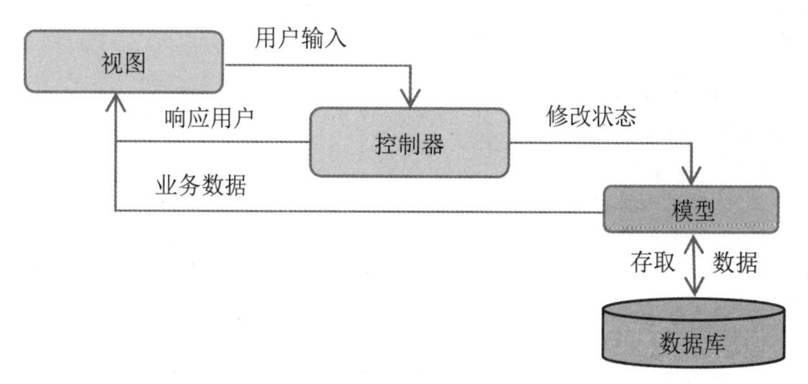

图 18.1　模型、视图和控制器三者之间关系

☑ 模型。模型对象是实现应用程序数据域逻辑的部件。通常，模型对象会检索模型状态并执行存储或读取数据。例如，将 Product 对象模型的信息更改后提交到数据库对应的 Product 表中进行更新。
☑ 视图。视图是显示用户界面（UI）的部件。在常规情况下，视图上的内容是由模型中的数据创建的。例如，对于 Product 对象模型，可以将其绑定到视图上。除了展示数据，还可以实现对数据的编辑操作。
☑ 控制器。控制器是处理用户交互、使用模型并最终选择要呈现给用户的视图等的流程控制部件。控制器接收用户的请求，然后处理用户要查询的信息，最后将一个视图交还给用户。

18.1.3　Routing 简介

在 ASP.NET Web Forms 中，一次 URL 请求对应着一个 ASPX 页面，ASPX 页面又必须是一个物理文件。而在 ASP.NET MVC 中，一次 URL 请求是由控制中的 Action 方法来处理的。这是由于使用了

URLRouting（路由机制）来正确定位到 Controller（控制器）和 Action（方法）中，Routing 的主要作用就是解析和生成 URL。

在创建 ASP.NET MVC 项目时，默认会在 App_Start 文件夹下的 RouteConfig.cs 文件中创建基本的路由规则配置方法，该方法会在 ASP.NET 全局应用程序类中被调用。

```
public static void RegisterRoutes(RouteCollection routes)
{
    routes.IgnoreRoute("{resource}.axd/{*pathInfo}");           //忽略指定的 URL 路由
    routes.MapRoute(
        name: "Default",                                          //路由名称
        url: "{controller}/{action}/{id}",                        //路由配置规则
        //路由配置规则的默认值
        defaults: new { controller = "Home", action = "Index", id = UrlParameter.Optional }
    );
}
```

上面这段默认的路由配置规则匹配了以下任意一条 URL 请求。

- ☑ http://localhost。
- ☑ http://localhost/Home/Index。
- ☑ http://localhost/Index/Home。
- ☑ http://localhost/Home/Index/3。
- ☑ http://localhost/Home/Index/red。

URLRouting 的执行流程如图 18.2 所示。

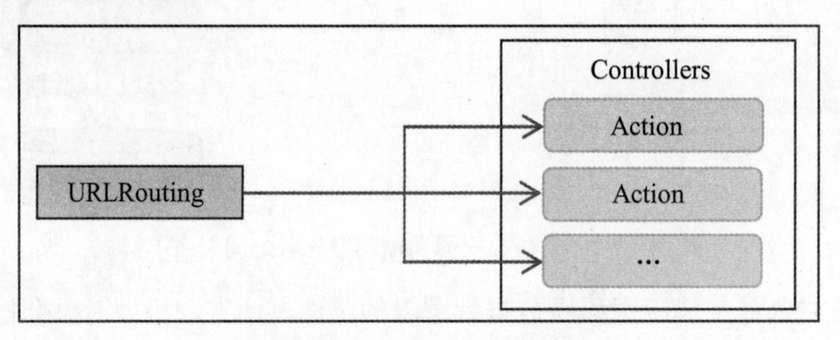

图 18.2　URLRouting 流程图

18.1.4　MVC 的请求过程

当在浏览器中输入一个有效的请求地址或者通过网页上的某个按钮请求一个地址时，ASP.NET MVC 通过配置的路由信息找到最符合请求的地址，如果路由找到了合适的请求，访问先到达控制器和 Action 方法，控制器接收用户请求传递过来的数据（包括 URL 参数、Post 参数和 Cookie 等）并做出相应的判断处理，如果这是一次合法的请求并需要加载持久化数据，那么通过 Model 实体模型构造相应的数据。在响应用户阶段可返回多种数据格式，分别如下。

- ☑ 返回默认 View（视图），即与 Action 方法名相同。
- ☑ 返回指定的 View，但 Action 必须属于该控制器。
- ☑ 重定向到其他的 View（视图）。

例如，当一个用户在浏览器中输入并请求了 http://localhost/Home/Index 地址，程序会先执行路由匹配，然后转到 Home 控制器，再进入 Index 方法中。下面是 Home 控制的代码片段：

```
public class HomeController : Controller    //Home 控制器类，继承自 Controller
{
    public ActionResult Index()             //Index 方法（Action）
    {
        return View();                      //默认返回 Home 下面的 Index 视图
    }
}
```

18.2　创建 ASP.NET MVC

一个 ASP.NET MVC 网站项目同样需要在 Visual Studio 中完成。在开发过程中，它与传统的 Web Forms 是完全不同的，它主要包括项目结构、一些文件类型等，这一点需要从 Web Forms 的开发思维中转变过来。

18.2.1　创建 ASP.NET MVC 网站项目

创建 ASP.NET MVC 网站项目与创建 Web Forms 网站稍有不同。详细的创建步骤如下。

（1）打开 Visual Studio，单击左上角的“文件”按钮，依次选择“新建”→“项目”，在弹出的对话框中进行如下选择。

❶ 选择左侧的“已安装”栏目，再选择 Visual C#选项。

❷ 在中间列表中选择“ASP.NET Web 应用程序”。

❸ 在对话框底部输入项目名称，此时“解决方案名称”会随着项目名称一起改变，当然，也可以单独更改。

❹ 在“位置”下拉列表框中选择项目的存放路径，如图 18.3 所示，然后单击“确定”按钮，会跳转到“新建 ASP.NET Web 应用程序”对话框。

（2）在“新建 ASP.NET Web 应用程序”对话框中选择 MVC，然后单击“确定”按钮，如图 18.4 所示。

（3）确认后 Visual Studio 便开始创建 MVC 项目资源。如图 18.5 所示是 Visual Studio 默认创建的 ASP.NET MVC 项目文件结构。

在图 18.5 中，有如下几个经常操作或用到的文件夹目录，这些目录分别存放着不同类型的文件。

☑ Content 文件夹：可以存放 CSS 文件或 Image 图片素材文件等。

☑ Controllers 文件夹：用于存放控制器类。

☑ Models 文件夹：用于存放数据模型类。

☑ Scripts 文件夹：用于存放 JavaScript 代码文件。

☑ Views 文件夹：用于存放视图文件。

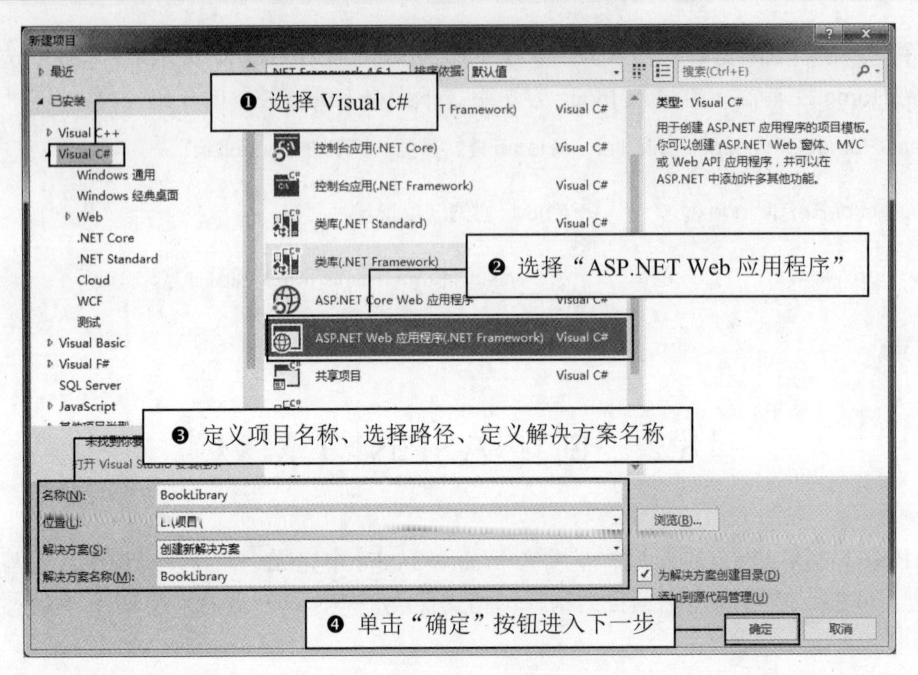

图 18.3　命名并创建项目

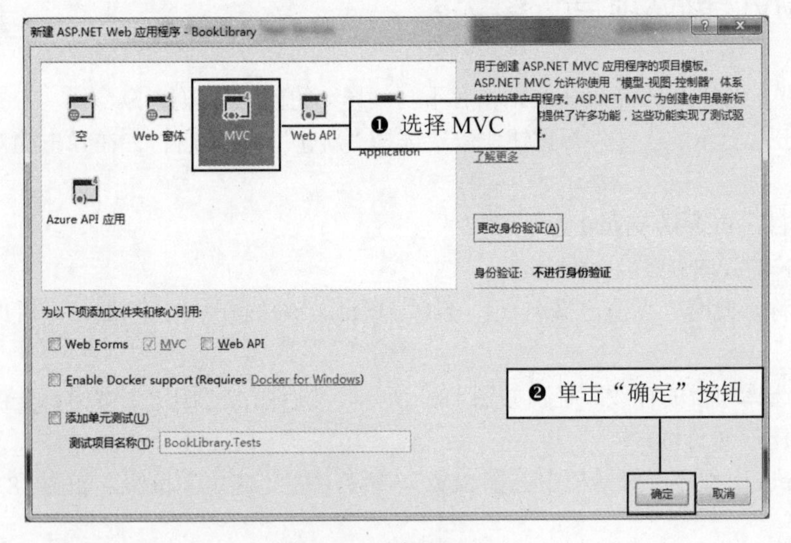

图 18.4　选择 MVC

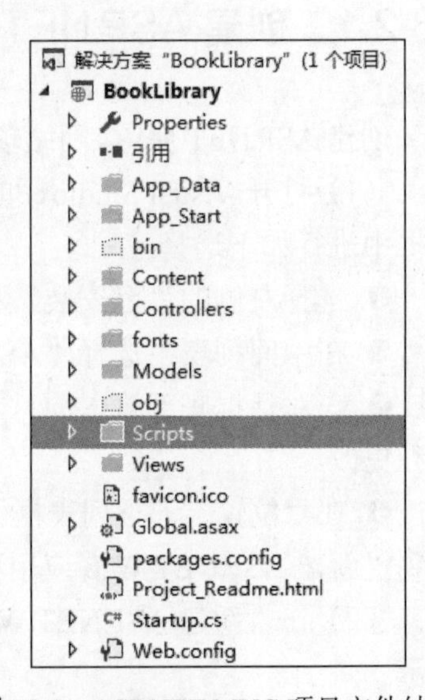

图 18.5　ASP.NET MVC 项目文件结构

18.2.2　创建 ASP.NET MVC 控制器、视图和 Action

在 ASP.NET MVC 中，控制器、视图和 Action 是最基本的组成单元。按照传统的 Web Forms 创建方式，我们首先会创建一个.aspx 页面，然后在.cs 文件中编写请求处理代码。但在 ASP.NET MVC 中，正常的逻辑最好是先创建控制器和 Action（不是绝对的），然后通过 Action 生成视图文件。

1．添加控制器

（1）在新创建的项目中选中 Controllers 文件夹并右击，在弹出的快捷菜单中依次选择“添加”→“控制器”命令，将会弹出“添加基架”对话框，在该对话框中选择 MVC 5 控制器，接着单击底部的“添加”按钮，如图 18.6 所示。

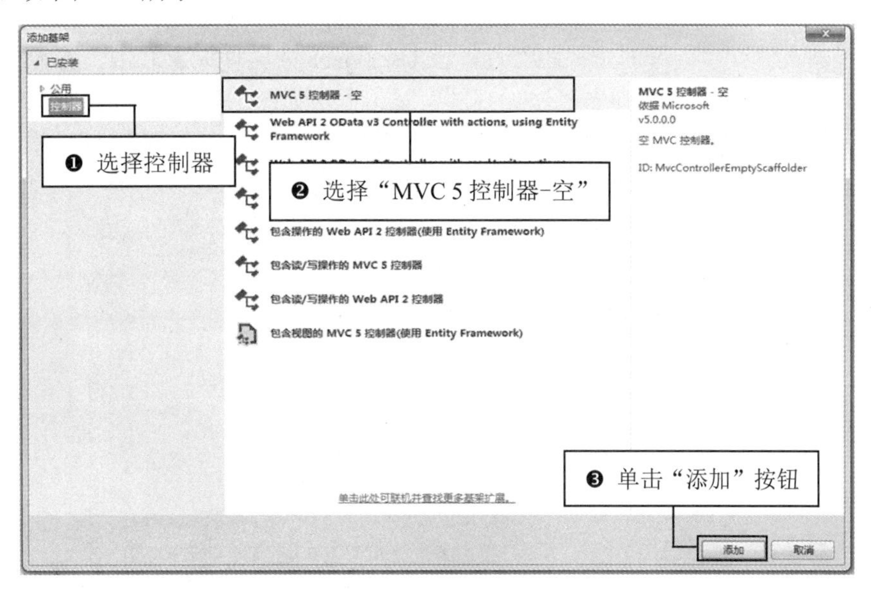

图 18.6　“添加基架”对话框

（2）随即弹出“添加控制器”对话框，如图 18.7 所示。在该对话框中，“控制器名称”默认为 DefaultController，并默认选中了 Default 部分，说明后面的 Controller 是不可以更改的，这就是 ASP.NET MVC 中的“约定大于配置”。这里可以将 Default 改为任意自定义的名称。例如，需要创建一个用户管理的控制器，那么就可以命名为 UserManageController，如图 18.8 所示。最后，单击底部的“添加”按钮，这样一个名为 UserManageController 的控制器就创建成功了。

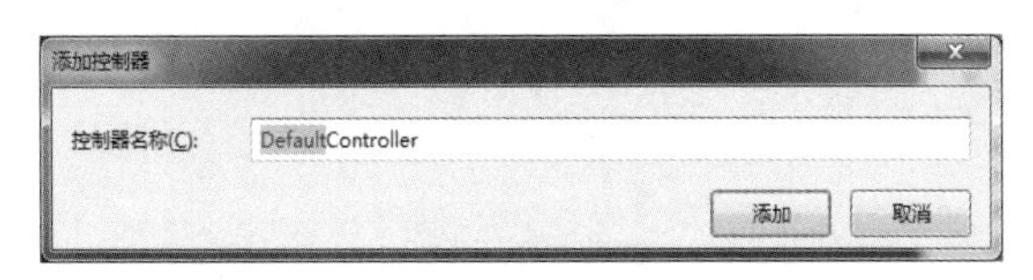

图 18.7　“添加控制器”对话框

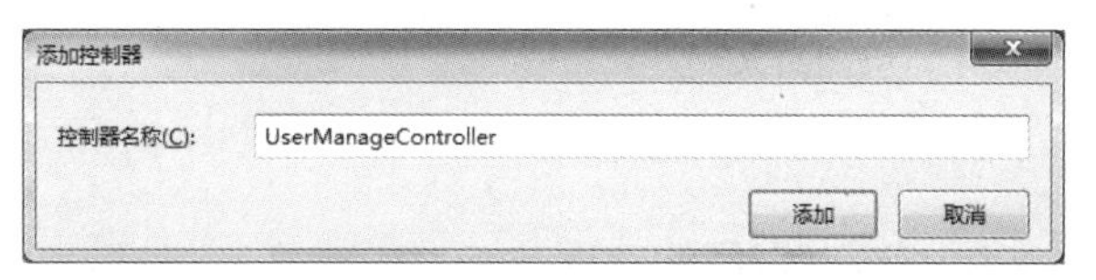

图 18.8　创建控制器

控制器创建完成后默认会创建一个 Index 的 Action，代码如下：

```
public class UserManageController: Controller          //自定义控制器类，继承自 Controller 类
{
    // GET: UserManage
    public ActionResult Index()                         //默认的 Action 方法
    {
        return View();                                  //返回默认与 Action 方法名相同的 Index 视图
    }
}
```

2. 添加 MVC 视图

在创建视图文件前需要创建一个与控制器名称相同的视图文件目录，这也是一项约定。例如，对于前面创建的 UserManage 控制器，就可以创建一个与之对应的 UserManage 视图文件夹，然后在该文件夹下创建多个视图文件。

所以，按照约定，我们在项目的解决方案资源管理器中找到 Views 文件夹，然后在该文件夹下创建 UserManage 视图文件夹。接着创建视图文件，在 UserManage 文件夹上右击，在弹出的快捷菜单中选择“添加”→“视图”命令，将弹出“添加视图”对话框，如图 18.9 所示，在该对话框的“视图名称”文本框中输入视图名称 UserIndex，设置“模板”为“Empty（不具有模型）”，并选中“使用布局页”复选框，最后单击“添加”按钮。

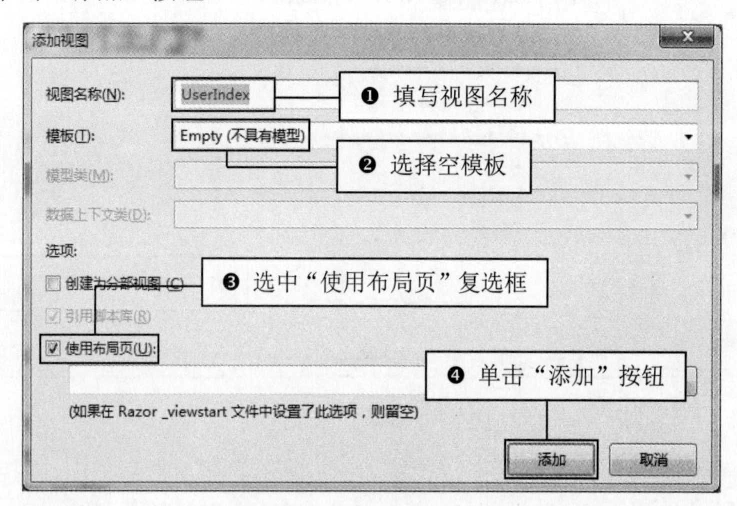

图 18.9　“添加视图”对话框

打开 UserIndex.cshtml 视图文件可以看到如下代码：

```
@{
    ViewBag.Title = "UserIndex";
}
<h2>UserIndex</h2>
```

3. 添加 MVC 的处理方法

即使添加了控制器和视图，若没有处理方法也是无法进行访问的，所以，接下来需要在 UserManage 控制器下新建一个 Action 处理方法，用于处理并响应用户请求的视图。打开 Controllers 文件夹下的 UserManageController.cs 文件，新建一个 Action 方法，名称为 UserIndex（与视图名相同），返回值类型为 ActionResult，在该方法中返回 View 方法，即表示返回了与 Action 方法名相同的 UserIndex 视图，这样刚刚建立的视图 UserIndex 就可以被 UserManage 控制器中的 UserIndex 方法返回。UserIndex 处理方法定义如下：

```
public ActionResult UserIndex()             //与视图名称相同的 Action 方法名称
{
    ViewBag.Message = "用户首页";       //动态类型变量
```

```
    return View();                          //默认返回 UserIndex 视图
}
```

18.2.3　创建 Models 层

Models 即模型，它装载的是一些数据实体，无论是在以前的 Web Forms 下，还是在现在的 MVC 下，都少不了数据实体，而实体类往往与数据库表有着直接的关系。Entity Framework（以下简写为 EF）是微软官方发布的 ORM 框架，是基于 ADO.NET 的。通过 EF 可以很方便地将表映射到实体对象或将实体对象转换为数据库表，但 EF 与 MVC 没有直接关系，在其他模式下也可以使用。

EF 支持 3 种开发模式，分别为 Database First、Model First 和 Code First。3 种模式的开发体验各不相同，也各有优缺点。站在开发者角度来讲没有哪种模式最好，只是根据实际情况选择更合适的开发模式。下面将使用 EF 6 框架，采用 Database First 方式映射数据模型。

（1）选中并右击 Models 文件夹，在弹出的快捷菜单中选择“添加”→“新建项”命令，弹出“添加新项”对话框，在该对话框的左侧“已安装”下选择 Visual C#，在中间列表中选择“ADO.NET 实体数据模型”，在底部填写名称，可以与数据库名相同，如图 18.10 所示，最后单击“添加”按钮。

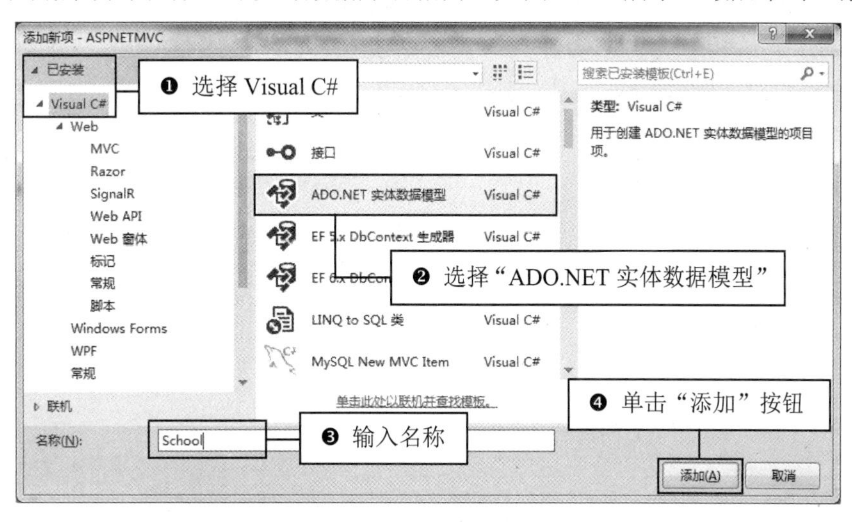

图 18.10　选择“ADO.NET 实体数据模型”

（2）在弹出的“实体数据模型向导（选择模型内容）”对话框中选择“来自数据库的 EF 设计器”，如图 18.11 所示。

（3）单击“下一步”按钮，在弹出的对话框中单击“新建连接”按钮，将弹出“连接属性”对话框。关于对该对话框的设置在前面章节中已经学习过了，这里不再赘述。

（4）配置完数据库连接后，选中“是，在连接字符串中包括敏感数据”单选按钮，如图 18.12 所示。

（5）单击“下一步”按钮，跳转到“实体数据模型向导（选择您的数据库对象和设置）”对话框，选中“表”即可，然后选中“在模型中包括外键列”复选框，最后单击“完成”按钮，如图 18.13 所示。

（6）等待生成完成后，编辑器将自动打开模型图页面以展示关联性，这里直接关闭即可。打开解决方案资源管理器中的 Models 文件夹会发现里面多了一个 School.edmx 文件，这就是模型实体和数据库上下文类，如图 18.14 所示为整个架构情况。

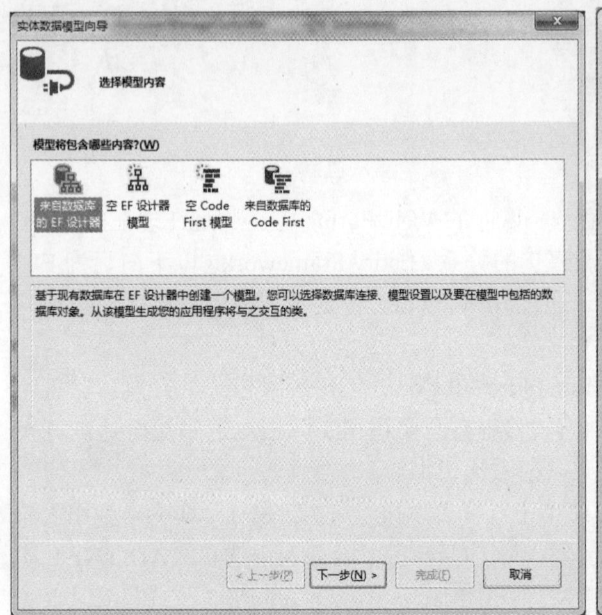

图 18.11　选择“来自数据库的 EF 设计器”

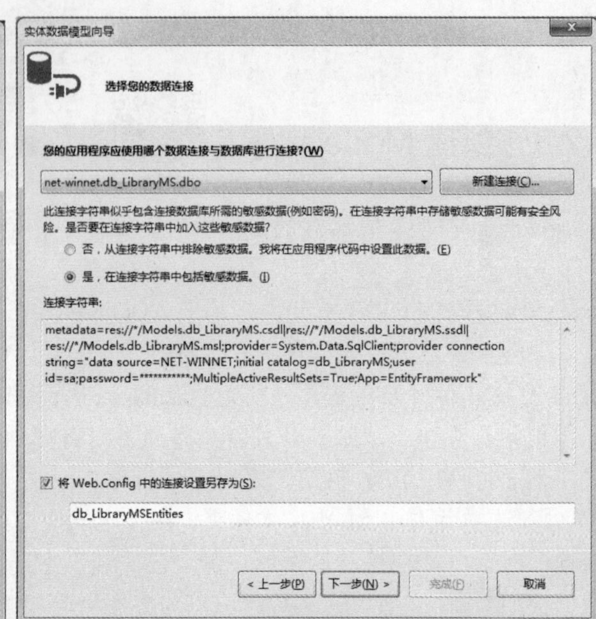

图 18.12　选中“是，在连接字符串中包括敏感数据”单选按钮

图 18.13　选择要映射的内容（此处选择“表”）

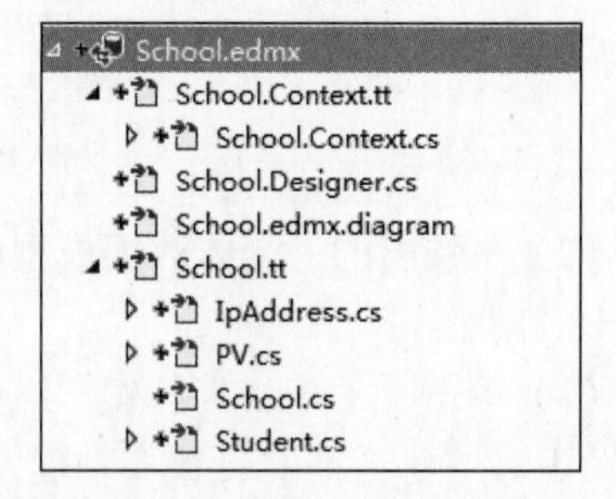

图 18.14　EF 生成实体架构

18.2.4　创建自定义 MVC 路由配置规则

在实际开发中，默认的路由规则可能无法满足项目需求，在这种情况下，就需要开发者创建自定义的路由规则。

假设有这样一个 URL 请求，用户想要查询某一天的数据报表：

```
http://localhost/ReportForms/Data/2019-3-8
```

对于上面这个 URL 请求，如果使用默认的配置规则，理论上是可以支持的，但是实际上无论从参数名称（id）还是参数类型方面都是不友好的匹配方式，从长远来讲也会导致功能上的瓶颈。

正确的做法应该是自己定义一个路由匹配规则，如下面的定义：

```
routes.MapRoute(
    name: "ReportForms",                                    //路由名称
    url: "{controller}/{action}/{SearchDate}",              //路由配置规则
    //路由配置规则的默认值
    defaults: new { controller = "ReportForms", action = "Data" }
);
```

这段路由规则定义了参数 SearchDate。在后台控制器的 Action 方法参数中同样也需要定义同名的 SearchDate 参数。Action 方法定义如下：

```
public ActionResult Data(DateTime SearchDate)           //定义 Data 方法并接收 SearchDate 参数
{
    ViewBag.dt = SearchDate;                            //定义动态变量
    return View();                                      //返回视图
}
```

添加到路由表中的路由顺序非常重要。上面自定义的路由应放在默认路由的上面，这是因为，默认的路由规则也能够匹配所请求的 URL 路径，但默认的路由定义的参数为 id。所以，当路由映射到 ReportForms 控制器中的 Data 动作时并没有传入 SearchDate 参数，这也就导致了程序会抛出 SearchDate 参数为 null 的异常。

18.2.5　Razor 视图引擎的语法定义

ASP.NET MVC 有多种视图引擎可以使用，Razor 是其中常用的视图引擎之一，视图文件的后缀名为.cshtml。Razor 是在 MVC 3 中出现的，其语法格式与 ASPX 页面的语法有所区别，下面学习 Razor 视图引擎中常用的语法标记和一些帮助类。

1．@符号标记代码块

@符号是 Razor 视图引擎的语法标记，它的功能和 ASPX 页面中的<%%>标记相同，都是用于调用 C#指令的。不过，Razor 视图引擎的@标记使用起来更加灵活简单，下面将说明@符号的各种用法。

☑　单行代码。使用一个“@”作为开始标记并且无结束标记，代码如下：

```
<span>@DateTime.Now</span>
```

☑　多行代码。多行代码使用“@{code...}”标记代码块，在花括号内可以编写 C#代码，并且可以随时切换 C#代码与输出 Html 标记，代码如下：

```
@{
for (int i = 0; i < 10; i++) {
```

```
<span>@i</span>
}
}
```

☑ 输出纯文本。如果在代码块中直接输出纯文本则使用“@:内容...”，这样就可以在不使用 Html 标签的情况下直接输出文本，代码如下：

```
@{
for (int i = 0; i < 10; i++) {
@:内容 @i
}
}
```

☑ 输出多行纯文本。如果要输出多行纯文本则使用“<text>”标签，这样就可以更方便地输出多行纯文本，代码如下：

```
@{
if (IsLogin){
<text>
您好：@ViewBag.Name<br />
今天是：@DateTime.Now.ToString("yyyy-MM-dd")<br />
</text>
}
}
```

☑ 输出连续文本。如果需要在一行文本内容中间输出变量值则使用“@()”标记，这样就可以避免出现文本空格的现象，代码如下：

```
@{
for (int i = 0; i < 10; i++){
<span>内容@(i)</span>
}
}
```

2．Html 帮助器

在设计 cshtml 页面时会用到各种 html 标签，这些标签通常都是手动构建的，例如，<a href=""> link</a>，但在 Razor 视图引擎中使用 HtmlHelper 类可以更加方便快速地实现这些标签的定义。所以，对于 MVC 中的表单和链接，推荐使用 Html 帮助器来实现，对于其他标签，可根据需求选择实现方式。

以下列举几个简单常用的 HtmlHelper 类扩展方法。

☑ Raw 方法。返回非 HTML 编码的标记，调用方式如下：

```
@Html.Raw("<font color='red'>颜色</font>")
```

调用前，页面将显示“<font color="red">颜色</font>”。调用后，页面将显示颜色为红色的“颜色”二字。

☑ Encode 方法。编码字符串，以防止跨站脚本攻击，调用方式如下：

```
@Html.Encode("<script type=\"text/javascript\"></script>")
```

返回编码结果为“<script type="text/javascript"></script>”。

☑　ActionLink 方法。生成一个连接到控制器行为的 a 标签，调用方式如下：

```
@Html.ActionLink("关于", "About", "Home")
```

页面生成的 a 标签格式为“<a href="/Home/About">关于</a>”。

☑　BeginForm 方法。生成 form 表单，调用方式如下：

```
@using(@Html.BeginForm("Save", "User", FormMethod.Post))
{
@Html.TextBox()
…
}
```

在 HtmlHelper 类中还有很多实用的方法，如表单控件等。读者可在开发项目时通过实践操作去学习和掌握 HtmlHelper 类的每个方法。

3．_ViewStart 文件和布局页面

在通过 Visual Studio 创建的项目中默认包含一个_Layout.cshtml 文件，位于 Views→Shared 文件夹下，用来布局其他页面视图的公共内容部分，类似于前面学习的母版页。在_Layout 布局代码中包含标准的 html 标签定义。同样，使用了布局页的视图页面无须再次定义 html、head、body 等标签。

_ViewStart.cshtml 文件的作用是将 Views 文件夹下的所有视图文件都以_ViewStart.cshtml 内引用的布局文件为布局页面，默认的在_ViewStart.cshtml 内通过“Layout = "~/Views/Shared/_Layout.cshtml";”引用了默认的_Layout.cshtml 布局文件。_Layout.cshtml 布局文件可以进行自定义创建。

除了在 Views 目录下定义全局的_ViewStart.cshtml 文件，在 Views 目录下与控制器同名的各子文件夹内也可以定义_ViewStart.cshtml 文件。这样，越接近于页面视图文件的_ViewStart 越被优先调用。

4．Model 对象

每个视图都有自己的 Model 属性，用于存放控制器传递过来的 Model 实例对象，这就实现了强类型。强类型的好处之一是类型安全，如果在绑定视图页面数据时写错了 Model 对象的某个成员名，编译器会报错；另一个好处是 Visual Studio 中有代码智能提示功能。它的调用方式如下：

```
@model MySite.Models.Product
```

这句代码是指在视图中引入了控制器方法传递过来的实例对象，通过在视图页面中使用 Model 即可访问 MySite.Models.Product 中的成员：

```
<span>@Model.ID</span>
```

但应注意的是，在引用时 model 的 m 是小写字母，在页面中使用时，Model 的 M 是大写字母。

18.3　ASP.NET MVC 的实现

目前，ASP.NET MVC 正在逐渐成为主流的网站开发框架。更多的新型网站也大多采用这种开发模式。随着 Visual Studio 和 DotNet Framework 的不断更新，ASP.NET MVC 框架也会得到持续的改进。

18.3.1 实现一个简单的 ASP.NET MVC 网页

使用 ASP.NET MVC 实现一个简单的网页是非常容易的，因为通过 Visual Studio 创建的 ASP.NET MVC 项目默认为用户搭建好了所有开发环境，并且项目中也包含了一些代码示例和基础功能。基于这些强大的开发条件便可轻松上手 ASP.NET MVC 项目。

【例 18.1】本示例将在 Visual Studio 自动创建的示例项目上进行扩展开发，所以，需要在页面导航上添加一个“新闻”链接按钮，然后实现新闻的页面内容。（**示例位置：mr\TM\18\01**）

具体开发步骤如下。

（1）创建一个 ASP.NET MVC 项目，然后在解决方案资源管理器中依次展开 Views→Shared 文件夹并双击打开里面的_Layout.cshtml 文件。接着，找到定义页面导航部分的布局代码。最后，在“主页”链接按钮的后面添加一个“新闻”链接按钮，代码定义如下：

```
<ul class="nav navbar-nav">
    <li>@Html.ActionLink("主页", "Index", "Home")</li>
    <li>@Html.ActionLink("新闻", "Index", "News")</li>
    <li>@Html.ActionLink("关于", "About", "Home")</li>
    <li>@Html.ActionLink("联系方式", "Contact", "Home")</li>
</ul>
```

（2）在项目的 Controllers 文件夹内创建一个 News 控制器，然后在 News 控制器的 Index 方法上右击，在弹出的快捷菜单中选择“添加视图”命令，在打开的对话框中直接单击“添加”按钮，这时，在 Views 文件夹内就会自动创建一个与控制器同名的文件夹，同时创建了一个与 Action 方法同名的视图文件。

（3）回到 News 控制器的 Index 方法中，使用 for 循环向 IList 中随机添加一些新闻标题，然后在返回的视图方法中将 IList 对象传入，代码如下：

```
public ActionResult Index()
 {
    IList<string> NewsTitleList = new List<string>();        //实例化 List 对象
    int count = new Random().Next(3, 5);                     //随机 3 次或者 4 次循环次数值
    for (int i = 0; i < count; i++)                          //循环随机次数
    {
        //每次添加 5 条新闻标题
        NewsTitleList.Add("谷歌：手机停用两个月后将自动删除数据备份");
        NewsTitleList.Add("未来无人驾驶舰艇配备人工智能");
        NewsTitleList.Add("西部数据 12TB 机械硬盘");
        NewsTitleList.Add(“英特尔:2025 年 VR 市场预期超 530 亿美元”);
        NewsTitleList.Add("芯片皮下植入真的有必要吗 ?");
    }
    return View(NewsTitleList);                              //返回视图并传入要返回的模型（List 实例）
 }
```

（4）设计 Index.cshtml 视图页面，在页面中通过@model 并指定对象模型类型来引用返回的对象实体，然后通过@{}语句块实现 foreach 遍历。代码如下：

```
@*引用实例对象*@
@model IList<string>
@{
    ViewBag.Title = "新闻";              //定义新闻标题
}
<ul>
@{
    int i = 0;                           //定义循环的索引值
    foreach (string s in Model)          //Model 为 IList 实例对象
    {
        if (i == 0)
        {
            <li><h3><a href="#">@s</a></h3></li>@*i 等于 0 表示为第一个标题字号要大一些*@
        }
        else
        {
            @*从第二个标题开始字号要小一些，s 为遍历的标题值*@
            <li><h4><a href="#">@s</a></h4></li>
        }
        i++;
    }
}
</ul>
```

这样，一个简单的 ASP.NET MVC 页面交互就创建完成了。右击 Views 文件夹下 Home 内的 Index.cshtml 页面，在弹出的快捷菜单中选择“在浏览器中查看”命令，可以看到加载出来的页面就是创建项目时自带的首页页面，单击导航栏中的“新闻”按钮，页面将跳转到如图 18.15 所示的新闻列表页面。

图 18.15　新闻列表页面

18.3.2 在 ASP.NET MVC 中实现查询 SQL Server 数据

前面学到的 EF 框架是专门用于操作数据库的 ORM 工具，同样是由微软官方提供的。因其具有多种可选的开发模式，所以使用它配合 ASP.NET MVC 开发网站项目是一种很值得选择的解决方案。

【例 18.2】本示例将以 School 为数据库，通过 EF 框架映射实体对象。在 Visual Studio 默认创建的项目上添加新的控制器和视图，实现加载学生信息列表。（**示例位置：mr\TM\18\02**）

具体实现过程如下。

（1）创建一个 ASP.NET MVC 项目，在项目的 Models 文件夹内通过“ADO.NET 实体数据模型”创建 School 实体对象，具体创建过程前面已经讲过，这里不再赘述，如图 18.16 所示是创建后的实体对象。

```
◢ School.edmx
  ◢ School.Context.tt
    ▷ School.Context.cs
    School.Designer.cs
    School.edmx.diagram
  ◢ School.tt
    ▷ IpAddress.cs
    ▷ PV.cs
      School.cs
    ▷ Student.cs
```

图 18.16　实体对象

（2）在 Controllers 文件夹下建立一个 Student 控制器，然后将默认的 Index 方法修改为 StudentList，接着在方法内实现一个简单的读取 Student 表的功能，代码如下：

```
public ActionResult StudentList()
{
    IList<Student> Students = null;                              //定义 Student 数据集合变量
    using (SchoolEntities db = new SchoolEntities())         //实例化数据库上下文类，用于操作数据库
    {
        Students = db.Student.Select(S => S).ToList();    //查询所有数据
    }
    return View(Students);                                      //返回视图并传入对象模型
}
```

（3）创建 StudentList 视图文件，然后通过 table 表格定义数据列表，代码如下：

```
@*引用 Student 实体对象*@
@model IList<ASPNETMvc.Models.Student>
@{
    ViewBag.Title = "学生列表";//定义网页标题
}
<table width="580" align="center">
    <tr><th height="40">ID</th><th>姓名</th><th>性别</th><th>年龄</th><th>班级</th></tr>
    @{
        @*遍历数据集合*@
        foreach (ASPNETMvc.Models.Student Student in Model) {
        @*绑定行数据*@
            <tr>
                <td height="30">@Student.ID</td>
                <td>@Student.Name</td>
                <td>@Student.Age</td>
                <td>@Student.Sex</td>
                <td>@Student.Class</td>
            </tr>
```

```
        }
    }
</table>
```

（4）运行程序，调用 Student 控制器下的 StudentList 动作，页面效果如图 18.17 所示。

ID	姓名	性别	年龄	班级
1	张三	24	男	二年九班
2	李四一	22	男	一年七班
4	小明明	25	女	二年九班
5	小蕾	23	女	二年五班
7	小五	25	男	三年六班
8	小方	24	男	二年二班
11	小六0	22	男	一年一班
12	小六1	22	男	一年一班
16	学生1	24	女	三年五班
17	学生2	23	男	二年五班
18	学生3	25	女	三年六班
19	学生4	23	女	一年七班
20	学生5	22	女	三年六班
42	学生6	25	男	三年二班

© 2017 - 我的 ASP.NET 应用程序

图 18.17　学生信息列表

18.3.3　通过绑定对象模型向 SQL Server 添加数据

在 ASP.NET MVC 中实现“添加数据”的页面是很容易的，因为在创建视图文件时除了前面可以创建的空视图文件，还有多个视图模板可以选择。这些模板实现了不同需求的视图操作方式。

【例 18.3】本示例将实现两个页面，分别为学生信息列表和添加学生信息页面。（**示例位置：mr\TM\18\03**）

学生信息列表页面的实现方式与例 18.1 相同（这里不再赘述），只是在列表中添加一个“添加学生信息”链接按钮，用于跳转到添加数据页面。添加学生信息页面的实现步骤如下。

（1）创建一个 ASP.NET MVC 项目。添加 School 实体对象模型，再实现学生信息列表页面。

（2）在 Student 控制器中添加一个 Add 方法，在该方法内部只是返回该视图文件。接着，创建与该方法同名的视图文件，该视图文件的创建过程与之前创建的过程稍有不同，如图 18.18 所示。

因为是添加数据类型的视图页面，所以，在“模板”处应选择 Create，选择“模型类”为 Student，这样“数据库上下文类”为 SchoolEntities。注意，括号内为命名空间 ASP.NETMVC.Models。

说明

如果在单击“添加”按钮后报出添加错误等信息，请尝试重新生成解决方案后再次添加。

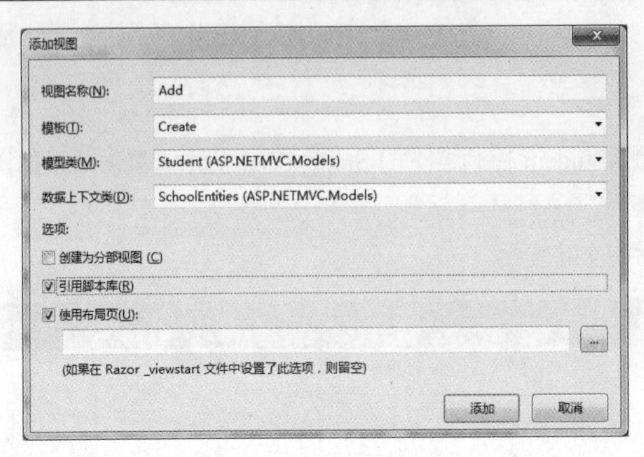

图 18.18　创建视图文件

（3）打开 Add 视图文件，可以看到视图代码已经自动绑定了与实体对象相关联的页面信息。首先，将页面上的每个提示标题修改成正确的提示信息，再将“性别”的文本输入框修改为下拉选择框，修改方式是将 Html.EditorFor 方法改为 Html.DropDownListFor 方法。由于篇幅的限制，这里只给出部分绑定方式的源代码：

```
<div class="form-group">
    @Html.LabelFor(model => model.Name,"姓名",
      htmlAttributes: new { @class = "control-label col-md-2" })
    <div class="col-md-10">
        @Html.EditorFor(model => model.Name,
          new { htmlAttributes = new { @class = "form-control" } })
        @Html.ValidationMessageFor(model => model.Name, "",
          new { @class = "text-danger" })
    </div>
</div>
```

（4）当单击“创建”按钮后，网页上的数据应被提交到控制器的动作中进行处理保存，但这里应注意的是，视图所对应的 Add 方法是 HttpGet 访问方式，而在提交数据时，访问是以 HttpPost 方式进行的。所以，必须将数据提交到另一个 Action 方法中，代码如下：

```
[HttpPost]                                              //HttpPost 表示该动作只能以 POST 方式访问
public ActionResult Add(Student Stu)
{
    using (SchoolEntities db = new SchoolEntities())    //实例化数据库上下文类，用于操作数据库
    {
        db.Student.Add(Stu);                            //将数据实体添加到集合中，但不会执行插入数据库操作
        db.SaveChanges();                               //保存数据
    }
    return RedirectToAction("StudentList");             //重定向到指定的动作
}
```

代码中使用了 HttpPost 特性限制了方法的访问性，此方法是 Add 方法的一个重载方法。在 ASP.NET MVC 中绑定了实体模型的视图在提交数据时会自动找到同类型参数列表的 Action 方法。

执行程序，运行 StudentList.cshtml 页面，浏览器将显示学生列表页面，单击“添加学生信息”链接按钮，进入“添加学生信息”页面，填写各项数据，最后单击“创建”按钮，如图 18.19 所示。

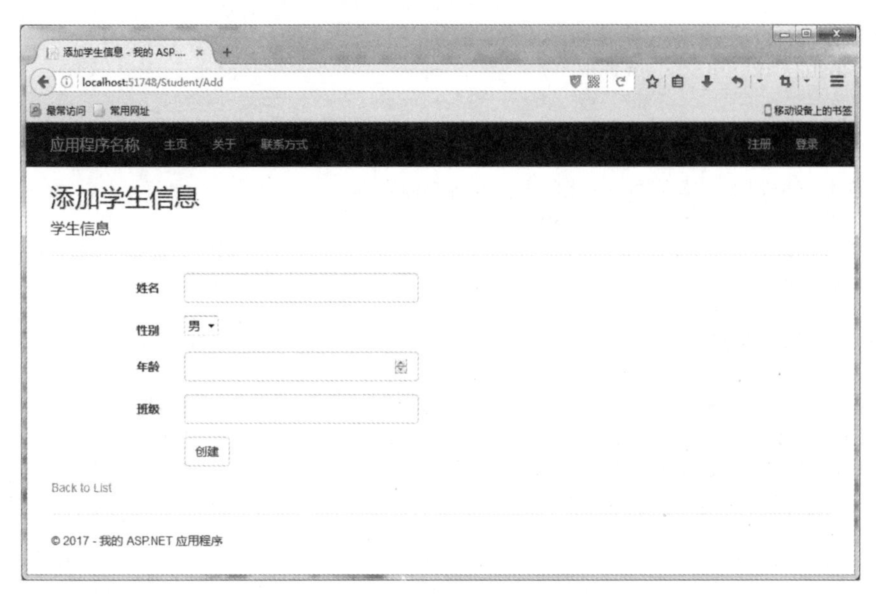

图 18.19　“添加学生信息”页面

18.3.4　更新 SQL Server 表数据

ASP.NET MVC 视图具备自动创建更新数据时的编辑模板，大致与添加数据的模板相同，过程也很容易实现，但在实现编辑和保存数据时两者存在一些差别。

【例 18.4】本示例的实现过程与添加数据基本相同，不同的是，学生列表页跳转时需要为每一条学生信息添加一个“修改”按钮，然后在绑定页面数据时需要在视图的 Action 方法中返回实体数据，最后是更新数据而不是插入数据。（**示例位置：mr\TM\18\04**）

具体实现步骤如下。

（1）创建一个 ASP.NET MVC 项目。添加 School 实体对象模型，在实现学生信息列表页面中，在每一行的最后一列添加一个“修改”链接按钮，并绑定 Action 和要传入的参数。

（2）在 Student 控制器中添加一个 Update 方法，该方法包含一个 int 类型的 id 参数，用于获取要修改的单条数据。随后生成一个 Update 视图文件，生成选项里除了模板项为 Edit，其他项都与添加 Create 视图相同。

（3）回到 Student 控制器中，在 Update 方法内定义进行数据查询并返回实体数据的代码。代码如下：

```
[HttpGet]                                                    //HttpGet 表示该动作只能以 GET 方式访问
public ActionResult Update(int id)
{
    Student Stu = null;                                      //定义接收查询后的实体数据变量
    using (SchoolEntities db = new SchoolEntities())         //实例化数据库上下文类，用于操作数据库
    {
        Stu = db.Student.Where(W => W.ID == id).FirstOrDefault();//查询指定 id 的学生数据
    }
    return View(Stu);                                        //返回视图并传入实体数据
}
```

（4）定义 Update 的重载方法，用于执行数据的更新，代码如下：

```
[HttpPost]//HttpPost 表示该动作只能以 POST 方式访问
public ActionResult Update(Student Stu)
{
    using (SchoolEntities db = new SchoolEntities())                    //实例化数据库上下文类，用于操作数据库
    {
        //将数据实体附加到集合中，表示将要更新该实体数据
        var EditStu = db.Student.Attach(Stu);
        EditStu.Name = Stu.Name;                                        //赋值姓名属性
        EditStu.Sex = Stu.Sex;                                          //赋值性别属性
        EditStu.Age = Stu.Age;                                          //赋值年龄属性
        EditStu.Class = Stu.Class;                                      //赋值班级属性
        db.Entry(EditStu).Property(P => P.Name).IsModified = true;//表示要更新姓名字段
        db.Entry(EditStu).Property(P => P.Sex).IsModified = true;   //表示要更新性别字段
        db.Entry(EditStu).Property(P => P.Age).IsModified = true;   //表示要更新年龄字段
        db.Entry(EditStu).Property(P => P.Class).IsModified = true; //表示要更新班级字段
        db.Configuration.ValidateOnSaveEnabled = false;                 //执行保存前关闭自动验证实体
        bool isSuc = db.SaveChanges() > 0;                              //执行保存
        db.Configuration.ValidateOnSaveEnabled = true;                  //执行保存后开启自动验证实体
    }
    return RedirectToAction("StudentList", "Student");                  //重定向到学生列表页
}
```

执行程序，运行 StudentList.cshtml 页面，浏览器将显示学生列表页面，单击某一学生的“修改”链接按钮，页面会跳转到编辑页面。在页面上进行编辑后单击“保存”按钮，如图 18.20 所示，即可更新学生信息。

图 18.20　更新学生信息页面

18.4　实践与练习

创建一个图书信息列表，在列表中的第一列定义复选框控件。通过选中复选框将已选择的图书提交到更新页面中，在更新页面中绑定这些图书信息并实现批量保存的功能。

第 19 章

ASP.NET 网站发布

网站发布是指将开发完成的网站发布到 Web 服务器上，以让用户浏览。由于开发网站的最终目的都是让更多的人可以通过互联网浏览，因此，网站发布也就成了一个非常重要的环节。本章将详细介绍如何使用 Visual Studio 2019 自带的工具对网站进行发布。

本章知识架构及重难点如下。

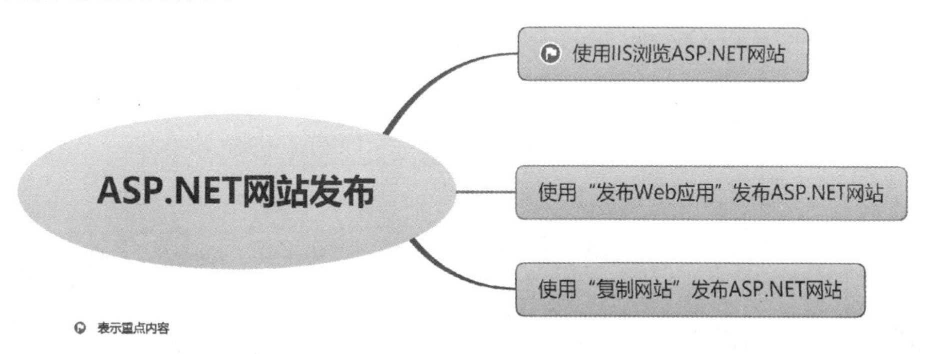

19.1　使用 IIS 浏览 ASP.NET 网站

使用 IIS 浏览 ASP.NET 网站的步骤如下。

（1）依次选择“控制面板”→“系统和安全”→“管理工具”→“Internet 信息服务（IIS）管理器”命令，弹出“Internet Information Services (IIS)管理器”窗口。

（2）在该窗口中展开网站节点，选中 Default Web Site 节点，在右侧“操作”列表中单击“基本设置”超链接，如图 19.1 所示。

（3）在弹出的“编辑网站”对话框中单击…按钮，选择网站文件夹所在路径，然后单击“选择”按钮，如图 19.2 所示，弹出“选择应用程序池”对话框，如图 19.3 所示。在该对话框中选择 DefaultAppPool，单击“确定”按钮，返回“编辑网站”对话框，单击“确定”按钮，即可完成网站路径的选择。

注意

使用 IIS 浏览 ASP.NET 网站时，首先需要保证.NET Framework 框架已经安装并配置到 IIS 上，如果没有安装，则需要在“开始”菜单中打开“VS2019 开发人员命令提示”工具，然后在其中执行系统目录中 Windows\Microsoft.NET\Framework\v4.0.30319 文件夹下的 aspnet_regiis.exe 文件。

（4）在“Internet Information Services (IIS)管理器”窗口中单击“内容视图”，切换到“内容视图”页面，如图 19.4 所示，在该页面中间的列表中选中要浏览的 ASP.NET 网页，右击，在弹出的快捷菜单中选择“浏览”命令，即可浏览选中的ASP.NET网页。

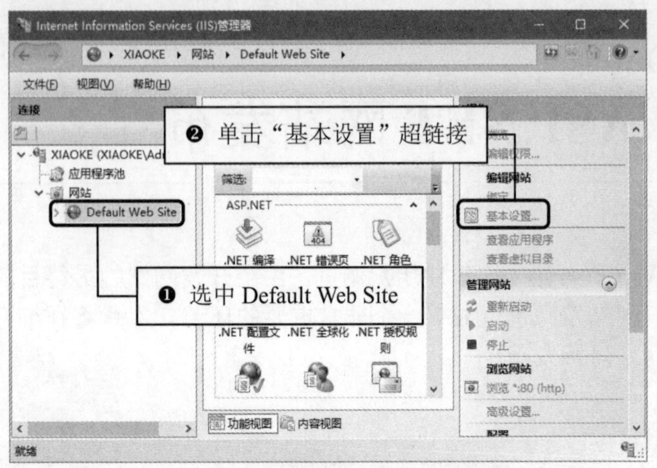

图 19.1 “Internet Information Services (IIS)管理器”窗口

图 19.2 “编辑网站”对话框

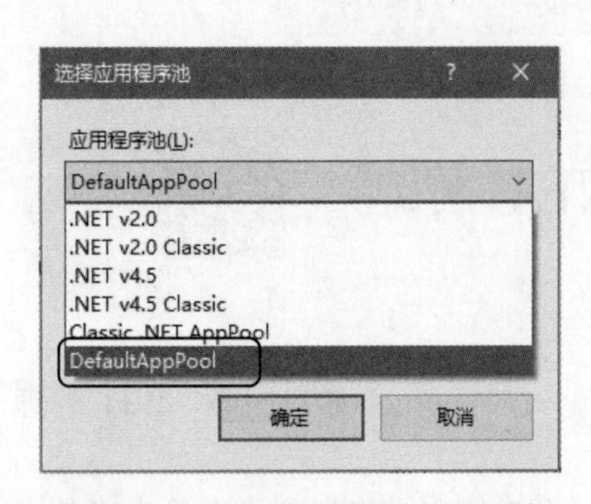

图 19.3 “选择应用程序池”对话框

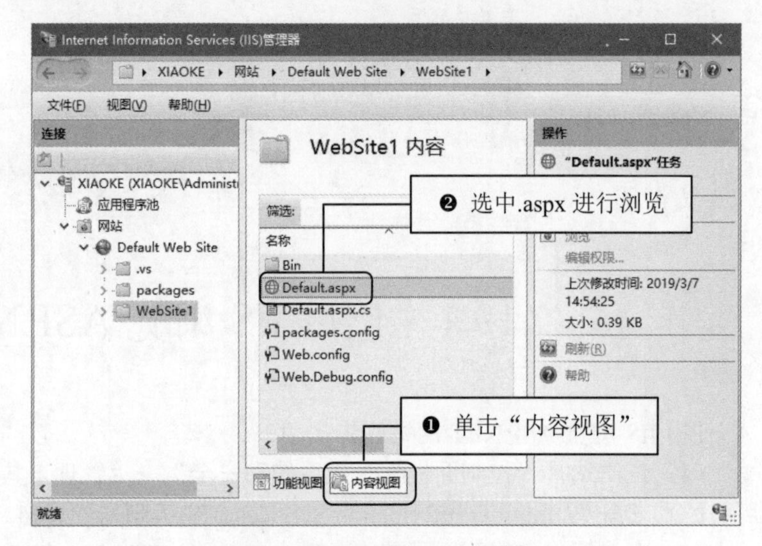

图 19.4 “内容视图”页面

19.2 使用“发布 Web 应用”发布 ASP.NET 网站

使用“发布 Web 应用”功能发布ASP.NET网站的步骤如下。

（1）在 Visual Studio 2019 的解决方案资源管理器中选中当前网站，右击，在弹出的快捷菜单中选择“发布 Web 应用”命令，如图 19.5 所示。

（2）在弹出的“发布（配置文件）”对话框中单击“自定义”按钮，弹出“新建自定义配置文件”对话框，输入配置文件名称，单击“确定”按钮，如图 19.6 所示。

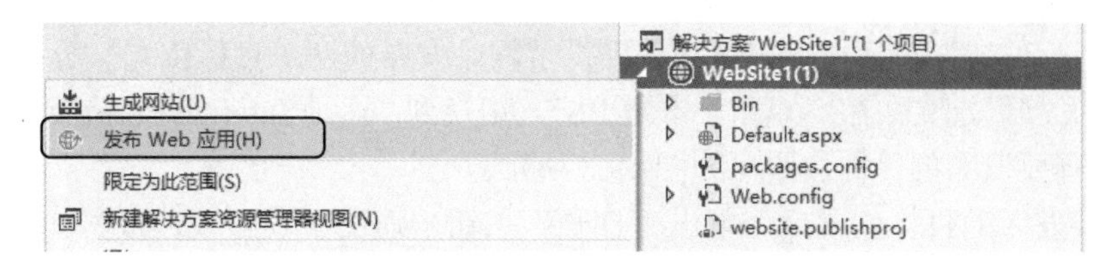

图 19.5　选择“发布 Web 应用”命令

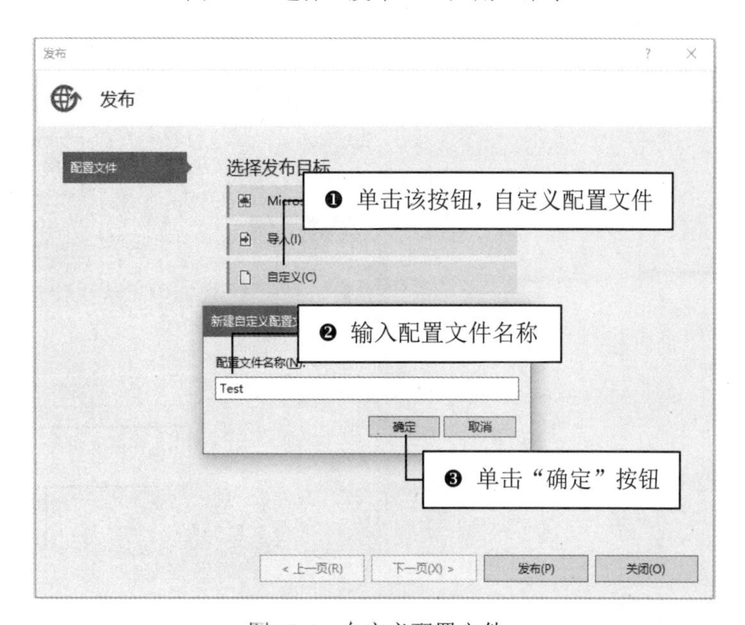

图 19.6　自定义配置文件

（3）进入“发布（连接）”对话框，在“发布方法”下拉列表框中选择“文件系统”，然后单击“目标位置”文本框后面的[...]按钮，如图 19.7 所示。

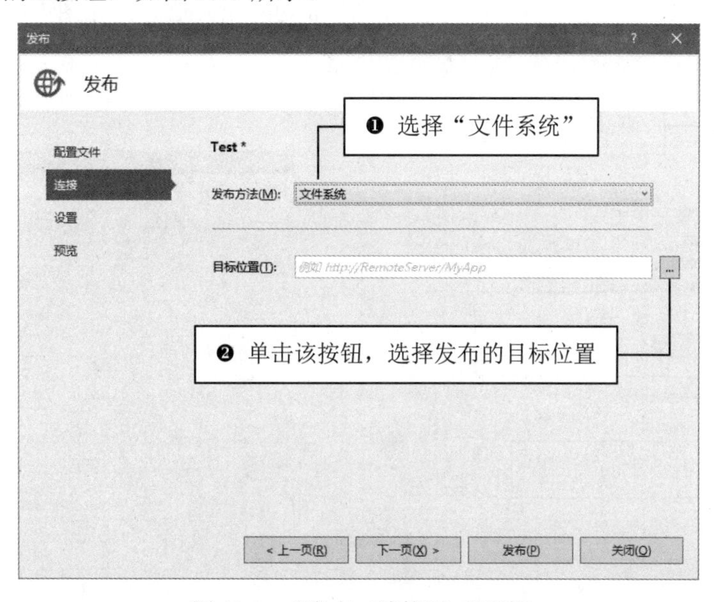

图 19.7　“发布（连接）”对话框

（4）弹出“目标位置”对话框，该对话框提供了网站发布的两个目标位置，分别是“文件系统”和“本地 IIS”，默认为“文件系统”，单击“本地 IIS”，切换到“本地 Internet Information Server”页面，在该页面中可以选择要发布的目标位置，如图 19.8 所示。

（5）选择完要发布的目标位置后，单击“打开”按钮，返回“发布（连接）”对话框，在该对话框中单击“下一页”按钮，如图 19.9 所示。

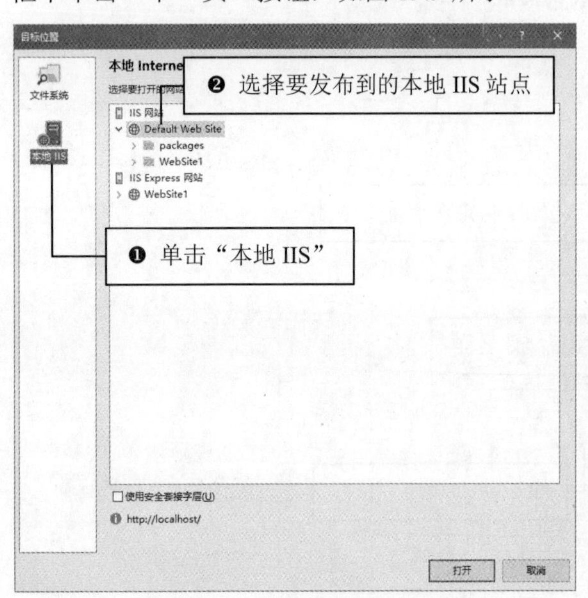

图 19.8　选择发布的目标位置

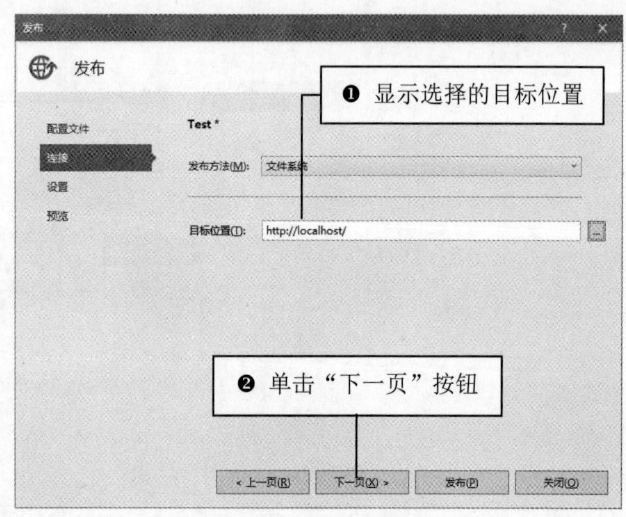

图 19.9　显示选择的发布目标位置并单击“下一页”按钮

（6）进入“发布（设置）”对话框，在该对话框中首先将“配置”设置为 Debug，然后选中“在发布期间预编译”复选框，最后单击“发布”按钮，如图 19.10 所示。

（7）发布成功后，在“输出”窗口中将显示发布成功的相关信息，如图 19.11 所示。

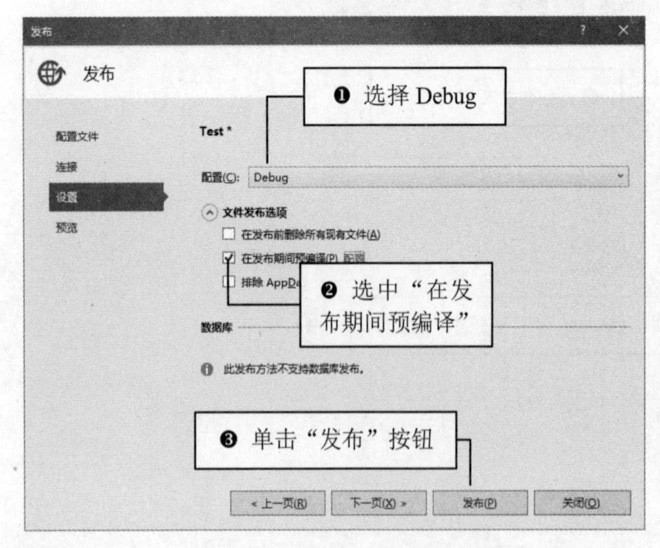

图 19.10　“发布（设置）”对话框

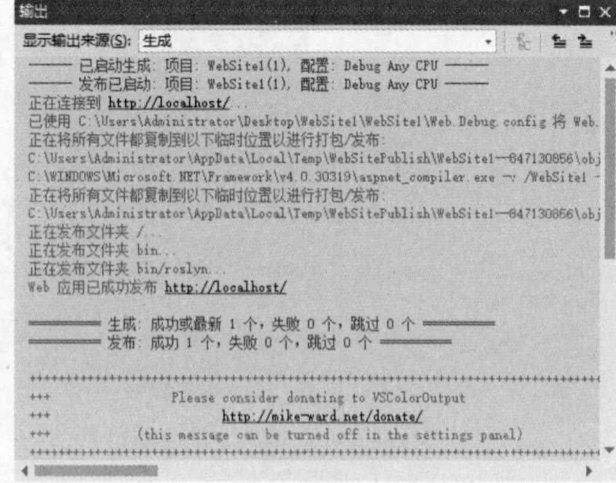

图 19.11　显示发布成功的相关信息

发布成功后，打开选择的目标位置，即可看到发布的 ASP.NET 网站文件及文件夹，如图 19.12 所示。

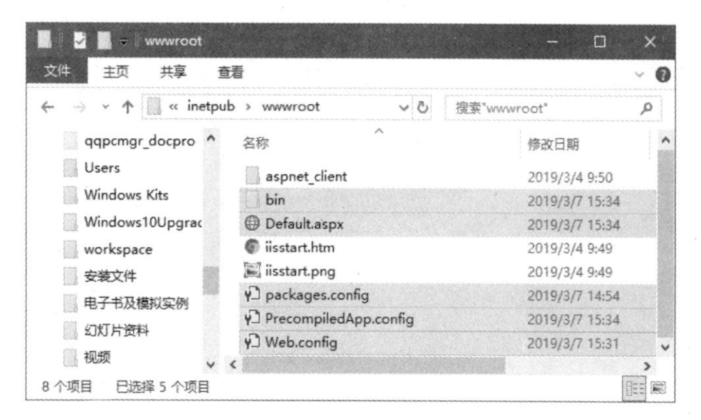

图 19.12　发布完成的 ASP.NET 网站文件及文件夹

19.3　使用“复制网站”发布 ASP.NET 网站

使用“复制网站”功能发布 ASP.NET 网站的步骤如下。

（1）在 Visual Studio 2019 的解决方案资源管理器中选中当前网站，右击，在弹出的快捷菜单中选择“复制网站”命令，如图 19.13 所示。

图 19.13　选择“复制网站”命令

（2）在 Visual Studio 2019 中将出现如图 19.14 所示的“复制网站”选项卡，在该选项卡中单击“连接”按钮，选择网站复制的目标位置。

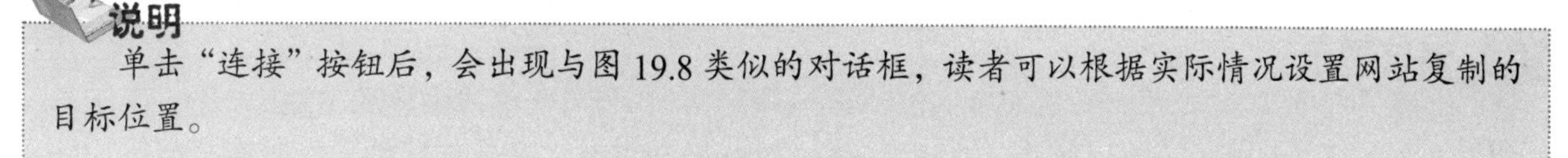

说明

单击“连接”按钮后，会出现与图 19.8 类似的对话框，读者可以根据实际情况设置网站复制的目标位置。

（3）选中要复制的网站文件或文件夹，单击按钮，将选中的网站文件或文件夹复制到指定的位置，如图 19.15 所示。

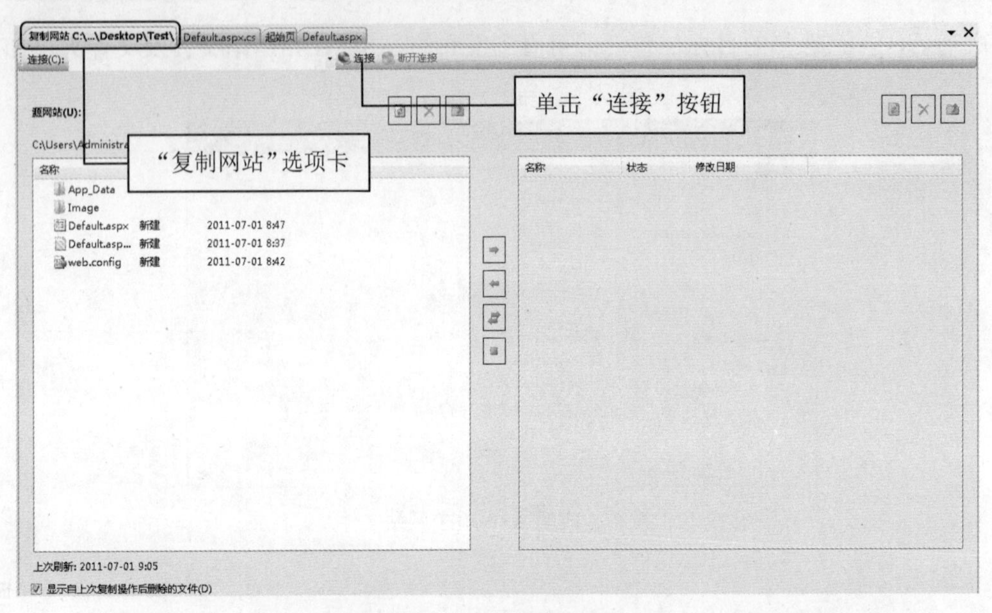

图 19.14　“复制网站”选项卡

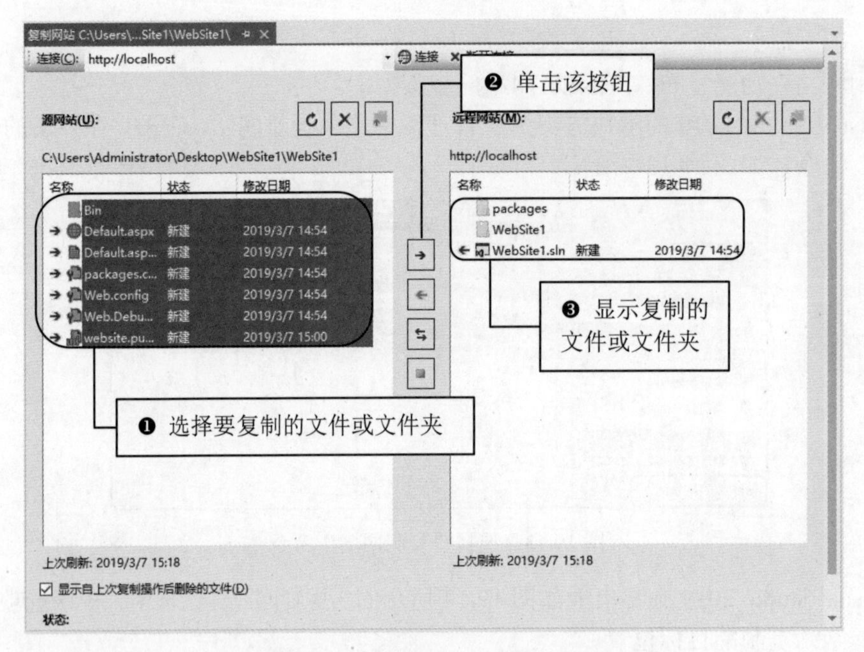

图 19.15　复制网站文件或文件夹

误区警示

使用“发布 Web 应用”功能发布 ASP.NET 网站时，代码文件都被编译成了.dll 文件，保证了网站的安全性；而使用“复制网站”功能发布 ASP.NET 网站时，只是把网站文件简单复制到了指定的站点。因此，在实际发布网站时，推荐使用“发布 Web 应用”功能发布 ASP.NET 网站。

第 4 篇

项目实战

本篇包括注册及登录验证模块设计、模拟12306售票图片验证码、购物车、九宫格抽奖、趣味图片生成器和BBS论坛（ASP.NET MVC版）等项目，这些项目由浅入深，带领读者体验开发Web项目的全过程。

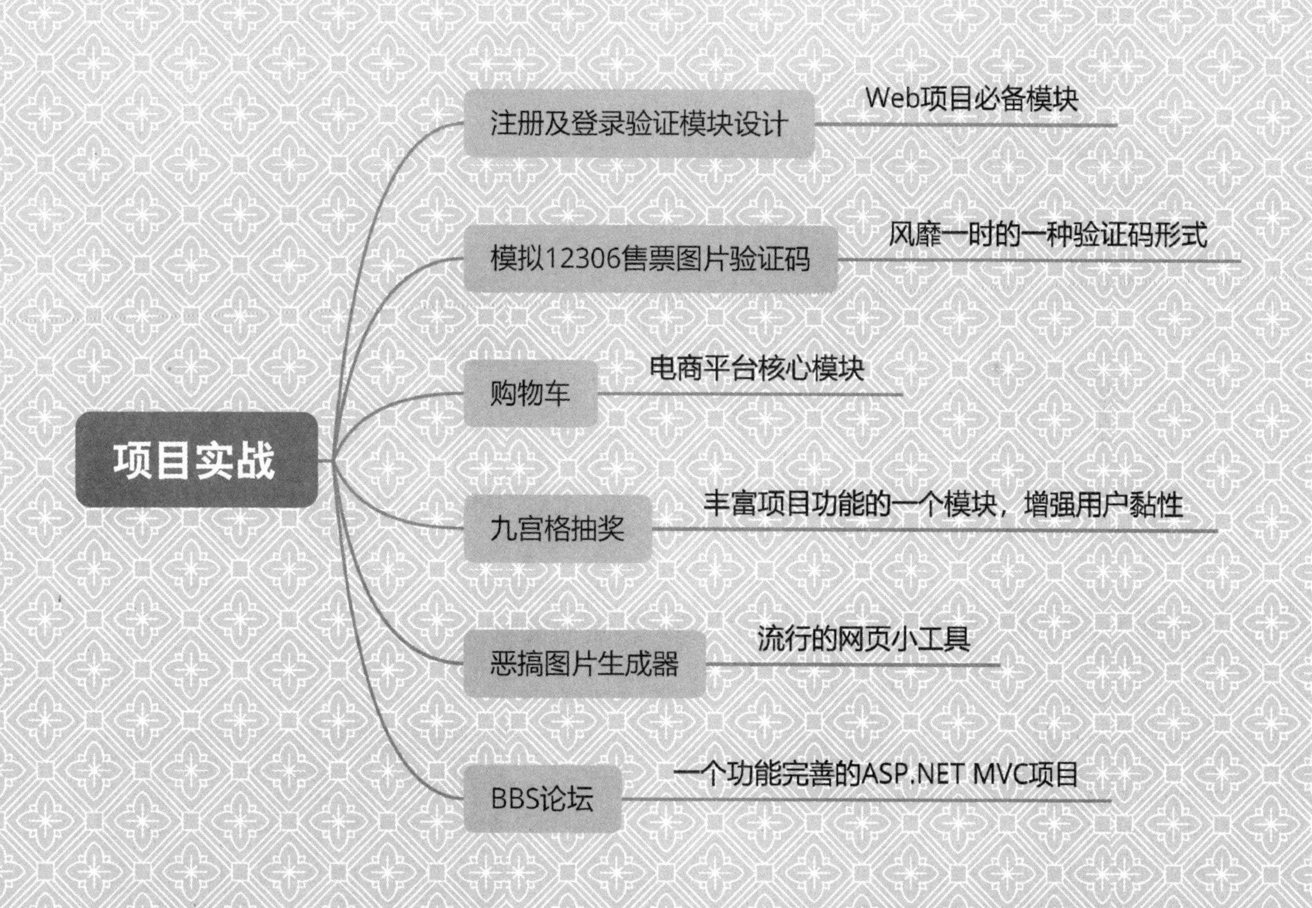

第 20 章

注册及登录验证模块设计

用户登录及管理是任何功能网站应用程序中都不可缺少的功能，是保障系统安全性的第一个环节。本章将介绍用户登录、用户管理及权限设置的实现方法。

本章知识架构及重难点如下。

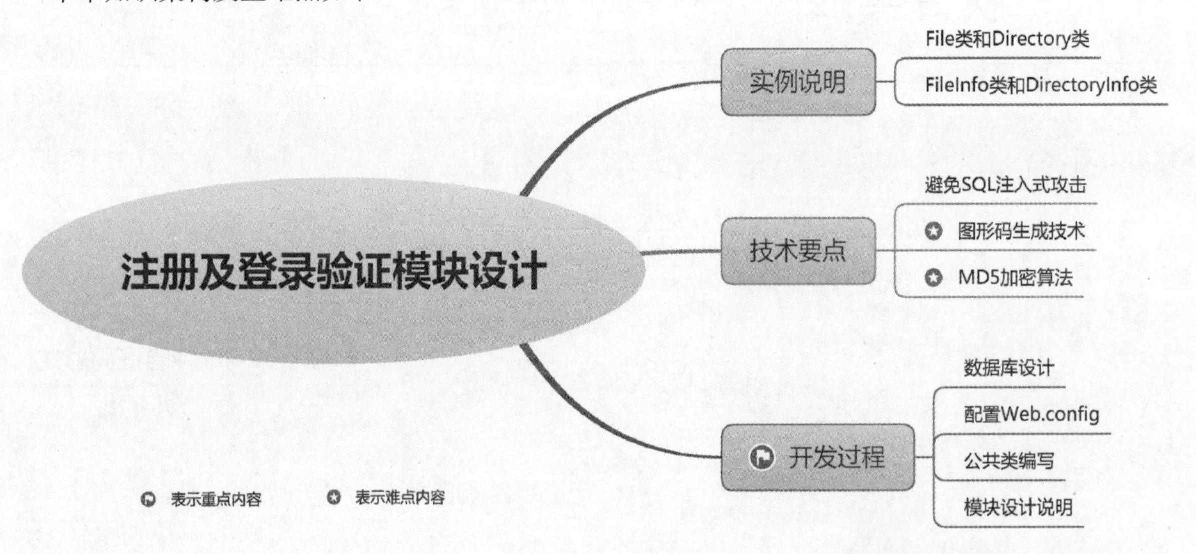

20.1 实 例 说 明

注册及登录验证模块设计实现了一个 Web 网站中最为普遍的登录及用户管理功能。本实例实现的具体功能如下。

☑ 用户登录。
☑ 用户注册。
☑ 修改用户基本信息。
☑ 修改用户密码。
☑ 删除用户。
☑ 设置用户权限。
☑ 用验证码对用户进行验证。
☑ 退出登录。

程序运行结果如图 20.1 所示。

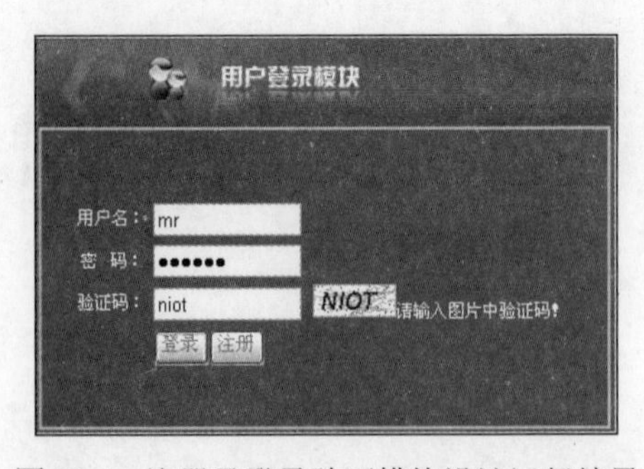

图 20.1 注册及登录验证模块设计运行结果

20.2 技 术 要 点

实现用户登录及用户管理时应防止恶意用户攻击等安全问题的发生，为了进一步保证网站的安全，需要一些辅助手段，如加密等。下面将详细介绍本章使用的关键技术的实现。

20.2.1 避免 SQL 注入式攻击

SQL 注入式攻击是指攻击者将 SQL 语句传递到应用程序，使程序中的 SQL 代码不按程序设计人员的预定方式运行。特别是在登录时，攻击者常利用 SQL 语句中的特定字符创建一个恒等条件，从而不需要任何用户名和密码就可以访问网站。

例如，如果用户的查询语句是 select* from tbUser where name='"&user&"'and password= '"&pwd&"'"，用户名为 1' or '1'='1，则查询语句将变成：

```
select * from admin where tbUser= 1'or'1'='1 and password='"&pwd&"'"
```

这样一来，查询语句就通过了，其他人就可以进入程序的管理界面，所以防范的时候需要对用户的输入进行检查。

SQL 注入式攻击的方法有多种，为了有效地预防，可以采用以下 3 种方法。

☑ 使用存储过程传参的方式操作数据库。

☑ 对用户通过网址提交的变量参数进行检查，当发现 SQL 中有危险字符，如“'”、exec 和 insert 等时，应给出警告或进行处理。

☑ 对用户密码进行加密。

20.2.2 图形码生成技术

为了防止攻击者编写程序重复登录破解密码，为其他用户和网站制造麻烦，越来越多的网站开始采用动态生成的图形码或附加码进行验证。因为图形验证码是攻击者编写程序很难识别的。在生成图形验证码时主要应用两方面的技术：一是生成随机数，二是将生成的随机数转换成图片格式并显示出来。

注意

验证码还可以防止机器人程序重复提交数据，例如，防止不间断地填写注册信息，造成服务器负重等。

在本实例的用户登录页中就使用了图形验证码技术。在“验证码”文本框的右边添加了一个 Image 控件，该控件中的图片由 ValidateNum.aspx 页动态生成。代码如下：

```
<asp:TextBox ID="txtValidateNum" runat="server" Width="98px"></asp:TextBox>
<asp:Image ID="Image1" runat="server" Height="22px" Width="58px" ImageUrl="~/ValidateNum.aspx" />请输入
图片中验证码！
```

那么 ValidateNum.aspx 页是如何进行处理的呢？通常生成一个图形验证码主要有以下 3 个步骤。

（1）随机产生一个长度为 N 的随机字符串，N 的值可由开发人员自行设置。该字符串可以包含数字、字母等。

（2）将随机生成的字符串创建成图片并显示。

（3）保存验证码。

CreateRandomNum(int NumCount)方法随机生成一个长度为 NumCount 的验证字符串。为了避免生成重复的随机数，这里通过变量记录随机数结果，如果出现与上次随机数相同的数值则调用函数本身，以保证生成不同的随机数。代码如下：

```
//生成随机字符串
private string CreateRandomNum(int NumCount)
{
    string allChar = "0,1,2,3,4,5,6,7,8,9,A,B,C,D,E,F,G,H,I,J,K,L,M,N,O,P,Q,R,S,T,U,W,X,Y,Z";
    string[] allCharArray = allChar.Split(',');        //拆分成数组
    string randomNum = "";
    int temp = -1;                                      //记录上次随机数的数值，尽量避免产生几个相同的随机数
    Random rand = new Random();
    for (int i = 0; i < NumCount; i++)
    {
        if (temp != -1)
        {
            rand = new Random(i * temp * ((int)DateTime.Now.Ticks));
        }
        int t = rand.Next(35);
        if (temp == t)
        {
            return CreateRandomNum(NumCount);
        }
        temp = t;
        randomNum += allCharArray[t];
    }
    return randomNum;
}
```

CreateImage(string validateNum)方法基于随机产生的字符串 validateNum 生成图形码，为了进一步保证安全性，这里为图形验证码加了一些干扰色，如随机背景花纹、文字处理等。代码如下：

```
//生成图片
private void CreateImage(string validateNum)
{
    if (validateNum == null || validateNum.Trim() == String.Empty)
        return;
    //生成 Bitmap 图像
    System.Drawing.Bitmap image = new System.Drawing.Bitmap(validateNum.Length * 12 + 10, 22);
     Graphics g = Graphics.FromImage(image);
     try
     {
         //生成随机生成器
```

```
            Random random = new Random();
            //清空图片背景色
            g.Clear(Color.White);
            //画图片的背景噪声线
            for (int i = 0; i < 25; i++)
            {
                int x1 = random.Next(image.Width);
                int x2 = random.Next(image.Width);
                int y1 = random.Next(image.Height);
                int y2 = random.Next(image.Height);
                g.DrawLine(new Pen(Color.Silver), x1, y1, x2, y2);
            }
            Font font = new System.Drawing.Font("Arial", 12, (System.Drawing.FontStyle.Bold |
System.Drawing.FontStyle.Italic));
            System.Drawing.Drawing2D.LinearGradientBrush brush = new
System.Drawing.Drawing2D.LinearGradientBrush(new Rectangle(0, 0, image.Width, image.Height), Color.Blue,
Color.DarkRed, 1.2f, true);
            g.DrawString(validateNum, font, brush, 2, 2);
            //画图片的前景噪声点
            for (int i = 0; i < 100; i++)
            {
                int x = random.Next(image.Width);
                int y = random.Next(image.Height);
                image.SetPixel(x, y, Color.FromArgb(random.Next()));
            }
            //画图片的边框线
            g.DrawRectangle(new Pen(Color.Silver), 0, 0, image.Width - 1, image.Height - 1);
            System.IO.MemoryStream ms = new System.IO.MemoryStream();
            //将图像保存到指定的流
            image.Save(ms, System.Drawing.Imaging.ImageFormat.Gif);
            Response.ClearContent();
            Response.ContentType = "image/Gif";
            Response.BinaryWrite(ms.ToArray());
        }
        finally
        {
            g.Dispose();
            image.Dispose();
        }
}
```

ValidateNum.aspx 页在页面加载事件 Page_Load 中，创建并显示验证码字符串的图片，最后保存验证字符串。代码如下：

```
protected void Page_Load(object sender, EventArgs e)
{
    if (!IsPostBack)
    {
```

```
        string validateNum = CreateRandomNum(4);        //生成 4 位随机字符串
        CreateImage(validateNum);                       //将生成的随机字符串绘成图片
        Session["ValidateNum"] = validateNum;           //保存验证码
    }
}
```

20.2.3 MD5 加密算法

在大多数情况下，用户的密码是存储在数据库中的。如果不采取任何保密措施，以明文的形式保存密码，查找数据库的人员就可以轻松获取用户的信息。所以，为了增加安全性，对数据库进行加密是必要的。这里介绍一种加密方法——MD5 加密。

MD5 是一种用于产生数字签名的单项散列算法，它以 512 位分组来处理输入的信息，且每一分组又被划分为 16 个 32 位子分组，经过一系列处理，算法的输出由 4 个 32 位分组级联后生成一个 128 位散列值。

说明

虽然 MD5 是单项加密，但其结构还是可以被破解的。所以，这里首先给加密的字符串加上前缀和后缀，然后进行 MD5 加密并从字符型数组中取出指定范围的部分字符生成加密字符串。这样，攻击者就无法判断加密字符串的加密规则了。

具体的加密代码如下：

```
using System.Security.Cryptography;//MD5 加密需引入的命名空间
public string GetMD5(string strPwd)
{
    //将要加密的字符串加上前缀与后缀后再加密
    string cl = DateTime.Now.Month + strPwd + DateTime.Now.Day;
    string pwd = "";
    //实例化一个 md5 对象
    MD5 md5 = MD5.Create();
    //加密后是一个字节类型的数组，这里要注意编码 UTF8/Unicode 等的选择
    byte[] s = md5.ComputeHash(Encoding.UTF8.GetBytes(cl));
    //翻转生成的 MD5 码
    s.Reverse();
    //通过使用循环，将字节类型的数组转换为字符串，此字符串是由常规字符格式化所得
    //只取 MD5 码的一部分，这样恶意访问者无法知道取的是哪几位
    for (int i = 3; i < s.Length - 1; i++)
    {
    //将得到的字符串使用十六进制类型格式化。格式化后的字符是小写的字母，如果使用大写（X），则格式化
    //后的字符是大写字母
        //进一步对生成的 MD5 码做一些改造
        pwd = pwd + (s[i] < 198 ? s[i] + 28 : s[i]).ToString("X");
    }
    return pwd;
}
```

20.3　开 发 过 程

20.3.1　数据库设计

本实例采用 SQL Server 数据库系统，在该系统中新建一个数据库，将其命名为 db_Student。然后创建用户信息表（tb_User），用于保存用户的基本信息，表结构如表 20.1 所示。

表 20.1　用户信息表（tb_User）的结构

字 段 名 称	类　　型	是 否 主 键	描　　述
UserID	int	是	用户编号
UserName	nvarchar		用户名
PassWord	nvarchar		密码
Email	nvarchar		电子邮箱
Role	bit		管理员权限（true 为管理员，false 为非管理员）

20.3.2　配置 Web.config

由于 Web.config 文件对于访问站点的用户来说是不可见的，也是不可访问的，所以为了系统数据的安全和易操作，可以在配置文件（Web.config）中配置一些参数。本例将在 Web.config 文件中配置数据库连接字符串。代码如下：

```
<configuration>
     <appSettings>
    <add key="ConnectionString" value="server=LFL\MR;Uid=sa;pwd=;database=db_Student;" />
  </appSettings>
     ...
</configuration>
```

20.3.3　公共类编写

在项目开发中，良好的类设计能够使系统结构更加清晰，并且可以加强代码的重用性和易维护性。在本实例中也建立了一个公共类 DB.cs，用来执行各种数据库操作及公共方法。

公共类 DB.cs 包含 5 个方法，分别为 GetCon 方法、sqlEx 方法、reDt 方法、reDr 方法和 GetMD5 方法，它们的功能说明及设计如下。

1. GetCon 方法

GetCon 方法主要用来连接数据库，使用 ConfigurationManager 对象的 AppSettings 属性值获取配置节中连接数据库的字符串实例化 SqlConnection 对象，并返回该对象。代码如下：

```
///<summary>
///连接数据库
///</summary>
///<returns>返回 SqlConnection 对象</returns>
public SqlConnection GetCon()
{
    return new SqlConnection(ConfigurationManager.AppSettings["ConnectionString"].ToString());
}
```

2．sqlEx 方法

sqlEx 方法主要使用 SqlCommand 对象执行数据库操作，如添加、修改、删除等，包括一个 string 字符型参数，用来接收具体执行的 SQL 语句。执行该方法后，成功返回 1，失败则返回 0。代码如下：

```
///<summary>
///执行 SQL 语句
///</summary>
///<param name="cmdstr">SQL 语句</param>
///<returns>返回值为 int 型：成功返回 1，失败返回 0</returns>
public int sqlEx(string cmdstr)
{
    SqlConnection con = GetCon();        //连接数据库
    con.Open();                          //打开连接
    SqlCommand cmd = new SqlCommand(cmdstr, con);
    try
    {
        cmd.ExecuteNonQuery();           //执行 SQL 语句并返回受影响的行数
        return 1;                        //成功返回 1
    }
    catch (Exception e)
    {
        return 0;                        //失败返回 0
    }
    finally
    {
        con.Dispose();                   //释放连接对象资源
    }
}
```

3．reDt 方法

reDt 方法通过 SQL 语句查询数据库中的数据，并将查询结果存储在 DataSet 数据集中，最终将该数据集中存储查询结果的数据表返回。该方法的详细代码如下：

```
///<summary>
///执行 SQL 查询语句
///</summary>
///<param name="cmdstr">查询语句</param>
///<returns>返回 DataTable 数据表</returns>
public DataTable reDt(string cmdstr)
{
```

```
        SqlConnection con =GetCon();
        SqlDataAdapter da = new SqlDataAdapter(cmdstr, con);
        DataSet ds = new DataSet();
        da.Fill(ds);
        return (ds.Tables[0]);
}
```

注意

返回的 DataSet 对象可以作为数据绑定控件的数据源。可以对其中的数据进行编辑操作。

4. reDr 方法

reDr 方法将执行此语句的结果存储在一个 SqlDataReader 对象中，最后将这个 SqlDataReader 对象返回到调用处。代码如下：

```
///<summary>
///执行 SQL 查询语句
///</summary>
///<param name="str">查询语句</param>
///<returns>返回 SqlDataReader 对象 dr</returns>
public SqlDataReader reDr(string str)
{
    SqlConnection conn = GetCon();                                    //连接数据库
    conn.Open();                                                      //打开连接
    SqlCommand com = new SqlCommand(str, conn);
    SqlDataReader dr = com.ExecuteReader(CommandBehavior.CloseConnection);
    return dr;                                                        //返回 SqlDataReader 对象 dr
}
```

说明

返回的 DataReader 对象中的数据是只读的。

5. GetMD5 方法

GetMD5 方法使用 GetMD5 加密技术对传值进行加密，并将加密后形成的字符串返回到调用处。代码如下：

```
///<summary>
///MD5 加密
///</summary>
///<param name="strPwd">被加密的字符串</param>
///<returns>返回加密后的字符串</returns>
public string GetMD5(string strPwd)
{
    MD5 md5 = new MD5CryptoServiceProvider();
    byte[] data = System.Text.Encoding.Default.GetBytes(strPwd);  //将字符编码为一个字节序列
    byte[] md5data = md5.ComputeHash(data);                       //计算 data 字节数组的哈希值
    md5.Clear();
    string str = "";
```

```
        for (int i = 0; i <md5data.Length-1; i++)
        {
            str += md5data[i].ToString("x").PadLeft(2,'0');
        }
        return str;
}
```

20.3.4 模块设计说明

1．登录页面实现过程

数据表：tb_User　　技术：数据查询

登录页面（Login.aspx）实现了用户登录的功能，是整个 Web 应用程序的起始页，对于未注册的用户还提供了注册功能。该页面运行结果如图 20.2 所示。

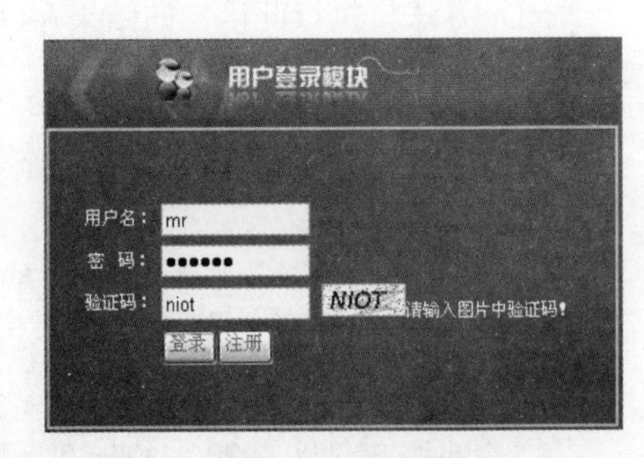

图 20.2　登录页面

实现登录页面的步骤如下。

（1）界面设计。

在登录页面中添加 3 个 TextBox 控件、2 个 Button 控件和 1 个 Image 控件，它们的 ID 属性分别为 txtUserName、txtPwd、txtValidateNum、btnLogin、btnRegister 和 Image1，具体属性设置及其用途如表 20.2 所示。

表 20.2　Login.aspx 页面中控件的属性设置及其用途

控件类型	控件名称	主要属性设置	用　途
标准/TextBox 控件	txtUserName		输入用户名
	txtPwd	将 TextMode 属性设置为 Password	输入密码
	txtValidateNum		输入验证码
标准/Button 控件	btnLogin	将 Text 属性设置为“登录”	实现用户登录
	btnRegister	将 Text 属性设置为“注册”	实现用户注册
标准/Image 控件	Image1	将 ImageUrl 属性设置为~/ValidateNum.aspx	用来显示验证码图片

（2）实现登录功能。

单击“登录”按钮，将触发按钮的 btnLogin_Click 事件。在该事件的代码处理程序中，首先对密码进行加密，然后判断用户输入的验证码是否正确。如果输入不正确，则给出错误码信息，并刷新页面；如果输入正确，则通过数据库验证用户输入的用户名和密码是否正确。

验证用户名和密码时，要调用 DB 类的 reDr 方法获取用户的信息。验证成功，则使用 Session 对象保存用户的登录信息，然后跳转到 UserManagement.aspx 用户管理页；验证失败，将给出登录失败的提示信息并刷新页。代码如下：

```
//登录按钮
protected void btnLogin_Click(object sender, EventArgs e)
{
    //实例化公共类对象
```

```
    DB db = new DB();
    string userName = this.txtUserName.Text.Trim();
    string passWord = db.GetMD5(this.txtPwd.Text.Trim());        //对密码进行加密处理
    string num = this.txtValidateNum.Text.Trim();
    if (Session["ValidateNum"].ToString() == num.ToUpper())
    {
        //获取用户信息
        SqlDataReader dr = db.reDr("select * from tb_User where UserName='" + userName + "' and
PassWord='" + passWord + "'");
          dr.Read();
          if (dr.HasRows)                              //通过 dr 中是否包含行判断用户是否通过身份验证
          {
              Session["UserID"] = dr.GetValue(0);              //将该用户的 ID 存入 Session["UserID"]中
              Session["Role"] = dr.GetValue(4);                //将该用户的权限存入 Session["Role"]中
              Response.Redirect("~/UserManagement.aspx");      //跳转到主页
          }
          else
          {
              Response.Write("<script>alert('登录失败！请返回查找原因');location='Login.aspx'</script>");
        }
        dr.Close();
    }
    else
    {
        Response.Write("<script>alert('验证码输入错误！');location='Login.aspx'</script>");
    }
}
```

（3）注册新用户。

单击“注册”按钮，将跳转到 Register.aspx 用户注册页，未注册的用户即可进行注册。代码如下：

```
//注册按钮
protected void btnRegister_Click(object sender, EventArgs e)
{
    Response.Redirect("~/Register.aspx");                        //跳转到用户注册页面
}
```

注意

编码前，在该页还要添加 using System.Data.SqlClient 命名空间，这样才可以对数据库进行操作。

2. 注册用户页面实现过程

数据表：tb_User　　　技术：验证控件

注册用户页（Register.apsx）主要实现添加用户的功能。用户添加成功后，系统默认设置用户权限为普通用户。页面的运行结果如图 20.3 所示。

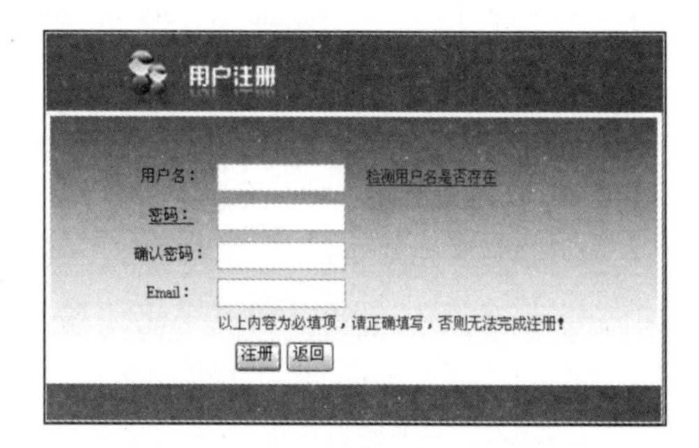

图 20.3　用户注册页面

实现注册页面的步骤如下。

（1）界面设计。

在注册用户页面中添加 4 个 TextBox 控件、2 个 Button 控件、1 个 LinkButton 控件、4 个 RequiredFieldValidator 控件、1 个 CompareValidator 控件和 1 个 RegularExpressionValidator 控件，它们的 ID 属性分别为 txtUserName、txtPwd、txtRepwd、txtEmail、btnOk、btnBack、lnkbtnCheck、RequiredFieldValidator1、RequiredFieldValidator2、RequiredFieldValidator3、RequiredFieldValidator4、CompareValidator1 和 Regular ExpressionValidator1。具体属性设置及其用途如表 20.3 所示。

表 20.3　Register.aspx 页面中控件的属性设置及其用途

控 件 类 型	控 件 名 称	主要属性设置	用　　途
标准/TextBox 控件	txtUserName		输入用户名
	txtPwd	将 TextMode 属性设置为 Password	输入密码
	txtRepwd	将 TextMode 属性设置为 Password	输入确认密码
	txtEmail		输入电子邮箱
标准/Button 控件	btnOk	将 Text 属性设置为“注册”	实现用户注册
	btnBack	将 Text 属性设置为“返回”	实现返回到登录页
标准/LinkButton 控件	lnkbtnCheck	将 CausesValidation 属性设置为 false	检测用户名是否存在
		将 Text 属性设置为“检测用户名是否存在”	
验证/RequiredFieldValidator 控件	RequiredFieldValidator1	将 ControlToValidate 属性设置为 txtUserName	验证用户名输入框不能为空
		将 ErrorMessage 属性设置为“*”	
	RequiredFieldValidator2	将 ControlToValidate 属性设置为 txtPwd	验证用户密码输入框不能为空
		将 ErrorMessage 属性设置为“*”	
	RequiredFieldValidator3	将 ControlToValidate 属性设置为 txtRepwd	验证确认密码输入框不能为空
		将 ErrorMessage 属性设置为“*”	
	RequiredFieldValidator4	将 ControlToValidate 属性设置为 txtEmail	验证 E-mail 输入框不能为空
		将 ErrorMessage 属性设置为“*”	
验证/CompareValidator 控件	CompareValidator1	将 ControlToValidate 属性设置为 txtRepwd	比较用户输入的密码与确认密码是否相同
		将 ControlToCompare 属性设置为 txtPwd	
		将 ErrorMessage 属性设置为“确认密码不符!”	
验证/RegularExpressionValid-ator 控件	RegularExpressionValidator1	将 ControlToValidate 属性设置为 txtEmail	验证 E-mail 输入格式
		将 ValidationExpression 属性设置为\w+([-+.']\w+)*@\w+([-.]\w+)*\.\w+([-.]\w+)*	
		将 ErrorMessage 属性设置为“E-mail 格式不正确！”	

（2）检测用户名是否存在。

在新用户注册前，系统会提供一个对用户希望注册的用户名进行检查的功能，以帮助检查哪些用户名还未被使用。可以通过单击“检测用户名是否存在”超链接实现这一功能，此时触发了按钮的 lnkbtnCheck_Click 事件。代码如下：

```
//检测用户名是否存在
protected void lnkbtnCheck_Click(object sender, EventArgs e)
```

```
{
    //查找用户名是否存在，已经存在返回-1，不存在则返回 2
    reValue = CheckName();
    if (reValue == -1)
    {
        Response.Write("<script>alert('用户名存在！');</script>");
        this.txtUserName.Focus();
    }
    else if (reValue == 2)
    {
        Response.Write("<script>alert('恭喜您！该用户名尚未注册！');</script>");
        this.txtUserName.Focus();
    }
}
```

在该事件中，主要通过调用 CheckName 方法来判断用户名是否存在。将 CheckName 方法的返回值存在 int 型全局变量 reValue 中。如果用户名存在返回-1，不存在则返回 2，根据变量 reValue 的值给出相应的提示信息。CheckName 方法的代码如下：

```
//验证用户名是否存在
public int CheckName()
{
    //实例化公共类对象
    DB db = new DB();
    string str = "select count(*) from tb_User where UserName='" + this.txtUserName.Text + "'";
    try
    {
        DataTable dt =db.reDt(str);
        if (dt.Rows[0][0].ToString() != "0")
        {
            return -1;//该用户名已经存在
        }
        else
        {
            return 2;//该用户名尚未注册
        }
    }
    catch (Exception ee)
    {
        return 0;
    }
}
```

（3）注册新用户。

单击“注册”按钮可以完成注册新用户功能。单击该按钮时，将触发按钮的 btnOk_Click 事件。在该事件中首先调用 CheckName 方法检验用户名是否已经存在。如果用户名已经存在，将给出“用户名存在！”的提示信息；如果用户名不存在，就对用户输入的密码进行 MD5 加密，然后把用户信息存储到数据库中。如果添加成功，则弹出“注册成功！”提示信息并调用 Clear 方法清空输入框中的内容；否则弹出“注册失败！”提示信息。具体代码如下：

```
……系统提供的默认命名空间
using System.Data.SqlClient;//需引入的命名空间
public partial class Register : System.Web.UI.Page
{
    int reValue;//用于保存返回值。返回值为-1（用户名存在）、0（失败）、1（成功）、2（用户名不存在）
     ……省略 Page_Load 事件
    //注册新用户
    protected void btnOk_Click(object sender, EventArgs e)
    {
        reValue = CheckName();
        if (reValue == -1)
        {
            Response.Write("<script>alert('用户名存在！');</script>");
        }
        else
        {
            DB db = new DB();
            string UserName = this.txtUserName.Text;
            string PassWord = db.GetMD5 (this.txtPwd.Text.ToString ());//MD5 加密
            string Email = this.txtEmail.Text;

            string cmdstr = "insert into tb_User(UserName,PassWord,Email) values('" + UserName + "','" +
PassWord + "','" + Email + "')";
            try
            {
                reValue = db.sqlEx(cmdstr);
                if (reValue == 1)
                {
                    Response.Write("<script>alert('注册成功！');</script>");
                    Clear();//清空文本框
                }
                else if (reValue == 0)
                {
                    Response.Write("<script>alert('注册失败！');</script>");
                }
            }
            catch (Exception ee)
            {
                Response.Write("<script>alert('注册失败！');</script>");
            }
        }
    }
……其他事件和方法
}
```

3. 用户管理页面的实现过程

数据表：tb_User　　　技术：DataList控件的使用

用户管理页（UserManagement.aspx）用于根据相应权限显示用户信息，同时，用户可完成修改用户信息、修改密码和删除等操作。权限为管理员的用户还具有设置用户权限和对其他用户信息进行管理的功能，普通用户只具有管理自己信息的功能。用户管理页的运行结果如图 20.4 所示。

图 20.4　用户管理页的运行结果

实现管理页面的步骤如下。

（1）界面设计。

在用户管理页面上添加一个 LinkButton 控件和一个 DataList 控件，它们的 ID 属性分别为 lnkbtnUserName 和 DataList1。LinkButton 控件用来退出登录，设置它的 Text 属性为“退出”。DataList 控件用于显示用户信息，并对用户进行相应的操作，其相应属性及模板的设置源代码如下：

```
<asp:DataList ID="DataList1" runat="server" CellPadding="4" ForeColor="#333333"
OnEditCommand="DataList1_EditCommand" OnCancelCommand="DataList1_CancelCommand"
OnUpdateCommand="DataList1_UpdateCommand" OnDeleteCommand="DataList1_DeleteCommand"
OnItemCommand="DataList1_ItemCommand" OnItemDataBound="DataList1_ItemDataBound"
Font-Size="9pt">
<FooterStyle BackColor="#5D7B9D" Font-Bold="True" ForeColor="White" />
<SelectedItemStyle BackColor="#E2DED6" Font-Bold="True" ForeColor="#333333" />
<%--****************ItemTemplate 模板设计代码****************--%>
<ItemTemplate>
<table style="width: 470px; font-size: 9pt;">
<tr>
<td style="width: 47px">
<asp:LinkButton ID="lnkbtnUserName" runat="server" CommandName="select" Text='<%#
DataBinder.Eval(Container.DataItem,"UserName") %>'></asp:LinkButton></td>
<td style="width: 74px">
<asp:Label ID="Label2" runat="server"
Text='<%#DataBinder.Eval(Container.DataItem,"Email")%>'></asp:Label></td>
<td style="width: 81px">
<asp:CheckBox ID="chkRole" Checked ='<%#DataBinder.Eval(Container.DataItem,"Role")%>' runat="server"
Enabled="False" /></td>
<td style="width: 90px">
<asp:Button ID="btnEdit" runat="server" CommandName="edit" Text="编辑" />
<asp:Button ID="btnDelete" runat="server" CommandName="delete" Text="删除" CommandArgument='<%#
DataBinder.Eval(Container.DataItem,"UserID") %>' OnLoad="btnDelete_Load" /></td>
<td style="width: 86px">
<asp:Button ID="btnSetRole" runat="server" CommandName="setRole" Text='<%# (bool)
DataBinder.Eval(Container.DataItem,"Role")==true?"取消管理员权限":"设为管理员权限" %>'
CommandArgument = '<%# DataBinder.Eval(Container.DataItem,"UserID") %>'/></td>
</tr>
</table>
</ItemTemplate>
<%--****************EditItemTemplate 模板设计代码****************--%>
<EditItemTemplate>
<table style="width: 297px; height: 59px; font-size: 9pt;">
```

```
<tr>
<td style="width: 75px; height: 19px;">
用户名：</td>
<td style="width: 131px; height: 19px;">
<asp:Label ID="lblUserName" runat="server" Text='<%# DataBinder.Eval(Container.DataItem,"UserName")
%>'></asp:Label></td>
<td style="width: 95px; height: 19px;">
</td>
</tr>
<tr>
<td style="width: 75px">旧密码：</td>
<td style="width: 131px">
<asp:TextBox ID="txtOldpwd" runat="server" TextMode="Password" Width="98px"></asp:TextBox>
<asp:RequiredFieldValidator ID="RequiredFieldValidator1" runat="server" ControlToValidate="txtOldpwd"
ErrorMessage="*"></asp:RequiredFieldValidator></td>
<td style="width: 95px"/>
</tr>
<tr>
<td style="width: 75px"> 新密码：</td>
<td style="width: 131px">
<asp:TextBox ID="txtNewpwd" runat="server" TextMode="Password" Width="98px"></asp:TextBox>
<asp:RequiredFieldValidator ID="RequiredFieldValidator2" runat="server" ControlToValidate="txtNewpwd"
ErrorMessage="*"></asp:RequiredFieldValidator></td>
<td style="width: 95px"/ >
</tr>
<tr>
<td style="width: 75px"> 确认密码：</td>
<td style="width: 131px">
<asp:TextBox ID="txtRepwd" runat="server" TextMode="Password" Width="98px"></asp:TextBox>
<asp:RequiredFieldValidator ID="RequiredFieldValidator3" runat="server" ControlToValidate="txtRepwd"
ErrorMessage="*"></asp:RequiredFieldValidator></td>
<td style="width: 95px">
<asp:CompareValidator ID="CompareValidator1" runat="server" ControlToCompare="txtNewpwd"
ControlToValidate="txtRepwd" ErrorMessage="与密码不符！" Width="73px"/ ></td>
</tr>
<tr>
<td style="width: 75px"/>
<td style="width: 131px">
<asp:Button ID="btnUpdate" runat="server" CommandName="update" CommandArgument =
'<%#DataBinder.Eval(Container.DataItem,"PassWord")%>' Text="修改密码" />
<asp:Button ID="btnCancel" runat="server" CommandName="cancel" Text="取消" CausesValidation="False"
/></td>
<td style="width: 95px"/ >
</td>
</tr>
</table>
</EditItemTemplate>
<AlternatingItemStyle BackColor="White" ForeColor="#284775" />
<ItemStyle BackColor="#F7F6F3" ForeColor="#333333" />
```

```
<%--**************** HeaderTemplate 模板设计代码****************--%>
<HeaderTemplate>
<table style="width: 471px; font-size: 9pt;">
<tr>
<td style="width: 47px">用户名</td>
<td style="width: 77px">电子邮件</td>
<td style="width: 81px">是否为管理员</td>
<td style="width: 89px;">操作</td>
<td style="width: 89px">管理员设置</td>
</tr>
</table>
</HeaderTemplate>
<HeaderStyle BackColor="#5D7B9D" Font-Bold="True" ForeColor="White" />
<%--**************** SelectedItemTemplate 模板设计代码****************--%>
<SelectedItemTemplate>
<table style="width: 297px; height: 59px; font-size: 9pt;">
<tr>
<td style="width: 58px; height: 19px;">用户名：</td>
<td style="width: 131px; height: 19px;">
<asp:TextBox ID="txtUserName" runat="server" Text='<%# DataBinder.Eval(Container.DataItem,"UserName") %>'
Width="98px"></asp:TextBox>
<asp:RequiredFieldValidator ID="RequiredFieldValidator4" runat="server" ControlToValidate="txtUserName"
ErrorMessage="*"></asp:RequiredFieldValidator></td>
</tr>
<tr>
<td style="width: 58px">Email：</td>
<td style="width: 131px">
<asp:TextBox ID="txtEmail" runat="server" Text='<%# DataBinder.Eval(Container.DataItem,"Email")
%>'Width="98px"></asp:TextBox>
<asp:RequiredFieldValidator ID="RequiredFieldValidator1" runat="server" ControlToValidate="txtEmail"
ErrorMessage="*"></asp:RequiredFieldValidator></td>
</tr>
<tr>
<td style="width: 58px"/ >
<td style="width: 131px">
<asp:Button ID="btnUpdateName" runat="server" CommandName="updateName" CommandArgument = '<%#
DataBinder.Eval(Container.DataItem,"UserID") %>' Text="修改用户信息" Width="84px" />
<asp:Button ID="btnCancel" runat="server" CommandName="cancel" Text="取消" CausesValidation="False"
/></td>
</tr>
</table>
</SelectedItemTemplate>
</asp:DataList>
```

注意

使用 DataBinder.Eval 方法可以确定数据绑定表达式。

在页的初始化事件 Page_Load 中，主要实现根据用户的权限设置相应的查询条件，并调用 DataListBind

方法显示用户信息，代码如下：

```
public static string selVal;//设置查询条件
protected void Page_Load(object sender, EventArgs e)
{
    if (!IsPostBack)
    {
        if (Convert.ToBoolean (Session["Role"]))
            selVal = "";
        else
        {
            selVal = "where UserID="+Session["UserID"].ToString();
        }
        DataListBind();
    }
}
```

说明

在以上代码中，Session["Role"]用于保存用户的权限，在 Login.aspx 页面中定义了此 Session 变量。在数据表中，用户权限字段 Role 为 bit 类型，可以将此类型转换为 Boolean 类型。

DataListBind 方法从数据库中获取用户信息，并显示在 DataList 控件上，代码如下：

```
//绑定 DataList 控件
public void DataListBind()
{
    //实例化公共类的对象
    DB db = new DB();
    //定义 SQL 语句
    string sqlstr = "select * from tb_User "+selVal ;
    //实例化数据集 DataTable，用于存储查询结果
    DataTable dt =db.reDt(sqlstr);
    //绑定 DataList 控件
    DataList1.DataSource = dt;        //设置数据源，用于填充控件中项的值列表
    DataList1.DataBind();             //将控件及其所有子控件绑定到指定的数据源
}
```

（2）修改用户信息。

单击用户信息列表中显示用户名的按钮时，将显示该用户的用户名和 E-mail 信息，如图 20.5 所示，并且用户可以对用户名和 E-mail 进行修改。用户名按钮的 CommandName 属性为 select。

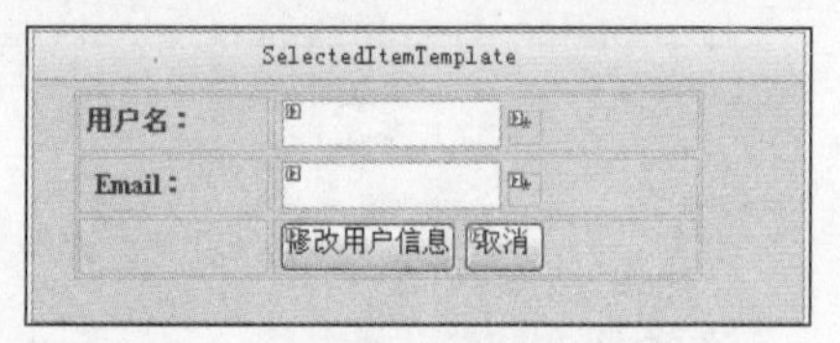

图 20.5　SelectedItemTemplate 模板

打开 DataList 控件的项模板编辑模式。当用户单击 ItemTemplate 模板中 ID 属性为 lnkbtnUserName 的 LinkButton 控件时，将显示该用户的用户名和 E-mail 信息。在 SelectedItemTemplate 模板中添加 2 个 TextBox 控件、2 个 Button 控件和 2 个 RequiredFieldValidator 控件，设计效果如图 20.5 所示。它们的属性设置及其用途如表 20.4 所示。

表 20.4　SelectedItemTemplate 模板中控件的属性设置及其用途

控件类型	控件名称	主要属性设置	用　　途
标准/TextBox 控件	txtUserName	将 Text 属性设置为<%#DataBinder.Eval (Container.DataItem,"UserName") %>	与用户名绑定
	txtEmail	将 Text 属性设置为<%#DataBinder.Eval (Container.DataItem,"Email") %>	与 E-mail 绑定
标准/Button 控件	btnUpdateName	将 CommandName 属性设置为 updateName	与按钮关联的命令名
		将 CommandArgument 属性设置为<%# DataBinder.Eval(Container.DataItem,"UserID") %>	与按钮关联的命令参数
		将 Text 属性设置为“修改用户信息”	按钮显示的文本
	btnCancel	将 CommandName 属性设置为 cancel	与按钮关联的命令名
		将 CausesValidation 属性设置为 false	该按钮是否激发验证
		将 Text 属性设置为“取消”	用于数据绑定
验证/RequiredFieldValidator 控件	RequiredFieldValidator4	将 ControlToValidate 属性设置为 txtUserName	用来验证用户名输入框不能为空
		将 ErrorMessage 属性设置为“*”	
	RequiredFieldValidator1	将 ControlToValidate 属性设置为 txtEmail	用来验证 E-mail 输入框不能为空
		将 ErrorMessage 属性设置为“*”	

单击 ItemTemplate 模板中 ID 属性为 lnkbtnUserName 的 LinkButton 控件时，将触发 DataList 控件的 ItemCommand 事件，显示 SelectedItemTemplate 模板中用户的详细信息，将该 LinkButton 控件的 CommandName 属性设为 select。代码如下：

```
protected void DataList1_ItemCommand(object source, DataListCommandEventArgs e)
{
……其他代码
    //显示 SelectedItemTemplate 模板
    if (e.CommandName == "select")
    {
        //设置选中行的索引为当前选择行的索引
        DataList1.SelectedIndex = e.Item.ItemIndex;
        //数据绑定
        DataListBind();
    }
……其他代码
}
```

注意

ItemCommand 事件是在选择与绑定项关联的命令时发生的。

单击 SelectedItemTemplate 模板中的“修改用户信息”按钮，也会触发 DataList 控件的 ItemCommand 事件，该按钮的 CommandName 属性为 updateName，CommandArgument 属性与数据库中的 UserID 绑定。在事件处理程序中，首先判断触发该事件的按钮，然后对数据库进行更改，操作完成后取消选择状态。代码如下：

```
protected void DataList1_ItemCommand(object source, DataListCommandEventArgs e)
{
……其他代码
    //对 SelectedItemTemplate 模板中的用户名及 E-mail 信息进行更改
    if (e.CommandName == "updateName")
    {
        string userName = ((TextBox)e.Item.FindControl("txtUserName")).Text;
        string email = ((TextBox)e.Item.FindControl("txtEmail")).Text;
        string userID = e.CommandArgument.ToString ();
        string sqlStr = "update tb_User set UserName='" + userName + "',Email='"+email+"' where UserID="+
userID;
        //更新数据库，变量 reValue 用于保存执行 SQL 语句的返回值，成功为 1，失败为 0
        int reValue = db.sqlEx(sqlStr);
        if (reValue == 0)
            Response.Write("<script>alert('用户信息修改失败！');</script>");
        //取消选择状态
        DataList1.SelectedIndex = -1;
        DataListBind();
    }
……其他代码
}
```

单击 SelectedItemTemplate 模板中的“取消”按钮，仍然触发 DataList 控件的 ItemCommand 事件。该按钮的 CommandName 属性为 Cancel。在事件处理程序中，对 CommandName 进行判断，如果为 Cancel，则执行取消显示选择模板。代码如下：

```
protected void DataList1_ItemCommand(object source, DataListCommandEventArgs e)
{
……其他代码
    //取消显示 SelectedItemTemplate 模板
    if (e.CommandName == "cancel")
    {
        //设置选中行的索引为-1，取消对该数据项的选择
        DataList1.SelectedIndex = -1;
        //数据绑定
        DataListBind();
    }
……其他代码
}
```

（3）修改用户密码。

单击用户信息中的“编辑”按钮时，将显示要修改的用户密码信息，如图 21.6 所示。“编辑”按钮的 CommandName 属性为 edit。

在完成此功能前，应先设置 EditItemTemplate 模板，在该模板中添加 1 个 Label 控件、3 个 TextBox 控件、2 个 Button 控件、3 个 RequiredFieldValidator 控件和 1 个 CompareValidator 控件，设计效果如图 20.6 所示。

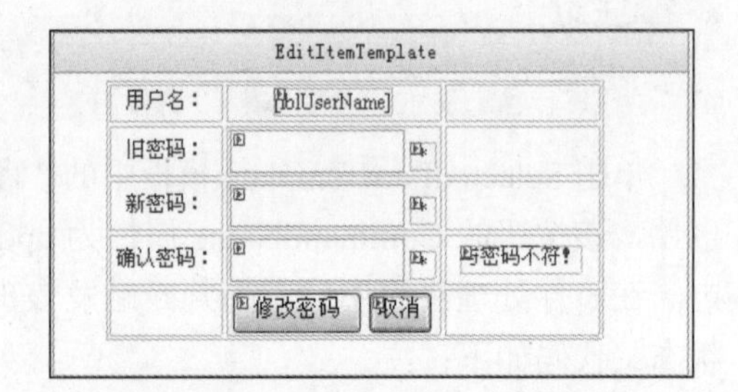

图 20.6　EditItemTemplate 模板

它们的属性设置及其用途如表 20.5 所示。

表 20.5　EditItemTemplate 模板中控件的属性设置及其用途

控件类型	控件名称	主要属性设置	用途
标准/Label 控件	lblUserName	将 Text 属性设置为<%# DataBinder. Eval(Container. DataItem,"UserName") %>	绑定用户名
标准/TextBox 控件	txtOldpwd	将 TextMode 属性设置为 password	输入旧密码
	txtNewpwd	将 TextMode 属性设置为 password	输入新密码
	txtRepwd	将 TextMode 属性设置为 password	输入确认密码
标准/Button 控件	btnUpdate	将 CommandName 属性设置为 updateName	与按钮关联的命令名
		将 CommandArgument 属性设置为<%# DataBinder.Eval(Container.DataItem,"UserID") %>	与按钮关联的命令参数
		将 Text 属性设置为“修改密码”	按钮显示的文本
	btnCancel	将 CommandName 属性设置为 cancel	与按钮关联的命令名
		将 CausesValidation 属性设置为 false	该按钮是否激发验证
		将 Text 属性设置为“取消”	用于数据绑定
验证/RequiredFieldValidator 控件	RequiredFieldValidator1	将 ControlToValidate 属性设置为 txtOldpwd	验证旧密码输入框不能为空
		将 ErrorMessage 属性设置为“*”	
	RequiredFieldValidator2	将 ControlToValidate 属性设置为 txtNewpwd	验证新密码输入框不能为空
		将 ErrorMessage 属性设置为“*”	
	RequiredFieldValidator3	将 ControlToValidate 属性设置为 txtRepwd	验证确认密码输入框不能为空
		将 ErrorMessage 属性设置为“*”	
验证/CompareValidator 控件	CompareValidator1	将 ControlToValidate 属性设置为 txtRepwd	验证新密码与确认密码是否相同
		将 ControlToCompare 属性设置为 txtNewpwd	
		将 ErrorMessage 属性设置为“*”	

单击“编辑”按钮，将触发 DataList 控件的 EditCommand 事件，在该事件中设置该控件编辑项的索引为当前选择行的索引，并重新绑定数据库。代码如下：

```
//显示 EditItemTemplate 模板
protected void DataList1_EditCommand(object source, DataListCommandEventArgs e)
{
    //设置 DataList1 控件的编辑项的索引为选择的当前索引
    DataList1.EditItemIndex = e.Item.ItemIndex;
    //数据绑定
    DataListBind();
}
```

单击“修改密码”按钮和“取消”按钮，分别触发 UpdateCommand 事件和 CancelCommand 事件。事件处理代码如下：

```
//修改用户密码
protected void DataList1_UpdateCommand(object source, DataListCommandEventArgs e)
{
    //实例化公共类的对象
    DB db = new DB();
```

```
    //取得文本框中输入的内容
    string userName = ((Label)e.Item.FindControl("lblUserName")).Text;
    string oldpassWord = ((TextBox)e.Item.FindControl("txtOldpwd")).Text;
    string newpassWord = ((TextBox)e.Item.FindControl("txtNewpwd")).Text;
    if (db.GetMD5(oldpassWord) == e.CommandArgument.ToString())
    {
        string sqlStr = "update tb_User set PassWord='" + db.MD5(newpassWord) + "'where UserName='" +
userName + "'";
        //更新数据库，变量 reValue 用于保存执行 SQL 语句的返回值，成功为 1，失败为 0
        int reValue = db.sqlEx(sqlStr);

        if (reValue == 0)
            Response.Write("<script>alert('密码修改失败！');</script>");
        else
            Response.Write("<script>alert('您的密码已经成功修改！');</script>");
        DataList1.EditItemIndex = -1;       //取消编辑状态
        DataListBind();
    }
    else
    {
        Response.Write("<script>alert('您输入的旧密码不正确。您的密码没有被更改。');</script>");
    }
}
```

在 CancelCommand 事件下主要实现对编辑模板的取消，代码如下：

```
protected void DataList1_CancelCommand(object source, DataListCommandEventArgs e)
{
    //设置 DataList1 控件的编辑项的索引为-1，即取消编辑
    DataList1.EditItemIndex = -1;
    DataListBind();                         //数据绑定
}
```

（4）删除用户。

“删除”按钮的 CommandName 属性为 delete。当单击“删除”按钮时触发 DeleteCommand 事件，用于删除所选用户。变量 userID 用于保存 CommandArgument 的值。构造删除记录的 SQL 语句执行删除操作，代码如下：

```
//删除该条记录
protected void DataList1_DeleteCommand(object source, DataListCommandEventArgs e)
{
    DB db = new DB();                       //创建公共类的对象
    string userID = e.CommandArgument.ToString();
    string sqlStr = "delete from tb_User where UserID=" + userID;
    //更新数据库，变量 reValue 用于保存执行 SQL 语句的返回值，成功为 1，失败为 0
    int reValue = db.sqlEx(sqlStr);
    if (reValue == 0)
        Response.Write("<script>alert('删除失败！');</script>");
    DataListBind();                         //重新绑定
}
```

技巧

DataList 控件中“删除”按钮的代码如下：

```
<asp:Button ID="btnDelete" runat="server" CommandName="delete" Text="删除"
CommandArgument='<%# DataBinder.Eval(Container.DataItem,"UserID") %>'
OnLoad="btnDelete_Load" />
```

在 Button 控件的 btnDelete_Load 事件中编写代码以弹出确认对话框，代码如下：

```
protected void btnDelete_Load(object sender, EventArgs e)
    {
        ((Button)sender).Attributes["onclick"] = "javascript:return confirm('你确认要删除该条记录吗？')";
    }
```

（5）设置用户权限。

单击“设为管理员权限”按钮或“取消管理员权限”按钮可实现用户权限管理功能。当用户是管理员时，按钮显示“取消管理员权限”；当用户不是管理员时，按钮显示“设为管理员权限”。

设置用户权限的功能在 DataList 控件的 ItemCommand 事件中编写。在该事件中首先判断触发该事件的按钮的 CommandName 属性值是否为“设为管理员权限”按钮或“取消管理员权限”按钮的 CommandName 属性值，如果是，则获取 CommandArgument 的值，并保存在变量 userID 中。变量 roleText 中保存了按钮显示的文本，如果变量 roleText 的值为“取消管理员权限”，则变量 role 的值将被存为 false，否则存为 true。然后，构造 SQL 语句执行修改用户权限的操作。如果操作失败，则显示提示信息。代码如下：

```
protected void DataList1_ItemCommand(object source, DataListCommandEventArgs e)
{
  ……其他代码
    if (e.CommandName == "setRole")            //设置用户的管理员权限
    {
        string userID = e.CommandArgument.ToString();
        string roleText = ((Button)e.Item.FindControl("btnSetRole")).Text;
        bool role = (roleText == "取消管理员权限" ? false : true);
        string sqlStr = "update tb_User set Role='" + role + "'where UserID=" + userID;
        //更新数据库，变量 reValue 用于保存执行 SQL 语句的返回值，成功为 1，失败为 0
        int reValue = db.sqlEx(sqlStr);
        if (reValue == 0)
            Response.Write("<script>alert('管理员设置失败！');</script>");
        DataListBind();                            //重新绑定
    }
}
```

第 21 章

模拟 12306 售票图片验证码

在许多网站的登录界面中，都会看到各种各样的验证码。比如，最常见的数字验证码、加减法运算验证码和滑块验证码等，但最为用户津津乐道的是 12306 售票网站的图片验证码。本实例将使用 ASP.NET 来模拟实现 12306 网站图片验证功能。

本章知识架构及重难点如下。

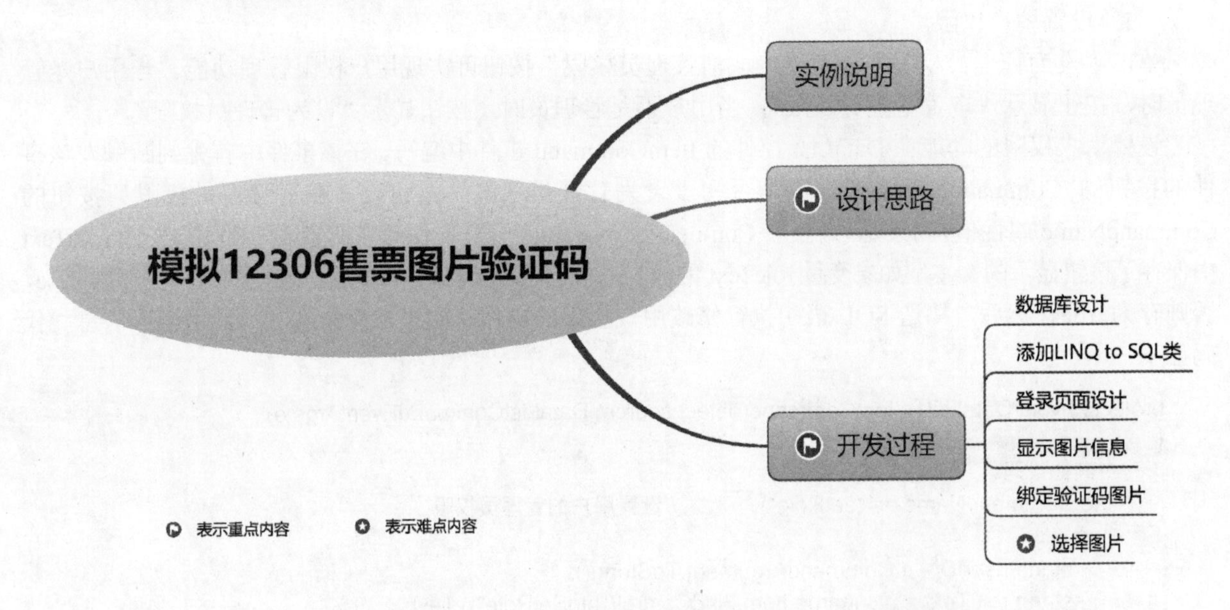

21.1 实 例 说 明

在本实例的图片验证码中，随机生成一个分类名称和 8 张图片，用户需要选出所有与分类名称（如樱桃）相关的图片，页面运行效果如图 21.1 所示。单击“刷新”按钮，分类名称与分类图片将随机变换。输入用户名 mr，密码 mrsoft，选择正确的图片，然后单击“登录”按钮，将提示登录成功。

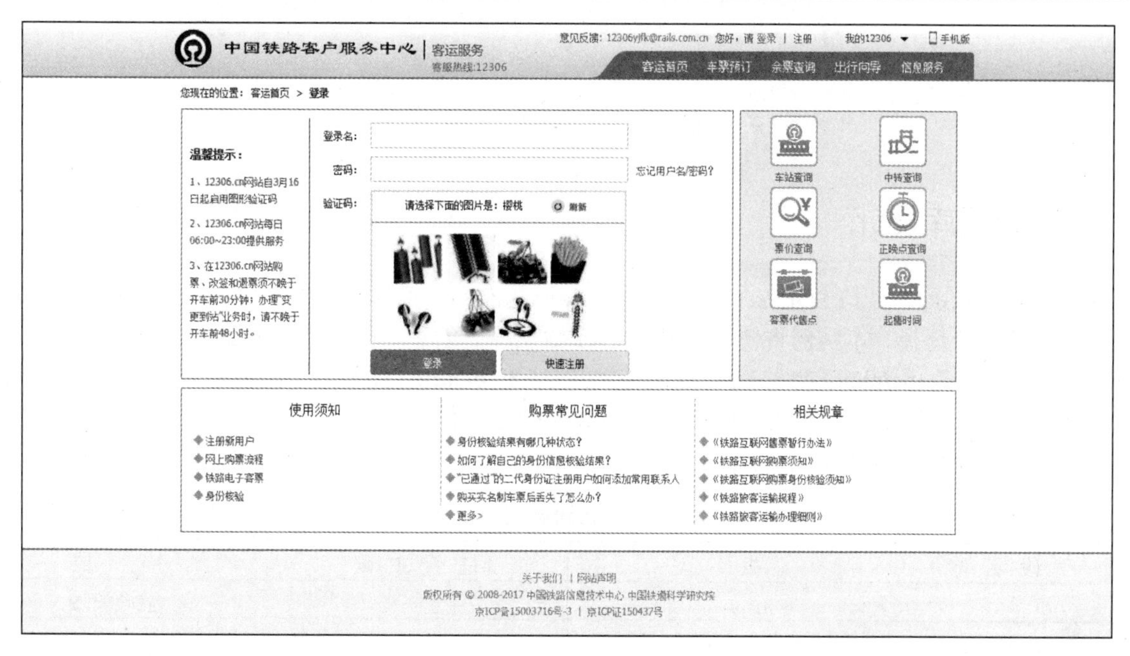

图 21.1　随机生成图片

21.2 设计思路

我们来简化一下 12306 图片验证模型，其原理示意图如图 21.2 所示。首先我们将所有图片进行归类，如将图片 1 和图片 2 归为分类 1，图片 3 和图片 4 归为分类 2。在向用户展示图片验证码时，可以随机获取 8 张图片，然后设定其中一个分类为正确答案并将这个分类 id 存储在 Session 中，当用户选中该分类下的所有图片时，在服务器端通过比对 Seesion 中存储的分类 id 来判断用户选中的图片是否正确。例如，我们设定了分类 2 为正确答案，那么图片 3 和图片 4 是该分类下的图片，如果用户选中了这两张图片，则验证这两张图片的所属分类 id 是否与 Session 中的正确分类 id 相同，相同验证才会通过，如果用户错选、多选或是少选了验证图片则验证不能通过。

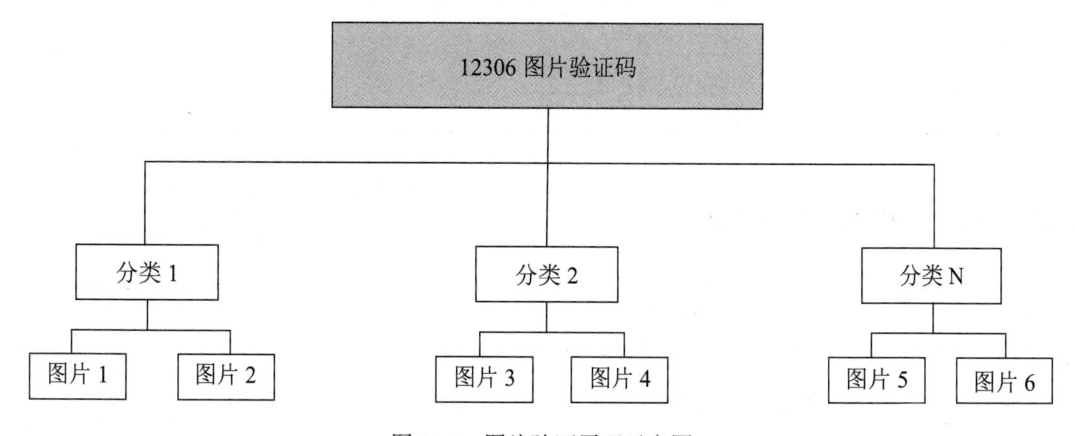

图 21.2　图片验证原理示意图

21.3 开发过程

21.3.1 数据库设计

众所周知，ASP.NET 与 SQL Server 都是微软公司的产品，所以 ASP.NET 配合 SQL Server 使用是最合适不过的一个选择。本实例将使用 SQL Server 数据库，创建一个名为 my12306 的数据库。本实例共有 3 个表，分别是 member（会员）表、class（分类）表和 picture（图片）表。其中，picture 表的 class_id 字段与 class 表的 id 字段相关联，即每一个 picture 表的记录都有一个所属的 class 分类。

member 表的结构如表 21.1 所示。

表 21.1　member 表的结构

字段名称	类　型	是否主键	描　述
id	int	是	主键编号
username	varchar(255)		用户名
phone	char(11)		手机号
email	varchar(255)		邮编
password	varchar(255)		密码

class 表的结构如表 21.2 所示。

表 21.2　class 表的结构

字段名称	类　型	是否主键	描　述
id	int	是	主键编号
name	varchar(255)		分类名称

picture 表的结构如表 21.3 所示。

表 21.3　picture 表的结构

字段名称	类　型	是否主键	描　述
id	int	是	主键编号
path	varchar(255)		图片路径
class_id	int		分类 ID

21.3.2 添加 LINQ to SQL 类

首先创建一个名称为 12306 的网站项目，然后使用 LINQ to SQL 实现将已创建的 my12306 数据表添加到项目中的 Models 文件夹中，添加后的目录结构如图 21.3 所示。

图 21.3　添加 LINQ to SQL 类

21.3.3　登录页面设计

1．设计登录页面布局

将 12306 登录页面布局分成几个部分，包括头部信息、左侧提示区、登录区、右侧功能区、底部文章信息和底部网站信息。在实现这些内容前，要先将网站的公共资源“光盘\小白实战项目\Src\02\Public”目录直接导入。导入后的目录结构如图 21.4 所示。

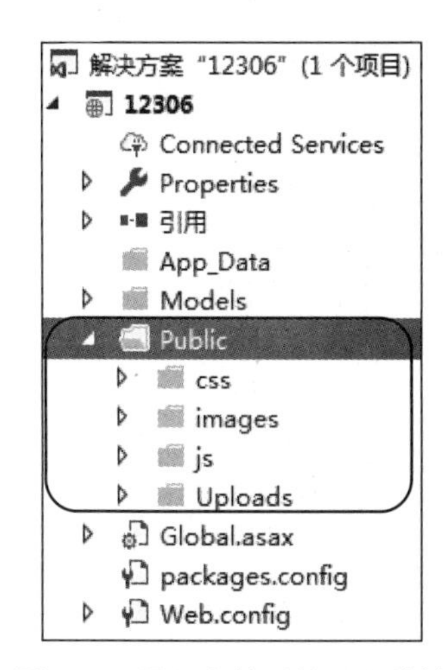

图 21.4　导入文件后的目录结构

2．编写登录页面代码

首先在网站项目下创建 Login.aspx 文件，然后在页面中定义头部和底部内容，此处重点讲解登录区域内容，在 class 名称为"lay-login clearfix"的 div 标签内定义 form 标签，具体代码如下：

```
<form id="form1" runat="server">
    <div class="login" style="height: 300px;">
        <!--引入提示-->
        <ul style="float: left; width: 147px;">
            <li class="zc" style="padding-left: 0px; margin-top: 0px; height: 10px; padding-right: 10px; zoom: 1;"></li>
            <li class="zc" style="margin-top: 0px; padding-left: 0px; height: auto; padding-right: 10px; zoom: 1;">
                <h2 style="height: 25px;line-height: 25px;font-size: 14px;">温馨提示：</h2>
            </li>
            <li class="zc" style="margin-top: 0px; line-height: 20px; color: rgb(102, 102, 102); padding-left: 0px;
height: auto; padding-right: 10px; zoom: 1;">
                1、12306.cn 网站自 3 月 16 日起启用图形验证码
            </li>
            <li class="zc" style="margin-top: 0px; line-height: 20px; color: rgb(102, 102, 102); padding-left: 0px;
height: auto; padding-right: 10px; zoom: 1;">2、12306.cn 网站每日 06:00~23:00 提供服务</li><li class="zc"
style="margin-top: 0px; line-height: 20px; color: rgb(102, 102, 102); padding-left: 0px; height: auto; padding-right:
10px; zoom: 1;">3、在 12306.cn 网站购票、改签和退票须不晚于开车前 30 分钟；办理“变更到站”业务时，请不
晚于开车前 48 小时。</li>
        </ul>
        <ul class="main-content" style="width: 510px;">
            <li>
                <span class="label">登录名：</span>
                <input id="username" name="username" type="text" class="inptxt w309" placeholder="用户名
/邮箱/手机号">
            </li>
            <li>
                <span class="label">密码：</span>
                <input id="password" name="password" type="password" class="inptxt w309" maxlength="25">
                    <a href="#" id="forget_password_id" shape="rect">忘记用户名/密码？</a>
            </li>
            <li class="dl" style=" padding-left: 0px; ">
                <span class="label" style="padding-right:2px;">验证码：</span>
```

```
                <div class="touclick" name="touclick-randCode" style="float:left">
                    <div class="touclick-wrapper">
                        <div class="touclick-img-par touclick-bgimg" style="width: 393px; height: 190px;">
                            <div class="content-border">
                                <div class="content-title">
                                    请选择下面的图片是：<span id="title" style="color:red"></span>
                                    <a href="javascript:;">
                                        <img id="refresh" src="/Public/images/refresh.png" />
                                    </a>
                                </div>
                                <hr>
                                <div id="pic-zone" style="padding: 4px 0 4px 25px">
                                    <!--图片区-->
                                </div>
                            </div>
                        </div>
                    </div>
                </div>
                <a id="login" href="javascript:;" class="btn200s">
                    登录
                </a>
                <a id="register" href="#" class="btn200">快速注册</a>
            </li>
        </ul>
    </div>
</form>
```

在 Form 表单中，包含了“登录名”和“密码”两个 Input 输入框。此时，并没有显示图片区内容，所以该页面只是静态页面。

21.3.4 显示图片信息

获取随机生成分类信息。由于这个功能需要在服务器端完成，从而需要创建一个一般处理程序（.ashx.cs）文件，文件可以位于项目的根目录下，名称为 GetData.ashx.cs。获取随机分类信息的具体代码如下：

```
public void ProcessRequest(HttpContext context)
{
    context.Response.ContentType = "text/plain";
    //获取访问参数
    string param = context.Request.QueryString["param"];
    //定义用于响应数据的全局变量
    string responseStr = "";
    //如果参数值为 code，表示获取验证码
    if (param == "code")
    {
        //验证码 json 各参数默认值为空
        responseStr = "{\"title\":\"\",\"data\":[]}";
```

```
 //定义获取验证码数据的集合对象
 IList<picture> pictures = null;
 //实例化数据库上下文类
 using (my12306DataContext dataContext = new my12306DataContext())
{
    //查询数据库中 picture 表数据
    pictures = dataContext.picture.ToList();
}
//picture 表（验证码图片表）数据不为空
if (pictures != null && pictures.Count > 0)
{
    //实例化返回给客户端的实体数据类
    CustomJsonData customJsonData = new CustomJsonData();
    //用于保存随机筛选出来的 8 条验证码数据
    IList<picture> get_pictures = new List<picture>();
    //循环 8 次，用于获取 8 张随机验证码图片
    for (int i = 0; i < 8; i++)
    {
        //生成一个随机数字，范围指定从 0 到 pictures 集合中的总条数
        int GetIndex = new Random(Guid.NewGuid().GetHashCode()).Next(0, pictures.Count);
        //将随机的验证码数据添加到 get_pictures 集合中
        get_pictures.Add(pictures[GetIndex]);
        //移除添加到 get_pictures 集合中的 pictures 中的数据，防止下次再次随机到这个验证码数据
         pictures.RemoveAt(GetIndex);
    }
     //随机获取（定义）一个正确的答案
     var Answer = get_pictures[new Random(Guid.NewGuid().GetHashCode()).Next(0, pictures.Count)];
     //实例化数据库上下文类
     using (my12306DataContext dataContext = new my12306DataContext())
     {
         //获取正确答案的类别名称（通过查询验证码类别表获取）
         var @class = dataContext.@class.Where(W => W.id == Answer.class_id).FirstOrDefault();
         //赋值类别名称
         customJsonData.title = @class.name;
         //将类别 ID 存放到 Session 中，用于在用户提交登录时与用户选择的验证码进行比对
         context.Session["class_id"] = @class.id;
         int class_TotalCount = get_pictures.Where(W => W.class_id == @class.id).Count();
         context.Session["class_TotalCount"] = class_TotalCount;
     }
     //实例化实体数据类中的子类数据集合（用于存放图片信息）
     customJsonData.data = new List<CustomJsonDataList>();
     //遍历已随机获取到的验证码数据类
     foreach (picture get in get_pictures)
     {
         //将实体添加到集合中
         customJsonData.data.Add(new CustomJsonDataList() { class_id = get.class_id, path = get.path });
     }
```

```
                //将 customJsonData 集合生成 json 格式字符串
                responseStr = GetJson(customJsonData);
            }
        }
}
```

上述代码中，使用 my12306DataContext 类进行了数据库的查询，获取到所有图片验证码信息。在该方法中使用 Random 类随机筛选出 8 条数据。同时，又随机指定一个分类为正确答案，最后通过将实体类序列化成 JSON 字符串返回给客户端。序列化 JSON 字符串的方法 GetJson 定义如下：

```
//将 CustomJsonData 类型转换成 json 字符串
public string GetJson(CustomJsonData JsonData)
{
    //定义用于返回 json 字符串的变量
    string json = "";
    //定义 Json 序列化对象
    DataContractJsonSerializer JsonSerializer = new DataContractJsonSerializer(JsonData.GetType());
    //实例化内存数据流对象
    using (MemoryStream ms = new MemoryStream())
    {
        //将要进行序列化的对象写入内存数据流中
        JsonSerializer.WriteObject(ms, JsonData);
        //将数据流的当前位置设置为 0
        ms.Position = 0;
        //实例化数据流读取对象
        using (StreamReader sr = new StreamReader(ms))
        {
            //将数据流读取到 json 变量中
            json = sr.ReadToEnd();
        }
    }
    //返回 json 变量
    return json;
}
```

21.3.5 绑定验证码图片

使用 jQuery 实现在页面加载完成时，绑定验证码图片，对于一些难以识别的验证码图片，可以单击“刷新”按钮换一批图片。为实现整体页面无变化，只有图片区更新的效果，需要使用 Ajax 来实现该功能。在 Login.aspx 登录页面新增如下代码：

```
<script>
    // 刷新方法
    $("#refresh").click(function(){
        refreshCode();
    });
    $(function () {
        refreshCode();
    });
```

```
    function refreshCode() {
        $.ajax({
            type: "get",
            url: "/GetData.ashx?param=code",
            dataType:"json",
            success: function (res) {
                $('#title').html(res.title);                                    //更改分类名称
                var data = res.data;                                            //获取图片区数据
                var html = '';                                                  //初始化变量
                //遍历图片区数据
                $.each(data, function (n, value) {
                    //拼接图片区内容
                    html += '<div style="display: inline-block">'
                        + '<div class="pic-code">'
                        + '<div class="selected">'
                        + '<img src="/Public/images/selected.png">'
                        + '</div>'
                        + '<img src="/Public/Uploads/' + value.path + '" class="code"  value="' + value.
class_id + '"/>'
                        + '<input type="hidden" class="pic-id" name="codes" value="">'
                        + '</div>'
                        + '</div>'
                });
                $("#pic-zone").children().remove();                             //删除图片区域内容
                $("#pic-zone").append(html);                                    //生成新的图片区
            }
        });
    }
</script>
```

上述代码中，首选定义了 refreshCode 方法，用于实现访问 GetData.ashx 并向页面绑定图片信息，然后分别定义了 ID 为 refresh 的单击事件和页面加载完成事件，在这两个事件方法中，都调用了 refreshCode 方法，并且在 Ajax 的 success 回调函数中使用 html 替换原分类名称。然后，组装图片区字符串（与原图片区 HTML 代码保持一致），遍历 res 图片信息。最后使用 remove 方法移除原图片区内容，使用 append 方法在图片区追加新内容。单击“刷新”按钮，刷新前和刷新后的运行效果分别如图 21.5 和图 21.6 所示。

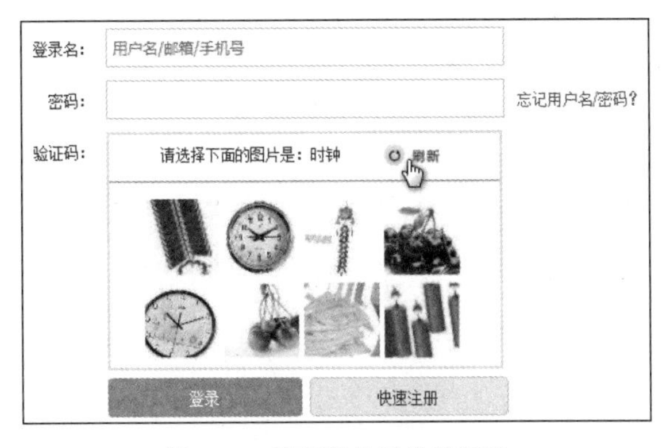

图 21.5　刷新前的图片验证码

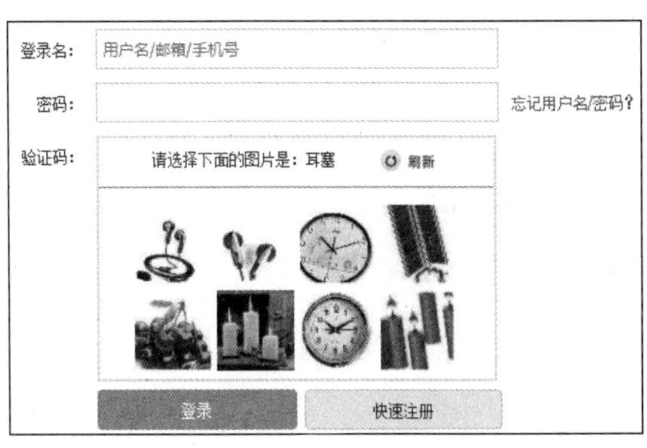

图 21.6　刷新后的图片验证码

21.3.6 选择图片

生成随机图片以后，接下来实现选择图片的功能。当选择一张图片时，单击一次表示“选中”，再次单击即为“取消”，可以使用 JavaScript 的 click 事件来实现。但是，对于刷新后生成的图片，click 事件则会失效，此时需要使用 on 函数来绑定 click 事件。具体代码如下：

```
//单击图片方法
$(document).on("click", '.pic-code', function(e) {                    //绑定 click 事件
    var id = $(this).children('.code').attr('value');                  //获取图片 id
    var iconObj = $(this).children(".selected");                       //获取选中图标对象
    var pic_id  = $(this).children(".pic-id");                         //获取图片对象
    if(iconObj.is(":hidden")){                                         //图标隐藏情况
        iconObj.show();                                                //显示选中图标
        pic_id.val(id);                                                //设置图片 id
    }else{
        iconObj.hide();                                                //图标隐藏情况
        pic_id.val("");                                                //设置图片 id 为空
    }
});
```

选中图片的效果如图 21.7 所示。

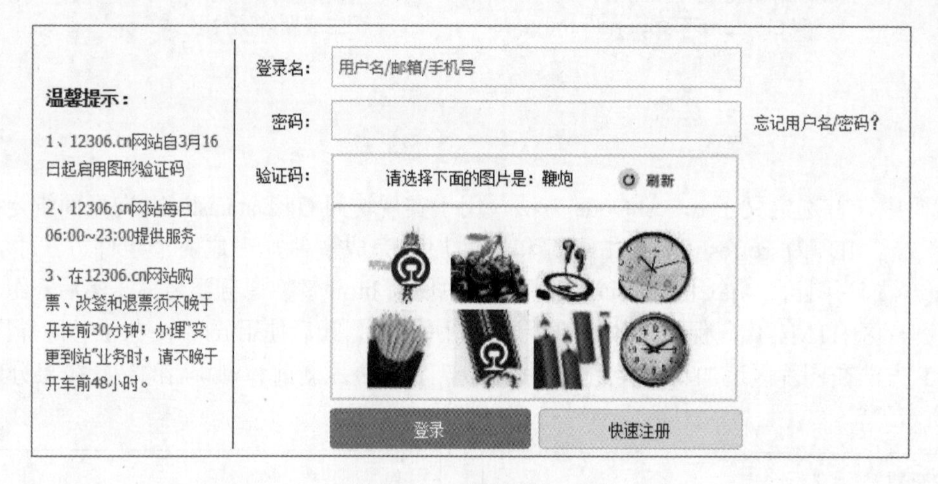

图 21.7 选中图片的效果

第 22 章

购物车

网上商城、网上购物等一系列电子商务网站以效率高、成本低而在迅速流行。电子商务网站中一个非常重要的功能就是“购物车”。本章将介绍如何实现购物车的具体功能。

本章知识架构及重难点如下。

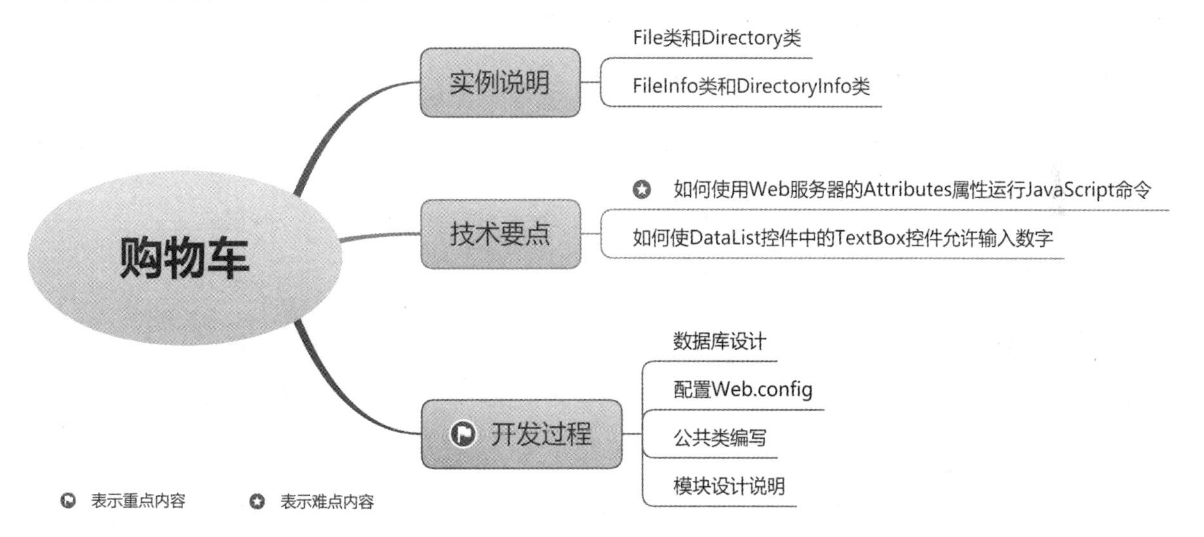

22.1　实 例 说 明

电子商务网站中购物车的功能是否合理及安全，将直接影响网站的发展。本实例允许访客浏览商品，并查看商品信息，但不允许购物。只有登录的用户才可以进行购物。网站的主要功能模块如下。

☑　商品浏览模块。

☑　商品信息查看模块。

☑　购物车模块。

☑　后台管理模块。

程序运行结果如图 22.1 所示。

图 22.1　购物车运行结果

22.2 技术要点

22.2.1 使用 Web 服务器的 Attributes 属性运行 JavaScript 命令

Attributes 属性用于获取与控件上的属性不对应的属性集合，这样将设置的属性作为 HTML 属性生成。该集合包含 Web 服务器控件的开始标记中声明的所有属性的集合。这样一来就可以通过编程方式控制与 Web 服务器控件关联的属性。它可以将属性添加到此集合或从此集合中移除属性。例如，TextBox 控件文本发生改变时，使用 Attributes 属性运行 JavaScript 命令，代码如下：

```
protected void Page_Load(object sender, EventArgs e)
{
    TextBox1.Attributes["onchange"] = "javascript:alert('Text is Change!');";
}
```

22.2.2 允许 DataList 控件中的 TextBox 控件输入数字

允许 TextBox 控件输入数字可以通过 CompareValidator 控件进行验证，也可以通过该控件的 Attributes 属性设置，当用户松开按键时进行验证，如果不为数字则取消操作，可以在页面加载事件 Page_Load 中进行设置。代码如下：

```
protected void Page_Load(object sender, EventArgs e)
{
    TextBox1.Attributes["onkeyup "] = "value=value.replace(/[^\\d]/g,'')";
}
```

如果该 TextBox 控件在 DataList 控件的 ItemTemplate 模板中，那么就需要在当前项被数据绑定到 DataList 控件时引发的 ItemDataBound 事件中进行设置。首先，要在 DataList 控件中找到该控件，然后设置它的 Attributes 属性。代码如下：

```
protected void dlShoppingCart_ItemDataBound(object sender, DataListItemEventArgs e)
{
    //用来实现只能在数量文本框中输入数字
    TextBox txtGoodsNum = (TextBox)e.Item.FindControl("txtGoodsNum");
    if (txtGoodsNum != null)
    {
        txtGoodsNum.Attributes["onkeyup"] = "value=value.replace(/[^\\d]/g,'')";
    }
}
```

22.3　开 发 过 程

22.3.1　数据库设计

本实例采用 SQL Server 数据库系统，在数据库系统中创建一个名为 db_NetShop 的数据库。在该数据库中新建 3 个表，分别为 tb_User（用户信息）表、tb_GoodsInfo（商品信息）表和 tb_Cart（购物车信息）表。

tb_User 表用于保存用户名及密码信息，其结构如表 22.1 所示。

表 22.1　tb_User 表的结构

字段名称	类　型	是否为空	描　述
UserID	int	否	用户编号，标志为自动增量，增量为 1
UserName	int	否	用户名
UserPassword	varchar	否	用户密码
Money	decimal	否	钱袋余额

tb_GoodsInfo 表用于保存商品的基本信息，其结构如表 22.2 所示。

表 22.2　tb_GoodsInfo 表的结构

字段名称	类　型	是否为空	描　述
GoodsID	int	否	用来存储商品信息编号，标志为自动增量，增量为 1
GoodsName	varchar	否	用来存储商品名称
GoodsKind	varchar	否	用来存储商品类别
GoodsPhoto	varchar	否	用来存储商品的照片
GoodsPrice	decimal	否	用来存储商品价格
GoodsIntroduce	varchar	否	用来存储商品的描述信息

tb_Cart 表用于保存用户购买商品的信息，其结构如表 22.3 所示。

表 22.3　tb_Cart 表的结构

字段名称	类　型	是否为空	描　述
ID	int	否	自动编号，标志为自动增量，增量为 1
CartID	int	否	用来存储购物车编号，这里的购物车编号即为用户编号
GoodsID	int	否	用来存储商品信息编号
GoodsName	varchar	否	用来存储商品名称
GoodsPrice	decimal	否	用来存储商品价格
Num	int	否	用来存储购买商品的数量

22.3.2　配置 Web.config

本实例在 Web.config 文件中主要配置连接数据库的字符串。在配置文件中设置的好处是可以省略其他页面重新编写连接数据库的字符串。设置方法如下：

```
<configuration>
    <appSettings>
    <add key="Con" value="server=LFL\MR;Uid=sa;pwd=;database=db_Counter;" />
  </appSettings>
    ...
</configuration>
```

22.3.3　公共类编写

在本实例中建立了一个公共类 DB.cs，用来执行各种数据库操作，该类包括 3 个方法，分别为 GetCon 方法、sqlEx 方法和 reDs 方法，它们的功能说明及设计如下。

1．GetCon 方法

GetCon 方法主要用来连接数据库，使用 ConfigurationManager 对象的 AppSettings 属性值获取配置节中连接数据库的字符串实例化 SqlConnection 对象，并返回该对象。代码如下：

```
///<summary>
///配置连接字符串
///</summary>
///<returns>返回 SqlConnection 对象</returns>
public static SqlConnection GetCon()
{
    return new SqlConnection(ConfigurationManager.AppSettings["GetCon"]);        //配置连接字符串
}
```

2．sqlEx 方法

sqlEx 方法主要使用 SqlCommand 对象执行数据库操作，如添加、修改、删除等。该方法包括一个 string 类型的参数，用来接收具体执行的 SQL 语句。执行该方法后，成功返回 true，失败返回 false。代码如下：

```
///<summary>
///执行 SQL 语句
///</summary>
///<param name="P_str_cmdtxt">用来执行的 SQL 语句</param>
///<returns>返回是否成功，成功返回 true，否则返回 false</returns>
public static bool ExSql(string P_str_cmdtxt)
{
    SqlConnection con = DB.GetCon();                                        //连接数据库
    con.Open();                                                             //打开连接
    SqlCommand cmd = new SqlCommand(P_str_cmdtxt, con);
```

```
    try
    {
        cmd.ExecuteNonQuery();                              //执行 SQL 语句并返回受影响的行数
        return true;
    }
    catch (Exception e)
    {
        return false;
    }
    finally
    {
        con.Dispose();                                      //释放连接对象资源
    }
}
```

3. reDs 方法

reDs 方法主要使用 SqlDataAdapter 对象的 Fill 方法填充 DataSet 数据集。它包括一个 string 字符型参数，用来接收具体查询的 SQL 语句。执行该方法后，将返回保存查询结果的 DataSet 对象。代码如下：

```
///<summary>
///返回 DataSet 结果集
///</summary>
///<param name="P_Str_Condition">用来查询的 SQL 语句</param>
///<returns>结果集</returns>
public static DataSet reDs(string P_Str_Cmdtxt)
{
    SqlConnection con = DB.GetCon();                        //连接数据库
    SqlDataAdapter da = new SqlDataAdapter(P_str_cmdtxt, con);
    DataSet ds = new DataSet();
    da.Fill(ds);
    return ds;                                              //返回 DataSet 对象
}
```

22.3.4　模块设计说明

1. 商品浏览页面实现过程

商品浏览页面（Default.aspx）也是 Web 应用程序的起始页，主要用来实现用户登录及商品显示的功能。用户可以浏览商品信息，如果已登录，还可以将物品放入购物车。该页运行结果如图 22.2 所示。

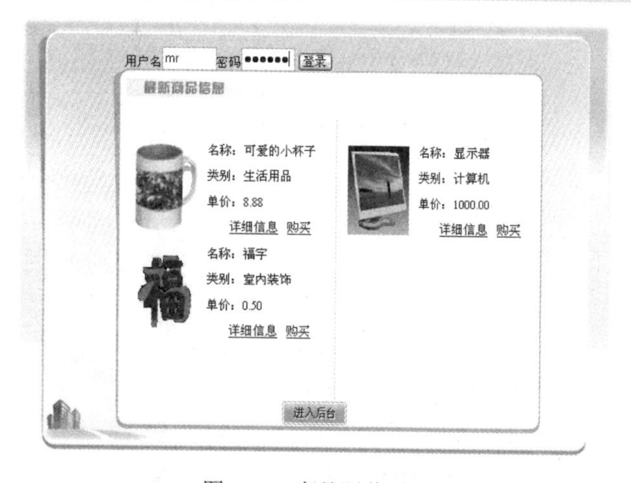

图 22.2　商品浏览页面

实现商品浏览页面的步骤如下。

（1）界面设计。

在商品浏览页面添加 2 个 TextBox 控件、

2 个 Panel 控件、1 个 Button 控件、1 个 Label 控件、1 个 DataList 控件和 1 个 HyperLink 控件，具体属性设置及其用途如表 22.4 所示。

表 22.4　Default.aspx 页面中控件的属性设置及其用途

控件类型	控件名称	主要属性设置	用　途
标准/TextBox 控件	txtUserName		用来输入用户名
	txtPwd	将 TextMode 属性设置为 Password	用来输入密码
标准/Panel 控件	pl1		用于布局
	pl2		用于布局
标准/Button 控件	btnLogin	将 Text 属性设置为“登录”	用于用户登录验证
标准/Label 控件	labMessage		用于显示登录用户名
数据/DataList 控件	dlGoodsInfo	将 RepeatColumns 属性设置为 2	以两列表格形式显示商品信息
标准/HyperLink 控件	hylinkGoback	将 ImageUrl 属性设置为“~/Image/购物车/进入后台按钮.jpg”	进入后台页面
		将 NavigateUrl 属性设置为~/GoodsInfo.aspx	

DataList 控件用于显示商品信息，在它的 ItemTemplate 模板中添加 1 个 Image 控件、3 个 Lable 控件和 2 个 LinkButton 控件，具体属性设置及其用途如表 22.5 所示。

表 22.5　ItemTemplate 模板中控件的属性设置及其用途

控件类型	控件名称	主要属性设置	用　途
标准/Image 控件	imgGoodsPhoto	将 ImageUrl 属性设置为 Eval("GoodsPhoto")	用来显示绑定数据源中的 GoodsPhoto 字段
标准/Label 控件	labGoodsName	将 Text 属性设置为 Eval("GoodsName ")	用来显示绑定数据源中的 GoodsName 字段
	labGoodsKind	将 Text 属性设置为 Eval("GoodsKind ")	用来显示绑定数据源中的 GoodsKind 字段
	labGoodsPrice	将 Text 属性设置为 Eval("GoodsPrice ")	用来显示绑定数据源中的 GoodsPrice 字段
标准/LinkButton 控件	lnkbtnGoodsDescribe	将 CommandArgument 属性设置为 Eval("GoodsID")	与命令按钮相关联的命令参数为数据源中的 GoodID 字段
		将 CommandName 属性设置为 describe	命令按钮名称为 describe
		将 Text 属性设置为“详细信息”	按钮的显示文本
	lnkbtnBuy	将 CommandArgument 属性设置为 Eval("GoodsID")	与命令按钮相关联的命令参数为数据源中的 GoodsID 字段
		将 CommandName 属性设置为 buy	命令按钮名称为 buy
		将 Text 属性设置为“购买”	按钮的显示文本

（2）页面初始化的实现。

页面初始化时将触发 Page_Load 事件。在该事件中，首先调用 DB 类的 reDs 方法，返回查询结果集，作为 DataList 控件的数据源，然后通过 Session["UserID"]是否存在判断用户是否登录。如果用户没有登录，则显示用户登录面板；如果用户已登录，则显示登录用户名面板。代码如下：

```
protected void Page_Load(object sender, EventArgs e)
{
    DataSet ds = DB.reDs("select * from tb_GoodsInfo");
    dlGoodsInfo.DataSource = ds;          //指定数据源
    dlGoodsInfo.DataBind();
    //是否显示登录
    if (Session["UserID"] == null)
    {
        pl1.Visible = true;               //显示登录面板
        pl2.Visible = false;              //不显示登录用户名面板
    }
    else
    {
        pl1.Visible = false;              //不显示登录面板
        pl2.Visible = true;               //显示登录用户名面板
        labMessage.Text = "欢迎" + txtUserName.Text + "的光临！";
    }
}
```

（3）登录功能的实现。

单击“登录”按钮，将触发按钮的 Click 事件。在该事件中，将调用 DB 类的 reDs 方法对用户输入的信息进行查询。如果查找出匹配的记录，则用户登录成功，隐藏登录面板，显示登录用户名面板；否则，弹出登录失败提示信息。代码如下：

```
protected void btnLogin_Click(object sender, EventArgs e)
{
    //获取用户信息
    DataSet ds = DB.reDs("select * from tb_User where UserName='" + txtUserName.Text.Trim() + "' and
PassWord='" + txtPwd.Text.Trim() + "'");
    if (ds.Tables[0].Rows.Count != 0)     //判断用户是否通过身份验证
    {
        Session["UserID"] = ds.Tables[0].Rows[0][0].ToString();
        labMessage.Text = "欢迎"+txtUserName.Text+"的光临！";
        pl1.Visible = false;
        pl2.Visible = true;
    }
    else
    {
        Response.Write("<script>alert('登录失败！请返回查找原因');</script>");
    }
}
```

注意

Session 对象是与特定用户相联系的，一个用户对应一个 Session 对象。可以自定义 Session 变量的名称。

（4）查看商品信息和购物功能的实现。

单击“详细信息”按钮或“购物”按钮，将触发 DataList 控件的 ItemCommand 事件。因为在设置控件属性时，将“详细信息”按钮的 CommandName 属性设置为 describe，将“购物”按钮的 CommandName 属性设置为 buy。所以在该事件中，首先判断 CommandName 的值，如果为 describe，则打开商品详细信息页面；如果为 buy，则打开购物车页面。代码如下：

```
protected void dlGoodsInfo_ItemCommand(object source, DataListCommandEventArgs e)
{
    if (e.CommandName == "describe")
    {
        string P_str_GoodsID = e.CommandArgument.ToString();
        Response.Write("<script>window.open('Describe.aspx?GoodsID=" + P_str_GoodsID +
"','','width=637px,height=601px')</script>");
    }
    if (e.CommandName == "buy")
    {
        if (Session["UserID"] != null)
        {
            string P_str_GoodsID = e.CommandArgument.ToString();
            Response.Redirect("~/ShoppingCart.aspx?GoodsID=" + P_str_GoodsID);
        }
        else
        {
            Response.Write("<script>alert('您还没有登录，请先登录再购买！');</script>");
        }
    }
}
```

2．查看商品详细信息页面实现过程

查看商品详细信息页面（Describe.aspx）主要显示用户所选商品的详细信息。当用户在商品浏览页面单击某件商品的“详细信息”按钮后，就会打开查看商品详细信息页面。页面的运行结果如图 22.3 所示。

图 22.3　查看商品详细信息页面

实现查看商品详细信息页面的步骤如下。

（1）界面设计。

在查看商品详细信息页面添加 4 个 TextBox 控件、1 个 Image 控件和 1 个 Button 控件，具体属性设置及其用途如表 22.6 所示。

表 22.6 Describe.aspx 页面中控件的属性设置及其用途

控 件 类 型	控 件 名 称	主要属性设置	用 途
标准/TextBox 控件	txtGoodsName	Enabled 属性设置为 false	用来显示商品名称
	txtKind	Enabled 属性设置为 false	用来显示商品种类
	txtGoodsPrice	Enabled 属性设置为 false	用来显示商品单价
	txtGoodsDesc	Enabled 属性设置为 false	用来显示商品的描述信息
		TextMode 属性设置为 MultiLine	
标准/Image 控件	imgGoodsPhoto		用于显示该商品的照片
标准/Button 控件	btnClose	Text 属性设置为“关闭”	用于关闭当前窗体

（2）页面初始化的实现。

页面初始化时将触发 Page_Load 事件。在该事件中，首先使用 Request 对象获得页面传递的参数 GoodsID，然后调用 DB 类的 reDs 方法查询该编号的商品，将商品信息显示在 TextBox 控件和 Image 控件中。代码如下：

```
protected void Page_Load(object sender, EventArgs e)
{
    string P_str_GoodsID=Request["GoodsID"];
    DataSet ds = DB.reDs("select * from tb_GoodsInfo where GoodsID=" + P_str_GoodsID);
    txtGoodsName.Text = ds.Tables[0].Rows[0][1].ToString();
    txtKind.Text = ds.Tables[0].Rows[0][2].ToString();
    imgGoodsPhoto.ImageUrl = ds.Tables[0].Rows[0][3].ToString();
    txtGoodsPrice.Text = ds.Tables[0].Rows[0][4].ToString();
    txtGoodsDesc.Text = ds.Tables[0].Rows[0][5].ToString();
}
```

（3）关闭窗口的实现。

单击“关闭”按钮时，将触发按钮的 Click 事件。在该事件中，通过 JavaScript 脚本关闭当前窗体。代码如下：

```
//关闭窗口
protected void btnClose_Click(object sender, EventArgs e)
{
    Response.Write("<script>window.close();</script>");
}
```

3．购物车页面实现过程

购物车页面（ShoppingCart.aspx）主要将用户选择的商品添加到购物车内，用户可以进行增加某件购买商品的数量、删除某件商品、到商品浏览页中继续购物、清空购物车或结账操作。页面的运行结果如图 22.4 所示。

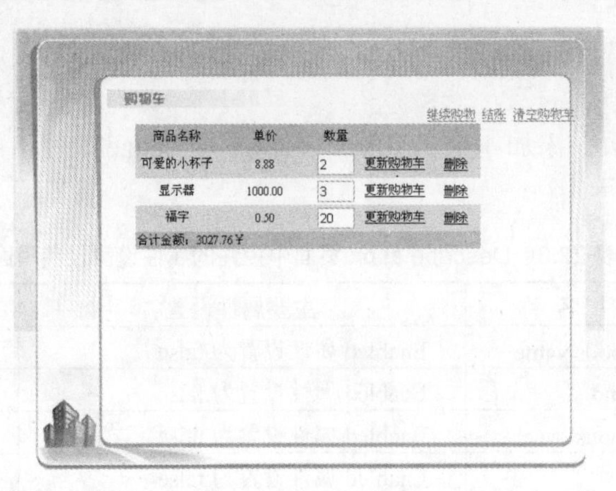

图 22.4　购物车页面

实现购物车页面的步骤如下。

（1）界面设计。

在购物车页面中添加 3 个 LinkButton 控件和 1 个 DataList 控件，具体属性设置及其用途如表 22.7 所示。

表 22.7　ShoppingCart.aspx 页面中控件的属性设置及其用途

控 件 类 型	控 件 名 称	主要属性设置	用　　途
标准/LinkButton 控件	lnkbtnContinue	将 Text 属性设置为“继续购物”	跳转到 Default.aspx 页
	lnkbtnClear	将 Text 属性设置为“清空购物车”	用来删除购物车中的所有商品
	lnkbtnSettleAccounts	将 Text 属性设置为“结账”	对购物车中的商品进行支付
数据/DataList 控件	dlShoppingCart		显示购物车中的商品信息

DataList 控件用于显示用户添加到购物车的商品信息，在其 ItemTemplate 模板中添加了 1 个 TextBox 控件、2 个 Label 控件和 2 个 LinkButton 控件，具体属性设置及其用途如表 22.8 所示。

表 22.8　ItemTemplate 模板中控件的属性设置及其用途

控 件 类 型	控 件 名 称	主要属性设置	用　　途
标准/TextBox 控件	txtGoodsNum	将 Text 属性设置为 Eval("Num")	用来显示绑定数据源中的 Num 字段
标准/Label 控件	labGoodsName	将 Text 属性设置为 Eval("GoodsName")	用来显示绑定数据源中的 GoodsName 字段
	labGoodsPrice	将 Text 属性设置为 Eval("GoodsPrice")	用来显示绑定数据源中的 GoodsPrice 字段
标准/LinkButton 控件	lnkbtnUpdateCart	将 CommandArgument 属性设置为 Eval("GoodsID")	与命令按钮相关联的命令参数为数据源中的 GoodsID 字段
		将 CommandName 属性设置为 updateNum	命令按钮名称为 updateNum
		将 Text 属性设置为“更新购物车”	按钮的显示文本
	lnkbtnDel	将 CommandArgument 属性设置为 Eval("GoodsID")	与命令按钮相关联的命令参数为数据源中的 GoodsID 字段
		将 CommandName 属性设置为 delete	命令按钮名称为 delete
		将 Text 属性设置为“删除”	按钮的显示文本

（2）页面初始化的实现。

已登录用户在 Default.aspx 页面中单击某件商品的“购买”按钮时，将打开 ShoppingCart.aspx 页面。在该页的 Page_Load 事件中，首先设置购物车的编号，这里以用户编号作为购物车编号，并获得页面间传递的参数商品编号；然后判断该用户购物车内是否已经存在该商品，如果存在，则将该商品的数量加 1，如果不存在，则在购物车内添加一条关于该商品的信息；最后调用 Bind 方法，将购物车中的信息显示在 DataList 控件中。代码如下：

```
protected void Page_Load(object sender, EventArgs e)
{
        if (!IsPostBack)
        {
                //向购物车中添加商品，如果购物车中已经存在该商品，则商品数量加 1，如果是第一次购买，则向购
                //物车中添加一条商品信息
                string P_str_CartID = Session["UserID"].ToString();
                string P_str_GoodsID = Request["GoodsID"];
                DataSet ds = DB.reDs("select count(*) from tb_Cart where CartID=" + P_str_CartID + "and
GoodsID=" + P_str_GoodsID);
                if (ds.Tables[0].Rows[0][0].ToString() == "0")
                {
                        DataSet ds1 = DB.reDs("select GoodsName,GoodsPrice from tb_GoodsInfo where GoodsID="
+ P_str_GoodsID);
                        string P_str_GoodsName = ds1.Tables[0].Rows[0][0].ToString();
                        string P_str_GoodsPrice = ds1.Tables[0].Rows[0][1].ToString();
                        string P_str_Num = "1";
                        DB.ExSql("insert into tb_Cart values(" + P_str_CartID + "," + P_str_GoodsID + ",'" +
P_str_GoodsName + "'," + P_str_GoodsPrice + "," + P_str_Num + ")");
                }
                else
                {
                        DB.ExSql("update tb_Cart set Num=Num+1 where CartID=" + P_str_CartID + "and GoodsID="
+ P_str_GoodsID);
                }
                //显示购物车中的商品信息
                Bind();
        }
}
```

（3）更改购买商品数量的实现。

在购物车页面中，用户还可以在文本框中更改购买商品的数量，在该文本框中只允许输入数字。更改数量后，单击“更新购物车”按钮，以当前数量更新数据库。

代码如下：

```
//更新购物车
protected void dlShoppingCart_ItemCommand(object source, DataListCommandEventArgs e)
{
        if (e.CommandName == "updateNum")
```

```
    {
        string P_str_Num = ((TextBox)e.Item.FindControl("txtGoodsNum")).Text;
        bool P_bool_reVal = DB.ExSql("update tb_Cart set Num=" + P_str_Num + "where CartID=" + 
Session["UserID"] + "and GoodsID=" + e.CommandArgument.ToString());
        if (P_bool_reVal)
            Bind();
    }
}
```

（4）删除购物车内某件商品的实现。

如果不想购买某件商品，可以通过单击“删除”按钮来实现。将该按钮的 CommandName 属性设置为 delete，单击该按钮将触发 DataList 控件的 DeleteCommand 事件。代码如下：

```
//删除购物车中的商品
protected void dlShoppingCart_DeleteCommand(object source, DataListCommandEventArgs e)
{
    bool P_bool_reVal = DB.ExSql("Delete from tb_Cart where CartID=" + Session["UserID"]+" and 
GoodsID="+e.CommandArgument.ToString ());
    if (!P_bool_reVal)
        Response.Write("<script>删除失败，请重试！</script>");
    else
        Bind();
}
```

在完成删除操作前，会弹出删除确认信息。如果选择是，则完成删除操作；否则，不执行删除操作。添加提示消息的代码如下：

```
//删除购物车中商品时的提示信息
protected void lnkbtnDel_Load(object sender, EventArgs e)
{
    ((LinkButton)sender).Attributes["onclick"] = "javascript:return confirm('你确定要删除该物品吗？')";
}
```

（5）继续购物功能的实现。

单击“继续购物”按钮，将跳转到 Default.aspx 页面继续浏览商品。代码如下：

```
//继续购物
protected void lnkbtnContinue_Click(object sender, EventArgs e)
{
    Response.Redirect("~/Default.aspx");
}
```

（6）清空购物车功能的实现。

如果用户不想购买购物车中的任何一件商品，可以通过单击“清空购物车”按钮删除购物车中的所有商品。代码如下：

```
//清空购物车
protected void lnkbtnClear_Click(object sender, EventArgs e)
{
```

```
    bool P_bool_reVal=DB.ExSql("Delete from tb_Cart where CartID="+Session["UserID"]);
    if (!P_bool_reVal)
        Response.Write("<script>清空失败，请重试！</script>");
    else
        Bind();
}
```

同样，在清空购物车之前，也会弹出清空确认信息。添加提示消息的代码如下：

```
//清空购物车时的提示信息
protected void lnkbtnClear_Load(object sender, EventArgs e)
{
    lnkbtnClear.Attributes["onclick"] = "javascript:return confirm('你确定要清空购物车吗？')";
}
```

（7）结账功能的实现。

如果用户希望购买购物车中的商品，可以通过单击“结账”按钮实现。单击该按钮时，将触发按钮的 Click 事件。在事件处理代码中，首先判断购物车中是否有商品。如果没有，则弹出提示信息；如果有，则判断用户的钱袋余额是否可以支付所购买商品的总价。如果余额不足，则不能进行购买，如果余额充足，将弹出 SuccessShop.aspx（成功购买）页。代码如下：

```
protected void lnkbtnSettleAccounts_Click(object sender, EventArgs e)
{
    if (M_str_Count == "")
    {
        Response.Write("<script>alert('您的购物车中没有任何物品!');</script>");
    }
    else
    {
        DataSet ds = DB.reDs("select Money from tb_User where UserID=" + Session["UserID"].ToString());
        decimal P_str_Money = Convert.ToDecimal (ds.Tables [0].Rows [0][0].ToString ());
        if (P_str_Money < Convert.ToDecimal (M_str_Count))
        {
            Response.Write("<script>alert('您的余额不足，请重新充值后再购买！');</script>");
        }
        else
        {
            bool P_bool_reVal1 = DB.ExSql("Delete from tb_Cart where CartID=" + Session["UserID"]);
            bool P_bool_reval2 = DB.ExSql("update tb_User set Money=Money-"+M_str_Count+" where
UserID="+Session["UserID"]);
            if (!P_bool_reVal1 & !P_bool_reval2)
            {
                Response.Write("<script>结账失败，请重试！</script>");
            }
            else
            {
                Bind();
                Response.Write("<script>window.showModalDialog('SuccessShop.aspx','','dialogWidth=300px;
```

```
dialogHeight=250px;status=no;help=no;scrollbars=no');</script>");
                }
            }
        }
}
```

说明

window.showModalDialog 方法用于创建一个显示 HTML 内容的模态窗体。模态窗体是指当前窗体获得焦点时不能在其他窗体进行操作，只有关闭当前模态窗体后才能释放焦点。

SuccessShop.aspx 页面主要用来显示该用户的钱袋余额，代码如下：

```
protected void Page_Load(object sender, EventArgs e)
{
    DataSet ds = DB.reDs("select Money from tb_User where UserID=" + Session["UserID"].ToString());
    string P_str_Money = ds.Tables[0].Rows[0][0].ToString() ;
    labMessage.Text = "您已经成功购买了购物车中的商品，当前余额为" + P_str_Money + "￥";
}
```

4．后台管理页面的实现过程

后台管理页面（GoodsInfo.aspx）主要用来添加商品信息。该页中的每项内容都必须填写。管理员添加商品照片时，会将本地图片上传到服务器中，并显示在 Image 控件上。页面的运行结果如图 22.5 所示。

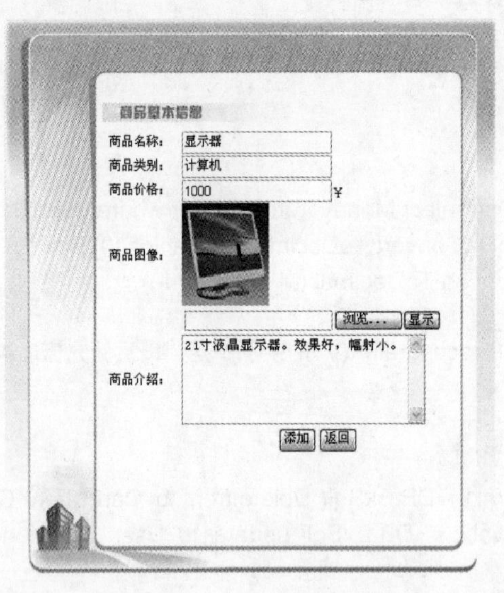

图 22.5　后台管理页面

实现后台管理页面的步骤如下。

（1）界面设计。

在后台管理页面添加 4 个 TextBox 控件、1 个 Image 控件、1 个 FileUpLoad 控件、3 个 Button 控件、3 个 RequiredFieldValidator 控件、1 个 CompareValidator 控件和 1 个 Label 控件，具体属性设置及其用途如表 22.9 所示。

表 22.9　GoodsInfo.aspx 页面中控件的属性设置及其用途

控件类型	控件名称	主要属性设置	用　　途
标准/TextBox 控件	txtGoodsName		用来显示商品名称
	txtKind		用来显示商品种类
	txtGoodsPrice	将 Text 属性设置为 0	用来显示商品单价
	txtGoodsDesc		用来显示商品的描述信息
标准/Image 控件	imgGoodsPhoto		用来显示商品的照片
标准/FileUpLoad 控件	fulPhoto		将商品照片保存到服务器上
标准/Button 控件	btnInsert	将 Text 属性设置为“添加”	将商品信息添加到数据库
	btnBack	将 Text 属性设置为“返回”	返回商品浏览页
		将 CausesValidation 属性设置为 false	
	btnShow	将 Text 属性设置为“显示”	显示商品照片并保存在服务器上
		将 CausesValidation 属性设置为 false	
验证/RequiredFieldValidator 控件	RequiredFieldValidator1	将 ControlToValidate 属性设置为 txtGoodsName	验证商品名称不能为空
		将 ErrorMessage 属性设置为“请输入商品名称！”	
	RequiredFieldValidator2	将 ControlToValidate 属性设置为 txtKind	验证商品类别不能为空
		将 ErrorMessage 属性设置为“请输入商品类别！”	
	RequiredFieldValidator3	将 ControlToValidate 属性设置为 txtGoodsDesc	验证商品介绍不能为空
		将 ErrorMessage 属性设置为“请输入商品介绍！”	
验证/CompareValidator 控件	CompareValidator1	将 ControlToValidate 属性设置为 txtGoodsPrice	验证文本框中的内容应为货币类型
		将 ErrorMessage 属性设置为“格式错误!”	
		将 Operator 属性设置为 DataTypeCheck	
		将 Type 属性设置为 Currency	
标准/Label 控件	labMessage	将 Text 属性设置为“请选择图片!”	图片不能为空
		将 ForeColor 属性设置为 Red	
		将 Visible 属性设置为 false	

（2）初始化页面。

初始化页面时，将在 Page_Load 事件中先判断 Session["UserID"]是否为 null，确定用户是否登录。如果没有登录，则返回主页；如果已登录，则判断用户身份。如果用户的自动编号为 1（本例中将编号为 1 的用户设为管理员），则允许添加商品信息；如果不为 1，则返回 Default.aspx 页面。代码如下：

```
protected void Page_Load(object sender, EventArgs e)
{
    if (!IsPostBack)
    {
        if (Session["UserID"] == null)
        {
            Response.Write("<script>alert('请先登录！');</script>");
            Response.Redirect("~/Default.aspx");
```

```
        }
        else
        {
            if (Session["UserID"].ToString() != "1")
            {
                Response.Write("<script>alert('您还没有此权限！');</script>");
                Response.Redirect("~/Default.aspx");
            }
        }
    }
}
```

（3）加载商品照片。

单击 FileUpLoad 控件的“浏览”按钮，将弹出导航对话框，用户可以通过对话框选择商品照片，或在 FileUpLoad 控件的文本框中直接输入文件的名称。单击“显示”按钮将图片上传到服务器上，并显示在 Image 控件中。在保存到服务器之前，还要判断是否选择文件、文件类型是否为图片。代码如下：

```
//显示商品图片
protected void btnShow_Click(object sender, EventArgs e)
{
    string P_str_name = this.fulPhoto.FileName;                          //获取上传文件的名称
    bool P_bool_fileOK = false;
    if (fulPhoto.HasFile)
    {
        String fileExtension =System.IO.Path.GetExtension(fulPhoto.FileName).ToLower();
        String[] allowedExtensions = { ".gif", ".png", ".jpeg", ".jpg", ".bmp" };
        for (int i = 0; i < allowedExtensions.Length; i++)
        {
            if (fileExtension == allowedExtensions[i])
            {
                P_bool_fileOK = true;
            }
        }
    }
    if (P_bool_fileOK)
    {//将文件保存在相应的路径下
        this.fulPhoto.PostedFile.SaveAs(Server.MapPath("~/Image/") + P_str_name);
        this.imgGoodsPhoto.ImageUrl = "~/Image/" + P_str_name;       //将图片显示在 Image 控件上
    }
    else
    {
        Response.Write("<script>alert('请选择.gif,.png,.jpeg,.jpg,.bmp 格式的图片文件!');</script>");
    }
}
```

（4）添加商品信息。

单击“添加”按钮时，将触发按钮的 Click 事件。在该事件中，首先判断是否已加载图片。如果没有加载，则显示错误提示；如果已加载，则调用 DB 类的 ExSql 方法将填写的商品信息添加到数据库中。执行 ExSql 方法后，将返回一个布尔类型的值，如果该值为 true，则清空文本框，否则弹出操作失败的错误提示。代码如下：

```
protected void btnInsert_Click(object sender, EventArgs e)
{
    if (imgGoodsPhoto.ImageUrl != "")
    {
        labMessage.Visible = false;
        bool P_Bool_reVal = DB.ExSql("insert into tb_GoodsInfo values('" + txtGoodsName.Text + "','" +
txtKind.Text + "','" + imgGoodsPhoto.ImageUrl + "','" + txtGoodsPrice.Text + "','" + txtGoodsDesc.Text + "')");
        if (!P_Bool_reVal)
        {
            Response.Write("<script>alert('操作失败，请重试！');</script>");
        }
        else
        {
            txtGoodsName.Text = "";
            txtKind.Text = "";
            txtGoodsPrice.Text = "0";
            txtGoodsDesc.Text = "";
            imgGoodsPhoto.ImageUrl = "";
        }
    }
    else
    {
        labMessage.Visible = true;
    }
}
```

（5）返回商品浏览页。

单击“返回”按钮，将触发按钮的 Click 事件，在该事件中调用 Response 对象的 Redirect 方法跳转到 Default.aspx 页面。代码如下：

```
protected void btnBack_Click(object sender, EventArgs e)
{
    Response.Redirect("~/Default.aspx");
}
```

第 23 章

九宫格抽奖

为了吸引用户，各大网站在节假日纷纷推出抽奖活动。最常见的抽奖活动有“幸运大转盘”“快乐老虎机”“趣味刮刮乐”等。本实例开发一个趣味九宫格抽奖程序，让网站人气爆棚。

本章知识架构及重难点如下。

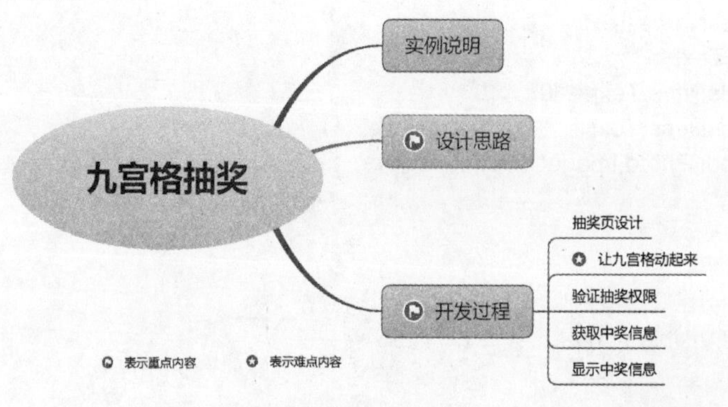

23.1 实 例 说 明

本实例主要使用 JavaScript 实现九宫格抽奖转动效果，使用 ASP.NET+Ajax 技术获取抽奖信息。抽奖程序运行效果如图 23.1 所示。

图 23.1　九宫格抽奖程序运行效果

23.2　设计思路

九宫格抽奖程序实现流程如图 23.2 所示。

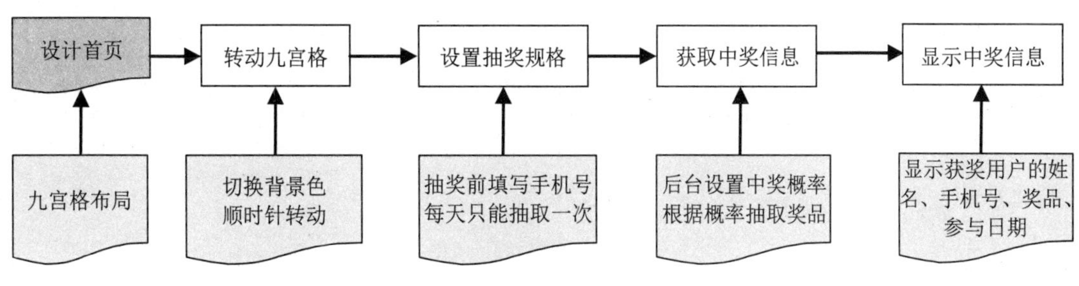

图 23.2　实现流程

23.3　开发过程

23.3.1　抽奖页设计

首先创建一个项目，命名为 Activity。然后在 Activity 目录下，创建 Index.aspx 文件，作为九宫格抽奖页面。接下来，开始编写 Index.aspx 文件的代码，具体如下：

```
<!DOCTYPE html>
<html xmlns="http://www.w3.org/1999/xhtml">
<head runat="server">
    <meta http-equiv="Content-Type" content="text/html; charset=utf-8" />
    <title>九宫格大转盘抽奖</title>
    <link rel="stylesheet" type="text/css" href="Public/css/style.css">
    <script type="text/javascript" src="Public/js/jquery.min.js"></script>
    <script type="text/javascript" src="Public/layer/layer.js"></script>
</head>
<body>
    <form id="form1" runat="server">
        <!--九宫格图片区-->
        <div id="lottery">
            <table border="0" cellpadding="0" cellspacing="0">
                <tr>
                    <td class="lottery-unit lottery-unit-0"><img src="Public/images/1.png"></td>
                    <td class="lottery-unit lottery-unit-1"><img src="Public/images/2.png"></td>
                    <td class="lottery-unit lottery-unit-2"><img src="Public/images/thanks.png"></td>
                    <td class="lottery-unit lottery-unit-3"><img src="Public/images/3.png"></td>
                </tr>
                <tr>
                    <td class="lottery-unit lottery-unit-11"><img src="Public/images/4.png"></td>
```

```
                <td colspan="2" rowspan="2"><a href="#"></a></td>
                <td class="lottery-unit lottery-unit-4"><img    src="Public/images/5.png"></td>
            </tr>
            <tr>
                <td class="lottery-unit lottery-unit-10"><img src="Public/images/6.png"></td>
                <td class="lottery-unit lottery-unit-5"><img src="Public/images/7.png"></td>
            </tr>
            <tr>
                <td class="lottery-unit lottery-unit-9"><img src="Public/images/thanks.png"></td>
                <td class="lottery-unit lottery-unit-8"><img src="Public/images/8.png"></td>
                <td class="lottery-unit lottery-unit-7"><img src="Public/images/9.png"></td>
                <td class="lottery-unit lottery-unit-6"><img src="Public/images/10.png"></td>
            </tr>
        </table>
    </div>
  </form>
</body>
</html>
```

此时，运行 Index.aspx 页面，效果如图 23.3 所示。

图 23.3　首页运行效果

23.3.2　让九宫格动起来

如何才能让九宫格动起来呢？九宫格转动原理如图 23.4 所示。注意观察左上角第 1 张图片。首先

设置它的背景色为红色，然后移除第 1 张图片的背景色，并为第 2 张图片（顺时针顺序）添加红色背景色。以此类推，控制背景色的切换时间为毫秒级别，就会在视觉上造成一种九宫格转动的效果。

图 23.4　九宫格转动原理

在 Index.aspx 文件中使用 JavaScript 来实现该功能，具体代码如下：

```
<script type="text/javascript">
    var click = false;                                    //初始化 click
    //定义 lottery 对象
    var lottery = {
        index: 0,                                         //当前转动到哪个位置，起点位置
        count: 0,                                         //总共有多少个位置
        timer: 0,                                         //setTimeout 的 ID，用 clearTimeout 清除
        speed: 50,                                        //初始转动速度
        times: 0,                                         //转动次数
        cycle: 50,                                        //转动基本次数，即至少需要转动多少次再进入抽奖环节
        prize: 0,                                         //中奖位置
        init: function (id) {                             //初始化数据
            if ($("#" + id).find(".lottery-unit").length > 0) {
                $lottery = $("#" + id);
                $units = $lottery.find(".lottery-unit");
                this.obj = $lottery;
                this.count = $units.length;
                $lottery.find(".lottery-unit-" + this.index).addClass("active");
            }
        },
        roll: function () {                               //九格宫转动效果
```

```
            var index = this.index;
            var count = this.count;
            var lottery = this.obj;
            $(lottery).find(".lottery-unit-" + index).removeClass("active");
            index += 1;
            if (index > count - 1) {
                index = 0;
            }
            $(lottery).find(".lottery-unit-" + index).addClass("active");
            this.index = index;
            return false;
        },
};
lottery.init('lottery');                                        //lottery 对象调用初始化方法
//单击“开始抽奖”按钮，触发事件
$("#lottery a").click(function () {
    if (click) {
        return false;
    } else {
        layer.prompt({ title: '请输入手机号', formType: 0 }, function (phone, index) {
            layer.close(index);                                 //关闭弹层
            /** 判断抽奖条件 **/
            if (!check_user(phone)) {                           //不满足条件，不能抽奖
                layer.msg('您今天已经参与过，明日再来', { time: 1000 });
                return false;
            } else {
                getPrizeInfo(phone);
            }
        });
        return false;
    }
});
//开始抽奖
function start() {
    lottery.times += 1;
    lottery.roll();                                             //调用转动方法
    var prize_site = $("#lottery").attr("prize_site");
    //转动结束
    if (lottery.times > (lottery.cycle + 10) && lottery.index == prize_site) {
        var prize_id = $("#lottery").attr("prize_id");
        var prize_name = $("#lottery").attr("prize_name");
        clearTimeout(lottery.timer);
        lottery.prize = -1;
        lottery.times = 0;
        click = false;
        show_prize(prize_id, prize_name);
        return false;
    } else {                                                    //控制转动速度
        if (lottery.times < lottery.cycle) {
```

```
                lottery.speed -= 10;
            } else if (lottery.times == lottery.cycle) {
                var index = Math.random() * (lottery.count) | 0;
                lottery.prize = index;
            } else {
                if (lottery.times > (lottery.cycle + 10) && ((lottery.prize == 0 && lottery.index == 7) ||
lottery.prize == lottery.index + 1)) {
                    lottery.speed += 110;
                } else {
                    lottery.speed += 20;
                }
            }
            //设置最小转动速度
            if (lottery.speed < 40) {
                lottery.speed = 40;
            }
            lottery.timer = setTimeout(start, lottery.speed);      //在指定的毫秒数后调用 start()函数
        }
        return false;
    }
</script>
```

上述代码中，使用 addClass 方法添加背景色，使用 removeClass 方法移除背景色。通过 setTimeout 方法在指定的毫秒数后调用 start 转动方法，通过 clearTimeout 方法取消由 setTimeout 方法设置的 start 转动方法。

运行程序，单击“开始抽奖”按钮，将会弹出“请输入手机号”对话框，效果如图 23.5 所示。

图 23.5　弹出“请输入手机号”对话框

23.3.3 验证抽奖权限

为防止用户无限次抽奖，设置抽奖规则为：每个手机号每天只能抽奖一次。

由于本实例不涉及用户信息，所以只以开始抽奖前用户填写的手机号为唯一认证信息。接下来，需要在 Index.aspx 文件代码中，实现验证用户输入的手机号在当天是否已经抽过奖的 JavaScript 方法。代码如下：

```
//检测用户今天是否可以抽奖
function check_user(phone) {
    $.ajax({
        url: 'SiteServer.ashx?param=check_user',    //提交地址
        type: 'post',                               //提交方式
        dateType: 'json',                           //数据类型
        async: false,                               //设置同步
        data: { "phone": phone },                   //提交数据
        success: function (res) {                   //回调函数
            result = eval(res);
        }
    })
    return result;
}
```

上述代码中，通过 Ajax 调用了服务器端的 SiteServer.ashx 文件实现了用户手机号的验证功能，该验证是在单击“开始抽奖”按钮时，在执行抽奖前进行调用的，如图 23.6 所示。

```
// 单击“开始抽奖”按钮，触发事件
$("#lottery a").click(function () {
    if (click) {
        return false;
    } else {
        layer.prompt({ title: '请输入手机号', formType: 0 }, function (phone, index) {
            layer.close(index);           // 关闭弹层
            /** 判断抽奖条件 **/
            if (!check_user(phone)) {   // 不满足条件，不能抽奖
                layer.msg('您今天已经参与过，明日再来', { time: 1000 });
                return false;
            } else {
                getPrizeInfo(phone);
            }
        });

        return false;
    }
});
```

图 23.6　调用 check_user 方法

接着，在网站项目的根目录下创建 SiteServer.ashx 文件，并在该文件下实现用户验证的功能。在实现代码前，首先需要添加 LINQ to SQL 类，在项目名称上直接创建 LINQ to SQL，并指定映射 activity 数据库，验证用户的代码如下：

```
if (param == "check_user")
{
    //设置默认值为 false，表示今日不能继续参加抽奖活动
    result = "false";
    //获取手机号码
    string phone = context.Request.Form["phone"];
    //判断手机号码是否为空
    if (phone != "")
    {
        //实例化数据库上下文类
        using (activityDataContext DataContext = new activityDataContext())
        {
            //查询 activity_record 表，通过指定的手机号码以及当前系统日期进行查询
            if (!DataContext.activity_record.Where(W => W.phone == phone && W.add_date.Value.Date.
ToString() == DateTime.Now.Date.ToString("yyyy-MM-dd")).Any())
            {
                //如果数据不存在，表示该手机号码可以参加抽奖活动
                result = "true";
            }
        }
    }
}
```

此时运行程序，当输入数据表中已存在的当日用户手机号并单击“开始抽奖”按钮时，将会弹出提示无法抽奖的限制对话框，效果如图 23.7 所示。

图 23.7　提示已经参与

23.3.4 获取中奖信息

当用户可以参加抽奖时，执行九宫格转动代码，但在转动之前需要在服务器端进行奖品计算，客户端根据计算结果将抽奖转动停留在指定的结果图片上。首先定义 Ajax 请求方法，具体修改如下：

```
//获取奖品信息
function getPrizeInfo(phone) {
    lottery.speed = 100;
    $.post("SiteServer.ashx?param=get_prize", function (data) { //获取奖品信息，并为相关属性赋值
        $("#lottery").attr("prize_site", data.prize_site);
        $("#lottery").attr("prize_id", data.prize_id);
        $("#lottery").attr("prize_name", data.prize_name);
        $("#lottery").attr("phone", phone);
        var res = start();
        var click = true;
        return false;
    }, "json");
}
```

服务器端实现获取随机奖品信息的功能，代码如下：

```
//如果参数为 get_prize，表示获取抽奖数据信息
else if (param == "get_prize")
{
    //定义抽奖数据集合
    IList<Prize> prize = new List<Prize>();
    //向集合添加抽奖数据
    prize.Add(new Prize() { id = 1, prize_name = "Java 项目开发实战入门", percente = 5 });
    prize.Add(new Prize() { id = 2, prize_name = "Android 项目开发实战入门", percente = 1 });
    prize.Add(new Prize() { id = 3, prize_name = "感谢参与", percente = 40 });
    prize.Add(new Prize() { id = 4, prize_name = "Java Web 项目开发实战入门", percente = 1 });
    prize.Add(new Prize() { id = 5, prize_name = "PHP 项目开发实战入门", percente = 30 });
    prize.Add(new Prize() { id = 6, prize_name = "C#项目开发实战入门", percente = 1 });
    prize.Add(new Prize() { id = 7, prize_name = "Java 程序设计慕课版", percente = 1 });
    prize.Add(new Prize() { id = 8, prize_name = "Java 从入门到精通", percente = 1 });
    prize.Add(new Prize() { id = 9, prize_name = "C++项目开发实战入门", percente = 1 });
    prize.Add(new Prize() { id = 10, prize_name = "感谢参与", percente = 40 });
    prize.Add(new Prize() { id = 11, prize_name = "C 语言项目开发实战入门", percente = 1 });
    prize.Add(new Prize() { id = 12, prize_name = "JSP 项目开发实战入门", percente = 70 });
    //根据概率值，随机指定一个中奖数据
    Prize SelectedPrize = RandomSelect(prize);
    //将中奖信息返回给客户端
    result = "{\"prize_name\":\"" + SelectedPrize.prize_name + "\",\"prize_site\":\"" + (SelectedPrize.id - 1) +
"\",\"prize_id\":\"" + SelectedPrize.id + "\"}";
}
```

上述代码通过 List 对象构造了一些抽奖数据，这些数据的排列顺序与页面上奖品顺时针的顺序相同，数据构造完成后，调用 RandomSelect 方法，在该方法中通过每条数据的 percente（中奖概率）属

性计算中奖结果。RandomSelect 方法代码如下：

```
//根据各奖品的概率值，随机指定一个中奖数据
public Prize RandomSelect(IList<Prize> prize)
{
    //定义中奖数据实体
    Prize SelectedPrize = null;
    //将中奖产品集合按概率倒排序
    IList<Prize> OrderByDesc = prize.OrderByDescending(O => O.percente).ToList();
    //遍历每一个奖品
    foreach (Prize Ele in OrderByDesc)
    {
        //随机生成一个 1 到 100 的数值
        int RandValue = new Random(Guid.NewGuid().GetHashCode()).Next(1, 101);
        //判断随机数小于等于产品概率值
        if (RandValue <= Ele.percente)
        {
            //指定当前产品为中奖奖品
            SelectedPrize = Ele;
            //跳出循环
            break;
        }
    }
    //返回中奖数据实体
    return SelectedPrize;
}
```

上述代码中，将 List 中的数据以概率从高到低的顺序进行了排列，然后循环遍历 List 数据，将每一次生成的一个随机数与该条数据的概率值对比，如果随机数小于等于概率值，则获取该条数据为中奖信息。

23.3.5　显示中奖信息

当九宫格停止转动时，需要显示用户获奖信息。在 start 方法中，将会调用 show_prize 方法实现该功能。代码如下：

```
//显示中奖信息
function show_prize(prize_id, prize_name) {
    if (prize_id == 3 || prize_id == 10) {
        layer.msg('感谢参与，明日再来', function () {
            var phone = $("#lottery").attr("phone");
            $.post("SiteServer.ashx?param=NoPrize",
                { "phone": phone });
        });
        return false;
    }
    layer.msg('恭喜您抽中【' + prize_name + '】', { time: 2000 }, function () {
        var phone = $("#lottery").attr("phone");
```

```
            layer.open({
                type: 2,
                title: '请填写收货地址',
                maxmin: true,
                area: ['600px', '400px'],
                content: 'Views/address.html',
            });
        });
}
```

上述代码中，九宫格停止转动后，调用 show_prize 方法。在该方法中，首先判断 prize_id，如果是 3 或 10（即感谢参与），则提示“感谢参与，明日再来”，并且将手机号提交到后台写入数据库，记录今日已经参与。否则，表示用户抽中奖品，以弹层方式显示 Views/address.html（填写中奖用户信息）文件的内容。运行效果如图 23.8 所示。

图 23.8　获奖用户填写地址信息

第 24 章

趣味图片生成器

趣味图片能给用户带来充满乐趣的体验，比如我们经常看到的网络上的各种表情包、恶搞图片、人工 PS 换脸等。本实例将要开发一个“趣味图片生成器”，生成一张有意思的图片，可以随意进行分享展示，让你成为“霸屏小达人”。

本章知识架构及重难点如下。

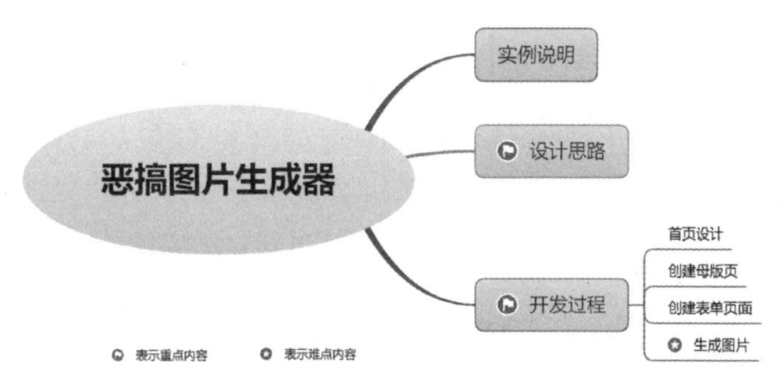

24.1 实 例 说 明

本实例使用 HTML5 响应式设计（兼容手机），利用 ASP.NET 强大的图形图像处理技术——GDI+，开发一个趣味图片生成器。运行效果如图 24.1 所示。

图 24.1　趣味图片生成器效果图

24.2 设 计 思 路

通过对运行效果图的分析不难发现，我们主要使用 GDI+对象在图片上添加文字。首先，准备一张缺少关键字的图片。然后设置一个表单，添加表单内容（即图片中缺失的关键字）。最后提交表单，将关键字写在图片的对应位置上。实现流程如图 24.2 所示。

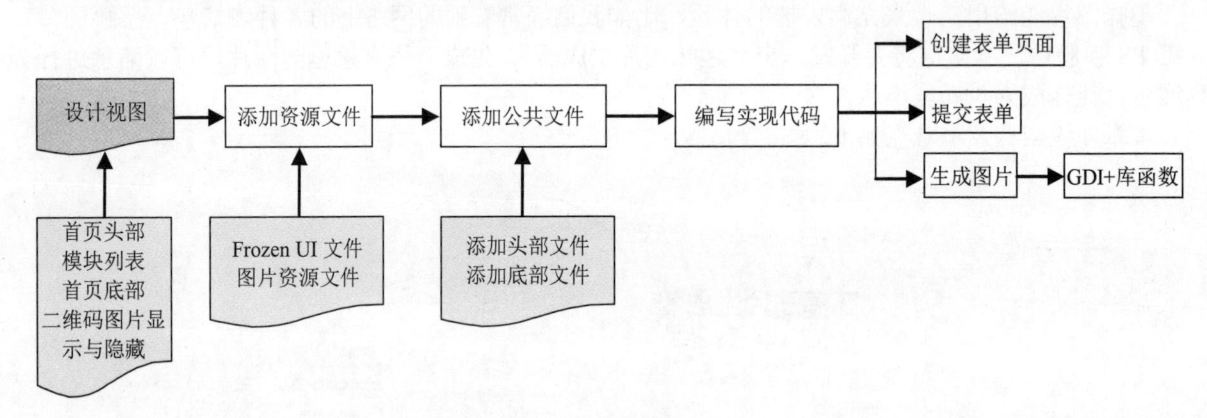

图 24.2　实现流程

24.3 开 发 过 程

24.3.1　首页设计

首先创建一个项目，命名为 FunPic。接下来，开始创建首页 Index.aspx 文件。为实现响应式效果，需要使用 Frozen UI（https://frozenui.github.io）框架设计首页样式。

编写 Index.aspx 文件，具体代码如下：

```
<%@ Page Language="C#" AutoEventWireup="true" CodeBehind="Index.aspx.cs" Inherits="FunPic.Index" %>
<!DOCTYPE html>
<html xmlns="http://www.w3.org/1999/xhtml">
<head runat="server">
    <meta http-equiv="Content-Type" content="text/html; charset=utf-8"/>
    <meta name="viewport" content="width=device-width, initial-scale=1.0, minimum-scale=1.0, maximum-scale=1.0,
user-scalable=no"/>
    <title>趣味图片生成器</title>
    <link type="text/css" rel="stylesheet" href="Public/css/frozen.css" />
    <link type="text/css" rel="stylesheet" href="Public/css/style.css" />
</head>
<body>
    <header class="ui-header ui-header-positive ui-border-b">
        <h1>趣味图片生成器</h1>
```

```
    </header>
    <form id="form1" runat="server">
        <div class="container" style="padding: 60px 0;">
            <ul class="ui-list ui-list-link ui-border-tb">
                <li class="ui-border-t" onClick="javascript:window.location.href='train/Index.aspx'">
                    <div class="ui-list-img">
                        <span style="background-image:url(train/icon.jpg)"></span>
                    </div>
                    <div class="ui-list-info">
                        <h4 class="ui-nowrap">火车票生成器(自定义所有信息)</h4>
                        <p class="ui-nowrap">踏上火车奔向远方</p>
                    </div>
                </li>
            </ul>
        </div>
    </form>
</body>
</html>
```

上述代码中，首先在<head>标签内引入 frozen.css 文件，然后使用<ul>标签下的<li>标签分别包含每一个模块，最后使用 JavaScript 实现二维码图片的关注与隐藏。

在 Index.aspx 页面右击，在弹出的快捷菜单中选择“在浏览器中查看”命令，首页运行效果如图 24.3 所示。

图 24.3　首页运行效果

24.3.2 创建母版页

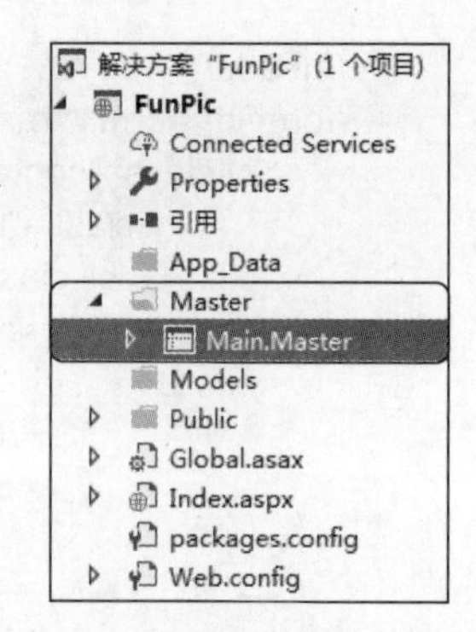

图 24.4 Master 的目录结构

由于每个模块的<head>标签和<footer>标签内容相同，为减少代码量，可以将公共部分通过母版页来进行布局。然后，在每个模块中分别引用这个母版页即可。首先在项目上创建一个 Master 文件夹，然后在该文件夹下创建一个 Main.Master 母版页文件，此时目录结构如图 24.4 所示。

母版页中的具体代码如下：

```
<%@ Master Language="C#" AutoEventWireup="true" CodeBehind="Main.master.cs" Inherits="FunPic.Master.
Main" %>
<!DOCTYPE html>
<html>
<head runat="server">
    <meta http-equiv="Content-Type" content="text/html; charset=utf-8"/>
    <meta name="viewport" content="width=device-width, initial-scale=1.0, minimum-scale=1.0, maximum-scale=1.0,
user-scalable=no"/>
    <title>趣味图片生成器</title>
    <link type="text/css" rel="stylesheet" href="../Public/css/frozen.css" />
    <link type="text/css" rel="stylesheet" href="../Public/css/style.css" />
    <asp:ContentPlaceHolder ID="head" runat="server">
    </asp:ContentPlaceHolder>
</head>
<body>
    <form id="form1" runat="server">
        <div>
            <asp:ContentPlaceHolder ID="ContentPlaceHolder1" runat="server">
            </asp:ContentPlaceHolder>
        </div>
    </form>
</body>
</html>
```

24.3.3 创建表单页面

下面开始编写“火车票生成器”的表单页面。具体步骤如下。

（1）在根目录下创建 Train 文件夹，作为“火车票生成器”模块。然后，将图片资源 icon.png 和 old_picture.jpg 复制到 Train 目录下。

（2）在 Train 目录下创建 Index.aspx 内容页面并引用 Main.Master 母版页，表单内容包括“起点站”“终点站”“车次”“价格”“姓名”“身份证号”。具体代码如下：

```
<%@ Page Title="" Language="C#" MasterPageFile="~/Master/Main.Master" AutoEventWireup="true" CodeBehind=
"Index.aspx.cs" Inherits="FunPic.Train.Index" %>
<asp:Content ID="Content1" ContentPlaceHolderID="head" runat="server">
```

```
</asp:Content>
<asp:Content ID="Content2" ContentPlaceHolderID="ContentPlaceHolder1" runat="server">
    <header class="ui-header ui-header-positive ui-border-b">
        <h1>火车票生成器（自定义所有信息）</h1>
    </header>
    <div class="wrapper">
        <img src="icon.jpg" width="50%" style="margin:80px 25% 80px 25%;"/>
        <div class="ui-form">
            <div class="ui-form-item ui-border-b">
                <label>起点站</label>
                <asp:TextBox runat="server" placeholder="如广州" ID="start"></asp:TextBox>
            </div>
            <div class="ui-form-item ui-border-b">
                <label>终点站</label>
                <asp:TextBox runat="server" placeholder="如北京  上海  杭州" ID="end"></asp:TextBox>
            </div>
            <div class="ui-form-item ui-border-b">
                <label>车次</label>
                <asp:TextBox runat="server" placeholder="如 1314" ID="num"></asp:TextBox>
            </div>
            <div class="ui-form-item ui-border-b">
                <label>价格</label>
                <asp:TextBox runat="server" placeholder="如 500" ID="price"></asp:TextBox>
            </div>
            <div class="ui-form-item ui-border-b">
                <label>姓名</label>
                <asp:TextBox runat="server" placeholder="如某某某" ID="name"></asp:TextBox>
            </div>
            <div class="ui-form-item ui-border-b">
                <label>身份证号</label>
                <asp:TextBox runat="server" placeholder="如 44092319****303011" ID="idnum"></asp:TextBox>
            </div>
            <div class="ui-btn-wrap">
                <asp:Button runat="server" text="确定" class="ui-btn-lg ui-btn-primary" ID="Button1" OnClick=
"Button1_Click"/>
            </div>
        </div>
    </div>
</asp:Content>
```

（3）单击“确定”按钮后，需要在后台代码中使用 GDI+对象绘制图片文字，具体代码如下：

```
protected void Button1_Click(object sender, EventArgs e)
{
    string start = this.start.Text;                 //获取起点站
    string end = this.end.Text;                     //获取终点站
    string num = this.num.Text;                     //获取车次
    string price = this.price.Text;                 //获取价格
    string name = this.name.Text;                   //获取姓名
    string idnum = this.idnum.Text;                 //获取身份证号
```

```
    //实例化 GenerateImage 类
    GenerateImage generateImage = new GenerateImage("/Train/old_picture.jpg", "/public/font/fh.ttf");
    //连续绘制起点站、终点站、车次、价格、姓名、身份证号以及乘车日期
    generateImage.DrawString(start, 55, 33).DrawString(end, 268, 33).DrawString(num, 166, 33
        .DrawString(price, 44, 90).DrawString(name, 200, 140).DrawString(idnum, 19, 140)
        .DrawString(DateTime.Now.Year.ToString(),15,70).DrawString(DateTime.Now.Month.ToString(),72,70)
        .DrawString(DateTime.Now.Day.ToString(), 109, 70).DrawString(DateTime.Now.Hour.ToString() + ":"
+ DateTime.Now.Minute.ToString(),138,70);
    //保存文件并返回文件名
    string filename = generateImage.Save();
    //跳转到预览页面并传入文件的名称
    Response.Redirect("/Common/create_picture.aspx?filename=" + filename);
}
```

（4）上述代码中对于 GDI+的使用主要是在 GenerateImage 类中实现的，因为其他模块也会用到 GDI+来实现绘图，所以需要在 Public 文件夹下创建 GenerateImage.cs 文件。GenerateImage.cs 文件的具体代码如下：

```
namespace FunPic.Public
{
    //定义用于绘制图片文字的抽象类
    public abstract class DrawImage
    {
        public abstract DrawImage DrawString(string txtName, int X, int Y);
        public abstract DrawImage DrawString(string txtName, int X, int Y, int angle);
        public abstract DrawImage DrawString(string txtName, int X, int Y, int angle, int FontSize);
    }
    //定义生成图片类，继承 DrawImage 抽象类
    public class GenerateImage : DrawImage
    {
        private System.Drawing.Image img = null;          //定义 Image 类型变量
        private Graphics graphics = null;                  //定义 Graphics(绘图)变量
        private SolidBrush blackbrush = null;              //定义 SolidBrush(画笔)变量
        private Font font = null;                          //定义文本字体样式类
        private FontFamily fontFamily = null;
        //定义构造方法，传入背景图片虚拟路径以及字体文件的虚拟路径
        public GenerateImage(string oldImage, string fonturl, int FontSize = 14)
        {
            //通过指定的图片路径创建 Image 对象
            img = System.Drawing.Image.FromFile(HttpContext.Current.Server.MapPath(oldImage));
            //通过指定的 Image 创建 Graphics 对象
            graphics = Graphics.FromImage(img);
            //设置 Graphics 为抗锯齿呈现
            graphics.SmoothingMode = System.Drawing.Drawing2D.SmoothingMode.AntiAlias;
            //通过指定的位置、大小绘制 Image
            graphics.DrawImage(img, 0, 0, img.Width, img.Height);
            //创建 SolidBrush(画笔)对象，画笔颜色为黑色
            blackbrush = new SolidBrush(Color.Black);
            //创建字体系列集合
            System.Drawing.Text.PrivateFontCollection privateFontCollection = new System.
```

```
Drawing.Text.PrivateFontCollection();
            //向字体系列集合中添加一个指定的字体文件
            privateFontCollection.AddFontFile(HttpContext.Current.Server.MapPath(fonturl));
            //获取集合中第一个字体样式
            fontFamily = privateFontCollection.Families[0];
            //创建字体样式
            font = new Font(fontFamily, FontSize, FontStyle.Regular, GraphicsUnit.Point);
        }
        //更改画笔颜色
        public void ChangeTextColor(Color color)
        {
            blackbrush.Color = color;
        }
        //重写同于绘制文字的方法，用于可连续绘制文字，参数为绘制文字、X 坐标值、Y 坐标值
        public override DrawImage DrawString(string txtName, int X, int Y)
        {
            //通过设定的字体、画笔、坐标值绘制文字
            graphics.DrawString(txtName, font, blackbrush, new PointF(X, Y));
            //返回当前实例
            return this;
        }
        //重写同于绘制文字的方法，用于可连续绘制文字
        public override DrawImage DrawString(string txtName, int X, int Y, int angle)
        {
            graphics.RotateTransform(angle);                    //设置字体倾斜角度
            //通过设定的字体、画笔、坐标值绘制文字
            graphics.DrawString(txtName, font, blackbrush, new PointF(X, Y));
            graphics.ResetTransform();                          //将 Graphics 恢复到正常角度
            return this;                                        //返回当前实例
        }
        //重写同于绘制文字的方法，用于可连续绘制文字
        public override DrawImage DrawString(string txtName, int X, int Y, int angle, int FontSize)
        {
            Font font = new Font(fontFamily, FontSize, FontStyle.Regular, GraphicsUnit.Point);
            graphics.RotateTransform(angle);                    //设置字体倾斜角度
            //通过设定的字体、画笔、坐标值绘制文字
            graphics.DrawString(txtName, font, blackbrush, new PointF(X, Y));
            graphics.ResetTransform();                          //将 Graphics 恢复到正常角度
            font.Dispose();                                     //释放 Font 对象
            return this;                                        //返回当前实例
        }
        //保存已绘制的图片到网站目录中
        public string Save()
        {
            //通过当前系统时间生成文件名称
            string filename = DateTime.Now.ToString("yyyyMMddHHmmSS") + ".jpg";
            //保存文件到指定的目录
            img.Save(HttpContext.Current.Server.MapPath("/Images/") + filename, ImageFormat.Jpeg);
            graphics.Dispose();                                 //释放 Graphics 对象
```

```
            blackbrush.Dispose();                              //释放 SolidBrush 对象
            img.Dispose();                                     //释放 Image 对象
            font.Dispose();                                    //释放 Font 对象
            return filename;                                   //返回文件名称
        }
    }
}
```

（5）绘制完成后，图片文件会被存放到 Images 文件夹内，所以在网站的根目录下需要创建该文件夹，运行 Train/Index.aspx 页面，结果如图 24.5 所示。

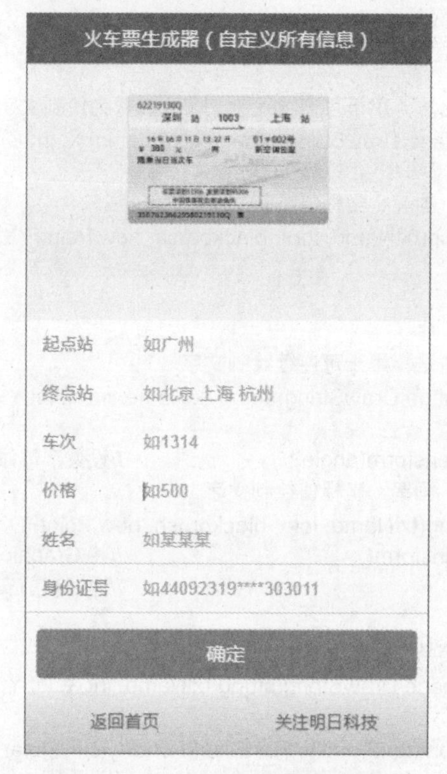

图 24.5　火车票生成器表单页面

24.3.4　生成图片

当单击“确定”按钮时，即可触发后台 Button1_Click 方法执行绘图，图片绘制完成后页面将会跳转到图片预览界面，所以需要创建一个 Common 文件夹，然后在该文件夹下创建一个 create_picture.aspx 页面，页面代码如下：

```
<%@ Page Title="" Language="C#" MasterPageFile="~/Master/Main.Master" AutoEventWireup="true"
CodeBehind="create_picture.aspx.cs" Inherits="FunPic.Balidao.create_picture" %>
<asp:Content ID="Content1" ContentPlaceHolderID="head" runat="server">
</asp:Content>
<asp:Content ID="Content2" ContentPlaceHolderID="ContentPlaceHolder1" runat="server">
    <header class="ui-header ui-header-positive ui-border-b">
```

```
            <i class="ui-icon-return" onclick="history.back()"></i>
            <h1>长按下方图片点选保存图片</h1>
        </header>
        <div class="wrapper">
            <img src="/Images/<%=this.ImageUrl %>" width="100%"/>
        </div>
</asp:Content>
```

上述代码中，使用<img>标签进行显示已绘制的图片，其 src 属性绑定了一个后台全局变量，所以，在后台代码中需要接收传递过来的图片文件名称，具体代码如下：

```
public partial class create_picture : System.Web.UI.Page
{
    public string ImageUrl;
    protected void Page_Load(object sender, EventArgs e)
    {
        string filename = Request.QueryString["filename"];
        if (filename != "")
        {
            ImageUrl = filename;
        }
    }
}
```

运行 Train/Index.aspx 页面，填写相应信息后，如图 24.6 所示。单击“确定”按钮，运行结果如图 24.7 所示。

图 24.6　填写表单内容

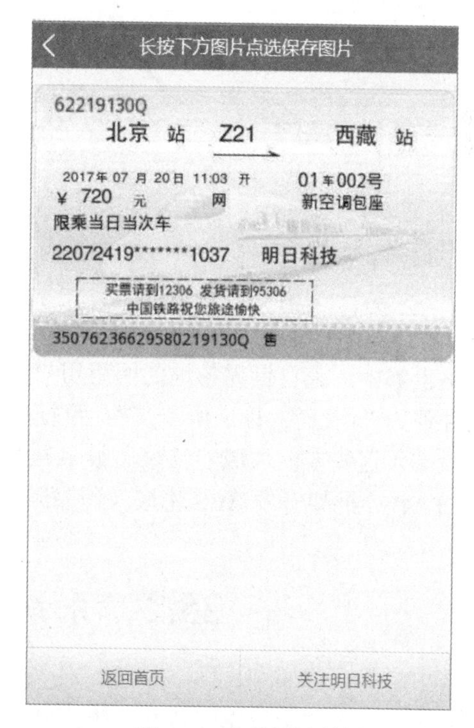

图 24.7　生成图片效果

第 25 章

BBS 论坛（ASP.NET MVC 版）

通过搜索引擎查询一些专业性的问题时，跳转最多的应该是各种论坛、帖吧等，因为论坛能够集中更多专业人士来针对某一个专业领域问题进行讨论分析。制作一个论坛项目所涉及的知识点也是很广泛的，本章将带领读者通过使用 ASP.NET MVC 架构实现 BBS 论坛项目的开发。

本章知识架构及重难点如下。

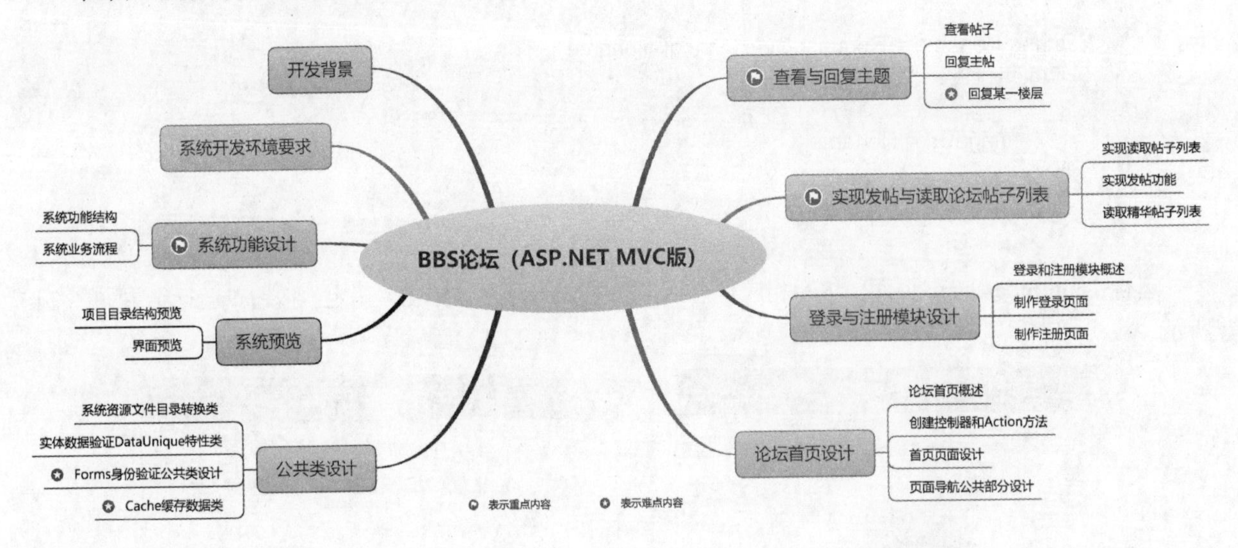

25.1 开 发 背 景

在网络世界中，来自世界各地的网络用户形成一个个群体，通过计算机软件实现线上讨论，这个计算机软件便为“论坛”。论坛所涉及的话题范围很广，如软件开发技术、计算机硬件技术、娱乐明星和野外探险等。这些专业领域能够聚集很多专业人才，从而实现资源、知识和经验的分享。本章将使用 ASP.NET MVC 框架开发 BBS 论坛（程序源论坛）项目。

25.2 系统开发环境要求

在开发本项目之前，应先准备好系统环境、开发工具及测试条件，具体要求如下。

☑ 操作系统：Windows 7（SP1）以上。

☑　开发工具：Visual Studio 2019。
☑　数据库：SQL Server。
☑　Web 服务：IIS6 或以上。

25.3　系统功能设计

25.3.1　系统功能结构

BBS 论坛主要分为前台页面、后台管理等模块。“程序源论坛”的详细功能结构如图 25.1 所示。

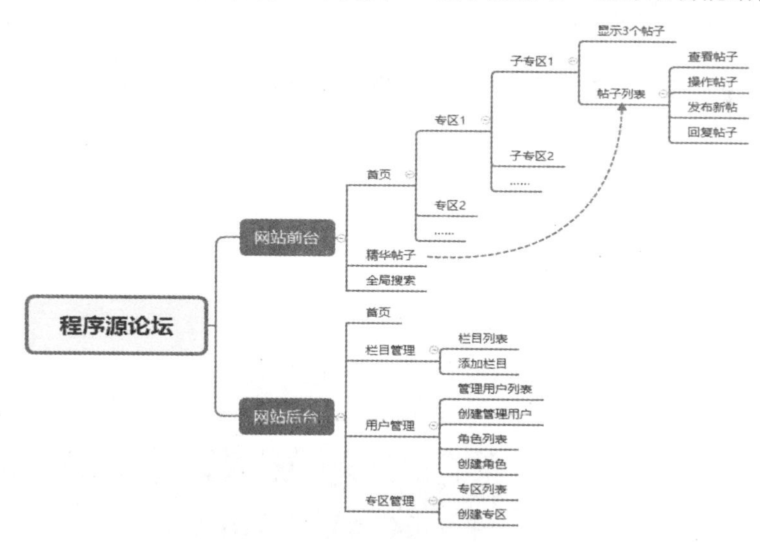

图 25.1　“程序源论坛”的功能结构图

25.3.2　系统业务流程

一个网站项目的核心部分就是业务逻辑，要围绕业务逻辑编写代码。如图 25.2 所示是 BBS 论坛项目的系统业务流程图。

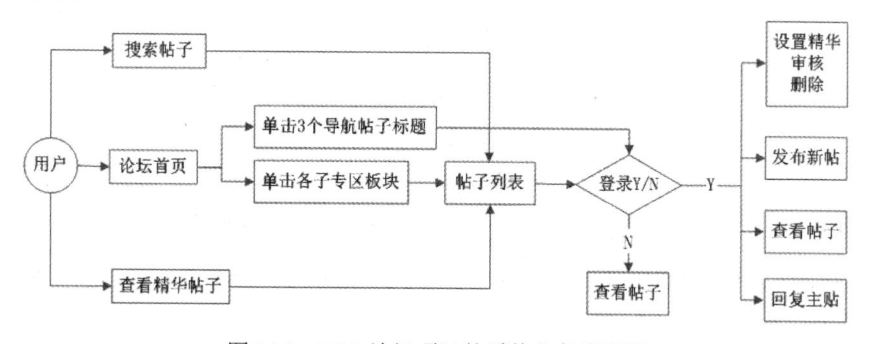

图 25.2　BBS 论坛项目的系统业务流程图

25.4 系统预览

25.4.1 项目目录结构预览

在本项目目录中，通过建立 Areas 区域将前台和后台系统进行了分离，Content 文件夹内存放了各类资源文件，包括 js、css、图片和字体文件等。BBS 论坛的项目结构如图 25.3 所示。

25.4.2 界面预览

论坛首页如图 25.4 所示，该页面包含各大专区、专区内的子专区板块，以及全局导航、登录等信息。

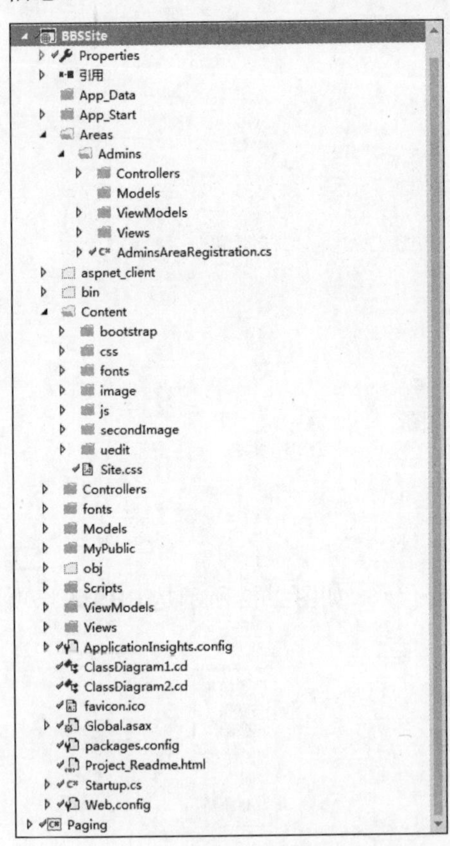

图 25.3　BBS 论坛的项目结构

图 25.4　论坛首页

子专区板块帖子列表页面如图 25.5 所示，该页面包含所属该专区的帖子及发布属于该专区的新帖等功能。

如图 25.6 所示是精华帖子列表页面。单击帖子标题可以进行内容阅读与主题回复。

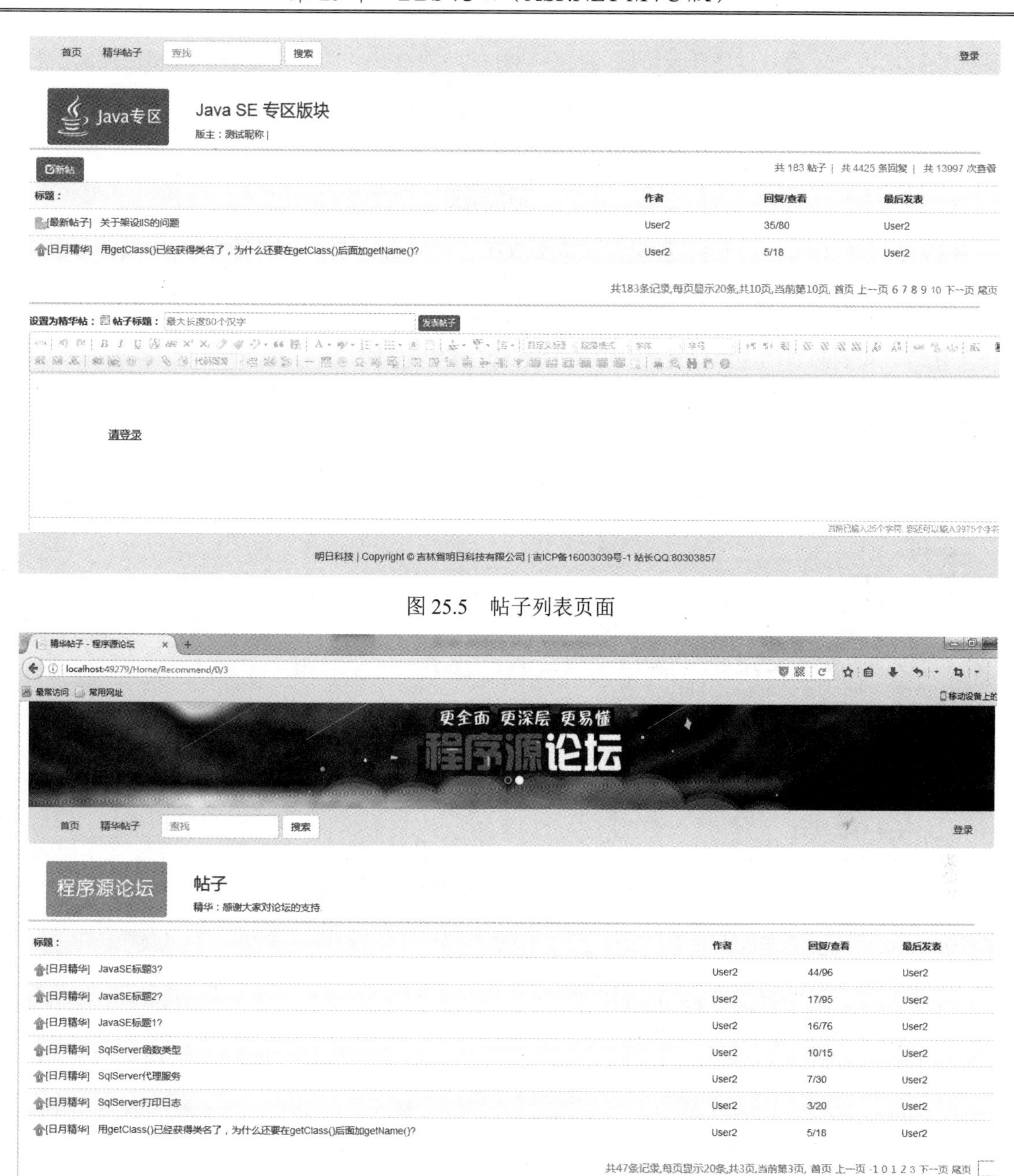

图 25.5　帖子列表页面

图 25.6　精华帖子列表页面

25.5　公共类设计

公共类是每个项目都会用到的一种程序设计形式，它将一些可公用的功能代码封装在一个类中，以实现代码的重用。无论是程序开发阶段还是后期维护阶段，公共类都是更加清晰和便捷的一种设计结构。

25.5.1 系统资源文件目录转换类

在 BBS 论坛项目中，我们将各种资源文件都放在了 Content 文件夹内，然而视图文件都存放在不同的目录结构中，所以，这些视图文件的父目录都是不同的。例如，前台功能和后台功能相分离。要想实现统一返回资源目录路径，需要构建一个能够返回路径的公共类，无论是哪个视图文件，只要访问这个类就可以得到想要的文件路径。公共类 GettingUrl 的定义如下：

```
/// <summary>
///获取站点资源属性
/// </summary>
internal class GettingUrl : IGettingUrl
{
    UrlHelper url;
    /// <summary>
    ///通过传入 UrlHelper 对象，构造站点资源类
    /// </summary>
    /// <param name="Url">Url 帮助类</param>
    public GettingUrl(UrlHelper Url)
    {
        this.url = Url;
    }
    /// <summary>
    /// Image 目录地址
    /// </summary>
    public string ContentImagesUrl { get { return url.Content("~/Content/image"); } }
    /// <summary>
    /// SecondImage 目录地址
    /// </summary>
    public string ContentSecondImageUrl
    { get { return url.Content("~/Content/secondImage"); } }
    /// <summary>
    /// Bootstrap 目录地址
    /// </summary>
    public string ContentBootstrapUrl
    { get { return url.Content("~/Content/bootstrap"); } }
    /// <summary>
    /// Css 目录地址
    /// </summary>
    public string ContentCssUrl { get { return url.Content("~/Content/css"); } }
    /// <summary>
    ///自定义 JavaScript 脚本文件目录地址
    /// </summary>
    public string ContentJSUrl { get { return url.Content("~/Content/js"); } }
    /// <summary>
    /// Uedit 目录地址
```

```
    /// </summary>
    public string ContentUedit { get { return url.Content("~/Content/uedit"); } }
    /// <summary>
    /// Script 目录地址
    /// </summary>
    public string ScriptUrl { get { return url.Content("~/Scripts"); } }
}
```

25.5.2　实体数据验证 DataUnique 特性类

用户在前台网页上进行数据录入后，数据往往会通过实体类的方式传入后台方法中。然而，如果不通过程序验证数据的合法性就直接将数据插入数据库中，则会引发各种不可预测的故障，或带来程序上的错误。验证这些数据的方法有很多，其中，通过定义验证特性来实现数据验证是一个很值得推荐的解决方案。

ValidationAttribute 特性是验证实体数据的基类，通过继承 ValidationAttribute 类即可实现自定验证逻辑，关于数据验证的公共类设计如下。

首先定义自定义特性类，该类必须继承 ValidationAttribute 基类。

```
/// <summary>
///自定义验证类特性，AttributeUsage 表示 DataUnique 特性类的用法
/// ValidationAttribute 类表示所有验证属性的基类
/// </summary>
[AttributeUsage(AttributeTargets.Property, AllowMultiple = false, Inherited = true)]
public class DataUnique : ValidationAttribute
{
    public EnumDataUnique edu { get; set; }              //定义全局枚举，表示验证的表
    public int MyType { get; set; }                      //定义实现同一表中不同字段的验证
    public string Key { get; set; }                      //定义验证的数据需要指定其他条件的字段名称
    public DataUnique() { }                              //构造方法
    //实现抽象类 ValidationAttribute 中的 IsValid 方法，该方法用于验证属性值是否有效
    //Value 为验证的值，validationContext 为要验证的类
    protected override ValidationResult
    IsValid(object value, ValidationContext validationContext)
    {
        if (value != null)                               //判断如果 value 值不为空
        {
            int KeyID = 0;                               //定义其他条件查询的条件值变量
            //如果不为空，则表示需要制定其他条件查询，Key 为属性的名称，如“ID”
            if (Key != null && Key != "")
            {
                //通过反射获取条件属性的值
                KeyID = Convert.ToInt32(validationContext.ObjectInstance.GetType().
                 GetProperty(Key).GetValue(validationContext.ObjectInstance));
            }
            //通过传入表枚举值调用简单工厂模式类的 InitDataUnique 方法，
            //并返回已实现了 ICheckUnique 接口的各实现类
            ICheckUnique iDataUnique = PublicInitiali.InitDataUnique(edu);
```

```
                //调用实现类中的 CheckUnique 方法，参数分别为要验证的属性值、验证类型和其他条件值
                //方法实现了对数据库表的数据校验工作
                //如果验证成功，则返回 true
                if (iDataUnique.CheckUnique((string)value, MyType, KeyID))
                {
                    return ValidationResult.Success;                //返回验证成功
                }
            }
            return new ValidationResult(null);                      //返回验证失败，value 值为 null
        }
    }
```

接下来定义 PublicInitiali 工厂类，该类用于返回实现 IcheckUnique 接口的数据验证实现类。此类包含了其他方法，这里只列出验证数据的方法。代码如下：

```
/// <summary>
///公共初始化对象类
/// </summary>
public class PublicInitiali
{
    /// <summary>
    ///通过标记的枚举表的值，返回已实现了 IDataUnique 接口的类
    /// </summary>
    /// <param name="edu">枚举的表</param>
    /// <returns>返回指定表的验证类</returns>
    public static ICheckUnique InitDataUnique(EnumDataUnique edu)
    {
        //定义 ICheckUnique 接口变量
        ICheckUnique iDataUnique = null;
        switch (edu)                                                //判断枚举表
        {
            case EnumDataUnique.tb_UsersByCustomer:     //验证 tb_UsersByCustomer 表
                //初始化 CheckUniqueByUsersByCustomer 实现类
                iDataUnique = new CheckUniqueByUsersByCustomer();
                break;
            case EnumDataUnique.tb_UsersBySystem:       //验证 tb_UsersBySystem 表
                //初始化 CheckUniqueByUsersBySystem 实现类
                iDataUnique = new CheckUniqueByUsersBySystem();
                break;
            case EnumDataUnique.tb_UserByRole:          //验证 tb_UserByRole 表
                //初始化 CheckUniqueByUserByRole 实现类
                iDataUnique = new CheckUniqueByUserByRole();
                break;
           case EnumDataUnique.tb_ForumArea:            //验证 tb_ForumArea 表
                //初始化 CheckUniqueByForumArea 实现类
                iDataUnique = new CheckUniqueByForumArea();
                break;
            case EnumDataUnique.tb_ForumClassify:       //验证 tb_ForumClassify 表
                //初始化 CheckUniqueByForumClassify 实现类
                iDataUnique = new CheckUniqueByForumClassify();
```

```
                break;
            }
            return iDataUnique;
        }
    }
```

最后定义验证各表的 IcheckUnique 实现类。由于实现类较多，这里只列出其中一个，其他类的实现逻辑大体相同，读者可在资源包文件中找到各实现类的定义。

```
/// <summary>
///实现验证数据类，枚举表为 tb_UserByRole
/// </summary>
public class CheckUniqueByUserByRole : ICheckUnique
{
    //实现 ICheckUnique 接口中的 CheckUnique 方法
    public bool CheckUnique(string value, int MyType, int KeyID)
    {
        using (DB_BBSEntities db = new DB_BBSEntities())   //实例化操作数据库上下文类
        {
            bool IsExists = false;                          //定义数据验证是否成功
            switch (MyType)                                 //判断要查询的字段，此处指查询 RoleName 角色名称
            {
                case 1:
                    if (KeyID == 0)
                    {
                        //查询指定的角色名称是否存在于 tb_UserByRole 表中
                        IsExists = db.tb_UserByRole.Count(C => C.RoleName == value) == 0;
                    }
                    else
                    {
                        //查询指定的 ID 值和角色名称是否存在于 tb_UserByRole 表中
                        IsExists = db.tb_UserByRole.Count(C => C.RoleName == value
                        && C.ID != KeyID) == 0;
                    }
                    break;
            }
            return IsExists;                                //返回验证结果
        }
    }
}
```

注意

枚举 EnumDataUnique 定义了各表的名称，通过增加 EnumDataUnique 枚举值和对应的实现类即可完成表的数据验证功能。

25.5.3　Forms 身份验证公共类

Forms 身份验证是 ASP.NET 中身份验证的一种，此方式使用 Cookie 来保存用户凭证，并将未能通

过身份验证的用户重定向到自定义的登录页。

首先，定义身份验证票证信息数据的 Cookie 存储和解析的类，在用户登录成功后，调用该类的 SetAuthCookie 方法存储 Cookie。用户在执行请求时，调用 TryParsePrincipal 方法解析 Cookie 票证信息。

```
public class MyFormsAuthentication<TUserData> where TUserData : class, new() //身份验证类
{
    public static void SetAuthCookie(string UserName, TUserData UserData,
                                     int ExpiresMinutes)                    //用户登录成功时设置 Cookie
    {
        //如果传入的数据对象为空，则抛出异常
        if (UserData == null) { throw new ArgumentNullException("userData"); }
        //将对象序列化成 JSON 字符串
        string Data = (new JavaScriptSerializer()).Serialize(UserData);
        //创建 ticket
        var ticket = new FormsAuthenticationTicket(1, UserName, DateTime.Now,
                             DateTime.Now.AddMinutes(ExpiresMinutes), true, Data);
        var cookieValue = FormsAuthentication.Encrypt(ticket);              //加密 ticket
        //创建 Cookie
        var cookie = new HttpCookie(FormsAuthentication.FormsCookieName, cookieValue)
        {
            HttpOnly = true,
            Secure = FormsAuthentication.RequireSSL,
            Path = FormsAuthentication.FormsCookiePath,
        };
        if (ExpiresMinutes > 0)                                            //如果传入的分钟数大于 0
        {
            //在当前时间的基础上增加 60 分钟
            cookie.Expires = DateTime.Now.AddMinutes(ExpiresMinutes);
        }
        HttpContext.Current.Response.Cookies.Remove(cookie.Name);          //先移除（不管是否存在）
        HttpContext.Current.Response.Cookies.Add(cookie);                  //写入 Cookie
    }
    //从 Request 中解析出 Ticket，UserData
    public static MyFormsPrincipal<TUserData> TryParsePrincipal(HttpRequest request)
    {
        //如果请求状态对象为空，则抛出异常
        if (request == null) { throw new ArgumentNullException("request"); }
        var cookie = request.Cookies[FormsAuthentication.FormsCookieName]; //登录 Cookie
        //如果 Cookie 不存在，则抛出异常
        if (cookie == null || string.IsNullOrEmpty(cookie.Value)) { return null; }
        try
        {
            //解密 Cookie 值，获取 FormsAuthenticationTicket 对象
            var ticket = FormsAuthentication.Decrypt(cookie.Value);
            //如果解密后用户数据对象不为空
            if (ticket != null && !string.IsNullOrEmpty(ticket.UserData))
            {
                //将用户数据对象的 JSON 字符串反序列化成实体对象
                var userData =
```

```
                (new JavaScriptSerializer()).Deserialize<TUserData>(ticket.UserData);
                if (userData != null)                                    //如果反序列后不为空
                {
                    //返回用于存储用户数据和实现了 IPrincipal 接口方法的泛型实例对象
                    return new MyFormsPrincipal<TUserData>(ticket, userData);
                }
            }
            return null;                                                 //如果解密后为空，则返回空
        }
        catch
        {
            return null;                                                 //有异常也不要抛出，防止攻击者试探
        }
    }
}
```

在用户请求控制器中的某个操作方法时，通过 AuthorizeAttribute 特性可实现用户对该控制器或操作方法的访问权限的验证。自定义验证特性类必须继承自 AuthorizeAttribute 类。

```
//对控制器和操作方法实现权限验证的特性类
public class MyAuthorizeAttribute : AuthorizeAttribute
{
    public MyAuthorizeAttribute(int ColumnID)                    //传入栏目 ID，构造验证类
    {
        using (DB_BBSEntities db = new DB_BBSEntities())  //创建数据库上下文类
        {
            //定义用户角色与栏目关联表（权限表）的集合对象
            IList<int> UserByRoleJoinColumns = null;
            if (ColumnID > 0)                                    //如果传入的栏目 ID 大于 0
            {
                //查询拥有该栏目权限的所有角色 ID
                UserByRoleJoinColumns = db.tb_UserByRoleJoinColumn.
                Where(W => W.ColumnID == ColumnID).Select(S => S.RoleID).ToList();
            }
            else
            {
                //查询所有角色 ID
                UserByRoleJoinColumns = db.tb_UserByRole.Select(S => S.ID).ToList();
            }
            //验证数据是否为空
            if (UserByRoleJoinColumns != null && UserByRoleJoinColumns.Count > 0)
            {
                //赋值基类的角色字符串数据
                this.Roles = string.Join(",", UserByRoleJoinColumns);
            }
        }
    }
    //重写自定义授权检查方法
    protected override bool AuthorizeCore(System.Web.HttpContextBase httpContext)
    {
```

```
        //将 Http 请求安全信息对象转换为实际类型
        var user = httpContext.User as MyFormsPrincipal<MyUserDataPrincipal>;
        if (user != null)                                          //验证对象是否为空
        {
            //传入角色 ID 集合和用户 ID 集合，调用验证角色或用户名的方法
            return (user.IsInRole(Roles) || user.IsInUser(Users));
        }
        return false;                                              //返回 false
    }
    protected override void HandleUnauthorizedRequest(AuthorizationContext filterContext)
    {
        //验证不通过，直接跳转到相应页面。注意，如果不使用以下跳转，则会继续执行 Action 方法
        filterContext.Result = new RedirectResult("~/Admins/Account/InnerLogin");
    }
}
```

此 Forms 身份验证模块还包含两个类，分别为 MyFormsPrincipal<TUserData>和 MyUserDataPrincipal，前者是存储用户票证信息数据的类，后者定义了用户数据，并且实现了用户验证的过程。

25.5.4　Cache 缓存数据类

缓存是经常用到的一种数据暂存功能，目的是将小量比较固定的数据放置在内存中，以便提高应用程序性能。在 BBS 论坛项目中，我们可以使用缓存来记录后台系统导航栏目的选择状态，所以，在项目中我们定义一个公共的缓存管理类，用于实现统一操作缓存项。代码如下：

```
public class MyCache                                           //自定义缓存类
{
    public static MyCache Current = new MyCache();             //定义静态实例对象
    Cache cache = null;                                        //定义缓存类变量
    public MyCache()
    {
        cache = HttpRuntime.Cache;                             //获取当前应用程序运行时的 Cache 对象
    }
    public bool Contains(string Key)
    {
        return cache.Get(Key) != null;                         //判断缓存对象是否存在
    }
    public T Get<T>(string Key)                                //获取缓存
    {
        if (Contains(Key))                                     //如果缓存存在
        {
            return (T)cache[Key];                              //返回缓存对象
        }
        return default(T);                                     //否则返回默认值
    }
    public void Add<T>(T DataEntity, string Key)               //添加缓存对象，设置有效时间为 20 分钟
    {
        //使用 Key 作为键将 DataEntity 对象添加到缓存中，过期参数为无绝对过期时间，并设置间隔 20 分钟无
```

```
        //访问过期策略
        cache.Add(Key, DataEntity, null, Cache.NoAbsoluteExpiration,
                TimeSpan.Parse("00:20:00"), CacheItemPriority.Default, null);
    }
    public void AddNoExpiration<T>(T DataEntity, string Key)  //添加缓存对象，设置无过期时间
    {
        //使用 Key 作为键将 DataEntity 对象添加到缓存中，并且设置无过期时间
        cache.Add(Key, DataEntity, null, Cache.NoAbsoluteExpiration,
                Cache.NoSlidingExpiration, CacheItemPriority.NotRemovable, null);
    }
    //更新缓存对象，设置无过期时间
    public void UpdateNoExpiration<T>(T DataEntity, string Key)
    {
        //将 Key 键的对象更新为最新的 DataEntity，并且设置无过期时间
        cache.Insert(Key, DataEntity, null, Cache.NoAbsoluteExpiration,
                  Cache.NoSlidingExpiration, CacheItemPriority.NotRemovable, null);
    }
    //向已添加到缓存中的集合（List）中追加一条新记录
    public void AddSingle<T>(T DataEntity, string Key)
    {
        IList<T> List = Get<IList<T>>(Key);                       //获取缓存中的 List 集合数据
        List.Add(DataEntity);                                     //将单条数据追加到集合中
        Update<IList<T>>(List, Key);                              //重新更新该缓存对象
    }
    public void Update<T>(T DataEntity, string Key)               //更新缓存对象，设置有效时间为 20 分钟
    {
        cache.Insert(Key, DataEntity, null, Cache.NoAbsoluteExpiration,
                  TimeSpan.Parse("00:20:00"), CacheItemPriority.Default, null);
    }
    public void Remove(string Key)                                //移除缓存对象
    {
        if (Contains(Key))                                        //判断缓存项是否存在
        {
            cache.Remove(Key);                                    //移除缓存项
        }
    }
}
```

25.6　论坛首页设计

25.6.1　论坛首页概述

BBS 论坛首页包含了各大板块区域，每个区域又包含各子板块。同时，每个子板块又有 3 个默认帖子。这些数据是由程序在数据库中读取并展示在页面中的。除此之外，页面滚动大图、导航、搜索和登录等功能是页面共享板块，所以，首页也包含这一部分内容。论坛首页的运行结果如图 25.7 所示。

图 25.7　论坛首页运行结果

25.6.2　创建控制器和 Action 方法

在 BBS 论坛项目中，我们将首页内容定义在名称为 Home 的控制器中，然后定义 Index 方法作为首页的处理动作。方法中将实现首页板块信息数据的读取。按照首页板块设计的需求，读取逻辑可以分析为从大到小递归，以大板块区域为主，每个大板块区域包含一个子版块区域的集合数据，每个子板块区域又包含一个推荐帖子集合数据。这个逻辑关系使用 Entity Framework+Linq 就可以实现。Home 控制器的 Index 方法定义如下：

```
/// <summary>
/// Index action，用于读取首页内容
/// </summary>
/// <returns>返回 Index 视图</returns>
[HttpGet]
public ActionResult Index()
{
    PublicFunctions.SetUrls(ViewBag, Url);                          //构造资源路径（js、css、image 等）
    IList<ForumAreaJoinForumClassifyEntity> ModelList = null;       //要返回的数据模型
    using (DB_BBSEntities db = new DB_BBSEntities())                //构造数据库上下文
    {
        //查询 tb_ForumArea 表数据并绑定到 ForumAreaJoinForumClassifyEntity 自定义实体类
        ModelList = db.tb_ForumArea.Select(S => new ForumAreaJoinForumClassifyEntity
        {
            ID = S.ID,                                              //赋值 ID
```

```
            AreaName = S.AreaName,                                    //赋值大板块区域名称
            /*查询该大板块区域下的所有子板块并绑定到 ChildForumClassify 自定义实体类，
              赋值给 ChildForumClassify 集合*/
            ChildForumClassify = S.tb_ForumClassify.Select(S1 => new ChildForumClassify {
              Classifys = S1,                                         //赋值子板块
      //查询该子板块推荐帖子并且是未删除状态的帖子数据，获取方式按照 ID 排序
              ForumMain = S1.tb_ForumMain
              .Where(W2 => W2.IsRecommend == true && W2.Isdelete == false)
              .OrderByDescending(O => O.ID).Take(3).ToList() }).ToList()
        }).ToList();
    }
    //返回视图，传入包含大板块区域、子板块区域、推荐帖子的集合模型对象
    return View(ModelList);
}
```

25.6.3　首页页面设计

在项目的 Views 视图文件夹下的 Home 目录中定义 Index 视图文件，在视图文件顶部必须定义接收模型实体数据的变量。同时，还要定义用于访问站点资源的变量。除了这两部分内容，还有对页面标题的定义和引用 CSS 样式文件这两部分内容，这些都是基础的定义，下面讲解页面内容的布局设计。

按照返回的数据实体模型可以分析出：大板块包含小板块，小板块包含最多 3 个推荐帖子。所以，这个层级关系也就符合页面的布局样式。那么，我们就需要首先循环遍历最大的板块，代码如下：

```
<div class="container-fluid">                          <!--div 容器-->
    @if (Model != null && Model.Count > 0)                          //判断实体数据是否为空
    {
        foreach (var Ms in Model)                                   //遍历数据集合
        {
            <!--大板块区域容器-->
            <div class="bm bmw   flg cl con01" style="background-color: #ffffff;">
                <div class="bm_h cl" style="position: relative;background-color: #ffffff;">
                    <span class="o">
                        <img id="category_8702_img"
                         src="@Urls.ContentImagesUrl/collapsed_no.gif" title="收起/展开"
                         alt="收起/展开" onclick="toggle_collapse('category_8701');">
                    </span>
                    <h4>
                        <i class="jg"></i>
                        <a href="javascript:void(0)">@Ms.AreaName</a>
                    </h4>
                </div>
                <div id="category_8701" class="bm_c">
                    <table class="fl_tb">
                        <tbody class="js-hover"></tbody><!--子板块区域容器-->
                    </table>
                </div>
            </div>
        }
```

```
    }
</div>
```

首先，定义页面内容的父容器 div，然后在 div 内判断数据集合是否为空，如果不为空，则遍历这个数据集合。循环内部定义了大板块区域的布局标签。img 为板块标题的“收起/展开”图片按钮，下面的 h4 标签为板块标题的板块名称。这样，此循环就能够将所有大板块区域布局到页面上，但目前这些大板块只是空的容器，里面没有任何内容。

接下来就是布局大板块内的子板块内容。在循环每个大板块区域时，都预留了一个空的 table 表格标签，在此 table 标签内的 tbody 子标签内可以实现对子板块区域的布局。所以，大板块和子板块是嵌套循环关系。tbody 标签内的代码如下：

```
@if (Ms.ChildForumClassify != null && Ms.ChildForumClassify.Count > 0)
{
    int rowIndex = 1;
    foreach (var Msc in Ms.ChildForumClassify)
    {
        if (rowIndex == 1) { @:<tr class="fl_row"> }
        <td class="fl_g" width="32.9%">
            <div class="fl_icn_g" style="width: 120px;">
                <a href="MainContent/@Msc.Classifys.ID">
                    <img src="@Urls.ContentImagesUrl/@Msc.Classifys.ClassifyLogo"
                     alt="Java" align="left">
                </a>
            </div>
            <dl style="margin-left: 120px;">
                <dt>
                    @Html.ActionLink(Msc.Classifys.ClassifyName,
                    "MainContent", "Home", new { id = Msc.Classifys.ID }, null)
                    <em class="game-todayposts" title="今日"> </em>
                </dt>
                <dd class="game-desc"></dd>
            </dl>
        </td>
        if (rowIndex == 3)
        {
            @:</tr>
            rowIndex = 0;
        }
        rowIndex++;
    }
    if (rowIndex > 1)
    {
        @:</tr>
    }
}
```

同样，首先判断子板块集合是否为空，然后循环遍历子板块集合。从预览图片中可以看到，子板块区域是每 3 个板块占一行，所以，我们判断每循环 3 个子板块就应该重启一行，也就是一个<tr>标签。

在代码中定义了 rowIndex 索引变量，当 rowIndex 等于 1 时，输出起始<tr>标签。当 rowIndex 等于 3 时，输出结束<tr>标签，并且将 rowIndex 归零，以便下一次重启新行。最后，在循环外又进行了一次 rowIndex 判断，此处的逻辑表示最后一次循环时，如果 rowIndex 不等于 3，那么结束<tr>标签就会漏输出，所以在此处添加一层逻辑判断。

最后，在每个子板块区域内再添加 3 个推荐帖子标题，这里同样是一个嵌套循环。在子板块区域内预留了<dd class="game-desc"></dd>空内容标签，在此标签内即可布局推荐帖子。代码如下：

```
@{
    var RecommendTop3 = Msc.ForumMain.ToList();
    int Count = RecommendTop3.Count();
}
@for (int r = 0; r < 3 && r < Count; r++)
{
    var MyFM = RecommendTop3[r];
    @Html.ActionLink(MyFM.Title, "SecondContent", "Home", new { id = MyFM.ID },
    new { target = "_self", @class = "text-nowrap", style = "display:block;line-height:16px" })
}
```

这里的 for 循环使用了并且关系验证，最多取 3 条数据，但又必须小于总记录数，如果不加小于 3，可能会超出 3 条数据，如果不加小于总记录数，那么可能会超出总记录数，索引超出范围导致报错。最后使用 Html.ActionLink 绑定了帖子标题的链接。

首页设计完成之后，数据和基本格式已经能够显示出来了，但样式上还没有得到完善，如图 25.8 所示。

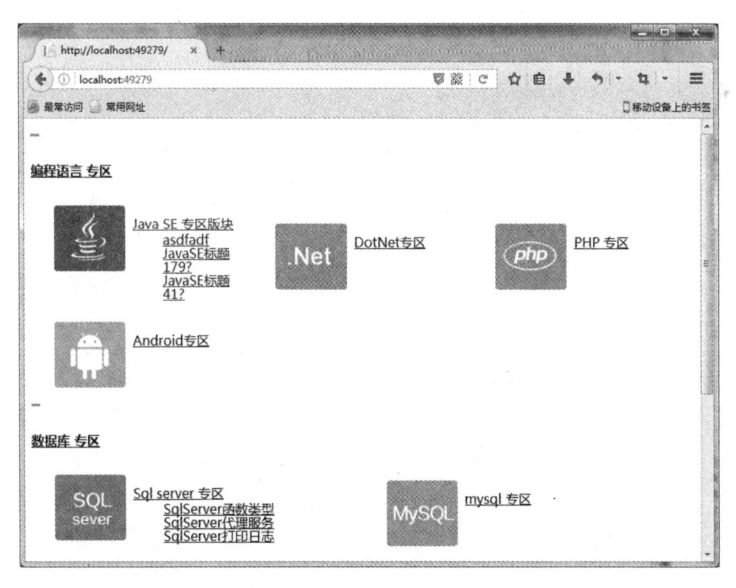

图 25.8　首页页面效果

25.6.4　页面导航公共部分设计

页面公共部分包括轮播图、导航栏、搜索、登录及底部信息等内容。包括首页在内，其他前台页

面也都使用该公共部分。

前面我们学习了布局页面的一些相关知识，它是定义在 Shared 文件夹内的。创建项目时默认包含一个_Layout.cshtml 布局页面，但本项目不使用该布局页面。所以，我们在 Shared 文件夹内新创建一个_LayoutBBSSite.cshtml 布局页面，并在页面内添加布局代码。

布局视图文件内定义的<html>标签与普通内容视图标签是不同的。首先，它包含<html>、<head>和<body>等标签；然后，在标签中还需要用到 RenderSection、RenderBody 等方法，这些方法是用来标记布局页与内容页进行合并的匹配方案。

布局页同样需要定义访问资源文件的变量，然后在<head>标签内定义页面标题、引用样式等代码。下面是_LayoutBBSSite.cshtml 页面的<head>标签内部分代码：

```
<head>
    <title>@ViewBag.Title - BBS 论坛</title><!--ViewBag.Title 为内容页面定义的标题名称-->
    @RenderSection("linkcss", false) <!--在此位置呈现内容页引用该位置所定义的内容 -->
</head>
```

在内容页，通过定义@section linkcss{}并在括号内定义标签代码，即可将内容放置在该位置。其中，linkcss 为自定义名称。RenderSection 方法的第 2 个布尔参数表示内容页是否必须定义该部分，false 表示允许不呈现该部分内容。

页面主题部分共包含 3 个大的区域，分别为轮播图，导航栏、搜索和登录，以及页面底部信息。下面一一进行设计布局。

首先是轮播图的标签定义：

```
<div class="container-fluid">
    <div id="carousel-example-generic" class="carousel slide" data-ride="carousel">
        <ol class="carousel-indicators">
            <li data-target="#carousel-example-generic"
                data-slide-to="0" class="active"></li>
            <li data-target="#carousel-example-generic" data-slide-to="1"></li>
        </ol>
        <div class="carousel-inner" role="listbox">
            <div class="item active">
                <img alt="First slide [2046x256]" class="img-responsive"
                    src="@Urls.ContentImagesUrl/banner_01.png">
                <div class="carousel-caption"><p class="text-primary"></p></div>
            </div>
            <div class="item">
                <img alt="First slide [2046x256]" class="img-responsive"
                    src="@Urls.ContentImagesUrl/banner_02.png">
                <div class="carousel-caption"><p class="text-primary"></p></div>
            </div>
        </div>
    </div>
</div>
```

在<ol>标签内定义了两个<li>标签，表示切换轮播图的两个圆点按钮。两个<img>标签为轮播图图片。定义多张图片时，直接向后追加<div>标签并设置 class 属性为 item，同时还需要对应地增加<li>

的数量。

接着设计导航栏、搜索和登录部分代码。该部分代码包含 4 个 div 布局容器，下面只列出主要布局代码。

```
<ul class="nav navbar-nav">
    <li>@Html.ActionLink("首页", "Index", "Home")</li>
    <li>@Html.ActionLink("精华帖子", "Recommend", "Home")</li>
</ul>
```

导航栏使用了<ul>和<li>标签进行布局，通过 Html.ActionLink 方法动态指向了控制器动作。同样，增加导航栏目只需添加<li>标签并绑定内容即可。

搜索框需要提交文本框内容，所以使用了<form>标签进行表单提交。

```
<form action="/Home/Search" class="navbar-form navbar-left" role="search">
    <div class="form-group">
        <input type="text" name="text" class="form-control"
          placeholder="查找" value="@ViewBag.text">
        <button type="submit" class="btn btn-default">搜索</button>
    </div>
</form>
```

登录部分可分为两种状态，一种是未登录状态，另一种是已登录状态。

```
<ul class="nav navbar-nav navbar-right">
@{
    BBSSite.MyPublic.LoginStatus lStatus = new BBSSite.MyPublic.LoginStatus();
    if (lStatus.IsLogin)
    {
        <li><a href="javascript:void(0)" onclick="alert('会员')">
              会员:@lStatus.LoginStatusEntity.UserName</a></li>
        <li>@Html.ActionLink("退出", "LoginOut", "Account")</li>
    }
    else
    {
        <li>
            <a href="/Account/Login/@Convert.ToBase64String(System.Text.Encoding.Default
              .GetBytes(Request.Url.AbsolutePath))">登录</a>
        </li>
    }
}
</ul>
```

通过实例化 BBSSite.MyPublic.LoginStatus 类并访问 IsLogin 属性即可判断用户的登录状态，如果已登录，则显示用户信息；如果未登录，则显示登录按钮。

第 3 部分就是页面底部信息，但此时内容页面还没有指定要显示的位置，所以，在编写底部布局标签前应通过 RenderBody 方法标记内容页应该呈现的位置。

```
@RenderBody()
<footer class="footer bg-info">
```

```
        <div class="container">
            <div class="row">
                <div class="col-sm-12">
                    <span><a href="http://www.mingrisoft.com/">明日科技</a></span> |
                    <span>Copyright &copy;
                      <a href="http://www.mingrisoft.com/">吉林省明日科技有限公司</a></span> |
                    <span>吉 ICP 备 16003039 号-1</span>
                    <span>站长 QQ:80303857</span>
                </div>
                <br /><br />
            </div>
        </div>
    </footer>
```

如图 25.9 所示是首页完成后的效果图，头部、内容以及底部信息都已经呈现在了网页上。

图 25.9　首页页面效果

25.7　登录与注册模块设计

25.7.1　登录和注册模块概述

登录用户可以进行发帖和回帖，被赋予权限的用户还可以审核帖子、设置精华及删帖等。对于没有账号的用户，系统会提供一个注册页面。如图 25.10 所示为用户登录页面，如图 25.11 所示为用户注册页面。

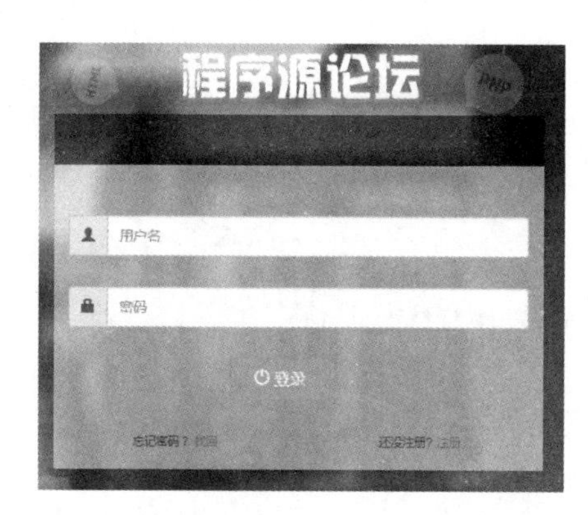

图 25.10　登录页面

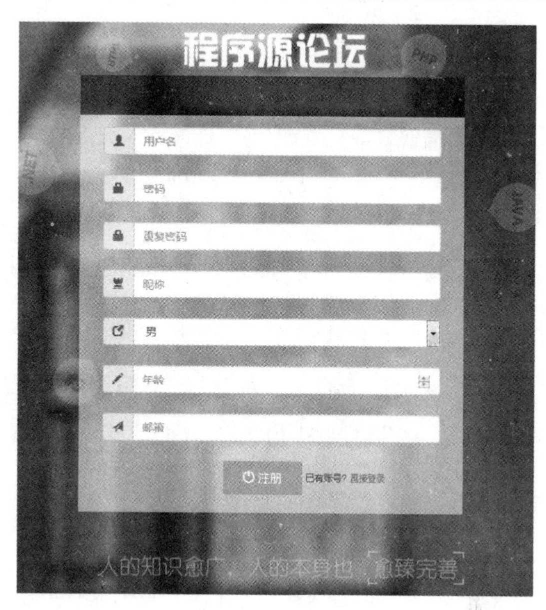

图 25.11　注册页面

25.7.2　制作登录页面

由于“登录”按钮被放在了网站公共布局页面中，所以在前台的每个页面中都能随时登录到系统中。那么，如果此时用户是从某一个子板块帖子列表中登录系统的，则登录后页面还需跳转回上次阅读的页面中，这就需要在登录前记录最后一次停留的页面。

在设计布局页面时，“登录”按钮就已经添加到了页面上。我们再来看一下“登录”按钮的链接标签。

```
<a href="/Account/Login/@Convert.ToBase64String(System.Text.Encoding
.Default.GetBytes(Request.Url.AbsolutePath))">登录</a>
```

这里使用 Base64 将当前页面的路径进行了编码操作，并作为参数传递到了登录页面。这样，就可以实现登录后目标页的跳转工作。使用 Base64 编码主要有两个好处，第一个好处是由于当前页面路径存在以斜线（/）分隔的路径格式，因此会产生歧义性，从而导致无法准确地跳转到登录页，通过 Base64 编码可以避免该问题；第二个好处是在用户的浏览器地址栏中不必将明文路径呈献给用户。

由于登录模块属于用户账户部分，所以需要新建立一个控制器和对应的视图文件夹来管理用户的登录或注册功能。首先设计登录的页面，在 Views 文件夹下的 Account（如果没有则创建）文件夹内添加一个 Login.cshtml 视图文件，然后在视图文件内设计页面布局标签。

首先，在文件顶部引用 LoginUsersByCustomerEntity 模型来绑定登录控件。同时，设定登录页面不需要任何布局页面，所以指定 Layout 为空。代码如下：

```
@using BBSSite.ViewModels <!--引用命名空间-->
@model LoginUsersByCustomerEntity
@{
    Layout = "";                //指定 Layout 为空
    MyPublic.IGettingUrl Urls = ViewBag.Urls as MyPublic.IGettingUrl;
}
```

登录控件是使用 Html 帮助类进行绑定的，其中，Html 帮助类中的 ValidationMessage 方法是在登录失败时用于提示用户的错误消息方法。代码如下：

```
<!--登录页面背景-->
<div class="box" style="background-image: url('@Urls.ContentImagesUrl/loginBack.png');
                                                                    background-size:100%;">
    <div class="login-box">                              <!--布局登录控件位置-->
        <div class="login-title text-center"><!--登录状态标题信息容器-->
            <h1><small>@Html.ValidationMessage("LoginError",
                        new { style="color:red;"})</small></h1>
        </div>
        <div class="login-content "><!--登录控件容器-->
            <div class="form">
                <!--定义 form 标签，指定控制器为 Account，执行动作为 DoLogin-->
                @using (Html.BeginForm("DoLogin", "Account", FormMethod.Post,
                 new { id = "loginform" }))
                {
                    @Html.AntiForgeryToken()
                    <div class="form-group">
                        <div class="col-xs-12 ">
                            <div class="input-group">
                                <span class="input-group-addon">
                                   <span class="glyphicon glyphicon-user"></span></span>
                                    @Html.TextBoxFor(TB=>TB.UserName,
                                    new { @class= "form-control", placeholder= "用户名" })
                            </div>
                        </div>
                    </div>
                    <div class="form-group">
                        <div class="col-xs-12    ">
                            <div class="input-group">
                                <span class="input-group-addon">
                                <span class="glyphicon glyphicon-lock"></span></span>
                                @Html.PasswordFor(PW=>PW.UserPassword,
                                new { @class = "form-control", placeholder = "密码" })
                            </div>
                        </div>
                    </div>
                    <div class="form-group form-actions">
                        <div class="col-xs-4 col-xs-offset-4 ">
                            <button type="submit" class="btn btn-sm btn-info">
                            <span class="glyphicon glyphicon-off"></span> 登录</button>
                        </div>
                    </div>
                    <div class="form-group">
                        <div class="col-xs-6 link">
                            <p class="text-center remove-margin">
                                <small>忘记密码？</small>
                                <a href="javascript:void(0)"><small>找回</small></a>
```

```
                        </p>
                    </div>
                    <div class="col-xs-6 link">
                        <p class="text-center remove-margin">
                            <small>还没注册?</small>
                            <a href="/Account/Register"><small>注册</small></a>
                        </p>
                    </div>
                </div>
            }
        </div>
    </div>
  </div>
</div>
```

视图完成后再添加对应的控制器和动作，用于处理用户请求。在控制器文件夹下建立 Account（如果不存在）控制器，然后添加 Login 方法并指定一个参数。代码如下：

```
[HttpGet, AllowAnonymous]
public ActionResult Login(string id)
{
    PublicFunctions.SetUrls(ViewBag, Url);                    //构造资源文件路径
    new MyPublic.LoginStatus().SetBackLink(id);               //保存上一次页面地址
    return View();                                            //返回视图
}
```

单击“登录”按钮后，对应控制器中的 DoLogin 方法会执行验证登录逻辑代码，其核心代码如下：

```
bool IsLoginSuccess = false;                                      //定义是否登录成功变量
string GetPassword = PublicFunctions.MD5(UserEntity.UserPassword);  //将密码 MD5 加密
//验证用户名和密码的表达式
System.Linq.Expressions.Expression<Func<tb_UsersByCustomer, bool>> Exp = f => f.UserName
== UserEntity.UserName && Encoding.Unicode.GetString(f.UserPassword) == GetPassword;
using (DB_BBSEntities db = new DB_BBSEntities())                  //实例化数据库上下文类
{
    //通过表达式验证该登录是否合法
    IsLoginSuccess = db.tb_UsersByCustomer.Count(Exp.Compile()) > 0;
}
```

这是方法中验证登录的核心代码，在得到 IsLoginSuccess 的值后，按照成功与否选择登录成功的跳转或提示用户错误消息。

25.7.3　制作注册页面

如果用户在登录时发现自己没有可用的账号进行登录，那么可以选择注册一个用户。同样，注册用户需要在 Account 文件夹内添加一个 Register.cshtml 视图文件，然后在页面中设计布局标签。注册页面的标签格式及样式基本与登录页面相同，只是用户输入控件要多于登录页面。

下面只列出 form 内的部分控件标签，其他部分可参见资源包中的文件。

```
@using (Html.BeginForm("DoRegister", "Account", FormMethod.Post,
          new { id = "registerform" }))
{
    @Html.AntiForgeryToken()
    @Html.ValidationSummary(true, "", new { @class = "text-danger" })
    <div class="form-group">
        <div class="col-xs-12">
            <div class="input-group">
                <span class="input-group-addon">
                    <span class="glyphicon glyphicon-user"></span></span>
                @Html.EditorFor(model => model.UserName, new { htmlAttributes =
                 new { @class = "form-control", placeholder = "用户名",
                        maxlength = "20", onfocus = "$('#usernameInfo').show()",
                        onblur = "$('#usernameInfo').hide()" } })
            </div>
        </div>
        <div class="well" id="usernameInfo" style="display: none;">
            提示:用户名长度为 6～20 位英文或数字!
        </div>
    </div>
}
```

可以看到，在每一个控件的后面都定义了提示信息，因此绑定控件的 Html 帮助类的方法也不同于登录控件，因为注册控件需要更多的属性和事件，这些事件可以实现当用户单击了控件后，提示用户文本内容的输入标准等信息。

同样，控制器的 Action 方法是必不可少的，在 Register 方法中，我们使用 ViewBag 动态类型绑定了性别下拉列表框选项。代码如下：

```
[HttpGet, AllowAnonymous]
public ActionResult Register()
{
    PublicFunctions.SetUrls(ViewBag, Url);                    //构造资源文件路径
    PublicService.RegistSexIDBind(ViewBag);                   //绑定页面性别下拉列表框选项
    return View();                                            //返回视图
}
```

单击“注册”按钮执行注册逻辑的 Action 方法，DoRegister 内的核心代码如下：

```
tb_UsersByCustomer ub = new tb_UsersByCustomer()              //创建表实体数据对象
{
    UserName = UserEntity.UserName,
    UserPassword = Encoding.Unicode.GetBytes(PublicFunctions.MD5(UserEntity.UserPassword)),
    NickName = UserEntity.NickName,SexID = UserEntity.SexID,
    Age = UserEntity.Age,Email = UserEntity.Email
};
using (DB_BBSEntities db = new DB_BBSEntities())              //实例化数据库上下文类
{
    db.tb_UsersByCustomer.Add(ub);                            //将实体数据追加到上下文集合中
    if (db.SaveChanges() == 0)                                //执行保存用户数据，0 为保存失败
    {
```

```
            ModelState.AddModelError("LoginError", "注册失败"); //将错误消息添加到状态字典集合中
            PublicService.RegistSexIDBind(ViewBag);              //绑定页面性别下拉列表框（如果注册失败）
            return View("Register");                             //返回的还是注册页面
        }
        else{}
    }
```

在 else 代码块中是用户注册成功后的处理代码，这一部分代码主要实现将用户信息保存到 session 中，然后执行页面跳转的过程。

25.8　实现读取论坛帖子列表与发帖功能

在用户单击查看某一个子专区的帖子时，应该有一个页面专门列出这个专区的所有帖子的数据，并且支持在该专区下发布一个新的帖子。

25.8.1　实现读取帖子列表

首先，我们应该分析加载一个子专区的帖子列表都需要哪些条件，然后，根据数据库表的结构及页面需求来制定参数列表。那么参照表结构可以确定，主帖列表需要提供一个子专区的专区 ID 才能够得到所属的主帖数据。由于页面是以列表的形式展示所属主帖信息，因此数据分页也是必要的功能。这里我们将分页的页面作为 Action 方法参数，而每页显示的数据条数则可以固定写在程序中。

打开 Home 控制器，在类下面定义 MainContent 方法，按照需求定义 id 和 CurrentPageindex 参数。方法定义如下：

```
 [HttpGet]
public ActionResult MainContent(int id = 0, int CurrentPageindex = 1)
{
    if (id == 0)                                          //判断子专区 ID 值是否为 0
    {return Goto("Index", "Home");}                       //执行跳转到上一次访问的动作，或跳转到指定的动作
    bool IsLimit = false;                                 //定义权限变量
    ViewBag.IsLimit = false;                              //将权限值赋予动态类型，用于视图中的访问
    //实例化用户登录状态类
    BBSSite.MyPublic.LoginStatus lStatus = new BBSSite.MyPublic.LoginStatus();
    if (lStatus.IsLogin)                                  //判断用户是否登录
    {
        tb_ForumClassify ForumClassify = null;            //定义子专区数据类
        using (DB_BBSEntities db = new DB_BBSEntities())  //实例化数据库上下文类
        {
            //按照子专区 ID 值查询该专区的其他信息
            ForumClassify = db.tb_ForumClassify.Where(W => W.ID == id).FirstOrDefault();
            if (ForumClassify != null)                    //如果查询数据不为空
            {
                //获取该专区的所属用户 ID，该用户可对该专区的帖子列表有执行操作权限
                int ForumClassifyUserID = ForumClassify.ForumUserID;
```

```
                //取出该子专区所属大板块专区的信息数据
                tb_ForumArea ForumArea = db.tb_ForumArea.Where(W =>
                W.ID == ForumClassify.ForumAreaID).FirstOrDefault();
                int ForumAreaUserID = ForumArea.UserID;  //取出大板块专区的所属用户 ID
                //如果当前登录用户与拥有子专区或大板块专区权限的用户相同
                if (IStatus.LoginStatusEntity.ID == ForumClassifyUserID
                 || IStatus.LoginStatusEntity.ID == ForumAreaUserID)
                {
                    ViewBag.IsLimit = true;                    //该用户有执行操作权限
                    IsLimit = true;
                }
            }
        }
    }
    PublicFunctions.SetUrls(ViewBag, Url);                     //构造资源路径（js、css、image 等）
    const int PageSize = 20, PageCount = 5;                    //定义每页显示数据总数及最多显示的页码
    //构造分页对象配置类
    ConfigPaging cp = new ConfigPaging(CurrentPageindex, PageSize, PageCount);
    ForumClassifyJoinForumMainEntity Model = null;             //要返回的数据模型
    using (DB_BBSEntities db = new DB_BBSEntities())           //实例化数据库上下文类
    {
        //按条件查询子专区表以及所属主帖表数据
        Model = db.tb_ForumClassify.Where(W => W.ID == id).Select(S =>
        new ForumClassifyJoinForumMainEntity
        {
            ID = S.ID,
            ClassifyName = S.ClassifyName,
            ClassifyInnerLogo = S.ClassifyInnerLogo,
            UsersByBanzhu = S.tb_UsersByCustomer,
            ForumMain = (ICollection<tb_ForumMain>)S.tb_ForumMain.Where(
                    Where => Where.Isdelete == false &&
                    ((!IsLimit && Where.IsExamine == 1) || IsLimit))
            .OrderByDescending(O => O.ID).Skip(cp.StartRow).Take(PageSize)
        }).FirstOrDefault();
        //以下为与 ForumMain（帖子）表对应的外键表信息
        Model.ReplyNumber = Model.ForumMain.Select(S => S.tb_ForumInfoStatus.Where(
          W => W.ForumMainID == S.ID).First().ReplyNumber).ToList();        //统计回复次数
        Model.SeeNumber = Model.ForumMain.Select(S => S.tb_ForumInfoStatus.Where(
          W => W.ForumMainID == S.ID).First().SeeNumber).ToList();          //统计查看次数
        //最后回复人
        Model.LastReplyUser = Model.ForumMain.Select(S => S.tb_ForumInfoStatus.Where(
          W => W.ForumMainID == S.ID).First().tb_UsersByCustomer.UserName).ToList();
        Model.UsersByCustomer = Model.ForumMain.Select(
          S => S.tb_UsersByCustomer).ToList();                              //发帖人
        Model.ImgUrl = Model.ForumMain.Select(S =>
          (S.IsRecommend ? "pin_1.gif" : "folder_new.gif")).ToList();       //推荐帖与普通帖 logo
        Model.FMType = Model.ForumMain.Select(S =>
          (S.IsRecommend ? "日月精华" : "最新帖子")).ToList();              //推荐帖与普通帖提示标题
        //以下为总的统计数据
```

```
        Model.TotalForumCount = db.tb_ForumMain.Count(
          W => W.Isdelete == false && W.ForumClassifyID == id);                //总帖子数
        Model.TotalReplyCount = db.tb_ForumMain.Where(
          W => W.Isdelete == false && W.ForumClassifyID == id).ToList()
        .Aggregate(0, (count, current) => count + current.tb_ForumInfoStatus
                .Sum(S => S.ReplyNumber));                                      //总回复数
        Model.TotalSeeCount = db.tb_ForumMain.Where(
          W => W.Isdelete == false && W.ForumClassifyID == id).ToList()
        .Aggregate(0, (count, current) => count + current.tb_ForumInfoStatus
                .Sum(S => S.SeeNumber));                                        //只查看数
    }
    cp.GetPaging(ViewBag, Model.TotalForumCount);                               //绑定分页数据
    ViewBag.curid = id;                                    //此 id 为传入的所属专区 ID，将在下次分页时带入
    return View(Model);                                                         //返回视图
}
```

数据加载完成后，接下来就是设计帖子列表页面，在 Home 控制器下创建 MainContent.cshtml 视图文件，然后定义专区 logo、标题和版主的布局标签。

```
<div class="row">
    <div class="col-xs-2 text-right">
        <img alt="" src="@Urls.ContentSecondImageUrl/@Model.ClassifyInnerLogo">
    </div>
    <div class="col-xs-10 text-left">
        <h3>@Model.ClassifyName</h3>
        <footer>
            版主：<cite title="Source Title">@Model.UsersByBanzhu.NickName |</cite>
        </footer>
    </div>
</div>
```

接着，按顺序定义子专区各项统计信息的布局标签。代码如下：

```
<!-- 横线 -->
<div style="width:98%;height:3px;margin-bottom:10px;padding:0px;
     background-color:#D5D5D5;overflow:hidden;"></div>
<div class="row">
    <div class="col-xs-9">
        <span style="padding-left: 10px;">
            <a href="#newT" class="btn btn-primary">
                <span class="glyphicon glyphicon-edit" aria-hidden="true"></span>
            新帖</a></span>
    </div>
    <div class="col-xs-3 text-nowrap">
        <span class="text-muted">
            共 @Model.TotalForumCount 帖子  |  
            共 @Model.TotalReplyCount 条回复  |  
            共 @Model.TotalSeeCount 次查看  |  
        </span>
    </div>
</div>
```

定义数据表格时，需要注意权限的控制。对于有权限的用户，后台所返回的 ViewBag.IsLimit 值应为 true，所以，在绑定表格标题和数据主体时应使用 if 判断 ViewBag.IsLimit 的权限状态，布局代码如下：

```
<table class="table table-striped">
    <tr>
        <th width="35%"><strong>标题：</strong></th>
        <th width="10%"><strong>作者</strong></th>
        <th width="10%"><strong>回复/查看</strong></th>
        <th width="10%"><strong>最后发表</strong></th>
        @{
            if (ViewBag.IsLimit)
            {
                @:<th width="35%"><strong>操作</strong></th>
            }
        }
    </tr>
    @{int rowIndex = 0; }
    @foreach (var FM in Model.ForumMain)
    {
        <tr>
            <td><a href="/Home/SecondContent/@FM.ID">
                <img src="@Urls.ContentImagesUrl/@Model.ImgUrl[rowIndex]" />
                [@Model.FMType[rowIndex]]   @FM.Title</a></td>
            <td>@Model.UsersByCustomer[rowIndex].UserName</td>
            <td>@Model.ReplyNumber[rowIndex]/@Model.SeeNumber[rowIndex]</td>
            <td>@Model.LastReplyUser[rowIndex]</td>
            @{
                if (ViewBag.IsLimit)
                {
                    @:<td class="OperaSetting">
                        <input type="button"
                         value="@(FM.IsRecommend?"取消精华":"设置精华")"
            style="@(FM.IsRecommend?"":"border-color:#399c32;background-color:#46a13f;")"
                         IsRecommend="@FM.IsRecommend.ToString().ToLower()"
                         onclick="SettingRecommend(this,@FM.ID)" />
                        if (FM.IsExamine == 0)
                        {
                            @:<input type="button" value="审核通过"
                                    onclick="Examine(this,@FM.ID)"/>
                        }
                            @:<input type="button" value="删除"
                                    onclick="Delrecord(this,@FM.ID)"/>
                    @:</td>
                }
            }
        </tr>
        rowIndex++;
```

```
    }
</table>
```

最后绑定分页控件。代码如下：

```
<div class="row">
    <div class="col-xs-7"></div>
    <div class="col-xs-5 text-nowrap">
        @Html.Raw(ViewBag.Paging)
    </div>
</div>
```

对于没有登录的用户，会显示如图 25.12 所示的列表页面。对于已登录的用户，会显示如图 25.13 所示的列表页面。

标题：	作者	回复/查看	最后发表
[最新帖子] 测绘师发图额	admini	0/0	User2
[日月精华] asdfadf	admini	0/0	User2
[最新帖子] JavaSE标题180?	User2	45/71	User2
[日月精华] JavaSE标题179?	User2	18/62	User2
[最新帖子] JavaSE标题176?	User2	6/83	User2
[最新帖子] JavaSE标题175?	User2	11/77	User2
[最新帖子] JavaSE标题174?	User2	5/81	User2
[最新帖子] JavaSE标题173?	User2	14/79	User2

图 25.12　未登录用户显示列表

标题：	作者	回复/查看	最后发表	操作
[最新帖子] 测绘师发图额	admini	0/0	User2	设置精华 删除
[日月精华] asdfadf	admini	0/0	User2	取消精华 删除
[最新帖子] JavaSE标题180?	User2	45/71	User2	设置精华 删除
[日月精华] JavaSE标题179?	User2	18/62	User2	取消精华 删除
[最新帖子] JavaSE标题178?	User2	6/86	User2	设置精华 审核通过 删除
[最新帖子] JavaSE标题176?	User2	6/83	User2	设置精华 删除
[最新帖子] JavaSE标题175?	User2	11/77	User2	设置精华 删除

图 25.13　已登录用户显示列表

25.8.2　实现发帖功能

发帖功能只限于登录的用户，普通游客是无法直接发帖的。通过判断用户登录状态，设置富文本编辑器的显示状态即可实现，编辑器布局标签如下：

```
<!-- 富文本 -->
@using (Html.BeginForm("PulishNewContent", "HomeSave", FormMethod.Post))
```

```
{
    <input type="hidden" id="curid" name="ForumClassifyID" value="@ViewBag.curid" />
    <label for="biaoti">设置为精华帖：</label>
    <input type="checkbox" name="IsRecommend" value="1" />
    <label for="biaoti">帖子标题：</label>
    <input type="text" name="mainTitle" id="mainTitle"
      placeholder="最大长度 80 个汉字" style="width: 360px;">
    <input type="submit" class="btn btn-primary btn-xs text-right"
      value="发表帖子" onclick="return subForm();" />
    <label style="color:red">@TempData["PulishNewContentError"]</label>
    <!-- 加载编辑器的容器 -->
    <div style="padding: 0px;margin: 0px;width: 100%;height: 100%;">
        <script id="container" name="content" type="text/plain">
        </script>
    </div>
}
```

富文本编辑器采用第三方控件实现，所以需要引用第三方 JS 文件，然后通过自定义 JS 代码来控制编辑器的显示状态。代码如下：

```
<!-- 配置文件 -->
<script type="text/javascript" src="@Urls.ContentUedit/js/ueditor.config.js"></script>
<!-- 编辑器源码文件 -->
<script type="text/javascript" src="@Urls.ContentUedit/js/ueditor.all.js"></script>
<!-- 实例化编辑器 -->
<script type="text/javascript">
    var AbsolutePath="@Convert.ToBase64String(System.Text.Encoding.Default
                        .GetBytes(Request.Url.AbsolutePath))";
    @{BBSSite.MyPublic.ILoginStatus lStatus = new BBSSite.MyPublic.LoginStatus(); }
    var success = @lStatus.IsLogin.ToString().ToLower();
    var editor = UE.getEditor('container');
    editor.addListener('ready', function () {
        if (success) {
            console.log("OK");
            return;
        } else {
            editor.setDisabled('fullscreen');
            editor.setContent('<br/><br/><br/>      '+
                '           '+
                '     '+
                '<a href="/Account/Login/'+AbsolutePath+'" target="_parent">请登录</a>');
        }
    });
</script>
```

同时，页面中还定义了其他 JS 方法，这些方法实现了数据的提交或更改数据状态等操作，分别为 subForm（提交发帖内容）、SettingRecommend（设置推荐）、Examine（审核发帖）和 Delrecord（删除帖子）。

用户登录后，富文本编辑器为可编辑状态，效果如图 25.14 所示。

图 25.14　用户发帖

25.8.3　读取精华帖子列表

精华帖子是由有权限的管理人员在众多帖子中标记为精华的帖子，因其具有内容丰富、阅读价值较高、图文并茂以及原创等特点，所以被晋升为精华帖。

读取精华帖主要是在主帖列表中查询标记状态为精华的帖子，控制器方法代码定义如下：

```
public ActionResult Recommend(int CurrentPageindex = 1)
{
    PublicFunctions.SetUrls(ViewBag, Url);                    //构造资源路径（js、css、image 等)
    const int PageSize = 20, PageCount = 5;                   //定义每页显示数据总数及最多显示的页码
    //构造分页对象配置类
    ConfigPaging cp = new ConfigPaging(CurrentPageindex, PageSize, PageCount);
    //要返回的数据模型
    ForumMainByRecommendEntity Model = new ForumMainByRecommendEntity();
    using (DB_BBSEntities db = new DB_BBSEntities())         //构造数据库上下文
    {
        //查询标记为精华帖的列表内容
        Model.ForumMain = db.tb_ForumMain
        .Where(W => W.IsRecommend == true && W.Isdelete == false)
        .OrderByDescending(O => O.ID).Skip(cp.StartRow).Take(PageSize).ToList();
        //查询发帖人
        Model.UsersByCustomer = Model.ForumMain.Select(S => S.tb_UsersByCustomer).ToList();
        //查询回复次数列表内容
        Model.ReplyNumber = Model.ForumMain.Select(S => S.tb_ForumInfoStatus
                    .Where(W => W.ForumMainID == S.ID).First().ReplyNumber).ToList();
        //查询查看次数列表内容
        Model.SeeNumber = Model.ForumMain.Select(S => S.tb_ForumInfoStatus
                    .Where(W => W.ForumMainID == S.ID).First().SeeNumber).ToList();
        //查询最后回复人列表内容
        Model.LastReplyUser = Model.ForumMain.Select(S => S.tb_ForumInfoStatus
                   .Where(W => W.ForumMainID == S.ID)
                   .First().tb_UsersByCustomer.UserName).ToList();
        //统计精华帖总数
        Model.ForumMainCount = db.tb_ForumMain.Count(C => C.IsRecommend == true
                   && C.Isdelete == false);
    }
```

```
    cp.GetPaging(ViewBag, Model.ForumMainCount);       //绑定分页数据
    return View(Model);                                //返回视图
}
```

接着创建 Recommend.cshtml 视图文件，文件布局代码与专区帖子列表大致相同，所以这里不再列出。运行程序，查看精华帖列表页，如图 25.15 所示。

程序源论坛 帖子

精华：感谢大家对论坛的支持.

标题：	作者	回复/查看	最后发表
[日月精华] asdfadf	admini	0/0	User2
[日月精华] JavaSE标题179?	User2	18/62	User2
[日月精华] JavaSE标题41?	User2	30/92	User2
[日月精华] JavaSE标题40?	User2	42/73	User2
[日月精华] JavaSE标题39?	User2	32/81	User2
[日月精华] JavaSE标题38?	User2	40/61	User2
[日月精华] JavaSE标题37?	User2	40/76	User2

图 25.15　精华帖列表页

25.9　查看与回复主题

论坛帖子最主要的作用就是解决发帖人的问题，或其他人浏览该帖时能够回复发帖人，从而实现讨论的目的。同时，也能够将讨论结果分享给其他用户浏览。所以这就少不了对某一帖子的查看与回复功能。

25.9.1　查看帖子

查看帖子信息包含查看发帖人信息、主帖标题、主帖内容及发帖时间等，如果主帖中已经有跟帖回复，则需要将跟帖信息读取并绑定在帖子页面中。

首先，定义查看帖子的控制器处理动作，方法名称为 SecondContent。同样，加载某一帖子数据时，需要提供主帖 id 才能读取，并且如果跟帖数据较多，还会采用分页的方式加载跟帖数据。对控制器的方法定义如下：

```
public ActionResult SecondContent(int id = 0, int CurrentPageindex = 1)
{
    //如果传入 id 为 0，执行跳转到上一次访问的动作，或跳转到指定的动作
    if (id == 0) { return Goto("Index", "Home"); }
    PublicFunctions.SetUrls(ViewBag, Url);                    //构造资源路径（js、css、image 等）
    const int PageSize = 10, PageCount = 5;                   //定义每页显示数据总数及最多显示的页码
    //构造分页对象配置类
    ConfigPaging cp = new ConfigPaging(CurrentPageindex, PageSize, PageCount);
    ForumMainJoinForumSecondEntity Model = null;              //要返回的数据模型
    using (DB_BBSEntities db = new DB_BBSEntities())          //构造数据库上下文类
```

```
    {
        //根据条件，查询主帖表数据
        Model = db.tb_ForumMain.Where(W => W.ID == id && W.Isdelete == false)
                                    .Select(S => new ForumMainJoinForumSecondEntity
        {
            ForumMain = S,                                          //主帖信息
            ForumClassify = S.tb_ForumClassify,                     //所属子专区信息
            UsersByCustomer = S.tb_UsersByCustomer,                 //发帖人信息
            ZY_Sex = S.tb_UsersByCustomer.tb_ZY_Sex,                //发帖人性别（读取资源表）
            ForumSecondCount = S.tb_ForumSecond.Count(C => C.IsDelete == false),//总回复数
            //查询该帖的跟帖数据集合，并使用分页进行查询
            ForumSecond = S.tb_ForumSecond
            .Where(W1 => W1.IsDelete == false && W1.CurSequence > 0)
            .OrderBy(O => O.CurSequence).Skip(cp.StartRow).Take(PageSize).Select(S1 =>
            new ChildForumSecondByUsersByCustomer
            {
                ForumSecond = S1,                                   //跟帖数据
                UsersByCustomer = S1.tb_UsersByCustomer,            //回复人
                ZY_Sex = S1.tb_UsersByCustomer.tb_ZY_Sex            //回复人性别（读取资源表）
             }).ToList()
        }).FirstOrDefault();
    }
    cp.GetPaging(ViewBag, Model.ForurnSecondCount);                 //绑定分页数据
    ViewBag.curid = id;                                    //此 id 为传入的所属专区 id，将在下次分页时传回
    return View(Model);                                             //返回视图
}
```

在视图文件中，主要对发帖主题和跟帖信息进行数据绑定。下面是对这两部分布局代码标签的定义：

```
<table class="table table-bordered">
    <tr>
        <td class="tbl">
            <div style="text-align: center;">
                <p>楼主</p><a><img alt="" src="@Urls.ContentImagesUrl/ico_000.gif"/></a>
            </div>
            <table class="table" style="background-color:#e5edf2;">
                <tr><td>昵称:</td><td>@Model.UsersByCustomer.NickName</td></tr>
                <tr><td>性别:</td><td>@Model.ZY_Sex.Content</td></tr>
                <tr><td>年龄:</td><td>@Model.UsersByCustomer.Age</td></tr>
                <tr><td>发帖数:</td><td>@Model.UsersByCustomer.Fatieshu</td></tr>
                <tr><td>回帖数:</td><td>@Model.UsersByCustomer.Huitieshu</td></tr>
            </table>
        </td>
        <td class="tbr">
            <div style="height: 65px;padding-left: 20px;padding-top: 1px;">
                <h3><small><a style="color: #ifaeff">
                            [@Model.ForumClassify.ClassifyName] </a></small>
                    <a style="color: #ifaeff">@Model.ForumMain.Title</a></h3>
            </div>
            <div style="width:98%;height:1px;margin-bottom:10px;padding:0px;
```

```
                background-color:#D5D5D5;overflow:hidden;"></div>
        <p class="text-right" style="padding-right: 90px;">
            <span style="padding-right: 30px;">
                <a style="color: #78BA00;">发表于:@Model.ForumMain.CreateTime</a>|
                <a style="color: #78BA00;">只看作者</a>|
                <a style="color: #78BA00;">倒序查看</a>|
                <a style="color: #78BA00;">共 @Model.ForumSecond.Count() 层</a>
            </span>
            <span><input type="text" style="width: 32px;" id="floortext">
                <a href="javascript:void(0)"
                   style="color: #78BA00;" onclick="Onfloortext()">
                    <span class="glyphicon glyphicon-screenshot" aria-hidden="true">
                    </span>快速跳楼</a></span>
        </p>
        <div style="width:98%;height:1px;margin-bottom:10px;padding:0px;
                background-color:#D5D5D5;overflow:hidden;"></div>
        <div style="padding-top: 12px;min-height: 380px;">
            @Html.Raw(Model.ForumMain.Content)</div>
        <div style="width:98%;height:1px;margin-bottom:10px;padding:0px;
                background-color:#D5D5D5;overflow:hidden;"></div>
        <div style="padding-right: 90px;">
            <p class="text-right" style="color: yellow;">
                <a href="javascript:void(0)" id="WarningInfoMainBtn" IsClick="false"
                   onclick="SetForumID('WarningInfoMainBtn',@Model.ForumMain.ID,1)"
                   style="color: #f4b300;">
                    <span class="glyphicon glyphicon-warning-sign"
                          aria-hidden="true"></span>举报</a></p>
        </div>
    </td>
  </tr>
</table>
```

在上面的布局代码中使用<table>一行多列的方式分别绑定了发帖人信息、发帖时间及帖子主题等数据。这是第一行固定的数据信息。跟帖数据的绑定同样在<table>中进行。通过 foreach 循环遍历跟帖集合数据，每一条回复信息产生一个新的<tr>（新行）。这样，就形成了一个跟帖列表。布局代码如下：

```
@foreach (var ms in Model.ForumSecond)
{
    <tr>
        <td class="tbl" id="tbl_@ms.ForumSecond.CurSequence">
            <div style="text-align: center;">
                <p>第@{@ms.ForumSecond.CurSequence}楼</p>
                <a><img alt="" src="@Urls.ContentImagesUrl/ico_000.gif"/></a>
            </div>
            <table class="table" style="background-color:#e5edf2; ">
                <tr><td>昵称:</td><td>@ms.UsersByCustomer.NickName</td></tr>
                <tr><td>性别:</td><td>@ms.ZY_Sex.Content</td></tr>
                <tr><td>年龄:</td><td>@ms.UsersByCustomer.Age</td></tr>
                <tr><td>发帖数:</td><td>@ms.UsersByCustomer.Fatieshu</td></tr>
                <tr><td>回帖数:</td><td>@ms.UsersByCustomer.Huitieshu</td></tr>
```

```
                </table>
            </td>
        </tr>
}
```

每一条回帖同样包含了回帖人的信息，与发帖人并列放置在了第 1 列。接着，第 2 列（td）是放置回帖信息内容列。代码如下：

```
<td class="tbr">
    <span style="padding-right: 30px;">
        <a style="color: #78BA00;">回复于:@ms.ForumSecond.CreateTime</a>
    </span>
    <div style="width:98%;height:1px;margin-bottom:10px;padding:0px;
                background-color:#D5D5D5;overflow:hidden;"></div>
    <div style="padding-top:12px;min-height:380px;">
        <div>@Html.Raw(ms.ForumSecond.Content)</div>
        <!--此处为预留布局-->
    </div>
    <div style="width:98%;height:1px;margin-bottom:10px;padding:0px;
                background-color:#D5D5D5;overflow:hidden;"></div>
    <div style="padding-right: 90px;">
        <p class="text-right" style="color: yellow;">
            <a href="javascript:void(0)" onclick="Replying(@ms.ForumSecond.ID)"
               style="color: #f4b300;">
                <span class="glyphicon glyphicon-fire" aria-hidden="true"></span>
                回复此楼</a>      
                <a href="javascript:void(0)" id="WarningInfoBtn_@ms.ForumSecond.ID"
                   IsClick="false" style="color:#f4b300;"
        onclick="SetForumID('WarningInfoBtn_@ms.ForumSecond.ID',@ms.ForumSecond.ID,2)" >
                <span class="glyphicon glyphicon-warning-sign" aria-hidden="true"></span>
                举报</a>
            <br />
            <div class="ReplyTextAreaBox" id="ReplayTextAreaBox_@ms.ForumSecond.ID"></div>
        </p>
    </div>
</td>
```

如图 25.16 所示为发帖信息。回帖效果如图 25.17 所示。

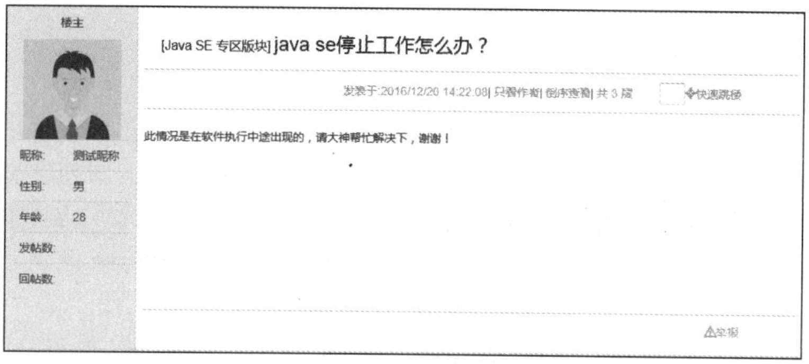

图 25.16　查看发帖

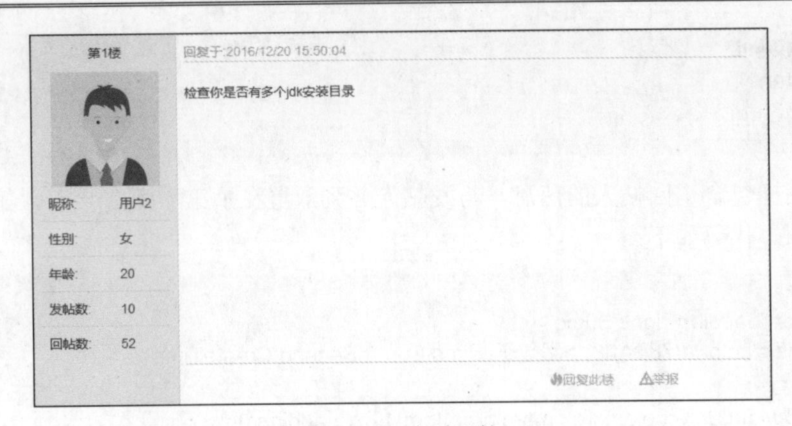

图 25.17　查看回帖

25.9.2　回复主帖

回复主帖是针对楼主的发帖主题进行相关回复，但只有登录的用户才可以进行回帖。与发帖相同，这里使用第三方富文本编辑器来编辑回帖信息。

创建富文本编辑器的方式与发帖相同，这里主要讲解实现回帖的过程。单击“回复帖子”按钮时将触发 JS 定义的 subForm 方法，进行提交数据前的处理工作。代码如下：

```
function subForm() {
    if (!success) {
        if(confirm("回帖前请先登录,单击确定将跳转登录页面")){
            window.location.href = "/Account/Login/"+AbsolutePath;
        }
        return false;
    }
    var content = editor.getContent();
    if(content === ''){
        alert("请输入内容");
        return false;
    }
    else {
        $("#ueditor_textarea_content").val($.base64.btoa(content, true));
        return true;
    }
}
```

在 subForm 方法中首先检测用户是否已经登录，如果未登录，则提示用户登录。所以，这里限制了只有登录的用户才能进行回帖。如果用户已经登录，则检测用户输入的回帖信息是否有效，然后将文本数据赋值给一个 id 名称为 ueditor_textarea_content 的 textarea 控件，最后返回 true。

在绑定富文本编辑器时我们使用 Html.BeginForm 方法指定了 HomeSave 控制器的 ReplyContent 动作方法，所以数据会被提交到该控制器指定的动作中。ReplyContent 方法代码如下：

```
public ActionResult ReplyContent(FormCollection FC)
{
```

```
int ForumMainID = 0;                                          //定义主帖 id 变量
string Content;                                               //定义回复内容变量
//接受并验证 Form 表单提交过来的字段值
if (int.TryParse(FC["curid"], out ForumMainID) && ForumMainID > 0
    && (Content = FC["content"]) != null && Content != "")
{
    int CurSequence = 0, ReplySequenceID;                     //定义楼层变量和回复楼层的 id
    int.TryParse(FC["ReplySequenceID"], out ReplySequenceID);   //被回复人的帖子 id
    if (ReplySequenceID == 0)                                 //如果该值为 0 则代表当前回复的是主帖
    {
        CurSequence = 1;            //回复主帖时，查找最大的楼层数并且加 1 就为该帖的楼层，否则为 1
        using (DB_BBSEntities db = new DB_BBSEntities())     //实例化数据库上下文类
        {
            //查找该帖的所有回复
            IQueryable<tb_ForumSecond> Where = db.tb_ForumSecond
            .Where(W => W.ForumMainID == ForumMainID && W.IsDelete == false);
            if (Where.Any())                                  //如果能够找到回复信息
            {
                CurSequence = Where.Max(S => S.CurSequence); //取出最大楼层数
                CurSequence++;                                //最大楼层数加 1，则为当前回复帖的楼层
            }
        }
        ReplySequenceID = ForumMainID;                        //在回复主帖时，回复楼层 id 值应为主帖 ID
    }
    //取出当前用户 ID
    int CurrentUserID = new LoginStatus().LoginStatusEntity.ID;
    //创建回复数据实体并赋值
    tb_ForumSecond ForumSecond = new Models.tb_ForumSecond();
    ForumSecond.ForumMainID = ForumMainID;
    ForumSecond.Content =
        Encoding.UTF8.GetString(Convert.FromBase64String(Content));
    ForumSecond.CreateUserID = CurrentUserID;
    ForumSecond.CreateTime = DateTime.Now;
    ForumSecond.CurSequence = CurSequence;
    ForumSecond.ReplySequenceID = ReplySequenceID;
    ForumSecond.IsDelete = false;
    //保存数据
    using (DB_BBSEntities db = new DB_BBSEntities())
    {
        db.tb_ForumSecond.Add(ForumSecond);
        if (db.SaveChanges() > 0)
        {
            //如果保存成功返回原页面
            return Redirect(Request.UrlReferrer.AbsolutePath);
        }
    }
}
//在保存失败或者参数验证未通过时，返回原页面（如果存在）或返回首页，并发送失败消息
return PublicFunctions
```

```
            .ToRedirect(this, "ReplyContentError", "未能成功回复帖子,请检查输入信息!",
             (Url) => { return Redirect(Url); },
             (Url) => { return RedirectToAction("Index", "Home"); });
}
```

如图 25.18 所示，当编辑好要回复的内容后，单击“回复帖子”按钮即可完成回帖功能。

图 25.18　回复主帖

25.9.3　回复某一楼层

除了回复主帖，还可以针对某一楼层的回复进行回复，实现局部的讨论功能。在定义 ReplyContent 方法时，代码中使用了 ReplySequenceID 变量，从注释说明中可以看出，如果这个变量没有接收到前端传递过来的 ReplySequenceID 参数值或值为 0，则表示当前回复的是主帖，如果该值有效（大于 0），则表示当前回复的是某一楼层。所以，所有回复工作都是由 ReplyContent 动作方法完成的。

既然在后台控制器动作中实现了回复功能，我们就来看一下在前台页面上该如何实现回复功能。在布局页面标签时就已经定义了“回复此楼”按钮，按钮的 onlick 事件指定了 Replying 方法，并传入了当前楼层的回复 id。

Replying 方法定义在 Content 文件夹下的 js 文件夹内，方法定义如下：

```
function Replying(ForumSecondID) {
    if (!success) {              //验证是否登录
        if (confirm('回复前请先登录,单击确定将跳转登录页面')) {
            //跳转到登录页
            window.location.href = "/Account/Login/" + AbsolutePath;
        }
        return false;        //返回 false
    }
    //取出当前楼层定义的用于呈现“发表回复”功能的 div 容器
    var ReplayTextAreaBox_X = $("#ReplayTextAreaBox_" + ForumSecondID);
    //使用字符串拼接“发表回复”的各个控件
    var StartContent = "<div class=\"ReplyTextAreaContent\">";
    StartContent += "<form action=\"/HomeSave/ReplyContent\" method=\"post\">";
    StartContent += "<textarea class=\"ReplyTextArea\"   id=\"ReplyTextArea\" ";
    StartContent += "name=\"ReplyTextArea\">回复内容</textarea>";
```

```
        StartContent += "<input type=\"submit\" value=\"发表\" ";
        StartContent += "onclick=\"return RplyOn('ReplyTextArea','MaxContent')\"/>";
        StartContent += "<a href=\"javascript:void(0)\" class=\"CloseReply\" onclick=";
        StartContent += "\"CloseReply('ReplayTextAreaBox_" + ForumSecondID + "')\">收起发表</a>";
        StartContent += "<input type=\"hidden\" name=\"content\" id=\"MaxContent\" value=\"\" />";
        StartContent += "<input type=\"hidden\" name=\"curid\" ";
        StartContent += "value=\"" + $("#curid").val() + "\" />";
        StartContent += "<input type=\"hidden\" name=\"ReplySequenceID\" ";
        StartContent += "value=\"" + ForumSecondID + "\"/>";
        StartContent += "</form></div>";
        //将 HTML 编码字符串追加到容器中
        ReplayTextAreaBox_X.append($(StartContent));
}
```

单击“回复此楼”按钮后会弹出如图 25.19 所示的回复窗口。

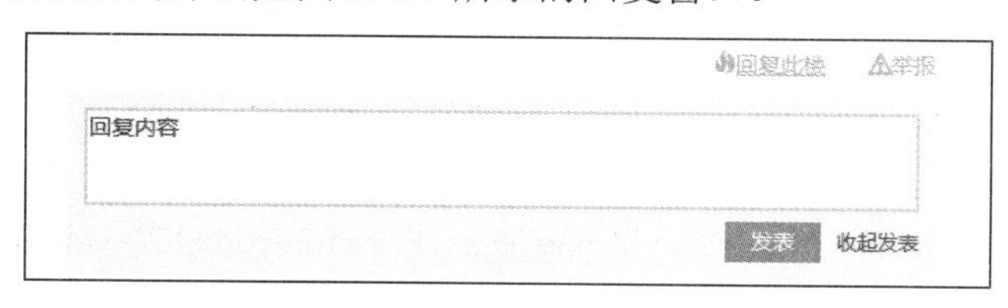

图 25.19　回复楼层

25.9.4　绑定楼层回复

完成楼层回复的功能后，接下来就是呈现楼层中回复的内容。因为所有的回复都是在某一楼层中发生的，所以，该部分布局标签一定是定义在楼层中的某一容器内。

在 25.9.1 节中，布局回复帖子标签时，在绑定回复内容的<div>标签下面有一处注释内容，标记为“<!--此处为预留布局-->”，绑定楼层回复的布局标签就是定义在该位置区域的。布局标签定义如下：

```
@{
    bool IsData = false;                                          //定义是否包含楼层回复内容
    List<V.ChildReplyEntity> ChildReplyArray =
            P.GetChildReply(ms.ForumSecond.ID, out IsData); //查询该楼层的回复内容
}
@if (IsData)                                                      //如果该楼层存在回复内容
{
    <div class="ChildReply">
        <ul>
            @foreach (var CRS in ChildReplyArray)                 //循环遍历每一个回复内容
            {
                string ByNickName = "";
                if (CRS.ByUsersByCustomer != null)
                {
                    ByNickName = "<span class=\"ReplyConstChar\">回复</span> "
                                    + CRS.ByUsersByCustomer.NickName;
                }
                <li>
```

```
                    <div class="ChildReplyContent">
                        <img class="ChildReplyImg"
                    src="@Urls.ContentImagesUrl/UserHead/@CRS.UsersByCustomer.PhotoUrl" />
                        <span class="ChildReplyNickName">
                            @CRS.UsersByCustomer.NickName @Html.Raw(ByNickName)
                        </span>:  
                        <span>@CRS.ForumSecond.Content</span>
                    </div>
                    <div class="ChildReplyTime">
                        <span>@CRS.ForumSecond.CreateTime</span>
                        <a href="javascript:void(0)"
                          onclick="ReplyMining(@CRS.ForumSecond.ID,@ms.ForumSecond.ID)"
                          style="color: #f4b300;">
                        <span class="glyphicon glyphicon-fire"
                              aria-hidden="true"></span>回复</a>
                    </div>
                </li>
            }
        </ul>
        <div class="ReplyMining" id="ReplyMining_@ms.ForumSecond.ID"></div>
    </div>
}
```

布局后的呈现效果如图 25.20 所示。

图 25.20　楼层内回复